실내계획

Interior Space Design

오인욱 지음

- 총 론
- 주거공간
- 상업공간
- 사무공간
- 전시공간

기문당

머리말

실내디자이너는 심리학적 안목의 문제에 분석적으로 접근할 수 있는 능력과 필수적인 한계선을 해결할 수 있는 능력이 필요하다. 따라서 이러한 능력 배양은 기초적인 이론, 미학, 역사, 계획 대상에 대한 조사분석과 공간계획에 따르는 프로그래밍에 관한 이론뿐만 아니라, 환경디자인에 관련된 모든 분야를 이해할 수 있는 계획적 체계가 없이는 불가능해진다. 특히 실내디자인은 인간이 생활하는 공간에서 발생하는 문제를 연구와 디자인이라는 방법으로 해결해 나가는 과정에서 이론적인 기반과 디자인의 고유성을 찾는 노력 없이는 그 모든 성과물이 한낱 허구에 불과해질 뿐이다.

지금 우리 주변에 실내디자인의 방대한 영역의 설계와 연구가 진행되어지고 있지만 많은 자료와 연구실적들이 순간에 지워지고 있는 현실에 내일의 진정한 발전을 위한 자료의 축적이 누군가에 의해 정리되어져야 한다는 사실 때문에 제반 여건상 어려움이 있었지만, 스스로 굴레를 만들어 초보적인 맥을 만들기로 결정하고 시작한 책이 이 실내계획이다.

실내계획은 우리 디자이너들이 지금까지 사용한 자료를 기초로 하여 기본인 환경과 인간공학, 건축계획학을 토대로 하여 내부공간별 자료와 함께 실내계획상의 고려사항이 체계를 갖도록 엮어졌다. 이 책은 공간을 다루는 건축가나 실내디자이너가 현실적인 접근을 할 때 필요한 지식을 체계화시켰고, 실질적인 정보와 체험을 공유할 수 있도록 노력하였으며, 실내디자이너와 학생들의 교재에 적합하도록 엮어졌다.

이 실내계획의 제1장에서는 실내디자인의 전반적인 이해를 돕기 위해 총론을 기술하고, 제2장부터는 공간별 각론을 기술하여 2장 주거공간, 3장 상업공간/상점·백화점, 4장 상업공간/레스토랑·호텔, 5장 사무공간, 6장에 전시공간에 대한 계획설계 시에 응용될 수 있는 기본 자료와 설계지침을 제시해 줄 수 있도록 하였다.

우리는 디자인만 하려고 했지 디자인을 뒷받침하는 기초적인 자료의 연구는 게을리 하였다. 따라서 기초를 갖추는 시발점에 하나의 디딤돌을 던지면서, 이 실내계획이 바탕이 되어 더 나은 좋은 많은 작품들을 기대합니다.

끝으로 이 책의 개정판까지 함께 수고해준 제자 이근혜교수와 기문당 편집부 여러분께 감사드립니다.

2022. 8

북한산 서재에서 저자

목 차

1 장 총론

2 장 주거공간

3 장 상업공간 – 상점·백화점

제 1 장 총 론

Alberto Castellano Modern Architecture

1. 개설

1. 1
실내디자인의 개념

| 사진 1 -1 | Alberto Castellano Modern Architecture

실내는 근본적으로 인간을 포유해야 하므로, 실내디자인은 공간 환경과 인간과의 간 폭을 정리하여 공간과 인간의 관계를 보다 친절하게 이어주는 대화의 영역을 창출하는 작업이다.

따라서 환경에 대한 이해와 건축적 이해를 바탕으로 기능적이고 합리적인 계획이 이루어져야 한다. 즉 실내디자인이라는 것은 건물의 내부공간을 생활목적에 따라 쓰기 쉽고 안락한 분위기의 공간이 되도록 설계하는 것이다. 또한 생활목적에 의한 안락한 생활공간을 만들기 위해서는 동선, 이용 빈도, 공간 규모, 기능별 요구 등을 먼저 계획한 다음 그 공간에 실제로 사람이 생활할 수 있도록 바닥, 벽, 천장의 구조, 가구, 조명, 기타 장식재 등의 실내디자인의 요소를 고려하여 설계하는 것이다. 따라서 이 두 가지를 동시에 행하는 작업을 우리는 실내디자인이라 말하는 것이다. 이는 곧 실내디자인interior design이 실내건축interior architecture이라는 말로도 표현될 수 있다.

실내디자인의 개념은 실내공간에 대한 물리적, 환경적 조건, 실내에서의 인간생활을 위한 기능적 조건, 정서적 조건 등을 고려하여 실내공간을 계획하는 작업이다.

거시적 측면에서는 환경에 대한 이해와 건축적 이해를 바탕으로 내부공간을 생활목적에 따라 쓰기 쉽고 안락한 분위기의 공간이 되도록 기능적인 면과 심미적인 면을 고려하여 실내에 질서와 새로운 에너지를 부여하는 창조행위이다.

1. 2
실내디자이너의 정의 (Interior Designer / Interior Architect)

실내디자이너는 인간에게 적절한 환경이 갖는 기능과 특징에 관계된 문제들을 파악, 연구하고 창조적으로 해결하기 위한 교육과 경험에 의해 자격이 갖추어진 사람이라고 FIDERFoundation for Interior Design Education and Research는 정의를 하고 있다.

즉, 실내디자이너는 실내공간에 대해서 보다 기능적인 면의 해결과 함께 심미적 안목으로 독창적이고 개성적인 디자인 결과까지 책임질 수 있는 사람을 말한다.

제2차 세계대전 후 급격히 신장된 과학기술문명의 발달로 인간은 편리함도 얻었지만 한편으로는 과중한 업무의 수행, 급변하는 사회적 상황에 적응해야 함으로써 일터, 커뮤니케이션, 레저의 장場으로서 공공시설 또는 주거라는 사적私的 휴식처 등의 생활공간을 어떻게 하면 쾌적하고 합리적으로 만들 것인가의 문제가 디자이너들에게 중요한 과제로 등장하게 되었다. 즉 산업혁명이 가져온 산업화의 영향으로 무수히 많은 생활도구의 생산과 건축자재와 공법의 개발로 인해 디자인을 보다 체계적으로 통일, 조화시키며 조합해 나갈 수 있는 능력을 지닌 전문디자이너가 필요하게 된 것이다.

디자이너로서의 실내디자인 작업은 실내디자인에 대한 조언助言을 해주고 도면을 그려 주면 그것으로 끝나는 것이 아니다. 그러한 아이디어와 도면을 구체적인 실체로 바꾸는 일도 책임지며, 엄청난 금액의 물자와 용역을 확정, 주문, 설치하여 디자인 결과인 실체물을 완성하는 것까지 포함된다. 여기에서 실내디자이너의 전문성에 대한 필요가 강조된다.

따라서 실내디자이너의 능력은 기초 디자인 이론, 미학, 역사, 계획대상에 대한 조사 분석, 공간계획과 프로그래밍에 관한 이해뿐 아니라 모든 실내디자인 그리고 환경디자인과 관련된 다른 분야를 이해할 수 있어야 한다. 그리고 실내디자이너가 개발

| 사진 1 -2 | At the Morn / 김부곤

|**사진 1 -3**| Bar BA / 마영범

해야 될 기술적 능력이란 실내구조를 강조한 구조 전반에 관한 지식, 건축의 체계, 설비시설, 구성요소에 관한 지식 및 의사전달기술의 능력이다.

그리하여 전문적 실내디자이너의 책임은 문제정의와 분석, 공간계획, 실내를 장식하는 데 따르는 미학적인 결정과 가구, 직물, 조명 액세서리, 실내조경 등의 계획 및 상술詳述, 모든 실내 마감 재료의 선택 및 상술 그리고 설비 참여에까지 이른다. 여기에는 구조에 대한 기술적 지식, 관련 법규

|**사진 1 -4**| 나인원 한남 / 배대용

사항, 기술생산과 자원생산에 관한 기술적 지식이 요구된다. 다시 말해서 미술적 재능이 중요하긴 하지만 이는 성공적 실내디자이너가 되는 데 필요한 광범위한 능력들 중의 하나에 불과하다. 또한 미적 감각 외에도 실내디자이너에게는 개성이 있어야 하며, 그 이외에도 심리학적 안목, 문제를 분석적으로 접근할 수 있는 능력, 융통성, 시각적으로 의사소통을 할 수 있는 능력, 필수적인 한계선을 해결할 수 있는 능력, 다양한 사람들과 일해 나갈 수 있는 능력, 경영능력, 시간예산을 세우는 능력, 섬세하고 정확하게 주의를 기울일 수 있는 능력, 열의 등이 있어야 한다.

실내디자인의 미래 방향은 전문성에 대한 점진적 강조 외에도 기술적 진보에 의한 영향을 받게 될 것이다. 이미 중요한 디자인 도구가 되고 있는 컴퓨터는 고객의 욕구, 계획조정project coordination, 그래픽 전달graphic communication, 정보 회수retrieval 등의 분석에 큰 역할을 하므로 이에 대한 능력을 배양하는 것이 바람직하다.

오늘날 디자이너의 책임은 실내공간을 포함한 모든 인간 환경의 범위로 발전되었으며 더욱 최근에는 인간이 만든 환경의 형성에 관계하는 모든 것을 통틀어 환경디자인environmental design이라 부르고 있다. 그러므로 가장 성공적인 건물은 실내디자이너와 건축가가 계획과정에서 공간구성을 같이 협력함으로써 가능하다.

| 사진 1 -5 | 공문교육연구소 우애관 / 김경숙

|사진 1 -6| 하남 스타필드 / BENOY

1. 3 실내디자인의 영역

실내디자인은 건축과 함께 생활환경에 대한 디자인 문제를 총체적으로 다루었을 때 명확한 한계를 짓기는 어려우나, 실내디자인 작업은 건축과 공통되는 공간 만들기에서부터 이미 시작되고 있다. 실내디자인의 영역은 도시환경과 가로체계에서도 존재하며, 건축자체의 영역성에도 존재한다. 특히 현대화된 도시에서 가로공간의 커뮤니티적인 요소를 강력히 요구하고 있다. 이는 가로에 천장구조물의 설치로 공간을 한정함으로써 내부공간을 얻고, 이를 쇼핑몰shopping mall 등의 방법으로 토지이용의 극대화와 도시구조의 복잡화로 인한 상업적 효과를 발생, 건물과 가로의 치환置換공간으로 전환시켜 반실내공간을 형성시키기 때문이다.

건축은 전체 매스mass의 구조와 디자인에 치중하는 반면, 실내디자인은 보다 섬세하고 미학적이며 기능적인 면과 내부공간에 대한 심리적인 문제의 해결이나 독자적인 개성의 표현에 관계한다.

실내디자인의 영역은 도시환경과 가로에서도 존재하며 건축자체의 영역성에도 존재한다. 그러나 좀더 구체적인 실내디자인의

| 사진 1 -7 | NOVITA Showroom

영역적 정의를 내린다면 주거건축, 상업건축, 공공건축에 있어서의 실내 환경을 구체적으로 창조해내는 실행계획과 과정의 완성이라고 말할 수 있다.

도시, 조경, 건축과의 경계로서 실내라는 측면을 고려해 보면, 도시는 우선 물리적 요소로서 도시건축들과 오픈 스페이스open space의 접합으로 형성되며 이들의 상호관계가 곧 도시조직이다. 따라서 도시는 커뮤니티community에서 프라이버시privacy에 이르는 단계적인 공간질서에 의하여 연속적으로 조직되어야 한다. 이 특별한 장소성을 요구하는 건축과 오픈 스페이스 그리고 도시형태는 다시 어떠한 네트워크network와 이에 공급되는 에너지로서 생명력을 갖게 되는데, 이것이 모든 인간의 움직임, 즉 동선을 유도하는 가로街路라는 체계이다. 특히 현대화된 도시에 있어서는 가로공간의 커뮤니티적인 요소를 강력히 요구하고 있으며, 사막과 같은 도시에 있어서 정신적 위안을 위해서도 인간과 인간의 연대성과 개개인의 독립성을 위한 커뮤니티와 프라이버시의 시간적, 공간적 조화를 필요로 하고 있다.

이러한 사회적 욕구로 단순한 실내디자인이라 하여도 도시가로와의 연계성, 건물 진입시 효과, 건물 전체의 매스mass와 형태 등의 전반적인 문제도 아울러 고려해야 한다. 그러나 진정한 의미의 실내디자인 영역은 건축의 벽과 천장, 바닥으로 이루어져 둘러싸여진 공간이어야 한다.

결국 인간에게 적합한 환경, 즉 생활공간의 쾌적성을 추구하고자 하는 것이 실내디자인의 과제이며, 그것은 건축공간에 기능적인 요소와 감성적인 요소의 밀도를 높여 문화적인 공간을 구성하는 작업이기도 하다.

실내디자인의 대상 공간은 주거공간을 비롯해서 호텔, 사무소, 학교, 도서관, 미술관, 병원, 레스토랑, 상점에 이르기까지 더 나아가 자동차, 항공기, 선박 등에도 해당되므로 폭넓은 범위에 걸쳐 있다. 이들은 모두 다른 각각의 요구조건을 갖고 있기 때문에 각각의 목적에 맞도록 생활공간을 계획하고 그것을 구체화시키는 기술이 요구된다. 따라서 실내디자인을 하는 사람은 이 기술을 익히지 않으면 안 된다.

따라서 이제부터는 실내디자이너가 건축가로부터 협의를 받는 수동적인 입장이 아니라 건축분야에 능동적으로 작용해 나가야 할 것이다. 특히 건축과 실내디자인의 관계는 아주 밀접한 관계이지만 특정한 디자인 과제에 대해서는 상황에 따라서 달라질 수가 있다. 건축가가 설계한 건물들에 대한 실내디자인은 직접 설계할 때도 있지만 대개는 외부와 내부의 디자인의 통일성을 기하기 위해 실내디자이너와 밀접한 협조하에 함께 작업을 하게 된다. 경우에 따라서는 건물이 건축적으로 조형감을 우선으로 할 때 실내디자이너들은 그 건물을 이해하고 그 질을 향상시켜야 할 의무를 지닌다. 때때로 한 건물의 건축적인 디자인은 그 건물 내부의 성격을 결정짓는다. 이런 경우에 있어서 실내디자인은 건축디자인에서 언급되지 않은 디테일에 실제감을 부여하는 것이 과제가 되기도 한다. 이와 같이 실내디자인과 건축디자인은 불가분의 관계에 놓이게 된다. 건축은 그 본질상 인간의 생활을 담아내야 하는 용기이기 때문에 영구성이 있을 수 없고, 시대와 생활의 변화와 시간에 따라 바뀌어 간다. 예를 들면 사용하는 건물주가 바뀌든가, 아니면 생활내용이 바뀜에 따라 건물의 용도 변경이 일어나서 개축, 증축 등이 일어나게 된다. 따라서 이러한 변화내용이 건축을 다른 순수예술과는 달리 생활예술이라고 칭하게 되어 실내디자인과 같은 맥락속에서 접근하게 된다.

1. 4
실내디자이너의 역할과 분류

실내디자이너는 모든 인간 환경에 포함되는 기능적 요구, 개인의 습관, 취향을 고려하여 프로젝트를 요구사항에 맞게 디자인할 수 있어야 한다. 아울러 실내디자인의 업무가 더욱 복잡해지고 기술적 측면이 요구되므로, 미래의 실내디자이너들은 사회가 가지는 복잡한 환경적 요구에 대하여 창조적인 디자인으로 해결 방안을 모색, 제시하며 다른 관련분야들과 상호 협동작업을 통하여 사회 문제를 혁신적이고 체계적으로 접근할 수 있도록 디자인 접근에 대한 연구를 게을리 하지 말아야 한다.

|사진 1 -8| El Croquis head office / El Escorial, Madrid

실내디자인에 종사하는 디자이너는 대략 3개의 그룹으로 나눌 수 있다. 생활공간을 설계하는 디자이너interior design, 실내공간에 필요한 생활설비, 즉 가구와 생활용구, 장식물과 같은 각종의 실내요소interior element를 설계하는 디자이너furniture designer, lighting designer, 그리고 실내를 보다 밀도 있게 구성하기 위해 치장, 장식작업interior decoration을 담당하는 인테리어 데코레이터 interior decorator가 그들이다.

이 중 실내 요소는 공장이나 공방에서 만들어지는 것이 많기 때문에 작업의 내용은 공업디자인에 가까운 것으로 볼 수 있으며 이러한 개개의 실내요소는 시장에서 쉽게 입수할 수 있다. 따라서 디자이너는 이들 중에서 적합한 것을 선택하여 실내공간에 모으는 기술이 요구되기도 한다.

1. 5
실내디자인과 건축

실내디자인이 공간을 내부로부터 파악하는 입장이라고 본다면, 여태까지는 건축에 의해 구분된 실내를 장식하는 것만이 아니며, 또한 건축가의 지휘 하에서 실내를 메우는 기구器具를 찾아다니는 직분도 아닌 것이다. 직능상으로 볼 때 실내디자인은 건축과 밀접한 관계가 있다는 것이 사실이다. 즉 실내디자인은 부분공간 속에서 생계를 확실히 하기 위한 장식의 전부이고 생활계를 공간화 하기 위한 한정과 확장의 장르인 것이다. 따라서 실내디자인에 대하여는 그의 내부공간의 재편성에 관계되는 기술과 그것을 의미있게 하는 사고의 모든 것이 요구되고 있는 것이다. 원래 건축가는 생활공간을 설정하고 한정짓는 쉘터shelter의 디자이너였고, 나아가서 그 시대의 문화를 구체화하는 예술가로서의 직분을 갖고 있었다. 그러나 현대에 와서는 건축이 예술의 분야일 뿐만 아니라 건축물 종류의 확대와 건축생산으로서의 기술의 비중이 커짐에 따라서 건축은 생산계의 윤리, 즉 경제적인 효율의 면에 중점이 주어지게 되니 건축가들은 본래의 목적인 각 실의 공간을 지키는 일에 전력을 다할 수 없는 처지에 놓이게 된 것이다.

2. 실내의 환경

쾌적한 생활공간의 창조를 목표로 하는 실내디자인에서 고려해야 할 기본 사항인 실내 환경은 크게 물리적 환경과 심리적 환경으로 구분된다. 물리적 환경은 물리화학적 인자와 관계를 맺어 형성되는 것으로 한난寒暖, 밝기, 조용함 등이 감각을 통해 인체에 전달되며, 외계外界의 기상적 조건에 영향을 크게 받는다. 실내의 물리적 환경은 외계의 자연과 차단된 일정한 환경 내에서 이들 인자의 변화에 따라서 인간의 심리적 상태와 행동에 변화를 초래하므로 적절한 수준을 유지해야 한다. 그리고 심리적 환경은 공간의 크기, 스케일감, 형태와 실내의 내장, 가구, 장식 등의 형태, 색채, 배치에 관계하여 지각에 영향을 미친다.

2. 1
실내와 기후

실내 기후는 실내에 있어 물리적 환경인자, 즉 실내 공기의 온도와 습도, 바닥, 벽, 천장 등의 표면온도, 창으로부터의 일사, 공기의 오염 등의 상태를 말하는 것이다. 실내 기후의 적정 여부는 외계의 기후상태, 실내의 재실자在室者나 실내에 있는 기기로부터의 발열이나 오염물의 발생 등에 좌우된다. 좋은 실내 기후는 건물의 단열, 통풍, 환기 등의 적절한 계획과 완벽한 건축설비 계획으로 이루어지는 인공 환경으로 가능하다.

2. 2
실내와 일광

|사진 1 -9| Creative Copy & Design Toronto, Ontario

일광, 즉 태양광선은 생활에너지의 원천으로 생활에 없어서는 안 될 꼭 필요한 요소이다. 태양광선의 자외선, 적외선, 가시광선은 다음과 같은 중요한 역할을 갖고 있기 때문이다. 자외선은 위생과 건강에 도움을 주며, 적외선은 실내 온도에 관계하며, 가시광선은 식물 성장 촉진에 필요하며, 사물을 볼 수 있게 하며, 아울러 명암에 관계하므로 심리적 환경요소로 작용한다. 태양광선은 자연 조명으로서 실室의 개구부를 통해 충분한 밝기의 빛이 들어와 생활을 가능하게 하며, 그 빛이 불충분하거나 없을 때는 인공조명이 대신하게 해야 한다.

실내 및 건축 계획 시 우수한 조명은 물체를 보이도록 하는 기능적 역할의 시환경視環境 이외에 빛, 색채, 실의 형태에 의해서 형성되어 나타나는 물리적, 심리적 환경으로 정의되는 환경조명이 되도록 한다.

2. 3
실내와 음音

실내계획을 할 때는 실외 또는 다른 실의 소음이 들어오는 것을 막고, 듣기 원하는 필요한 음을 보다 좋게 그리고 음의 효과가 좋도록 방음防音과 음향계획을 한다. 특히 듣는 사람의 마음에 들지 않거나 원하지 않는 음인 소음은 생리적 장애 및 신체적, 정신적 건강에 해악을 초래하므로 실내계획에 있어 소음원의 격리, 차음, 흡음, 방진 등을 고려해야 한다.

방음을 위한 기본은, 우선 소음원騷音源 근처에는 소음을 싫어하는 실을 배치하지 않음으로써 소음원과 격리시키거나 소음 발생이 적은 기기로 바꾸는 것이다. 회의실, 임원실, 교실, 호텔 객실, 주택 침실 등 조용함을 요하는 실은 공조

기계실, 화장실 등 소음원 근처를 피하며 교통량이 많아 외부 소음이 큰 도로면에도 배치하지 않는다.

차음은 무엇인가에 의한 소리의 전파를 막는 것으로 차음을 위한 재료로 조밀하고 무거운 납, 철, 콘크리트 블록 등이 있다.

흡음은 소리를 흡수하는 것으로, 흡음재료는 다공질 흡음재와 판진동 흡음재로 구분한다. 전자에는 암면, 발포수지, 목모木毛, 시멘트판 등이 있고 후자에는 합판, 석고보드, 섬유판, 유리, 플라스틱판, 석면 슬레이트판 등이 이에 속한다.

그리고 방진은 소리 자체의 에너지가 매개를 진동시키는 경우와 소리와 진동이 충격음으로서 전파하는 경우의 방지가 있는데 고무, 수지, 금속패널 등이 방진재의 주요 재료이다.

2. 4
실내와 설비

쾌적하고 완전한 실내 인공 환경을 위해 급배수, 급탕, 오수처리, 냉 · 난방 공조 등 제반설비는 매우 중요하게 취급되며, 동일한 체계 하에서 조정된다. 실내계획에 있어 디자인적 전개가 소프트웨어에 해당한다면, 설비는 하드웨어에 해당하는 부분으로 계획에 앞서 기술적인 해결을 고려해야 할 우선사항이다.

일반적으로 실내계획 설비는 건축계획이 시작할 때부터 건축물에 맞도록 부하負荷를 계산, 적절한 설비시설이 되도록 한다. 실내계획에 이러한 설비시설들은 제약적 조건으로 작용하기도 한다. 설비시설의 이동 및 재설치에 따른 비용이 수반되므로 경직된 디자인이 되기 쉬우므로 유의한다.

3. 실내공간 구성의 심리적 환경

보다 쾌적한 생활공간을 위해 실내디자인은 생활공간을 구성하는 생활적 측면, 환경적 측면에서 물리적 환경을 비롯하여 공간이 가진 심리적 환경의 제요소들을 이해함이 기본적으로 필요하다.

3. 1
생활과 공간

실내디자이너는 거주자의 요구와 생활을 이해하여 기존의 생활상生活像을 파악하고, 더 나아가 의식적으로 미래의 생활상을 제안해야 한다. 이 생활상은 거주자의 연령, 주의식, 사회적 계층 등에서 파악되어 의식주의 생활양식, 개방감과 폐쇄감, 기능적인 요구, 공간에 대한 요구, 분위기 등 공간에 대한 생활의 종합적인 이미지로 계획에 반영된다.

| **사진 1 -11** | 서초구 반포 아크로 리버파크 / 디자인 블러커

궁극적으로 실내디자인은 공간과 생활상을 대응시킴으로써 근본적으로 생활이라는 내용물을 담는 공간과 담겨진 내용의 가치를 극대화시키고자 하는 시도로 접근되어야 한다. 그리고 인간의 심리적, 정서적, 정신생활의 측면은 표면에 나타나지 않으며, 공간과도 구체적인 행위로 직접 대응하지 아니하는 분위기, 심미성 등도 공간에 반영되어야 한다.

3. 2
공간의 형태

건축에서 제공되어지는 실내 공간은 구성하는 제요소에 의해 여러 가지로 변화되는데, 이들 요소의 위치와 수에 따라 무한공간에서부터 다차원의 한정공간까지 가능하다. 바닥, 천장, 벽 등과 같은 수평, 수직의 요소가 조합하여 여러 가지 공간으로 구성, 전개되는데, 이들 요소의 한정 정도에 따라 공간 내의 인간에게 심리적인 안정감과 유동감을 주고, 공간의 질에 관계하여 공간이 사용자에게 심리적인 면 이외에 인상, 느낌과 같은 심미적인 영향을 미친다.

| **사진 1 -12** | 판교 한국타이어 본사 / Foster + Partners

한정된 공간에서의 인간은 항상 그 공간에서의 심리적인 영향 및 공간 감각상의 영향을 받기 때문에 인체와 공간의 넓이와 관계하는 공간의 크기, 기하학적인 또는 자유로운 공간의 형태에 대한 균형 등은 한정 정도와 함께 공간 사용자의 공간감각에 영향을 주어 공간의식을 형성하게 한다. 따라서 한정된 공간인 실내 공간은 공간의 사용자를 중심으로 평면으로서의 넓이가 아닌 체적으로서의 넓이로 이해되고 다루어져야 한다.

공간의 형태, 즉 내부공간의 형태에 대해 사람은 평면형태뿐만 아니라 입면, 단면에 의해 볼륨을 가진 3차원적인 입체로 동시에 종합적으로 인지하므로 이를 고려해야 한다. 공간의 형태는 바닥, 벽, 천장의 수직, 수평적 요소에 의해 이루어지나 평면, 입면, 단면의 비례에 의해 공간의 특성이 달라지며, 사람은 심리적으로 영향을 받는다. 이는 공간감각에 대한 공간의 한정 정도, 크기뿐만 아니라 형태에 따라 사람들은 다르게 영향을 받기 때문이다. 또한 공간의 형태에 따라 가구유형과 형태, 가구배치 등 실내의 제요소들은 영향을 받으므로 실내디자인에 있어 주어진 공간에 대한 형태의 특징이 우선 파악되어야 한다. 또한 실내공간에 대해서뿐만 아니라 실외와의 개방 정도, 형태적 정도, 자연적 관계들도 포괄적으로 고려되어야 한다.

3. 3
공간의 균형

실내공간에서의 균형은 사람과의 상대적인 관계를 기본으로 하고 바닥, 벽, 천장, 즉 길이, 폭, 높이의 관계에 있어 그 비례로 파악된다. 스케일과 비례는 공간에서 적절한 균형을 이루어야 할 기본 요소들로 다양한 공간감을 연출하기도 한다.

특히 인간의 신체를 기준으로 파악, 측정되는 척도기준인 휴먼스케일은 계획에 있어 인간 자신을 기준으로 계산하여 공간에 대해 감각적으로 가장 쾌적한 비례를 나타내어야 한다. 즉 인간의 크기에 비해 너무 크거나 작지 않아야 한다. 따라서 건축 실내디자인에 있어 공간을 이해하고 디자인함에 있어 도구의 하나로 사용된다. 균형이 잘 잡힌 실내공간은 실내의 사용목적에 따라 휴먼스케일을 바탕으로 하여 바닥, 벽, 천장면의 비례가 적절하여 정적이면서 친밀하고 안정된 느낌을 갖게 한다.

3. 4
모듈Module

모듈은 일종의 치수특정단위로, 미터법과 같은 절대적, 추상적 단위가 아니라 건축, 실내, 가구의 디자인에 있어 그 종류 규모에 따라 계획자가 정하는 상대적, 구체적인 기준의 단위이다. 이 모듈은 계획에 있어 일정한 최소 단위를 설정하고 이의 배수로 다양한 규모를 정하는 데 사용된다.

르 코르뷔지에le corbusier는 인체를 황금비로 분석해서 고전적인 비례개념을 적용시켰으며, 공업생산에까지도 적용시켰다. 즉 공간크기를 계량하는 기본으로 황금비인 1:1.618을 인간 치수에 적용하여 손을 올린 사람의 치수인 183cm를 모듈러modular로 명명하였다.

모듈module을 기본 척도로 하여 그리드 플래닝grid planning을 더 철저히 적용하면 사전에 변경을 예측할 수 있다. 모듈이 적용된 그리드상에서 변경이 이루어지는 한 어떤 식으로 변경하여도 무리 없이 새로운 계획으로 이행될 수 있는 체계를 갖는다. 모듈은 전체공간에서 필요한 실의 적절한 크기와 가구의 유형, 크기, 배치 등을 고려하여 결정한다. 이 모듈은 주요 기둥의 간격과 구조벽체와 일치해야 하며, 실의 치수는 모듈의 배수이어야 한다. 또한 내외부면의 개구부의 크기와 형상을 고려하여야 한다.

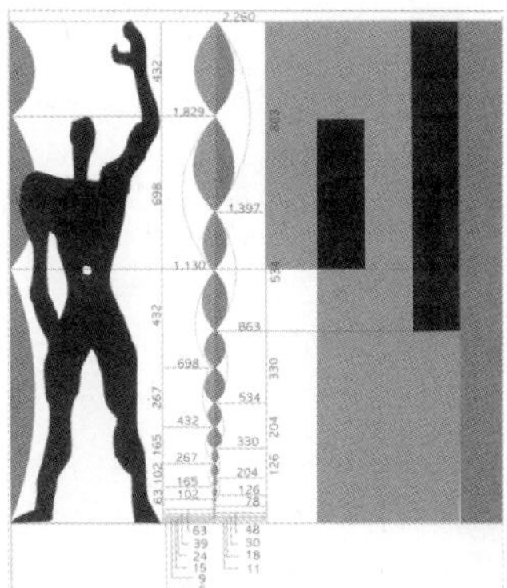

| **사진 1 -13** | Le Corbusier - Modular

모듈을 설정하여 계획을 전개시키면 설계 작업이 단순화되어 용이하고, 건축구성재의 대량생산이 가능해져 재료의 생산비용이 저렴해진다. 또한 건축구성재는 수송과 취급이 편리해지고 현장 작업이 단순 명료해짐으로써 공사기간이 단축되어 결과적으로 공사비를 낮추게 된다.

더 나아가 그리드플래닝을 건축공간과 부재의 계획에 적용시키면 각 그리드마다 균일한 구조계획, 설비계획을 전개할 수 있다. 더욱이 건축의 재료부품에서 설계시공에 이르기까지 건축생산 전반에 걸쳐 치수상의 유기적 연계성을 만들어 내는 모듈러코디네이션modular coordination : M.C을 꾀하면 구성재의 작은 부품에서부터 공간의 크기, 위치, 형태, 시공방법, 재료에 이르기까지 광범위하게 모듈의 치수체계를 갖고 각 단계마다 조정되므로 기술적, 경제적 효용성이 강조되어 생산의 합리화를 꾀하고 시공비를 절감할 수 있다.

3. 5 공간의 동선

동선은 사람이나 물건이 움직이는 선을 연결하여 만들어지는 선이다. 모든 동선은 시작이 있고 연속적인 공간을 통하여 목적하는 동선까지 이어진다. 이 동선이 짧으면 짧을수록 효율적이나, 공간의 성격에 따라 길게 하여 더 많은 시간동안 머물도록 유도되기도 한다. 사람이나 물건의 통행량과 함께 동선의 방향 교차 그리고 이동하면서 이루어지는 사람의 행위나 물건의 흐름을 동선 계획시 고려해야 한다. 그리고 통행량, 이동상태, 물건의 부피에 따라 적정 통로 폭을 가져야 한다.

실내의 출입구 위치에 따라 동선 및 시점의 이동이 달라지고 실내의 인상과 가구배치 등에도 영향을 준다.

3. 6 공간의 분할과 연결

실내공간의 구성 시 하나의 기능을 위한 하나의 실은 단일공간으로 구획되어 계획되나, 그 이상의 기능을 수행해야 할 때 실의 종류, 생활 내용, 공간의 크기, 창과 문 등 건축적 조건, 실내조명상태 등을 파악하여 종합적으로 고려하여 질서적으로 공간을 분할 또는 연결해야 한다. 질서적인 공간구성을 위해 입구, 동선, 축을 기본으로 구성하는데, 즉 입구를 중심으로 동선과 축을 따라 공간은 집합되거나 구획되어진다.

공간 분할은 칸막이에 의해서 뿐만 아니라 가구, 조명, 재료, 식물 등 실내를 구성하는 여러 요소들과 바닥이나 천장고의 차이에 의해서도 가능하다. 분할이 공간에서 어떤 요소로 구획되느냐에 따라 차단적 구획, 심리 도덕적 구획, 지각적 구획으로 구분된다.

차단적 구획은 칸막이에 의해 내부공간을 수평, 수직방향으로 구획하여 몇 개의 실을 만드는 것이다. 칸막이는 고정벽, 이동벽 커튼이나 블라인드, 유리창, 열주 등의 방법으로 구획될 수 있으며 어떤 재료로 처리하느냐에 따라 공간의 성격이 달라질 수 있다.

심리 도덕적 구획은 완전히 공간을 분할하는 것은 아니지만 가구, 기둥, 벽난로, 식물, 물, 조각 등과 같은 실내의 구성요소로, 또는 바닥 면이나 천장면의 변화에 의한 건축적인 방법으로 공간을 구획 분할하며, 서로의 영역을 갖도록 하는 것이다. 실의 기능과 건축적 조건을 고려한 실내디자인의 전개에 의해 적절한 방법으로 공간을 구획한다. 고정적 또는 가동적으로 처리하면 공간을 가변성 있게 사용할 수 있다.

지각적 구획은 조명을 사용하거나 마감재료를 변화시켜 하나의 실에서도 양분되는 이미지를 가지게 하여 구획하는 방법이다. 이외에도 통로나 복도공간으로 평면에 의한 공간형태를 변화시켜서 공간을 구획할 수 있다.

넓은 공간은 칸막이로 구획, 분할하지 아니하고 각각의 목적에 맞는 공간을 연결시켜 전체의 공간을 구성할 수도 있다. 공간을 서로 접촉시켜 직접 연결하거나 두 개의 공간을 맞물려 공유공간을 두거나 공통공간을 두어 두 공간을 연결한다. 또한 공간 속에 또 하나의 공간을 두기도 한다.

| 사진 1 -14 | Dacor House / 배대용

4. 실내공간의 미적 가치

건축에서 제공되어지는 실내도 단순히 기능적인 면 이외에 심미적인 감흥과 인간생활의 미적 욕구를 만족시키지 않으면 안 된다. 이러한 심미적인 감정은 지역적 환경조건과 독특한 생활상에 따라 개인적이고 주관적일 수 있지만 전혀 객관성이 없는 것은 아니며, 시대적 상황에 따라 공통적인 미적 감정이 형성될 수 있다. 따라서 실내공간에서 일반적이고 객관성 있는 미적 판단이 성립될 수 있는 디자인의 구성원리와 요소를 파악할 필요가 있다.

4.1 디자인의 구성원리

(1) 비례proportion

스케일이 인간과 물체 간의 대화라면 비례는 건축물의 각 부분 간에 개념적 의미를 갖는다. 즉 비례는 선으로 측정되는 물리적 크기의 비교 결과로서 기하학적인 개념을 나타낸다. 건축, 실내디자인에 있어 공간에는 항상 비례가 존재하여 전체 건축물, 실내 공간, 그리고 개구부 가구 등의 실내 구성요소들은 폭, 길이, 높이, 치수와 서로 관계한다. 따라서 한 공간의 비례는 평면, 입면, 단면의 3차원으로 동시에 고려해야 한다.

(2) 통일성unity과 변화감variety

미의 구성요소 중 가장 중요한 것이 통일성이다. 통일성이란 구성체의 각 요소들 간에 이질감이 느껴지지 않고 전체로서 하나와 같은 이미지를 주는 것이다. 그러나 통일성이 지나치게 강조되면 단조로워지기 쉬우므로, 여기에 적절한 변화가 주어져야 한다. 그리고 이 변화는 무질서한 변화가 아니라 통일성의 테두리 속에서 조화롭게 이루어져야 한다. 건축에서는 비단 형태뿐만 아니라 색깔이나 질감 등에 있어서도 유사한 통일성을 얻을 수 있다.

(3) 조화harmony와 대비contrast

조화란 미적 대상을 구성하는 부분과 부분 사이에 질적으로나 양적으로 모순 되는 일이 없이 질서가 잡혀 있는 것을 말한다. 조화의 방법에는 서로 비슷한 요소들을 통해 이루어지는 유사성감類似性感, similarity과 서로 상반되는 요소를 대치시켜 상호간의 특징을 더욱 강조하는 대비對比, contrast가 있다. 건축에서 큰 형태를 강조하기 위해 더욱 작은 형태를 근접시키는 것을 이러한 대비의 기법이다.

(4) 균형감balance

인간의 지각 중 심리적, 물리적으로 가장 중요한 영향을 미치는 것이 균형에 대한 욕구로서, 이는 본능적인 것이다. 따라서 구성체의 부분과 부분 및 부분과 전체 사이에 시각적인 힘의 균형이 잡히면 쾌적한 형태감정을 준다.

| 사진 1 -15 | Clinique hushu / 종킴 디자인 스튜디오

균형을 얻는 가장 손쉬운 방법은 대칭symmetry을 통한 것이지만, 시각구성에서는 대칭보다는 비대칭의 기법을 통하여 균형의 상태를 만드는 것이 구성적으로 더 역동적인 경우가 많다. 옛날 건축물은 대부분 좌우대칭인 정적 균형을 이루고 있지만, 이는 구성상 무리가 오는 경우가 많으며, 현대건축에서는 동적 균형dynamic balance을 택하는 수가 많다.

(5) 리듬rhythm

리듬은 부분과 부분 사이에 시각적으로 강한 힘과 약한 힘이 규칙적으로 연속될 때 나타나는데, 이러한 동적 질서는 활기찬 표정과 함께 시각적 운동감을 준다. 리듬에는 반복repetition, 점층gradation, 억양accentuation 등이 있다.

(6) 강조와 스케일

형태, 색채, 질감, 선들의 주조성과 종속성을 가진 차별되는 요소를 사용하여 흥미의 초점과 중심점을 형성함으로써 실내디자인의 변화와 특성을 부여한다.

실내디자인에서 디자이너는 한 공간 안에서 강조점이나 흥미의 초점으로서 벽난로, 큰책상, 예술작품, 회화적인 창문 혹은 식물과 같은 중요한 특성을 갖는 것을 사용해도 좋지만, 강조되어질 요소는 반드시 조심스럽게 선택되어져야 하며 다른 요소들과 균형을 이루거나 혹은 대조를 이루도록 계획해야 한다.

또한 건축과 실내디자인에서 스케일을 말할 때는 물체의 크기, 환경의 크기를 인체에 비교하는 것이다.

예를 들면, 고대의 피라미드는 인간에게는 거대한 스케일의 구조물이다. 만일 한 피라미드의 크기를 두배로 하고, 그 스케일을 그대로 적용하면 그 크기는 커지지만 그 형태 자체의 비례는 변하지 않으며, 인간의 입장에서 보면 크기가 두배가 되는 피라미드를 보게되는 셈이다.

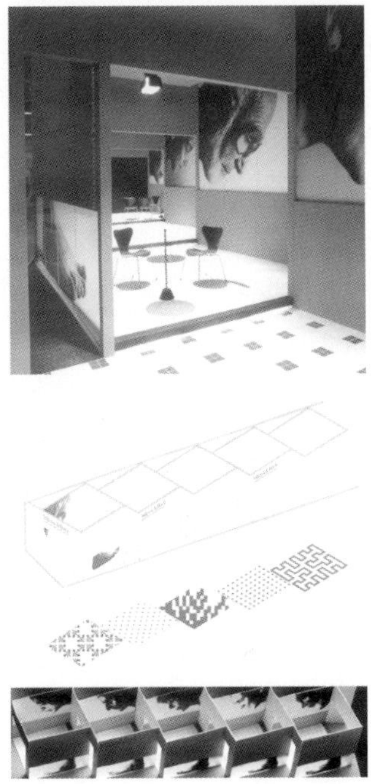

| **사진 1 -16** | Swissbau Fair for Vileroy & Boch AG, Mettlach / Alfred Hablützel, ThomasPetraschke, Basel

4. 2
색Color

색에서는 색을 눈을 통해서 본다는 생리적 특징을 지니고 있다. 그러나 색을 봄으로써 감각을 통해 감정을 일으키므로 이는 심리적인 색의 감정효과이다. 색에 따른 특유의 감정은 사람의 본능, 경험, 연상이 작용하나 색상, 명도, 채도 등의 정도, 지각되는 색의 배경, 색을 비추는 조명의 질, 개인의 나이, 성별, 개성, 문화, 환경조건 등에 따라 좌우되어 색에 대한 서로 다른 여러 감정을 갖게 된다. 이에 대한 색의 감정효과는 한난의 온도감, 운동감, 중량감, 경연감, 주목성 등에 작용한다.

색을 보았을 때, 무엇인가 막연히 떠올리게 되는데 이는 색에 대한 연상작용이다. 색의 연상은 계절, 환경, 경험, 문화, 인종, 기억 등에 따라 다소 다르다. 일반적으로 색의 연상에는 공통성이 있는데, 이를 정리하면 구체적인 것과 추상적인 것으로 구분된다. 이외에도 명도와 채도에 관계하여 명색, 청색은 화려하고 암색과 탁색은 수수한 느낌을 준다. 그리고 난색은 한색보다 화려할 뿐만 아니라 자극하여 흥분을 유발하게 하고, 한색은 마음을 가라앉혀 진정시킨다. 그러나 한색, 난색 모두 채도가 낮아지면 화려함은 물론 흥분감, 진정감도 감소된다.

또한 색의 구성을 살펴보면 둘 혹은 두 가지 이상의 색을 다른 색과 명백히 구별될 수 있도록 표현, 배치하는 것이다. 그 표현은 목적에 맞는 색을 선택하여 배색, 조화를 꾀한다. 수평, 수직, 사선, 원 혹은 이들의 조합된 구도로 구성색의 배치와 면적배분을 적절히 하여 색을 구성한다. 조형적 요소가 있는 색의 구성은 바탕색과 도형색, 배색의 균형, 주조색과 악센트색, 배색의 율동, 배색분리 등이 중요하다.

4. 3
질감Texture

질감이란 물체를 만져보지 않고 눈으로만 보아서도 그 표면의 상태를 알 수 있는 것을 말한다. 건축은 재료의 구성이며, 건축재료의 질감에는 여러 가지가 있다. 단단한 것, 푹신한 것, 매끄러운 것, 거친 것, 투명한 것, 무거워 보이는 것 등 여러 가지의 것을 적절히 배치함으로써 앞에서 설명한 통일감, 변화감, 조화감, 대비감 등의 효과를 얻을 수 있다.

질감에 대한 고려는 실내계획에서 특히 중요한데, 이는 인간의 신체가 일상적으로 접촉하는 곳이기 때문이다. 예를 들어 푹신한 카펫 위의 유리탁자나 거친 벽돌 마감벽 아래에 놓인 카펫 바닥은 질감의 강한 대비를 주어 두 가지 재료의 특질을 더욱 선명하게 강조하지만, 대리석 바닥에 유리탁자를 놓는 경우 등은 두 재료가 상호 반발하여 좋지 않은 경우가 많다. 그리고 질감은 색채와 명암을 동시에 고려했을 때 더욱 큰 효과가 있으며, 특히 광선에 따른 질감의 효과는 매우 중요하다.

5. 실내디자인 관련 응용 디자인

인간은 자연환경 없이는 살 수 없기 때문에 환경은 인간의 삶의 질에 대하여 필수적인 수단적 가치를 가지게 된다. 따라서 우리는 실내환경을 소중하게 다루고 디자인할 중요한 이유를 가진다.

환경과 인간과의 관계는 인간이 환경을 이용하는 것으로 요약될 수 있다. 그러나 실내디자인과 관련 기본 디자인간의 번성과 편리함의 추구가 자연에 대한 돌이킬 수 없는 파괴로 이어지지 않아야 한다. 우리는 자연과 인간 사이의 이중적 관계를 인식하게 된다. 또한 인간과 실내환경을 이해하기 위해서는 인간학과 같은 원초적 이해에서부터 환경심리학과 같은 연구영역, 즉 인간공학, 지각론, 심리학, 행태학에 관련된 광범위한 이해를 해야만 한다.

인간공학은 인간의 작업능력과 그 한계를 알아내고, 이를 인간의 해부학적, 생리학적, 심리학적인 여러 특성에 적용하도록 하는 과학으로서, 인간이 안전하고 효율적으로 인공물들을 사용할 수 있게 디자인하고, 인간의 삶과 작업에 적당한 환경을 조성한다. 우리 주변의 환경에서 인간공학의 적용범위는 매우 넓다. 건축, 실내, 가구, 설비, 기기, 조명 등 인간이 있는 곳은 어느 곳이나 포함된다. 이들의 디자인을 위한 기초 자료로, 요구조건에 대한 체크수단으로 인간공학은 유효하며, 특히 인간의 기능을 요구하는 디자인에서는 중요하다.

종래 디자인의 기능성은 주관적인 직감, 경험에 의존하였으나, 인간공학이라는 새로운 분야가 등장하여 기능을 수량적으로 표시하는 데 유효해졌다. 인간공학은 인간의 신체를 포함한 동작행위에 있어 계측計測, 자료화하여 연구한 결과로 표시되기 때문이다. 따라서 인간공학은 훌륭한 디자인을 위한 기초로서 디자인에 과학적 요소의 도입이라 할 수 있다.

| 사진 1 -17 | VITRA Trade Fair / Dieter Thiel, Basle

실내디자인에 있어 인간공학은 디자이너와 사용자 모두가 만족할 수 있는 실내공간을 위하여 인간의 여러 기능을 수량적으로 파악하여 디자인에 적용한다. 따라서 인간공학은 사용하기 쉽도록 하여 보다 능률적이고 편리하며, 사전에 재해를 방지하여 안전하도록 한다. 그리고 계획 시 치수계획의 지표이며 체크수단이 되어 실내를 이루는 바닥, 벽, 천장, 계단, 문, 창, 난간, 기기, 설비에 이르기까지 전 요소에 적용된다.

5. 1 실내디자인과 인간공학

인체에서 실내건축에 이르는 과정을 인간공학적 측면에서 보면, '인체-의복-인체적 가구-테이블-건축적 가구-창호-실내-건축'의 순이다. 인체적 가구에 준하여 왼쪽에 있는 인체, 의복은 계획의 원점이 인체에 있으며, 건축적 가구의 오른쪽에 있는 창호, 실내, 건축은 바닥면에 있다. 그리고 이들을 잇는 접점의 테이블은 좌골점에 원점이 있다. 인체에 준하여 가구를 분류하면 인체계 가구, 준인체계 가구, 건축계 가구이다. 종래의 가구분류는 형태에 의했지만, 이와 같은 분류는 기능적인 면에서 횡적인 분류라 할 수 있다.

인체계 가구는 의복과 같이 인체와 직접 접촉하여 지지하는 가구로 의자, 침대가 이에 속하며, 준인체계 가구는 물건을 지지하기 위한 것으로 책상, 조리대, 카운터이다. 그리고 건축계 가구는 수납과 차단의 역할을 하는 수납용 가구이다.

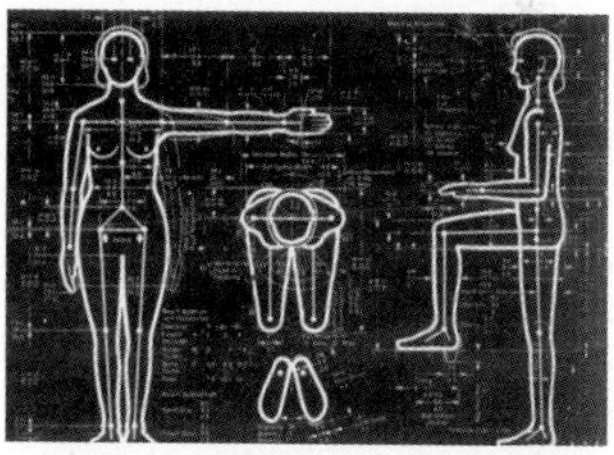

| **사진 1-18** | 시각적 파악이 용이한 크기로 분할되어 있는 휴먼스케일

건축, 실내에서 설계치수의 원점은 모두 바닥 면에서 시작한다. 신체 각 부위의 치수는 발뒤꿈치를 기준으로 하는데, 발뒤꿈치가 바닥 면에 접해 있기 때문이다. 그런데 생활양식에 따라 이 원점을 달라져야 한다. 좌식생활에서는 발뒤꿈치와 앉았을 때 생기는 좌골점 모두가 바닥 면에 있으므로 바닥 면이 원점이 되나, 입식생활에서는 이 두 점이 상이하므로 기능적인 설계가 되도록 이를 고려해야 한다.

5. 2 실내디자인과 감성공학

감성공학기술이란 인간의 감성을 측정한 뒤 과학적으로 분석, 평가하여 이를 제품이나 환경설계에 응용하여 보다 편리하고 안락하게 하여 궁극적으로 인간의 삶을 쾌적하게 하고자 하는 기술을 말한다.

감성공학기술을 이용한 환경설계에서는 우선 인간의 감성을 이해하기 위한 인간의 특성과 감성에 대한 인간공학적 연구가 있어야 하고, 이를 바탕으로 인간의 감성을 측정하는 측정기술 센서의 개발이 필요해지게 된다. 또 여러 가지 기능을 지닌 센서를 상품화하기 위해서는 마이크로 가공기술이 필요하며, 센서에 포착된 감성을 처리하기 위해서는 퍼지기술과 신경회로망기술이 요구된다. 이러한 예술의 과학화를 시도하는 이러한 기술을 이용하여 앞으로는 실내에서 생활하는 사용자의 작업환경개선 등에 효과적으로 이용될 수 있을 것이다. 실사용자들의 피로도를 측정해서 소음, 먼지, 냄새를 자동적으로 조절해 주고 쉬게 하며, 사무근무자에게는 스트레스에 따른 기분상태를 체크해 조명을 조절하고, 기계적으로 처리된 장식벽을 이용하여 분위기를 바꾸어 줌과 동시에 창문이 열리면서 환기가 되고, 음악과 함께 자율적으로 분위기 조절을 할 수 있다. 2000년대 우리 생활환경을 바꾸어 놓을 감성공학기술에 우리 실내디자이너들은 깊은 관심을 갖고 분야별 필요한 연구에 참여해야 할 것이다.

5. 3
실내디자인과 환경 형태디자인

실내디자인의 구성요소에 물리적, 사회적, 심리적 경향의 복잡한 상호작용으로 나타난다. 바람직한 실내환경을 형성하기 위해서는 먼저 인간과 환경 사이의 상호작용을 통하여 형성된 실존적 공간에서 인간 개체 및 집단이 사용하는 현상구조를 분석한 공간성을 파악해야 한다. 실내공간은 대상 그 자체, 건물 자체에 의해 경험할 수 있는 공간이며, 지각할 수 있는 대상이 되는 공간이다.

지각은 관찰자라는 경험의 주체와 밀접한 관계를 가진다. 공간지각 개념에 대한 고찰은 형태, 공간의 여러 관계를 통한 다양한 변화를 지각작용과 상관하여 설명하는 데 유용하다.

이것은 공간을 이루는 여러 요소와 결합하여 실내공간에 대한 이해를 좀더 효과적으로 할 수 있는 방법으로서 공간의 성격을 논리적으로 파악하고 구체화시키는 근거가 된다.

공간은 물리적 환경을 지각하는 데 있어서 주로 감각경험에 의한 방법으로 2차원적 공간형태에서 구성법칙을 전개한 게슈탈트Gestalt이론과 3차원의 시각 세계에 관심을 둔 깁슨J.J Gibson의 이론을 배경으로 하여 시지각 작용과 관찰자 자체의 운동감을 결부시켜 역동성을 인식하는 과정을 설명하고 있다.

공간을 지각하는 것은 관찰자가 어느 한 위치, 즉 관점에서 주변을 바라보는 것에서 시작된다. 또한, 공간지각은 어떤 시점에서 본 대상물 사이의 위치적인 관련성을 포함하고 있으며, 공간은 연속적으로 경험되는 모든 점들 사이의 관계의 총합으로서 지각하는 자와 지각되는 점 사이의 상호관계에 의존한다. 이러한 시각적 이미지는 실내환경을 지각하는 데 있어서 가장 중요한 것이며, 경험을 통한 이미지의 축적으로 내부공간의 형태를 규정하게 된다.

실제의 건축공간 경험에서 공간과 공간 사이는 근본적으로 연속성을 가지게 되는데, 시각과 운동감의 연속성, 방향성, 정지 등으로 나타날 수 있다.

그리고 흔히 실내디자인은 조형적 예술성만을 강조한 나머지 시지각적으로만 접근하여 정의를 내리게 되는데, 이는 자칫하면 디자인의 궁극적인 목표를 잊어버리게 함으로써 내면적 정의를 상실하게 될 수 있다.

5. 4
실내디자인과 유니버셜 디자인

유니버설 디자인은 첫째, 경제적이다. 각 개인은 나름대로의 방식으로 자기의 장애를 관리하기 때문에 유니버설 디자인은 한 개인의 장애만을 위해 상품과 환경을 만드는 데 초점을 둔 것이 아니라, 오히려 특정 상품이 아닌 기존 상품을 활용하여 다른 방식으로 유용화시키고 그런 상품이 모든 사람에게 유익한 것이 될 수 있도록 표준화시키는 것에 초점을 둔다. 휠체어와 보족기 사용자들의 접근성뿐만 아니라 건축가, 디자이너와 생산자들의 시간과 돈이 절약되기 때문에, 여기서 문폭의 표준화(91.4cm)에 대한 요구가 생기게 된다. 문의 폭이 넓으면 출입문을 통해 가구를 옮기기에도 편리하다. 가정에서 가장 좁은 문은 욕실문으로, 초기 건축가들은 가구를 욕실로 옮기는 사람은 없을 것이라고 생각했기 때문이다. 더 많은 사람들이 휠체어와 보족기를 사용하고 그에 따라 욕실로 가는 폭넓은 접근성이 필요함에도 불구하고, 불행히도 이 기준은 여전히 남아 있다. 들것(스트레처)이 요구되는 비상 서비스를 필요로 하는 사람의 경우 방 출입 시 들것을 돌릴 수 없는 좁은 통로로 인해 심하게 방해를 받게 된다. 유니버설 디자인은 둘째, 심미적으로 즐거움을 가져다 준다. 유니버설 디자인의 상품과 환경은 일반적인 것과 다르지 않다. 그러나 "특별한 요구"조건을 충족시키기 위해 그 동안 디자이너는 외관에 거의 신경을 쓰지 않았고, 그래서 어떤 장애를 가진 사람들은 시설 분위기가 나는 상품 속에서 지내게 한 것이 사실이다. 심미적으로 쾌적한 환경을 요구하는 개인적인 요구와는 상관없이, 상품 그 자체가 장애인들에게 호감을 주지 못함으로써 문제를 증폭시키고 있다. 반면, 유니버설 디자인은 대부분의 사람들이 이미 사용하고 있는 상품을 사용하거나 모든 사람에게 즐거움을 주는 상품을 만든다. 마지막으로 유니버설 디자인은 시장성이 있다. 수백만 명의 미국인들은 유니버설 디자인이 제공하는 것을 구매하기 원한다. 베이비붐 세대가 변함에 따라 그 세대가 돈을 소비하는 주된 소비자군으로 변하고 있다. 베이비붐 세대가 그 자녀를 갖게 되었을때, 많은 돈을 아이를 위한 상품을 구매하는 데 사용하였다. 그리고 베이비붐 세대가 노년기에 접어들었을 때, 자신의 독립생활을 유지해 줄 수 있는 상품과 환경에 많은 돈을 소비할 것이다. ADA는 수백만 명의 장애인들을 위해 완전한 생활양식을 영위할 수 있도록 접근성을 제공해 주도록 하는 기회를 주고 있기 때문에 이 사실이 또 다른 중요한 마케팅 고려사항이 된다. ADA는 지원적인 제품과 접근 가능한 환경을 제공해 줌으로써 환경에 적응해야 할 수백만 사람들을 직장으로 복귀시킬 것이다. 그리고 이들을 음식점, 식료품 가게, 극장 등과 같은 일반 사회생활 속으로 끌어들일 것이다. 실질적으로 모든 경영주나 서비스 종사자들은 유니버설 디자인을 사용하여 이러한 사람들에게 접근 가능한 실내환경디자인을 어떻게 하면 만들 수 있는가를 고려해야만 한다.

5. 5 실내디자인과 그린디자인

1970년대 초 석유파동을 계기로 서구사회의 고도 경제성장에 대한 한계를 인식하게 되면서 새로운 건축적 대안으로 환경친화적 건축성향이 나타나게 되었다.

이로써 그린 디자인, 환경친화형 건축, 생태건축Oklogisches Bauen 등의 용어가 부각되었고, 현대의 환경친화적 건축 경향은 자연에 대한 향수에서 출발한 일시적 현상이 아니라 극단적 기술문명 지향의 현대건축이 야기한 환경문제를 해결하려는 동시대적 대안으로 파악할 수 있으며 분명한 역사적 맥락을 지니고 있다.

환경을 고려한 미래지향적 대안건축으로서의 대표적인 성공 사례로는 독일의 생태건축Oklogisches Bauen과 일본의 환경공생주택環境共生住宅을 들 수 있다. 이들은 70년대 후반부터 전세계적으로 대두되기 시작한 환경보전을 기본개념으로 하는 다양한 건축운동, 즉 '생물건축Bio-Architecture'이나 '녹색건축Green Architecture', '기후 순응형 건축Bio climatic Architecture', '대안 건축Alternatives Bauen' 등과 맥락을 같이 하고 있으며, 이러한 다양한 건축 경향의 근간을 이루거나 혹은 다양한 경향을 종합한 대표적인 환경친화적 건축의 개념이라 할 수 있다.

이러한 환경친화형 건축의 대표적인 특징은 자원과 에너지의 생태적 이용, 자연환경과의 조화, 거주자의 진정한 주생활의 추구 등이며 독일에서 태동한 생태건축을 비롯하여 일본의 환경공생주택은 이후의 여러 가지 환경친화적 건축운동의 선도적 역할을 하고 있으며 구체적인 모델로 작용하고 있다. 따라서 그린디자인은 원칙적으로 실내공간에서도 적용되어져야 하며 실내공간의 인간화 디자인에 필수적 여건으로 작용되어져야 하기 때문이다. 이는 인간을 위한 원천적인 문제가 되기 때문이다.

6. 실내공간의 규모 및 치수 산정

실내계획에 있어 규모 및 치수산정은 인체치수를 기본으로 하되 인간의 생리적, 심리적 측면을 고려하고, 생활과 공간의 대응이라는 측면에서 생활상의 요구를 양적으로 파악하여 계획대상에 대해 공간과 물품 사용에 적합하도록 적절한 치수체계 및 규모를 산정해야 한다.

6. 1
규모 계획

규모계획의 접근방법은 크게 빌드 업build up과 분할break down 방식으로 구분된다. 전자는 동작 행위에 따른 인체치수, 활동면적, 물품치수, 가구치수 및 배치의 면적 등을 합하여 소요면적이나 단위공간의 크기를 정하거나, 각 단위공간의 면적 및 필요한 규모를 쌓아서 전체 규모를 산정하는 방법이다. 그리고 후자는 우선 전체규모를 정하고, 이것에 가구 배치의 면적, 단위공간을 비롯하여 필요한 제부분의 면적으로 배분하는 오픈 플랜open plan적 방법이다. 이는 후에 적절한 기능의 충족여부를 검토하여 공간의 부족, 낭비 등에 대한 평가가 필요하다.

규모의 결정은 주관적인 판단에 의해 이루어지는 것이 아니라 보다 기능적이고 합리적인 디자인이 되기 위해 공간의 감각적 크기를 고려한 객관적 자료를 근거로 한다. 이때 종래의 실례에서 공간의 사용목적에 따른 실, 사용자, 가구 등의 수량적인 측면과 소요면적의 관계를 파악한다. 정하는 수량에 대해 적절하다고 생각되는 면적을 구하여 규모 및 치수 체계를 파악된 결과로 체크하는 것이 바람직하다.

계획대상이 이용목적을 갖는 시설일 경우 규모는 바닥면적, 수용능력, 처리능력으로 표현된다. 해당하는 시설 이용자에게 어느 정도의 서비스를 제공하는가의 처리능력에 따라 수용능력, 바닥면적이 결정된다.

그 결정 순서를 구체적으로 살펴보면 다음과 같다.

① 시설이용의 수요정도, 즉 잠재적인 이용자수가 어느 정도인가를 파악한다.
② 수요가 실제에 어떠한 빈도를 발생하는가를 파악한다.
③ 이용자의 시설 이용시간을 파악한다.
④ 시설의 이용자가 만원일 때 다음에 도착하는 이용자가 어떠한 행동을 취하는가를 조사한다.

⑤ 어느 정도의 이용자가 시설을 얼마나 원활하게 이용하면 바람직할 것인가의 처리능력을 예상, 결정한다. 이 결정사항은 시설운영을 좌우하며, 상업공간의 경우 경영의 이익에 영향을 미치므로 중요하다.

⑥ 결정사항을 근거로 하여 수용능력, 바닥면적 등 적절한 시설의 규모를 결정한다. 실내의 시설은 이용자와 서비스 제공자의 조건을 고려하여 이용자의 경우 기다림 없이 바로 시설을 이용할 수 있도록 하고, 서비스 제공자는 드물게 일어나는 혼잡 때문에 커다란 시설을 준비하느라고 과대한 투자를 하지 않도록 한다. 즉 이용자의 시간적 변동이나 단독, 그룹 등의 이용자의 유형, 시설 이용시간의 분포를 고려하여 시설이 원활하게 운용되도록 적절한 규모를 결정한다. 이때 해당시설을 동시에 이용할 수 있는 사람이나 물품의 수용능력을 수량적으로 표시하며, 해당시설에 대해 구체적인 치수나 면적으로 표시한다. 단순히 규모상의 배려에서 시작하여 인체치수, 건축부품의 치수, 가구나 시설물의 치수 등으로 점차 세부적으로 치수를 정해 가면서 치수계획은 발전, 전개된다.

6. 2 치수계획

치수계획은 생활과 물품, 공간과의 적정한 상호관계를 만족시키는 치수체계를 구하는 과정이다. 바닥, 벽, 천장, 개구부, 구조체, 설비뿐만 아니라 가구, 설치물 등 각종 실내공간 구성요소들의 크기를 정한다. 정해진 크기의 치수체계는 실의 넓이와 형상을 규정지을 뿐만 아니라 생활에 규제를 가하고, 행동을 유도하며, 인간의 심리적 정서적인 반응을 유발시킨다.

치수로 정해지는 크기는 다음과 같이 여러 가지 표시된다.

① 넓이, 즉 면적이다. 그런데 평면의 형태는 사용에 영향을 미치는 것을 고려한다.

② 크기는 면적뿐만 아니라 높이를 갖는 용적이다.

③ 절대치가 아니라 공간을 사용하는 사람의 1인당 넓이나 용적으로 파악된다. 예를 들어 복도의 단면에서 폭과 넓이는 통행하는 사람의 수, 보행상태 등 동선에 따라 결정된다. 또한 치수는 시설과 지점간의 거리, 사람과 시설, 지점 사이의 거리 등 위치를 규정한다.

치수계획은 규모계획과 같이 공간에 대응한 생활을 양적인 측면으로 다루므로 동시적으로 또는 연속적으로 진행된다. 따라서 합리적인 규모계획의 결과는 적절히 치수화 되어 공간을 다차원적으로 표현한다.

(1) 치수의 규정요인

치수를 규정하는 요인은 행동적, 환경적, 기술적, 사회 경제적 조건이다.

우선 행동적 조건은 생활행위에 의해 형성되는 기능적 조건으로 인체치수, 생활행위를 위한 동작치수이다. 이때 생리적, 심리적인 측면을 고려한 치수이어야 한다. 환경적 조건은 자연과 같은 외적 환경, 인공설비에 의한 실내환경이나 인간이 생리적 심리적 사회적으로 필요로 하는 조건이다. 빛, 열, 소리, 증기, 물, 외력(지진, 바람) 등의 환경공학적 측면을 고려한 것으로 특히 건축 구성재의 성능에 관계하며, 구성재의 단면치수 결정에 크게 영향을 미친다. 기술적 조건은 구성재의 운반, 생산, 조립 등 구축적 조건이다. 그리고 사회 경제적 조건은 상업공간과 같은 영리시설의 경우 공간효율의 극대화를 기본으로 규모 치수계획을 하는 것과 같이 시설의 경영, 관리, 시설비, 유지비 등의 조건에 의한 치수 규정이다.

| **사진 1 -20** | Kallis House / R. M. Schindler

(2) 적정치수의 결정

규모 및 치수계획의 궁극적 목표는 물품, 공간 또는 세부부분에 필요한 적정치수를 결정하기 위함이다. 적정치수를 설정하는 방법은 최소치 $+\alpha$, 최대치 $-\alpha$, 목표치 $\pm\alpha$로 이때 α는 적정치수를 끌어내기 위한 여유치수이다.

최소치 $+\alpha$방법은 치수계획의 기본으로 문, 창 등의 개구부의 높이, 천장고 등 단위 공간 또는 구성재의 크기를 정할 때 사용하는 방법이다. 공간이나 구성재의 기능이 충족되는 최소치를 구하고, 여기에 여유치수 α를 합하여 적정치수를 구한다.

한편 치수가 어느 한도 이상이 되면 생활의 동작이나 행위가 불가능하게 되므로 이 상한의 치수가 최대치이다. 최대치 $-\alpha$ 방법은 이 최대치에서 여유치수를 감하여 적정치수를 구한다. 예를 들면, 계단의 높이, 수납공간에서 손발이 닿는 범위의 유효거리, 인간 상호 간 대화가 가능한 거리 등이다.

목표치 $\pm\alpha$방법은 설계자나 사용자의 판단으로 어느 목표치를 설정하고 그 효과를 타진하면서 치수를 조정하는 방법이다. 설계에서 가장 많이 사용된다. 치수의 대략적인 크기를 미리 종래의 사례, 법적 기준, 관용치수, 모듈에 의해 가정하고, 설계가 진전됨에 따라 수정, 조정하여 최적치를 구한다. 이 때 인간 행동면에서 생리학, 심리학, 인간공학 등 환경심리의 연구결과가 기초로 적용되거나 검증의 자료로서 사용된다.

6. 3
동작공간과 단위공간

실내에서의 어떤 생활행위는 하나 또는 몇 개의 동작이 연결된 일련의 움직임으로 파악될 수 있는데, 이를 동작영역이라 한다. 생활에 필요한 공간크기는 필요한 동작영역을 짜 맞추어 결정할 수 있다.

동작영역의 크기는 앉은키의 높이, 신장 등의 인체치수를 기본으로 결정되며, 동적인 인체치수가 곧 동작치수이다. 또한 인체치수에 몸이나 팔, 다리의 움직임을 합한 것을 작업역이라 한다. 이 작업역에 도구나 치수를 합하면 인간의 동작에 필요한 영역이 형성되는데, 이를 동작공간이라 한다. 그런데 동작공간은 부정형이기에 실내계획에서는 취급하기 어려우므로 필요한 제 크기를 구하여 공간량으로 취급한다. 동작공간에는 작업역이 포함되므로 행위에 필요한 도구나 가구의 크기가 합해져 구해진다. 예를 들면, 문이 달린 옷장의 경우 문을 열기 위한 공간을 포함시켜야 한다.

일반적으로 몇 개의 연관된 동작공간이 같은 장소에 근접, 집합하여 생활행위의 장으로서 특정 목적을 가진 실내를 형성한다. 침실의 경우 침대에서의 취침과 갱의, 화장 등의 행위에 따른 몇 개의 동작공간이 적절한 위치로 배치되고, 이들을 합해 공간의 크기를 구한다. 이때 구해진 생활행위의 공간이 단위공간이다. 단위공간은 복수의 동작공간이 집합, 적절히 배치되어 목적하는 생활행위가 기능적으로 이루어질 수 있도록 해야 한다.

동작공간이나 단위공간의 크기는 설계에 대한 경험이 축적되면 감각적으로 숙달될 수 있으나, 인체치수, 작업역, 동작공간의 크기는 계획 시마다 사용자의 조건과 기존의 실을 실측, 확인하여 결정한다.

| **사진 1 -21** | Home Office / Dale Loth

7. 실내디자인의 요소

실내를 구성하는 요소를 살펴보면 실내공간 그 자체를 이루게 하는 쉘터의 표면과 그에 의해 에워싸인 실내공간에서 생활을 영위하게 하는 장치와 설비들이다. 이 요소들은 심리적, 심미적 요소들과 함께 디자이너의 사상과 개성에 따라 디자인이 전개된다. 따라서 실내디자인의 제요소는 자연으로부터 보호라는 역할을 하고 실내공간을 구축構築하는 실내 기본요소와 실내에서 보다 편리하고 안락한 생활을 하게 하고 공간의 분위기를 형성하는 요소인 가구, 조명, 색채, 마감 재료, 실내조경, 액세서리, 디스플레이 등으로 크게 나눌 수 있다.

7. 1
실내 기본요소

실내 기본요소는 내부공간을 한정, 구획하고 에워싸는 바닥, 벽, 천장과 공간에서의 움직임을 가능케 하는 개구부 및 통로공간 그리고 실내공간 그 자체이다.

실내디자인에 있어 내부공간을 나타내는 평면은 넓이가 아닌 체적으로서의 넓이이므로 단면, 입면 등의 표현 수단을 통해 종합적으로 볼륨감과 스케일감을 가진 공간으로 취급하고, 건축적인 이해가 우선해야 함이 기본이다. 바닥, 벽, 천장은 실내공간을 형성하는 주요

기본 구성 요소로서 인간의 감각 중 시각적, 촉각적 요소와 관계가 밀접하다. 바닥은 천장과 함께 공간을 구성하는 수평적 요소로서 생활을 지탱하는 가장 기본적인 요소이다.

7. 2
실내재료

실내를 구성하는 바닥, 벽, 천장, 가구, 조명 등 모든 요소들은 재료의 종류도 다양하며 그 재질이 갖고 있는 특성이나 재질감도 다르다. 실내디자인에 있어 마감재료는 다른 여러 요소들의 특성을 통합하여 공간의 성격과 분위기를 형성하는 중요 요소의 하나이다.

| **사진 1 -22** | Kuishi To Cook / 종킴 디자인 스튜디오

특히 바닥, 벽, 천장을 최종적으로 마감하는 재료는 공간의 사용목적 및 사용자의 유형에 따라 재료의 물리적 특성을 고려하여 결정한다. 실내 재료는 디자인의 전개에 따라 심미적, 장식적 역할을 하게 되므로 실내를 치장하는 내장재內裝材라고도 한다.

재료는 각기 고유한 색채, 재질감, 물리적, 화학적 특성을 갖고 있다. 특히 재질감, 즉 텍스처texture는 표면에서 느끼는 감촉으로 거칠음과 매끈함, 따뜻함과 차가움, 광택의 유무, 투명도의 고저高低 등으로 표현된다. 그리고 재료의 물리적 특성은 열, 물, 음, 힘, 먼지 등 화학적 요인에 의해 재료가 반응하는 정도로 내열성, 단열성, 내수성, 방음성, 강도, 탄력성, 방오성 등으로 표시된다.

7. 3
가구

| 사진 1 -23 | 국제갤러리 레스토랑 / 태오양

실내공간에서 가구는 인간과 건축물을 연결하는 요소의 하나로서, 신체를 지지하여 휴식, 작업 등의 행위를 보다 안락하며 편리하고 능률적으로 행하게 하는 인간생활 행위의 수단이다. 또한 생활에 필요한 여러 물품 등을 보관, 정리, 진열하는 수납의 기능을 가지며, 실내 장식적 요소로도 작용하여 미적 효과를 증대시켜 준다. 실내에 어떠한 종류의 가구가 놓이느냐에 따라서 공간의 성격이 규정되며, 생활의 양식이 표현되고, 사용자의 신분, 지위를 나타내기도 한다. 그 외에도 가구는 그 형상 배치에 따라 행동을 규정 제약하므로 어느 정도 환경을 수정할 수 있다. 가구 자체가 가진 크기, 형태, 밀도, 배치 등에 따라 직접적으로 내부공간의 질을 결정하므로 공간, 사용자, 생활, 가구 등의 상호간에 적절한 관계가 유지되어야 한다.

7. 4
조명

실내에서의 조명은 개구부를 통한 실내 채광의 자연조명과, 인공적인 발광체인 광원으로 공간에 빛을 제공하는 인공조명으로 구분된다. 조명은 공간에 빛이라는 매개수단으로 양적, 질적의 효과적인 배분을 하기 위한 조명방식 내지는 조명기구를 사용하여 공간을 연출하는 것이다. 양적인 조명은 적정조도를 부여하고, 질적으로 각종 광원들의 스펙트럼 구성에 따른 빛의 내용을 파악하여 효율적인 공간연출의 매개수단이 되도록 한다.

따라서 공간 내에서의 조명은 물체의 형태를 결정, 지각하게 하고 실내에서 쾌적한 활동을 할 수 있도록 각 장소에 따라 일정량의 조도가 요구되는 기능적 조명이어야 한다. 또한 색, 질감을 돋보이게 하고, 생리적, 심리적으로 인간의 감정적 행위에 영향을 미치고, 공간의 분위기를 좌우하는 장식적 조명으로서의 역할도 한다.

7. 5
색채

어떤 물체를 볼 때 형태에 앞서 색채는 사람의 마음을 끌어당겨 물체를 인식시켜 먼저 지각된다. 그러므로 가장 강하고 빠른 감각을 전달시킬 수 있다. 색은 사람들에게 심리적 작용을 하여 감정 효과를 일으킨다. 또한 지위, 계급, 행사, 직업 등에 따른 상징성을 가지고 있으나, 이는 문화나 민족의 특성에 따라 각기 다르다.

환경에 있어서 색은 영향을 주고받는다. 즉, 색에 대한 지각은 조명, 주변의 색, 질감, 반사정도, 색을 칠한 부분의 크기 등과 같은 많은 요인에 의해 영향을 받는다. 이들 요인을 고려하여 적절한 색채계획을 함으로써 심리적 안정감을 주고 공간의 효과를 높여 보다 쾌적한 생활환경을 창조한다. 실내에 있어서의 색은 사용자의 유형, 취향, 생활패턴과 공간의 유형과 성격, 실의 용도를 고려하여 선택한다. 특히 색은 전체의 분위기를 지배하는 최종적 마무리 요소이므로 색의 기본적 속성요소를 이해하고 색채간의 조화를 꾀하여 효과적인 계획이 되도록 한다.

| **사진 1 -24** | 미술관의 무채색 사용은 공간감뿐만 아니라 색채가 회화에 미치는 혼색효과를 제어하기 위함이다.
/ White Cube Gallery, London
/ Casper Mueller Kneer

7. 6
실내조경

실내조경은 실내에 물, 식물, 돌 등의 자연적 소재를 도입하여 인공적인 실내 환경의 경직성을 순화시켜 줌으로써 더욱 쾌적하고 친밀한 실내분위기를 조성하고, 디자인의 아이덴티티identity를 더해 준다. 더욱이 자연물로 인한 시각적 효과와 함께

| 사진 1 -25 | SK매직 브랜드 숍 / 디자인 다나함

안정되고 활기 있는 심리적 효과까지도 기대할 수 있다.

실내디자인 전개에 따라 식물을 다양하게 도입할 수 있는데, 이때 실내공간의 크기, 형태, 마감재료 계획, 색채계획, 조명계획 등이 함께 고려되어야 한다. 식물은 종류, 나이, 상태, 성장률, 쾌적성장조건, 개화開花시기 등의 성장적 측면과 함께 미적, 심리적, 기능적, 성장적 측면을 종합적으로 고려하여 결정한다.

| 사진 1 -26 | 경주국립박물관 / 태오양

7. 7
액세서리Accessory

액세서리accessory는 실내를 구성하고 있는 여러 가지 요소들을 조합, 연출해 나가는 과정에서 기능적인 측면보다 시각적인 효과를 강조하는 장식적인 것을 말한다.

즉 건축물과 가구를 보완하고, 바닥, 벽, 천장을 자연스럽게 이어 실내에 활력과 즐거움을 부여하며, 리듬과 짜임새 있는 공간구성으로 연결시킨다. 또한 전체공간에 있어 주된 포인트나 부수적인 악센트를 강조하며, 통일된 분위기와 예술적 세련미를 주어 개성의 표현, 미적 충족과 극적인 효과를 끌어내는 역할을 한다.

액세서리는 디자인의 의도, 주제, 크기, 재질감, 색채, 표현방법, 그리고 내부공간과의 성격, 크기, 마감재료, 색채 등을 고려하여 그 종류를 선정하여야 한다. 아울러 액세서리 유형에 따른 디스플레이, 조명 등을 고려한다.

7. 8
디스플레이Display

디스플레이란 보여주는 그 자체의 행위가 본질이 되어, 공간을 구성하는 모든 시각적 요소를 계획적으로 전시하여 공간의 메시지를 시각화하는 작업의 기술적 표현방법이다. 상점에서의 디스플레이는 고객의 자유로운 구매 욕구를 통하여 판매하고자 하는 판매자의 입장과 물건을 구입하고자 하는 고객의 욕망을 전달시켜 주는 수단이다.

디스플레이의 가장 기본이 되는 원칙은 '보기 쉬워야 한다'는 점과 '사기 쉽도록 해야 한다'는 점이다. 즉 고객의 입장에서 얼마나 선택하기 쉬운 장소에 진열되어 있는가이다. 디스플레이 되는 상품은 신중하게 선택할 수 있도록 고객의 시선과 동작을 고려하여 상품의 명확한 소개를 꾀하며, 합리적인 상품진열이 되도록 한다. 또한 상징성, 입체감, 악센트를 주고 종류별, 그룹별 배치를 한다. 전체적으로 통일된 조화를 꾀하며, 너무 혼잡스럽지 않도록 하되 공간의 여백도 배경으로서 중요하게 처리되어야 한다.

디스플레이는 상점 전면의 쇼윈도를 포함한 내외부공간에서 이루어진다. 그 유형은 상점 외부 디스플레이, 쇼윈도 디스플레이, 상점 내부 디스플레이로 나누어진다.

(1) 상점 외부 디스플레이

사인Sign으로서의 간판이나 파사드facade는 상점 외부 디스플레이의 대표로서, 도시 환경미화의 요소이면서 상점의 이미지를 나타내야 한다. 즉 상점이 위치한 지역의 전체적인 분위기와 인접한 건물과 상점 외부 디스플레이가 조화를 이루어야 한다. 상점 외부 디스플레이는 고객을 유치하는 강렬한 수단으로, 고객에게 첫인상과 함께 상점의 격이나 영업방침, 상점 이미지 형성에 중요한 기능을 발휘해야 한다. 형태, 색채, 구조 등 디자인의 시각적 제요소들은 상징적이면서 통일, 조화되도록 한다.

| **사진 1 -27** | 신사동 설화수 플래그십 스토어 / Facade, Neri & Hu

(2) 쇼윈도 디스플레이show window display

쇼윈도 디스플레이는 거리의 경관을 형성하고, 상품, 상점, 시기, 행사, 생활에 대한 정보를 전달한다. 투명한 유리의 스크린으로 통행인들은 부담 없이 자유롭게 그 상점을 감상, 아이쇼핑eye shopping을 즐길 수 있다. 이들의 눈과 마음을 사로잡아 흥미를 일으켜 상점 내부로 유인하여 구매행동에까지 연결되도록 한다. 또한 상점의 내부로 들어오기 전 고객은 새로운 상품, 유행에 대한 정보를 얻는다. 따라서 순간적으로 사람의 눈을 끌게 하는 기발함, 새로움, 호기심을 유발시키는 신비로움과 친숙함이 있어 설득력 있는 디스플레이가 되도록 한다.

(3) 상점 내부 디스플레이

상점 내부 디스플레이는 스테이지stage, 벽면 쇼케이스show case, 행거hanger 등에서 이루어진다.

| 사진 1 -28 | 신사동 설화수 플래그십 스토어 / Facade, Neri & Hu

8. 실내디자인의 전개process

실내디자인은 설계대상의 각 공간에 주어진 조건을 파악하고 기능과 목적을 설정하여 그 대상을 실체화시키는 공통의 프로세스process과정을 거쳐 완성에 이르게 된다. 따라서 실내디자인 전개는 분석, 종합, 평가에서 공간과 그 설치물, 그리고 사용자와 디자이너와의 커뮤니케이션communication으로 진행되는 단계로 특징지어지는 의사결정 과정이다. 이 과정은 추상적이고 일반적인 것으로부터 구체적이고 특별한 것으로, 개념적 과정에서 물리적 과정으로 전개 진행되며 각 과정의 각 단계마다 피드 백feed back되는 성격을 갖는다.

실내디자인은 아무것도 없는 무無의 상황에서 갑자기 디자이너의 머리에서 발상되는 아이디어적인 전개이기보다는 인간과 공간과의 보다 친밀한 커뮤니케이션을 위한 전개이다. 따라서 전제가 되는 여러 조건과 실내디자인의 제요소들을 질서화, 종합화, 구성화, 창조화시켜 점차 구체적인 것으로 구상되어 가는 과정의 전개가 중요하다.

8. 1
실내디자인의 프로세스

실내디자인은 목표지향, 목표결정, 문제해결 등의 여러 행위인 계획 및 설계의 과정을 포함할 뿐만 아니라 완성된 결과물에 이르기 위한 전 과정을 포함한다. 즉 의뢰인client과의 타협, 설계대상에 대한 조사 및 설계에 필요한 자료수집, 도면 및 모형제작, 문서작성, 도면대로 시공이 행해지고 있는가의 확인 감리를 포함한다. 그리고 더 나아가 완성된 결과물에 대한 사용자의 평가까지도 실내디자인 프로세스에 포함시켜 디자이너 개인의 발전뿐만 아니라 차기 프로젝트에 반영, 보완함으로써 보다 나은 디자인을 위한 접근을 앞당길 수 있다. 따라서 실내디자인은 기획-설계나 계획-설계 감리-평가의 프로세스 과정을 갖는다. 설계와 계획을 좀 더 구체화시키면 조건파악-기본계획 또는 기본설계-실시설계의 과정으로 세분화된다.

기획이란 실내디자이너나 의뢰인이 공간의 사용목적, 예산 등을 종합적으로 검토하여 설계에 대한 희망, 요구사항을 정하는 작업으로 완성 후 운영에 이르기까지 예견하여 운영방법, 경영의 타당성까지 기획에 포함된다. 특히 상업 공간의 실내계획에 있어서는 생활의 발전에 다른 라이프스타일life style의 전환으로 기획이 곧 이익과 직결된다.

계획에서 기획은 차지하는 비중이 커 기획의 결정이 곧 디자인의 결정으로 연결된다. 즉 기획을 생각하는 것이 디자인을 하는 것이고, 디자인을 생각하는 것이 기획을 하는 것이라 할 수 있다.

계획과 설계는 뚜렷한 차이는 없으나 계획은 어느 정도 추상적이고 개념적인 과정으로서 디자인의 목적을 명확히 하고 운영, 예산을 준비하는 등 기획에 치중한다. 반면, 설계는 구체적이고 세부적인 검토를 하여 시공자, 제작자에게 만들 수 있도록 지시하는 실제적인 과정이다.

설계는 계획의 전개로서 설계자를 중심으로 한 과정이고 또한 인간의 요구에 부응하는 공간을 구체화하여 제안하는 과정 가운데 하나이다. 설계자는 계획에서 시공에 이르기까지의 여러 요구나 조건을 파악, 대응하고 종합하여 프로세스를 진행하면서 하나의 구체적이고 실제적인 공간으로 제안하여 계획안을 완성한다. 그런데 설계는 의뢰인의 요구를 그대로 반영하여 구체화시키는 것이 아니라 의뢰인의 요구를 충분히 파악하여 그에 응함과 동시에 구체적인 디자인으로서 자신의 개성을 주장해야 한다.

설계는 기본계획과 실시설계로 구분된다. 기본계획은 기획에서 나타난 요구사항과 내부적, 외부적 요구사항의 계획조건파악에 의거하여 기본개념과 제한요소를 설정하여 기본구상을 진행한다. 기본계획은 단위공간별 분위기를 설정하여 계획안 전체의 기본이 되는 형태, 기능, 마감재료 등을 도면이나 스케치, 다이어그램 등으로 표현한다. 이때 하나의 안이 아닌 여러 개의 대안들이 제시되는데, 이 대안에 대해 아울러 스터디 모델링study modeling작업이 이루어지면서 계획 평가 기준에 의해 평가되고 체크리스트check list에 의해 재확인, 조정되며 전체 공간과의 조화를 이루도록 한다. 또한 의뢰인의 요구조건에 일치되었는지를 확인하고 대안에 대한 승인과 타협 등이 이루어져 일치된 하나의 안에 도달하여 제시하는데, 이것이 결정안이다. 이 결정안은 전체 계획안에 대한 기본적인 틀로서 개념, 이미지 등 디자인 전개 방향의 기본이 된다. 이후 계획은 보다 세밀하고 세부적이며 전체와 통합되면서 평면계획, 천장계획, 입면계획, 재료마감계획, 색채계획, 가구배치계획 등이 병행하여 진행된다.

이들이 진행됨에 따라 기본 계획은 점차 구체화되어 도면작업 등의 기본설계로 성격이 변화한다. 다른 요구조건이나 제약 조건에 의해 결정안은 다소 변경될 수 있으나 기본 방향은 바뀌지 아니하여야 하며, 그 변화가 클 경우 디자이너는 의뢰인을 설득하여 본래의 디자인 개념이 제대로 발휘되도록 노력해야 한다.

| **사진 1 -29** | Philosophy Boutique / David Ling

| 사진 1 -30 | Incense Shop

다음 단계로 결정안에 대해 도면화 작업이 이루어져 기본 설계도가 작성되는데 평면도, 천장도, 입면도, 단면도, 실내 전개도, 가구 배치도, 재료 마감표 등이 기본 설계도이다. 그리고 의뢰인에게 디자인에 대한 확신과 신뢰를 주기 위해 보다 세밀한 모델링modeling이 제시되는데 이는 모델, 투시도, 아이소메트릭isometric, 엑소노메트릭axonometric 등으로 완성된 결과물에 보다 가깝게 표현되어 완성 후를 예측, 상상할 수 있게 한다. 이 단계에서는 의뢰인과의 최종 조정작업이 이루어지고 총체적인 제한 요소와의 조정도 아울러 진행되어 최종 결정안에 이르게 된다. 이때 관련법규에 규정의 여부에 대한 체크를 잊어서는 안 된다.

기본 설계의 최종 결정안에 대해 시공 및 제작을 도면 작업단계인 실시설계가 다음으로 진행된다. 기본설계는 경영, 운영, 구상, 경제면의 합리적인 실현을 위해 주안점을 둔데 반해 실시설계는 시공 및 제작을 위해 디자인 의도를 아주 세밀하게 도면에 표시하여 시공자에게 정확히 전달하며 공사 및 조립 등의 구체적인 근거를 제시하는 것이다. 따라서 보다 전문적이고 기술적인 내용이 포함되어 시공 및 제작의 수법, 치수, 맞춤, 사용재료와 마감방법 등을 도면에 명시한다. 또한 조명기구, 장식물 등의 세부사항도 명확하게 도면에 기입하거나 샘플sample, 실물 또는 사진으로 제시한다.

구체적인 실시설계의 내용은 다음과 같다.

① 기본설계에 비해 설계도면의 종류가 증가하며 같은 종류라도 내용이 더 상세하다. 설계도서는 평면도, 키플랜key plan, 천장도, 입면도, 전개도, 상세도, 창호도, 재료 마감표, 샘플 보드sample board, 투시도, 특기시방서, 내역서 등이다.

② 가구는 디자인되거나 기성품 중에서 선택, 결정되어 가구 배치도, 가구도 등이 작성된다.

③ 조명계획에 의해 조명기구가 디자인되거나 기성품 중에서 선정이 되고 전기 배선도, 적정 조도 계산서 등도 작

성된다. 또한 냉난방, 공기조화, 음향, 영상설비 등 각 설비설계도 및 열부하 등의 계산서도 작성되는데 이 부분은 전문가에 의해 협조를 받거나 분배되어 별도로 진행되기도 하나 실내디자인 계획하에 통광 조정된다.

④ 디자인의 경제성, 내구성, 효과 등을 높이기 위해 사용재료 및 설치물의 치수와 질 등을 지정하여 특정 제작소, 시공법, 제작법 등에 이르기까지 자세하게 도면에 지시한다.

⑤ 기본 설계자와 실시 설계자가 다를 때에는 원칙적으로 기본 설계자의 양해를 얻을 필요가 있다.

⑥ 마감 재료의 질, 마감방법, 채색 등은 표준 명칭이나 기호를 사용하는 것이 기본이며 필요에 따라 샘플을 제시한다.

⑦ 그리고 시방서가 작성되는데 시방서는 설계도에 표현할 수 없는 부분을 글이나 표로 나타낸 시공자에 대한 지시사항이다. 시공에서 문서화된 시방서는 문제 발생의 소지를 최소화를 시킬 수 있다.

기본계획 이후 계획안에 대해 설계계약이 체결되어 진행되는데, 설계비는 일반적으로 공사비에 대해 일정한 보수 요율을 곱해서 산출한다. 설계 계약 후 설계 도서를 작성하는 기간 중 설계자는 관계자와 밀접한 연락이나 협의를 통해 설계 도서를 제출 기간 내에 완료하여 의뢰인에게 제출해야 한다.

설계 후 다음 단계로서 설계도에 따라 실제로 만드는 작업과정인 시공이 시공자에 의해 실시되는데, 이때 설계자는 설계 의도대로 시공되고 있는지에 관해 공정한 입장에서 시공자를 지도해야 한다. 이것은 설계 감리로서 설계에 포함되는 과정이다.

시공이 된 후 완성된 결과물에 대해 디자이너는 기획과 설계의 의도대로 되었는지를 검토하고 의뢰인의 만족 정도, 사용자의 반응, 이용 상태, 마감재료, 조명, 색채 등 실내디자인 요소에 대한 적절성 및 디자인 평가를 행한다. 이 평가과정은 실내

디자인의 최종 단계로서 일반적으로 소홀히 하기 쉬우나 평가에 의한 결과는 디자이너가 보다 나은 계획을 자료로서 차기의 다른 계획에 반영, 활용하며 디자이너 자신도 디자인을 한층 발전시킬 수 있기 때문에 중요하다.

8. 2
계획조건의 파악

계획조건은 기본계획에 있어 파악되어야 할 선행조건으로 이에 대한 조사 분석은 전체 계획의 전개를 위한 기본적이고 필수적인 단계라 할 수 있다. 이 조건은 기획의 단계에서 파악된 계획대상에 대한 의뢰인의 희망사항을 포함하며 건축에 의해 주어지는 내부공간에 대한 외부적 조건과 그 공간에 담겨질 내용에 대한 내부적 조건으로 구분된다. 조건파악 단계에서는 제조건에 대한 조사, 분석, 파악함과 아울러 정확한 이해를 바탕으로 종합된다. 각 조건에 대한 사항은 다음과 같다.

(1) 외부적 조건

외부적 조건은 계획상에 대한 입지적 조건, 건축적 조건, 설비적 조건 등으로 기존 공간에 대한 구체적인 조건이며 계획에 있어 그 범위를 한정한다. 계획의 제약요소로 극복해야 할 요소로 작용할 수 있으므로 계획자는 이에 대한 올바르고 정확한 판단을 해야 하며 아울러 그에 따른 책임도 수반한다. 따라서 필요한 경우에는 전문가의 조언이 필요하며 공사기간 및 비용의 증가를 가져오므로 경제적, 현장적 조건 등을 종합적으로 고려해야 한다.

건축계획과 함께 실내계획이 진행될 때는 실내계획에 따른 건축계획의 조정도 가능하므로 건축의 설계자와 협의 하에 실내계획을 보다 광범위하게 전개시킬 수 있으며 디자인과도 조정, 통합되며 아울러 건축개념이 실내디자인에도 표출될 수 있다.

리노베이션renovation의 경우는 도면이 없거나, 또는 있더라도 실제와 다른 경우가 대부분이므로 일일이 실측과 조사를 통해 조건을 정확히 파악해야 계획의 범위가 정해지며, 또한 공사간의 단축과 비용 절감뿐만 아니라 의뢰인과 설계 대상지와 이웃한 사용주 및 관련부서와의 마찰을 줄일 수 있다.

1) 입지적 조건

계획대상에 대한 교통수단과 조건, 도로관계, 상권 등 지역의 규모와 배후지의 상황 등 주위 환경조건, 주변의 발전에 대한 예측 등이 입지조건이다. 여기에 방위, 기후, 일조조건 등의 자연적 조건도 포함한다.

2) 건축적 조건

건축의 결과에 의해 주어진 실내공간에 대한 조건으로 공간의 형태, 규모, 건물의 주 출입구에서 해당 계획대상 공간까지의 접근approach, 천장고, 보梁나 상층上層 슬래브slab까지의 길이, 천장의 내부상태, 창문, 문 등의 개구부의 위치와 치수, 기둥, 보, 벽 등의 위치와 간격 치수, 채광상태, 방음상태 등과 전체 건물에 대한 층수, 규모, 구조, 마감재료 상태, 전면 파사드 형태, 비상구 등의 긴급피난을 위한 조치, 기존 건축물의 용도 및 계획 시 고려되어야 할 법적인 규정 등이다.

3) 설비적 조건

정화조, 급수조를 포함한 위생설비의 설치물 및 배관위치, 급배수설비의 하수도와 상수도관의 위치, 계절별 급배기 등의 환기상태, 냉·난방 설비의 위치와 방법, 소화기와 소화전. 스프링클러 등 소화설비의 위치와 방화구획 등이다. 그리고 기존 공간에 대한 전기설비 시설에 대한 조건, 즉 해당 설계대상 공간의 전기용량, 전화, TV 안테나의 인입선의 위치, 경보설비의 유효, 계량기의 설치 여부 등이며 특히 컴퓨터실의 경우는 항상 일정한 전력을 공급해야 하므로 비상전력의 공급 가능성을 체크한다.

4) 기타 조건

이외에도 건물주와 의뢰인과의 친밀도, 임차계약기간, 건물의 등기상 문제, 건물관리상 관리자측의 요구사항 등을 파악한다.

(2) 내부적 조건

내부적 조건은 설계대상에 대한 계획의 목적, 분위기, 실의 개수와 규모 등에 대한 사용자, 의뢰인 또는 경영자의 요구사항과 공간 사용자의 행위, 성격, 개성에 대한 사항 그리고 의뢰인의 공사예산 등의 경제적 사항 등이다. 그런데 실내공간 사용자의 행위에 대해서는 사용자의 수, 행위의 흐름, 빈도, 시간대 등이 조사 분석되는데 그 결과는 동선계획과 규모, 치수계획에 직접 반영되어 전개되며, 또한 계획의 기능해석과 기능의 공간적 전개에 큰 영향을 미치므로 매우 중요하다.

내부적 조건의 파악은 디자이너의 교육적, 선행적 경험을 바탕으로 기존 여러 자료와 유사한 실내공간을 조사 검토하고 필요에 따라서는 계획대상에 대해 직접 조사하거나 관련 전문가의 협조를 구한다.

8. 3
기본 구상

기본구상은 기획 · 계획조건의 분석 결과에 의해 개념 분위기를 결정하여 대안을 만들고 이 대안에 대한 평가과정을 거쳐 최종 결정안에 이르도록 하는 단계이다.

내 · 외부적 조건들을 조사 분석함에 있어 계획대상에 대한 개념과 분위기를 파악하여 결정한다.

분위기 결정 요인별로 항목을 결정하여 조합한 후 개략적인 스케치 또는 도면, 다이어그램, 스터디 모델링 등으로 시각화하여 디자이너가 구상을 위한 도면작업으로 진행된다. 이때 대상물의 구성, 조닝 동선, 색채, 마감재료, 규모, 가구배치 등에 대하여 대략적인 계획이 수립되어 대안들이 만들어진다. 이 대안에 대한 평가과정인 내 · 외부적 조건 분석을 통해 각 항목별로 등급과 평가의 비중이 매겨지고, 기획의 결과가 반영되어 결정안이 수립된다. 이때 계획의 평가기준은 공사기간, 현장조건 예산 등의 제약조건, 디자인의 수명, 기능성, 가치의 호환성, 디자인의 독창성, 유지 관리의 용이성, 시대적 흐름 및 유행, 지역적 환경조건 등이다.

그리고 이 결정안에 대해 계획자는 의뢰인에게 계획에 대한 승인을 받아야 하며 그렇지 않을 경우 의뢰인과 계획에 대해 협의, 설득, 조정하여 의뢰인을 만족시켜야 한다. 이 기본구상을 바탕으로 계획은 정확하게 의도되고 세부적으로 보다 발전 전개된다. 즉 추상적인 것으로부터 색, 패턴, 질감, 형태, 크기 등을 가진 3차원적인 입체와 그 내부를 기능적, 체계적, 심미적인 것으로 구체화된다.

디자인에 대한 개념은 계획대상에 대하여 기획 · 계획조건의 파악단계에서 얻어지는 최초의 인식, 아이디어, 마음속에 떠오르는 이미지, 기본방향, 기본원칙 등이다. 계획안에 대한 일반적이고 초보적인 개념은 앞으로 발전 전개시켜야 할 뿐만 아니라 그 전개된 내용을 수용한 계획이어야 한다.

사람들은 어떤 대상에 대해 형태, 색채, 질감 등에서 느껴지는 것을 '거칠다, 아름답다, 따뜻하다, 춥다, 날카롭다, 조용하다, 안정되다, 친밀하다, 즐겁다, 중후하다, 청결하다.' 등의 형용사로 다양하게 표현하는 것과 같이 어떤 특정한 실내공간에 대해서도 사람들이 받는 느낌을 분위기라 한다. 분위기는 디자인의 심리적, 정서적 효과로 주관적인 판단에 의해 '어떤 분위기로 할 것인가'를 결정한다. 사용자의 기호, 취향, 개성을 고려하여 이를 근간으로 디자이너의 개성, 경험에 의해 계획에 반영 전개된다.

실내 분위기의 결정은 실내공간 및 실내디자인 제요소에 대한 형태, 색채, 질감, 양식 등에 따라 달라지는데 구체적인 사항은 다음과 같다.

① 실내공간에 따른 형태감과 공간감

② 패턴화 : 바닥 · 벽 · 천장 등의 마감재료, 가구 · 커튼 등의 기하학적, 자연적, 추상적인 패턴

③ 색채 : 나무, 돌 등에서의 자연적인 색, 인공적인 색, 파스텔톤, 단색조화, 유사색조화, 보색조화, 색의 감정효과(온도감, 팽창감, 수축감 등)

④ 질감 : 재료가 갖는 고유의 감각과 그 완성방법에 따라 질감이 좌우된다. 실내재료에서 주는 시각적, 촉각적인 느낌, 즉 자연재료와 인공재료에 따른 자연감과 현대감, 광택의 유무와 두께감, 그리고 매끄럽다, 거칠다, 따뜻하다, 차갑다 등의 재질감

⑤ 스타일 : 실내공간의 처리 및 가구, 커튼 등 실내디자인 제요소의 고전적, 현대적, 동양적, 서양적, 전원적, 도시적인 스타일

⑥ 조명 : 자연채광과 조명원, 광색, 배광방식에 따른 인공조명

결정된 분위기는 체계적으로 평면, 입면, 단면계획뿐만 아니라 가구계획, 조명계획, 색채계획, 마감재료계획 등에서 프로세스 과정을 통해 종합적으로 전개된다.

특히 상업공간에 있어 지역적 환경과 계획대상을 잘 조화시켜 적절한 분위기를 형성하도록 계획해야 한다. 즉 주어진 환경과 기획, 계획의 내 · 외부적 조건을 종합적으로 고려하여 알맞은 재료와 색채 등 통일된 체계 하에 계획이 전

개되어야 한다. 그 전개방법으로는 계획대상의 상업공간과 고객을 동질의 분위기나 그 반대의 이질적인 분위기로 조화되도록 형성해 주는 것이다. 전자는 주택가나 지역사회에 위치할 경우 해당하며, 후자는 대도시 중심부나 환경에 대한 작용이 강한 지역에 위치할 경우로 색다른 경향을 추구하는데 디자인이 시대에 상당히 앞서더라도 쉽게 받아들여질 수 있기 때문이다.

8. 4
조닝과 동선계획

실내의 쾌적함은 기능적인 요소와 심리적인 요소, 심미적인 요소로 구분되어 디자인이 전개된다. 기능이라 함은 광의로서 심리적인 것, 사회적인 가치, 상징성 혹은 기념비적인 요구이다. 평면, 단면, 입면, 및 동선상의 직접적인 기능과 설비, 공간의 융통성, 확장성, 경제성 등의 간접적인 기능으로 구분된다. 심리적인 요소는 절대적인 공간의 넓이, 시각적인 흐름 등이고, 심미적인 요소는 공간에 대해 느끼는 시각적 아름다움에 국한되지 않고 총체적인 아름다움이나 심리적인 측면도 함께 작용한다.

평면계획에서의 기능은 공간의 사용목적 및 그에 따른 사용방법과 행위, 이에 필요한 적절한 단위공간의 넓이와 수, 그리고 가구와 가구배치, 각 공간과의 상관관계 등의 내용이다. 이 기능은 생활의 편리, 안락한 정도를 좌우하고 통로, 복도, 엘리베이터, 계단, 개구부 등의 위치와 크기 등을 결정한다. 따라서 각 공간의 사용자의 생활과 공간의 내용이나 성격에 따라 기능을 해석하여 기능을 공간적으로 전개한다. 이 전개의 계획은 프로세스 측면에서 조닝zoning, 동선계획에 해당하는 과정이다. 이때 보다 정확하고 이해하기 쉬운 기능의 해석을 위해 각 단위공간이 각 공간 사이와 전체 공간에서 어떠한 위치를 차지하게 되는가를 기능도로 나타내게 된다.

기능도는 계획의 초기단계에서 각 단위공간의 기능적 연결을 확인하고, 이들의 상대적 관계를 검토하기 위해 주어진 공간의 크기나 거리를 세밀히 고려하지 않고 단지 어떤 공간과 공간 사이에 어떤 관계를 갖고 있나 하는 것을 확인한다.

기능도는 어떤 프레임frame에 둘러싸인 내용과 이들을 연결하는 선으로 구성하여 다이어그램diagram이라고도 한다. 둘러싸인 내용은 어떤 의미의 내용을 지닌 단위공간이며, 선으로의 연결은 상호 공간 간에 어떤 관계를 표현한다. 이는 각 공간 간의 위치관계로서 어느 정도 강하게 상관되어 있는가와 서로 관계가 있는 단위공간의 거리가 어느 정도 가까우면 좋은가 하는 것을 검토하여 나타낸 것이다. 그 표현은 하나의 단위공간에다 다른 단위공간으로 이동하는 동선의 빈도, 양, 시간대, 속도에 따른 연결 정도의 강약과 근접 여부를 연결선의 굵기, 공간의 종속관계 등에 둠으로써 공간구성, 조닝, 동선계획과 연관된다. 따라서 기능도는 공간조직도, 기능조직도, 공간구조도, 동선도, 전체계획에서의 사람과 물건의 흐름, 업무연락도, 소요실의 상관관계, 업무조직의 관계, 용도분석도 등, 그 표현방법과 표현 자체의 도식 명칭도 다양하다.

(1) 조닝계획

단위공간 사용자의 특성, 사용목적, 사용시간, 사용빈도, 행위의 연결 등을 고려하여 전체 공간을 몇 개의 생활권으로 구분하는 것을 조닝이라 하며 그 구분된 공간을 구역 또는 존zone이라 한다.

생활공간의 성격이 같은 것은 가까이 배치하여 같은 생활권으로 구분하고, 다른 것은 멀리하여 분리하거나 독립되도록 배치한다. 구역을 명확히 구분하는 것은 동선의 혼란은 막을 수 있다. 구분하는 방법은 중간성격의 실을 중심으로 배치하거나 중간영역을 설정하여 이질적인 두 공간의 완충공간으로서 전이가 자연스럽게 되도록 하거나 상하층으로 처리한다. 또한 각 실을 연결하는 홀, 복도를 두어 처리하거나 오픈 플래닝으로 하여 실에 통로공간을 두어 처리한다.

주거공간의 경우 생활을 단란, 취침, 조리로 나누고 이것은 공동생활구역, 개인생활구역, 가사 작업구역 등으로 구분된다. 또한 상업공간의 경우 백화점은 고객권, 상품권, 종업원권으로, 레스토랑은 영업부분, 관리부분, 조리부분으로 구분된다. 이와 같이 사용자와 공간의 성격에 따라 제공간은 구역을 구분하여 전체공간을 구성한다. 따라서 조닝을 더 세부적으로 전개하는 것이 동선계획이라 할 수 있다.

동선계획은 사용자와 동선의 성격에 따라 각 공간의 배치가 확정되고 그에 필요한 개구부와 홀, 복도 통로의 위치, 크기가 결정되어진다. 또한 파악된 계획의 외부적, 내부적 조건은 구체적으로 계획에 반영되어 세부사항들이 점차적으로 결정되어진다.

(2) 동선계획

동선은 사람이나 물건이 이동하면서 만든 궤적軌跡으로서 일상생활의 움직임을 표시하는 선이다. 동선은 빈도, 속도, 하중의 3요소를 가지며 이들 요소의 정도에 따라 거리의 장단, 폭의 대소가 결정되어진다.

동선의 빈도는 일정한 시간 동안 하나의 통로를 얼마나 자주 왕래하는가를 횟수로 표시한 것이다.

빈도가 크면 안전성과 거리의 단축이 필요하여 직선적인 동선처리가 되어야 한다. 한 사람이 아니고 여러 사람이 다닐 경우 그에 상응하는 통로의 폭으로 해주어야 원활한 소통이 가능하다.

동선의 속도는 그 움직임의 빠른 정도로 일의 신속 정도의 요구를 나타내므로 속도가 빠를 경우, 통로공간에 가능한 요철이나 단차이를 두지 않고 평면적으로 처리하며, 지각회전을 하지 않도록 하여 움직임에 방해되지 않도록 한다. 또한 이용자의 피로를 줄이기 위해 계단이나 여러 단 차이를 두지 않으며, 아울러 안전성을 위해 미끄럽지 않고 흡음성 있는 마감재료를 사용한다.

동선의 하중은 그 움직임이 어느 정도의 무게를 수반하는가를 나타내며, 이는 통행하는 사람의 밀도나 물건의 크기에 관계한다. 사람의 통행량이 많아 밀도가 클 경우 사람들이 쉽게 목적하는 공간에 갈 수 있도록 주 통로가 명확해야 하는 것이 기본이다. 또한 방향성이나 위계성을 주도록 하며, 교차하는 지점에서는 잠시 멈추어 서서 방향을 결정하게 되므로 충분한 공간과 함께 쉽게 식별할 수 있도록 처리해야 한다.

또한 물건의 움직임이 있을 경우 물건의 무게뿐만 아니라 크기를 고려해 충분한 폭을 취해 주어야 하며 수레, 쟁반 등의 이동수단도 고려해야 한다. 따라서 동선의 하중 정도에 따라 충분한 통로의 폭을 취하고 적절한 마감재료계획을 한다.

동선계획은 주어진 실내공간 내에서 일어나는 모든 움직임을 동선의 빈도, 속도, 하중의 요소에 의해 정리, 분석하여 계획하므로 평면계획과 직결되며, 아울러 가구 및 재료마감계획 등의 세부계획까지 반영된다.

동선계획의 기본은 동선의 시작에서부터 목적하는 지점에 이르기까지 원활하고 자연스러운 흐름이 되도록 한다. 계획은 주동선과 부동선으로 나누어 전개하는데, 동선의 사용빈도가 큰 공간은 주동선을 중심을 배치하며 조닝에 의해 구분된 구역 사이에 주동선이 위치한다. 이 주동선은 동선의 빈도와 하중을 고려하여 충분한 통로공간을 주며 외부와 직접 연결된다. 또한 가능한 간단하고, 직선적이며, 쉽게 인지될 수 있도록 동선을 처리한다.

한편 공간의 성격에 따라 주동선을 짧게 처리하기도 하나 전시공간이나 상점의 경우는 관람자나 고객이 실내에 오래 머물도록 동선을 길게 하되 지루하지 않고 자연스럽게 처리한다. 부동선은 주동선에서 연결된 동선으로 마치 줄기에서 뻗어 나온 가지와 같다. 따라서 하나의 구역에서 다시 세분화되어 각 공간으로 이르는 동선으로서 가구배치와 출입구의 위치, 크기에 영향을 미친다. 출입구의 위치에 따라 동선의 시점과 이동이 달라지고 가구배치, 실내의 인상, 사용하기 쉬운 정도 등에 영향을 주므로 이를 고려해야 한다.

한편, 소규모의 실내공간을 같이 둠으로써 공간을 절약하고 효율적으로 사용할 수 있다.

그러나 동선이 너무 복잡하면 실로서의 안정감이 상실되므로 일정한 규모 이상일 경우 통로공간을 별도로 두어 동선을 독립시키는 것이 바람직하다. 그리고 동선이 길 경우 이동하다가 잠시 쉴 수 있는 공간이나 벤치와 같은 좌석을 마련하여 피로를 덜할 수 있게 한다. 또한 심리적으로 좀더 가깝게 느껴지도록 공간을 수정한다. 즉 색채, 마감재료, 채광계획을 비롯한 천장, 조명계획 등에서 그 방법을 모색한다.

8. 5
가구계획

가구는 인간과 건축물을 연결하는 요소로서 실내공간에서 인간행위의 수단이 되고 공간의 성격을 규정하며 어느 정도 환경을 수정하기도 한다. 사용자의 기호와 행위를 고려한 가구의 형상, 크기, 밀도, 배치 등은 공간의 질을 결정한다. 따라서 이들 상호간에 적절한 관계가 유지되도록 하는 것이 가구계획이다.

가구계획은 가구의 선택과 가구디자인, 그리고 가구배치로 구분된다. 실내디자인에 있어 가구배치를 중심으로 프로세스가 진행 전개되며, 그 결과에 따라 가구는 디자인되고 선택된다. 이때 전체 실내의 분위기를 더해 주도록 실내와 가구는 그 형상, 크기, 스타일, 재질, 색채 등이 조화를 이루어야 한다.

(1) 가구배치

가구배치는 실내에서의 행위가 원활하도록 가구를 배치하여야 하며, 이 배치에 따라 실내의 분위기와 공간감 등이 달라질 수 있다. 계절, 일조에 따라 수시로 가구배치를 변동시키면 분위기를 새롭게 할 수 있다. 가구뿐만 아니라 커튼, 액세서리 등도 실내 분위기를 쉽게 변화시킬 수 있는 융통성 있는 실내디자인 요소이다. 가구배치는 평면도에 의해 계획되나 문, 창 등의 개구부의 위치와 크기는 가구배치에 영향을 미치므로 입면계획을 고려해야 한다. 가구배치의 방법은 집중적 배치와 분산적 배치로 구분한다. 전자는 실의 중앙을 중심으로 구심적인 영역이 생기도록 가구를 배치하는 방법으로서 실의 사용목적과 행위가 명확한 경우에 적합하고 실내의 정돈감을 가져온다. 그러나 후자는 실의 코너를 이용하여 둘 이상의 영역을 만드는 원심적인 가구배치이다. 동선으로 인해 자연스럽게 영역이 구분되며 실의 사용목적과 행위가 비교적 자연스럽거나 불분명할 경우에 적합하고 실내에 색다른 느낌을 줄 수 있으나 혼란감을 초래할 수 있으므로 주의해야 한다.

가구배치에 있어 유의해야 할 사항은 다음과 같다.

① 실의 사용목적과 행위에 적합한 가구배치여야 하며, 특히 동선을 고려하여 비교적 짧고 중복되지 않도록 한다. 가구 사이의 통로공간은 동작, 사용빈도, 통행량이 고려되어야 한다.

② 가구배치 시 타인의 동작에 방해가 되지 않도록 하며, 가구 사용시 불편하지 않도록 풍부한 여유공간을 두어야 한다.

③ 가구배치는 실의 크기를 고려해야 하며 가구의 크기 및 형상은 전체 공간의 스케일과 시각적, 심리적 균형을 이루도록

한다.

실의 크기에 비해 가구종류나 그 수가 너무 많으면 활동면적이 적을 뿐 아니라 답답한 실이 되므로 되도록 사용목적 이외의 가구는 배치하지 않는다. 또한 실의 크기에 따라 가구의 크기와 형상을 고려해야 하는데, 넓은 실에는 큰 가구를 두고 작은 실에는 소형 가구를 배치하며 크고 작은 가구가 한 실에 배치될 경우에는 대소의 정도가 조화되도록 한다. 실의 천장고가 높으면 수직적 형상의 가구를 배치한다. 실의 크기에 비해 필요가구를 설치하면 공간을 효율적으로 이용할 수 있다. 좁은 실의 가구배치는 되도록 작고 수평적 형상의 가구를 선택하며, 벽면을 이용해 배치하면 시각적 정리감을 줄 수 있다. 더욱이 유리, 아크릴, 거울과 같은 투명한 재료의 가구를 선택하면 가구의 점유면적을 적게 느끼도록 하여 효과적인데 특히 테이블류일 경우 그 효과가 크다. 아울러 공간적으로도 거울, 유리, 조명, 벽화, 큰 풍경 사진 등을 이용하여 시각적 확대감을 꾀하도록 하는 것이 바람직하다.

④ 독립된 가구보다 플랫 폼plat form, 선큰 좌석sunken seating area 등처럼 건축적 가구로 처리할 경우 건축계획과 함께 진행되는 것이 바람직하나 그렇지 못할 경우 실내공간 자체를 충분히 검토하여 제반시설의 타당성을 검토해야 한다.

⑤ 가구를 배치할 때는 초점이 되는 중심부나 주된 흥미부분을 둔다. 그러나 내부공간 자체에 초점이 되는 벽난로나 개구부 등과 같은 요소가 있을 경우에는 이들 요소를 중심으로 가구배치를 한다.

⑥ TV나 오디오, 영상 스크린 등이 놓일 경우에는 감상에 지장이 없도록 가구배치를 한다. 그랜드 피아노가 놓일 경우는 곡선부분이 실내부를 향하도록 하며 온도의 변화가 적은 곳에 두어야 하므로 벽난로나 창문 가까이는 피하여 배치한다.

⑦ 가구는 실의 내부를 향하도록 배치하는데, 사용자가 상하의 관계일 경우는 가구배치에도 이를 반영하는데 일반적으로 출입구와 마주하고 멀리 있는 위치의 좌석이 상석上席이

거나 전체 실의 중심부에 위치하여 초점이 되는 좌석이 상석이다.

⑧ 하나의 실내에 여러 가구의 그룹이 있을 경우는 카펫으로 각 그룹을 묶거나 마감재료의 패턴, 질감, 색 등을 이용하여 각 그룹을 구분시키면 통일감있고 변화 있는 실내 분위기를 연출할 수 있다.

⑨ 문이나 창문이 있는 부분에 위치하는 가구는 이들의 개폐를 위해 충분한 여유공간을 두며 열리는 방향에 대해서도 고려를 해야 한다. 또한 가구가 창이 있는 벽면에 의지하여 놓일 경우는 가구와 창턱의 높이를 고려한다.

⑩ 서랍이나 여닫이문이 있는 가구는 이들의 개폐를 위한 동작과 연결된 동작행위에 불편이 없도록 가구배치시 유의해야 한다.

⑪ 상업공간 중 음식점의 가구배치에 있어서는 일반적으로 중앙의 테이블보다는 주변부의 테이블을 선택하는 경향이 있다. 이는 심리적으로 벽면에 접함으로써 마음을 가라앉히고 음식을 먹을 때 다른 사람의 시선을 자연스럽게 피하려 하기 때문이다. 따라서 가구계획에 있어 좌석배치와 함께 칸막이를 고려한다.

(2) 가구의 디자인과 선정

가구는 과거에는 목재를 주로 사용하여 제작되어 왔던 것이 20세기 들어서면서 새로운 재료의 개발과 가공기술의 현저한 발달로 가구 역시 크게 변화, 발달되었다. 같은 재료일지라도 가공기술이 발달하여 다른 형태로 처리할 수 있기 때문이다. 여러 가지 형태가 다양하게 실험, 모색되고 새로운 조형감각이 대두하게 되었다. 종래의 가구는 목조와 직물 위주로 조각, 상감 등 세공기법이 적용되어 만들어졌다. 그러나 근대가구는 강관, 플라스틱 등 새로운 재료의 등장으로 가공기술과 구조법이 새롭게 되고 기능의 수용, 장식의 배제 등으로 재료 자체의 소재미를 강조하는 디자인이 요구된다.

이와 함께 오늘날에는 가구, 실내, 건축 등 디자인 분야에서 새로운 기능성과 조형성을 시도하고 있는 전위적인 경향과 고전양식의 모티브를 차용하여 근대디자인에 적용시키는 탈근대주의적 경향 등으로 디자인을 전개시키고 있다.

좋은 가구는 어느 양식에 관계없이 깊이 있는 고안考案과 디자인으로 우수한 기능을 가지게 되면 아름다운 조형미를 우선하기도 하나 가구의 기능, 형태, 구조, 재료, 경제성 등의 조건은 종합적으로 디자인에 반영되어 아름다운 총체미總體美를 갖도록 해야 한다. 기능에 있어 가구는 사용하는 데 편리하고 안락해야 한다. 좁은 공간에서는 효율적으로 사용하기 위해 여러 용도를 가진 다목적 가구multi-purpose furniture를 고려하며 구조는 견고하고 안정성이 있어야 한다. 즉 신체나 물품을 지탱할 수 있어야 하며 이를 위한 재료의 적절한 선택과 구조법을 고려해야 한다. 가구에 있어 구조를 노출시킨 경우 구조 자체의 아름다움을 고려해야 하나 구조를 은폐시켜 감싸 업홀스터리upholstery로 처리할 수도 있다.

가구의 재료는 기본적으로 구조적인 면과 함께 재료 자체의 물리적인 특성과 질감, 색, 마감처리 등이 고려되어야 한다. 가구는 실내의 사용목적에 부합되어야 하며 특히 실내공간의 제요소들과 조화가 되어야 한다. 더욱이 실내 분위기를 한층 더해 줄 수 있으면 더욱 바람직하다. 또한 가구의 대량생산을 위해 적절한 재료의 사용과 재료의 생산규격을 참조한 치수로 계획한다. 가구의 가격 및 유지관리에 드는 시간, 힘, 비용이 합당한가 등의 경제적인 측면도 아울러 고려되어야 한다.

계획대상의 공간 사용목적에 따라 가구는 주거용, 공공용, 상업용 가구 등으로 구분된다. 각 공간의 성격, 분위기, 그리고 사용자의 유형 등을 고려하여 전체 계획에 맞는 적절한 가구를 선택하거나 디자인한다. 주거공간의 가구는 휴식, 단란, 작업 등을 행하기 위함이므로 안락과 편리성이 우선하며 불특정다수不特定 多數를 위한 공공공간의 가구는 내구성과 유지관리가 고려되어야 한다. 또한 상업공간에서 가구는 공간의 성격과 개성, 분위기를 형성하는 주요 요소로 취급되므로 심미적, 장식적인 측면과 내구성이 가구의 선택과 디자인에 있어 중요하다.

가구의 올바른 선정과 가구 디자인 시 고려되어야 할 사항은 실의 성격과 크기, 사용자의 유형, 기호, 가구의 사용기간, 가구배치 등이며 구체적인 사항은 다음과 같다,

① 가구는 실내와 더 나아가 건축과 그 양식, 질감, 색, 형태 등의 면에서 조화를 이루어야 한다.

② 사용자의 활동, 즉 작업, 휴식, 오락 등 가구의 사용목적에 따라 적절한 가능성, 안락성, 편리성이 있어야 한다.

③ 사용자의 유형과 가구의 사용기간 등에 따라 내구성과 유지관리를 고려하여 적절한 재료, 구조, 마감처리로 되어야 한다.

④ 구조, 재료, 세부적인 면에서 가구의 안전성이 고려되어야 한다.

⑤ 가구에 대한 예산을 고려하여 적절한 가격의 가구를 선택한다.

⑥ 사용자나 의뢰인의 기호와 특성에 따라 가구를 선택해야 한다. 특히 사용자가 아동일 경우는 안전성과 내구성, 유지 관리성을 우선 고려한다. 또한 잠시동안 사람들이 머무르는 간이 음식점이라면 안락한 가구보다도 내구성이 있고 유지관리가 쉬우며 실내의 분위기와 조화되는 가구를 선정하여 개성적인 장소가 되도록 한다.

8. 6 조명계획

조명은 계획의 목적과 공간의 성격, 용도에 적합한 기능과 분위기를 갖는 조명환경을 형성해야 한다. 조명계획은 빛을 매개로 한 조명, 즉 광원, 배광방식, 조명기구, 조명방식 등의 계획 대상 공간을 계획의 수단으로 분석, 예상, 평가, 연출의 과정을 거쳐 진행된다. 조명계획의 기본은 권장조도를 기준으로 그에 적합한 광원, 조명방식, 배광방식을 결정하고 눈부심이 없는 조명기구를 선택하고 배치한다. 또한 스위치와 콘센트 역시 계획에 포함되어 사용함에 불편이 없도록 배치한다.

(1) 조명계획의 기본

실내에서 행위의 유형과 그에 따른 가구배치에 의해 조명은 적절한 방식을 선택하고 주관적인 느낌에 변화를 주는 등, 즉 공간의 분위기를 좌우한다. 빛의 밝기, 광원의 차단상태, 방향, 또는 광원의 위치, 집중조명 등은 분위기 형성의 중요 변수이기 때문에 폭넓게 검토하여 조명계획을 한다. 전체조명, 국부조명, 장식조명을 적절히 배분하여 요구하는 분위기의 공간이 되도록 한다.

조명기구와 건축화 조명을 실 전체의 디자인과 어울리도록 한다. 조명의 배광방식과 조명방식은 빛의 질과 양, 광색 등으로 입체감, 재질감, 색채감을 변화시킬 수 있다.

또한 한결 같이 밝은 조명은 활기없는 공간을 만들어 버리므로 명암이 있는 배광·조명방식과 함께 조도를 적절히 배분시켜야 한다. 일상적인 반복의 작업공간은 균일한 조명보다 비균일의 조명상태가 좋으며, 비균일의 조명은 공간의 심리적인 즐거움과 함께 효용성이 크다. 아울러 좋은 배광·조명방식은 심리적으로 공간의 넓이감을 확장, 축소시켜 느끼게 하는데, 벽을 밝게 비추면 공간감이 돋보이고 조도가 높을수록 공간의 여유감은 더해진다. 실의 용도와 형태, 크기 등에 따라 이를 적절히 이용하여 계획한다.

전체조명에 있어서 불필요하게 조도를 높이면 눈부심으로 불쾌한 조명이 되므로 적절한 조도배분과 배광방식으로 한다. 시야내에 눈부신 광원이나 반사광이 있으면 조명기구의 위치를 바꾸거나 조절기구로 눈부심을 방지하여 쾌적한 조명환경이 되도록 한다.

조명기구는 빛의 배분을 구체화시키는 수단이므로 조명기구의 선정에 있어 조명기구의 배광이라는 기본적인 성능을 충분히 파악한 다음 장식성을 고려한다. 낮에는 조명기구 자체가 가진 미적인 아름다움이 있어야 하며, 밤에는 조명기구가 빛을 발하여 눈에 띄기 쉬운 요소가 되므로 조명, 배광의 효과와 함께 장식성이 있어야 한다. 조명기구의 형태는 실내 전체를 구성하는 다른 요소들의 양식과 어울려야 한다. 또한 실의 용도, 행위에 광원의 광학적 측면과 경제성을 고려하여 적절한 광원을 선택한다.

실내계획은 전반의 이미지와 목적에 따라 조명계획이 전개되어 적절한 조명기구의 선정과 배치, 그리고 조명기구의 디자인이 되어야 한다.

① 스위치와 콘센트

스위치switch와 콘센트outlet는 조명계획의 필수적인 부분이며 계획의 초기 단계에서 조명의 기능과 공간에서 일어날 행동과의 관계에 따라 그 위치가 결정된다. 스위치는 바닥에서 1,000~1,350 높이를 기준으로 출입구 근처에 설치하는 것이 편리하고 일반적이다. 전체조명의 경우 실의 출입구 안쪽에 두나 욕실의 경우는 밖에 둔다. 또 계단실이나 침실의 경우는 삼로三路 스위치를 설치하면 더욱 편리하다. 가능한 한 각 등은 각각 점멸할 수 있도록 스위치를 분리하는 것이 실의 용도에 큰 융통성을 주어 편리하다. 또한 조광기를 설치하면 조명의 밝기 정도가 조절되므로 분위기를 변화시킬 수 있다. 한 곳에서 각 실의 조명을 점멸시킬 수 있는 리모콘 스위치를 설치하거나 옥외등이나 현관에는 자동 점멸기를 설치하면 더욱 편리하다. 각 실의 용도에 따라 스위치의 위치가 결정되는데, 예를 들면 복도나 홀 공간의 스위치는 실의 양끝이 연결되는 곳에 스위치를 설치하고, 침대의 램프 스위치는 누워서 손이 닿을 수 있는 위치에, 옷장의 문틀에 달린 스위치는 문의 개폐에 따라 자동적으로 작동이 되도록 한다.

콘센트의 부착위치, 종류, 수량은 실의 넓이, 전기기구의 사용장소와 사용용도, 가구의 배치를 고려하여 정한다. 일반적으로 매입형 콘센트를 사용하고 가구를 놓을 장소, 문이 열리는 방향 등을 확인하고 부착장소를 정해야 한다. 가능한 익스텐션 코드extention code를 사용하지 않도록 전기기구가 놓이는 가까운 곳에 콘센트를 설치한다.

(2) 조명계획의 전개

조명계획의 전개는 우선 조명을 중심으로 실내계획의 내용을 파악해야 하는데 이는 전체 디자인의 의도 및 공간의 성격을 조명계획에 반영시켜야 하기 때문이다. 적정조도 기준에 의거하여 전체 실내부공간의 적정 조도를 설정하고, 실내에서의 행위와 가구배치를 중심으로 공간을 분석하여 조명의 영역을 조닝zoning한다. 이때 전체조명, 국부조명, 장식조명이 균형있게 조화되도록 한다.

조명의 경제성, 즉 예산, 전력량, 유지, 절전 등을 타진하여 조명 · 배광방식을 결정하고 광원을 선정한다. 조명의 연색성, 재료의 색과 질감에 따른 빛의 반사율, 공간의 크기와 형태에 따른 공간감과 조명의 효과, 조명연출기법, 사용자측의 요구 등을 종합적으로 고려하여 조명계획에 반영한다.

조명기구와 건축화 조명방식을 용도에 맞게 적절히 배치하는

데 조명기구의 설치간격은 작업면의 조도가 균일하도록 기구 설치높이의 1.5배 이하로 하며, 기구와 벽과의 거리는 기구 설치높이의 1/2 이하가 적당하다. 시공방법, 조도계산, 관련법규, 조도분포 등을 함께 고려하여 천장도에 광원의 종류, 조명기구의 용량과 개수, 조명기구, 조명방식 등을 표기하여 도면화한다.

조명기구를 선정함에 있어 시중에서 판매되는 기존 기구가 아닐 경우 조명기구를 디자인하여 제작을 의뢰한다. 또한 건축조명은 상세, 치수, 디자인을 확정하여 재질, 마무리까지 결정하되 전체 실내디자인과 종합적으로 계획되어 조화를 이루어야 한다.

조명계획은 현장에서 최종적으로 조정되고, 조명기구가 설치된 후 평가과정을 거친다. 평가과정은 조도를 실측하고 제어기능을 확인하여 좋은 조명으로 계획되었는가를 검토하는 과정이며, 다음 조명계획 시 이를 바탕으로 좀더 쾌적한 조명환경이 되도록 한 것이다.

조명환경은 심리적 · 생리적 · 감각적 등에 의한 요구와 사회적 요구에 의해 평가된다. 조도, 휘도, 반사율, 분포 등 물리량 등으로 표시되어 평가되며, 그 결과는 조명환경을 수정한다. 이때 평가기준은 적정한 조도의 제공으로 양호한 시기능視機能을 수행해야 하며 시각적으로 불쾌하지 않고 편안해야 한다. 즉 공간을 사용하는 사람들은 조명이 너무 어둡거나 밝아서 혼란함이 없어야 하며, 조명된 부분에 그림자와 반사가 없어야 한다. 또한 실내공간에서 요구하는 분위기와 적합해야 한다.

8. 7
색채계획

(1) 색채 조절

실내에 있어 색의 사용은 장식적인 심미성 이외에도 육체적, 정신적 활동에 영향을 미친다. 일상생활 공간이나 작업공간에서 색채를 통하여 불필요한 긴장을 피하게 하고 시력의 피로를 감소시키며 활동적인 의욕을 고취시켜 일의 능률을 향상시키고 위험을 사전에 방지하여 안전을 도모한다. 이와 같이 색채가 실내에서 환경조절 요소의 역할을 하는 것을 색채조절color conditioning이라 한다.

1920년대 중반기에 들어 환경 부문에서 처음 시도된 색채 사용은 미적이 아닌 관점에서 고려되기 시작했다. 색채와 관련한 눈의 피로도를 측정하기 위한 연구가 활발해졌고 그 기술도 점차 개발되었다. 그 이후 환경에서 색채는 미적인 역할보다는 기능적으로 더욱 중요해졌다. 이러한 색채 조절은 휴식의 장소보다 일하는 장소에서 많이 적용되고 있다. 사무실에서는 일의 효율성과 사기를 높이고, 공장에서는 사고율을 낮추고, 정신요업에나 병원에서는 환자의 피로회복을 돕기 위해, 식사를 제공하는 장소에서는 식욕을 돋울 수 있는 환경을 만드는 데, 또한 상점에서는 물건이 잘 팔리도록 하는 데 색채 조절이 적용되고 있다.

(2) 색채계획의 기본

실내에서의 색채는 사람들이 공간을 지각할 때, 풍부한 감정으로 접근하게 하는 중요한 요소로서 형태에 앞서 분위기를 느끼게 하며 공간에 대한 인상을 준다. 실내디자인에 있어 색채계획은 분위기를 결정하는 요소의 하나로 디자인을 마무리해 주는 작업이다.

색에 대한 기호는 나이, 성별, 문화, 직업 등에 따라 각기 다르므로 공간 사용자의 기호를 고려하여 배색, 조화를 꾀하여 개성적이고 쾌적한 실내공간이 되도록 함이 실내 색채계획의 기본이다.

색채계획은 공간의 용도와 크기와 함께 조명계획, 실내재료계획을 고려한다. 색의 면적배분, 색의 감정효과와 재료가 가진 색의 제한성, 실의 채광 정도, 조명의 방법 등을 종합적으로 고려하여 적절하고 균형있는 색채계획이 되도록 한다. 특히 야간의 조명은 광원의 종류에 따라 색채가 다르게 보여 백열등 밑에서는 붉은색이, 형광등 밑에서는 푸른색이 가미되어 보이므로 유의해야 한다.

실내의 효과적인 색채계획은 공간의 용도와 성격을 고려하여 이미지를 설정하고 색의 3속성인 색상, 명도, 채도를 고려하여 배색조화를 꾀한다. 주조색을 분명히 살릴 수 있도록 배색하고 특별한 목적을 제외하고는 가능한 한 적은 색의 수를 사용한다.

악센트 색은 작은 면적으로 효과적인 배색이 되도록 한다. 실내공간에 있어 넓은 면적이면서 변화가 적은 바닥, 벽, 천장부분, 입체로 면적을 차지하는 가구와 설치물, 커튼, 그리고 작은 면적이면서 움직이기 쉬운 액세서리 등의 순으로 결정한다. 그러나 때로는 하나의 요소를 중심으로 해서 그 색이 효과적으로 돋보이도록 다른 색들을 결정해 나가기도 하는데 가구, 귀한 소장품, 그림 또는 벽화, 벽난로와 같이 색이 있는 건축적 요소 등을 중심을 다른 색을 결정한다.

실내의 배색은 공간의 용적감容積感을 높이고 공간의 형태를 어느 정도 수정할 수 있다. 특히 패턴과 함께 사용하면 그 효과를 더해 줄 수 있다. 색 자체는 깊이감, 즉 전후방향에 작용하는 힘이 있는데 이 힘은 명암, 한난, 채도와 면적관계 속에서 나타난다. 같은 명도의 한색, 난색일 경우 난색은 전진, 한색은 후퇴하여 보인다. 작은 공간의 색채계획 시 밝은 한색으로 처리하면 넓어 보이고 수평패턴으로 하면 그 효과가 더욱 커진다. 낮은 천장을 높게 보이도록 하기 위해 천장의 색은 벽보다 밝은 색으로 하여 상승감과 안정감을 주도록 한다. 따라서 배색이 갖는 일반적인 성질과 배색에 의한 객관적인 느낌과 개인의 경험에 바탕을 두는 주관적인 느낌을 융합해서 총체적인 느낌을 고려하여 창의적이고 개성적인 배색이 되도록 한다. 색채계획 시 공간 사용자의 기호와 함께 공간의 용도를 고려한다. 취침이나 조용한 작업공간은 차분하고 안정감을 주는 색채계획이 되도록 하는데 침실은 절대적인 개인공간이므로 사용자가 선호하는 어떤 색으로든 표현할 수 있다. 불특정 다수의 사람들이 이용하는 공공공간은 누구에게라도 불쾌감을 주지 않고 쉽게 싫증을 내지 않는 무난한 색채로 계획한다.

색채계획에서 색의 조화는 단색조화, 유사색조화, 보색조화 등이 있으며 앞서 이야기된 색 자체의 이미지, 공간의 유형과 크기, 사용자의 기호, 생활양식, 조명, 실내재료 등을 종합적으로 고려한다.

1) 단색조화

특별한 기호나 어떤 의미를 부여하고자 할 때 단색조화를 꾀하여 하나의 단색으로 전체를 통일시킨다. 단조로워지기 쉬우므로 단색과 무채색을 조화시키거나 디자인과 패턴의 다양화로 극복하거나 텍스처를 강하게 대비시켜 세련된 조화를 이루도록 한다.

① 흰색

흰색은 어느 색과도 조화시킬 수 있으므로 실내 연출이 용이하다. 더러움이 쉽게 타기 쉬우므로 청소하기 쉬운 재료로 한다. 차고 딱딱한 느낌을 백열조명으로 처리하여 상쇄시킨다.

② 빨강색

많은 면적을 사용하면 자극적이고 안정하지 못하며 화려하고 명랑한 느낌을 주나 쉽게 싫증을 느끼게 되므로 신중하게 색채계획을 한다. 무채색, 베이지, 크림색 등 밝은 색과 배색하면 빨강색이 돋보이고 즐겁고 유쾌한 느낌을 주게 된다.

③ 파랑색

심오하고 지적이며 안정된 휴식의 느낌을 준다. 한색의 대표적 색상으로서 시원한 감을 주므로 계절감을 고려해서 사용한다. 흰색이나 밝은 회색과 배색시키면 청결하고 산뜻한 느낌을 가지며 보색으로 악센트를 주면 더욱 생동감이 있다.

④ 노랑색

햇빛에 가장 가까운 색이며, 명시도가 커서 눈에 가장 잘 띄는 색이다. 밝고 환하여 면적 확대 효과를 가지며 따뜻하고 명랑한 느낌의 색이다. 채광이 약한 북향에 위치한 실은 춥고 어두우므로 파랑 계통의 색을 사용하기보다는 밝고 따뜻한 느낌의 노랑색이나 주황색으로 하는 것이 바람직하다.

⑤ 무채색

흰색-회색-검정색의 실내와 가구, 커튼, 장식물은 무채색의 화려한 느낌을 가지며 다양하게 배색되어도 쉽게 조화를 이룬다. 무채색의 배색은 공간에서 멋과 격조를 쉽게 얻을 수 있으며 사람의 움직임을 돋보이도록 하며 차분한 느낌을 준다. 낮은 위치에 있는 것은 명도를 낮게 하면 안정감을 준다. 악센트 색으로 유채색 중에서 대담하고 강렬한 색을 소량으로 사용하면 효과적이다. 무채색의 실내에 단조로움을 덜어 주기 위해 장식벽을 강하게 배색하거나 가구와 구분시키거나 서로 다른 색을 연결부분에 배색하여 처리한다.

2) 유사색조화

유사색은 쉽게 조화를 이루나 단조로워지기 쉬우므로 변화감 있게 한다. 즉 색상과 채도의 차이가 적으면 여러 가지 색과 서로 다른 몇 가지 패턴을 혼용하여 사용한다.

실내의 색은 특히 채도의 차이를 크게 하지 않고 무채색을 적절히 배치하거나 유사 색상의 난색으로 하면 은은한 색조화와 안정된 분위기를 얻을 수 있다.

3) 보색조화

보색조화는 활발하고 개성적인 분위기를 만들지만, 너무 강한 대비효과일 경우 혼란감을 줄 수 있다. 따라서 보색조화는 색의 면적배분을 균형을 갖도록 적절하게 배색하는 것이 효과적이다. 특히 부분적인 곳에 보색으로 배색하면 악센트 효과를 크게 할 수 있다. 전체 실내에의 보색조화는 적용하기 어려우나 무채색을 사용하거나 저채도의 탁색을 사용하여 배색을 하면 안정감을 얻을 수 있다. 특정한 디자인의 의도로 실내에 보색조화를 꾀하면 전위적인 느낌을 줄 수 있다. 회화적이 벽면구성이나 공간 그래픽에는 보색의 효과가 매우 크게 작용한다.

4) 색채계획의 전개

실내 색채계획을 먼저 투시도나 아이소메트릭 등을 그려 색을 칠해 봄으로써 이미지를 굳히거나 각종 재료의 견본을 수집하여 실내재료계획을 대략적으로 결정하면서 진행한다. 색에 대한 보편적인 개념과 사용자의 색에 대한 기호를 조사하여 반영하며, 마감재료가 가진 물리적 특성 즉 광택의 유무, 질감 등을 고려한다. 부분과 전체를 고려하여 바닥, 벽, 천장의 건축적 요소와 가구, 커튼, 악센트 요소 등을 고려하여 배색하고 색의 면적을 배분한다. 이때 통일과 변화에 적절한 균형을 취하여 변화가 이루어지도록 한다. 실내를 구성하는 요소에 색의 면적을 배분함에 있어 큰 면적을 차지하는 부분부터 우선 결정하는 것이 일반적이나 부위의 중요성, 형태, 면적 등을 기준으로 결정한다. 따라서 각 부분에 맞는 색상으로 명도, 채도의 고저를 결정하게 된다.

색표color guide를 준비하거나 실제로 마감재료의 견본을 준비하여 비교, 평가한다. 그리하여 최종적으로 주조색과 악센트색이 결정되고 모든 구성요소에 색과 색면적이 배분되어진다. 이때 체크리스트check list에 의해 모든 부분을 재검토하여 최종적으로 수정, 결정한다.

8. 8
실내 재료계획

실내재료계획은 실내의 시공 제작에 필요한 사용재료 및 마감방법에 관한 계획이다.

계획은 마감을 포함한 재료의 사용과 선택의 과정이며 적재적소에 사용함을 목적으로 한다. 재료가 가진 물리적 특성, 질감, 색, 패턴, 가공성, 경제성, 보수성, 안전성 등을 종합하여 고려하고 재료의 사용목적, 실의 용도, 성격, 사용자의 특성과 기호에 부합되고 목적하는 최대의 분위기가 연출되도록 한다. 아울러 기능적, 미적, 경제적인 디자인이 되도록 전개한다. 이 계획은 전체계획에 있어 처음부터 시종 마무리 단계에 이르기까지 전 프로세스에 걸쳐 색채계획, 조명계획과 함께 진행된다.

실내재료계획의 전개는 우선 계획의 이미지와 내용 그리고 조건을 파악하여 기본재료를 선택한다.

기본재료 선택에 있어서 그 기준은 일반적으로 면적이나 체적이 큰 것에서부터 작은 것으로 선택, 진행하는 것이 혼란을 최소화하면서 마무리에도 용이한 방법이다. 여러 가지 실내디자인의 요소가 요구되는 특징과 성격을 마감재료와 비교, 대조하여 궁극적으로 조화된 결과를 가져오도록 한다. 그리하여 실내재료 계획은 항상 부분은 전체와 전체는 부분과 조화를 이루도록 하면서 진행한다. 또한 시공 시 현장에서 최종적으로 재조정할 수 있는 여지를 남겨 두는 것이 바람직하다.

바닥, 벽, 천장 같이 차지하는 면적이 크고 바꾸기 어려운 것의 재료를 먼저 선정한다. 이들은 실내공간을 이루는 기본요소이며, 실내의 다른 요소에 대해 일반적으로 배경적 역할을 한다. 따라서 그것 자체가 강한 자기주장을 하지 않을 경우 재질적으로 싫증이 금방 나지 않는 재료, 즉 자연적인 재료이거나 형태나 패턴이 간단하거나 보편적이어야 한다. 또한 색채적으로도 방해가 되지 않는 무난한 색조의 재료가 좋다. 그러나 면적이나 체적이 작으면서 내구성이 크게 요구되지 않으며, 바꾸기도 쉬워서 실내의 분위기를 쉽게 변화시킬 수 있는 부분벽이나, 문, 창문 또는 쿠션, 커튼 등의 요소들은 재질적으로 개성적이며 강한 색채의 재료로 계획한다.

그리고 건축법규에서는 건축물의 부분 중 천장, 벽의 내장, 연소의 우려가 있는 부분에 대하여 법적인 규정이 있다. 화재 시 피해를 줄이고 화재의 확산을 방지하기 위해 재료의 방화상의 성능에 따라 재료의 사용을 제한하고 있다. 기본적으로 내장의 철저한 불연화를 위해 실내재료의 사용에 대한 규제를 고려해야 한다.

건물의 규모, 구조, 용도 등에 따라 대피경로가 되는 복도와 계단부분을 포함한 실내는 건축법에 의한 내장 제한의 규정이 적용된다. 재료는 불연재료, 준불연재료, 난연재료로 구분되는데 각 재료의 특징은 다음과 같다. 불연재료는 화재 시 불에 타지 않고 변형, 균열 및 그 밖의 손상이 생기지 않으며, 연기도 나지 않는 재료이며 콘크리트, 벽돌, 기와, 석면판, 철, 알루미늄, 유리, 모르타르, 회반죽 등이 대표적이다.

준불연재료는 불연재료에 준하는 방화성능을 가진 재료로 화재 시 거의 타지 않고 연기도 약간만 발생하며 인체에 유해한 가스를 발생하지 않는다. 두꺼운 석고보드가 그 대표적인 예이나 준불연재료는 건설부 장관이 정하는 기준에 따라 국립건설시험소장이 인정하여 지정한다. 난연재료는 불에 잘 타지 않는 성능을 가진 재료로, 비교적 화재 초기에 연기 발생량도 적고 인체에 유해한 가스의 발생도 없다. 대표적인 것으로 난연합판과 석고보드가 있으며, 준불연 재료와 같이 공인된 성능의 재료로 규정되어 있다.

그리고 소방법에서는 화재예방대책으로서 화재 시 불이 쉽게 붙을 수 있는 재료를 방염처리하도록 규정되어 있다. 방염처리된 커튼, 직물, 카펫 등이 있다. 이들은 사전에 공장에서 방염처리되어 생산되거나 시공 후 공인된 업체에 의해 마감재료 위에 화학처리하여 방염을 하기도 한다.

합리적인 실내재료계획을 위하여 다음과 같은 사항을 고려한다.

① 실내재료는 내열성, 내수성, 단열성, 방음성, 흡음성, 강도 등 물리적인 특성을 가지므로 사용목적과 실의 용도와 아울러 동선의 빈도, 속도, 하중을 고려하여 선택한다.

② 재질감의 조합에 있어 각 재료의 질감이 조화를 이루도록 한다. 질감이 애매한 조합은 피하고 유사하거나 강한 대비의 조합으로 조화를 꾀한다. 질감의 대비는 재료의 성질을 더욱 강조하고 선명하게 한다.

③ 사람은 실내에서 마감된 재료와 직접 접촉하여 냉온감을 느끼고 스킨십skin ship을 나누므로 시각적 아름다움과 함께 촉감을 고려하여 선택한다. 특히 신발을 벗고 생활하는 공간에서는 탄력성과 촉감이 좋은 재료를 선택한다.

④ 적절한 재료의 선택으로 실내를 구성함에 있어 재료의 색, 질감, 패턴은 통일, 변화, 대비의 조화를 이루도록 한다. 그런데 다양한 재료의 사용은 혼란을 초래하여 실패할 위험이 크므로 주의한다.

⑤ 재료의 색채, 형상, 패턴이 아름다울 뿐만 아니라 그 종

류 또한 다양하므로 사용의 범위가 넓은 재료가 선택에 보다 유리하다.

⑥ 재료는 가공성이 좋아 다루기 쉽고 다양한 마무리를 할 수 있는 것이 바람직하므로 계획 시 제작, 시공을 고려하여 선택한다. 목재는 가장 가공성이 용이할 뿐 아니라 다양한 마무리가 가능한 좋은 재료이다.

⑦ 재료의 단가, 가공비, 재료의 규격에 따른 크기 등 경제적인 측면과 함께 운송방법, 구입방법 등도 고려한다.

⑧ 완성 후 보수, 청소 등 유지관리성을 고려한다. 특히 사람들이 많이 이용하는 공공건물이나 호텔의 로비 등의 장소는 파손, 마모성, 오염이 크므로 유지 관리하기 좋은 재료를 선택한다.

⑨ 실내공간의 크기와 형태를 고려하여 재료의 색, 패턴을 결정한다. 이는 공간이 가진 단점을 재료마감계획에서 어느 정도 수정 가능하기 때문이다. 예를 들면 좁은 실은 밝은 색으로 하되 작은 무늬이거나 가로 줄무늬의 재료를 이용하여 넓게 느끼도록 한다. 그러나 가로 줄무늬는 천장이 낮게 느껴지므로 주의해야 한다.

또한 한쪽 벽면을 거울로 처리하여 시각적 확대감을 꾀할 수도 있다.

⑩ 실의 크기가 클 경우 강한 색이나 강한 재질감의 재료를 여러 가지 방법으로 조합시켜 대비의 효과를 갖도록 하면 공간의 성격을 확실하게 하고 개성적인 분위기를 자아낼 수 있다. 그러나 좁은 실에서는 가능한 밝고 옅은 색이나 재질감이 강하지 않은 재료로 가짓수를 제한하여 사용하는 것이 시각적 정리감을 주어 넓게 보인다. 그리고 창의 면적이 작으면 채광도 적어 실내가 밝지 못하므로 광택이 있고 색이 밝아 반사율이 높은 재료를 사용하면 역시 넓게 보일 수 있다.

8, 9
설계 감리

설계 감리는 설계도서에 명기된 치수 및 재료 등의 마무리가 설계자가 의도한 대로 공사가 진행되는지를 확인하는 업무이다. 건축은 건축사의 책임 하에 설계도서대로 시공되는가의 여부를 확인하고 공사의 시공자를 지도하는 행위를 건축사법에 규정하고 있다. 실내디자인의 경우 소규모의 공사가 많고 또한 공사규모가 크더라도 짧은 기간 내에 이루어지고 건축법과 소방법 등 법규에 저촉되지 않는 경우가 많아 감리자를 명확히 임명하는 경우가 드물다. 그리고 실내디자인 분야에 있어서 현실적으로 아직 시공과 설계가 완전히 분리되지 않아 설계자가 시공을 겸하는 경우가 많아 자연히 시공 감리가 같이 행해진다. 따라서 앞으로 설계, 시공, 감리는 분리하여 설계자는 시공주의 입장에서 시공자를 지도, 감독하는 감리자로서 그 업무를 충실히 수행하도록 함이 바람직하다.

설계 감리자는 공사 및 시공을 책임 하에 실시하는 입장에 있는 설계자로서 설계계약 이외 별도의 감리계약에 의거하여 업무를 수행하는데, 감리자는 업무를 수행함에 있어 적절한 판단과 기술, 재료, 공법, 현장운영, 안전, 위생, 방재防災 등에 이르기까지 광범위하고 깊은 지식이 요구된다. 따라서 설계감리자의 업무내용은 공사계약에 관한 협력, 공사 및 사용재료의 검사와 지도, 공사변경 등의 처리, 공사비 지불의 승인, 완공검사, 그 외 디스플레이 및 판매촉진을 위한 지도 등을 포함한다.

(1) 공사계약에 관한 협력

① 공사자를 결정하는 방법으로는 특명特命방식과 입찰방식이 있는데, 어느 방법으로 할 것인지를 시공주의 결정에 조언을 한다. 그리고 공사자가 제출한 견적서의 내용을 검토하여 그 결과를 시공주에게 보고하여 결정에 관여하는데, 공

사자가 특명업자일 경우에 이 과정은 생략된다.

② 건축구조, 면적, 천장고 등을 재확인하는 등 설계도서의 내용과 현장이 상이한가를 확인한다. 그리고 여러 재료의 반입 및 반출요령, 공사자가 현장에서 준수해야 할 사항 등을 설명한다.

③ 건축의 본체本體 공사와의 구분사항, 설치방법, 공사기간 등 건축과 중복되지 않도록 설명하며 설계도면의 정정이나 변경부분에 대해서도 설명한다.

④ 건축의 본체 공사와 어느 부분까지 구분할 것인지 건축 관계자와 협의, 조정하여 견적의 범위를 명확히 한다. 그리고 경쟁입찰의 경우 장소별 또는 공사 항목별 등 견적 방법을 통일하도록 하며 견적서 작성 시 수량, 단가 등을 포함하여 제반경비의 산정방법도 명시하도록 하여 입찰 금액을 비교하기 쉽도록 한다.

⑤ 입찰하는 공사금액 중 최저로 하거나 견적내용이 정확하고 타당하며 예산액에 가장 가까운 공사자가 시공하도록 낙찰落札을 결정한다. 이때 입찰한 공사자 중 공사실적과 기술력, 자본금 등도 고려한다.

⑥ 제출한 견적서의 내용을 검토할 때는 견적금액의 타당성에 중점을 두고 살펴본다.

⑦ 제출된 견적금액이 시공주의 공사 예산금액보다 크게 초과된 경우에는 대책을 강구한다.

즉 사용재료나 시공방법의 변경 등을 검토하여 예산범위 내에서 조정하고, 설계의도를 실현할 수 있다면 변경 후 견적서를 다시 제출하도록 한다. 한편, 예산보다 많이 투자하도록 해야 할 경우, 시공주의 자금사정 등을 고려해야 하므로 시공주와 함께 검토한다.

⑧ 공사 계약 시 감리자는 시공자에 대해 산재보험, 화재보험 등에 가입을 확인하고 현장 책임자의 보고, 공정표의 제출을 비롯하여 공사 진행상 필요하다고 생각되는 사항을 확인한다.

(2) 시공 및 사용재료의 검수와 지도

① 감리자는 상세하고 구체적으로 설계도서의 내용을 시공자에게 이해시키기 위해 협의한다. 현장상황을 재확인하고 설계도서의 틀린 부분이 있을 경우는 그 해결방법을 지시하고 시공에 있어 설계도서의 변경사항이나 현장상황과 부적합하여 재조정이 필요한 사항도 시공자에게 지시한다. 시공자는 이를 위해 현장에서 시공도, 즉 숍 드로잉 shop drawing을 작성하여 감리자의 확인을 받는다.

② 공사가 진행됨에 따라 건축설계자, 건축의 시공자, 가구 디자이너, 가구 제작자, 조명 디자이너, 조명 제작자 등 공사의 원활한 진행을 위해 이해와 협조가 필요할 경우 공사에 관련된 관계자 협의를 주재하여 만족된 결과에 도달하도록 한다.

③ 현장에서 먹메김의 입회, 재료 견본의 점검을 비롯하여 공사진행 상황을 적절히 체크하여 설계도서가 바르게 표현되었는지, 공정표대로 진행되고 있는지 점검하여 문제점이 있으면 현장 책임자와 대책을 강구하여 시공주에게 보고한다.

(3) 공사변경 등의 처리

공사 중에는 어떤 변경이 생길 수 있는데, 이 변경은 공사 전체에 영향을 미치지 않도록 신속히 처리한다.

① 설계도서와 현장치수가 서로 다른 경우 차이점을 발견하면 설계를 변경해야 하는데 공사 중에 발견했을 때는 변경이 불가능하거나 변경하기 위해 제반 비용이 필요하게 되므로 시공주에게 양해를 구해야 한다.

② 계약후 재료나 기기 등의 가격 인상이나 천재 등의 불가항력 등으로 인해 공사비 금액 상승이 될 때 공사자는 시공주에게 요구하게 되는데, 원칙적으로는 시공자의 도급 都給 책임이며 계약서의 내용에 명기된 바에 따라 해결되어야 하나 관습이나 상식에 의거해 시공주와 공사자 사

이에서 공평하고 적절히 처리하도록 중재한다.

③ 재료나 기기 등의 제조가 중단되어 공사기간 내에 조달이 불가능하여 변경해야 할 경우 견적금액으로 납품할 수 있는 대체품을 선정하거나, 부득이 금액의 추가가 필요할 때는 시공주에게 그 이유를 납득시켜 해결하도록 한다.

④ 공사가 공사기간 내에 끝나지 않거나 설비나 기기류 등의 납품이 지연될 경우 공사기간이 지연된다. 이때 지연에 대한 책임은 시공자에게 있으며, 계약서의 내용에 명기된 바에 따라 해결하는 것이 원칙이다. 그러나 감리자는 사태의 추이推移를 시공주에게 설명하여 시공주와 시공자가 원만히 해결하도록 중재한다.

⑤ 치수의 차이, 법적 규제의 잘못된 판단, 건물구조 문제에 따른 시공상의 변경, 주위환경에서 받는 변경, 요구 등으로 인해 공사중에 변경이 생기는 경우, 설계의 잘못은 설계자 그리고 견적의 잘못은 시공자의 책임이다. 환경문제 등과 같이 설계자나 시공자의 책임에 속하지 않는 경우의 변경에 따른 추가 비용은 시공주가 부담하도록 하는 것이 바람직하다. 감리자는 각 당사자를 설득하여 공평하게 처리되도록 노력한다.

⑥ 시공자의 기술력 부족이나 설계도서를 잘못 보아 감리자가 변경을 요구할 경우, 설계도서의 의도가 명확하게 표현되지 않았을 경우에는 변경이나 수정비용은 시공자가 부담한다. 이때 공사기간에 영향을 미치지 않도록 될 수 있는 대로 빨리 변경을 통보하거나, 부득이 늦어질 경우 시공주에게 양해를 구하고 완공 후 신속히 처리할 것을 약속한다.

⑦ 착공 후 시공주의 변경 요구나 공사의 중지 요구는 시공주가 직접 시공자에게 전하는 것이 아니라, 반드시 감리자에게 요청 협의하여 변경내용을 시공자 및 관계자에게 신속히 통보한다.

공사 도중에 설계변경이 많으면 공사기간과 공사금액을 지킬 수 없으며 또한 설계의도도 바뀔 수 있다. 가능한 예정대로 공사를 진행하고, 불가피할 경우 시공주와 공사기간에 대해 재약속을 하여 다시 완공일을 정하거나 완공 후에 다시 공사를 진행하도록 한다. 이때 드는 비용에 대해서는 원인에 따른 책임의 소재자가 부담하며 설계도서의 승인, 계약, 착공 후의 변경은 원칙적으로 시공주가 부담한다. 이를 감리자는 시공주와 시공자에게 설명, 납득시켜 조정한다.

(4) 공사비 지불의 승인

① 계약 시 지불 외의 계약에 의거해서 중간 지불을 하는 경우는 예정대로 공사가 진행되어 있는 것을 확인하여 시공주에게 보고하고 지불액을 승인하여 지불되도록 한다.

② 완공 후 시공주, 시공자, 감리자는 함께 공사의 완료를 확인하는 완공검사를 한다. 그 후 시공자는 시공주에게 제반시설에 대한 모든 것을 인수한다. 잔액의 최종 지불은 불량공사, 변경공사가 완료된 후 하도록 한다. 불량공사와 변경공사가 계약에 의한 최종 지불일보다 늦을 때에는 그 공사금액만큼 남기고, 계약분을 지불하도록 조정처리하는 것이 일반적이다.

(5) 완공검사

① 설계도서대로 되고 설계자가 의도한 대로 완성되었는지 설계도서와 대조하여 점검한다. 즉 설계 이미지의 표현, 마감재료와 시공상태, 조명의 조도, 동선, 건축물과의 관련 등을 조사 검토한다. 시정할 점이 있으면 시공자와 약속기한을 정하여 이를 시공주에게 보고한다.

② 공사 중에 생긴 불량공사와 완공검사 후에도 미처 처리되지 못한 잔여공사에 대해서는 시공주 및 시공자가 별도의 협의를 거치되 그 결정사항을 기록으로 남긴다. 시공자는 책임을 갖고 실시 완료하며 설계자는 완료된 후 검사한다.

(6) 기타

일반적으로 감리에는 사소한 디스플레이 등의 지도까지는 포함되지 않으나 설계의도에 방해가 되지 않도록 디스플레이를 비롯한 기타 판매 촉진에 필요한 제설치물, 시설유지 관리 및 보수에 대해 조언하는 것이 바람직하다.

| 사진 1 -31 | Calvin Klein

9. 실내디자인의 공간별 시설 분류

실내디자인의 대상은 주로 목적, 기능에 따라 공간별로 시설을 분류할 수 있다. 또한 대부분의 실내디자인 작업은 건축된 공간의 조건에 따라 실내디자인이 이루어지기 때문에 이미 사용하던 건축의 내부공간을 리노베이션renovation하는 형식으로도 이루어질 수 있다. 궁극적으로 건축이 공간에 본질을 둔다는 개념의 연장선에서 건축설계에서 이루어진 행위 자체에 따라 실내디자인은 기존의 하드웨어적인 개념에서 탈피하여 다양하고 세분화된 인간의 욕구를 충족시키는 동시에 복합적인 기능과 역할을 수용하는 실내공간으로 계획되어야 한다.

이러한 공간별 시설들을 업무 영역에 따라 분류하면 |**표 1 -1**| 과 같이 크게 13개 공간으로 나눌 수 있다.

| **표 1 -1** | 공간별 시설 분류표 (한국 실내디자인학회 제정)

시 설	세 부	
주 거 공 간	①단독주택(단독주택, 다중주택, 별장, 공관 등 관용 주거시설)	
	②공동주택(아파트, 연립주택, 다세대 주택)	
	③기숙사	
근 린 생 활 시 설 공 간	①제1종 근린생활공간(일용품점, 휴게음식점, 이용원, 미용원, 일반목욕장, 세탁소, 탁구장, 체육도장)	
	②제2종 근린생활공간 - 대중음식점, 기원, 휴게음식점, 안마시술소, 테니스장 체력단련장, 에어로빅장, 당구장, 실내낚시터, 골프연습장, 사무소, 부동산 중개업소, 결혼상담소, 수리점, 세탁소, 청소년전자유기장, 사진관, 표구점, 학원 노래연습장, 단란주점, 의약품도매점, 자동차영업소	
유통판매공간	①도매시장(대형도매점, 대형할인점, 대형슈퍼마켓)	
	②소매시장(백화점 및 쇼핑센터, 대형소매점)	
	③상 점(외식상업공간, 1000㎡ 이상의 상업판매공간)	
업 무 공 간	①공공업무공간(국가 또는 지방자치단체의 청사 및 외국공관의 건축물)	
	②일반업무공간(은행 · 금융업소, 사무실, 관청사무실, 정보교환센터, 신문사, 오피스텔)	
	③근린공공공간(동사무소, 파출소, 소방서, 우체국, 전신전화국, 지역의료보험조합, 마을공회당, 마을공동작업소, 마을공동구판장)	
숙박시설공간	①일반숙박(호텔, 여관, 여인숙)	
	②관광숙박(관광호텔, 가족호텔, 해상관광호텔, 휴양콘도미니엄, 한국전통호텔)	
	③복합숙박 및 주거공간	
보건·복지공간	①의료공간	㉠병원(종합병원, 병원, 치과병원, 한방병원, 정신병원, 요양소)
		㉡의원(치과의원, 한의원, 침술원, 접골원, 조산소)
		㉢격리병원(전염병원, 마약진료소)
		㉣보건소
	②복지공간	㉠아동시설(아동복지시설, 영유아보육, 유치원, 유아용복지공간)
		㉡노인시설(노인복지공간, 경로당, 양로원)

시 설	세 부	
교육연구공간	①학교(초등학교, 중학교, 고등학교, 전문대학, 대학교, 이에 준하는 각종학교) ②교육원, 직업훈련소, 각종학원, 연구소, 도서관, 연수원	
체육·위락공간	①운동공간(체육관, 스포츠센터, 클럽하우스, 건강체육 및 놀이공간(유희시설))	
	②관광휴게공간(야외음악당, 야외극장, 어린이회관, 관망탑, 휴게소, 공원, 유원지)	
	③위락공간(주점, 특수목욕장, 유기장, 투전기업소, 카지노업소, 경마장, 무도장, 무도학원)	
	④청소년수련공간	㉠생활권수련공간(수련원, 수련실, 학생회관)
		㉡자연권수련공간(수련마을, 수련의집, 야영장)
		㉢유스호스텔
관람집회공간	①공연장(극장, 영화관, 연예장, 음악당, 서커스장)	
	②집회장(회의장, 공회장, 예식장, 컨벤션센터, 종교시설공간, 이벤트사업)	
	③관람장(운동경기관람장, 경마장, 자동차 경주장)	
전 시 공 간	①전시장(박물관, 미술관, 과학관, 기념관, 산업전시장, 박람회장, 쇼룸, 테마파크관, 모델하우스)	
	②동 · 식물원(동물원, 식물원, 수족관)	
종 교 공 간	①종교집회장(교회, 성당, 사찰, 기도원)	
	②수도장(수도원, 수녀원, 제실, 사당)	
운수시설공간	①역사시설공간(여객자동차터미널, 화물터미널, 철도역사, 전철역, 공항시설, 항만시설, 종합여객시설, 고속도로휴게실)	
	②자동차관련공간(주차장, 세차장, 폐차장, 검사장, 매매장, 정비공장, 운전학원, 정비학원)	
	③운수시설공간(항공기, 선반, 열차, 자동차 등의 실내공간)	
특수시설공간	①방송 · 통신공간(방송국, 전신전화국, 촬영소)	
	②공장(공해공장, 일반공장)	
	③창고(창고, 냉동, 냉장창고, 하역장)	
	④위험물저장 및 처리공간(주유소, 액화석유가스충전소, 위험물제조소, 위험물저장소, 위험물취급소, 액화가스취급소, 유독물판매소)	
	⑤교정공간(교도소, 감화원)	
	⑥군사공간	
	⑦묘지관련공간(화장장, 납골당, 묘지 부속 건축물)	
	⑧장례식장	
	⑨정화처리시설공간	

※ 면적에 관한 기준은 건축법규에 준한다.

제 2 장　주거공간

Dacor House

1. 개설

1. 1 주거공간의 개념

|사진 2 -1|
쉐라톤 그랜드 워커힐 빌라
/ 계선디자인

주거住居는 인간에게 안정과 평화 속에서 삶을 가능하게 하는 '살다'라는 포괄적인 개념이다. 주거공간은 삶의 가장 기본적인 단위인 가정생활을 담는 그릇으로 인간이 일정한 곳에 정주定住하여 생활을 할 수 있도록 마련된 거처居處이다. 외계外界로부터 인간을 보호하는 외적 울타리일 뿐만 아니라 생리적, 정신적 피로를 풀고 생활에 필요한 에너지를 재충전再充電하는 활동의 원천이다. 주거공간은 일정한 장소를 점유占有하여 인간이 쾌적하게 머물 수 있는 하나의 장소로서의 공간개념과 가족 전체의 공동생활을 영위하는 소집단인 가정생활의 의미를 포함한다.

주거공간의 형성은 한 가족을 위한 적절한 주거개념의 설정과 그에 부합되는 실체화를 통해 이루어진다. 따라서 주택은 계획의 결과로 나타난 장소성場所性을 가진 물리적인 구조체라 할 수 있다. 주거개념은 주생활상住生活像에 따라 요구되는 주거공간의 성격 및 기능, 형태로 설명된다. 주생활은 주택 구조체에 의해 구획된 물리적인 공간을 생활공간으로 이용하는 것이기에 주생활이 요구하는 생활공간과 주택이라는 물리적인 공간이 조화, 상호 일치되었을 때 주택은 기능적 공간이 되며 주생활은 그 목적을 달성할 수 있다.

생활이 의식주衣食住에 관한 행위를 꾸려 나가는 것이라면 주생활은 주택 내에서 행해지는 모든 생활행위를 말한다. 따라서 주거공간 계획 시 주택의 내용물이라 할 수 있는 주생활의 이해가 필요하며 특히 거주자의 주생활공간이라는 사항을 명심해야 한다.

1. 2
주거공간의 실내계획

주거공간의 실내계획은 거주자의 생활요구를 최대한 만족시킬 수 있는 주생활공간의 창조에 그 목표가 있다. 이를 위해 '어떠한 생활을 영위하고 있는가, 바라고 있는가'의 생활상生活像이 파악되어야 한다. 주택 내에서 생활하는 가족들의 요구를 이해하고 그 생활요구를 만족시킬 수 있도록 생활과 공간이 대응對應되도록 한다. 구체적인 생활행위뿐만 아니라 생리적 심리적, 개인적, 사회적, 그리고 물질적, 비물질적 생활에 이르기까지 포함한 생활 전체상을 대상으로 한다.

주거공간 계획은 실내공간을 사용하는 거주자居住者에 대한 연구로부터 시작된다. 거주자는 개인 또는 가족단위로 취침, 휴식, 식사 등의 휴양행위, 단란, 친목 등의 여가행위, 그리고 주부가사와 같은 노동행위, 배설, 입욕과 같은 생리행위 등이 복합적으로 이루어진 생활을 영위하기 때문이며 이들의 심리적, 심미적 요구사항도 매우 다양하기 때문이다.

주거공간의 실내계획은 다음과 같은 기본방향으로 전개한다.

첫째, 생활의 쾌적함을 추구한다. '생활한다'는 기본적인 역할을 위해 주생활에 따른 적절한 규모와 내부적인 여러 장치를 계획하여 생활적 기능을 만족시켜야 한다. 또한 적당한 온·습도, 조명, 환기 등의 환경적 기능의 생리적 쾌적함과 공간의 높이, 색, 마감재, 빛의 상태가 생활에 적합하도록 하는 심리적 쾌적함 그리고 심미적 쾌적함을 만족시켜야 한다. 따라서 실내계획은 보다 안락하고 쾌적한 환경에서 가정생활의 안정을 가져오도록 하고 궁극적으로 생활의욕을 고취시키도록 한다.

둘째, 가족전체의 단란을 중요시하여 가족 중심의 생활이 이루어지도록 하며, 가족 본위의 주거공간이 되도록 계획한다.

셋째, 개인의 프라이버시가 확보되도록 계획하여 개인의

생활이 존중되도록 한다.

넷째, 핵가족화核家族化되고 가전기기家電器機의 발달로 설비에 의존하고 가정부 없이 주부가 직접 가정생활을 운영하므로 생활의 편리함을 추구한다. 실은 필요 이상의 넓은 면적을 지양하여 청소 등의 노력을 경감시키며 평면에서도 합리적인 동선계획이 되어야 한다. 특히 가사 작업공간인 부엌, 다용도실은 가사노동을 경감시키도록 좋은 시설과 설비를 갖추어 능률적이고 쾌적한 작업공간이 되도록 한다.

(1) 주거공간의 실내계획에 고려사항

주거공간의 실내계획은 실의 규모, 용도, 가구, 소요 집기 등의 대상공간과 경제적 조건의 파악을 기본으로 전개하되 기후, 위치, 방위, 디자인 스타일, 거주자, 주생활양식 등을 고려한다. 이에 대한 구체적 사항은 다음과 같다.

1) 기후

기온, 강우량降雨量, 일사량日射量, 풍향風向 등 기후에 대한 물리적 사항을 고려한다. 이는 주택계획에 있어 지붕의 형태, 평면구성, 개구부의 위치 결정 등에 큰 영향을 미친다. 실내계획에 있어서는 따뜻함, 차가움, 포근함, 경쾌함 등 실내 전반에 대한 분위기 결정에 영향을 준다. 그리고 여름철, 겨울철에 따른 방서防暑와 방한防寒의 대책도 강구된다, 방서를 위해 천장을 높게 하며 방서구조로서 벽을 이중벽으로 하거나 두껍게 하고, 처마, 차양 등으로 일사를 조절한다. 또한 한색寒色이나 마감 재료로 시원한 분위기의 심리적인 효과를 꾀한다. 실내의 보온유지를 목적으로 하는 방한을 위해 외벽을 이중벽 또는 두껍게 하며, 창문 역시 이중창으로 하거나 커튼을 달아 열손실을 막는다. 실의 면적을 필요 이상으로 크게 하거나 천장고를 높게 하지 않는다. 방서와 방한 중 어느 면을 중요시하느냐 하는 것은 그 지방의 기후적 제조건들을 종합적으로 고려하여 결정한다.

2) 위치

도시, 교회, 해변, 산 등 주택이 위치한 지역적 조건에 따라 도시주택, 전원주택, 별장주택으로 구분되며 이에 따라 생활내용도 다소 달라지므로 계획에 이를 반영해야 한다.

도시주택은 지가地價가 높고 건축 밀도도 높아 토지 이용률이 높다. 사면으로부터 관망觀望의 대상이 되기 쉬워 독립성이 결여되기 쉽다. 따라서 시선과 소음으로부터 프라이버시의 보호가 요구되며 안정된 휴식을 위해 개인공간은 더욱 철저히 요구되며 그 비중 또한 높다.

전원주택은 근교 농촌주택 개념으로 도시인들이 도시의 피곤을 해소하기 위해 주말을 이용해 휴식을 취하기도 하므로 주말주택이라고도 한다. 간단한 농경생활과 게임을 즐길 수 있는 가족단위의 휴식공간을 중심으로 계획한다.

별장주택은 마음에 부담 없이 완전한 휴식과 휴양, 도피를 위한 주택이다. 실내계획은 경사진 천장으로 처리하거나 목재, 석재 등 가공되지 아니한 자연적 재료를 사용하여 자연의 운치를 강조한 실내분위기로 한다. 또한 조망을 위해 창의 계획을 고려한다. 해변이나 호수 등의 별장도 이와 같은 분위기로 하며 제습除濕을 위한 설비계획도 중요하다.

3) 방위

방위는 실의 배치와 개구부 특히 창의 위치와 관련된 요인이며 전망, 바람, 채광 등에 대한 주택의 노출방향을 나타낸다. 방위에 따라 창의 처리방식을 고려하여 커튼, 차양 등으로 햇빛, 프라이버시를 조정한다. 특히 채광조건이 나쁜 방위의 실은 실내디자인에서 이를 수정, 보완하도록 한다.

|사진 2 -2|
클래식스타일 주거공간의 예

|사진 2 -3|
모던 스타일 주거공간의 예
/ Further Lane House, Tod Williams Billie Tsien

4) 디자인 스타일

디자인 스타일은 역사상 어느 특정시기에 어떤 나라나 특정사회 계층에서 유행되었던 가구나 실내에서 나타나는 표현양식이다. 예를 들어 클래식스타일classic style이라 하면 서양 디자인사에 있어 그리스, 로마, 바로크, 로코코 등으로 불리는 특정 고전양식을 포함한 총칭이다. 이에 반해 모던 스타일modern style은 장식의 배제, 기능주의의 강조 등을 주장했던 근대 이후의 양식이다. 한편, 우리나라의 한옥, 궁궐, 사찰, 고가구 등에 바탕을 둔 전통양식도 있다. 이들 디자인스타일은 거주자의 기호, 주생활양식 등에 따라 결정, 계획에 반영된다.

어느 특정양식이 일단 결정된 후에는 계획에 있어서는 가구, 실내에서부터 외관에 이르기까지 통일된 디자인스타일을 추구한다. 거주자의 기호와 특징, 개성을 살릴 수 있는 개인의 생활양식과 함께 디자인스타일이 표출되는 것이 가장 바람직하다.

(2) 거주자와 주생활 양식

한 가구를 구성하는 거주자의 조사는 각 개인 및 가족의 요구와 희망을 반영하기 위함이다. 이 조사는 생활공간 계획시 가장 중요한 부분이며 디자인 결정의 기초 자료가 된다. 거주자들의 생활공간에 대한 사용시간, 유지관리 정도, 선호하는 디자인 스타일과 함께 아울러 연령, 가족유형, 직업, 기호, 취미, 수입 정도 등을 조사한다. 독신자, 어린 자녀를 가진 가족, 노부모를 모신 가족 등의 가족유형에 따른 가족간의 관계와 가족생활주기Family Life Cycle를 고려한다. 특히 연령층의 차이가 클 경우 서로 다른 구조물을 요구하므로 이를 계획에 반영해야 한다. 또한 작업에 따른 생활습관 및 오락적 요구를 고려하며 어떤 색이나 물품에 대한 기호,

즉 각 개인이나 가족이 특별히 좋아하는 것 또는 싫어하는 것을 조사하여 개성적인 실내가 되도록 한다.

주생활양식이란 주택을 중심으로 행해지는 생활의 양상 즉 생활의 유형을 말한다. 주생활면에서 나타나는 전통, 습관화된 생활행동의 상태이다. 주생활양식은 가족의 구성조건, 사회적인 계층, 지역적인 기후, 풍토조건 등에 따라 달라지게 된다. 생활실태조사를 통해 주생활양식을 파악한다. 즉 각종 행위의 장소나 시간사용에 대한 조사, 가구 및 물품 사용의 정도와 보유량, 배치유형, 각 실의 꾸밈상태, 주생활에 대한 거주자의 의식조사 등을 조사하여 사교정도, 손님 접대, 취미생활, 생활 습관, 가사에 대한 태도, 각 실의 기능 등 생활의 내용을 파악한다. 이를 기본으로 실배치에 따른 동선계획, 가구배치와 유형, 실의 규모와 성격, 장식 등 전반에 걸쳐 실내계획에 반영한다.

그런데 생활에 담겨있는 전통이나 관습은 하루아침에 버리거나 무시해 버릴 수 있는 것이 아니라 시대에 따라 변화, 발전하여 내용물이 변화하면 그것을 담는 생활공간도 변화, 발전해 나간다. 이러한 예로서 거실은 해방 이후 가족의 단란을 위해 도입되어 응접의 정도에 따라 응접실, 거실, 서재의 성격을 가졌으나 안방에서 행해졌던 가족의 공동생활은 거실로 옮겨졌으며 안방은 그 전용성專用性이 약화되고 있다.

서구문화에 있어 주거공간은 하나의 목적을 지닌 방으로서 다양한 목적을 지닌 집으로 구성된다. 다목적 구조체에서 어떤 특정영역을 각각 침실, 부엌, 식당, 거실 등으로 불리며 각 실은 각기 공간이 가진 특정 기능을 만족시킨다. 그러나 전통주거공간인 한옥韓屋은 다목적의 방으로서 다목적의 집으로 구성된다. 공간은 벽의 융통성에 의해 일상생활의 변화하는 요구에 적응하므로 그 전용성이 크다.

오늘날 우리의 주거공간은 서구와 전통이 혼합되어 서로

|사진 2 -4|
주거 공간의 실내는 거주자의 생활양식이 표현되어야 한다. / Yoo House, Betwin Space

상충相衝하는 이중적 구조를 가지고 있는데, 그 대표적 공간이 안방과 거실이다. 거실은 가족단란을 위한 공동생활공간으로 정착됨으로써 점차 안방은 침실공간으로만의 개실 역할을 하나 아직도 안방은 공동공간과 개인공간의 이중적 성격을 갖고 있다. 이러한 측면은 주택의 규모가 어느 정도 이상으로 클 경우 주 침실 이외에 안방의 공간을 마련하여 인접 배치되고 있는데서 계획에 반영되고 있음을 찾아볼 수 있다.

생활양식은 크게 한식생활과 양식생활로 구분되는데 한식생활은 온돌방에서 바닥을 이용하여 앉아서 생활하는 좌식생활이다. 일실 다용도一實 多用途로 개실의 구분은 명확하지 않으므로 생활공간의 기능분화도 명확치 않다. 그러나 양식생활은 침대, 의자, 테이블과 같은 가구를 이용하여 생활하는 입식생활로서 각 실에 알맞는 가구가 설치되고 이에 따른 각 실의 용도도 명확히 구분되어야 한다.

1. 3
주거공간의 공간구성

주거공간은 가족의 단란, 유희, 공부, 사색 등의 정신적 욕구와 휴식, 취침, 배설, 영양섭취 등의 육체적 욕구를 만족시켜야 한다. 이를 구체화시키기 위해 거실, 침실, 서재, 부엌, 욕실, 다용도실 등 제기능을 만족시킬 수 있는 공간이 마련된다. 그리고 가족이나 개인생활이 보다 편리하게 이루어지도록 필요한 공간을 적절히 구성하고 상호 기능적으로 편리하게 배치되어야 한다.

거실, 부엌, 식당의 용도에 따라 분리된 각 실은 생활의 흐름과 행위의 상호 관련성을 고려하여 배치하되 오픈 플래닝이 적용되면 거실 겸 식당LD, 가족실 겸 부엌, 침실 겸 작업실, 거실, 부엌 겸 식당LDK, 식당 겸 부엌DK 등으로 공간은 개방되고 넓게 활용할 수 있다. 그러나 소음이나 시선에 의한 청각적, 시각적 프라이버시가 결여되므로 이에 대한 보완이 필요하다. 특히 주거공간이 소규모일 때 오픈 플래닝open planning, 원룸시스템one room system이 효과적이다.

주거 내에서는 다양한 생활행동이 이루어지고 있는데 그 행동의 목적, 공간사용시간, 입체동작상태 등에 따라 공간의 성질은 크게 달라진다. 공간의 내용이나 성질에 따라서 구분되는 공간을 구역 또는 존zone이라 하며 이 구역을 구분하는 것을 조닝zoning이라 한다.

각 실 사용빈도, 사용자의 특성에 따라 각 실의 성격을 파악하여 생활공간의 성격이 같은 것끼리 묶어 가까이 배치하고 생활공간의 성격이 다른 공간은 분리하여 배치한다. 그리고 행동의 목적, 행동할 때의 입체 동작상태는 규모계획과 관련하여 공간의 크기를 결정한다.

주거공간은 주행동, 사용시간, 행동반사에 따라 다음과 같이 구역이 구분되어 구성된다.

(1) 주거공간의 구역

1) 주행동에 의한 구역

주생활은 크게 단란, 취침, 조리라는 3가지 주행동으로 크게 나누어지며 그에 따라 공동생활구역, 개인생활구역, 가사작업생활구역으로 구분된다. 또한 배설, 세면, 입욕을 위한 생리 위생적 생활구역은 각 구역과 인접하여 공용공간의 성격을 띤다.

공동생활구역은 가족 모두가 공동으로 사용하는 공간으로 휴식, 사교, 가족단란, 식사, 응접이 행해지는 사회적 생활장소이다. 거실, 응접실, 식당, 현관이 이에 속하며 사회적인 지위, 교양, 취미, 기호 등 가정의 성격이 나타나도록 계획한다.

개인생활구역은 가족 각 개인의 사생활을 위한 사적 공간으로 개인의 기호, 취미나 개성이 나타나도록 계획한다. 취침, 학습, 사색, 휴식이 행해지며 침실, 서재가 이에 속한다. 특히 아동실의 경우 개인적인 실이면서도 부모에 의한 관리가 필요하다. 특히 자녀가 어릴수록 부모 관리권의 영향 하에 위치하나 커 갈수록 그 영향이 약화, 소멸된다.

가사작업생활구역은 조리, 세탁, 재봉 등을 위한 작업공간으로 부엌, 다용도실, 창고, 서비스 야드service yard 등이 있다. 작업에 필요한 가구 및 제설비물이 놓여야 하며 능률적이고 편리한 작업이 되도록 계획한다.

2) 사용시간에 의한 구역

각 실의 이용시간에 따라 주간구역, 야간구역으로 구분되는데 주간구역은 낮에 주로 사용되는 초등학생 이하의 아동실, 노인실, 거실 등으로 방위에 따른 조망, 방위, 개구부와의 관계 등을 고려하여 충분한 채광이 되도록 계획한다. 이에 반해 밤에 사용하는 야간구역은 중,

고등학생의 틴에이저 침실, 주침실 등으로 하루에 최소한 한두 번의 일사를 받을 수 있도록 해야 한다.

3) 행동반사에 의한 구역

주거공간은 조용하고 정숙한 분위기를 요구하는 정적靜的공간과 그러하지 아니한 동적動的공간으로 구분된다. 이들 상반된 구역을 서로 근접 배치하지 아니하며 그 사이에는 완충공간을 두어 공간의 흐름을 부드럽게 하거나 상하층으로 분리하여 배치한다. 부득이 근접될 경우 프라이버시를 확보할 수 있는 방음, 차폐 등의 방법이 강구되어야 하며 개구부의 위치 및 개폐방향도 고려한다.

정적구역은 부부의 주침실, 서재, 노인실 등으로 완전한 독립성이 요구되며 소음공해가 없어야 하며 시각적, 청각적 프라이버시가 확보되어야 하므로 동적구역과 완전히 분리된다. 이에 반해 동적구역은 실의 활동과 능률을 중요시하며 독립성보다 개방성을 필요로 하는 거실, 부엌, 식당, 현관 등은 이에 속한다.

| 표 2 -1 | 주거공간의 프라이버시와 행위

프라이버시	행 위	장 소	공간의 구분	주생활의 조직도
사 적 ↓ 공 적	수면	침실	개인의 사적생활공간	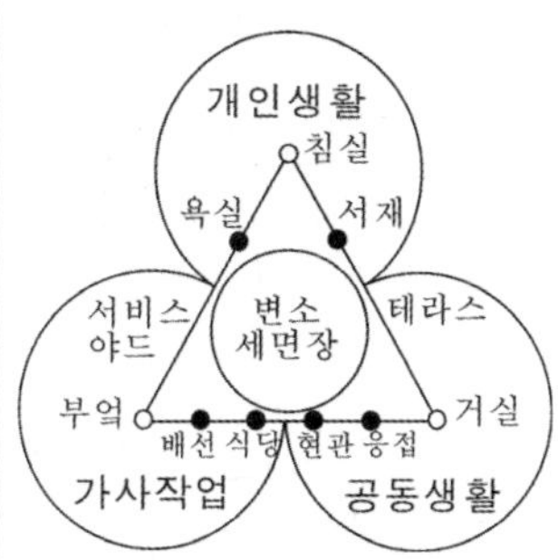
	학습, 개인작업, 사색	침실, 서재		
	입욕, 배설, 세면	욕실, 변소, 세면실	생리위생공간	
	조리, 가사, 노동	부엌, 세탁실, 가사실	가사작업공간	
	담소, 식사, 접대, 오락	거실, 식당, 응접실	가족의 공적생활공간	

|표 2 -2| 주거공간의 평면 구성 요소

주거기능	생활행위			장소	평면 구성 요소
여 가	단 란			거 실	· TV, 오디오 등 오락기구의 설치 장소 · 소파, 테이블 등 담소용가구의 설치 장소 · 장식용 선반 및 각종 물품의 수납장소
	식 사			식 당	· 식탁의 설치와 식사를 위한 장소 · 식기 등 수납장소
생리위생	세면 • 목욕 • 배설			욕 실 화장실	· 목욕 등의 활동을 위한 장소 · 변기, 욕조, 세면기의 설치 장소
휴 식	취 침			주침실	· 취침 및 휴식을 위한 장소 · 침대, 화장대, 옷장 등의 설치장소 · 탈의를 위한 장소 · 각종 물품의 수납 장소
				노인실	· 취침 및 휴식을 위한 장소 · 각종 물품의 수납장소
				아동실	· 공부, 취침 및 놀이를 위한 장소 · 각종 물품의 수납장소
노 동	가 사	취 사	조 리 배 선 설거지	부 엌	· 작업대의 설치와 조리작업을 위한 장소 · 조리를 위한 각종 설비기기의 설치장소 · 배선대의 설치와 배선작업을 위한 장소 · 설거지 장소 · 식품, 식기 및 조리기구류의 수납 장소
		세 탁 재 봉		가사실	· 세탁기 및 세탁을 위한 장소 · 다리미질을 위한 장소 · 재봉틀의 설치와 재봉을 위한 장소
		육 아 청 소		다용도실	· 청소용품의 수납 장소 · 세탁물, 재봉용품 등의 수납 장소
	공 부 • 연 구	주인의 활동		서 재	· 책상, 의자, 책장의 설치 장소 · 접객용 가구의 설치 장소 · 작업 및 활동 장소
		아동의 공부		아동실	· 책상, 의자, 책장의 설치 장소 · 침구, 의류 등의 수납 장소 · 공부, 단란, 취침 장소

(2) 동선계획과 평면계획

동선은 일상생활의 움직임을 표시하는 선으로 빈도頻度, 속도速度, 하중荷重의 3요소를 가지며 이들 요소에 따라 거리의 장단長短, 폭의 대소大小가 결정된다. 빈도가 클 경우 마모성이 적고 유지관리가 쉬운 재료를 사용하며 또한 소음을 줄이기 위해 카펫과 같이 흡음성 있는 바닥재료를 사용한다. 속도가 빠른 경우는 미끄러지지 않도록 처리해 주어야 한다.

동선계획은 주거공간 내에서 일어나는 모든 움직임을 이 3요소에 의해 정리, 분석하여 계획하는 것이다. 계획의 결과는 장소와 장소, 실과 실을 연결하므로 주택 전체의 평면계획과 바로 연결된다. 따라서 동선계획은 실의 구성과 연결을 나타내는 동선도, 기능도, 구성도 등으로 표현된다. 공간들 간의 관계와 동선은 자를 이용하지 않고 자유롭게 그리되 용도가 다른 공간의 윤곽을 잡아 선으로 연결하여 나타낸다. 동선의 화살표는 동선뿐만 아니라 개구부를 표시하며 동선의 굵기는 동선의 중요도를 나타낸다. 공간의 상대적인 크기, 각 영역에서 일어나는 행위의 중요성도 나타낸다.

그리고 주택 전체의 방위, 각 실의 채광을 위한 개구부와 그 위치, 일조, 통풍, 조망, 소음, 도로와의 관계, 인접주택에 대한 프라이버시 등을 조사, 그 결과를 고려하여 동선계획, 더 나아가 평면계획, 입면계획까지 연결, 전개시킨다.

주행동에 의한 구역, 사용시간에 의한 구역, 행동반사의 구역에 따라 각 실은 가까이 또는 멀리 배치한다. 특히 서로 상반된 성격의 구역은 서로 동선의 간섭 없이 명확히 구분되도록 한다. 동선이 혼란하면 독립성이 상실될 우려가 있으며 안정감 있는 실을 형성하기 어려우므로 주의한다. 예를 들어 거실의 경우 동선이 복잡하면 통로공간이 되어 버려 안정감을 잃어버린다. 따라서 일

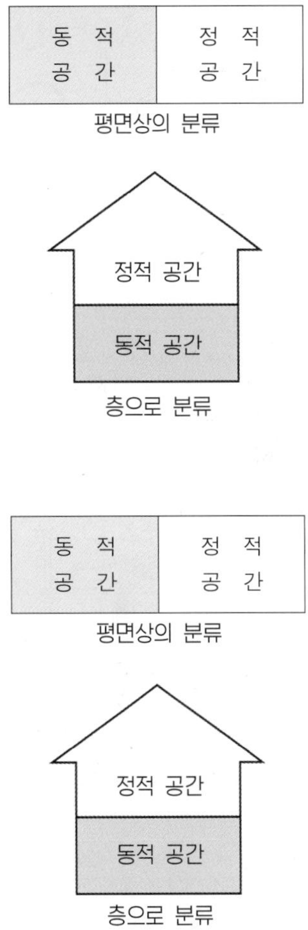

| 그림 2 -1 | 각 구역의 분리

정한 규모 이상이라면 복도를 두어 통로동선을 독립시켜 거실은 하나의 실로 구획하는 바람직하다. 평면상 복도로 구획하거나 중간영역의 공간을 중심으로 배치하거나 상하층으로 구분하여 수직으로 구획한다.

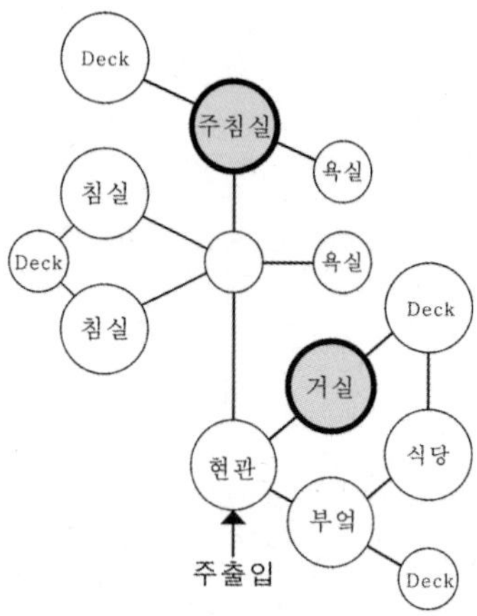

기능도 : 각 실의 상관정도를 표시한다.

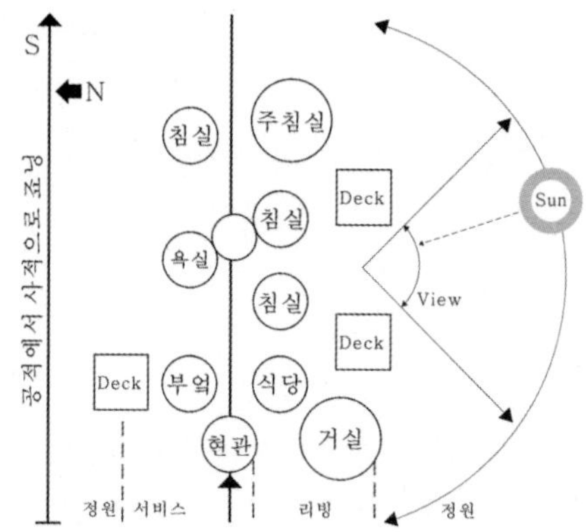

죠닝 : 상호간에 관련된 기능, 방위, 위치를 결정하며 빛, 난방, 조망, 어프로치 기능의 결합 등을 충분히 고려한다.

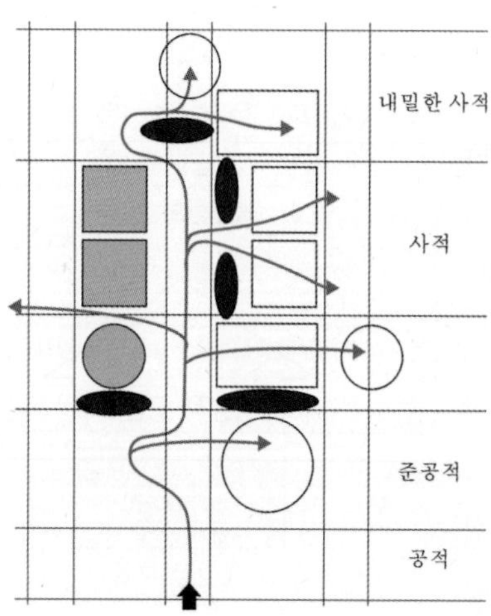

동선계획, 규모계획 : 공간의 스케일과 형상을 결정하여 기능을 조화시킨다.

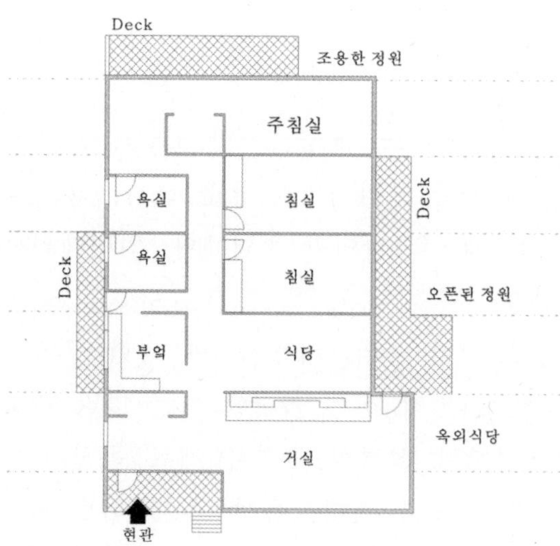

계획 : 개구부, 구조나 공간의 둘러싸임과 같은 요소를 결정한다.

|그림 2 -2| 주택계획의 프로세스

각 실에 있어 상호관계가 밀접한 것은 근접시키고 상반되는 것은 격리시킨다. 예를 들어 응접실 성격을 가진 거실은 현관과 근접시키며 식당과 부엌은 행위가 연속적으로 이루어지므로 직결되도록 한다.

또한 동선은 빈도를 기준으로 주동선과 부동선으로 분류하되 주동선은 외부와 직접 연결시키고 동선은 가능한 짧고 직선적이 되도록 한다. 그리고 부동선은 이 주동선에 수반되는 다른 동선들을 정리한다. 그런데 동선을 짧게 하는 것만이 좋은 계획이 아니라 복도와 계단에 의한 피로의 정도를 비교하고 실의 프라이버시를 검토하여 전체동선을 결정한다. 특히 주부는 가족의 다른 어느 구성원보다 실내에 머무르는 시간이 길고 작업량이 많으므로 침실과 식당보다 식당과 부엌의 동선이 우선해야 한다. 그리고 빈도와 하중이 큰 주부의 가사작업동선은 가능한 짧고 직선적으로 처리한다.

각 실의 동선계획은 가구배치계획에 따라 동선이 변하기 마련이다. 특히 거실, 식당, 부엌, 마루 등은 통로로 이용해도 좋으나 통로로 이용되는 면적을 최소한으로 줄이며 이들 실을 가로지르거나 하여 가구배치에 영향을 주지 않도록 한다.

(3) 세부계획

주거공간의 '각 실을 어떻게 꾸밀 것인가' 하는 장식적인 면에 치중하여 전개하는 세부계획은 조명, 색채, 마감재료 등을 토털 코디네이트total coordinate 측면에서 진행한다.

주거공간의 조명방법에는 크게 두 가지로 나눌 수 있는데, 부엌, 서재, 아동실, 계단 등 적정한 조도를 유지해야 하는 조명과 거실, 식당, 침실 등과 같이 분위기를 중시하는 조명이다. 백열등과 형광등은 각기 장단점이 있으므로 조명기구의 형상, 효율, 배광방식, 광질, 광색, 연색성 등 각각의 성질에 따라 각 실의 용도나 분위기의 효과를 고려해서 광원을 선정한다. 그런데 일반적으로 전체조명에는 형광등을 사용하고 매입등, 스포트라이트, 펜던트의 국부조명과 장식조명에는 백열등을 사용한다.

주거공간의 색채는 거주자의 취향을 반영하여 개성적인 분위기를 연출하도록 한다. 색채계획은 공간, 가구, 장식물, 소품 등의 순서로 하나씩 조화, 균형을 이루도록 배색한다. 공간에서 가장 눈에 잘 띄는 벽면의 색을 우선 결정하는 것이 일반적이다. 창문, 문이 많거나 벽에 위치한 가구가 많은 경우 배경이 되도록 차분한 색을 선택하는 것이 바람직하다. 작은 면적을 차지하는 것은 보색이나 원색을 사용하면 실내에서 악센트로 작용하여 활기 있게 한다.

주거공간에서는 너무 강하지 않은 온화한 배색을 사용하고 전체적으로 아늑한 느낌이 들도록 한다. 실내공간은 작업, 세탁, 요리, 독서 등의 실용적인 공간과 단란, 대화, 휴식, 취침 등 분위기가 중요한 공간으로 구별된다. 전자의 부엌, 서재, 작업실, 욕실, 화장실 등은 청결을 요하는 공간이므로 밝은 색으로 처리하는 것이 무난하다. 그러나 후자의 경우 침실은 약간 어두운 색이 안정감이 있다. 거실은 전 가족이 함께 사용하므로 모두가 선호하는 색으로 한다.

일반적으로 배색에 있어 벽을 한색으로 할 경우 가구는 난색을 사용하며 벽이 난색일 경우 가구는 한색 또는 무채색으로 한다. 이때 바닥, 천장은 색 면적의 배분, 크기, 높이 등을 고려하여 벽이나 가구 색과 동일하게 처리하는 것이 무난하다. 커튼, 쿠션 등이 많을 경우 바닥, 벽, 천장, 가구의 기본배색을 바탕으로 액세서리적인 요소로 취급하여 악센트 색을 소량 사용하는 것이 효과적이다.

주거공간은 주부가 가장 오랜 시간 동안 머무르므로 주로 배색결정은 주부를 중심으로 행해지나 개실은 사용자의 나이, 직업, 성별, 기호, 성격 등을 반영하여 개성

있는 실이 되도록 하는 것이 바람직하다.

| 표 2 -3 | 각 실의 조도기준

조도 (lux)	거 실	서 재	아동실	식 당 부 엌	침 실	가사실 작업실	욕 실 탈의실	복 도 계 단	수납 공간	현 관 (실 내)	현 관 (실 외)	차 고	정 원
2,000													
1,500		—	—			수예							
1,000	수예			—	—	재봉	—			—		—	
750		독서	학습 독서										—
500	독서 화장 전화		—		독서 화장	공작		—		거울	—		
300				식탁 조리대 개수대			화장 세면		—			청소 점검	
200	단란 오락 TV	—	놀이			세탁	—			구두 벗는 곳 장식장			
150				—								—	
100	—				—								파티 식사
75													
50											문패 기둥 우편함 장식장		테라스
30													
20											—		—
10		—	—	—		—	—	—		—	통로		통로
5	—								—		—	—	—
2													
1					심야			심야			방범		방범

■ 전체조명

2. 주거공간의 실별 실내계획

2. 1
거실Living Room

가족 중심의 단란한 생활방식을 지향하는 현대생활에 있어 거실은 가족 모두를 위한 일상의 장소로, 단란의 장소로 사용되고 있으며 주생활은 거실을 중심으로 이루어짐으로써 주거공간에 있어 가장 중요한 부분으로 인식되고 있다. 따라서 거실은 가족 전체를 위한 융통성 있는 다목적공간으로 계획한다.

(1) 거실의 기능

거실은 단란, 휴식, 안락, 여가, 접객接客, 사교, 가사, 육아, 독서, 취미, 식사 등의 장소로 사용되는 다목적多目的 다기능多機能의 공간이다.

|**사진 2 -5**| 경사진 천장과 적절한 채광은 휴식공간으로서 심리적 안정감을 제공한다.
레이크 하우스 / WGNB

① **단란의 장소** : 가족이 모여 담소를 나누거나 화목한 시간을 보내는 가족 모두의 장소이기에 각 실에서의 접근이 좋아야 한다.

② **휴식의 장소** : 피로를 푸는 휴식과 안식을 위해 편안하고 안락한 분위기의 장소이어야 한다. 고정적 배치보다 융통성 있게 활용할 수 있는 가구를 배치한다.

③ **오락의 장소** : TV시청, 음악 감상, 게임 등 가족의 오락이 행해지는 장소이다. 가족 전체의 기호에 따라 특별한 기능이 강조되어야 할 경우 계획에 고려한다. 특히 TV가 거실에 놓일 경우 앉은 상태에서의 시청을 기준으로 어느 곳에서나 화면을 보기 쉬운 곳에 놓는다. 시청거리와 높낮이의 결정은 TV화면의 크기에 따라 달라져야 하며 TV크기는 그것이 놓여질 공간의 크기와 시청하는 위치와의 균형을 고려한다. TV를 보기 위한 최적의 거리는 TV 화면크기의 5배가 적절하다. 좁은 공간의 대형 TV는 눈의 피로를 가져올 뿐만 아니라 시각적 장애를 일으키기 쉽다. 오디오가 놓일 경우 스피커의 위치는 공간의 크기, 모양, 상태, 구성 등에 따라 달라져야 하며 음악 감상을 위해 적절한 흡음과 차음시설을 강구한다.

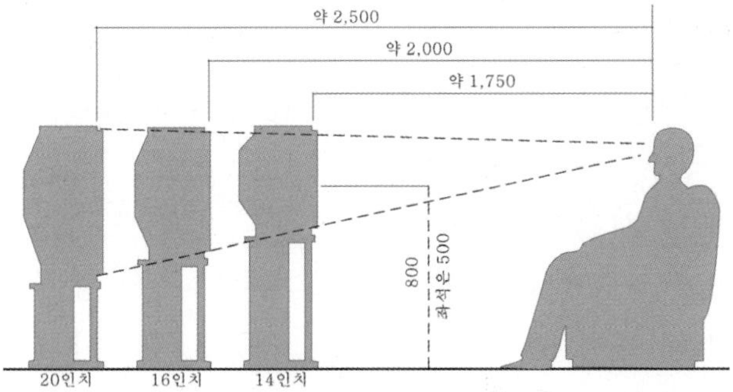

|**그림 2 -3**| TV 시청거리

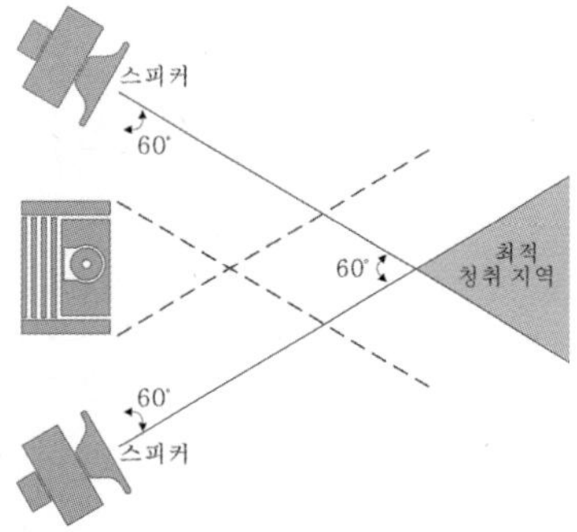

|**그림 2 -4**| 오디오 청취거리

④ **개인행위의 장소 :** 거실이 독서, 꽃꽂이, 공작 등 각자 개인적인 행위의 장소로 사용될 경우 각 행위에 필요한 제반시설물을 설치하되 이 시설물이 전체 분위기를 흩트리지 않도록 주의한다.

⑤ **아동의 놀이장소 :** 취학 전의 아동은 주부와 더불어 생활하므로 놀이장소로서 거실의 이용은 크다. 가구 배치 시 공간의 활용도가 높도록 충분한 여유 공간을 두며 마감재료 선정 시 아동의 놀이를 고려하여 안정성, 유지관리성을 고려한다.

⑥ **접객의 장소 :** 손님을 접견할 수 있는 응접실이 별도로 마련되지 아니할 경우 거실은 접객의 장소로 사용된다. 접객 위주의 폐쇄적인 공간보다 가족과 더불어 자연스럽게 접객할 수 있도록 한다.

(2) 거실의 위치

거실은 낮 동안에 자녀의 놀이 공간, 주부의 가사작업공간으로 사용되나 밤에는 가족이 모여 단란을 나누거나 TV를 보는 장소로 사용될 수 있다. 따라서 주야의 전용성이 크고 일일一日 사용시간이 다른 실보다 길고 가족 모두가 공동으로 사용하는 다목적多目的 기능機能을 가진 공간이다.

주택에서 다른 공간보다 차지하는 비중이 크고 각 실의 중심공간이므로 평면 계획 시 일조日照와 전망의 조건이 가장 좋은 곳에 위치한다. 즉 하루 중 일조시간이 가장 길고 여름에는 시원하고 겨울에는 따뜻한 남향 또는 남동향, 남서향에 위치한다. 창을 통해 펼쳐지는 옥외 공간의 경관이 가장 좋은 곳으로 거실에서 정원을 내려다 보이는 위치가 이상적이다. 거실과 정원을 가까이 배치시켜 자연과 연결되어 넓고 시원한 느낌의 공간이 되도록 한다. 정원에 면한 창은 최대한 크게 하여 시각적 공간 확대로 인한 개방감을 얻도록 함이 바람직하다. 특히 거실과 연결된 테라스는 옥외거실과 같은 성격의 공간으로 하여 준실내적準室內的 공간空間으로 취급한다.

거실은 현관, 복도, 계단 등 독립된 출입, 통로공간과 직접 연결되도록 한다. 현관과 가까이 위치하되 현관과 직접 면하는 것은 피하는 것이 좋다. 현관, 복도, 계단실을 한 곳에 집결시켜 그곳이 분기점分岐点이 되어 각 구역으로 분리, 배치하는 것이 효율적이다. 각 개실個室은 거실까지 같은 거리에 위치하도록 배치시키면 접근이 쉬워 이용률을 높일 수 있다.

|사진 2 -6| 거실의 예
현대의 기능적이고 간결한 선과 따뜻하고 시각적인 전통의 질감이 조화로운 대조를 이루고 있다. / 박부미, 공간속의 디자인 디자인 속의 공간, 효형출판

거실의 위치를 기준하여 주택의 평면을 살펴보면 거실의 위치는 다음과 같이 세 가지 유형으로 볼 수 있다.

① 전체평면의 중앙에 거실을 두고 이를 중심으로 양쪽에 침실 등 개실을 배치하는 유형일 경우 동선으로 차지하는 통로공간은 거실공간에 포함되므로 실로서의 안정감은 부족하나 주택의 규모가 작을 때는 합리적인 평면이 될 수 있다.

② 평면의 어느 한편에 거실을 치우쳐 배치하는 유형일 경우 거실은 독립된 실의 형태가 되고 각 실과 동선을 연결하는 통로공간이 필요하며 개실의 방향성과 통풍에 불리하다.

③ 1층에는 거실을 중심으로 공적公的인 실을 두고, 2층에는 사적私的인 개실을 두는 유형일 경우 계단의 위치, 욕실, 현관과의 관계를 고려하지 않으면 이용에 불편을 초래할 수 있다.

(3) 거실의 규모와 형태

거실의 규모는 가족 수, 가족구성, 전체 주택의 규모, 접객 빈도 등에 따라 결정된다. 그리고 주생활양식에 따라서도 좌우된다. 즉 안방에서 가족공동생활이 이루어지면 거실의 기능이 약화되나 그렇지 아니하면 거실을 이용하는 가족에게 거실은 공동생활의 중심으로 중요한 공간으로 인식, 취급되므로 충분한 규모이어야 된다.

일반적인 거실의 이상적인 규모는 1인당 최소한 4~6㎡ 정도이며 5인 가족이 식당을 겸할 경우 그 규모는 최소한 16.5㎡이나 권장 기준인 18~24㎡가 바람직하다. 최소한 5인이 앉을 수 있는 소파 한 세트와 TV를 시청할 수 있는 최소한의 거리를 기준으로 할 경우 거실의 규모는 11.0~16.5㎡ 정도이다.

거실의 규모에 대한 결정은 크기 자체뿐만 아니라 통과교통의 유무有無와 평면형의 영향도 같이 고려해야 한다. 그리고 거실에 위치하는 주요 가구류의 배치와 TV 시청, 오디오 감상 등을 할 수 있는 거리와 각도도 고려한다. TV시청을 위하여 거실의 한 벽면은 적어도 3,100 ~3,600 정도가 필요하다. 연속된 긴 변은 음향기구, 책장, 응접세트 등 가구배치에 효과적이다.

거실의 평면형태는 주택 전체의 계획이나 그 위치 등에 따라 다양해지나 거실은 실의 성격상 많은 가구가 필요하고, 이 가구배치를 위하여 가능한 충분한 면적 확보를 하는 것이 좋다. 거실의 형태는 장방형보다 짧은 변이 너무 좁지 않을 정도의 장방형이 가구배치와 TV의 시청에 효과적이다. 또한 용적상 심리적인 넓이를 느끼게 하며 실의 쓰임새의 면에서도 유리하다. 적정규모와 형태를 결정함에 있어 공간규모에 대한 물리적 특성뿐만 아니라 심리적인 면에서의 영향도 고려한다.

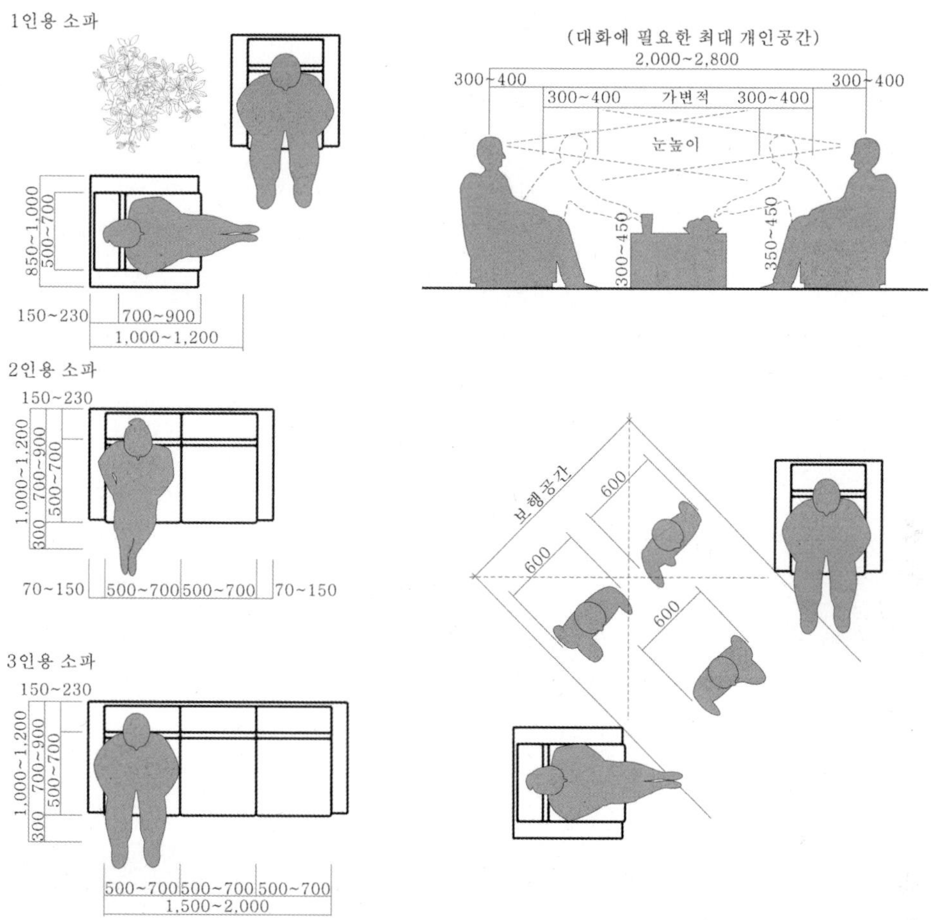

|그림 2 -5| 거실 가구의 필요치수

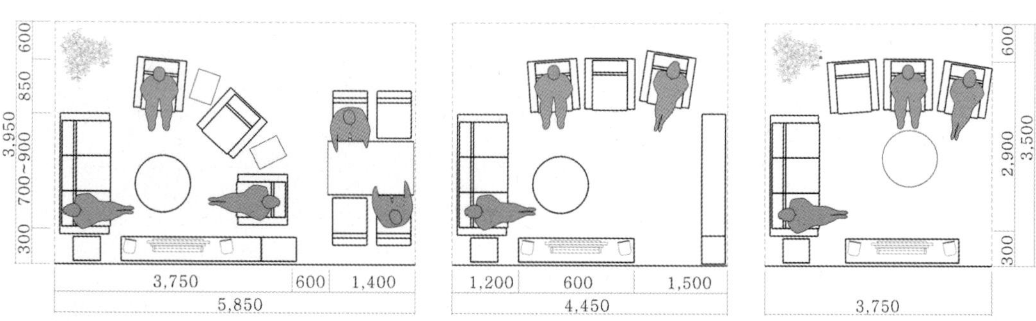

|그림 2 -6| 거실의 규모

(4) 거실의 유형

거실의 유형은 크게 거실 전용으로 사용하는 경우, 거실과 인접한 식당, 현관 등의 공간에 오픈 플래닝open planning을 적용하여 개방적 공간으로 처리할 경우와 필요에 따라 응접실, 서재, 식당, 부엌, 취미 공간, 홈 바home bar 등의 공간과 겸용시켜 다용도로 사용하는 경우로 구분될 수 있다. 개방적 거실일 경우 가구배치, 스크린, 미닫이문, 주름문, 커튼, 바닥의 단차이 등으로 각 영역을 구분시키면 시각적으로는 실의 구분이 명확하지 않으나 기능적으로는 분리효과가 크다. 특히 커튼, 스크린, 미닫이문, 주름문 등은 목적에 따라 실의 개폐開閉를 조정, 분리할 수 있다. 그리고 다용도의 거실일 경우 전체 실의 분위기를 흩뜨리지 않는 범위 내에서 필요가구와 시설물이 놓이도록 하되 이로 인해 거실의 분위기가 더욱 돋워져 그 집안의 성격과 개성이 표출되도록 하는 것이 이상적이다.

|사진 2 -7| 개방적 거실은 식당에서의 시선이 방해받지 않도록 적절한 좌석배치가 필요하다.

|사진 2 -8| 두 공간을 구획하는 악센트 월accent wall을 이용하여 각각의 영역에 식별성을 부각시키고 있다.
구로구 삼성쉐르빌 / 디자인 블러커

1) 응접실 겸용 거실

일반적으로 거실에서 손님을 맞이하여 대접하는 것이 보편화되어 있어 거실은 응접실을 겸하게 된다. 이 경우 실내디자인은 큰 비중을 차지하게 된다. 손님의 빈도, 대접방법, 숙박의 유무有無, 방문 목적, 손님과의 친밀도 등을 고려하여 다소 경직된 분위기로 품위있게 계획한다. 그런데 공적公的, 사무적인 일로 손님의 방문횟수가 잦은 경우 접객만을 위한 응접실이 거실과 별도로 마련되는 것이 바람직하다.

2) 서재 겸용 거실

거실에 독서나 업무를 위한 공간이나 테이블이 마련되는 경우이다. 벽면을 이용한 선반이나 장의 형태로 책을 정리, 보관하도록 하며 서적보관을 위해 채광이 잘 되도록 계획한다. 그리고 능률적인 독서나 업무를 위해 낮과 밤의 적절한 조명계획이 강구되어야 한다.

|사진 2 -9| 서재 겸용 거실의 예
/ Kevin Huvane's House, Michael S. Smith

3) 식당 겸용 거실

| 사진 2 -10 | 식당 겸용 거실의 예

거실의 일부를 식당으로 쓰는 리빙 다이닝living dining으로 간단히 LD형식이라고도 한다. 식사 시의 단란함을 거실공간에서 같이 누릴 수 있으며 식당이 거실과 겸하므로 공간 절약이 가능하여 공간 활용에 효율적이다. 원활한 배선의 흐름을 위해 부엌의 작업을 보조하는 공간이나 부엌이 가까운 곳에 위치해야 한다. 식사 중에 손님이 올 때를 대비하여 거실공간과 식사공간을 낮은 칸막이나 가구로 가볍게 구분시켜 심리적인 격리와 함께 각각의 독립성을 유지시켜주는 것이 바람직하다. 그리고 공간이 여유가 있을 경우는 평면적으로 연결시키는 것보다 바닥 차이를 주는 스킵 플로어skip floor로 연결하는 것이 좋다. 식당을 거실보다 높은 위치에 있는 것이 시각적으로 편하고 공간자체도 넓게 보인다.

4) 부엌, 식당 겸용 거실

거실과 부엌, 식당을 한 공간에 모아 집중시킨 리빙 다이닝 키친living dining kitchen으로 LDK형식이라고도 한다. 주부가 작업하면서 가족과 이야기를 나눌 수 있고 거실, 식당, 부엌의 동선을 최대한으로 단축시켜 면적을 줄일 수 있고 공간의 활용도 높다. 소규모 주택에서 많이 볼 수 있는 유형이다.

| 사진 2 -11 | 부엌, 식당 겸용 거실의 예

5) 취미생활 겸용 거실

거실에 조각, 공예, 공작 등의 취미를 살릴 수 있는 간이시설을 설치하여 겸용한다. 취미로 수집된 수집품이나 자작품 등을 진열, 전시하여 거주자의 개성 및 퍼스낼리티personality가 표현되는 공간으로 계획한다. 전시물은 편히 보고 감상할 수 있도록 전시하되 그림류는 전시할 벽면을 마련하여 감상하기 편안하게 눈높이를 기준으로 걸며, 그림의 배경이 되는 벽면은 무채색으로 처리하는 것이 무난하다. 벽난로의 윗벽이나 출입구와 마주한 벽면은 공간의 초점이 되므로 그림, 장식물로 실내 분위기를 돋우도록 한다. 그리고 소규모의 공예작품이나 장식액세서리는 선반장이나 진열대를 마련하여 전시물이 돋보이도록 디스플레이하며 국부조명으로 처리한다.

6) 홈 바Home Bar 겸용의 거실

거실 또는 식당에 홈 바 설비를 간략하게 하여 집에서 편안히 술을 마시거나 간단히 접대하기 위한 홈 바를 설치한다. 술잔, 칵테일 도구, 술과 안주의 저장을 위해 바 카운터bar counter와 카운터 배면의 선반장을 이용하여 진열공간을 마련하여 소형 냉장고, 간이 싱크대를 설치하기도 한다. 한편 장식장의 일부에 간단하게 홈 바의 시설을 설치하기도 하며 홈 바를 독립된 가구로 간주, 바퀴를 부착시켜 이동가구의 형식을 취하기도 한다.

(5) 거실의 가구와 배치

거실에서 필요한 가구는 가족단란, 휴식, 접객 등 다양한 활동에 따라 달라진다. 특히 입식생활의 거실은 가구를 지지하여 행위가 이루어지므로 행위에 따라 가구가 필요하다. 가족 모두가 둘러앉아 이야기를 나누거나 쉴 수 있으며 손님의 접대에도 필요한 의자류와 소파세트, 탁자를 중심을 벽가구와 기타 다른 가구들이 놓여진다.

거실이 서재, 식당, 취미 공간, 홈 바 등 겸용공간으로 사용될 때는 다용도의 공간사용에 따른 가구가 적절히 배치되어야 한다. 따라서 '거실공간을 어떻게 이용하는가'하는 거주자의 생활유형에 따라 그에 필요한 가구가 결정된다.

| 사진 2 -12 | 전면창호를 통해 자연채광의 극대화를 꾀한 거실의 예

그러나 좌식생활의 거실일 경우 중앙에 낮은 테이블을 중심으로 방석을 배치하거나 매트리스mattress나 커다란 방석을 이용하는 노퍼니처no-furniture형식을 취한다. 노퍼니처형은 앉았을 때 시선이 낮으므로 전체의 중심을 낮추어야 한다. 따라서 가구, 창문 등도 높지 않게 하여 압박감을

느끼지 않도록 한다. 그리고 좌식생활을 위해 바닥면을 낮추거나 높여서 바닥에 앉거나 기댈 수 있도록 하면 거실공간의 영역을 한정시켜 독특한 분위기를 나타낼 수 있다. 이러한 거실은 일정 규모 이상으로 크고 건축계획에서 사전에 계획되었을 때 이상적인 거실이 될 수 있다.

거실에 놓여지는 대표적인 가구인 의자류, 소파세트, 벽가구에 살펴보면 다음과 같다.

거실의 의자류는 소파를 비롯하여 이지 체어easy chair, 암체어arm chair, 팔걸이 없는 암체어armless chair, 등받이가 높은 하이백 체어high-back chair, 흔들리는 록킹 체어rocking chair 등이다. 가족 수, 가족 취향에 따라 크기와 모양, 암 체어와 소파, 의자류의 구성을 결정한다.

벽가구는 일반적으로 거실의 한 벽면을 이용하여 진열장, 선반장의 형식으로 일상생활용품, 수집품, 책 등을 진열, 수납하고 오디오 시스템, TV, 비디오 등이 놓여지기도 한다. 이들 물품의 치수를 고려하여 벽가구는 장식적 역할을 하는 장식벽으로 처리한다. 그리고 소파에 앉은 사람과 서있는 사람의 시선높이를 고려하여 물품을 효과적으로 진열한다. 일상생활용품은 사용에 편하도록 정리, 수납되도록 한다.

이들 이외에 거실에 놓여지는 가구 모두는 전체적으로 조화될 수 있도록 재료, 색, 디자인을 통일시키고 아울러 거실의 분위기, 마감재료 등과의 관계를 고려한다.

거실의 가구배치는 거실의 규모, 형태, 개구부의 위치와 크기, 가구 조건, 거주자의 취향 등에 따라 달라진다. 전망이 좋은 경우 가구배치는 창에 기대는 것보다는 시선이 자연스럽게 밖을 향하도록 한다. 거실에 벽난로가 설치되어 있을 경우 공간의 초점이 되므로 좌석은 벽난로를 중심으로 배치하며 충분한 통로를 둔다. 그리고 탁자를 중심으로 한 좌석배치는 앉은 사람 각자가 다리를 편안하게 하고 자유스럽게 움직일 수 있도록 적당한 거리를 두어야 한다. 또한 앉은 사람이 좌석에서 쉽게 컵을 잡을 수 있는 범위에 놓여야 한다. 한편 거실이 다용도로 사용될 경우 가구배치는 다양한 활동을 서로 격리시키는데 도움이 되므로 규모가 어느 정도 이상이면 가능한 그룹화시키는 것이 바람직하다. 독서, 업무를 위한 테이블이 놓여질 경우 대화공간에서 멀리 떨어진 구석에 위치하는 것이 좋다.

거실에 놓여지는 소파세트를 중심으로 가구배치 유형을 살펴보면 대면對面형, 코너형, U자형, 직선형, 복합형, 원형, 자유형으로 나눌 수 있다.

1) 대면형

중앙의 탁자를 중심으로 좌석이 마주보도록 배치를 하며 격식의 정식적인 응접실에 적합하다. 좌석에 앉은 사람들은 서로 시선이 부딪쳐 다소 딱딱하고 어색한 분위기를 만들 우려가 있으나 공간이 넓을 경우 마주한 좌석과의 거리를 두어 어색함을 어느 정도 해결할 수 있다. 가구 자체가 차지하는 면적이 커 실내가 협소해 보이며 동선이 복잡하고 길어 통로공간이 충분히 확보되어야 한다.

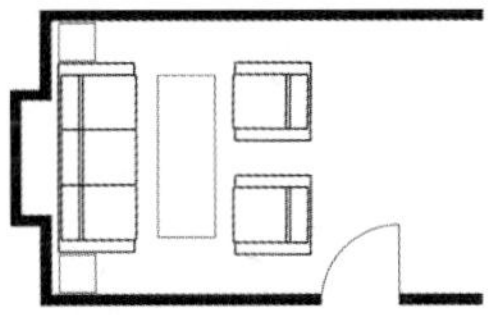

|그림 2 -7| 대면형

2) 코너형

1인용, 2인용, 3인용 소파 중 2가지 이상을 조합하여 서로 직각이 되도록 배치하거나 연결된 코너소파를 구성을 이용하여 배치한다. 좌석에 앉은 사람끼리의 시선이 마주치지 않아 안정감 있는 배치이다. 벽 측의 코너를 이용하여 가구가 차지하는 면적이 작으므로 활동면적이 커져 공간 활용이 크고 공간감의 확장도 있어 좁은 공간일 경우 효과적이다.

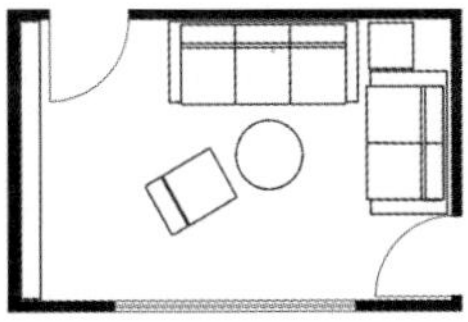

|그림 2 -8| 코너형

3) U자형

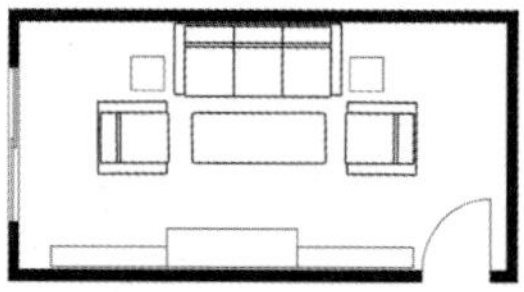

|그림 2 -9| U자형

중앙의 탁자를 중심으로 좌석을 정원, 벽난로, TV 등 한 방향으로 향하도록 배치하며 안측에 위치한 1인용 좌석은 상석이다. 시선이 서로 마주치지 않아 기분이 안정되고 편안한 기분을 갖게 한다. 자연스런 대화 분위기를 만들며 벽 측에 기대에 배치하면 공간을 유효하게 사용할 수 있다.

4) 직선형

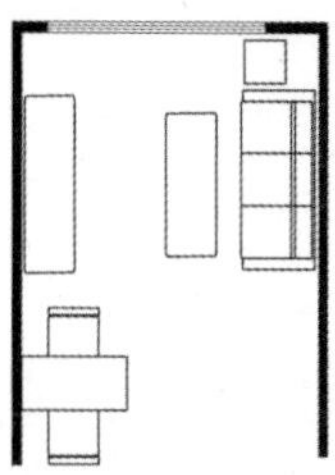

|그림 2 -10| 직선형

좌석을 일렬로 배치하여 한 측면에만 앉음으로써 이야기하는 상대가 보이지 않는다. 단란한 느낌이 없으며 대화하기에 적합하지 않다. 폭이 좁은 거실에 적합하며 넓은 거실일 경우 다른 배치유형을 첨가해 보조적으로 사용하기도 한다.

5) 복합형

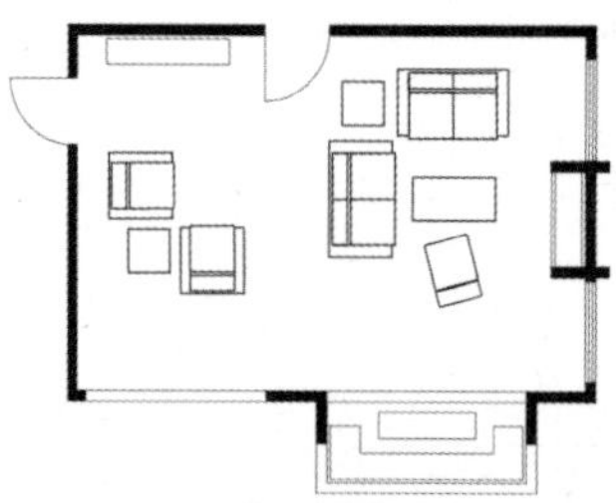

|그림 2 -11| 복합형

비교적 넓은 거실이 다용도로 사용될 경우 위의 여러 유형들을 조합하여 배치하는 형식이다. 활동영역을 구분하여 가구를 배치한다. 여러 가지 다른 디자인적 요소도 포함시킬 수 있으므로 계획이 자유롭다.

6) 자유형

어떤 유형에도 구애 없이 자유스럽게 배치하는 것으로 개성적인 실내연출이 가능하다.

7) 원형

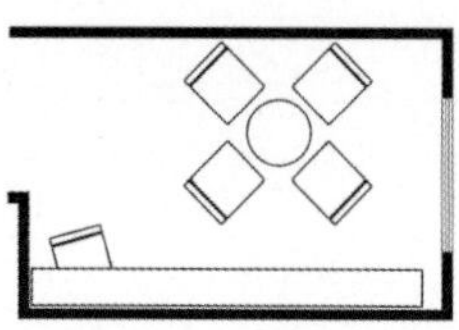

|그림 2 -12| 원형

탁자를 중심으로 좌석을 원형으로 배치하는 것으로 모두가 중심을 향하여 앉는다. 안정감있게 서로 마주보게 되므로 자연스런 대화 분위기가 형성된다. 가운데의 탁자와 좌석은 공간의 초점이 되며 강한 중심성이 있는 공간이 된다.

|그림 2 -7~12| 거실의 가구배치유형

(6) 거실의 세부계획

거실은 성격상 아늑하고 여유있는 분위기를 조성하기 위해 기능적이고 아름다운 가구의 선택과 적재적소의 배치, 조화있는 색채계획, 효율적인 조명계획, 적절한 마감계획이 이루어지도록 한다.

거실의 창, 벽난로의 디자인에 따라 거실 전체의 분위기를 변화시킬 수 있다. 거실의 창은 벽면을 구성하는 요소로 커다란 투명의 창을 통해 아름다운 실외경관을 조망할 수 있으면 창은 거실의 한 장식물로서 역할을 할 수 있다. 따라서 창을 통해 나타나는 시각적, 계절적 변화까지 고려한다. 창의 면적이 넓을 경우 블라인드나 커튼 등 창의 처리방법과 소파, 쿠션, 카펫 등의 직물은 실내계획에 차지하는 비중이 커진다. 따라서 직물의 색, 질감의 선택은 색채와 재료마감계획에 포함시켜 진행한다.

1) 거실과 벽난로 Fire Place

거실에 벽난로는 열공급원으로 난방효과를 가지는 이외에도 공간의 초점이 되고 장식적 요소이기도 한다. 또한 벽난로로 인해 심리적 효과도 크기에 벽난로는 실내디자인의 한 요소로 취급할 수 있다. 강렬하고 따뜻한 불길은 시선을 모르고 사람을 모이게 하여 벽난로를 중심으로 둘러앉아 자연스럽게 이야기를 나눌 수 있는 분위기를 자아낸다. 더욱이 열기, 연기, 통나무가 타는 소리, 냄새로도 편안하고 안락한 분위기를 만든다.

① 벽난로의 유형

벽난로의 유형은 난로의 위치와 모양, 구조까지 고려하여야 하므로 난로의 위치, 화실과 난로의 노출면, 화실火室과 관련된 연통과 굴뚝의 상태에 따라 계획된다.

| 사진 2 -13 |
잘 다듬어진 벽난로는 공간에서 초점으로 작용한다.

| 사진 2 -14 |
높은 천장고의 휴식공간에서 오는 심리적 불안감을 따뜻한 느낌의 인공광을 이용한 석재 벽난로의 도입으로 심리적 친근감을 유도하고 있다.
Joseph S. Stauffer Library, Queen's Uni./ Kingston Ontario

② 벽난로의 위치

난로의 가장 적절한 위치는 주로 전체적인 실의 형태에 따라 결정된다. 특히 거실의 경우에는 노변공간의 형태와 기능이 난로에 의해 영향을 받지 않도록 해야 한다. 벽면에 준하여 설치하는 것이 가장 널리 쓰이는 방법인데 외형상으로 볼 때 난로가 벽 속에 속하여 방의 넓이가 난로로 인해 감소되지 않기 때문이다. 벽에서 돌출된 난로는 칸막이의 역할을 할 수 있으며 넓은 벽의 단조로움을 감소시킬 수 있다. 직각을 이루거나 비스듬히 모서리에 설치되는 난로는 약 90°의 각을 이루는 모서리나 모서리의 돌출된 부분에 자리 잡게 된다. 또한 위치가 자유로운 난로의 형태를 가질 때는 조각적인 성격을 띨 수 있어 실내 전체의 디자인에 영향을 주기도 한다.

③ 난로의 규모

노출식 난로의 구조의 표준치는 W. 호이슬러의 『난로 교본Cheminĕe Handbuch』에 의하면 아래와 같다.

(| 그림 2 -13 | 실의 크기와 벽난로와의 관계 참조)

ⓐ 설치할 방의 크기를 세제곱미터(m³)단위로 측정한다.

ⓑ ⓐ에서 조사한 방의 크기에 해당되는 수치를 그림 2-13의 R에서 찾아낸다. 같은 줄에서 FF=A×B라는 등식에 따라 난로 개구부인 노출면의 넓이를 정한다.

ⓒ 도표의 I와 J에서 굴뚝 단면의 크기를 결정한다. 이때 화실의 중심에서 굴뚝의 최고점까지의 길이, 즉 굴뚝의 총 길이를 고려해야 한다.

ⓓ A,B,C+5-10㎝, D에 따른 화실의 크기와 F, G, H에 따른 숨통부분의 크기를 결정한다.

| **사진 2 -16** | 고전적 스타일의 벽난로의 예

| **사진 2 -17** | 현대적 스타일의 벽난로의 예

| **사진 2 -15** | 자연석으로 처리된 벽난로의 예

| **사진 2 -18** | 코너를 이용한 벽난로

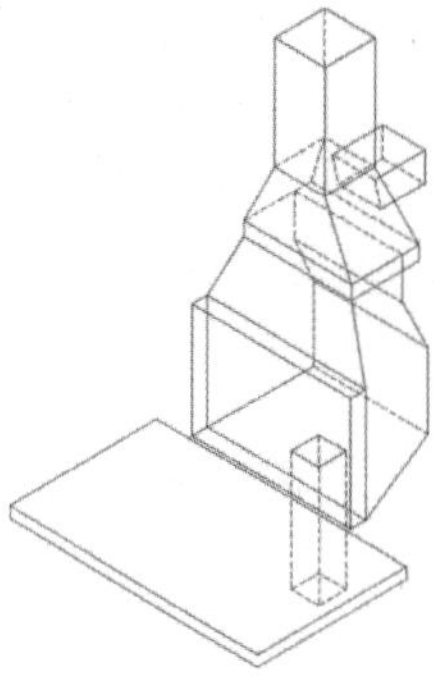

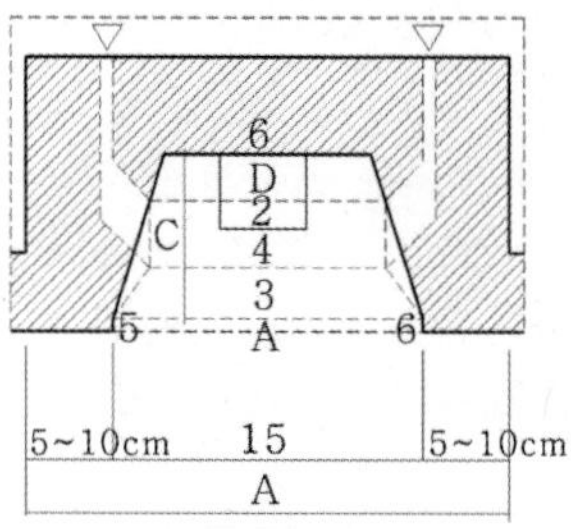

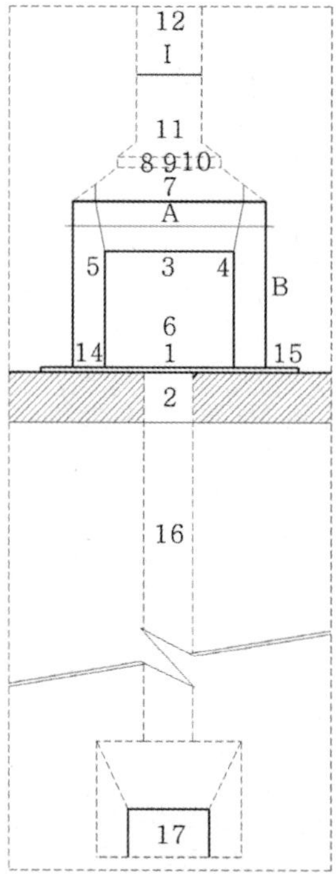

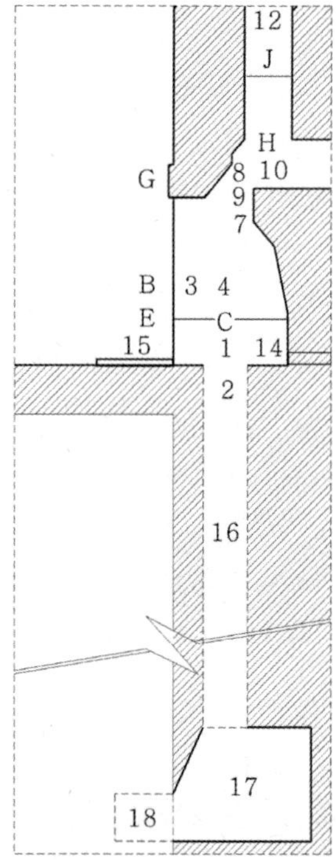

A : 난로 노출면의 넓이
B : 난로 노출면의 높이
C : 화실의 순 깊이
(총 깊이 = C + 5~10㎝)
D : 화실 뒷면의 폭
E : 화실 뒷면의 높이
F : 목부분 아래쪽의 넓이
G : 목부분의 길이
H : 목부분 위쪽의 폭
(= 숨통 부분의 폭)
I : 연통의 순 너비
J : 연통의 순 깊이

1 : 난로의 바닥 표면
2 : 재받이
3 : 난로 노출면
4 : 화실
5 : 화실의 측면
6 : 화실의 뒷면(난로 벽)
7 : 목 부분
8 : 숨통 부분
9 : 바람문
10 : 연기 편향 선반
11 : 연기실
12 : 굴뚝 및 연통
13 : 굴뚝 덮개
14 : 공기공급판
15 : 불꽃이 튀는 것을 대비한 안전지역
16 : 재구멍
17 : 재집적소
18 : 청소문

벽난로 치수								굴뚝 크기			벽난로 개구부	실의 크기
A ㎝	B ㎝	C ㎝	D ㎝	E ㎝	F ㎝	G ㎝	H ㎝	I ㎝	J ㎝	Calculated Berechnet ㎠	FF ㎠	R ㎡
60	50	30	40	30	20	13	12	20	20	300	3000	50
65	50	30	45	30	20	13	12	20	20	325	3250	60
70	55	30	45	30	20	13	12	20	20	385	3850	70
75	55	30	50	30	20	13	12	25	20	415	4125	75
80	60	35	55	30	20	13	12	25	20	480	4800	85
85	65	35	60	30	20	13	12	25	20	550	5525	100
90	70	40	60	30	20	13	12	25	25	630	6300	110
95	70	40	65	30	20	13	12	25	25	670	6650	120
100	75	45	70	30	20	13	12	30	25	750	7500	135
105	75	45	70	35	25	15	12	30	25	790	7875	140
110	80	45	75	35	25	15	12	30	30	880	8800	160
115	85	50	75	35	25	15	12	30	30	980	9775	175
120	85	50	80	35	25	15	15	35	35	1020	10200	185
125	90	55	85	35	25	15	15	35	35	1130	11250	205
130	90	55	90	35	25	15	15	35	35	1170	11700	210
135	95	55	90	35	25	15	15	35	35	1290	12825	230
140	100	60	95	35	25	15	15	40	40	1400	14000	250
145	100	60	100	35	25	15	15	40	40	1450	14500	260
150	105	65	100	35	25	15	15	40	40	1560	15750	280
155	110	65	105	40	30	15	15	40	40	1700	17050	305
160	110	70	110	40	30	15	15	40	40	1760	17600	315
165	115	70	110	40	30	15	15	40	40	1900	18975	340
170	120	75	115	40	30	15	18	40	40	2050	20400	370
175	120	75	120	40	30	15	18	40	40	2100	21000	380
180	125	75	120	40	30	15	18	50	50	2250	22500	405
185	125	75	125	40	30	15	18	50	50	2320	23125	420
190	130	80	125	40	30	15	18	50	50	2460	24700	440
195	130	80	130	40	30	15	18	50	50	2530	25350	455
200	135	80	135	40	30	15	18	50	50	2700	27000	485

| **그림 2 -13** | 실의 크기와 벽난로와의 관계

2) 거실의 조명

거실은 다목적 공간이기에 다양한 기능이 발휘되도록 세심한 조명계획이 필요하다. 휴식을 취하기 위해 편안한 분위기의 부드러운 조명계획이 기본으로 요구된다. 휴식을 취하거나 저녁시간에 가족 간의 대화를 위해 밝고 부드러운 간접조명방식으로 한다. 그리고 카드놀이, 독서에는 고조도의 직접조명방식을 취한다.

거실에 사용하는 펜던트, 플로어 스탠드, 테이블 스탠드는 조명기구로서의 기능 이외에 거실의 분위기를 적극적으로 만드는 효과가 커 전체 분위기를 더해 주는 장식적 요소로 취급하며 전체 실내디자인과 조화되도록 한다. 또한 조도의 조절을 위해 조광dimmer장치를 하면 다양한 분위기를 연출할 수 있어 편리하다. 한편, 콘센트도 냉·난방, 오디오, TV 등 용도에 따라 위치와 용량을 확인하여 설치하며 불필요한 코드선이 바닥에 어지럽게 놓이지 않도록 적절한 위치와 높이에 설치한다.

거실의 조명은 일반적으로 직접조명과 간접조명을 병용한다. 커튼조명, 밸런스조명, 코니스조명과 같은 간접조명은 부드럽고 은은한 빛으로 더욱 온화한 분위기를 자아낸다. 그리고 조명방식은 기본적으로 전체에 균일한 조도를 배분시키는 주조명으로서의 전체조명과 보조조명으로서 매입등, 벽부등, 스탠드, 건축화 조명 등이 사용된다. 특히, 거실과 식당이 한 실에 같이 있을 경우 조명으로도 영역이 구분되도록 한다.

① 전체조명

전체조명은 국부조명이나 기타 다른 조명과 딱딱한 대비를 이루지 않고 편안한 시각적 배경이 되도록 조명한다. 거실에서 이 조명은 어두운 부분 없이 전체를 밝혀 공간을 크게 보이도록 하며 모든 부분을 사용할 수 있도록 한다. 일반적인 전체조명은 거실 한가운데 위치하는 천장 등으로 처리하기도 한다.

② 국부조명

장식선반, 진열장 등의 속에 조명기구를 설치하여 진열된 물품들을 화려하게 조명한다. 또한 벽에 걸린 그림이나 화분 등 액세서리적 요소에는 스포트라이트와 같이 집광성集光性의 국부조명을 하되 광원이 시야에 노출되지 않도록 한다. 조명하는 물품의 위치가 고정적이지 아니하면 덕트레일로 이동 조절되도록 하는 것이 바람직하다. 그리고 벽부등은 시선 내에 위치하면 눈부심이 일어나기 쉬우므로 휘도를 조절하거나 휘도가 낮은 광원을 사용한다.

의자나 소파에 앉아 독서를 하거나, 가족의 단란을 위한 조명으로의 플로어 스탠드floor stand는 보통 거실의 코너부분에 놓이며 바닥에서 광원까지 700~900의 높이를 고려하여 결정하며 이 역시 광원의 빛이 직접 눈에 들어가지 않도록 한다. 장식적인 효과도 있으므로 조명기구 자체의 디자인도 고려한다.

③ 오디오와 TV 조명

기분이 한껏 취해 음악을 듣고자 할 때는 매입등의 주목성主目性이 높은 조명을 사용한다. 캄캄한 곳에서 TV를 보는 것은 오히려 눈에 나쁘고 너무 밝아도 화면의 대비가 약해지므로 실내조명의 일부를 소등하거나 조도를 조절하는 조광기가 필요하다. TV 화면에 닿는 빛은 20Lux 정도가 한도이고 배후, 주위는 화면밝기의 1/3~1/5로 하면 눈의 피로가 적다.

3) 거실의 색채

거실은 가족 모두가 이용하는 공간이므로 가족전체의 취향을 고려하여 싫증이 나지 않는 보편성 있는 색을 선택한다. 아울러 휴식과 접대의 공간이기도 하므로 안정감 있는 색으로 편안하고 차분한 분위기가 되도록 배색하는 것이 일반적이다.

거실의 색채는 엷은 무채색, 중간색의 밝은 계통을 사용하여 가구를 비롯한 기타 설치물의 배경이 되도록 하나 개성이 강한 거실을 꾸미고자 하거나 거실의 규모가 작을 때에는 색채에 의한 효과가 크도록 해야 한다. 무엇보다도 커튼, 쿠션, 가구 등의 직물을 비롯한 실내 제요소의 배색과 조화있는 배색의 시각적 균형감이 중요하다.

어른이 주로 사용하는 거실이라면 차분한 색조의 유사색, 동색의 배색을 하고 자녀의 사용이 많은 가족실 성격의 거실이라면 큰 대비를 이루는 배색으로 밝고 활발한 분위기를 만든다. 또한 거실의 규모가 넓을 경우는 한색보다 난색을 사용하여 아늑한 공간이 되도록 한다.

| 사진 2 -19 | 단색조화 거실의 예
하나의 색으로 전체를 통일시켜 쉽게 조화를 이룰 수 있으나 자칫 단조로워지기 쉬우므로 적절한 재질감의 조화와 악센트적 요소를 도입한다.

4) 거실의 마감재료

거실 전체의 분위기는 기본적으로 바닥, 벽, 천장의 마감재료에 의해 형성된다. 마감재료 자체의 색, 질감, 패턴과 시공방법, 경제성 등을 종합하여 결정한다. 거실의 바닥은 테라코타, 타일에서부터 목재 플로어링wood flooring, 카펫에 이르기까지 다양한 재료를 사용할 수 있으나 재질감의 조화와 함께 우리는 신발을 벗고 실내에서 생활하므로 촉감의 정도, 난방방법 등 제반사항을 고려하여 재료를 선택한다.

① 타일은 표면이 매끄럽고 때가 잘 타나 물걸레질로 쉽게 깨끗하게 청소할 수 있어 유지관리도 그만큼 쉽다. 그러나 촉감이 딱딱하므로 러그rug나 카펫을 부분적으로 깔아주는 것이 좋다.
② 카펫은 실내분위기의 아늑한 느낌을 더해주는 재료로 특히 촉감이 좋아 어린이가 주로 사용하는 가족실 성격의 거실에 적당하다.
③ 대리석 등 석재바닥은 값이 비쌀 뿐만 아니라 촉감이 차고 딱딱하다. 따라서 타일과 같이 러그나 부분 카펫으로 처리한다. 적절한 석재와 카펫의 조합은 더욱 화려하고 사치스러우며 중후한 실내분위기를 자아낼 수 있다.
④ 목재 플로어링은 자연스럽고 부드러운 분위기를 만드는 훌륭한 바닥재로 색상, 패턴을 가지고 있어 가장 일반적으로 사용되고 있는 재료이다.
⑤ 비닐계 시트는 가격이 싸고 시공이 간편할 뿐만 아니라 다양한 색상, 패턴을 가지고 있어 가장 일반적으로 사용되고 있는 재료이다.

그런데 우리의 생활 조건은 여름에는 무덥고 겨울에는 추운 기후조건으로서 여름에는 시원하고 차가운 촉감의 재료를, 겨울에는 따뜻하고 부드러운 촉감의 재료를 상반되게 요구한다. 따라서 거실 전체에 타일, 석재, 목재 플로어링, 비닐계 시트 등으로 바닥마감을 하고 각 재료가 가진 단점을 상호 보완해 줄 수 있도록 겨울에는 부분적인 카펫이나 러그를 깔아 주며 여름에는 돗자리를 깔아 사용하는 것이 바람직하다.

벽은 공간에 있어 특별한 디자인 의도에 의해 강조되지 않는 한 실내를 융통성 있게 꾸미거나 가구나 기타 장식물의 배경으로 중성적 성격의 요소로 취급된다. 공간의 분위기를 지배하는 마감재일 경우 다른 요소들과 균형, 조화를 이루도록 세밀한 계획이 요구된다.

벽, 천장의 마감재는 벽지, 페인트 등이 일반적으로 사용된다. 그리고 목재 플로어링이나 무늬목으로 벽이나 천장에 마감할 경우 자연적인 재질감과 색감으로 온화하고 아늑한 공간감이 강조된다. 목재 후로링일 경우는 선적線的인 요소이므로 어떻게 벽면 또는 천장면을 구성할 것인가를 고려해야 한다. 특히 경사진 천장일 경우 플로어링은 천장면을 강조하는 요소로 수직적인 상승감을 더해 준다. 이외에도 벽에 대리석, 벽돌 등 외부의 재료를 실내에까지 사용하면 실내외의 연장감을 줄 수 있다. 쌓는 법이나 벽돌과 돌의 형태, 줄눈의 처리 등에 따라서도 색다른 분위기를 자아낼 수 있다. 이들 재료는 실내를 압도하는 재질감이므로 실내 전체 벽면에 사용하기보다는 한두 벽면에 면을 강조하는 요소로 사용한다. 벽과 천장의 마감재는 공간이 작을 경우 한 재료로 전체적으로 처리하되 넓게 느껴지도록 밝은 색상으로 동일하게 한다. 그리고 거실의 마감 재료에 있어 목재, 대리석, 벽돌 등 재질감이 강한 재료는 전체적으로 사용하기보다는 세밀한 계획 하에 부분적으로 세련되게 처리하여 각 재질이 가진 장점을 충분히 살리면서 개성적인 분위기를 형성하도록 한다.

2. 2
식당 Dining Room

서구화의 영향으로 인해 우리의 주생활은 식침분리食侵分離를 꾀하여 오늘날 다목적 공간의 안방은 침실로서의 개실로 점차 확립되어 가고, 식당은 식사를 위한 필요한 실로 자리 잡았다고 볼 수 있다.

(1) 식당의 기능

|**사진 2 -20**| 장식적인 분위기의 식당

식당은 하루 세끼 식사를 위해 하루 3번 사용하는 공간에 그치지 아니하고 가족단란과 주부의 가사작업공간이기도 하다. 음식을 먹을 때 각자 말없이 식사하는 것이 미덕이라고 여겼던 과거와 달리 오늘날 식생활은 식사 그 자체보다 온 가족이 모두 식탁에 둘러앉아 하루의 이야기를 나누면서 즐거운 식사시간을 보내는 가족공동의 단란한 장소로 받아들여지고 있다.

식당은 가족실로서의 기능을 갖는다는 의미에서 거실과 함께 가족행위의 중심장소가 되어 거실-식당이 연결되는 것이 바람직하다. 또한 식당에 충분한 크기의 창이 있으면 밖을 바라보면서 즐겁게 식사를 할 수 있으며 자연채광이 풍부하여 청결하고 건강한 분위기가 되며, 아울러 음식물을 더욱 생기있게 하므로 이상적이라 할 수 있다. 그리고 부엌이 식사공간과 겸하게 되면 주부가 일을 하면서 자녀와 같이 대화하거나 자녀의 숙제를 돌보아 줄 수도 있으며, 간단한 집안일을 처리하는 공간으로도 사용될 수 있다. 따라서 연속된 가사작업의 흐름을 위해 식당-부엌-가사실이 연결되는 것이 능률적이며 편리하다.

(2) 식당의 규모와 유형

손님의 접대 빈도가 크거나 주택의 규모가 클 경우 식당은 독립된 실로 마련된다. 식당의 규모가 작을 경우 거실과 식당이 겸하는 리빙다이닝LD 또는 거실, 식당 부엌을 겸하는 리빙다이닝키친LDK이 되어 거실공간도 넓어지고 식사공간도 여유가 있어 편리하나 너무 규모가 작으면 기능적인 면만 치중하여 답답한 느낌을 주게 된다. 따라서 좁은 공간을 효율적으로 활용할 수 있는 가구 및 공간계획이 강구되어야 한다. 그리고 옥외 베란다, 테라스 등에 마련되는 다이닝 포치dining porch는 옥외의 간이식사공간으로 바람을 막고 햇볕을 잘 받는 동남향이 좋다.

| 사진 2 -21 | 독립형 식당의 예 / David Chipperfield's Westkaai Towers Buildings

식당은 그 기능상 식탁과 의자를 중심으로 찬장, 서비스 테이블 등 가구가 놓이거나 가족 수, 입식, 좌식의 식사형태, 식기의 양, 식사접대의 빈도, 파티의 유무有無 그리고 가계부 정리, 재봉, 다리미질 등의 가사작업의 정도, 부엌의 포함여부에 따라 식당의 규모 및 필요가구의 종류, 크기, 배치가 달라진다.

| 사진 2 -22 | | 사진 2 -23 | 홈바의 기능이 부여된 식당

식당의 규모는 식사하는 사람의 수에 따른 식탁의 크기와 형태, 의자 배치상태, 주변통로와 음식을 대접하기 위한 서비스동선에 대한 여유 공간 등에 의해 결정된다. 4~5인을 기준으로 한 식당의 표준크기는 9㎡ 정도이며 1인당 1.7~2.3㎡ 면적이 필요하다. 6인용 식탁일 경우 직사각형 1800×800 또는 둥근 식탁일 경우 직경 1,200을 기준으로 직사각형 식탁의 짧은 변을 벽에 붙여 배치하면 식당의 규모는 2,900×3,000 정도가 필요하나 둥근 식탁을 놓으면 3,350×3,350 정도가 필요하다. 식당의 규모가 작으면 창을 이용한 개방감으로 심리적인 여유를 주거나 거울로 한 벽면을 처리하여 넓게 보이도록 한다.

| 사진 2 -24 | 다이닝 키친DK의 예 / 디자인 블러커

특히 돌출한 창문이 식탁과 붙여 있으면 식물이나 꽃으로

기 위한 것이나, 식탁으로 사용할 경우 그 폭을 충분히 하지 않으면 식탁의 역할을 하지 못하고 배선대나 보조 작업대로 사용될 수 있으므로 주의한다.

이들 식탁의 배치는 의자에서 앉았다 일어설 수 있도록 충분한 여유가 있어야 하며 음식을 서비스함에도 불편이 없어야 한다.

또한 식탁은 테이블 표면을 보호하거나 식사를 보다 부드럽게 하기 위해 테이블보table cloth나 디쉬매트dish mat를 사용할 수 있다. 식탁 위에 초나 꽃을 둘 경우 초는 높게, 꽃은 낮게 장식한다.

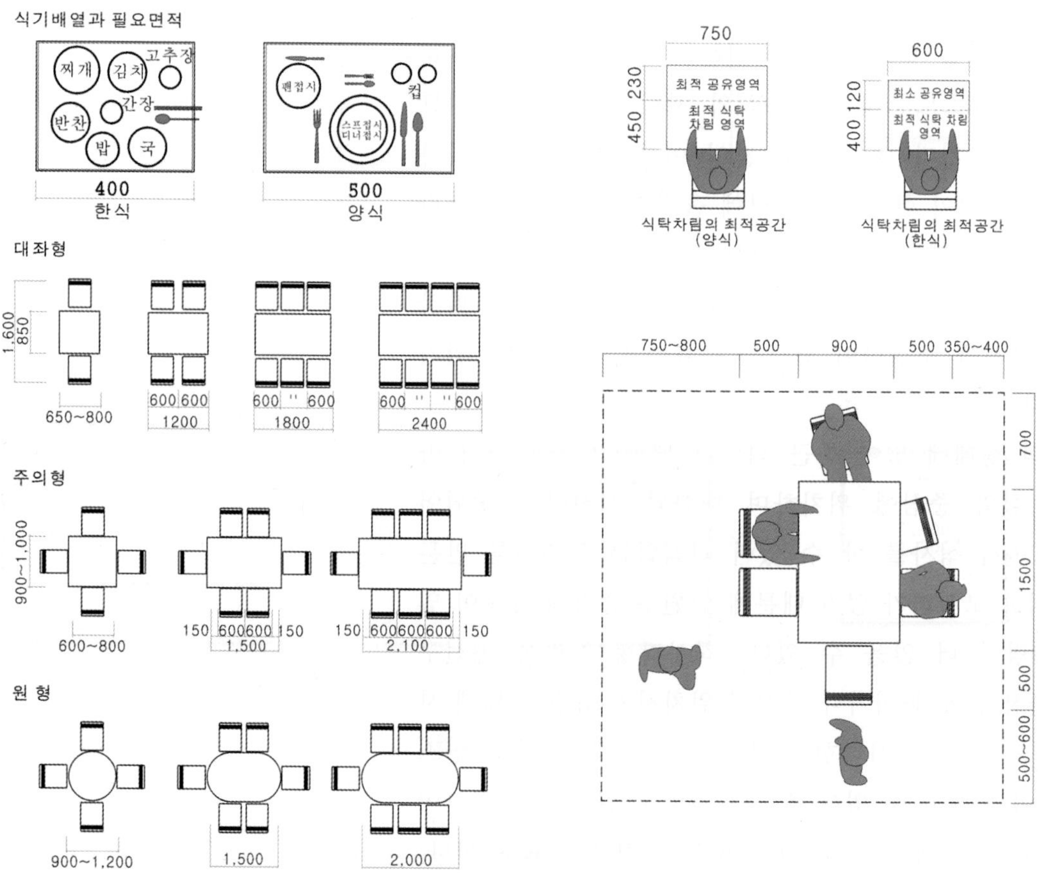

| 그림 2 -15 | 식당공간의 필요치수

2) 의자

테이블과 의자는 한 세트일 필요는 없으나 디자인 스타일이 어느 정도 조화되어 서로 어울려야 하며 적절한 높이 관계이어야 한다. 인간공학적으로 식탁의 높이는 의자의 좌판 즉 좌골점을 기준으로 정해진다. 좌판관 식탁의 높이 차이는 280~300 정도가 적절하다. 의자는 오랜 시간동안 편히 앉을 수 있어야 하며 그 뒷모습이 아름다워야 한다. 사용하지 않을 경우 접어서 보관할 수 있는 예비용의 접는 식 의자도 있다. 등받이가 높은 하이백 의자high-back chair는 정식적이며 격식을 차린 식사자리에 어울리나 일반적으로 등받이 높이가 식탁 높이와 같은 정도의 의자가 사용된다. 팔걸이가 있는 의자는 식사를 오래하면서 이야기하거나 격식을 차린 자리에 적절하다. 팔걸이가 있으면 없는 의자보다 상석上席으로 간주된다.

3) 수납장

수납장은 그릇류, 수저세트, 테이블보, 디쉬매트, 양초, 식탁소품 등 식당에서 필요한 일상용품을 수납하기 위한 장이나 장식적인 선반의 요소도 겸해 식당의 분위기를 형성하기도 한다. 특히 특정한 공예품과 같은 액세서리 물품이 놓여질 겨우 디스플레이 효과를 갖도록 한다.

(4) 식당의 세부계획

1) 식당의 조명

식당의 조명은 식탁을 중심으로 그 주변에 둘러앉은 사람을 우선하여 계획한다. 천장면에 부착한 직부등과 천장에 매달아 늘어뜨린 펜던트형의 조명방법이 일반적이다.

① 직부등은 배광방식에 따라 종류가 다양하다. 확산 직부형은 배광면적이 넓어 식당 전체로 빛이 확산된다. 확산형 직부 다운 라이트는 식탁 위를 구석구석 비추

고 빛을 균일하게 퍼뜨린다. 다운 라이트 펜던트형이 가장 많이 사용하는데 직부 다운 라이트나 스포트라이트는 식탁 위만 비추고 빛이 강한 방향성이 있는 것이 좋다. 조명의 위치와 개수, 그리고 조사照射방향에 주의하여 식사시 앉은 사람의 머리와 손등의 그림자가 식탁면에 떨어져 어두워지지 않도록 한다.

② 펜던트 조명은 식당에서 가장 일반적으로 사용한다. 조명기구 자체가 빛을 발하는 장식적 요소로 작용하며 독특한 대화권이 조명 아래서 더욱 돈독해질 수 있기 때문이다. 식탁 바로 위에서 떨어지는 빛이 차려진 음식물을 돋보이게 하며 식탁의 분위기를 한껏 돋우어 즐거운 식사 분위기를 형성한다. 펜던트는 식사하는 사람의 눈에 광원의 빛이 들어가지 않고 식탁 위에서 손이 미치는 곳도 어두워지지 않는 거리에 위치해야 한다. 그 적절한 높이는 식탁 위에서 600 전후이다. 또한 식탁과 조명기구의 의장은 서로 조화를 이루어야 한다. 펜던트 갓은 크고 깊은 것이 효과적이다. 펜던트일 경우 매입형을 보조조명으로 함께 설치하는 것이 바람직하다.

| 사진 2 -27 | 식탁 바로 위에 떨어지는 펜던트 조명은 식탁의 분위기를 한껏 돋울 수 있다.

2) 식당의 색채

식당은 식사를 하는 행위가 이루어지는 공간이므로 부드럽고 즐거운 식사 분위기를 만들어야 한다. 따라서 자극적인 색을 사용하지 않으며 식탁 위의 상차림을 돋보이게 하고 식욕을 돋울 수 있는 색상을 선택하는 것은 기본이다. 난색계통의 오렌지, 핑크, 크림색, 베이지색이 무난하다.

3) 식당의 마감재료

식당이 독립되어 있을 경우 어느 재료라도 사용할 수 있으나 거실을 겸한 식당일 경우 동일한 색의 재료로 마감하나 영역을 구분하는 의미에서 부분 카펫이나 러그

등을 깔아 주는 것이 바람직하다.

바닥에는 목재 플로어링, 비닐계 시트, 타일, 대리석, 카펫 등을 일반적으로 사용한다.

① 카펫은 의자에 의한 자국이나 음식물로 인한 때가 잘 타는 단점이 있다.
② 비닐계 시트는 물청소도 쉽고, 가격, 색, 무늬가 풍부하여 선택의 범위가 넓어 많이 사용되며 특히 어린 자녀가 있거나 가족이 많은 식당에 적합하다.
③ 타일과 대리석은 딱딱하고 차가운 느낌을 주나 테라스와 같은 분위기를 꾸밀 수 있으며 특히 대리석은 고급스럽고 호화스러운 분위기를 만든다.

벽과 천장은 타일, 벽지, 목재 등으로 마감할 수 있으나 음식의 냄새나 식후 담배연기가 배므로 닦기 쉬운 비닐계 벽지가 적당하다. 특히 식당이 부엌과 겸할 경우 그 정도가 심하므로 이를 고려해야 한다.

2. 3
부엌 Kitchen

부엌은 과거 비능률적이고 비위생적이며 식생활만을 해결하기 위한 공간으로 취급되었다. 그러나 작업대의 입식화와 함께 물과 불에 관한 취사설비의 발달, 부엌에 관계된 자재의 개발 등은 부엌공간을 보다 쾌적하게 변화시켰다. 또한 패스트푸드, 인스턴트식품, 레토르트식품 등의 이용, 취사기구 및 가전기기의 발달로 인한 조리방법의 간소화 등은 식기와 식품 등에 대한 수납내용과 방법, 취사작업 및 식생활의 내용을 크게 변화시켰다. 가정부 없는 가정생활로 주부가 직접 생활을 꾸려 가고 개방적인 가정생활을 지향하여 부엌은 주부만 사용하는 남성금지 구역의 전용공간이 아니라 주부를 중심으로 온 가족이 도와 가사일을 처리하는 가족공동의 작업장소이다.

따라서 부엌공간은 과거보다 계획에 있어 그 비중이 매우 커졌다. 부엌의 실내계획은 편리하고 능률적인 작업공간과 밝고 청결한 분위기의 위생적인 조리공간을 기본으로 다음과 같은 방향으로 전개한다.

① 거실에서의 단란이 식당, 부엌으로까지 자연스럽게 연결되도록 한다.
② 각 가정의 식생활 패턴에 맞는 적절한 부엌의 유형이어야 한다.
③ 조리작업의 흐름에 따라 작업대의 배치와 작업자의 작업동작에 따르는 합리적인 치수 및 수납계획이어야 한다.
④ 음식을 취급하는 곳이므로 먼지, 쓰레기는 깨끗하게 처리되어야 하며 청소는 쉬워야 하며 아울러 환기와 통풍이 잘 되도록 고려한 위생적인 공간이어야 한다.
⑤ 전기, 물, 불이 함께 사용하는 공간이므로 이에 대한 설비는 사용상 편리하고 안전해야 한다. 아울러 이를 고려한 적절한 마감 재료이어야 한다.

(1) 부엌의 유형

부엌은 주부가 주로 사용하는 공간이므로 어떠한 유형으로 결정하기 이전에 주부가 바라는 부엌의 운용방식을 고려한다. 가족들과 이야기하면서 취사를 하기를 원하는가, 가족에 방해받지 않고 작업할 수 있는 독립된 공간을 원하는가, 아니면 경우에 따라서 융통성 있게 변화시켜 사용할 수 있는 공간을 원하는가, 부엌에 대한 주부의 요구사항 등이다. 그리고 도시생활과 지방생활, 대가족과 핵가족 등의 가족구성, 부부의 직업이나 기호, 가계의 식비지출 정도 등에 따라 식생활의 패턴이 달라지므로 각 가정의 식생활 패턴에 맞는 부엌의 유형을 선택한다.

부엌의 유형은 독립형 부엌, 반독립형 부엌, 오픈 키친open kitchen, 아일랜드 키친island kitchen, 키친네트kitchenette로 분류되며 각 유형에 대한 특징은 다음과 같다.

1) 독립형 부엌

부엌이 일실로 독립된 형태이다. 작업공간만으로 사용되므로 주방기구의 더러워짐이나 음식냄새에 신경 쓰지 않아도 좋다. 다른 유형에 비해 부엌의 기능성과 청결감을 크게 할 수 있다. 각 작업대의 배치가 평면형태와 규모에 따라 다양하게 적용할 수 있다. 음식을 식탁까지 운반해야 하는 불편이 있으며 주부가 작업할 때는 가족간의 대화가 단절되기 쉽다.

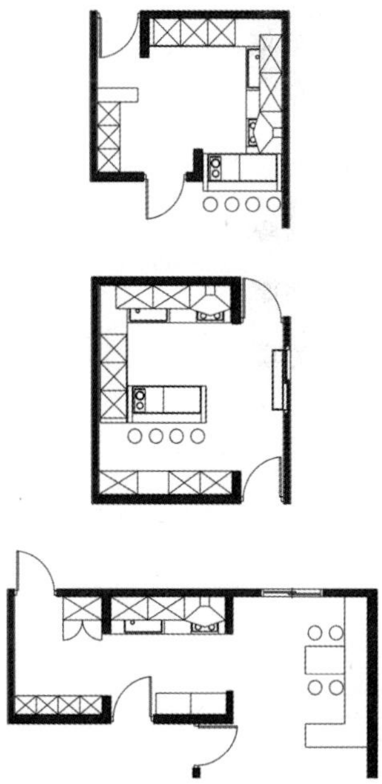

| 그림 2 -16 | 독립형 부엌 평면의 유형

2) 반독립형 부엌

부엌이 인접한 거실이나 식사공간과 겸하는 리빙 키친living kitchen, 다이닝 키친dining kitchen, 리빙 다이닝 키친living dining kitchen형식이다. 주방기구가 놓이는 부엌공간과 식당, 거실 부분이 찬장, 해치 도어hatch door, 칸막이나 커튼 등으로 구획된다. 이 부분을 어떻게 계획하느냐에 따라 부엌 및 인접한 공간의 성격이 달라진다.

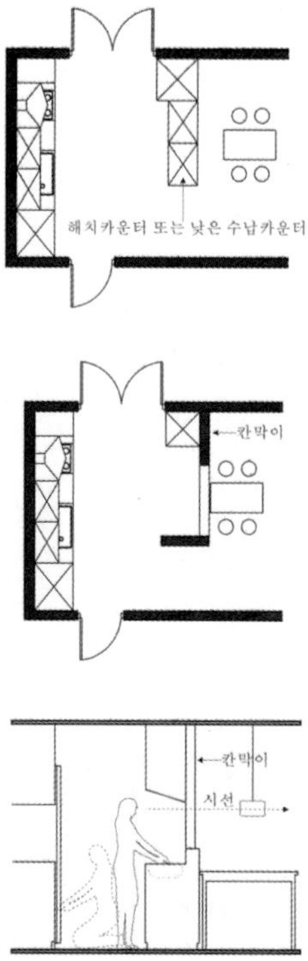

| 그림 2 -17 | 반 독립형 부엌 평면과 단면의 예

| 사진 2 -28 | 반독립형 부엌의 예

3) 오픈 키친Open Kitchen

반독립형 부엌과 같이 다이닝 키친, 리빙 키친, 리빙 다이닝 키친에 해당되나 칸막이와 같이 구획하는 시설물이 없이 완전히 개방된 형식이다. 부엌과 인접한 공간과는 오픈 플래닝으로 처리하되 단차이, 낮은 수납장, 식탁과 별도로 마련된 카운터 등으로 영역을 구분한다.

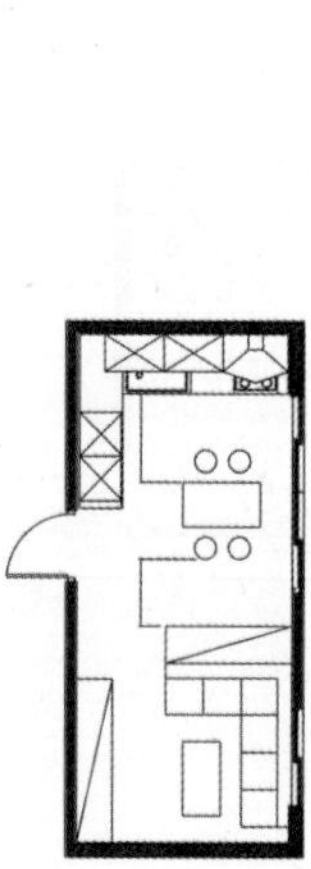

| 그림 2 -18 | 오픈 키친 평면의 예-1

① 오픈 키친에서 카운터를 작업대와 세트화시켜 와인코너, 식사코너 또는 보조 작업대로 사용하기도 한다. 주부의 서비스가 용이할 뿐만 아니라 온 가족을 가사

에 자연스럽게 참여시킬 수 있다.

② 식당 겸용 부엌은 다이닝 키친으로 좁은 부엌을 효과적으로 이용할 수 있으며 작업대와 식탁이 같이 위치하여 동선의 중복이 없어 작업의 시간 및 에너지를 절약할 수 있다. 작업대의 면적이 좁은 경우 식탁을 작업대로도 사용할 수 있다. 작업 시에 항상 가족과 대화할 수 있으며 손님을 접대하면서도 조리할 수 있다.

③ 거실, 식당 겸용의 부엌은 리빙 다이닝 키친으로 거실, 식당, 부엌을 한 공간에 집합시켜 오픈 플래닝을 적용한 오픈 키친이다. 공간 활용을 극대화시킬 수 있으므로 원룸시스템에서 많이 적용되고 있다. 여러 기능이 한 공간에 모아지므로 환기, 통풍과 난방, 부엌의 설비에 세심한 주의가 필요하다. 오픈 키친 형태이므로 부엌을 항상 깨끗하고 청결하게 정리, 청소해야 한다.

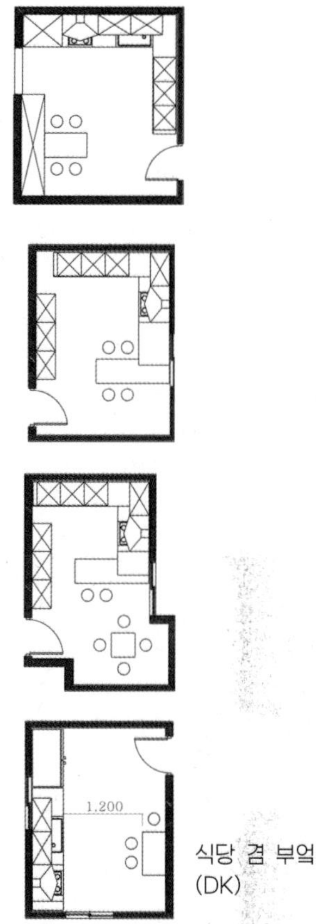

| 그림 2 -19 | 오픈 키친 평면의 예-2

| 사진 2 -29 | 오픈 키친의 예
작업대를 식당과 연결시킴으로써 주부는 가족과 자연스럽게 접촉할 수 있게 된다. / 디자인 블러커

| 사진 2 -30 | 오픈 키친의 예
부엌과 식탁을 연결시킴으로써 온 가족을 가사작업에 자연스럽게 참여시킬 수 있다. / Betwin Space

4) 아일랜드 키친Island Kitchen

별장주택에서 흔히 볼 수 있는 유형으로 취사용 작업대가 하나의 섬처럼 실내에 설치되어 독특한 분위기를 형성한다.

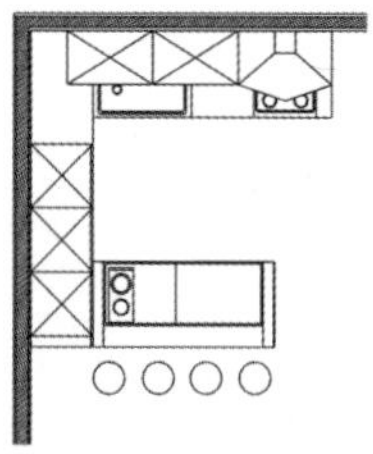

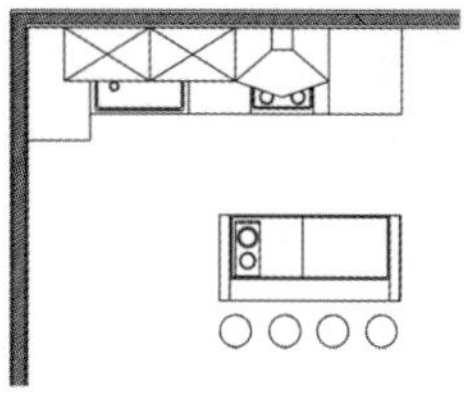

|그림 2 -20| 아일랜드 키친 평면의 예

| 사진 2 -31 | 아일랜드 키친의 예 / 한샘키친

5) 키친 네트kitchenette

작업대의 길이가 2,000 내외 정도인 간이부엌이다. 사무실이나 독신용 아파트에 많이 설치된다. 키친 네트를 최소화시켜 작업대의 모든 것을 하나의 가구형태에 통합, 일체화시킨 클로젯 키친closet kitchen도 있다.

| 사진 2 -32 | 서류장류와 분리벽을 조화시킨 오피스 프로그램으로서, 사무공간과 간이 부엌의 수납을 일체화시켰다. / VOKO 社

(2) 부엌의 동선과 규모

부엌은 움직임이 많고 장시간 사용하는 곳이기에 동선 계획이 중요하다. 작업동선은 낭비가 없어야 하며 짧고 간단명료함이 기본이다. 부엌은 가사작업구역의 중심에 위치하도록 한다. 음식의 배선이 편리하도록 식사공간과 가까이 하며 서비스 야드service yard 성격의 마당이나 다용도실, 가사실 등과는 직접 연결한다. 또한 다른 실로 가는 동선이 작업동선을 방해하지 않도록 한다. 주부가 취사 작업 중에도 다른 가사일을 같이 해야 할 때가 종종 있으므로 거실, 아동실, 가사실, 다용도실 등 다른 실과의 동선 관계를 고려한다. 특히 어린 자녀가 있을 경우 부엌에서 작업 중에도 아동의 활동을 주시할 수 있는 위치가 좋다.

부엌에서 주부의 긴 작업시간, 작업의 능률과 위생적인 측면인 실의 건조, 소독, 채광, 환기를 고려할 때 부엌의 위치는 남쪽이 좋으나 남쪽에는 거실, 침실, 아동실 등이 주로 배치되므로 일반적으로 동쪽이나 동북쪽에 위치한다.

부엌의 적정한 규모는 개수대, 냉장고, 가열대 등을 포함한 작업대가 차지하는 면적, 부엌에서 움직이는 데 필요한 공간, 식품, 식기, 조리용구류 등을 수납하는 장 등에 따라 결정된다. 그 외 주택 전체의 규모에 따라 그 규모가 좌우되는데, 주택 전체의 규모가 크면 부엌도 그에 비례하여 커지나 일정 규모 이상으로는 커지지 않는다. 또한 가족의 수와 구성, 손님의 수와 접객빈도 등에 따른 식생활 패턴을 고려하여 그 규모를 결정한다. 예를 들면 접객이 잦을 경우 식기도 많아지고 그에 따른 수납장도 그만큼 필요해지고 작업대의 면적이 커져야 하므로 자연히 부엌 규모도 커질 수밖에 없다. 또한 평균작업자의 수에 따라 부엌의 규모가 달라진다.

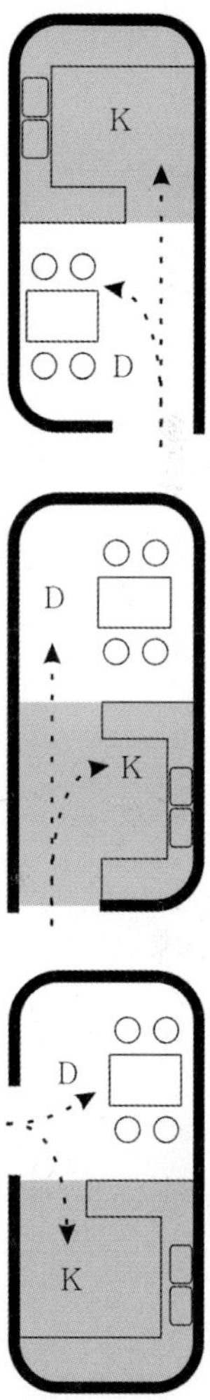

| 그림 2 -21 | 부엌 동선계획의 예 식당겸용 부엌(DK)에서는 두 공간의 중간에 위치한 출입구를 중심으로 동선이 자연스럽게 부엌과 식당으로 양분되도록 하는 것이 가장 바람직하다.

(3) 부엌의 설비

부엌에서 필요한 설비는 조리 및 취사작업이 이루어지는 작업대, 수납장, 저장기구, 제설비시설 등으로 분류된다. 이들은 부엌의 규모, 평면형태, 폭, 길이, 창문 및 문의 위치 및 크기, 다른 공간과의 연관성을 고려하여 배치한다.

1) 작업대

① 작업대의 특징

작업대는 부엌에서 취사가 행해지는 곳으로 준비대, 개수대, 조리대, 가열대, 배선대로 구분된다. 각 작업대의 특징은 다음과 같다.

ⓐ **준비대 :** 조리작업에 앞서 계량, 분류, 기록 등이 행해지는 작업대이다. 식품의 저장고나 수납장, 창고, 냉장고, 냉동기 등을 가까이 위치시키며 계획표, 저울, 시계, 필기도구 등이 놓이는 곳을 마련한다. 필요에 따라 가전기기가 놓이기도 한다.

ⓑ **개수대 :** 식품, 식기, 기구 등을 세척하는 작업대이다. 작업시간이 가장 긴 곳이므로 잠시 밖을 바라볼 수 있는 조그만 창문을 개수대와 벽캐비닛 사이에 설치하는 것이 좋다. 급배수의 설비시설과 쓰레기통 및 오물처리시설이 필요하며 식기 세척기dish washer가 있을 경우 하부 작업대에 위치한다.

ⓒ **조리대 :** 음식물을 자르고 혼합하는 곳으로 도마를 비롯한 조미료, 식기, 식품, 조리기구 등이 위치한다. 작업대가 짧을 경우 준비대는 배선대를 겸한다.

ⓓ **가열대 :** 식품을 끓이거나 튀기거나 구울 수 있는 레인지나 오븐 등의 가열기가 놓이며 가열하면서 생기는 냄새, 수증기 등을 제거시킬 수 있는 후드hood와 같은 배기시설이 필요하다. 조리용구 및 전기밥솥, 토스트기, 믹서기 등과 같은 전기기구 등도 가까이 위치한다.

ⓔ **배선대 :** 조리된 음식을 담고 식탁으로 서비스하기 위한 작업대이다. 음식을 먹기 위한 제반 식기, 즉 접시, 컵, 수저 등이 수납되어야 한다.

| **표 2 -4** | 조리와 작업대와의 관계

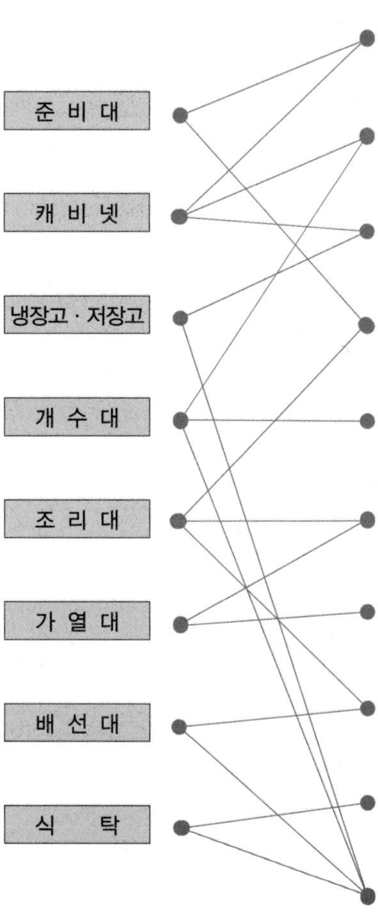

작 업 의 흐 름	조 리 과 정	필 요 기 구
준 비	재료준비	계획표, 필기도구, 복장, 시계 등
구 입	재료준비, 저장	식품
저 장	재료준비, 저장	식품, 식기, 비닐봉지 등
계 량	재료준비	저울, 계량컵, 계량스푼 등
씻기 · 닦기	다듬는다, 씻는다, 깎는다.	씻는 그릇, 행주, 수세미, 쓰레기처리, 손 닦는 수건, 식기세척기, 세제 등
조 리	도마질, 자른다, 무친다.	조리용구, 도마, 조미료, 칼 등
가 열	삶는다, 굽는다, 찐다, 끓인다.	냄비, 솥, 전기용구, 점화기구, 배기기구, 전기밥솥, 오븐, 전자레인지 등
담기 · 배선	그릇에 담는다.	식기, 접시, 이동배선대 등
식 사	식탁까지 운반한다.	식기, 식탁보, 냅킨, 휴지 등
뒷 처 리	정리한다.	세제, 세척용구, 행주, 건조기구, 접시, 이동배선대 등

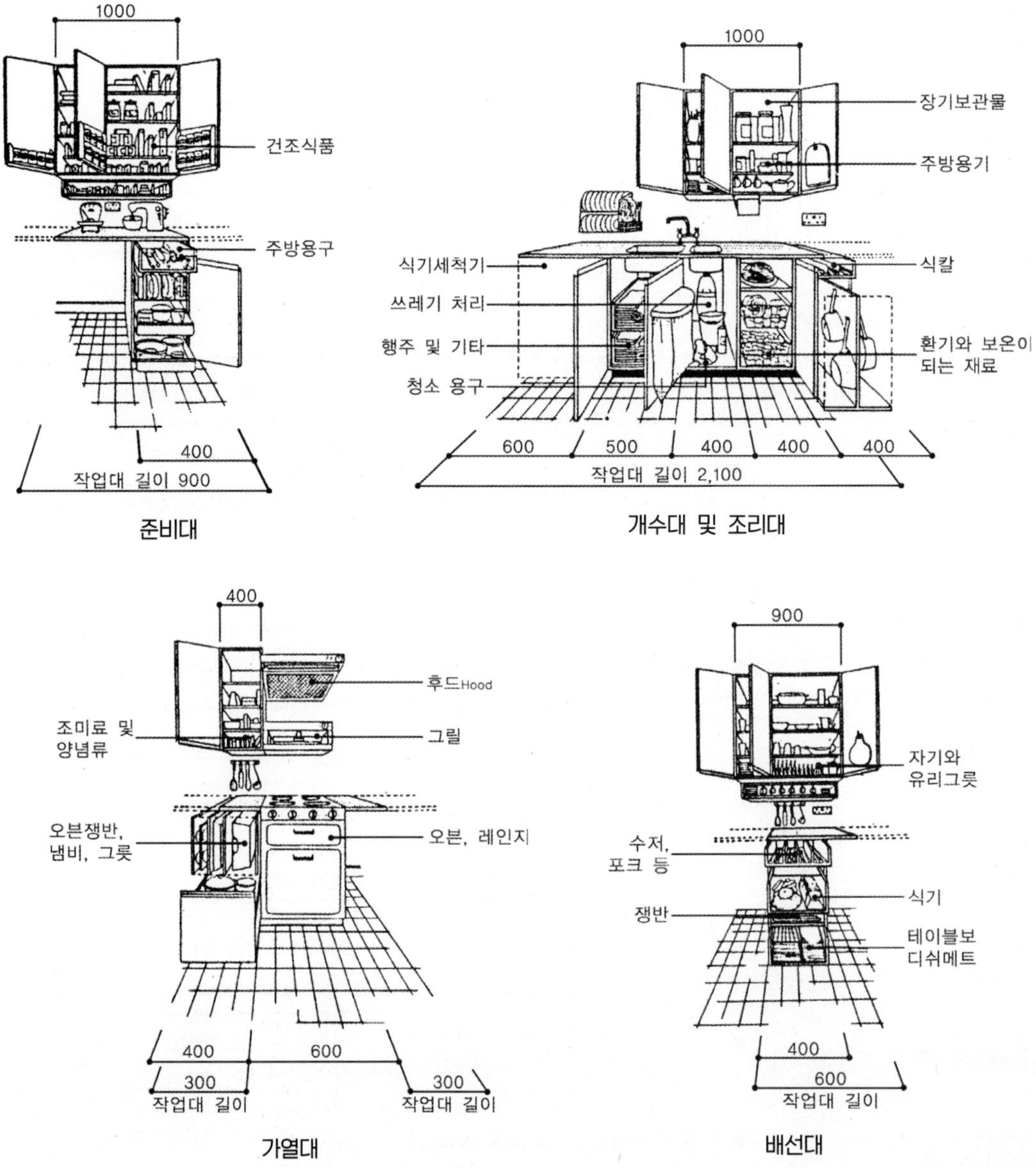

|그림 2 -22| 각 작업대의 특징

② 작업대의 배치유형

작업대의 배치에 의한 유형은 일렬형, 병렬형, L자형, ㄷ자형으로 나누어지며, 각 유형에 따른 특징은 다음과 같다.

ⓐ **일렬형 :** 개수대, 조리대, 가열대 등의 작업대를 한 벽면에 배치한 형태이다. 부엌의 폭이 좁은 경우나 규모가 작아 공간의 여유가 없을 경우에 적용된다. 사용하지 않을 때는 커튼, 블라인드 등으로 감출 수도 있다. 작업대는 배치의 길이가 길면 작업동선이 길어지므로 총길이는 3,000을 넘지 않도록 한다. 일반적으로 각 작업대의 필요치수를 합하면 2,700 정도가 적당하다.

ⓑ **병렬형 :** 양쪽 벽면에 작업대를 마주 보도록 배치하는 형태이다. 작업대가 마주보고 있으므로 동선이 짧아 효과적이다. 그러나 돌아보는 동작이 많아 쉽게 피로를 가져올 수 있으므로 적절한 통로 폭을 취해야 한다. 작업통로는 최소 700이며, 1,000 전후가 적당하나 1,200 이하가 되도록 한다. 연속된 작업동작의 작업대인 조리대, 개수대, 가열대는 일렬로 모아야 능률적인 작업배치이다. 대개 작업대의 양끝에 출입문이 위치하는데 다른 사람이 사용할 경우 작업에 방해를 줄 수 있으므로 주의한다. 또한 통로공간으로 작업대의 한 면에 식당이나 다용도실 등 관련 실을 쉽게 연결시킬 수 있다.

ⓒ **ㄴ자형 :** 작업대를 인접된 양면에 ㄴ자형으로 배치하여 동선의 흐름이 자연스러운 형태이다. 꺾어진 중심에 섰을 때 작업대의 배치가 양손의 동작범위 안에 들어와야 편리한 작업대 배치이다. 일반적으로 여유 공간에 식탁을 배치하면 다이닝 키친이 되므로 공간 사용에 효과적이다.

ⓓ **ㄷ자형 :** 인접한 3면벽에 작업대를 배치한 형태이다. 일반적으로 중앙에 개수대를 두고 좌우에 조리대, 가열대를 배치한다. 가장 편리하고 능률적인 작업대의 배치이다. 벽면을 차지하는 면적이 크므로 많은 수납공간 및 작업공간을 얻을 수 있다. 작업대의 통로폭은 1,200~1,500 정도가 적당하다. 식탁, 기타 작업과의 연결이 불편하며 대규모의 부엌에 많이 사용된다.

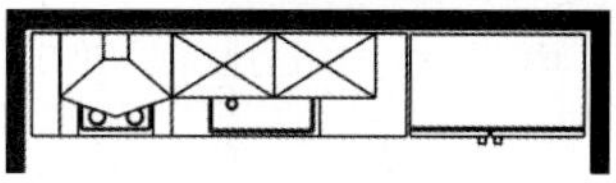

| 그림 2 -23 | 일렬형

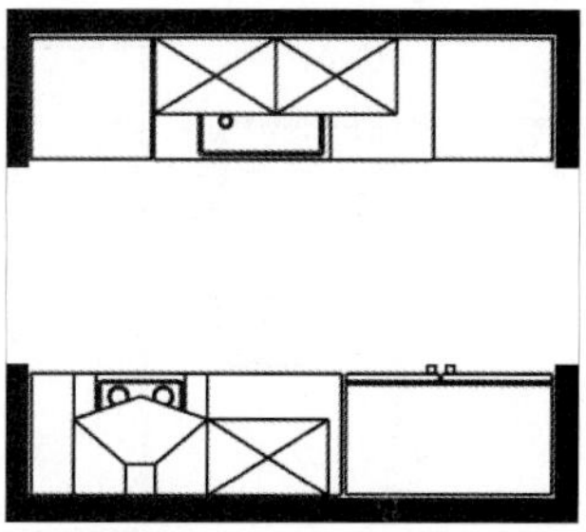

| 그림 2 -24 | 병렬형

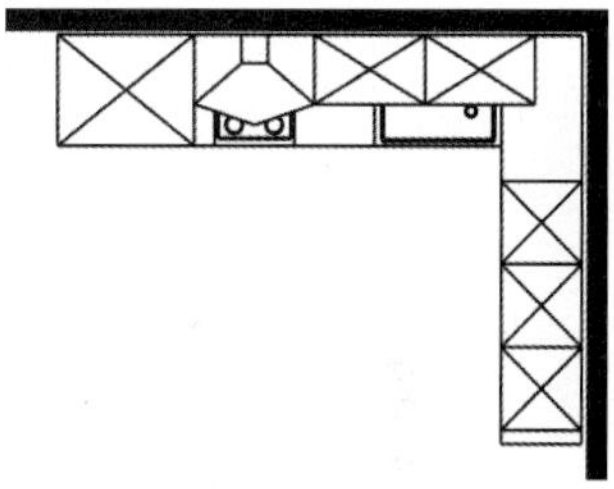

| 그림 2 -25 | ㄴ자형

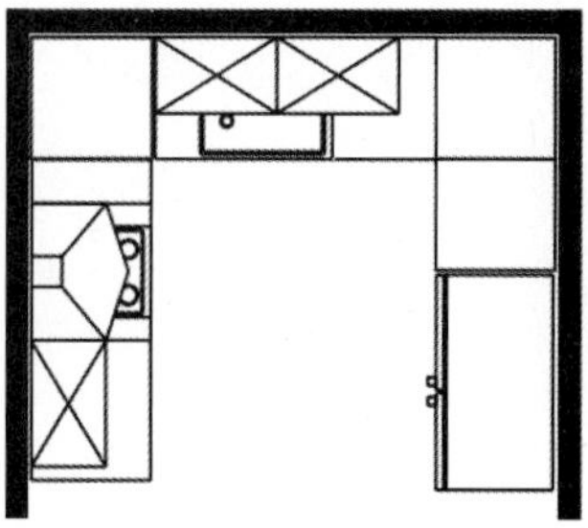

| 그림 2 -26 | ㄷ자형

| 그림 2 -23~26 | 작업대의 배치 유형

|그림 2 -27| 어린이의 놀이공간과 주부의 가사 작업공간을 고려한 부엌

③ 작업대의 배치

작업대를 배치할 때 주의사항은 다음과 같다.

ⓐ 냉장고, 개수대, 가열대를 연결하는 삼각형의 각 변의 길이는 작업능률과 관계가 깊어 이 길이가 길어지면 보행이 길어 작업능률이 저하된다. 따라서 가능한 짧도록 하되 각 변의 합이 6,600 이상을 넘지 않도록 하며 3,600 정도가 적당하다.

ⓑ 작업대나 벽캐비닛 앞에서는 통행과 작업을 위해 적당한 크기의 공간이 있어야 한다. 작업대나 벽캐비닛의 여닫이문, 서랍이 열릴 수 있도록 최소 1,000 이상의 여유 공간이 필요하다.

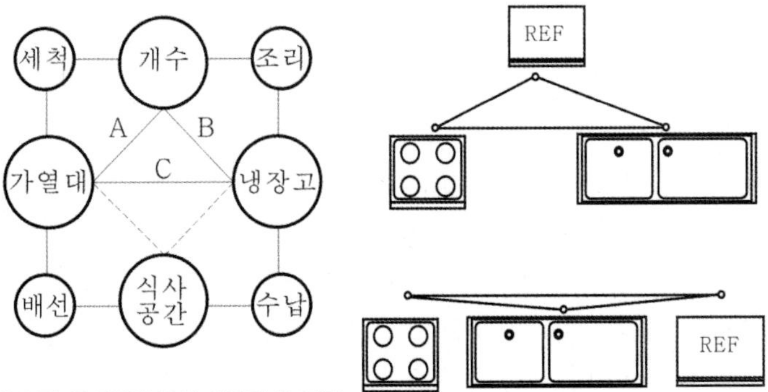

세 가지 중요작업 중심 사이의 총 거리
: A+B+C
최대거리 : 6,600
최소거리 : 3,600

|그림 2 -28| 부엌에서의 작업의 흐름

ⓒ 작업대의 치수는 작업내용과 작업자의 움직임을 고려하여 입체적 공간을 보다 쉽게 작업, 수납하도록 합리적으로 계획한다. 인간공학적 측면에서 서서 일하는 작업자의 동작과 작업영역 범위를 기준으로 한 치수, 오븐, 레인지, 싱크볼sink ball 등의 설비와 대응되는 치수, 작업하기 편리한 작업대의 치수이어야 한다.

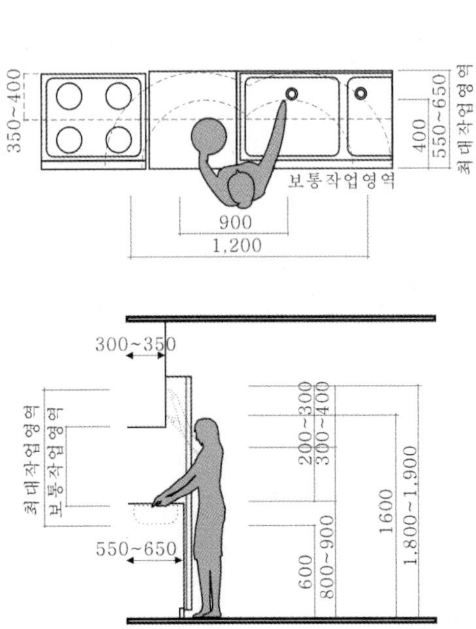

|그림 2 -29| 작업영역과 작업대의 치수계획

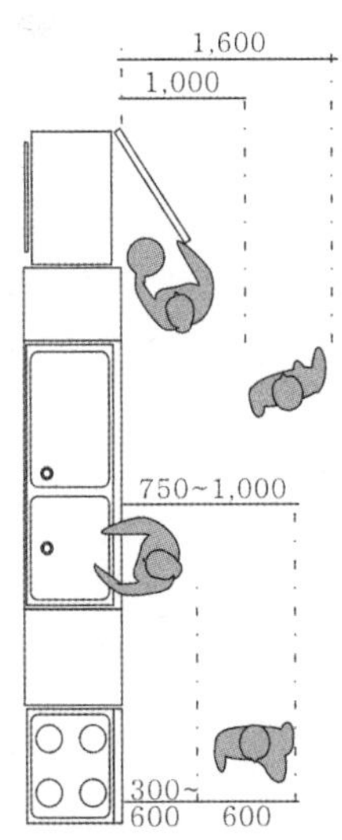

|그림 2 -30| 부엌의 통로와 작업공간

각 작업대의 길이는 한 발자국 너비인 600 기본 모듈을 적용하여 하나의 작업대 길이는 600을 기준으로 하되 편안히 양손을 벌린 범위의 작업영역 치수인 1,200을 넘지 않도록 한다. 그리고 그 깊이는 작업자의 손을 뻗쳐 닿을 수 있는 범위의 치수인 600을 넘지 않는다. 한편 각 작업대의 조합은 기본 모듈을 적용한 시스템 가구형식으로 공간에 따른 조립, 분해가 가능하도록 한다.

ⓓ 코너부분에 싱크볼이 위치할 경우 개수대 앞에서 안전하게 설 수 있도록 코너에서 최소한 100 정도의 여유를 둔다. 한사람이 그릇을 씻고 다른 한사람이 물기를 닦을 경우 개수대 앞에 두 사람의 작업을 위해 코너에서 최소 400 정도 여유를 두나 싱크볼이 2개일 경우는 코너와 붙여도 무방하다.

ⓔ 가열대가 코너에 위치할 경우도 싱크와 같은 여유치수를 두고 배치한다.

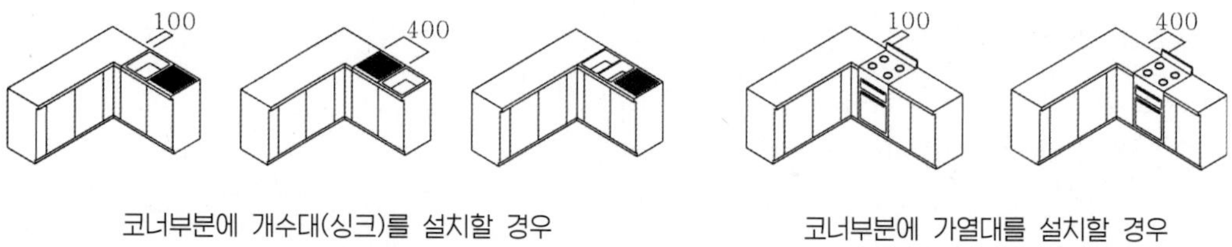

| **그림 2 -31** | 개수대나 가열대의 설치 시 주의사항

ⓕ 벽캐비닛을 하부에 작업대와 같은 시설물이 없을 때는 부딪치기 쉽다. 따라서 안전을 위해 벽캐비닛만은 부착하지 않도록 한다.

ⓖ 출입문이 있는 벽면에 작업대가 위치할 경우 출입문이 열리기 위한 필요치수와 작업대의 문이 열리기 위한 필요치수를 고려하여 충분한 여유를 두고 배치한다. 그러나 여유치수가 없을 때는 출입문을 미닫이문 또는 밖여닫이문으로 한다.

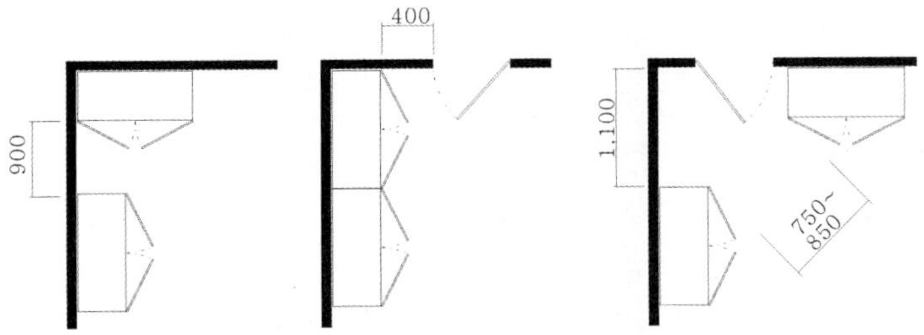

| 그림 2 -32 | 출입문과 작업대의 배치시 치수계획

ⓗ 벽캐비닛은 그릇, 조리기구 등이 꺼내기 쉬운 위치에 정리 수납되도록 한다. 용도별, 사용빈도, 크기, 형태별에 의한 분류를 기준으로 가시성可視性, 융통성, 접근성, 유지관리성을 고려하여 정리한다. 즉 한눈에 즉시 찾을 수 있도록 한 줄로 늘어놓거나 같이 사용되는 그릇은 함께 모으도록 한다. 자주 사용하는 물건은 꺼내기 쉬운 편안한 높이에 두며 각 작업대의 흐름에 맞도록 기구 및 그릇을 수납하여 이동하지 않고 꺼낼 수 있도록 한다. 또한 조정 가능한 선반이나 움직일 수 있는 칸막이가 있는 서랍으로 하면 그릇과 조리기구에 맞도록 조절 가능하므로 합리적인 정리를 꾀할 수 있다. 그리고 오염된 공기나 먼지, 벌레 등을 막기 위해 밀폐시켜야 하므로 요철이나 틈새가 없어야 한다. 물이나 기름에 강한 타일, 스테인리스 스틸stainless steel, 멜라민 수지판 등의 마감 재료를 적재적소適材適所에 사용하여 위생적이고 청소가 용이하여 청결하게 유지되도록 한다.

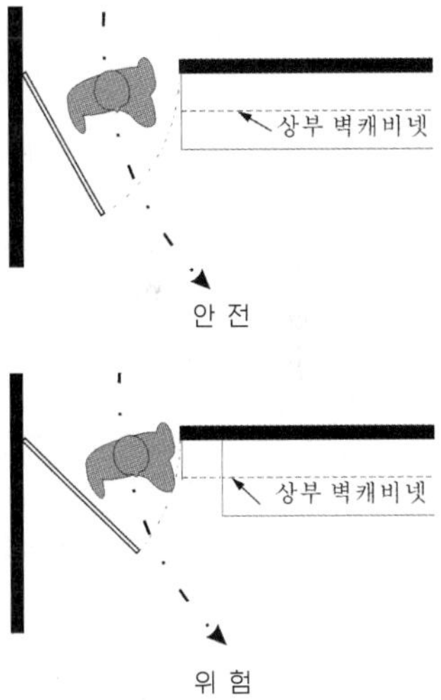

| 그림 2 -33 | 벽캐비닛 설치 시 주의사항-1

|그림 2 -34| 벽캐비닛 설치시 주의사항-2

	수납물품의 예	수납물품의 특징	사용 빈도	작업 자세
주요식기류 수납	손님용 쟁반, 가벼운 식기	가볍고 큰 것	드물게 사용	발 디딤대나 발끝을 사용해서 꺼낸다. / 바로서서 일한다.
주요식기류 수납	컵류, 조미료 류	깨지기 쉬운 것	자주 사용	바로서서 일한다.
수납	수저, 칼	무겁고 작은 것	보통 사용	허리를 구부린다.
	프라이팬, 냄비 쌀통, 큰 병, 솥	크고 무거운 것	드물게 사용	웅크리고 꺼낸다.

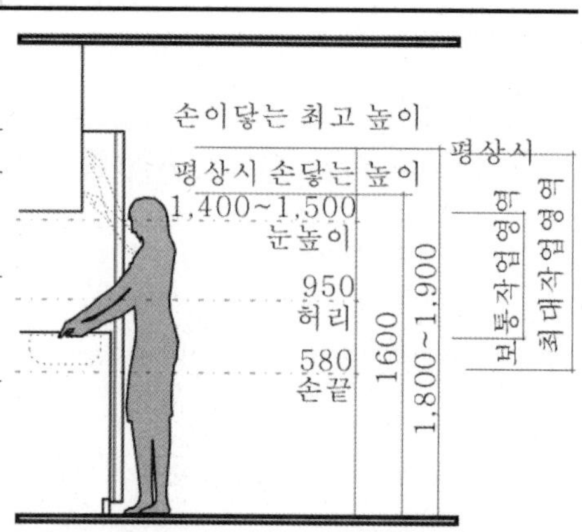

| 표 2 -5 | 작업대의 수납

2) 저장기구

냉장고, 냉동고, 온장고 등의 저장기구는 준비대와 배선대 또는 식탁과 가깝게 배치한다. 문의 개폐가 불편하지 않도록 충분한 여유 공간이 필요하다. 바닥의 마감재가 저장기구의 중량에 대해 지지할 수 있어야 한다. 기구의 뒷부분인 방열판과 벽면 사이에 최소 100 정도 공간을 두고 설치해야 한다.

3) 설비시설

부엌은 물과 불을 동시에 사용하는 곳이므로 설비시설에 내수성, 내화성 있는 재료를 사용해야 한다. 가스, 전기기구 등은 사용하기 쉽고 조작하기 편리한 위치에 콘센트의 수, 위치, 용량을 정하여 안전하게 계획한다. 먼지, 오물을 처리함에 있어 청소하기 쉬워야 하며 쓰레기는 위생적으로 처리되도록 한다.

(4) 부엌의 세부계획

1) 부엌의 조명

부엌에는 전체조명과 작업대 위를 비추는 국부조명이 필요하다. 일반적으로 전체조명은 국부조명과 대비를 줄일 수 있도록 실 전체에 확산되는 조명기구를 사용한다. 형광등은 직선적 형태이어서 작업대 위나 벽캐비닛 밑부분에 설치하기에 적절하다. 특히 가열대 위에 조명을 설치할 경우 방습형의 광원을 사용한다. 광원이 시선 안에 놓일 경우 차광판이 있는 조명기구를 사용하거나 선반의 앞판을 내려서 차광遮光한다.

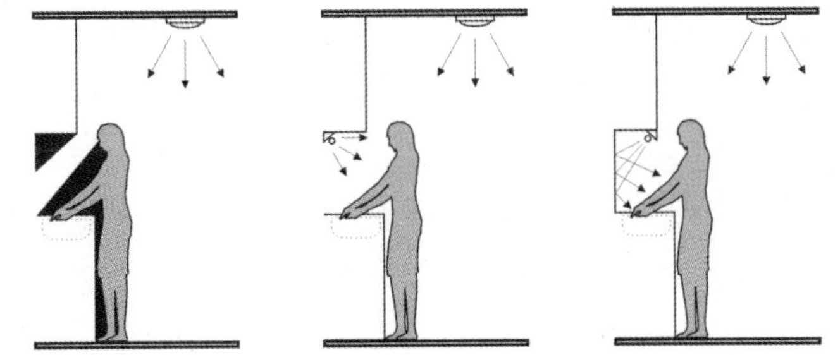

| 그림 2 -35 | 작업자의 조명방법

| 그림 2 -36 | 작업대의 조명계획

2) 부엌의 색채

부엌은 가사작업공간이므로 작업시 피로감을 덜어 줄 수 있고 음식을 만드는 조리공간이므로 밝고 청결한 분위기를 형성하는 색채가 요구된다. 형태와 색채가 다양하면 자칫 번잡하고 혼란스러워지기 쉬우므로 색채는 전체적으로 통일감 있게 조화시킨다. 또한 벽, 바닥, 천장은 동색계로 처리하되 밝은 색으로 하여 확장감을 주도록 하나 바닥이나 천장은 안정감이 있도록 어두운 색으로 처리하는 것이 좋다. 그런데 같은 색이라도 질감에 따라 그 느낌이 다르므로 거친 것보다 타일과 같은 매끈한 재료가 깨끗한 감을 준다. 따라서 마감재료 계획 시 이를 고려한다.

|**사진 2 -33**| 주방가구의 색채와 마감 재료도 라이프스타일을 고려하여 변화되고 있다.

3) 부엌의 마감재료

주거공간에서 부엌은 다른 공간보다 사용빈도가 크고 물과 불, 기름 등을 취급하므로 실내마감에서 기능상 많은 성능을 요구한다. 내구성, 내부패성, 내화성, 내열성, 내수성, 내유성 등 재료의 물리적인 특성을 고려해야 한다. 또한 항상 청결해야 하므로 청소, 유지관리가 용이한 재료이어야 한다.

바닥은 서서 장시간 작업하므로 탄력성 있는 재료로 내수성, 내마모성이 있어야 하며 청소하기 용이해야 한다. 비닐계 시트, 목재 플로어링, 코르크 타일 등과 같은 재료가 많이 사용된다.

벽은 물로 청소가 가능하고 더러움이 덜 타는 타일, 비닐벽지가 일반적으로 사용된다. 특히 개수대는 물을 사용하므로 내수성이, 가열대는 불을 사용하므로 내화성, 내열성, 내유성, 내수성이 강해야 한다. 그리고 작업대는 표면강도가 높고 견고하며 내수성이 강하며 다양한 색상, 문양으로 선택의 범위가 넓으며 가공이 용이한 멜라민 수지판이 가장 많이 사용되나 강한 충격에 잘 깨지고 딱딱하다는 결점이 있다.

천장은 내화성, 내습성이 강한 석면판이나 알루미늄, 금속판과 같은 재료가 적당하나 일반적으로 비닐벽지가 많이 사용된다.

2. 4
침실Bedroom

(1) 주침실

|사진 2 -34| 개인적 내실로서의 프라이버시를 중요시 한 침실의 예

침실의 주목적은 잠을 자기 위한 취침 공간이며 주거 공간 중 가장 사적인 개인생활공간이다. 내일의 생활을 위해 피로를 풀고 소비된 에너지를 재충전하는 장소이다. 따라서 침실은 평화스럽고 안식할 수 있는 편안한 분위기이어서 정서적 안정을 꾀할 수 있어야 한다. 또한 자신만의 내실內室로서 자신의 기호, 취미, 개성에 따라 표현되고 독립성이 강한 공간으로 프라이버시가 확보되도록 계획한다.

1) 침실의 기능

침실은 일반적으로 취침공간이라는 단일기능의 공간으로 취급되나 수납, 갱의 작업, 휴식 등의 부기능을 가질 수 있으므로 사용자의 생활유형에 따라 각 기능을 부합하여 계획한다.

① 취침의 장소

침실은 잠을 자는 장소로서 안락하고 충분한 수면을 취할 수 있는 침구寢具가 필요하다. 또한 아이들은 성별, 나이에 따라 남녀별, 고저高低 학년별로 자기들만의 공간을 확보하여 개실을 마련해 주어야 한다.

② 수납, 갱의更衣의 장소

침실 사용자의 옷, 소지품, 침구류 등을 충분히 간수할 수 있는 수납공간이 확보되어야 한다. 물품에 따라 사용빈도, 크기, 형태 등을 고려하여 보관, 정리의 수납이 적절해야 한다. 그리고 옷을 갈아입기 위해 수납공간 근처에 갱의 면적이 필요하며 전신을 비출 수 있는 거울도 필요하다.

③ 작업의 장소

독서나 글을 쓰기 위한 서재나 옷 손질, 바느질을 위한 가사작업실이 별도로 있지 아니할 경우 가볍게 책을 읽고 글을 쓰며 간단한 작업을 위한 공간이 침실에 마련되기도 한다. 아동실의 경우 취침, 학습, 놀이의 장소이기도 한데 특히 학습을 위해 정신이 집중될 수 있도록 계획한다.

| 사진 2 -35 | 서재가 있는 침실의 예 / 에몬스가구

④ 휴식의 장소

음악을 듣거나 TV를 보거나 술을 마실 수 있는 휴식의 장소이기도 하며 가까운 사람과 잡담을 나눌 수 있는 대화의 장소이기도, 자기 혼자만의 사색을 즐길 수 있는 개인생활공간이기도 하다.

2) 침실의 분류

침실은 사용자의 용도에 따라 부부침실인 주침실, 아동침실, 노인침실, 객용침실 등으로 분류된다.

① 주침실

단순한 취침 이외에도 부부생활의 중심이 되므로 기밀성機密性이 요구된다. 따라서 주택의 가장 내측에 다른 실과 독립된 영역에 위치한다. 특히 다른 실과 인접한 벽면에 수납공간을 두거나 침실과 다른 각 실 사이에 서재, 위생공간 등을 배치하여 프라이버시를 크게 한다. 그리고 문의 위치와 개폐방향에 있어 침대, 갱의 장소가 바로 보이지 않도록 한다. 주침실에 화장실, 욕실, 탈의실 등을 부속시켜 전용화專用化 하는 것이 가장 이상적이다. 주침실에는 부부 두 사람을 위한 러브 시트love seat나 록킹 의자rocking chair와 같은 안락의자를 두어 부부 간의 친밀감을 더해 주고 자연스럽게 대화를 나눌 수 있는 분위기로 유도한다. 실내계획에 있어 무드mood 있는 공간이 되도록 조명과 색채 등 디자인 제요소를 전개한다.

| 사진 2 -36 | 대화를 나눌 수 있는 공간이 마련된 주침실의 예 / Further Lane House, Tod Williams Billie Tsien

② 아동 침실

아동침실은 취침, 학습, 놀이공간으로 아동의 성장조건에 따라 계획한다. 아동침실은 성별 취침을 원칙으로 하고 7~8살부터는 별실의 아동실이 필요하다. 유아일 경우 부부와 함께 혼침混寢하는 것이 일반적이나 어릴 때부터 습관, 자립심을 위해 아동침실을 두는 것이 바람직하다.

| 사진 2 -37 | 아동 침실의 예
/ 현대리바트

③ 노인 침실

노인침실은 주택 중심부에서 어느 정도 분리된 조용한 곳으로 일조조건이 좋은 남향에 위치하도록 한다. 노년기의 활기있는 생활을 위해 낮에 가족과 함께 지낼 수 있는 위치이면 더욱 바람직하다. 2층 주택일 경우 보행하기 쉬운 아래층에 위치하도록 하며 세면, 화장실 이용에 불편하지 않도록 욕실을 가까이 배치하거나 부속시킨다.

④ 객용 침실

손님을 위한 게스트룸guest room인 객용 침실이나 독립된 실을 마련할 여유가 없을 경우 푸시백 소파push-back sofa, 소파 베드sofa bed로 대용한다. 또한 바퀴달린 접는 침대나 스튜디오 카우치, 데이베드 등 침대로 전용하여 쓸 수 있는 가구나 하우스 베드house bed를 설치한다.

3) 침실의 위치

침실은 사생활을 위한 정적인 공간이므로 현관, 출입구에서 떨어진 조용한 곳으로 야간의 교통소음과 주간의 복잡한 시선을 피해 가로변에 두지 아니한다. 거실, 식당, 부엌 등의 동적인 공간과 분리하는데, 일반적으로 거실을 중심으로 한 공동생활구역과 침실을 중심으로 한 개인생활구역 사이에 화장실, 욕실, 복도 등 완충공간을 두어 양 공간을 분리시킨다. 특히 프라이버시가 강한 주침실이 가장 내측에 위치하며 소음과 동선이 복잡한 실과 멀리 떨어지도록 한다.

2층 주택의 경우 1층에는 거실, 식당, 부엌 등의 공동생활구역을 두고 2층에는 침실의 개인생활구역을 일반적으로 배치한다. 그러나 아동의 성장조건과 학년에 따라 아동침실과 분리하여 1층에 주침실을 두는 경우도 있다. 자녀가 어릴 경우 항시 부모의 관리가 필요하므로 주침실과 직결되도록 계획한다.

침실은 남향 또는 동남향이 가장 좋은 일조, 통풍조건으로 유리하나 최소한 1일 1회 일사의 조건을 갖도록 해야 한다. 그리고 창의 위치와 크기는 채광을 결정하나 가구의 배치에도 관계하므로 이를 고려한다. 예를 들어 침대가 놓이는 위치는 창대높이에 영향을 받으며 수납가구의 위치 또한 창문을 고려해야 한다.

침실은 다른 실을 거치지 않고 바로 외부 출입구로부터 개인침실로 가는 동선이 바람직하며 통행이 번잡하지 않아야 한다. 그리고 공간의 사용빈도와 시간이 거의 일치하는 세면실, 욕실, 화장실 등 생리위생공간은 침실 전용으로 부속하도록 하는 것이 이상적이나 계획에서 무리일 경우 각 실에서의 접근이 좋도록 한다.

4) 한식 침실, 양식 침실

침실이 좌식이냐 입식이냐는 사용자의 주생활패턴과 기호에 따라 한식, 양식의 침실을 결정하나 주택 전체의 면적에 제약을 받아 결정되기도 한다.

보통 줄여서 한실韓室이라 하는 한식 침실은 실의 사용에 있어 요와 이불을 취침 시에만 사용하므로 실의 사용에 있어 융통성이 있다. 즉 가구의 설치여부에 따라 거실, 서재, 식당, 침실 등의 다목적 사용이 가능하나 이 경우 독립된 침실로서의 기능을 만족시키기 어렵다. 침구를 정리할 때 먼지가 생기고 먼지가 많은 바닥에서 취침하므로 위생적인 면에서 좋지 않다. 침구에 따른 수납공간 및 가구가 필요하다.

| 사진 2 -38 | 한식주거의 개념을 적용한, 새로운 좌식 주거문화의 중심으로서의 안방 / Betwin Space

한식 침실은 전통적인 분위기를 자아내기 위해 일반적으로 전통가구가 놓여지는데 가능한 안방이나 사랑방의 전통가구류와 그 배치를 참조하여 계획한다.

전통한옥의 구조는 남성과 여성의 생활공간이 각각 구분되어 있다. 남성들은 주로 사랑방에서, 여성들은 안방에서 생활의 대부분을 영위하였으므로 안방과 사랑방의 가구들은 그 용도와 취향에 따라 뚜렷한 개성을 갖고 있었다.

안방은 아랫목에 다락문이나 병풍이 있으며 머리맡에는 낮고 자그마한 머릿장을 놓아 열쇠, 문서, 귀중품을 안전하고 손쉽게 보관하였다. 그 옆의 마당으로 통하는 미닫이문 아래나 측면에는 낮고 긴 문갑이 위치하여 벽면에 시원한 여백을 구성하였다. 이외에도 안방에서 사용되는 가구로는 몸단장을 위한 좌경座鏡, 빗접, 반짇고리, 장, 농, 버선장, 의걸이장, 머릿장 등이 놓였다. 사랑방에 비해 안방가구는

|사진 2 -39| 낙선재 사랑방

경첩, 장식이 풍부하고 다양하여 안방은 화사하고 온화한 분위기였다.

사랑방은 남성의 생활공간으로 깊은 사색에 잠기거나 글을 읽고 그림과 시를 즐기고 손님을 맞아 학문을 논하는 사교의 장소였다. 화려하고 복잡하기보다는 소박하고 안정된 분위기로 크지 않은 공간에 단순한 구조와 간결한 비례의 목가구가 배치되었다. 사랑방의 가구배치는 아랫목에 병풍이 있고 글을 읽거나 쓰는 용도 외에 손님과 마주 앉은 주인의 위치를 지켜 주는 서안書案이 중앙에 자리하며 그 측면에는 문방사우文房四友가 놓인다. 대표적인 사랑방의 가구로는 탁자卓子, 책장, 문갑이 있다. 이밖에 벽에 걸어 놓고 편지 등을 꽂아 두는 고비는 낮은 가구의 배치로 벽면의 활용에 유용했다. 또한 연상硯床, 좌등座燈, 모자함 등과 여가를 즐기는 바둑판, 거문고 등도 있었다.

전통 가구의 종류는 장, 농, 반닫이, 탁자, 문갑이 대표적이며 각 가구의 특징을 대략적으로 살펴보면 다음과 같다.

|그림 2 -37| 안방 가구배치의 예

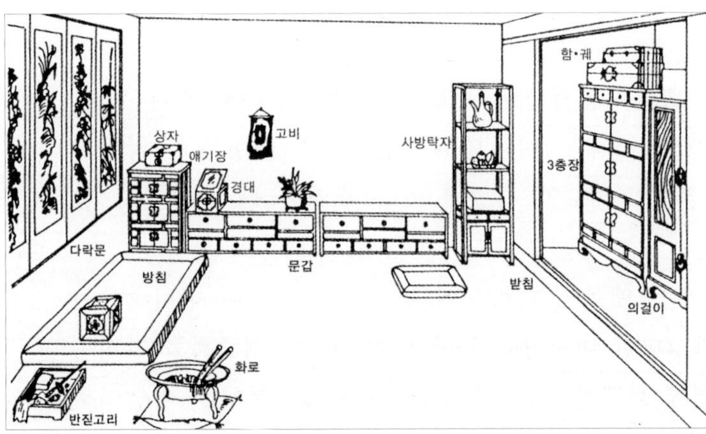

① 장과 농

장과 농은 주로 의류를 넣어 두는 안방가구로서 장식성이 크다. 장은 따로 분리되어 있지 아니하나 농은 한 층 한 층 분리된 것을 포개어 놓은 것으로 이 점이 장과 농의 차이라 할 수 있다. 장은 층수에 따라 2층장, 3층장이라 하며 독립된 단층류의 것을 머리장이라 한다. 용도에 따라 버선장, 이불장, 책장, 약장 등으로 구분한다. 그리고 농에는 수농, 삿자리농, 칠농, 함농, 죽농, 실농, 대선농 등이 있다.

② 반닫이

두껍고 투박한 궤 모양으로 된 가구로 앞면의 절반이 문짝으로 되어 아래로 젖혀 열게 되어 있으며 의류, 귀중품을 넣어 둔다.

③ 탁자

문방가구의 대표적인 것으로 2층, 3층, 3층 정도이며 보통 서적이나 문서를 올려놓거나 문방, 애완품이나 장식물을 진열하여 감상한다. 수납장이 없는 것을 사방탁자라 하고 여닫이문이 달린 수납장의 형식을 탁자장이라 한다.

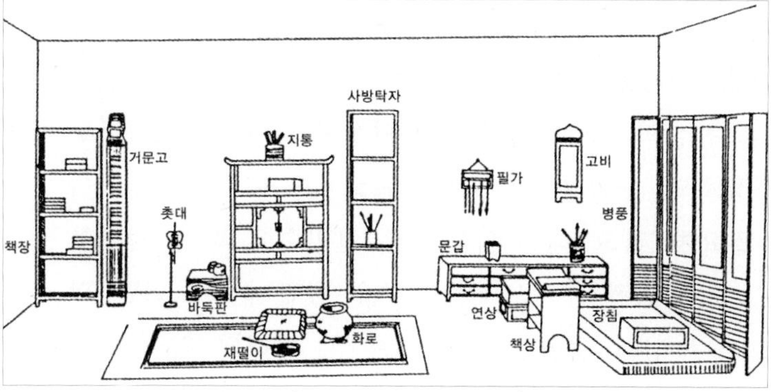

| 그림 2 -38 | 사랑방 가구배치의 예

④ 문갑

문방구들이나 서적, 문서, 지필류, 기타 잡다한 물품들을 넣어두는 낮은 가구이다.

양식 침실은 여러 가구를 의지하여 생활하므로 침대, 옷장, 화장대, 나이트 테이블 등의 가구가 필요하고 그 배치에 따른 점유면적이 크다. 침대는 점유면적이 일정하고 그 크기가 커 공간의 융통성이 작게 한다. 독립된 침실로서의 제기능을 만족시키기 위해 한식보다 넓은 면적이 필요하다. 위생적이며 침구 사용에 따른 노력을 절감할 수 있다.

5) 침실의 규모

침실의 규모는 사용 인원수에 따라 필요한 기적氣積과 수면, 휴식, 갱의, 화장, 작업, 사색 등의 활동면적과 그에 따른 가구의 점유면적 그리고 사용자의 옷, 소지품, 침구 등을 충분히 간수할 수 있는 수납공간의 면적 등에 따라 결정된다.

생리학적인 측면에서 볼 때 성인의 경우 취침 중 0.02㎥/hr의 탄산가스나 유해물을 배설하므로 시간당 50㎥의 신선한 공기를 확보해야 한다. 이때 실내의 자연환기 횟수를 시간당 2회로 가정하면 성인 1인당 25㎥의 공간이 필요하며 천장높이를 2,500이라 가정하면 10㎡의 면적이 산출된다. 가구의 점유면적을 고려하지 않으면 1인용 침실은 6㎡, 2인용 침실은 10㎡ 면적이 최소한 필요하다.

한식 침실의 경우 침구의 유연성으로 낮에는 침구로 인해 장소의 구속을 받지 않으므로 가구의 점유면적이 크게 필요치 않고 최소한의 취침 인원수에 따라 침구를 펼 수 있는 면적과 어느 정도 여유 공간이 확보되면 된다. 그러나 양식 침실은 침대의 종류, 침대의 위치 그리고 침실의 생활유형에 따른 필요가구의 종류, 탈의실, 전용 욕실 등의 유무有無에 따라 그 규모가 결정된다.

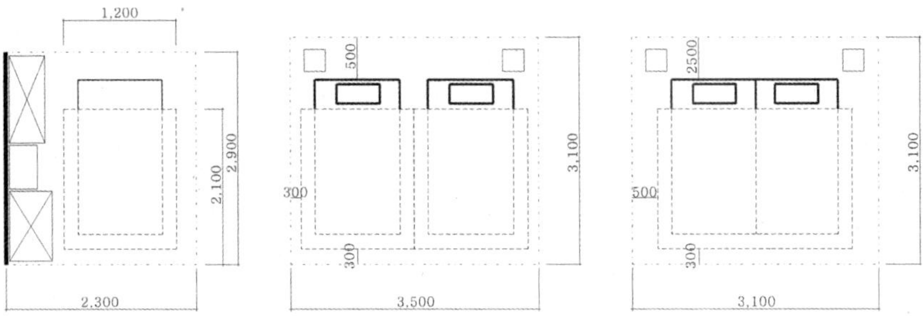

| 그림 2 -39 | 한식 침실의 침구배치와 필요공간

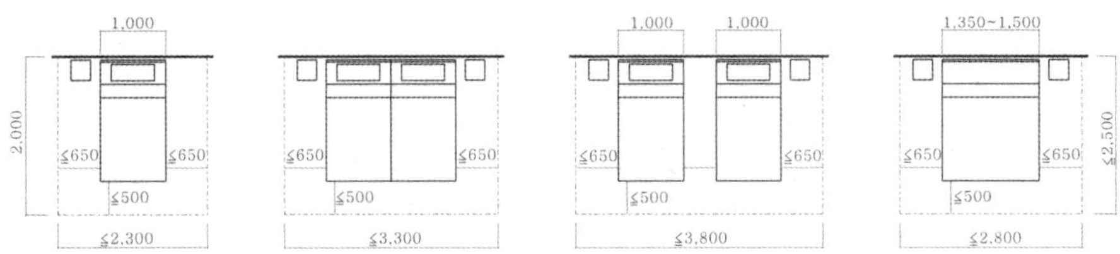

| 그림 2 -40 | 양식 침실의 침대배치와 필요공간

	취침내용		침실의 면적	비고(표준규모)
주침실	부부침실과 유아 1명이 혼침할 수 있는 넓이가 필요		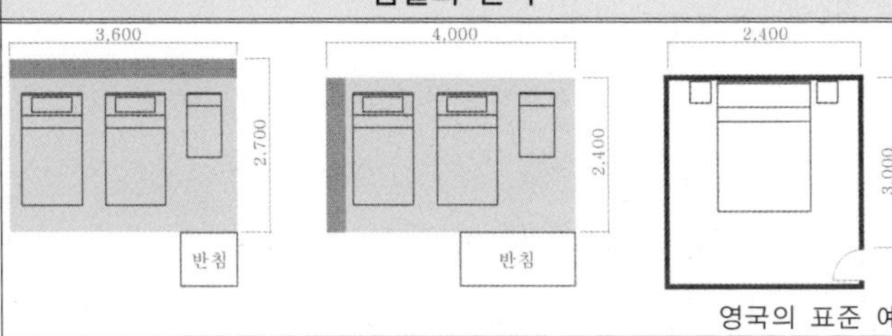 영국의 표준 예	방의 독립성과 가구 치장의 면적이 확보되어야 한다. 한식인 경우 : 10~11㎡ 양식인 경우 : 12~15㎡
침실	2인용	부부 이외 성인 2명의 침실	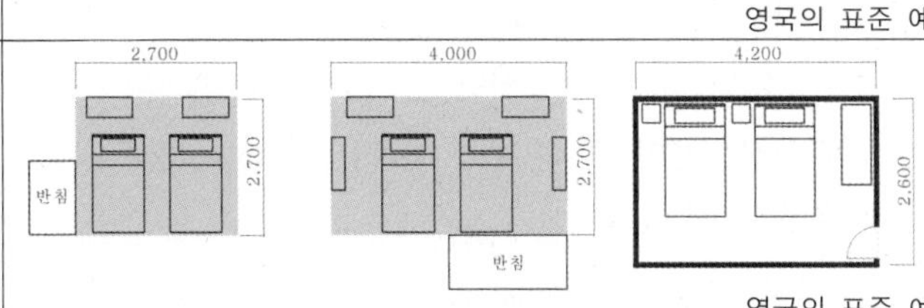 영국의 표준 예	책상, 책꽂이의 면적이 필요하다. 한식인 경우 : 7~10㎡ 양식인 경우 : 11㎡내외
	1인용	성인 1명의 침실	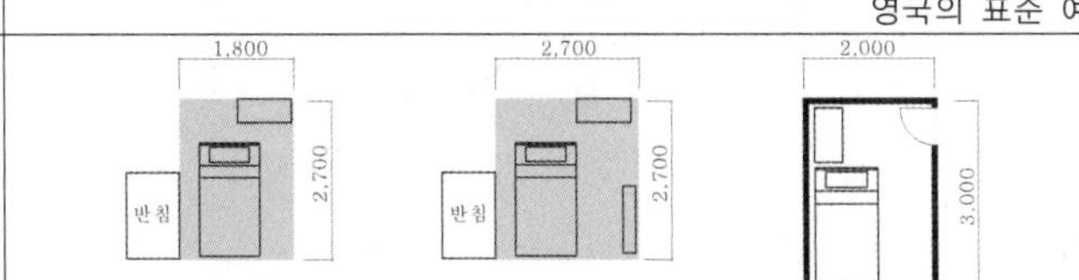	한식인 경우 : 5~7㎡ 양식인 경우 : 6㎡ 내외

| 표 2 -6 | 취침인원과 침실 규모

6) 침실의 가구와 가구배치

침실의 가구는 주생활양식과 실의 크기에 따라 달라지는데 양식의 경우 침대, 옷장, 정리장, 의자, 테이블, 나이트 테이블, 화장대 등 침실의 기능에 따라 필요가구가 달라진다. 즉 취침을 위한 침대와 나이트 테이블 이외 침구와 옷의 수납장이 기본적으로 놓여지고 공간의 여유가 있으면 독서코너, 화장코너, 부부 간의 단란을 위한 의자류가 놓여진다. 따라서 좁은 침실에 많은 가구를 두면 활동면적이 적어 불편하게 되므로 침실의 크기를 고려하여 침실의 기능과 그에 따라 가구를 적절히 배치한다.

취침을 위한 침구의 종류는 정치식定値式, 이설식移設式, 휴대식으로 구분할 수 있다. 정치식은 침대와 같이 일정한 장소에 설치되는 것이며, 이설식은 요와 이불처럼 침구를 필요할 때만 깔아 사용하는 것이다. 그리고 휴대식은 매트리스mattress나 해먹hammock처럼 간이침구를 사용하는 것이다.

취침을 위한 침대 및 침구의 배치는 머리가 놓이는 부분이 시원하도록 하는 것이 기본이나 직접 찬바람을 맞지 않도록 해야 한다.

① 침대

나이트 테이블과 침대를 벽면에 기대어 설치하기 위해 1인용 침대의 경우 1,500~1,800, 2인용이나 트윈 베드의 경우 2,100~2,600의 벽면이 확보되어야 한다. 실의 사정상 벽면의 확보가 어려울 때는 창문을 고창으로 처리하면 창밑에 침대를 비롯한 여러 가구를 놓을 수 있으며 프라이버시 확보에도 유리하다. 침대 배치는 실의 크기와 침대와의 균형, 통로부분의 확보, 침대의 배치유형이 적절해야 한다. 침대 하부는 최소 500~600 이상, 일반적으로 900 정도 여유 공간이 있어야 통행에 불편하지 않다. 그리고 침대 양쪽에는 650 이상 공간이 있어야 나이트 테이블이 놓여질 수 있다. 침대의 머리 부분에는 독서를 하거나 만일의 경우를 대비한 조명기구를 설치하되 조명의 빛이 눈에 직접 들어오지 않도록 한다.

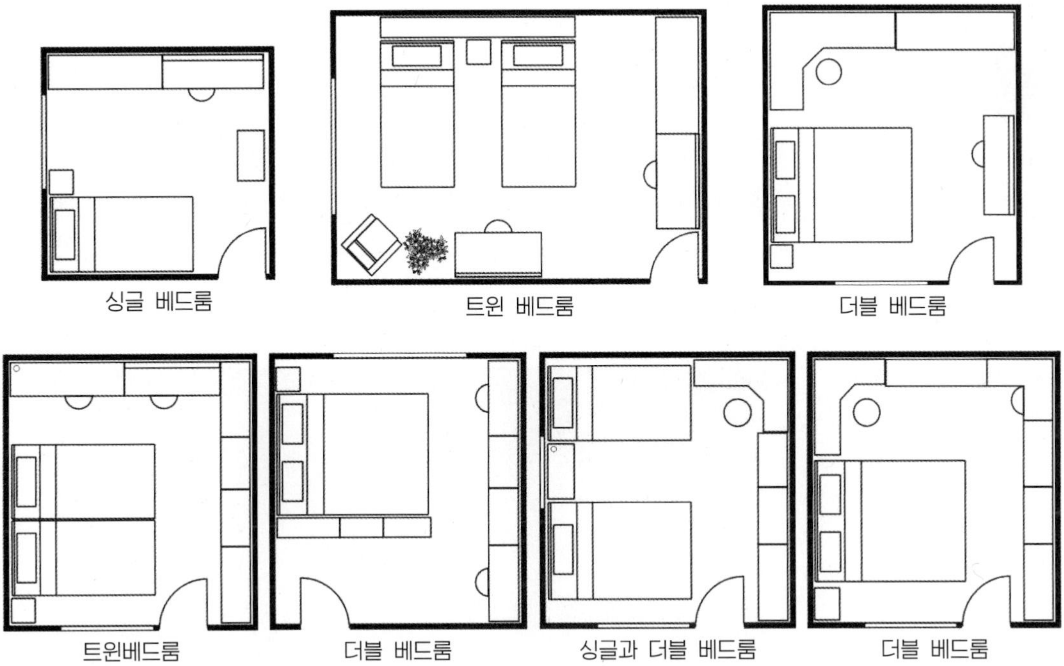

| 그림 2 -41 | 양식 침실 평면의 예

② **나이트 테이블**night table

침대 양 측면에 놓이는 조그마한 테이블로 조명기구, 시계, 전화, 재떨이, 잡지 등 취침 시 필요한 일용품을 위한 가구이다. 필기용구를 수납할 수 있는 서랍이 있으면 편리하다. 침대의 헤드보드head board를 디자인에 따라 나이트 테이블로 겸용해서 사용할 수 있다.

③ **화장대**

화장-옷 입기-외출이라는 행위의 흐름을 고려하면 화장코너는 옷의 수납장 가까이에 배치하는 것이 이상적이다. 좁은 침실의 경우 침대의 헤드보드와 사이드보드를

|사진 2 -40| 침실과 연계한 드레스실 내부에 설치된 화장대의 예

연속해서 배치하거나 거울과 서랍장을 조합하면 공간이 절약되어 효율적으로 사용할 수 있다. 화장을 위해 창문을 통해 적당한 빛이 정면으로 들어오도록 화장대는 창문 앞이나 창문과 직각한 배치가 좋다.

④ 의자와 소파

음악을 듣거나 술을 마시거나 부부 간의 친밀한 대화를 위해 작은 테이블과 함께 낮은 안락의자나 록킹 의자rocking chair, 하이백 체어high-back chair, 러브 시트love seat 등을 배치한다.

|사진 2 -41| 침실 휴식을 위한 이지체어가 마련된 주침실

⑤ 책상

독서나 가볍게 글을 쓰기 위한 장소도 침실에서 필요하다. 서재공간의 일부를 통로로 접속시키면 한 공간 안에서 각각 독립된 분위기의 실내를 형성한다. 침실공간에 여유가 없을 경우 헤드보드head board나 사이드보드side board, 수납장 등 기존 가구와 복합시켜 다목적 가구로 설치한다. 일반적으로 집광형의 국부조명으로 처리하되 자는 사람에게 책상의 조명 빛이 들어가지 않도록 주의한다.

⑥ 수납공간

침실 내에는 기본적으로 의복과 개인물품의 정리, 보관을 위해 적절한 수납계획이 요구된다. 수납공간walk-in closet은 수납방법, 형태에 의해 많은 물품이 충분히 수납되도록 세밀하게 계획한다. 보관을 위한 통풍을 고려하여 작은 창이나 루버문으로 처리한다. 탈의실로 이용될 경우 옷 입은 자세를 볼 수 있는 전면거울과 조명을 설치한다. 수납장일 경우 1인당 최소 1,500 정도의 길이가 필요하며, 장의 문이 열릴 수 있는 공간과 옷을 갈아입을 수 있는 여유 공간이 있어야 한다.

| 사진 2 -42 | 수납장 한켠에 설치된 화장대

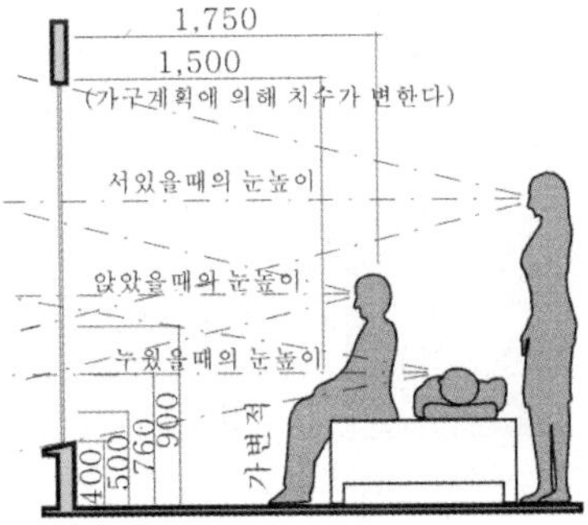

| 그림 2 -42 | 침실의 조망시선과 가구계획

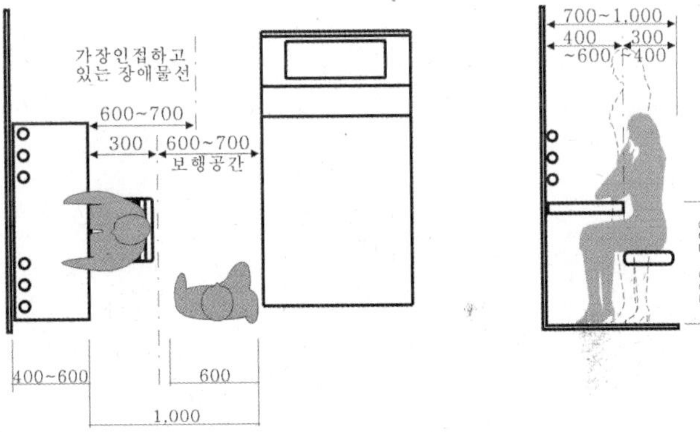

| 그림 2 -43 | 화장을 위한 필요공간

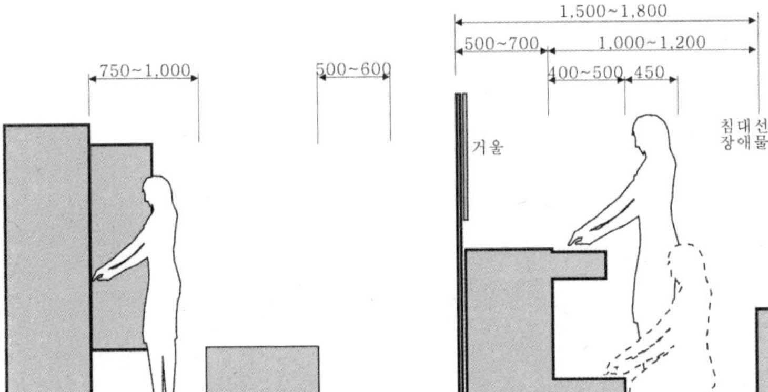

| 그림 2 -44 | 옷을 갈아입기 위한 필요공간

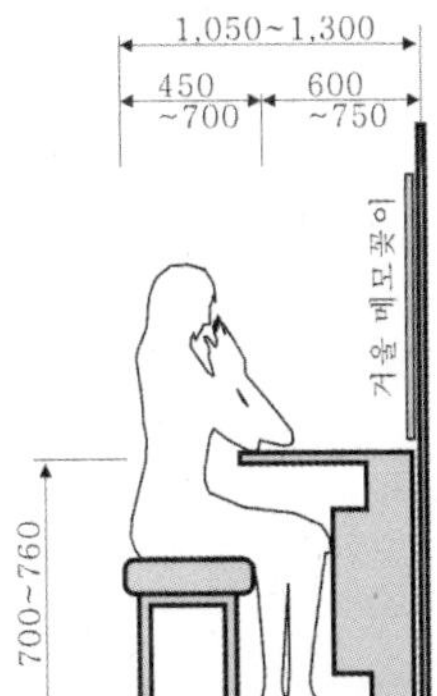

| 그림 2 -45 | 책상 또는 화장대의 필요 공간

7) 세부계획

① 침실의 조명

침실은 휴식공간이므로 명시성보다는 편안하고 분위기 있는 조명으로 계획한다. 전체적으로 침착하고 부드러운 빛을 추구하며 실내의 색채가 난색계일 때는 더욱 온화한 느낌이 되도록 한다.

천장에는 지나치게 밝은 조명을 설치하지 않으며 분위기를 위한 커튼조명, 밸런스 조명의 간접조명이 바람직하다. 일반적으로 침대 옆 나이트테이블에 테이블 램프를 두는데, 테이블 램프는 빛을 발하는 조명 자체와 조명기구의 아름다움으로 장식적인 액세서리 역할을 할 수 있어야 한다.

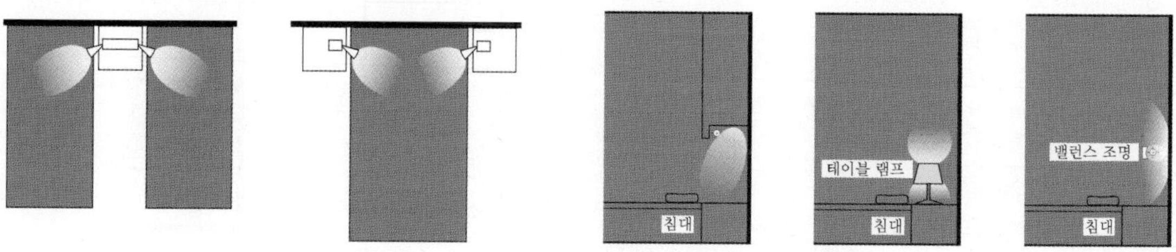

|그림 2 -46| 침대의 조명

② 침실의 색채

침실의 색채는 사용자의 기호에 의해 좌우되므로 특별한 원칙이 없고 개인이 좋아하는 색을 중심으로 개성있고 안락한 분위기가 연출되도록 한다. 일반적으로 중성계의 색을 주조색으로 하고 단조로움을 피하기 위해 악센트 색을 적절히 사용한다.

한실의 경우 바닥은 장판지에 니스칠 마감으로 보통 처리되므로 바닥 색이 이미 결정된다. 따라서 이와 조화되는 배색으로 벽지, 커튼, 가구, 조명에 유의하여 차분한 색을 선택하는 것이 무리가 없다. 그러나 양실의 경우 바닥은 일반적으로 카펫으로 전체나 부분적으로 처리하거나 비닐계 시트를 깐다. 그런데 침대는 바닥면의 대부분을 차지하므로 침대 커버의 색이나 패턴 선택에 유의해야 한다. 또한 바닥, 벽, 천장은 커튼과 침대 커버와의 조화, 균형을 이루도록 한다.

누웠을 때 천장을 보게 되므로 천장에는 요란한 무늬가 강렬한 색을 피하며 소재, 색, 무늬가 바닥보다 두드러지지 않게 한다.

또한 침실의 색채 결정 시 실의 크기와 방위를 고려해야 한다. 즉 옅은 색조로 하면 넓게 보이나 진한 색조로 하면 아늑함이 더해진다. 좁은 실의 경우 한색계통으로 약간 밝은 분위기를 주면 침착하면서도 넓은 분위기로 연출이 가능하다. 한편 무늬가 너무 크거나 요란하면 좁게 느껴지고 침실의 분위기를 들뜨게 할 수 있으므로 피하는 것이 좋다. 일조조건이 나쁜 북쪽의 실일 경우 노랑, 주황색과 같은 밝고 따뜻한 난색계통을 선택한다.

한색계통은 긴장과 행동을 이완시킴으로써 피곤함을 덜어 주고 신선한 안락함을 주고, 난색계통은 여성스럽고 따뜻하며 화려하고 명랑한 실의 분위기를 줄 수 있다.

| **사진 2 -43** | 적절한 패턴조합으로 단색조화를 꾀한 침실

|그림 2 -47| 아동실의 규모

2) 아동의 성장과 계획

아동은 육체적·정신적인 면에서 성장의 속도뿐만 아니라 성장의 폭도 매우 크다. 유아에서부터 성인에 이르기까지 각 단계는 다른 환경조건을 필요로 한다. 따라서 아동실 계획에 있어 성장 단계별로 아동의 특징을 고려하여야 한다.

1인실 아동실의 경우

유아일 때

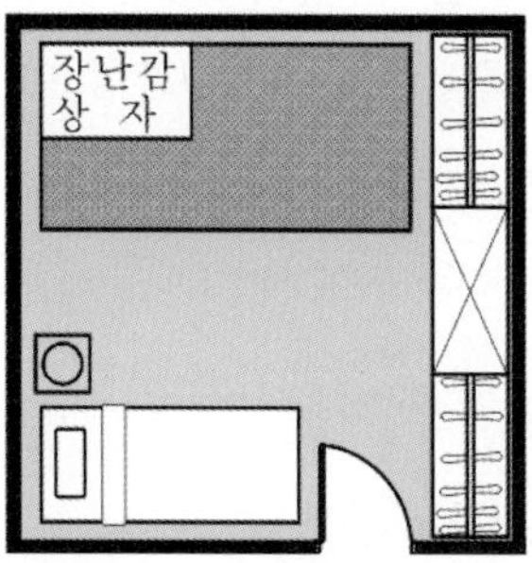

유치원

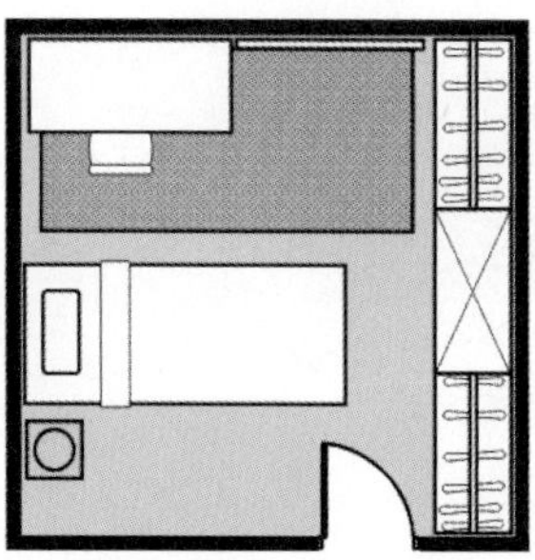

초등학교 이상

2인용 아동실의 경우

유치원생 · 초등학생

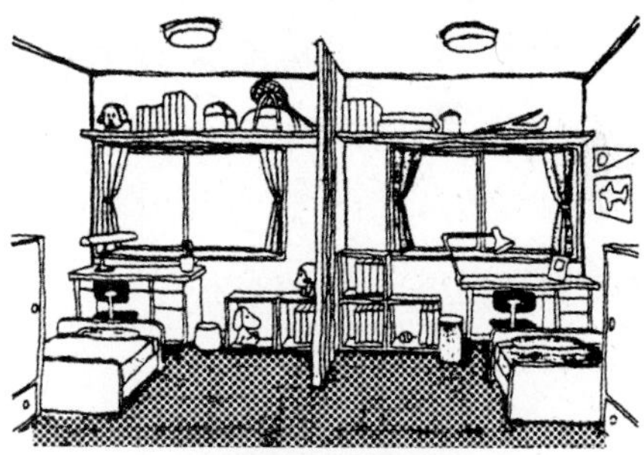

초등학생 · 중학생

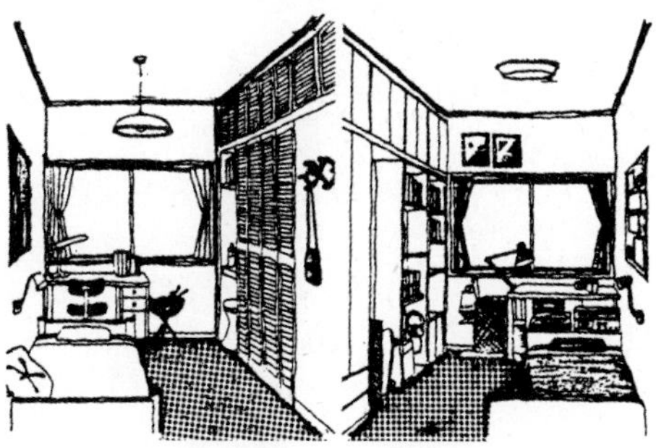

대학생 · 고등학생

|그림 2 -48| 성장에 따른 아동실의 계획

① 유아 (0~2세)

걷기, 뛰기 등 모든 동작이 자유스럽지 못하며 가벼운 장난감 등을 쌓거나 서랍 여닫기 등 단순한 반복동작의 놀이를 한다. 이 시기에는 어머니의 영향을 많이 받고 안전을 위해 부모의 시선 보호가 필요하다. 유아는 일반적으로 독립된 실보다는 부모와 같이 주침실에서 생활한다.

② 취학 전 아동 (3~6세)

움직임이 가장 활발한 시기로 분주히 돌아다닐 뿐만 아니라 그림 그리기, 공작, 미끄럼틀, 그네 등 놀이를 좋아하며 사물에 대해 관심이 많아 질문이 많다. 아이가 스스로 놀고 나서 정리정돈을 하거나 옷을 바르게 입고 벗고 하는 등 올바른 생활습관이 형성되도록 한다. 이 시기의 아동은 자립심을 기르도록 가족에서 완전히 고립되지 않을 정도의 독립된 실에 되도록 넓은 공간을 제공하는 것이 바람직하다. 또한 놀이를 비롯하여 활동이 활발하고 호기심이 많은 시기이므로 가구류나 일상물품을 모나지 않게 하여 위험성이 적게 한다.

|사진 2 -45| 취학 전 아동실의 예
/ 현대리바트

③ 초등학교 아동 (7~12세)

책임감, 현실에 대한 자각이 형성되며 성격이 뚜렷해져 개인의 기호가 확실하다. 남녀에 대한 구별, 소유권에 대한 의식이 생긴다. 사회적 행사에 참여하거나 단체경기에 흥미를 나타내므로 사회성이 형성되도록 한다. 이 시기의 아동은 '나의 방'이라는 의식이 분명하므로 독립된 실을 마련해 주며 공부에 집중할 수 있는 학습적인 분위기가 필요하다.

| 사진 2 -46 | 취학 후 아동실의 예
/ 현대리바트

3) 아동실의 가구와 가구배치

아동실의 가구는 성장기간을 고려하여 충분한 크기이어야 하며 튼튼하고 위험성이 없어야 하며 유지관리가 쉬워야 한다. 또한 해체, 조립이 가능한 유닛가구unit furniture나 시스템가구system furniture로 하여 성장에 맞춰 조절되도록 하는 것이 경제적이다.

아동실은 다목적 공간이므로 가구가 차지하는 면적을 가능한 최소화하여 충분한 놀이공간을 확보한다. 아동실의 규모가 클 경우 침실공간과 학습공간을 분리하여 각 기능별 전용코너를 둔다.

가구배치는 규칙적인 배치로 안정감있게 하되 특히 취학 전 아동은 구석이나 숨기를 좋아하므로 구석이나 코너를 둔다.

① 침대

|사진 2 -47| 2층 침대 겸용 책상의 예 / 현대 리바트

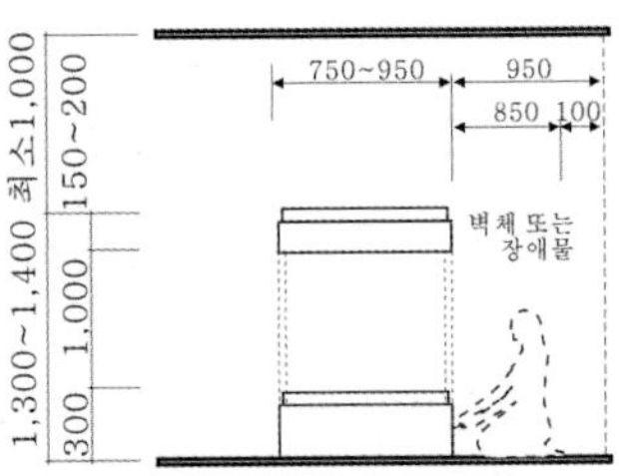

|그림 2 -49| 2층 침대의 필요공간

기본적으로 침대는 성장을 고려하여 아동의 키보다 최소 200 이상 커야 한다. 공간을 효율적으로 사용하기 위해 수납장 겸용 침대방식이나 소파 겸용 침대방식을 채택하기도 한다. 수납장 겸용 침대는 수직적 공간을 활용하는 방안으로 하부는 수납장으로, 상부는 침대 또는 취침공간으로 사용하는 방식인데 하부를 수납장 대신 학습공간이나 놀이공간으로도 계획한다. 소파 겸용 침대는 낮에는 놀이, 휴식공간으로 사용하고 밤에는 침대로 사용한다. 2인 이상이 하나의 실을 사용할 경우 공간 활용의 합리적인 계획이 필요하다.

침실의 규모가 작을 경우 2층 침대를 사용하는 등 수직공간을 적극적으로 활용하다. 이때 심리적으로 압박감이 없도록 침대와 침대는 1,000 이상으로 충분히 간격을 취해 주며 자다가 떨어지지 않도록 울타리와 같은 안전장치가 필요하며 오르내리기에도 안전해야 한다.

② 책상, 의자, 책장

책상, 의자는 성장속도에 맞추어 높이가 조절 가능한 것이 좋다. 책상, 책장은 규격적인 것보다 필요에 따라 재조립해서 사용할 수 있는 것이 바람직하다. 책상은 공부, 공작 등 다목적인 기능을 갖도록 하며 책장, 선반 등 가구는 아동의 사용에 편하도록 키를 기준으로 적당한 높이여야 하며 정리하기 쉬워야 한다.

③ 수납장

옷, 침구, 책, 놀이기구 등의 수납장은 정리정돈의 습관화를 위해 넣고 꺼내기 쉬운 방법과 위치를 고려한다. 옷장은 아동 스스로 옷을 꺼내서 입고 다시 정돈하기에 적절해야 한다. 특히 옷을 거는 바bar의 높이는 키가 커 감에 따라 조절할 수 있게 한다. 서랍은 아동의 턱 이하의 높이에서 만들어지도록 하며 수납물품에 따라 정리 정돈하기 쉽도록 한다. 서랍의 깊이가 깊으면 서랍의 내용이 지저분해지고 정리가 곤란해지므로 물품의 종류별, 크기별, 사용빈도별로 정리하도록 하며, 적절한 깊이로 하되 물품의 종류에 따른 양을 고려하여 서랍 내부에 칸을 나누어주면 더욱 편리하다. 그러나 취학 전 아동은 서랍을 열고 닫기 어려우므로 선반이나 문으로 처리하는 것이 좋다.

4) 아동실의 세부계획

① 아동실의 조명

전체적으로 밝은 분위기를 위해 고연색성의 조명기구로 전체 조명을 하고 특히 책상면의 국부조명은 조도가 높고, 질이 좋은 조명으로 처리하여 시력을 보호하도록 한다.

② 아동실의 색채

아이들은 빨강, 노랑, 파랑 등 순색을 선호하므로 아동실은 순색을 기본으로 배색하되 색 면적이 너무 크면 현란하고 강하여 안정감이 작은 공간이 되기 쉬우므로 주의한다. 밝고 안정감 있는 중간색조나 무채색을 바닥, 벽, 천장 등 큰 면적을 차지하는 부분에 사용하고, 순색은 액세서리나 패턴에 사용하는 것이 무난한 배색이다.

③ 아동실의 마감재료

아동실의 마감 재료는 위생적이며 안정성, 내구성, 유지관리성이 좋으며 청소하기 쉬워야 한다. 바닥은 아이들이 노는 곳이므로 부드럽고 탄력성이 좋은 재료인 카펫이 적합하다. 그러나 카펫은 오염제거와 청소가 용이하지 않으므로 청소, 유지관리가 쉬운 비닐 시트나 장판을 사용하고 아이들이 노는 공간에만 부분적으로 카펫이나 러그를 깔아 주는 것이 좋다.

벽은 보수가 용이하고 충격에 강한 재료로 하여 낙서를 했을 경우 세제를 사용하여 쉽게 지울 수 있어야 한다. 그리고 벽면의 일부에 낙서판을 만들어 주어 자유롭게 사용하도록 하며, 코르크보드나 게시판을 부착하여 아이들 자신이 그리거나 만든 작품을 붙일 수 있도록 하면 더욱 좋다. 이때 아이들이 사용하기 쉽도록 아이들의 키를 기준으로 계획해야 한다. 벽지를 사용할 경우 비닐 벽지를 사용하되 추상적이거나 기하학적인 무늬보다 동물, 꽃, 자동차, 인형 등 사실적인 무늬벽지를 사용한다. 천장은 흡음성 있는 재료가 좋으며 단조로운 색이나 사실적인 무늬의 벽지를 사용한다.

(3) 틴에이저Teenager 침실

중·고등학교 청소년기의 학생을 위한 침실은 생동감 있는 분위기로 계획하되 공부가 중요한 시기이므로 학습공간을 우선하여 계획한다. 이 시기에는 신체적으로 크게 성장 발달하여 성인과 유사하므로 가구를 교체해 주도록 한다. 또한 가족과 떨어져 혼자 있기를 좋아하고 어른처럼 대접받기를 원하며 감정이 예민하고 욕구가 큰 사춘기에 해당하므로 프라이버시가 크고 독립된 공간으로 계획한다. 가구, 벽지 등의 선택에 있어 본인의 의견을 존중, 이를 반영토록 한다. 또한 계획에 있어 본인 스스로 꾸밀 수 있는 여지를 남겨 좋아하는 그림, 인기스타의 사진, 포스터를 부착하거나 수집품을 진열하는 등 자신의 기호를 표현할 수 있도록 한다. 즉 자기만의 개성, 퍼스낼리티personality가 공간에 표현되도록 한다.

실내는 안락하고 유지하기 쉬워야 하며 개인의 소지품이나 수집품을 정리, 진열할 수 있도록 한다. 그리고 빠르게 형성되는 개성과 성격에 따라 분위기를 쉽게 변화시킬 수 있게 한다.

|사진 2 -48| 틴에이저 침실의 예 : 사용자의 퍼스낼리티Personality가 잘 표현되도록 계획하여야 한다. / 현대 리바트

2. 5 서재

|사진 2 -49| 장식적인 서재의 예

서재는 사용하는 개인의 직업과 성향에 따라 기능도 달라지고 요구하는 분위기도 다소 다르다. 그러나 일반적으로 서재는 독서와 연구를 위해 집중할 수 있으며 안정된 분위기로 계획함이 기본이다.

(1) 서재의 기능

작업과 서재의 필요성에 따라 독립된 실로서 서재는 다음과 같은 기능을 가지며 각기 기능에 대응하여 실내계획을 전개한다. 그러나 침실의 일부분에 서재공간을 두는 것과 같이 공간적으로 다른 실과 겸할 수 있다.

1) 일하는 장소

글 쓰는 일을 직업으로 한 작가에게 있어서 서재는 주거 공간 내에 우선하여 어느 기능의 서재보다도 완벽한 작업실로 계획한다.

2) 독서의 장소

독서를 좋아하는 사람이나 누구에게도 간섭받지 않는 자기만의 실을 가지고 싶은 사람, 또는 연구를 요하는 직업의 사람에게 마련된 서재는 명상, 고독, 집중할 수 있는 분위기의 은둔처로서 계획한다.

3) 응접의 장소

손님의 방문이 많을 경우 서재는 응접실을 겸할 수 있다. 의자, 탁자, 소파 등 응접에 필요한 가구를 배치한다.

4) 자료실

서고 및 자료실로서 수납의 역할이 큰 서재의 경우이다. 책을 비롯한 많은 자료들을 체계적으로 분류, 쉽게 꺼내고 정리할 수 있는 수납계획이 중요하다.

5) 손님용 침실Guest Room

평소에는 서재로 사용하다 손님의 숙박을 위한 게스트룸으로도 변용해서 사용할 수도 있다. 취침을 위해 소파를 침대로 대용할 수 있도록 하거나 소파 베드sofa bed와 같은 다목적 가구나 하우스 베드house bed와 같은 붙박이 가구를 활용한다.

(2) 기본적 조건

서재의 규모는 책상과 의자가 놓일 수 있는 최소한의 조건을 고려하여 5㎡ 정도가 최소 규모이나 장서량과 서재의 기능에 따라 그 규모가 달라진다. 일반적으로 6~10㎡ 정도이며 응접실을 겸할 경우 15㎡ 정도가 적당하다.

서재는 위치적으로 시선과 소음으로부터 차단되어 혼자 사색할 수 있도록 조용한 실이어야 하며 사람의 출입이 적고 한 사람이 사용하는 격리된 실로 계획한다. 그러나 서재가 응접실로 사용될 경우는 예외이다.

쾌적하고 조용한 실을 위해 우선 외부와 차음遮音이 되도록 건축적인 차음방법을 고려하거나 흡음재료를 사용하거나 이중창으로 한다. 그리고 실의 밝기가 일정하여 안락하고 눈의 피로를 주지 않도록 한다. 낮에는 직사광선이 들어와 눈이 부시지 않도록 창의 위치와 창문 처리방법을 고려한다.

(3) 서재의 가구

서재의 가구는 서재의 기능에 따라 달라지거나 기본적으로 책장, 책상, 의자가 필요하다. 책상과 의자는 장시간 사용해도 피곤함이 없어야 하며 책상은 작업하기에 충분한 크기이어야 한다. 책장은 장서량에 대응한 크기로 실용성과 장식성이 중요시된다. 선반의 이동이 자유로워 책의 크기에 따라 정리할 수 있도록 하며 책이 무거우므로 선반은 충분한 두께로 하고 구조체의 간격을 좁게 하여 처지지 않도록 한다. 잠시 동안의 휴식이나 명상을 위해 안락의자를 두는 것이 좋다.

가구의 배치는 사용빈도가 가장 큰 책상을 중심으로 서재의 위치, 출입구, 창의 위치, 동선을 고려하여 계획한다. 특히 책상의 위치와 수납가구와의 관계에 있어 책상에 앉은 채로 필요한 책, 서류를 꺼낼 수 있도록 배치한다. 작업 시 잠시 밖을 바라보도록 시선처리를 하여 피로를 덜 수 있게 한다.

좋은 채광조건을 위해 창문 앞에 책상을 배치할 경우 직사광선을 조절할 수 있는 창문처리방법을 강구하는데 시선과 채광량을 조절할 수 있는 블라인드가 일반적으로 사용된다.

또한 창문과 직각으로 책상을 배치할 경우 창문이 왼편에 위치하여 그림자가 책상 면에 생기지 않도록 한다. 책상을 벽면에 배치할 경우, 보다 정신집중에 도움이 되며 벽면을 이용하며 메모 등 기타 소품을 부착할 수 있어 작업에 도움을 준다. 책상이 실 한가운데 위치할 경우 책장의 책을 꺼내기 불편하므로 사이드 테이블side table을 적절히 이용한다.

벽면 전체를 책장으로 처리할 경우 책은 흡음의 효과를 가지므로 소음발생원과 가까운 벽면에 책장을 배치한다. 응접실을 겸할 경우 응접에 필요한 가구를 배치하되 책상과의 배치관계를 고려하고 책장이 장식적인 효과가 클 경우, 보다 정식적인 응접실의 성격을 갖게 된다.

| 사진 2 -50 | 휴식을 위한 안락의자가 있는 서재

| 사진 2 -51 | 수납공간과 조망을 최대한 고려한 서재

(4) 서재의 세부계획

서재는 독서 이외에도 취미, 음악 감상, 집필 등 정신적 활동을 하는 공간이므로 전체조명으로 안정되고 가라앉은 분위기가 형성되도록 하고 독서 면에는 고조도로 국부 조명한다. 시야 내의 휘도대비를 크게 하지 않으며 책상면의 색을 밝게 하고 시야 내에 너무 어두운 부분이 없도록 한다. 책상면의 조명은 광원의 광선이 직접 눈에 들어오지 않도록 하여 눈부심이 없도록 한다. 또한 광택이 나는 지면紙面일 경우 빛이 비쳐 글자가 잘 안보이게 되므로 반사광을 조절할 수 있어 눈부심이 없도록 한다. 더욱이 서재는 조용히 사색도 하는 방이므로 분위기를 자아내는 커튼 조명이나 조광기dimmer를 설치하는 것이 좋다.

서재에서의 독서, 연구 등 집중을 요하는 작업을 위해 안정되고 안락한 분위기를 줄 수 있는 색채로 한다. 순색이나 강한 색의 대비보다는 중간색의 동색 계나 유사색이 바람직하다. 정신적 피로를 덜어 줄 수 있는 한색계통이 난색보다 이상적이다.

마감 재료의 선택에 있어 안정된 느낌을 주기 위해 벽과 천장에는 벽지, 직물이 주로 사용되며 특히 바닥재는 흡음재이면서 더욱 부드러운 분위기를 형성해 주는 카펫을 사용하는 것이 바람직하다. 그러나 경제적이고 시공이 간편한 비닐계 시트 계통도 많이 사용되는데 이때는 책상이 위치한 부분에만 러그를 깔아 주는 것이 좋다.

| 사진 2 -52 | 응접실의 기능을 겸한 서재의 예
Jo Crepain / the home-studio of the architect

2. 6
욕실

설비시설의 발달로 인한 주거공간의 많은 변화 중에서 욕실공간은 획기적인 변화를 가져온 부분이라 할 수 있다. 특히 변소는 과거 불결한 곳으로 취급하여 가능한 격리시켰던 부분이나 오늘날 위생적인 생활공간으로 주거공간에 적극 도입되었다. 욕실도 목욕문화가 정착됨에 따라 입욕, 세면, 배설의 장소일 뿐만 아니라 휴식공간으로까지 그 개념이 확대되었다.

생리위생공간은 욕실, 세면실, 변소로 구분되는데 각 실은 주택의 전체 규모, 실의 목적에 따라 서로 근접시켜 배치하거나 욕실의 한 공간에 모두 통합하여 일실 다목적一室多目的 공간화空間化를 꾀한다.

욕실은 욕조 이외에 세면기, 변기를 같이 설치하나 가족 수가 많을 경우 각 실로 독립시키거나 한 공간에서 각 영역을 칸막이, 커튼, 문 등으로 구분시킨다. 욕실계획은 제한된 작은 공간에서 편리하게 제기능을 수행하면서 되도록 넓게 사용하는 공간사용의 극대화 방안이 요구된다. 또한 복잡한 배관의 급배수 위생설비는 각 설비물과 기기가 가능한 근접하도록 계획한다. 주거공간에서 물을 사용하는 공간인 부엌공간과 욕실을 근접시켜 설비집약의 코어시스템core system을 꾀하면 더욱 경제적이고 합리적이다.

욕실은 침실 전용으로 설치되는 것이 이상적이나 그렇지 아니할 경우, 온 가족이 사용하기 쉽도록 공동생활구역과 개인생활구역의 중간지점에 위치시키며 특히 거실과 각 침실에서 접근하기 쉬워야 한다. 침실 중에서는 아동실과 노인실에 보다 가까워야 한다. 주침실의 경우 전용의 욕실이 별도로 마련될 때는 화장 공간 또는 탈의를 위한 전실前室이 함께 설치되기도 한다.

(1) 욕실의 규모계획

욕실의 규모는 욕조의 크기, 세탁 겸용이거나 세면기, 변기 등의 설치 여부와 기타 설비물의 설치 정도 등에 따라 달라진다. 일반적으로 욕조, 세면기, 변기를 한 공간에 둘 경우 욕실의 크기는 4㎡이며 세탁을 겸용할 경우 5㎡ 정도가 필요하다.

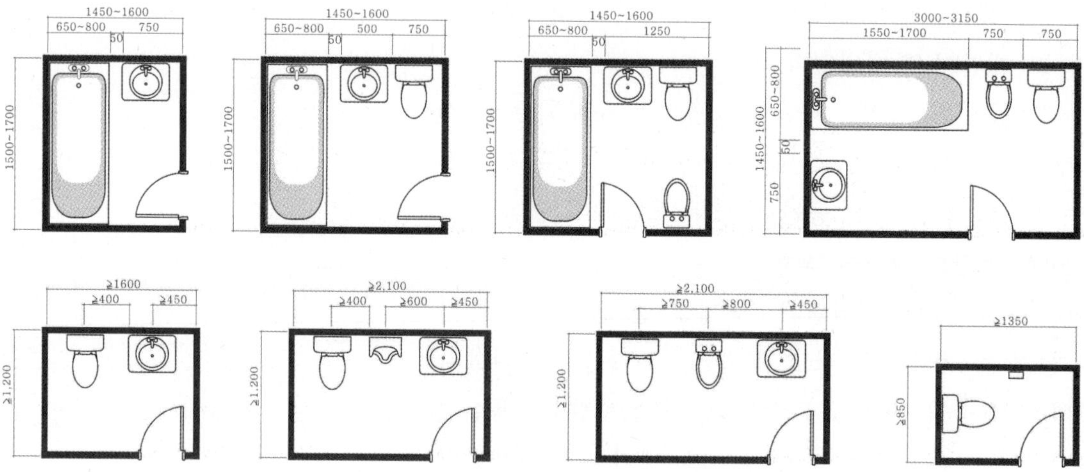

|그림 2 -50| 화장실, 욕실의 규모

(2) 욕실의 유형

욕실은 기본적으로 욕조, 변기, 비데bidet, 세면기로 구성되는데 이들은 하나의 실에 통합되거나 각기 개실로 독립되어 욕실, 변소, 세면실로 계획된다. 그러므로 입욕, 배설, 세면의 기능 배치에 따라 일실형, 이실형, 삼실형으로 구분된다.

| **그림 2 -51** | 욕실의 유형
(B : 비데, W.C : 변기, S : 샤워, P.W : 파우더룸)

(3) 욕실의 세부계획

욕실은 욕조, 변기, 세면기, 비데 이외에 휴지걸이, 거울, 가정용 상비약장medicine box, 수건걸이, 비닐 커튼과 레일, 욕조 내 손잡이, 비누접시, 재떨이, 휴지통 등이 놓여지고 이들 중 수건, 휴지, 비누는 수납정리장이 필요하다. 세면대 위에 부착되는 거울은 습기, 수증기로부터 멀리하기 위해 욕조에서 떨어지도록 하는 것이 유리하다. 약품은 안전한 곳에 보관되어야 하며 특히 어린아이의 손이 닿지 않는 높이에 잠글 수 있도록 한다. 또한 변기 부분은 사용시간 중 기분 좋게 하도록 책, 꽃, 화분 등을 둘 수 있게 하면 좋다.

욕조나 세면기는 법랑, F.R.P., 도기, 스테인리스 스틸 등으로 규격화되어 공장에서 대량으로 생산한 제품을 일반적으로 사용하나 타일이나 돌을 붙이거나 인조석 갈아내기 등으로 현장에서 제작할 수도 있다.

| **사진 2 -53** | 적절한 수납장 계획을 꾀한 세면실

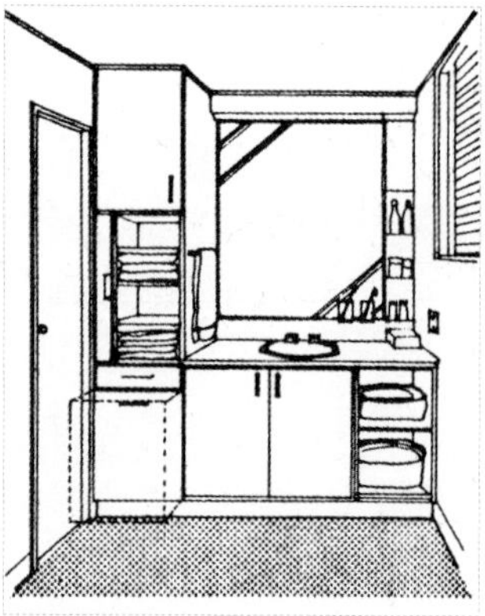

| **그림 2 -52** | 수납을 고려한 세면실의 예

한편 습기와 악취를 배출시키기 위해 환기구 또는 환기창을 욕조 가까이 설치하여 통풍이 잘 되도록 하고 프라이버시를 위해 고창으로 한다. 그러나 창으로 자연환기가 잘 안되거나 불가능할 경우는 기계 환기방식으로 강제 환기시킨다.

화장하는 공간과 탈의공간이 별도로 마련될 경우는 화장에 필요한 물품과 간단한 의류를 수납할 수 있는 가구를 설치한다. 화장, 면도에 필요한 전기기구의 콘센트도 편리한 위치에 설치한다.

욕실의 조명은 방습형 조명기구를 사용하고 수증기가 많을 때는 어둡게 느껴지므로 100Lux 전후의 밝기가 필요하다. 조명기구는 욕조 위나 열원을 피해 설치하되 창문에 그림자가 비치지 않는 위치이어야 한다. 거울에는 밀러 브래킷mirror bracket을 설치하여 전체조명을 겸하기도 한다. 특히 화장을 위한 국부조명의 경우에는 거울 양쪽에 벽부등을 달아 얼굴을 밝게 비추도록 한다.

오늘날 색에 대한 다양한 시도는 특정색을 사용해야 한다는 원칙이 무시되고 있다. 그러나 욕실의 색채는 안락하고 편안한 분위기를 위해 한색 계통보다 난색계통을 사용하는 것이 바람직하다. 욕실은 방수성, 방오성이 큰 마감재료를 사용하는 것이 기본이다. 바닥과 벽은 방수성, 방오성뿐만 아니라 다양한 색상, 크기, 형태, 가격으로 선택의 범위가 큰 타일이 가장 많이 사용되고 있다. 타일붙이기의 줄눈이 욕실의 제설비물과 잘 맞추어지도록 세부계획에 주의한다. 이외에도 대리석, 화강석도 사용하나 가격이 비싸고 촉감이 찬 단점이 있으나 화려하고 고급스러운 분위기를 자아낸다.

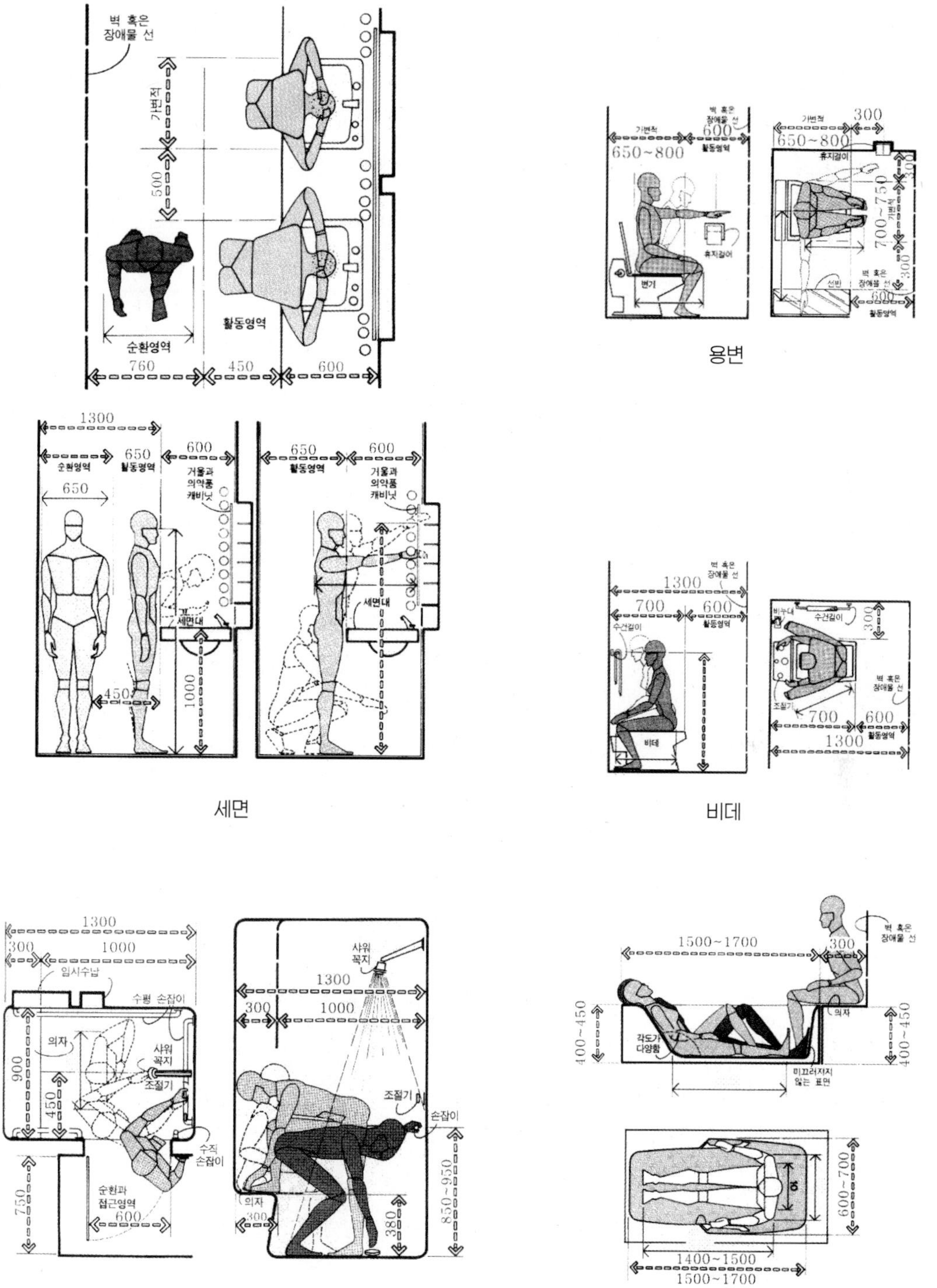

| 그림 2 -53 | 욕실에서의 행위별 필요 공간

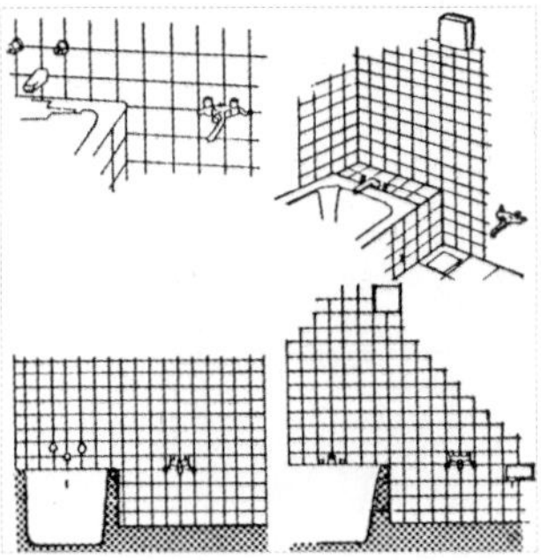

|그림 2 -54| 욕실의 타일 배분도

오늘날 색에 대한 다양한 시도는 특정 색을 사용해야 한다는 원칙이 무시되고 있다. 그러나 욕실의 색채는 안락하고 편안한 분위기를 위해 한색 계통보다 난색 계통을 사용하는 것이 바람직하다.

욕실은 방수성, 방오성이 큰 마감재료를 사용하는 것이 기본이다. 바닥과 벽은 방수성, 방오성뿐만 아니라 다양한 색상, 크기, 형태, 가격으로 선택의 범위가 큰 타일이 가장 많이 사용되고 있다. 타일붙이기의 줄눈이 욕실의 제설비물과 잘 맞추어지도록 세부계획에 주의한다. 이외에도 대리석, 화강석도 사용하나 가격이 비싸고 촉감이 찬 단점이 있으나 화려하고 고급스러운 분위기를 자아낸다.

|사진 2 -54| 큰 창문으로 실외 정원과의 연결을 꾀한 욕실의 예 / David Chipperfield, Hotel Cafe Royal

|사진 2 -55| 2실형 욕식의 예 / David Chipperfield, Hotel Cafe Royal

2. 7
현관

현관은 옥외에서 주택의 출입을 위한 개구부로서 주출입구의 개념을 갖는다. 따라서 도입공간으로서 실내·외부의 중간적인 성격을 가진 연결공간이면서 사회와 개인생활의 접점接點이 되는 곳이기도 한다. 현관 출입문을 중심으로 실외의 포치porch와 실내의 현관홀hall로 구분된다. 현관은 주택의 얼굴부분에 해당하여 방문객에게 주택 전체의 인상을 주며, 아울러 집주인의 성격을 알 수 있는 곳이기도 하다. 현관은 방문객을 맞아들이고 인사를 나누는 접대공간이고 구두나 코트를 입고 벗는 탈의 장소이기도 하다. 또한 서양의 생활습관과 달리 현관에서는 신을 신고 벗는 행위가 일어나는 장소이다. 전체 실 배치 및 동선은 평면계획에 크게 영향을 미치므로 큰 비중을 차지한다.

현관의 실내계획은 출입 공간으로서 출입이 쉬워야 하며 청소 및 유지관리가 용이한 마감 재료가 고려되어야 한다. 아울러 도난에 안전하도록 견고한 문의 구조 및 방범설비가 필요하다. 현관은 좁은 공간에서 여러 행위가 일어나므로 제기능에 따라 규모 및 가구계획이 요구되며 가능한 넓고 밝은 실내분위기로 지나친 색채나 재료의 변화를 피하여 계획한다.

(1) 현관의 위치와 크기

현관의 위치는 주택의 입지조건, 즉 도로와의 관계, 대지의 형태에 의해 결정되는 경우가 많으나 주택 외부에서 쉽게 알아볼 수 있어야 하며 대문과 가까이 하되 주택의 정면은 피하는 것이 좋다. 그리고 각 실을 비롯하여 계단, 복도 등 동선을 유도하는 통로공간과 원활히 연결되도록 한다. 소규모 주택일 경우 현관은 직접 거실, 부엌공간과 연결되는데 이때 현관문을 열었을 때 실내가 지나치게 노출되지 않도록 계획한다.

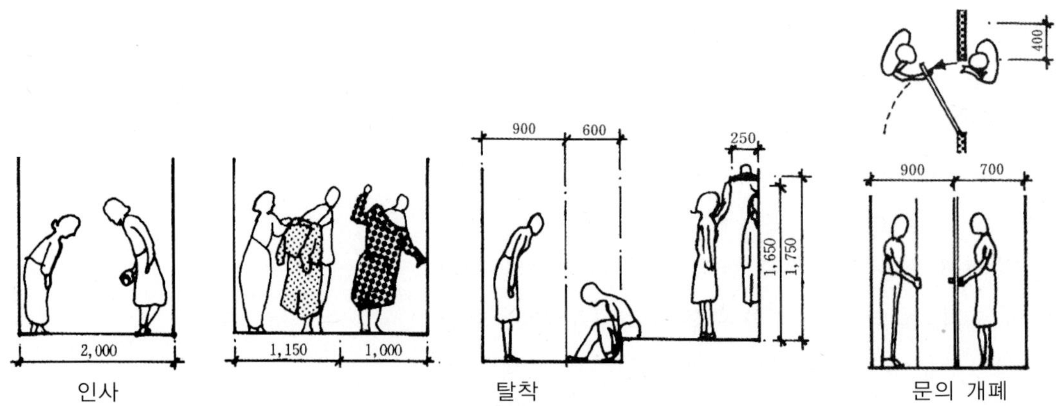

|그림 2 -55| 현관에서의 행위와 필요공간

현관의 규모는 가족 구성원, 내객 수, 주택의 규모 등에 따라 달라지나 제기능에 따라 최소한의 면적이 필요하다. 일반적으로 한번에 3~4명의 손님과 이들의 신이 놓여지고 우비나 코트를 벗는 동작에 필요한 치수를 고려하는데 폭 1,200 깊이 900이 현관의 최소한 크기이다.

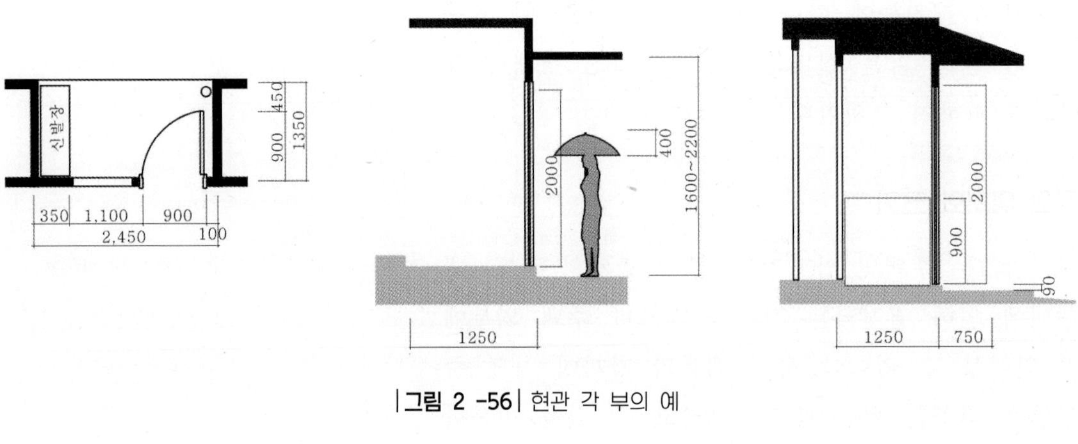

|그림 2 -56| 현관 각 부의 예

그리고 현관의 규모, 출입문의 위치와 종류, 가구나 설비품의 배치, 복도나 거실과의 연관관계를 충분히 고려하여 계획한다. 한편 현관에서 신을 벗고 오르는 생활습관으로 현관홀의 바닥 차이가 필요한데 그 차이는 일반적으로 계단 한단 정도인 150~210에서 취한다.

(2) 현관의 가구

현관의 가구는 신발장, 옷걸이, 우산걸이, 거울, 신발매트 등이나 공간적 여유가 있으면 장식적이고 인상적인 액세서리를 배치하여 매력있는 공간으로 계획한다.

신발장은 우산, 신발류를 비롯한 기타 물품들을 정리, 보관하기 위한 수납장이다. 구두, 부츠, 운동화 등 신발의 종류, 크기, 사용빈도 등을 고려하여 적절한 치수와 함께 개인별, 계절적인 정리가 되도록 해야 한다. 필요에 따라 한 벽면 전체를 벽장으로 처리하기도 하며 상하부장 또는 하부장만을 설치하기도 한다. 외출 시 옷매무새를 다시 한번 확인할 수 있도록 거울을 상하부장의 사이 또는 하부장의 상부에 설치한다. 또한 벽장문 전체나 한 벽면 전체를 거울로 처리할 경우 시각적 확대감도 얻을 수 있다. 손님의 우산, 모자 등 그밖에 손에 갖고 들어온 것을 놓을 수 있는 장소와 우비나 코트를 두기 위한 옷걸이나 수납장을 별도로 마련하는 것이 바람직하다. 그리고 현관의 분위기를 돋우기 위해 그림을 걸거나 화분, 꽃 등을 둘 수 있는 선반도 설치하는 것이 좋다.

(3) 현관문

현관문은 개폐가 잦고 비, 바람 등 외기에 노출되어 손상을 입기 쉬우므로 재료 선택에 주의한다. 방범을 고려하여 문의 구조가 견고해야 하며 방범설비를 설치한다. 한편 방범에는 안여닫이가 좋으나 비상탈출 시나 벗은 신의 정리에는 밖여닫이가 좋으므로 일반적으로 밖여닫이로 한다. 현관은 방풍실의 역할도 겸하므로 이중문을 설치하는 것이 바람직한데 외측은 쌍여닫이 또는 외여닫이문을, 실내측은 미세기문 또는 미닫이문으로 한다.

(4) 현관의 세부계획

현관의 조명은 부드러운 확산광으로 하여 구석까지 밝게 비추도록 한다. 조명기구는 현관에 있는 사람의 얼굴에 잘 조명되고 신발을 벗을 때 그림자에 방해되지 않는 곳에 위치하도록 한다. 벽부등을 신발장 반대편에 설치하면 신발장 속까지 조명할 수 있어 유리하다. 조명원으로는 형광등이 효율적이다.

벽, 천장은 계단, 복도나 거실 등 연관된 공간을 고려하여 가능한 넓은 공간감을 느끼도록 하며 첫인상을 주는 곳이기에 밝고 깨끗한 분위기로 계획한다. 따라서 전체를 밝은 동색이나 유사색으로 처리 배색하나 바닥은 더러워지기 쉬운 곳이므로 저명도, 저채도의 색으로 계획한다. 현관은 신을 벗는 장소이므로 흙, 먼지 등으로 더러워지기 쉽다. 따라서 유지관리하기 쉬우며 물청소가 가능한 마감 재료로 한다. 더욱이 외부의 기후조건에도 잘 견딜 수 있어야 하므로 타일, 테라초 그리고 대리석, 화강석을 일반적으로 사용한다.

2. 8
다용도실

다용도실은 유틸리티utility 또는 가사실이라고 하며 부엌 이외의 세탁, 다림질, 재봉 등 전반적인 가사작업공간의 하나로 여러 작업 목적으로 사용되는 주부의 생활공간이다. 우리의 주거공간에서 다용도실은 세탁실로서 부엌의 간이창고로 인식, 사용되고 있으나 자동세탁기, 건조기 등 가전기기가 보다 개발, 보급되면 다용도실은 물을 사용하지 않는 공간으로 다리미질, 재봉질 등의 가사작업도 이루어지리라 생각된다. 더욱이 소규모 주택의 경우 부엌의 한 부분에 작업대와 통합, 일체화시키면 공간사용의 극대화를 꾀할 수도 있을 것이다.

다용도실은 부엌과 절대적으로 유기적 관계에 있는 공간이므로 부엌과 직결되며 옥외작업장인 서비스 야드service yard나 장독대 또는 지하실의 출입이 편한 곳에 위치해야 한다. 다용도실의 크기는 세탁과 간단한 작업을 위한 경우로 2~4㎡ 정도가 보통이며, 다림질 재봉틀질을 겸한 경우 8~10㎡ 내지 그 이상이 필요하다.

가전기기의 종류, 위치 등에 따라 전기콘센트를 사용 위치, 전기용량 등을 고려한다. 또한 습한 장소이므로 환기가 필요하다. 창을 통한 자연환기방식이 최적이나 자연환기가 원활하지 못하거나 불가능할 때는 기계 환기방식으로 강제 환기를 시킨다. 세탁을 위한 급배수설비는 욕실, 세면실 변소, 부엌 등 물을 사용하는 공간과 집약시켜 코어 시스템core system으로 계획하는 것이 바람직하다.

마감 재료는 일반적으로 바닥에는 타일, 비닐 시트를 벽에는 타일, 비닐벽지 그리고 천장은 비닐 벽지나 플라스틱 화장재 등 방습, 내수성이 있는 재료를 사용된다. 특히 바닥은 젖기 쉬워 미끄러지기 쉬우므로 미끄러짐을 방지할 수 있는 재료이어야 한다.

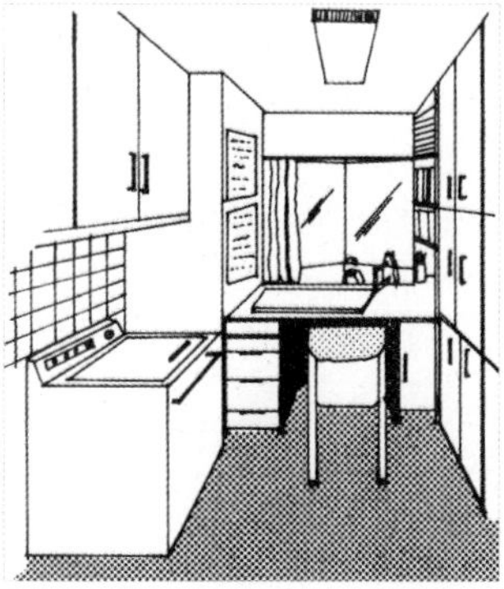

| 그림 2 -57 | 다용도실 계획의 예

3. 주거공간의 활용과 수납계획

3. 1
주거공간의 활용

주거공간에서 한정된 크기의 공간을 실제적으로 보다 넓고 편리하게 사용할 수 있는 공간활용 계획이 필요하다. 주어진 공간을 보다 기능적으로 잘 활용하고 형태, 재료, 색채, 패턴, 텍스처texture, 조명 등을 적절히 이용하여 시각적으로 공간의 확대감을 꾀하는 방안이 강구되어야 한다.

(1) 공간구성에 의한 활용

주거공간에서 제기능이 발휘하도록 하는 공간구성은 합리적인 동선 및 평면계획이 기본이나 보다 적극적으로 공간효율의 극대화를 전제로 할 때 다음과 같은 방안을 고려한다. 특히 주어진 공간이 크지 아니할 때 이들은 매우 유효한 적용방안이다.

① 가능한 공간을 분할, 구획하지 아니한다.

② 가능한 칸막이벽을 제거하여 벽이 차지하는 공간의 손실을 없애 실질적인 공간 확보뿐만 아니라 시각적 개방감을 꾀한다.

③ 서로 연결된 공간의 구분을 위해 생활에 필요한 프라이버시를 고려하여 시각적, 심리적, 도덕적 구획의 방법들을 적절히 사용하나 필요시에만 설치할 수 있는 이동칸막이, 스크린, 커튼, 블라인드 등으로 융통성 있게 계획한다.

④ 공간을 용도에 의해 구분하지 아니하고 용도를 겸할 수 있는 공간은 가능한 통합시키거나 서로 근접시킨다. 예를

들어 부엌, 식당, 거실은 한 공간으로 처리 가능하나 주어진 계획의 조건에 따라 식당을 겸한 부엌DK, 식당 부엌을 겸한 거실LDK, 식당을 겸한 거실LD 등 필요한 제실을 서로 통합시킨다. 이러한 공간사용의 극대화 방안 중 모든 실을 한 공간에 통합시켜 많은 기능을 복합적으로 사용하는 원룸 시스템one room system도 있다.

⑤ 동일한 면적의 실이라도 출입구, 창 등의 개구부의 크기, 위치에 따라 공간 활용의 효율이 달라질 수 있으므로 실 사용에 따른 가구 및 개구부를 서로 연관시켜 계획한다.

⑥ 공간을 구성함에 있어 각 실을 연결시켜주는 복도, 홀 등은 가능한 짧게 하거나 한 공간에 통로를 두어 처리한다.

⑦ 각 실의 구획은 사용가구와 원활히 접속하도록 계획하여 데드 스페이스dead space가 생기지 않도록 한다. 따라서 가구와 공간과의 치수체계를 통합함이 바람직하다.

⑧ 장래의 변화를 예측하여 어느 정도 이에 대비한 공간 활용방안을 강구한다.

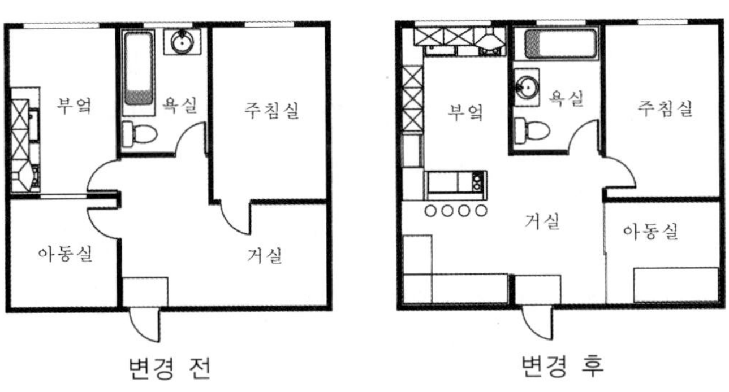

| 그림 2 -58 | 생활방식을 달리하였을 때 공간활용 변화의 예

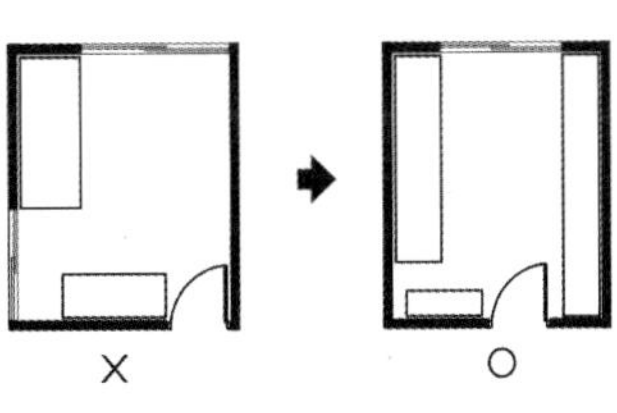

| 그림 2 -59 | 동일한 규모의 실이라도 문과 창의 위치에 따라 공간 활용이 달라진다.

⑥ 공간의 데드 스페이스뿐만 아니라 가구 자체의 데드 스페이스도 적극 활용하는데, 그 방안의 예를 살펴보면 다음과 같다.

ⓐ 침대는 같은 크기의 다른 가구보다 바닥을 차지하는 면적이 크므로 침대의 하부와 상부를 이용한다. 즉 침대의 하부공간에 예비침대를 설치하거나 수납공간으로 처리하여 여닫이 서랍 또는 매트리스를 들어올려 물품을 보관하도록 한다. 침대 겸 벤치로 만들어 그 하부공간을 침대와 같은 수납공간으로도 활용한다. 그리고 침대의 수직공간을 이용하여 이중침대로 하거나 침대를 높이 올려 생긴 하부공간에 장, 책상 등으로 처리한다.

ⓑ 식탁의자나 거실소파를 벤치나 플랫폼flat form으로 하면 수납공간을 확보할 수 있다.

시팅플랫폼의 좌석 밑 공간을 수납공간으로 활용한다.

침대를 높여 하부공간을 수납장으로 활용한다.

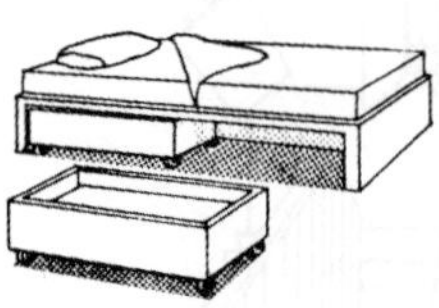

침대 밑 공간을 수납공간으로 활용한다.

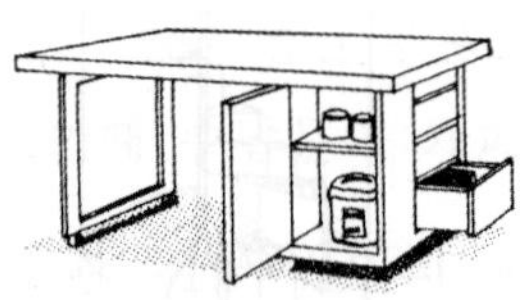

테이블 밑 공간을 수납공간으로 활용한다.

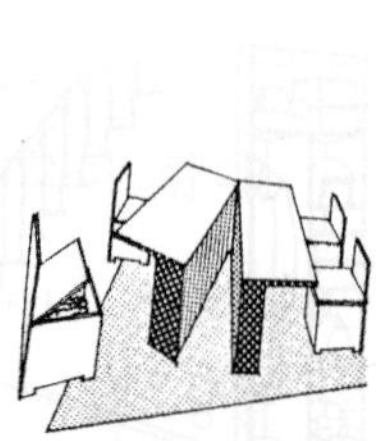

식탁 · 의자의 하부공간을 수납장으로 활용한다.

책상 밑 공간을 수납공간으로 활용한다.

|그림 2 -65| 가구의 수납공간 활용의 예

ⓒ 책상의 내부 서랍을 제외한 공간과 무릎과 발이 들어가지 않는 안쪽부분을 수납공간으로 활용할 수도 있는데 사용하기 불편하므로 잘 사용치 않는 물품을 보관한다.

ⓓ 책장의 경우 슬라이드식이나 회전식으로 이중책장을 하면 큰 수납공간을 확보할 수 있는데 이때 내측면에는 잘 보지 않는 서적류를 보관한다.

⑦ 건축상 구조의 안전과 방공상 중요 목적으로 설치되는 지하실은 주택의 경우 창고, 연탄광, 보일러실 등 서비스공간으로 사용되고 있다. 지하실의 주거 공간 활용은 지상층을 두기에는 소음, 공해의 방지를 요하는 서재, 음악실 등으로 이용하거나 가족의 규모가 늘어 주거공간을 확장하고자 할 때 특정 공간으로도 이용할 수 있다. 일반적으로 지하실은 서재, 음악실 이외에도 가족실, 작업실, 홈 바home bar, 탁구장 등으로 활용할 수 있다. 이때 지하실은 지상층보다 환기, 채광이 불리하므로 최대한으로 환기와 채광확보를 위해 제설비 계획이 요구된다. 이를 위해 건축법의 지하실 규정에 어긋나지 않는 범위 내에서 지하실에 수목, 물 등 조경요소를 도입한 선큰 가든sunken garden이나 드라이 에리어dry area를 두되 주위에 조경시설을 하면 내부의 딱딱한 분위기를 중화시켜 줄 수 있어 바람직하다.

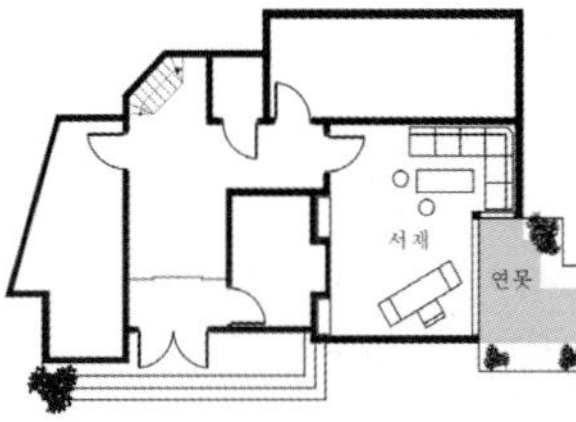

|그림 2 -66| 지하실을 서재로 활용한 예

⑧ 다락방은 천장고가 1,800 이하일 때 다락방의 면적은 건축바닥면적에 삽입되지 않으므로 창고, 다용도실의 개념으로 설치된다. 보통 채광, 환기 등 실내환경조건이 미흡하여 거주하는 데는 문제가 많으나 실을 넓혀 주거공간을 확보하고 데드 스페이스를 보다 효율적으로 활용한다는 측면에서 다락방은 아동침실, 가족실, 서재 등으로 이용 가능하다. 특히 다락방 자체를 헐고 기존의 실과 연결시켜 적당한 부분에다 다락방을 만들거나 공간을 수직적으로 이용하는 실내계획을 전

|사진 2 -56| 다락방을 이용한 아동실의 예

|사진 2 -57| 다락방을 이용한 작업실의 예

|사진 2 -58| 다락방을 이용한 취미실&침실의 예

개, 즉 기존실의 어느 한 부분을 2단으로 처리, 취침공간이나 서재 등으로 사용한다.

다락방은 천장고가 낮고 협소할 뿐만 아니라 공간의 형태가 일정치 아니하며 채광, 환기상태가 좋지 않다. 따라서 필요한 천장고를 확보하기 위해 지붕과 천장 사이의 공간을 적극 이용한다. 지붕의 구조를 그대로 노출시켜 최대한 천장고를 확보하되 지붕과 바로 면하므로 단열, 습기 차단, 방수처리가 완벽해야 한다.

주택의 외관과 비정형적인 다락공간의 형태가 조화를 이루도록 하며 이러한 형태를 이용한 적극적으로 실내계획으로 개성적인 공간이 되도록 한다. 또한 높지도 넓지도 아니한 실이므로 마감재료, 조명, 색채 등 디자인 제요소로 확대감을 꾀할 수 있는 방안을 모색, 적용한다. 창문은 최대한으로 채광하여 환기가 될 수 있도록 하되 외관을 고려해야 하며, 충분하지 못할 경우 적절한 인공조명과 강제 환기방법이 강구되어야 한다.

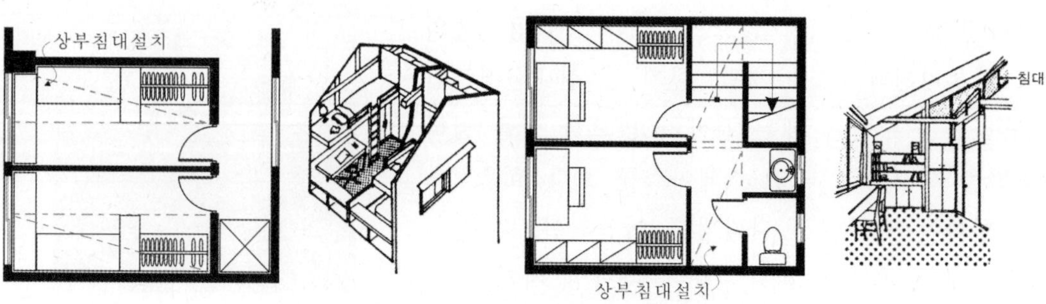

|그림 2 -67| 다락방을 아동실로 활용한 예
지붕 밑 경사진 공간을 수직적으로 활용한다.

(3) 다목적화

다목적화는 응접실 겸 거실, 서재 겸 응접실 그리고 안방 같은 경우, 공간이 용도에 따라 그 기능이 전이轉移되거나 소파베드, 작업대 겸 식탁, 칸막이 겸 수납장과 같이 하나의 물품이 2개 이상의 용도를 겸하여 사용할 수 있도록 한 것으로 다용도화, 다기능화라고도 한다. 다목적화의 가장 큰 장점은 기능전이와 복합으로 인해 융통성flexibility이 크고 공간이 절약되어 경제적이라는 점이다. 특히 공간의 경우 연속된 행위나 동작이 이루어질 때 다목적화를 피하는 것이 효과적이다.

| 그림 2 -68 | 다목적 가구의 예

(4) 소형화

소형화는 특정한 공간이나 물품이 가진 본래의 용도에 큰 지장을 주지 않는 범위 내에서 가능한 크기를 최소화하는 것이다. 이로 인해 공간을 절약하여 공간에 대한 점유율을 낮추고 여분의 공간을 활용하고자 함이다. 최소화는 사용하

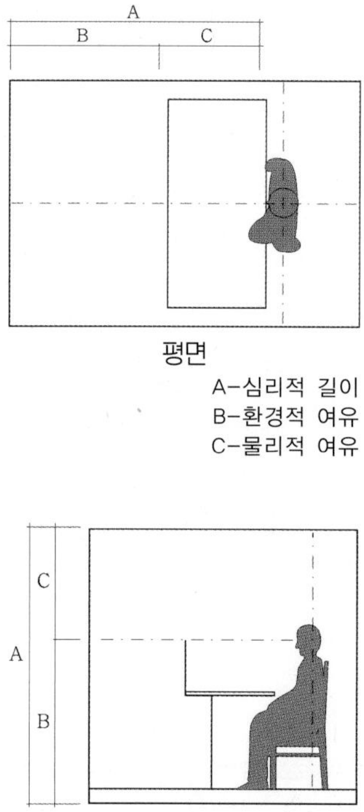

|그림 2 -69| 실의 요구 공간

기 불편할 정도로 축소시키는 것이 아니라 목적하고자 하는 제기능을 충분히 발휘하면서 용도에 따른 행위나 동작에 적절한 치수, 형태이어야 한다. 특히 공간의 경우 환기, 통풍, 공기 요구량, 온도 등 실내환경적 조건을 만족시킬 수 있도록 제설비를 갖추어야 하며 치수에 있어 환경적 여유를 고려하여야 한다. 또한 밀폐될 경우 폐쇄공포증과 같이 심리적 장애를 가져올 수 있으므로 심리적 여유를 고려하여야 한다. 이는 생리적, 감각적 요구가 인간의 시각, 청각, 촉각으로부터 자극의 강도차가 어느 정도인가에 따라 감정적인 쾌적성에 큰 영향을 미치기 때문이다.

상하의 수직적 동선 연결공간인 계단을 소형화시킬 경우 철, 스테인리스 스틸과 같이 작은 면적으로 큰 강도를 발휘하는 금속재료를 사용하여 최소화시킨다. 이때 나선형 계단으로 처리하면 공간의 점유율도 아주 적게 할 수 있으나 아동이나 노인이 사용하거나 사용빈도가 클 경우는 피한다. 또한 부엌의 키친 네트형식은 최소화시킨 작업대로 부엌에서의 가장 기본적인 기능만 담당할 수 있도록 크기를 최소화시킨 것이다.

(5) 유닛unit 및 붙박이 가구

공간의 효율적 사용에 있어 또 다른 방안은 유닛가구나 붙박이 가구를 사용하는 것이다. 유닛가구는 시스템 디자인으로 규격화된 단일가구를 원하는 형태로 공간에 맞게 조합한 것이다. 붙박이 가구는 벽과 일체화시킨 형태로 공간을 낭비없이 이용하므로 경제적이다.

|사진 2 -59| 어린이방 시스템 유닛의 예

유닛 및 붙박이 가구로 한 벽면의 바닥부터 천장까지 설치하여 수납물품의 크기, 사용빈도, 계절변동에 맞게 체계적으로 정리, 보관, 진열할 경우 기존의 가구보다 훨씬 더 많은 양의 물품을 수납 가능하므로 공간 사용을 극대화시킬 수 있다. 또한 보다 더 효율적인 사용을 위해 수납계획에 따른 공간계획과 인간공학적인 배려가 요

구된다.

유닛 욕실은 입욕, 세면, 배설 등 제기능을 수행하기 위한 제반 설비시설을 포함하여 욕조, 세면대, 변기, 거울, 조명 등을 일체화하여 최소화시킨 것이다. 소파의 경우 등받이, 팔걸이를 없애고 그 치수도 최소화시키면 안락감은 뒤떨어지나 공간의 점유율을 적게 할 수 있다. 더 적극적인 방안으로 소파를 대용하여 대형 쿠션, 매트리스, 방석 등을 이용한 노퍼니처no-furniture 스타일도 생각할 수 있다.

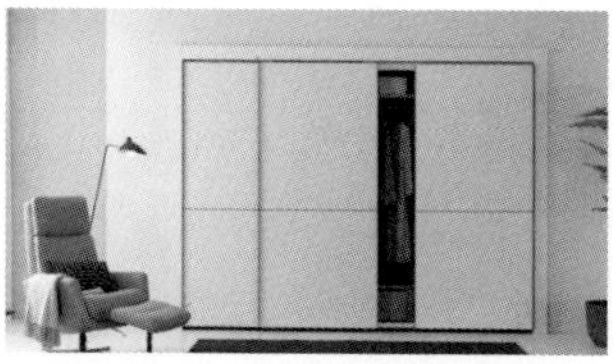

|사진 2 -60| 붙박이 가구의 내부 / 현대 리바트

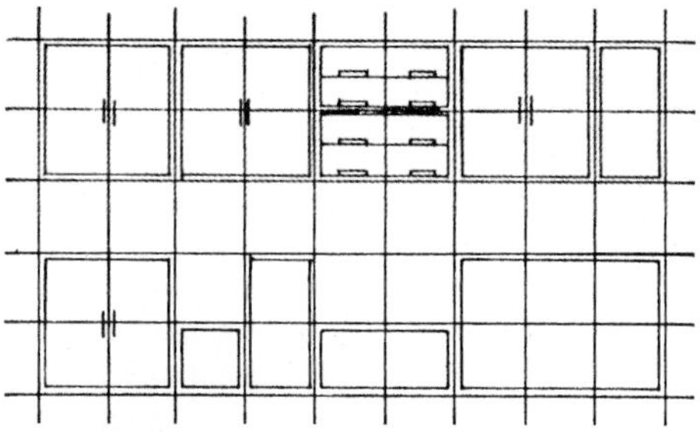

|그림 2 -70| 모듈module화 된 유닛가구

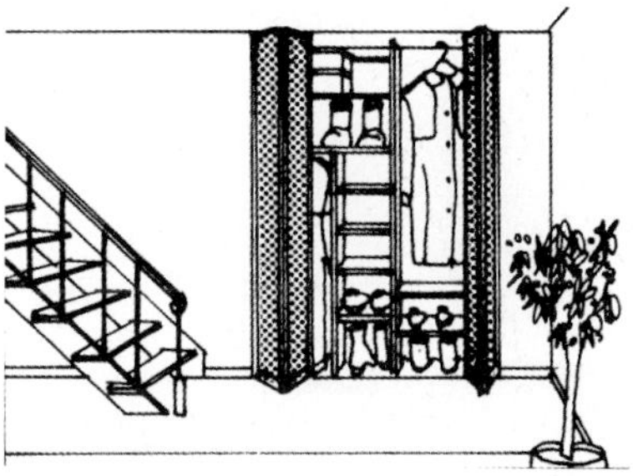

|그림 2 -71| 붙박이 가구의 예

(6) 조립식 및 접는식 가구

조립식은 가구를 구성하는 각 부분이 여러 단위로 분리되어 구성됨으로써 손쉽게 해체되거나 조합 가능하다. 접는식은 각 부분이 연결되어 있는 형태에서 부피가 축소, 확대 가능한 가구이다. 따라서 조립식 및 접는식 가구는 필요할 때만 조립하거나 펴서 사용하며 그렇지 아니할 때는 분해하거나 접어서 부피를 작게 하여 보관함으로써 공간 점유율을 적게 할 수 있다. 예를 들어 식탁의 상판을 접는식으로 조절되도록 하면 2인용에서부터 6인용까지 사용할 수 있으며, 더욱이 조립식과 접는식을 병용하면 사용 후 접어서 벽에 부착시키거나 수납함으로써 여분의 공간을 활용할 수 있다.

|사진 2 -61| 홈오피스에 대응한 수납공간의 예 / 데스커

접는식 의자 역시 종류도 매우 다양한데 일반적으로 간단하게 접어서 걸어 놓을 수 있는 스테이크 의자stack chair에서부터 겹쳐서 쌓아 보관할 수 있는 스태킹 의자stacking chair에 이르기까지 다양하다.

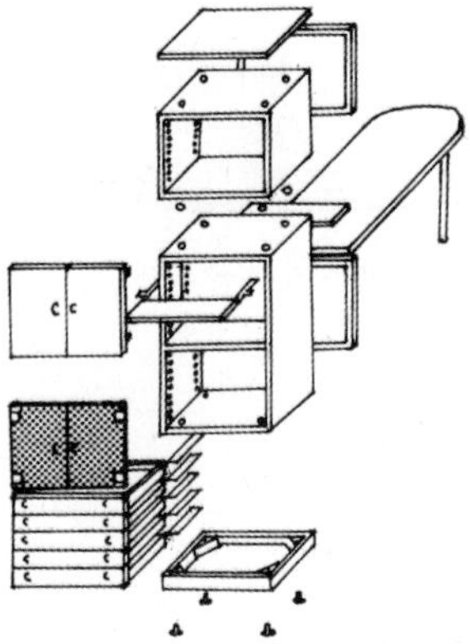

|그림 2 -72| 조립식 가구의 예

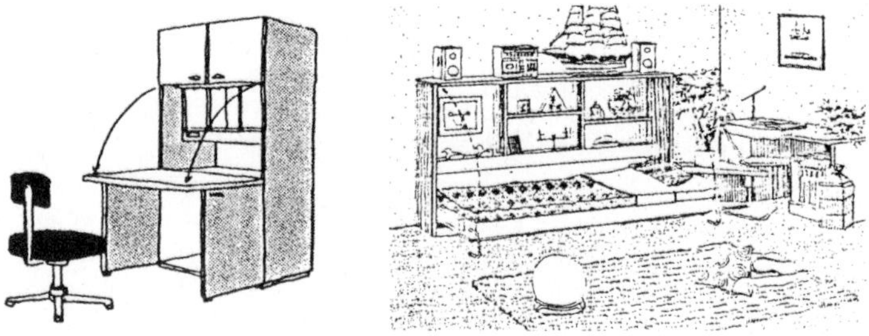

|그림 2 -73| 접는식 가구의 예

|사진 2 -62| 하우스베드가 설치된 수납장으로 공간 활용을 높인 아동실의 예 / 리바트

|사진 2 -63| 시스템가구로 활용도를 높인 아동실 / 리바트

(7) 기타

한정적인 크기의 공간을 보다 크고 넓게 사용함에 있어 실제적으로 공간적 획득은 없으나 시각적으로 심리적인 효과를 이용하는 방안도 있다. 즉 형태, 마감재료, 색채, 패턴 등을 이용하여 보다 넓게 보이거나 느껴질 수 있도록 함이다.

1) 형태

공간을 포함한 가구, 설치물들의 형태를 가능한 직선화하고 단순화한다. 또한 이들을 한 곳에 집중, 일체화시키며 형태 자체의 요철도 가능한 없앤다. 그러나 천장의 형태에 있어 평형 천장보다 경사형, 아치형, 단저형 등은 공간의 실제 천장의 용적을 증가시키고 상승감을 꾀해 확장감을 준다.

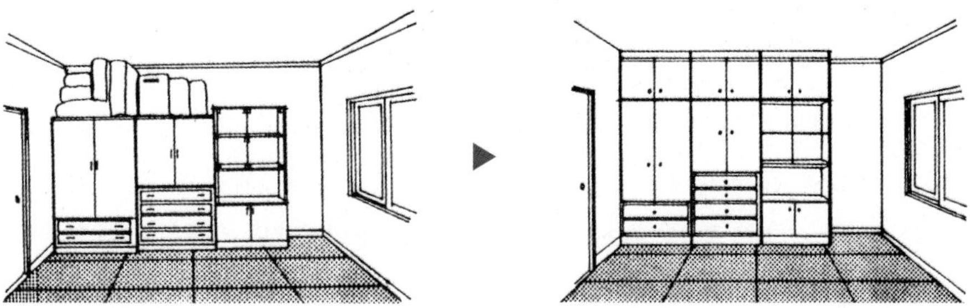

| 그림 2 -74 | 직선화 된 가구의 예

2) 마감재료

거울, 유리, 투명 아크릴, 스테인리스 스틸, 은박지, 청동과 같은 재료는 빛의 투과나 반사가 크고 광택이 있는 물리적 특성을 갖고 있어 비교적 넓은 부분에 사용했을 때 시각적 확대감으로 넓게 느껴진다. 유리, 투명 아크릴의 경우 큰 개구부에 사용했을 때 재료의 투명성으로 인해 공간의 개방감이 크다. 거울은 벽면이나 수납장의 전면에 쓰여졌을 때 연속되어져 보임으로써 공간의 확대감을 가져온다. 그러나 실내에 거울을 많이 사용하면 시각적 혼란을 가져오고 차가운 질감으로 안락감을 상실하므로 부분적인 사용이 바람직하다.

질감에 있어 무광이나 약간의 광택이 있는 재료가 심리적인 안정감을 주어 유리하므로 용도에 따라 적절히 조절하여 사용하는 것이 바람직하다. 또한 재료 자체가 요철이 심하면 음영으로 패턴이 생겨 복잡한 감을 줄 수 있으므로 유의한다.

한 공간에서는 가능한 동일한 마감 재료를 사용하여 통일시키며 특히 바닥재는 패턴으로 처리하거나 재료를 분리하지 않고 전체를 한 재료로 처리한다. 예를 들어 카펫의 경우 부분 깔기나 포인트 깔기보다는 전체로 까는 월투월wall-to-wall방식으로 처리한다.

3) 색채

다양하고 수많은 색 중에서 실내의 색채는 그 선택에 따라 분위기, 공간감, 깊이감 등의 정도가 다르다. 특히 좁은 공간에서 색채를 사용하여 확대감을 꾀하면 협소감을 크게 줄일 수 있는데 이때 색채의 명도, 색상, 채도 순으로 영향을 미친다. 이러한 효과를 위한 색채계획의 기본은 다음과 같다.

① 원칙적으로 명도가 높은 밝은 색이 어두운 색보다 넓게 보인다. 색상 중에서는 난색보다 한색이 심리적으로 자극이 약하고 진정감을 줄 뿐만 아니라 바다, 하늘과 같은 연상작용으로 넓고 시원한 감을 준다. 또한 채도는 명도나 색상보다는 그 효과가 다소 적으나 저채도의 색이 고채도의 색보다 효과가 크다. 따라서 채도가 낮으면서 명도가 높은 색이 부드러운 분위기를 자아내면서 공간을 넓게 느껴지게 한다.

② 단색으로 하면 실내 전체가 동일하게 보이므로 효과가 매우 크나 무미건조해지기 쉬우므로 유의한다.

③ 단색이나 유사색으로 하되 명도, 채도를 조절한 배색은 실내 전체가 유사하게 보여 넓게 느껴지게 한다. 무미건조한 느낌을 줄이기 위해 해당하는 색의 순색이나 보색을 부분적으로 사용하면 악센트 역할을 하여 생동감 있는 실내 분위기를 연출할 수 있다.

④ 배색에 있어 전체 실내를 지배할 수 있는 주조색을 정하되 위의 기본을 적용하여 색의 수를 되도록 제한한다. 면적이 큰 것은 저채도, 고명도색으로 하여 바탕이 되도록 하며 면적이 작은 부분은 고채도, 저명도 색으로 하여 악센트 역할을 하도록 하는 것이 일반적이다. 특히 상부부분은 고명도, 저채도의 색을 그리고 하부부분은 저명도의 색을 사용하여 상승감 및 안정감을 주도록 한다. 예를 들어 바닥, 벽, 천장 등 배경이 되는 부분은 고명도, 저채도의 색을 사용하며 천장과 벽 사이의 반자돌림은 하지 않거나 같은 색으로 처리한다.

4) 패턴

실내에서 패턴은 간결하면서도 단순한 인상을 줄 뿐만 아니라 공간이 가진 단점을 수정, 보완할 수 있는 요소로 취급될 수 있다. 넓은 느낌을 주기 위해 패턴이 없는 무문無紋이나 미세한 차이의 같은 계열의 색상이나 질감의 차이로 거의 눈에 띄지 않은 패턴을 사용하는 것이 좋으나 자칫 단조로운 느낌을 주기 쉬우므로 이에 유의한다. 또한 패턴을 쓸 경우 독특하고 개성적인 분위기를 창출하기 쉬우나 공간감을 감소시키기 쉽다. 그러나 줄무늬의 경우 수직 줄무늬는 높이감을 강조하고 수평줄무늬는 안정감과 넓이감을 강조한다. 특히 베니션 블라인드와 같은 수평줄무늬는 시야를 좌우로 펼쳐지게 한다.

5) 조명

조명은 밤에 실내공간에서 중요한 역할을 담당하므로 밤에 공간감에 대한 효과를 기대할 수 있다. 각 용도에 맞게 적당한 조도의 범위, 분위기, 경제성 등을 기준으로 적절한 조명계획을 하되 조명에 의한 조명원, 색광, 대상면의 색상, 조명방식, 질감 등에 따른 효과를 이용한다.

조명방식은 간접조명으로 할 경우 빛을 확산시켜 그림자

를 생기지 않게 하므로 명암 차이가 적어 단조롭고 평면적으로 보이게 하여 입체감이 적다. 그러나 간접조명을 위주로 하여 난반사 시키면 공간감이 있어 공간의 확장을 꾀할 수 있다.

3. 2 수납계획

(1) 수납의 개요

정리정돈이 확실치 않으면 집안에 점점 물품은 쌓여지고 뿐만 아니라 물품은 늘어나기는 쉬워도 줄어들기 어려워 혼란이 초래하기 십상이다. 보통 공간의 크기와 가구 등 여러 가지 물품의 양이 균형 잡히지 않으면 물품이 그 공간에 가득 차 버려 금방 흐트러지게 된다. 따라서 이러한 물품들은 수납의 개념에서 올바르게 정리, 보관, 진열되도록 하는 수납계획이 필요하다.

수납이란 일상생활을 하기 위한 많은 용품들을 치우고 제자리에 놓이게 하는 것에서부터 종류에 따라 물품들을 사용하기 편리하도록 정리하고 오랫동안 해충, 먼지, 습기 등으로부터 안전하게 보호, 보관되고 더욱이 장식가치가 큰 물품들은 잘 보여 지도록 진열하게 함이다.

외국의 예를 보면 미국에서는 주거면적 전체의 약 3분의 1이 창고, 다락방 또는 지하실 등의 수납공간이 차지함으로써 깨끗하고 잘 정돈된 거실이나 침실을 이루고 있다. 미국의 가정은 우리네보다 살림살이가 적어서가 아니고 충분한 수납공간을 가졌기 때문에 집안 구석구석이 잘 정돈되고 있는 것이다. 그러나 우리나라에서는 신축되는 주택의 경우를 보면 수납공간이 전체의 10~12%밖에 안 되는 실정이어서 '사람'과 '물품'이 동거상태에 있게 되므로 수납에 대한 지혜와 연구가 보다 더 요구된다.

(2) 수납계획

주거공간에서의 수납계획은 가족의 라이프 사이클family life cycle을 고려한 장기계획에 의해 수납공간의 크기 및 장소를 결정한다. 전체 실배치를 검토하여 예상되는 생활기능과 수납부분이 조화될 수 있도록 수납 계획한다.

특히 아동실의 경우 아동의 성장조건에 따라 융통성 있게 변화시킬 수 있는 계획이 필요하다. 또한 주거공간의 활용측면에서 다락, 창고, 지하실 등을 적극적으로 이용하며 데드 스페이스는 물론 계단 밑, 계단참의 벽면 등 자칫 지나쳐 버리기 쉬운 곳을 주목하여 수납장소로 활용한다. 이때 보다 합리적이고 실용적인 계획이 되기 위해 붙박이장, 수납장, 유닛 가구 등을 도입한 가구계획과 함께 병행한다.

기존의 주거공간은 수납공간의 절대면적이 작기에 수납계획은 적절한 수납물품의 조절과 함께 사용하기 편리하도록 정리방법의 고안 및 데드 스페이스를 활용하고 코너가구와 자투리 공간을 찾아 이용한다. 그리고 기존의 수납장 및 수납공간을 실용적으로 이용하는 방법 등을 강구한다. 수납계획은 물품의 사용빈도, 계절별, 사용자, 물품이 가진 특성 등을 기준으로 우선 정리, 보관되도록 하고 장식성이 큰 물품들은 진열하여 실내분위기를 돋구어 주는 액세서리 요소로 다루어지는데 구체적인 사항은 다음과 같다.

① 물품은 사용빈도에 따라 부분수납과 전체수납으로 구분한다. 부분수납은 매일같이 사용하거나 자주 사용하는 일상용품의 수납으로 생활에 편리하도록 사용장소와의 관계를 밀접하게 해야 한다. 현관에는 제행위에 따라 신발류와 코트, 우산, 비옷 등을 넣을 수 있는 수납가구가 필요하다. 욕실에는 타월, 휴지, 수건, 비누, 세제 등 세면과 입욕, 배설에 필요한 물품

들이 행위에 따라 적재적소에 위치하도록 하며 그 여유분을 수납할 수 있는 수납가구도 근처에 위치하는 것이 바람직하다. 전체수납은 용도상 어디에도 속하지 않거나 어쩌다 한번 사용하는 물품, 비교적 무겁고 부피 있는 욕구, 임시용구, 예비용구 등을 창고나 라커룸, 다락방 등 용량이 있는 수납공간에 수납하는 것이다.

② 의류, 침구류와 같이 계절별로 사용하는 물품들은 계절에 따라 구분되어 정리, 보관되어야 한다. 특히 비철의 물품은 재사용이 가능하도록 곰팡이, 해충, 먼지, 습기 등으로부터 보호되어 보관되어야 하므로 그 수단과 방법을 강구한다. 의류의 경우 용도상 평상복, 외출복, 양복, 한복, 내복 등으로 구분되어 정리하며 각 직물의 특성을 고려한 각기 다른 정리방법과 보관방법에 주의한다. 계절용품은 오랫동안 사용하지 않고 보관하므로 수납정리방법을 자칫 잊어버리기 쉽다. 따라서 수납물품의 정리 상태를 작성해 두는 것이 좋다.

③ 물품의 사용자를 고려하여 물품의 수납장소와 방법을 계획한다. 즉 사용자가 가족 전체인지, 아니면 어느 특정 개인이 사용하는가에 따라 구분하여 수납한다. 특히 가족공동 사용물품은 누구나가 쉽게 찾고 쓰기 편리한 위치에 놓여야 한다. 또한 아동이 있을 경우 위험물은 어린이 손에 닿지 않는 높이에 수납하며 노인이 있는 가정에서는 물품을 보다 쉽게 보고 꺼낼 수 있도록 특별히 배려한다.

④ 파손, 변질되기 쉽거나 먼지, 해충, 습기, 곰팡이에 주의해야 하는 물품들은 안전하도록 은폐시키되 습기에 대해서는 통풍장치를 하거나 방충, 방습 등을 위한 장치가 고려되어야 한다.

⑤ 수납은 은폐시킬 수 있는 방법만이 아니라 물품을 노출시켜 장식적인 수납도 되도록 한다. 즉 물품들을 사용

하기 쉬운 장소에 정리하되 진열, 즉 디스플레이 효과를 가지도록 함으로써 개성적인 실내분위기를 연출한다. 이는 '장식적이면서 수납한다' 또는 '정리를 즐긴다'고 표현되듯이 장식과 수납을 동시에 해결하는 방법이다. 예를 들어 거실 선반장의 물품들은 시각적 심리적 균형감을 고려하면서 변화감 있게 구성, 진열하며 그 가정의 독특한 분위기가 자연스럽게 노출되도록 한다.

⑥ 수납물품을 정리, 정돈 보관하기 위해서는 적절한 설비가 필요하다. 수납공간의 내부에 선반, 서랍, 상자, 바구니 등을 활용하도록 한다. 또한 물품의 크기에 따른 치수계획도 적절해야 하며 물품에 따라 조절 가능하도록 내부설비를 융통성 있게 함이 바람직하다.

⑦ 편리하고 합리적인 수납계획과 함께 가족 모두 올바른 수납습관이 요구된다. 즉 물품을 일단 꺼내면 반드시 제자리에 다시 넣으며 가족 공동사용의 물품은 수납장소를 알려주고 정리된 수납 내용물은 쉽게 찾을 수 있도록 메모를 남긴다.

⑧ 수납공간은 가능한 여유 있게 계획을 세우며 수납가구의 유형도 장소와 용도에 따라 변화 가능하도록 융통성 있는 유닛가구나 시스템가구로 하는 것이 바람직하다. 왜냐하면 가족의 성장과 가족수의 변화에 따라 수납물의 내용이 변화하고 물품 자체의 변화주기도 빠르기 때문이다.

수납물품의 특징	침구류		의 류		식기식품	서적 사무용품	장식품	악 기	수 납 형 식	높이
비교적 가벼운 것	간혹 사용하는 것		간혹 사용하는 것		예비식품					2,400 2,200
사용빈도가 아주 적은 물품	여행용품 예비가구		계절 외 물품		계절 외 식기 건어물	간혹 사용하는 것이거나 보관하는 것	보관하는 것	간혹 사용하는 것	여닫이	2,000
중형으로 가벼운 것 (주로 식기류)	가장 사용하기 쉬운 범위	베개 잠옷	모자		일상식기	소형판 중형판	감상품	TV	유리문 미닫이	1,800 1,600 1,400
			바지	오버코트 원피스 양복 넥타이	조미료	상용서적				
		이불	티셔츠		일반식품	중형판	감상품 (공예)	TV 라디오 오디오	서랍	1,200 1,000
가장 자주 사용하는 일상용품			속옷류 양말		칼, 포크, 수저, 자잘한 물건	잉크 지우개			미닫이	800 600
대형으로 무거운 것	예비이불		한복		살통, 솥, 냄비, 통조림, 병류	대형파일	간혹 사용하는 귀중품	레코드	서랍	400
사용빈도가 비교적 적은 물품			계절 외 물품			간혹 사용하는 것			미닫이	200
	800~900		450~600		300~450	300~450	300~450			

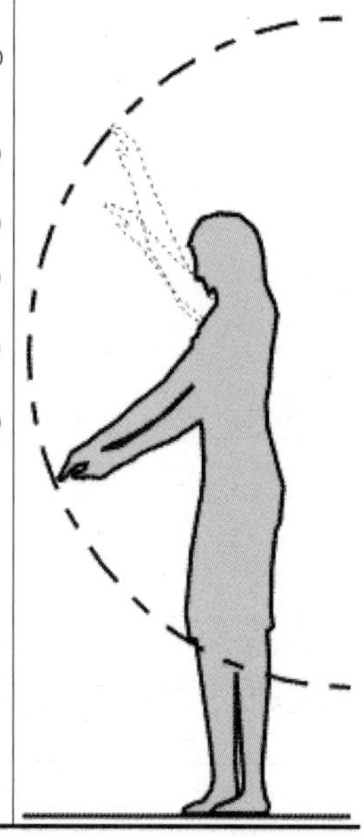

|표 2 -7| 인체와 수납물품의 정리 위치

3. 3 실별 수납 방법

수납계획으로 물품을 고려한 충분한 공간과 그 설비를 마련하고 물품을 구분하여 정리, 보관, 진열되도록 하되 보다 효율적이고 체계적인 수납을 위해 수납의 아이디어가 요구된다. 특히 사용하기 쉽도록 인체치수뿐만 아니라 동작 행위에 따른 치수와 시선높이 등을 고려하여 수납해야 한다. 즉 서서 이용하기 가장 좋은 높이는 발을 들거나 허리를 굽히지 않고도 손이 닿는 높이로 신체에 따라 달라지나 일반적으로 600~1,600의 범위이다. 이 범위의 높이에는 깨지기 쉽고 자주 사용하는 물품들을 중심으로 수납하되 작고 가벼운 물품은 위로, 그리고 크고 무거운 물품은 아래에 오도록 한다. 또한 정리된 물품은 한눈에 보기 쉬워 쉽게 찾을 수 있어야 한다.

(1) 거실

거실은 가족단란, 독서, 취미, 접대 등 다목적실의 성격을 가졌기에 가장 잡다하고 많은 물품들이 필요하고 또 놓여진다. 이러한 물품들을 살펴보면 조명기구, 라디오, 인터폰, 전화, 시계, 꽃병, 벽걸이, 장식용 모형, 사진 액자, 서화류, 수석, 골동품, 화분, 트로피, 기념 페넌트, 관광 기념품, 비디오, 오디오 세트, TV, 장난감, 인형, 신문, 잡지, 서적 등 생활에서 실용적인 것, 장식적인 것, 아동용품 등에 이르기까지 그 종류 또한 매우 다양하며 가족공동물품과 개인물품 등이 혼합되어 있기도 한다. 따라서 이러한 많은 물품들을 어떻게 사용하기 쉽도록 세분화시켜 수납할 것인가를 강구한다.

뿐만 아니라 거실의 성격에 따라 수납계획도 다소 달라져야 한다. 가족공동의 장소이면서 접대의 성격이 큰 거실일 경우 집안 전체의 분위기나 가족의 성격을 나타내고 타인의 시선을 의식해 보기에도 좋게 진열하는 수납이 요구된다. 한편, 가족의 유형에 따라 영향을 받기도 하는데, 예를 들어 나이 어린 자녀가 있는 집안의 경우 거실은 가족실의 성격으로 아이들의 놀이터이면서 공부하는 장소이기도 하다. 이 때는 아이들 스스로 인형, 장난감, 책들을 꺼내기 쉽고 정리하기 용이하도록 하는 수납이 필요하다. 그러므로 이러한 물품들을 위한 수납계획은 많은 수납가구가 필요하다고 생각하기 쉽다. 그러나 한정된 좁은 거실일 경우 가구가 많이 놓이게 되면 활동면적이 좁아져 원만한 행위를 할 수 없게 되고 거실에서의 행위가 다른 실로 전이하게 된다. 따라서 적재적소의 개념으로 가능한 모든 공간을 활용하는 합리적이고 체계적인 수납계획이 요구된다.

거실의 수납계획에 있어 구체적인 방법은 다음과 같다.

① 가족 전체나 일원의 취미용품이나 가족의 분위기를 나타나는 물품이나 장식적인 액세서리는 거실의 분위기를 형성하거나 포인트가 되도록 디스플레이 한다. 일반적으로 거실에는 진열장이 놓이게 되는데, 이때 눈의 시선높이에는 장식적인 액세서리가 위치하도록 하며 상부에는 작은 물품이, 하부에는 큰 물품이 놓이도록 해야 시각적인 안정감을 얻을 수 있다. 또한 투명하거나 부피감이 작은 물품은 상부에 위치하며 가능한 놓여진 물품이 벽면을 배경으로 안정된 구도를 취하도록 한다. 이러한 물품들을 강조하기 위해 천장이나 벽에 스폿 등과 같은 국부조명을 설치하거나 진열장 내부에 조명등을 설치하는 것이 바람직하다.

② 선반은 물품에 따라 상하로 조절될 수 있도록 하면 융통성 있고 효율적이다. 선반의 두께가 두껍고 색이 강하면 강한 수평적 요소로 작용하여 물품에 안정감을 주나 물품의 성격, 색과 조화를 이루어야 한다. 그러나 유리나 아크릴 등 투명한 선반일 경우 경쾌한 감을 주나 큰 물품에 대해서는 불안정감을 줄 수 있으므로 작고 부피감이 작은 물품을 진열하는 것이 좋다.

③ 진열장에 문이 있으면 밀폐되어 먼지, 벌레 등이 침투하지 못하므로 관리하기 쉽고 장기간 보관에 좋다. 따라서 쉽게 더러워지거나 세탁 등으로 더러움을 제거할 수 없는 물품 또는 귀중한 물품은 장에 넣어 수납한다. 유리문으로 하여 내부의 물품이 잘 보이도록 하고 내부에 조명등을 설치하면 그 효과가 크다. 한편 좁은 거실의 경우 가능한 넓게 보이도록 하기 위해 키 큰 진열장은 피하고 소파나 의자에 앉았을 때 시선높이 이하의 진열장이 바람직하다.

| 사진 2 -64 | 거실 벽면 수납공간의 예-1

| 사진 2 -65 | 거실 벽면 수납공간의 예-2

④ 사전, 지도, 잡지 등 가족 모두가 사용하는 도서는 탁자의 하부를 이용하여 수납하며 신문도 이곳에 두나 2~3일분을 한꺼번에 둘 수 있도록 한다. 이때 자칫 어지러워지기 쉬우므로 용도별로 정리하도록 하는 것이 바람직하다.

⑤ 작은 소품류 등은 서랍에 수납하는데 정리하기 쉽도록 서랍 내부에 칸을 나누어준다.

⑥ TV, 비디오는 소파나 의자에서 그 거리가 적절해야 눈의 피로가 적고 편안히 시청할 수 있다. TV는 부피감이 큰 물품이므로 장의 형상과 치수는 적절해야 안정감이 있다. 또한 비디오와 그 테이프가 함께 수납될 수 있도록 한다.

⑦ 오디오는 감상하기 좋도록 스피커가 적절히 위치하며 테이프, 레코드판, 콤팩트디스크 등을 일목요연하게 분류, 정리하여 수납한다. 따라서 수납장은 이들에 대응한 적절한 치수, 형상이어야 한다. 특히 레코드판은 휘어지기 쉬우므로 좁은 간격으로 내부에 지지 바를 설치하되 조절할 수 있도록 하면 휨을 방지할 수 있을 뿐만 아니라 정리하기에도 편리하다.

⑧ 소파나 의자의 밑을 이용하여 수납하는 방법도 있는데 간단히 박스장 위에 쿠션이나 방석 등을 놓아 의자 대용으로 사용하거나 좌석 밑에 수납하도록 고안된 소파, 의자, 벤치를 사용한다. 또한 플랫폼으로 할 경우도 좌석 하부를 이용, 수납하기도 한다.

⑨ 좁은 공간을 보다 효율적으로 사용하기 위해 소파 베드와 하우스 베드 등 다목적 가구를 사용한다.

|**사진 2 -66**| 소파 베드 디자인 유형 의 예

(2) 부엌

부엌에서는 식품류, 조리기구, 조미료류, 식기류 등 많은 종류의 물품을 사용하는 곳이므로 이들이 무질서하게 널려 있으면 미관상 좋지 않을 뿐더러 위생적인 관리도 어렵다. 따라서 수납계획은 작업에 따라 체계적이고 합리적으로 수납하여 능률적인 작업이 이루어지도록 하고 인체치수 및 동작에 맞도록 정리한다.

① 가장 많이 사용하는 물품은 시선이 편안히 위치하는 곳에, 쉽게 손이 미치는 곳에 놓여야 빨리 찾을 수 있으며 꺼내기 쉽다. 특히 깨지기 쉬운 물품은 시선의 높이에 위치하여 주의하게 한다.

② 작업대의 수납공간은 깊어서 작은 물품들을 포개서 놓아야 하므로 깊이를 전부 이용한 수납방법을 고려한다. 예를 들어 매시mesh와 같은 정리대를 이용하는 방법이나 서랍의 형태로 하여 물건이 한꺼번에 모두 보이도록 하는 방법이 있다. 또한 깊이가 깊을 경우 2열로 수납하므로 안쪽에 있는 것은 꺼내기에 불편하다. 따라서 수납물품은 1열로 정리하고 그 분량 공간만큼 문의 안쪽을 활용한다.

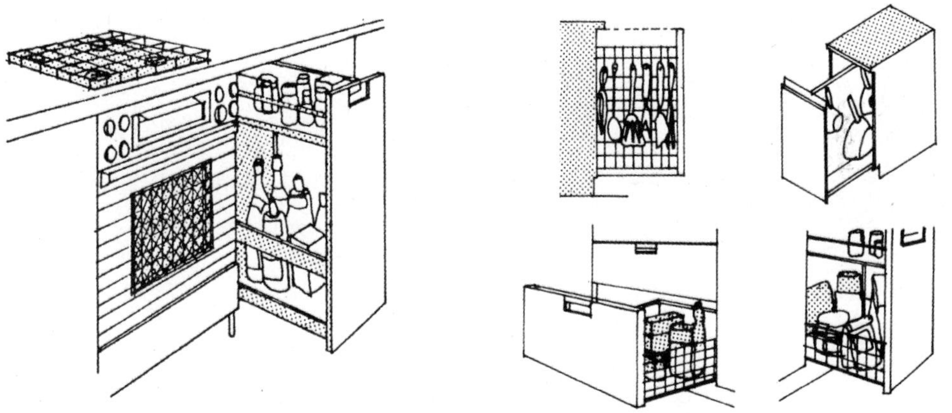

|그림 2 -75| 작업대의 깊이를 이용한 수납의 예

③ 칼, 수저, 포크 등 부엌에서 쓰는 작은 물품을 두는 작업대의 서랍은 각 물품마다 크기, 양을 고려해 서랍 내부에 칸을 나누어 정리한다.

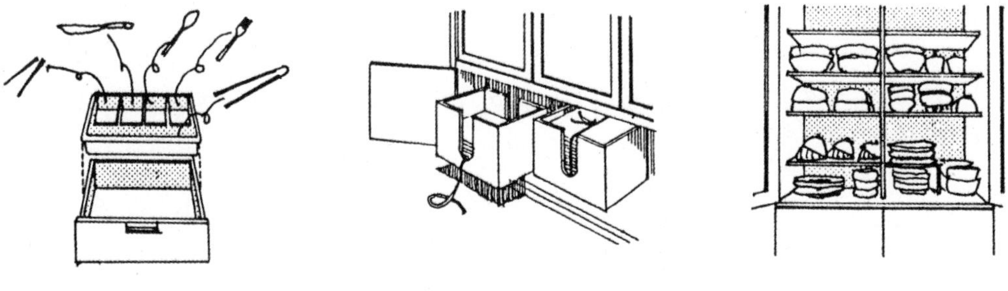

|그림 2 -76| 부엌의 수납물품 정리의 예
물품의 크기 종류에 따라 장의 내부에 조절할 수 있는 선반이나 분리할 수 있는 칸막이를 마련하여 정리한다.

④ 특히 쌀, 건어물 등 자연적 식품재료를 보관하는 수납장은 환기구멍, 습기 제거장치 등 제반설비를 고려한다.

⑤ 접시, 사발, 냄비 등 식기는 포개어 정리하면 사용하기 불편하므로 종류별, 크기별로 분류하여 정리하되 자주 사용하는 것은 쉽게 꺼낼 수 있는 위치에 두며 작업대에서의 작업내용과 식기수납공간이 일치해야 한다. 또한 접시는 접시 정리대를 이용하여 세워서 정리하면 쉽게 꺼낼 수 있다.

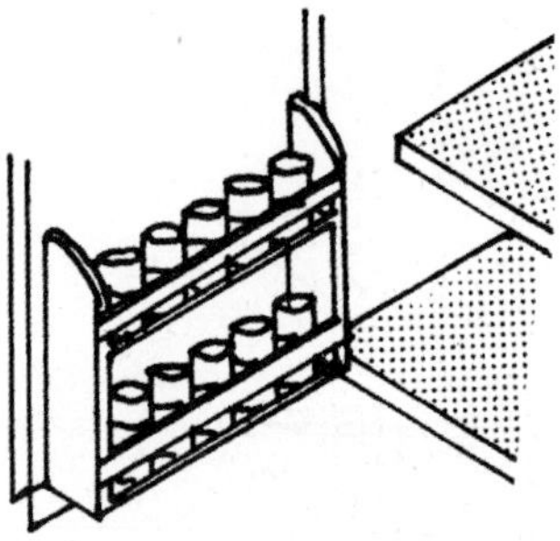

|그림 2 -77| 부엌의 작업대나 캐비닛 문을 이용한 수납의 예

⑥ 식기 이외에도 조미료, 주류 병 등과 같은 물품은 작업대의 작업내용과 일치한 위치에, 즉 조미료는 오븐과 조리대 하부나 상부에 놓여져야 하며 기타 조미료에 속하는 병은 서랍의 깊이를 이용하여 일렬로 배치되도록 하면 쉽게 구분하여 꺼낼 수 있다.

⑦ 작업대나 수납장의 문에도 수건, 국자 등 걸이대나 정리선반 등을 활용하여 수납한다.

⑧ 작업대 상부, 하부장 모두 식기나 정리물품의 크기에 맞춰 높이가 조절될 수 있는 선반을 설치하며 가능한 데드 스페이스dead space를 없앤다.

(3) 침실

일반적으로 침실은 잠을 자기 위한 단일기능을 가진 공간으로 취급되나 이외에도 수납, 갱의, 작업, 학습, 놀이, 접대, 휴식 등 그 필요 기능에 따라 서재, 수납공간, 욕실, 파우더 룸 등의 공간이 부속되거나 조합된다. 따라서 침실의 수납계획은 우선 침실의 기능에 따라 사용 물품들을 조사, 분류하여 이들이 적절히 놓여지도록 체계적으로 전개해야 한다.

① 우선 침실이 좌식이냐, 입식이냐, 즉 요, 이불 또는 침대의 사용에 따라 사용물품도 달라지며 그에 따라 필요한

수납가구가 차지하는 공간의 점유율도 달라진다. 즉 침대의 경우 차지하는 면적이 크므로 좁은 실의 경우 데이 베드, 소파 베드, 푸시백 소파 등 다목적 가구를 이용하거나 평상시 수납했다가 필요할 때만 꺼내어 사용할 수 있는 수납형의 하우스 베드를 이용하면 공간을 절약할 수 있다. 또한 주로 아동실에 많이 적용하는 방법으로 침대 상부의 공간을 이용하여 이층 침대로 하거나, 상부에 침대가 위치하도록 하고 하부는 수납장이나 작업 공간 등으로 이용한다. 침대의 하부공간을 이용하여 서랍이나 스페어 베드를 설치하기도 한다.

② 취침을 하기 위해 요, 이불, 침대 시트 등이 사용되므로 이들을 계절별로 수납할 수 있는 장이 마련되어야 한다. 이 장은 바닥부터 천장면까지 전체를 이용할 수 있도록 붙박이장으로 처리하면 데드 스페이스를 없애 큰 수납면적을 확보할 수 있다. 키 큰 수납장이나 붙박이장은 내부에 물품들을 잘 정리, 보관할 수 있는 방법이 중요하다. 인체치수 및 동작이 고려되어야 하며 사용빈도, 계절별, 용도별, 크기별로 분류하여 쉽게 찾고 정리하도록 한다. 특히 자주 사용하는 것은 한눈에 보일 수 있도록 정리한다. 또한 이들 물품들은 먼지와 해충으로부터 보호되어야 하므로 밀폐되나 통풍을 위한 장치도 필요하다.

③ 침대의 사이드 테이블 위에는 시계, 램프, 간단한 필기류, 책자, 재떨이 등 잠자리에 들기 전에 사용하는 잡다한 물품들이 많이 놓이게 된다. 이들 용품들은 지저분하지 않게 진열하되 테이블 하부를 이용하여 정리한다.

④ 아동실은 학습, 놀이, 취침, 갱의, 취미생활 등 여러 가지 행위가 일어나므로 다목적실의 성격을 띠게 되어 수납계획 역시 다양하고 많은 물품들이 정리, 진열, 보관하도록 해야 한다. 아동의 연령에 따른 행위와 그에 따른 물품을

기본으로 계획하는데 미취학 아동의 경우 이 시기에 물품의 정리, 정돈, 갱의, 착의에 대한 올바른 생활습관이 형성되어야 하므로 매우 중요하다. 따라서 수납에 따른 가구계획에 있어 원하는 물건을 쉽게 꺼내서 사용하고 다시 제자리에 정리할 수 있도록 하고 옷도 자기 스스로 꺼내서 입고 정리하는 등의 행위를 기준으로 한다. 박스장은 장난감 정리상자, 놀이가구로도 사용하면서 쉽게 형태를 변화시키고 다양하게 조립 가능하여 아동의 성장에 따른 사용에 융통성 있으며 정리하기도 쉬워 매우 유효하다.

|그림 2 -78| 아동실 수납정리의 예

⑤ 의류는 계절별로 평상복, 외출복, 양복, 한복, 내복 등으로 구분하여 수납한다. 옷길이가 긴 코트류, 원피스류와 재킷, 스커트 등 짧은 것을 구분하여 정리하고 짧은 의류 하부에 생긴 공간에는 서랍, 상자, 바구니 등을 이용해 속옷류, 티셔츠, 양말류를 수납한다. 서랍을 정리할 때는 옷을 차곡차곡 쌓아 겹쳐 두면 깊이가 깊은 서랍은 아래의 것을 꺼내기도 불편할 뿐만 아니라 눌리기도 쉽다. 따라서 너무 깊지 않은 서랍으로 하거나 옷을 세워서 정리하면 쉽게 옷을 찾을 수 있어 편리하다.

|그림 2 -79| 의류 수납정리의 예

⑥ 초등학교의 아동은 올바른 학습태도가 형성되도록 하는 수납계획이 필요하다. 학용품들은 쉽게 정리할 수 있도록 서랍을 비롯한 수납공간이 마련되어야 하며 메쉬보드mesh board나 코르크판도 설치한다. 그리고 성장변화가 큰 시기이므로 옷장, 책상은 아동의 성장변화에 따라 그 높이가 조절될 수 있도록 한다.

⑦ 틴에이저의 수납계획은 학습을 위한 분위기의 형성과 함께 자기를 적극적으로 표현하도록 한다. 오디오, 취미용품, 기호품 등으로 실내를 꾸며 이들이 자연스럽게 디스플레이 되도록 한다.

| 사진 2 -67 | 수납공간(Walk in Closet)이 있는 침실

(4) 욕실

욕실은 입욕, 세면, 배설 등에 필요한 물품을 정리, 보관하는 수납계획이 필요하다. 세면대를 일체화시켜 밑장이나 뒷장을 설치하거나 세면대 전체를 하나의 장으로 처리하여 수납공간으로 활용한다. 또한 변기의 윗부분도 장을 설치하여 수납공간을 마련하거나 분위기를 부드럽게 하기 위해 책, 꽃을 둘 수 있는 선반을 설치하기도 한다. 공간에 여유가 있으면 욕실 내에서 간단한 화장과 피부관리를 할 수 있는 수납공간도 마련한다.

| 사진 2 -68 | 일체화된 수납공간의 통일성과 차별화를 모색한 현관의 예 / 디자인 블로커

| 사진 2 -69 | 현관의 수납 시스템

(5) 현관

현관에서 우의나 코트를 입고 벗으며 신을 신고 벗는 장소이므로 이를 위한 수납장이 마련된다. 우의나 코트를 위한 수납장이나 옷걸이가 마련된다. 그리고 신발장은 구두, 슬리퍼, 장화, 부츠 등이 계절별, 사용자별로 정리되도록 하며 이들 크기에 맞는 적절한 치수이어야 한다. 신발장의 깊이는 350 이상이 필요하나 이 공간을 절약하기 위해 신발을 경사지게 수납하기도 한다. 신발을 건조시키고 습기가 차지 않도록 신발장의 문이나 측판에 환기구를 설치한다.

이렇게 어느 특정한 실에는 실사용자의 물품과 행위를 중심으로 한 수납계획을 세워야 하나 수납공간이 부족한 주거공간에는 여러 형태로 구석구석을 활용하도록 한다. 예를 들면 창가의 창 밑이나 창 위를 이용하거나 계단 밑과 같은 데드 스페이스dead space를 활용한다. 또한 벽면을 칸막이가구로 대치할 수도 있으며 기둥을 감싸서 수납공간을 만들 수 있다. 바퀴가 달려 이동 가능한 웨건 테이블은 물품 수납과 함께 보조 작업대나 간단한 테이블로도 사용할 수 있다.

4. 주거공간의 리노베이션renovation

4. 1 리노베이션의 개념

리노베이션은 사전적 의미로 낡았거나 닳아서 못쓰게 된 것을 회복, 수리하여 새로운 상태로 만든다는 뜻이다. 리노베이션은 보존하면서 새롭게 고쳐 쓰는 보존과 신축의 현실적인 타협이며 그 중간적 개념이다. 따라서 문화적 역사적 가치가 있는 옛 건축물을 보존하기 위해서나 건축비와 법규와 기안한 경제적 상황의 변화에 의해 재사용, 즉 리사이클링에 대한 타당성이 클 때 행하는 작업이다.

문화적 역사적 가치가 있는 옛 건물의 경우 리노베이션은 보존保存 reservation, 복원復元 restoration, 보전保全 conservation, 전용轉用 adaptive-reuse, 재축再築 reconstruction, 복제複製 replication, 이전移轉 relocation의 경우에 해당한다. 그러나 일반적으로 주거공간에 적용되는 리노베이션이라 함은 기존의 공간에 있어 낡거나 파손되거나 한 곳을 새것으로 교체하거나 고치고 불편했던 점들을 개선하기 위해 수리하거나 넓혀 새로운 생활욕구에 적합한 기능을 개발시키거나 수명을 연장하는 작업이다. 따라서 리노베이션은 작게는 수리修理, 수선修繕의 개념에서부터 개조改造, 개수改修, 개축改築에 이르기까지 폭넓은 개념이며 경우에 따라서는 증축增築 또는 증개축增改築으로까지 확대 적용된다.

① 수리修理, 수선修繕은 여러 가지 원인으로 인해 낡거나 파손된 부분을 보수함으로써 그 기능을 유지하기 위한 공사이다. 법적인 규제가 없으므로 허가나 신고없이 임의로 가능하다.

② 개수改修와 개조改造는 잘못된 곳을 바로 고쳐 보다 편리한 생활기능을 수행하도록 만드는 작업으로 수선보다 확대된 상위上位개념이다. 건축법에 의하면, 건축물의 주요 구조부에 대한 수선 또는 변경을 대수선大修繕이라 하며 이 경우 내력벽은 그 면적 30㎡ 이상 해체하여 수선 변경하거나 기둥, 보, 지붕틀을 각각 3개 이상 해체하여 수선, 변경함이다. 미관지구 내 건축물일 경우 외부형태, 색채, 담장 변경도 이에 해당된다.

③ 개축改築은 기존 건축물의 전부 또는 일부를 철거하고 다시 그 대지 안에 종전과 동일한 규모로 축조함이다. 여기서 규모란 건축면적, 연면적, 높이, 층수 등의 규모가 같거나 작은 것을 말한다. 건축물의 위치 및 구조 변경, 자재사용에 대한 제한없이 방화, 미관 등이 개선됨은 물론이요 내구연한까지도 연장된다.

④ 증축增築은 기존 건축물이 있는 대지 안에서 건축물의 면적, 연면적 또는 높이를 증가시키는 것을 말한다. 다시 말해 기존 건축물의 수직방향 또는 수평방향의 건축면적, 즉 연면적 또는 높이의 증가이다. 기존 건축물이 있는 동일한 대지 안에서는 건축물에 붙여서 하든지 별도로 건축하든 간에 증축으로 간주된다.

⑤ 증개축增改築은 증축과 개축이 함께 행해지는 것으로 일반적으로 집을 수리하고 넓히는 정도로 인식되고 있다. 실제로 주택을 확장하여 보수할 경우 복합적으로 발생하는 개수, 개축, 증축이 동시에 발생하게 되고 증축에서 개축이 따르기 때문에 증개축이라 한다.

증개축하는 부분은 모두 현행 건축법에 적용을 받으므로 이에 유의해야 한다. 또한 건축법상 증축, 개축, 대수선의 개념은 명백히 구분되어 있으며 통상 바닥면적의 합계가 30㎡ 이상일 때는 건축법상의 허가를 받아야 하고 그 이하는 신고만으로 가능한데 10㎡ 미만은 관할 동

사무소에 10~30㎡까지는 관할구청에 신고해야 한다. 따라서 주거공간의 리노베이션이 어느 범위에 해당하느냐에 따라 건축법의 적용 여부를 검토해야 한다.

4. 2
주거공간의 리노베이션 의의

주거공간에서 가족을 중심으로 이루어지는 주생활의 내용적인 측면은 매우 가변적이고 유동적일 뿐만 아니라 그 생활수준도 변화하여 주거에 대한 새로운 욕구를 형성한다. 이에 반해 주택이라는 건축물은 고정적이고 장기적이며 시간이 지남에 따라 노후화老朽化가 뒤따르게 됨으로써 문제가 발생하게 된다. 즉 주생활의 변화와 그에 따른 주거욕구에 건축물의 기능이 따르지 못함으로써 조화가 깨져 주생활에 불만을 느끼게 된다. 따라서 가족의 불편함과 주생활의 불만을 해소하고 가족규범에 맞도록 하는 주거적응住居適應행위가 발생한다. 이때 주거적응행위에 작용하는 변인變因은 라이프 스타일life style, 가구주의 연령, 가족 구성의 규모, 수입 정도, 주택의 소유 형태, 거주기간 등이다.

주거적응 행위는 가족의 적응이나 적합한 주거공간을 찾아 주거이동을 꾀하거나 기존의 주거공간을 리노베이션을 하게 한다. 그런데 가족적응은 주생활의 질을 악화시키고 주거이동은 부정적인 영향을 갖는 반면, 리노베이션은 가족들이 이동치 아니하고 주거욕구를 최대한 만족시키도록 그들의 주거공간에 적응하게 한다. 이때 리노베이션 계획은 거실이 좁아 가족실로서 기능을 충분히 발휘 못해 공간구성 및 배치를 조정해야 하는 경우와 다락방, 지하실, 계단 밑 등 기존 주택에서 실로서 기능을 갖지 아니한 공간이거나 데드 스페이스를 활용하여 특정한 기능을 위한 목적실로 이용하고자 하는 공간 활용 측면에서, 또한 가족 수나 구성의 변화로 더 많은 실이 필요하거나 크기의 증대를 꾀해야 하는 공간 확장의 측면 등에서 시도된다. 노후화 된 상태를 개선하여 기존 주거 공간의 수명을 연장시킴으로써 경제적으로 자산 가치의 하락을 막거나 높일 수도 있다는 데도 그 의의가 크다.

그런데 주거의 노후화는 주거공간이 파손되거나 흠집이 생기거나 배관 등 설비의 노후화를 말하며 자연적 노후와 인위적 노후로 구분할 수 있다. 자연적 노후는 시간이 경과함에 따라 목재가 부식되거나 콘크리트가 풍화하여 조금씩 무너지기 시작하거나 금속이 부식하는 등 구조체 자체의 재료가 계속적으로 파괴되거나, 칠이 벗겨지는 등의 마감 재료가 낡거나, 욕실·부엌 등의 시설이 낡거나 망가진 상태를 말한다. 또한 인위적 노후는 일상생활에서 동반되는 여러 가지 종류의 파손과 부주의로 인한 파괴상태를 말한다. 이 외에도 공법, 기술, 사용자재, 설비 등도 새롭게 개발되고 아울러 주택의 모양도 새로운 양식이나 패턴이 유행하게 되므로 리노베이션 한다.

4. 3
주거공간의 리노베이션 계획

주거공간의 리노베이션 계획은 이에 언급했듯이 간단히 도배나 칠을 다시 하거나 설비를 교체하는 등의 집 손질, 집수리에서부터 주택의 구조를 변경하거나 주택을 확장하는 증축, 증개축에 이르기까지 그 범위가 대단히 넓다. 특히 증개축의 경우 신축공사보다 더 복잡하고 어려운 경우도 있기에 사전에 소요비용에 대한 예산계획과 대상 주택을 면밀히 진단하여 리노베이션의 범위를 확정해야 한다. 이때 관계 건축법의 적용여부를 확인해야 한다.

리노베이션의 계획에 있어 기본적으로 고려되어야 할 사항은 다음과 같다.

① 가족전체나 개인에 필요하거나 불만을 수집하여 주생

활을 발전, 개선시켜야 한다. 가족 모두의 요구를 계획에 모두 반영시키기 어려울 경우 가족과 충분히 의사를 교환, 타협하여 문제를 해결하도록 노력한다.

② 쓸만한 것은 최대한으로 활용하고 쓰지 못할 것은 과감히 버리는 지혜가 필요하다.

③ 종합적이고 장기적인 계획이어야 한다. 즉 설비기기의 사용연한이나 가족 구성원의 변화를 예측하여 계획에 반영한다. 예를 들면 아동실의 경우 자녀가 초등학교 고학년이나 중학생이 되면 독립된 실을 원하므로 증개축이 시도되고 일단 증개축할 경우 자녀가 사회인으로 독립할 때까지 사용할 수 있도록 계획한다.

④ 기존 주거공간을 리노베이션하여 재사용하는 것이 경제적으로 타당한가 하는 판단이 내려져야 하는데 그 기준은 건축물의 성격, 보존상태, 입지적 조건, 장기간의 수익 정도 등이며 이에 대해 부동산, 건축구조, 기초공사 등 각기 분야의 전문가에게 정밀한 검사와 진단을 의뢰하여 그 결과를 참조하는 것이 좋다.

리노베이션의 계획 전개는 주거욕구의 최대 만족과 주생활의 개선이라는 측면에서 기존 공간을 철저히 분석하여 장기적이고 합리적인 계획이어야 한다. 우선 계획의 진행은 기존 공간에 대해 건축적, 설비적 요소 등의 조사와 재사용해야 할 설치물이나 가구 등을 사전에 조사한다. 건축적 요소의 경우 형태, 크기, 동선관계, 실배치, 천장의 내부상태, 지하층과 지상층의 관계, 기존 건축물의 구조와 재료마감상태, 채광상태, 보온상태 및 방음상태, 기존 공간의 법적 용도와 규정 등을 조사한다. 또한 이와 함께 리노베이션할 공간의 구조적 사항 체크가 중요하다. 특히 기둥의 구조적 역할은 중요하고 증축이나 증개축의 경우 보강여부를 진단해야 한다. 그리고 벽이 내력벽인가, 비내력벽의 칸막이벽인가를 확인하되 내력벽인 경우 기존벽 부분을 제거할 수 없으므로 가능한 기존의 배치를 고수하거나 제거할 경우 그에 상응한 구조적 보강이 필요하다.

그런데 증축이나 증·개축될 경우 건축물의 외관, 실의 연계성 처리, 채광 및 통풍상태를 고려해야 한다. 특히 2층으로 증축될 경우는 계단의 위치가 중요하며 기존 건물의 외관 사용재료, 개구부의 크기와 형식이 고려되어야 한다. 그리고 기존부분과 리노베이션 되는 부분과의 재료, 질감, 색, 형태 등 디자인적 제요소들이 균형, 조화되어야 함이 중요하다. 설비적 요소는 급배기, 상하수도 및 냉난방, 위생의 배관 경로 및 설비물의 고장 또는 노후화 상태가 조사되어 수리되거나 교체되어야 한다.

기존 공간의 조사 분석에 따라 리노베이션의 범위가 정해지나 이때 극복해야 할 제한적, 한계적 요소가 많을수록 비용이 보다 많이 들게 되므로 경제적 타당성에 대한 전문가의 조언을 참조한다. 제한적, 한계적 요소라 하면 천장을 높이고자 할 경우, 내부디자인으로 인해 외관에 영향을 주는 경우, 설비의 현저한 이동 및 교체가 요구되는 경우, 건축물의 구조상 변경이 용이치 못한 경우 등이라 할 수 있다. 그리고 도면이 부재하거나 있더라도 기존상태와 다를 수 있으므로 일일이 실측과 검사를 통해 정확한 현황 설계 도서를 바탕으로 리노베이션 하고자 할 부분을 계획해야 한다. 이는 공사기간 및 공사비용의 절감에 도움을 줄 뿐만 아니라 의뢰인을 비롯한 계획대상과 이웃한 주민 및 관련부서와의 마찰을 최소화할 수 있기 때문이다.

계획을 시행함에 있어 공사 도중 예기치 못한 상황이 자주 발생하고 변경이 심한 경우 도면의 작성도 어려워 현장에서 진행해야 하는 등 체계적인 공사가 이루어지지 어려우므로 계획자는 가변적인 상황에 쉽게 대처할 수 있는 사전준비가 필요하다. 예를 들어 리노베이션에 대한 정확하고 치밀한 계획이 세워졌더라도 철거작업이 완료한 후 예기치 않은 다른 문제점이 발생할 수 있으므로 다시 한번 계획을 검토, 체크하여 만반의 준비를 한다. 또한 이로 인해 자재, 공사인원, 공사비, 공사기간 등이 계획과 차질이 생겨 입장이 곤란할 경우도 생기기 쉽다. 만일 이러한 문제가 발생할 경우 계획자는 의뢰인과 시공자가 충분한 의견교환을 나누어 바람직한 결과가 나오도록 중재, 노력해야 한다.

제 3 장 상 업 공 간

– 상점 · 백화점

John Pawson / Valextra Flaghip Store Milan

1. 개설

|사진 3 -1| 메종 사우스케이프 / 계선디자인

산업화, 도시화, 소득 증가 등 사회 경제적 생활환경의 변화로 상업공간은 단지 생산과 소비를 연결시키는 매개공간媒介空間일 뿐만 아니라, 공공公共에게 서비스를 제공하고 공적인 생활을 가능하게 하는 위락시설로서의 문화공간으로까지 확대 발전하고 있다.

생활수준의 향상, 새로운 라이프 스타일life style의 추구로 소비자의 욕구 수준도 점점 개성화, 다양화되고 그에 따른 소비생활 패턴도 양적·질적으로 변화하여 사람들은 새로운 생활문화에 대해 끊임없이 자극받고 경험하기를 원한다. 이에 따라 새로운 형태의 산업은 계속하여 등장하고 상업공간은 보다 세분화되고 있다. 그러므로 상업공간의 디자인은 변화하는 욕구와 이에 따른 소비생활 패턴이 고려된 미래지향적인 계획이어야 한다. 즉 소비자의 생활문화적 흐름을 예측하고 정확한 방향을 결정하여 문화의 동향을 선도할 수 있는 계획이 요구된다.

상업공간의 실내디자인은 실내, 외부공간을 창조적이고 효과적으로 계획하여 판매신장의 결과와 수익의 증가를 기대하는 의도적인 창조행위이다. 따라서 기능적인 편리성뿐만 아니라 독특한 아이덴티티 프로그램identity program에 의해 표현되는 시각전달의 장場으로 공간을 조형화하여 심미적, 심리적 만족을 줄 수 있도록 전개한다.

상업공간은 규모별, 업종별로 다종다양多種多樣할 뿐만 아니라 각기 조건도 다르다. 따라서 디자인에 관련된 사항뿐만 아니라 경영자가 의도하는 구상構想과 경영방침, 환경의 특이성, 시대의 경향, 유행 등이 포함되고 사회현상, 소비자 행동, 상품, 마케팅marketing 등의 이해가 병행되어 다각적이고 종합적인 개념으로 디자인해야 한다.

| 표 3 -1 | 오늘날의 고객 지향

건강안정성 지향	• 건강하고 싶다. • 공해에서 벗어나고 싶다. • 물건을 소중히 한다.	• 자연으로 돌아가고 싶다. • 가족을 보호한다.
환경 · 향상성 지향	• 개성적인 생활을 하고 싶다. • 편안히 살고 싶다. • 풍요와 사치를 누리고 싶다.	• 사회적인 지위를 갖고 싶다. • 생활을 가치있게 하고 싶다. • 쾌적한 환경에서 생활하고 싶다.
정서성 지향	• 자연의 소재를 사용하고 싶다. • 자신에게 순순하고 싶다. • 규격품을 사용하기 싫다.	• 생활의 감정을 소중히 한다. • 없어져가는 것을 소중히 하고 싶다. • 조금은 모험을 하고 싶다.
기호성 지향	• 맛있는 것을 사먹고 싶다. • 유행을 받아들이고 싶다. • 생활습관을 바꾸고 싶다.	• 패션을 중요시 한다. • 차별성을 두고 싶다. • 변신하고 싶다.
커뮤니케이션 지향	• 노는 시간을 많이 갖고 싶다. • 학력, 교양을 갖고 싶다. • 엘리트끼리 모이고 싶다.	• 창조활동에 참여하고 싶다. • 공공적인 생활을 하고 싶다.
경제성 지향	• 금전을 소중히 한다. • 적정한 가격으로 구입한다. • 내구성 있는 것을 갖고 싶다.	• 기능성이 좋은 것을 갖고 싶다. • 낭비를 지양한다. • 간편한 것이 좋다.

| 표 3 -2 | 소비생활 패턴의 변화

과 거	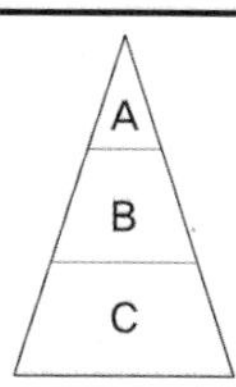	계급층의 소득차가 커서 백화점이나 일반 전문점은 A, B를 의식적으로 대상으로 하여 매장의 화려함이나 유명상표에 의한 만족감을 제공하고 C를 대상으로 하는 상점은 실질 본위로 한다.
현 재	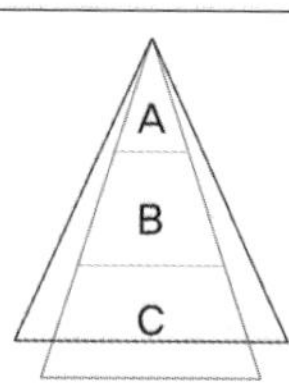	과거의 소비체제는 A, B, C를 포함한 새로운 패턴으로 변화하고 있다. 모든 계층의 취미, 기호가 같은 생활양식을 지향하여 대중은 고소득층의 사치와 실용성을 같이하는 기회가 증가되었다.
미 래	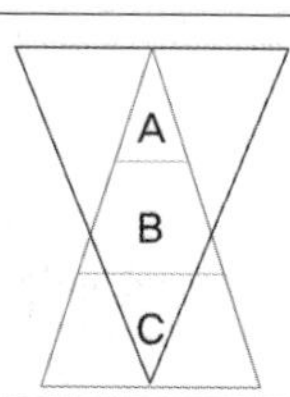	소비는 평균적으로 점점 문화적 방향을 지향하여 과거 고소득층에만 한정되었던 것이 일반화 될 것이다.

종래의 대량판매, 대량소비를 목적으로 품목별 분류에 의한 수직적 개념에서의 상업은 소량 다품종, 전문화의 형태로 한 수평적 개념으로 전환되었다. 따라서 상업공

간의 실내디자인은 대상 고객층을 정확히 파악하여 각 브랜드의 고유한 이미지, 디자인 개념의 설정이 보다 중요하다. 오늘날 상업공간은 그 디자인에 있어 다음과 같은 경향을 보이고 있다.

① 물리적 기능 조건보다 상점 내 전체의 통일성과 개성을 추구하는 공간을 지향하고 시각적 조형을 통해 판매공간의 이미지를 추구한다. 공간 그 자체가 상품과 더불어 토털 코디네이트total coordinate 되도록 표현한다. 더욱이 외부에서 보는 간판이나 쇼윈도에서뿐만이 아니라 상업공간 자체는 하나의 디스플레이의 대상이 되어 전체에서 광고의 메시지가 전달, 느껴지도록 한다.

② 어떠한 소재로 구성할 것이냐는 공간의 성격과 질을 좌우하므로 표면적 효과와 내면적 이미지를 조화, 연출한다.

③ 비디오 전자기구, 레이저, 컴퓨터 등 첨단산업의 기술을 공간에 도입하여 극적인 효과를 꾀한다.

④ 외관이나 실내의 장식적 요소는 팝 아트pop art, 슈퍼 그래픽super graphic, 옵아트op art, 키네틱 아트kinetic art와 같은 현대미술과 결합하여 독특한 공간의 창출을 꾀한다.

구매행위의 주체인 소비자는 개성화되고 다양한 욕구의 소비패턴을 보이므로 상업공간의 계획은 어떤 상품을, 어느 고객층을 대상으로, 어떻게 판매, 서비스할 것인가를 결정하는 기획 프로그램이 디자인의 맨 첫 번째 접근과정이다. 이 기획 프로그램은 '기획의 방향 결정이 곧 디자인의 결정이다'라고 간주되므로 매우 중요하다. 이는 디자인의 결과와 고객의 만족이 상품의 구색, 품질, 가격뿐만 아니라 실내외 공간의 기능적, 심미적, 경영적 측면에서도 일치하여 보다 많은 판매증가를 도모하고자 함이다.

상업공간은 작게는 심벌symbol, 마크mark, 로고 타입logo type, 사인sign, 사무용 서식류를 포함한 인쇄물류, 유니폼 및 부착물, 수송용 차량, 운반용 기구, 집기류, 포장지에서부터 가구, 파사드, 쇼윈도, 실내 · 외 공간, 그래픽 등에 이르기까지 디자인 코디네이트design coordinate를 꾀하여 디자인의 제요소들을 통일, 조화시켜야 한다. 그리고 고객을 어떻게 내부공간으로 유도하여 어떻게 좋은 기분으로 구매하게 할 것인가 즉,

A(attention / 주의) 눈을 끌 수 있는 충분한 매력이 있는가,

I(interest / 흥미) 공감을 주는 호소력이 있는가,

D(desire / 욕망) 친근감, 자극, 욕구를 일으키게 하는가,

M(memory / 기억) 개성적인 인상을 주는가,

A(action / 행동) 들어가기 쉬운 구성인가,

구매의 동기를 불러일으킬 수 있는가를 강구하여 계획한다.

1. 1 상업공간의 실내계획

상업공간의 실내계획은 기획, 기본계획(설계), 실시설계의 3단계의 과정으로 진행한다. 기획은 보통 의뢰인 측과 협동으로 이루어지기에 실내디자이너의 작업은 일반적으로 기본계획(설계)에서부터 출발하게 된다. 기본계획(설계)에는 기획과정에서 나타난 의뢰인의 요구 사항, 브랜드의 지향 목표, 대상 고객층의 결정, 문제해결사항 등이 반영되어야 하므로 기획과 기본계획(설계)이 병행되기도 한다. 따라서 기본설계는 기획을 기본으로 경영, 구상, 경제면의 합리적인 실현을 하기 위한 과정이며 실시설계는 기본설계를 보다 세부에 이르는 내용으로 시공 및 제작을 위해 작성된다. 이때 설계의도는 아주 세밀하게 표현되어 구체적으로 제시된다.

(1) 기획 및 계획조건의 파악

① 입지적 특성

도시환경 규모, 경합競合지역의 유무有無, 소속 상점가의 성격, 상권商圈의 규모, 교통조건, 방위 및 일조조건, 대지경계 및 전면도로, 출입을 위한 어프로치approach 동선, 대지형태, 건물과의 관계(층수, 건물규모와 구조) 등 입지적 특성을 파악한다.

② 시장 조사

타 상점과의 경합관계(위치, 업종), 소비경향(취급상품에 대한 소비경향, 업종 및 업태의 현상과 경향) 등 상품에 대해 시장조사를 한다.

③ 상품의 특성과 구성

취급상품의 수량, 질, 특성 등과 품목별 매상고를 파악하여 적절한 상품의 구성을 꾀하고 상품과 타 상점에 대한 차별화 정책을 세운다.

④ 관리 경영적 측면

유통경로, 매입買入, 판매, 제조, 관리, 조직, 운영 등에 대한 재확인 및 투자 채산 관계, 인적 조건(종업원의 확보와 필요인원수, 자질, 교육 정도) 등 관리경영적 측면을 파악한다.

|사진 3 -2| 이영희 한국의상 / 마영범

⑤ 대상고객에 대한 분석

연령(미혼층, 중노년층, 독신, 청소년, 유아), 직업(주부, 회사원, 전문직 등), 패션과 유행에 대한 흥미 정도, 구매동기, 라이프스타일, 소비생활 패턴 등 사항을 목표로 하는 대상고객에 대해 파악한다.

(2) 기본 설계

1) 기본계획(설계)의 전제 설정

의뢰된 대상공간의 상위계획인 건축설계에서 계획된 내용의 중복은 가급적 피하는 것을 원칙으로 하되 이를 연관, 발전시키는 동시에 실내디자인에 적용될 대안을 제시함으로써 다양한 표현의 유도와 선택의 폭을 넓히도록 계획의 전제를 세운다. 이 계획의 전제는 기본계획(설계) 및 실시설계에서 적용될 설계지침이다. 설계지침은 실내디자인과 관련된 분야의 기본 원칙 설정, 기본설계에 필요한 프로그래밍의 작성, 다양한 실내디자인의 표현과 기본개념을 제안, 발휘되도록 작성한다.

2) 계획의 목적 및 범위 설정

대상공간에 대한 미래지향적인 사업방향의 설정, 인간환경과 조화될 수 있는 공간부여에 목적을 세우고 이미지 부각 및 개성 있는 특징 표현을 어떻게 설정할 것인가, 아울러 수익성 증대 및 부업적 실질성 추구의 대상은 어떤 것인가를 생각한다. 다음 범위설정은 공간적 범위의 구분과 내용적 범위를 정확히 한다. 예를 들어 공간적 범위에는 지하층, 1층, 2층 등의 층별, 실명을 명확히 하고 내용적 범위에는 실제 디자인될 관련계획사항, 즉 가구 및 집기류의 계획 및 조명기구 디자인, 실내디자인에 미치는 예술품과 같은 액세서리 등을 포함한다.

3) 계획의 전개

건축계획과 함께 실내디자인이 진행될 경우, 건축계획이 주는 공간계획상의 제약요소를 검토하여 기본설계 초기에 건축설계자와 협의하여 조정한다. 특히 실내·외의 디자인 통일화 작업을 꾀함에 있어 건축에서 표현된 건물 전체의 이미지를 손상시키지 않도록 주의한다.

파악된 계획의 조건에 따라 계획의 개념 및 설계지침이 결정되고 본격적으로 디자인의 구상단계로 이르게 된다. 이때 쾌적하고 개성 있는 분위기의 판매공간 이미지를 추구함을 목적으로 공간 연출한다. 공간연출은 평면적에서 입체적 계획으로 변화있게 하고 각 매장별로 이벤트 공간이나 중심이 되는 구심공간을 둔다. 그리고 자연스러운 공간의 시퀀스를 위해 변화있는 개방공간을 유도하여 시선의 다변화를 꾀한다.

그리고 사용재료의 품질, 새로운 시공법, 새로운 장치등을 시도하고 디자인 구상에서 어느 정도 정해진 분위기를 더욱 강화시켜 개성적인 이미지가 되도록 전개하되 입구, 동선의 유도부분 그리고 바닥, 벽, 천장, 기둥, 개구부 등 실내디자인 제요소들을 전체적으로 정리한다.

계획대상이 요구하는 필요한 제기능을 파악하고 소요되는 개실 및 규모, 구체적 행위, 필요가구, 집기, 설치물 등을 조사한다. 각 실의 연계를 포함한 공간 사용자의 시선, 행위, 동선이 원활하고 자연스러운 흐름이 되도록 조닝과 동선계획을 전개한다.

상품구성에 따른 상품의 치수와 양에 의거하여 판매대의 유형과 크기를 정하고 테이블, 카운터 등의 크기와 좌석배치의 유형을 결정하고 배치한다. 이들 상품 및 가구배치와 함께 공간별의 면적 배분, 디스플레이의 효과, 동선계획이 아울러 보다 상세히 진행된다. 이들은 기능적으로 뛰어나고 배치 및 동선이 단순, 명쾌하며 인간공학적 측면에서도 무리가 없어야 한다. 특히 종업원의 사용에 편리하고 일하기 좋은 기능성이 요구된다.

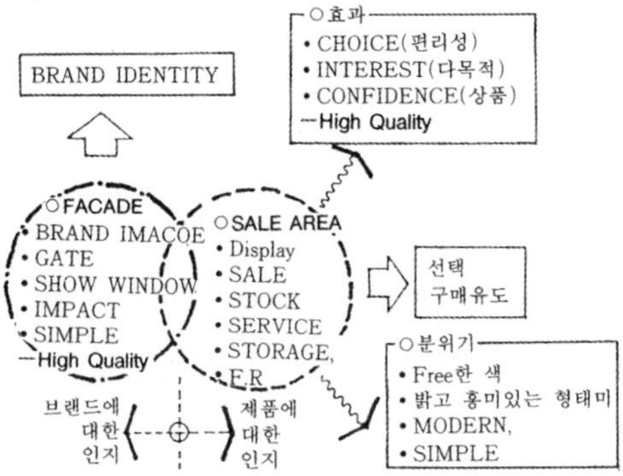

계획의 개념

계획의 목적

- 확고한 Brand Identity
- 타 브랜드 및 수입브랜드에 대한 Top Maker로서 정통성 인식
  - 경쟁력 강화
- Design Quality를 통한 제품의 신뢰성과 높은 평가 유도

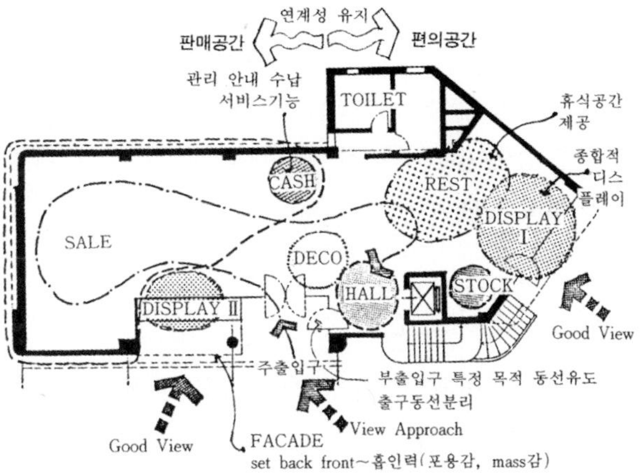

죠닝 및 동선계획

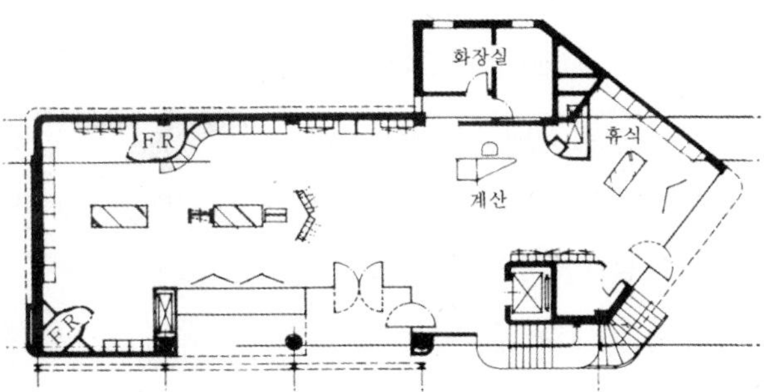

평면도

|그림 3 -1| 상점 계획 전개의 예 MARITÉ FRANCOIS GERBAUD shop / PIA Design

(3) 실시설계

기본설계를 보다 전개시켜 시공 및 제작의 방법, 사용재료의 명시, 치수, 완성을 명확히 하고 경제성, 유효성을 명시한다. 따라서 색채, 마감재료와 시공법이 확정되고 집기 및 제설비의 선정, 디스플레이, 관련디자인의 제작 등을 최종적으로 점검하여 설계에 반영한다.

1) 재료마감과 시공법의 확정

경제성, 내구성, 효과 등을 높이기 위하여 사용재료의 질, 크기, 색채 등을 지정하고 시공법, 제작법까지 자세히 지시한다. 이때 미끄러지거나 걸려서 넘어지는 등 위험성이 없도록 하며 화재 시 피난에 대한 대책, 방범 등을 고려한다.

2) 집기의 선정

판매대의 유형, 형태, 크기, 구조법 등을 정확히 결정하여 지시한다. 가구의 색, 형태, 재질, 크기 등도 결정되고 광원, 배광방식, 조명기구, 조명방식 등도 결정한다.

3) 제설비의 선정

공조, 냉·난방, 전기, 급배수, 오수처리, 가스, 화재, 전원 용량 등 설비부분을 고려하여 디자인과 조정한다. 이들 설비기기의 설치 위치 및 방법 등이 경제적, 효과적인가를 검토한다. 또한 주방기기, 위생기기, 냉난방기기 등도 결정한다.

4) 디스플레이의 방법과 위치결정

상품의 종류, 특성을 고려하여 디스플레이의 방법과 위치를 결정한다. 진열되는 상품은 가장 절제된 진열로 디스플레이 효과가 극대화되도록 한다. 집기, 기구, 마네킹, 소품 등 진열 소기구를 유효 적절히 사용한다.

5) 관련디자인의 토털 코디네이트

로고 타입logo type, 심벌symbol, 마크mark, 파사드facade를 비롯한 상점 외의 간판류, 상점 내 사인, POP 광고, 기타 디자인, 종업원 복장 등 관련 디자인 사항을 통합, 조정하여 토털 코디네이트total coordinate한다.

6) 법적 규제와의 대조

마지막으로 건축법, 소방법 등 기타 관계법규와의 조정, 확인이 필요하다.

|사진 3 -3| 이동전화매장-On Call

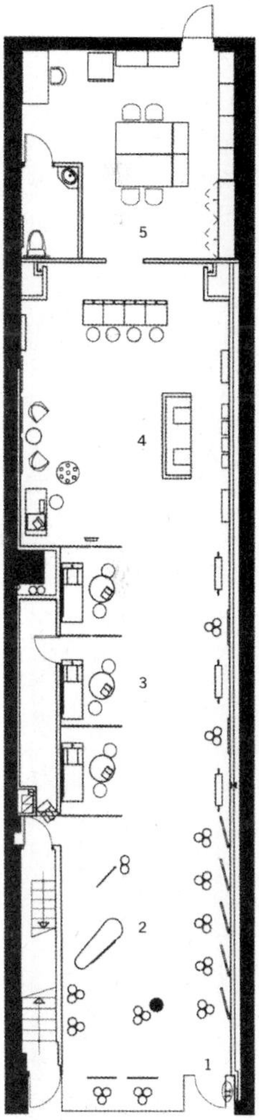

|그림 3 -2| 이동전화매장-On Call / floor plan

1. 2
실내계획의 기본

상업공간의 실내계획은 공통의 프로세스 이외 업종에 따라 그 특성이 있으나 취급 품목이 고객에게 흥미를 끌도록 하는 것이 공통적으로 중요하다. 상업공간은 소비자에게 상품을 공급, 구매하게 하는 물품 판매점인 상점과 음식, 숙박시설 등 서비스를 제공하는 음식점으로 크게 구분한다.

(1) 상점

상점은 의류, 일용잡화류, 문화용품류, 식료품류 등으로 분류하는데 이들 상점은 라이프스타일에 따른 소비생활패턴에 영향을 받아 변화, 진보하는 성향을 갖고 있다.

① 각 업종에 따른 특징을 갖도록 하며 디자인 의도에 따라 사용재료, 마무리, 색채, 조명 등 디자인의 제요소를 다른 상점과 차별 있게 하여 개성적이고 독특한 분위기의 공간이 되도록 한다.

② 각 업종에서 갖추어야 할 판매대를 포함한 제반설비 또는 장치 등의 취급, 상품치수, 진열방법 등은 종래의 일반적인 방법에 구애받지 않는 참신한 방법을 모색한다.

③ 대상고객층의 라이프스타일, 경향, 기호, 소비패턴 등을 충분히 파악하여 고객층에 맞는 감각의 구성이 되도록 한다.

④ 고객에 대한 서비스와 구매심리를 고려한다.

⑤ 라이프스타일life style 디스플레이, 관련 디스플레이, 비주얼visual 디스플레이, 이미지 업image up 디스플레이 등 새롭고 다양한 디스플레이의 방법을 시도하여 계획한다.

⑥ 로고타입, 마크, 사인 등 시각적 전달 매체류의 이미지를 통일하는 디자인 통합화 작업으로 디자인 코디네이트design coordinate를 꾀한다.

|**사진 3 -4**| Valentino Flagship Store, New York / David Chipperfield

(2) 음식점

음식 및 서비스점은 스낵류, 차茶류, 일식, 양식, 중식, 한식 등 각종 음식점류와 유흥음식점류로 구분한다. 이들은 스탠드식 영업도 있으나 대부분 테이블에 앉아 음식을 먹고 휴식을 하는 영업형태를 취한다.

① 각 업종별 특징에 따라 다른 점포와 다르게 하는 차별화전략의 기본은 상점과 같으나 점포면적에 따라 큰 차이가 있으므로 이에 주의한다.

② 주방의 위치에 따라 좌석 구성의 결정에 영향을 미친다. 음식에 따라 주방은 적절한 규모와 설비시설로 계획하고 종업원의 서비스 동선이 너무 길지 않도록 한다.

③ 보유좌석 수에 따라 동선, 서비스 공간 등의 배치가 정해지는데 이는 실내공간의 여유, 즐거움, 기능성에 영향을 준다.

④ 마무리의 재질, 색채, 구성 등 대상고객의 소비패턴, 취향 등에 맞추어 분위기와 이미지를 정한다.

⑤ 사용재료와 조명과의 관계에 충분히 유의하고 음식을 먹는 장소이므로 일반적으로 어두운 이미지를 피하고 밝고 경쾌하게 디자인을 전개하나 유흥 음식점의 경우는 예외이다.

⑥ 제공하는 음식이나 서비스는 값싸고 스피드speed를 요하는 것과 비싸고 품위, 격조를 중요시 하는 이분화의 경향이 있다.

⑦ 고객의 안전, 위생, 방재에 대해 충분한 배려가 필요하다.

|사진 3 -5| HONNÊTES GENS Restaurant / 태오양

2. 상점의 실내계획

상품의 생산시스템에 있어 과거 단일품종의 대량생산체제에서부터 다품종의 소량주문생산체제로 변하고 있다. 이에 따라 시장은 세분화되고 제품가격의 통일, 제품의 규격화와 동질화는 사라지고 상품은 품질, 가격 등의 면에서 차별화되어 생산되고 있다. 이에 따라 상점도 각기 고유의 독특한 이미지로 개성화되고 새로운 판매형태의 업종으로 등장하고 있다.

상점을 판매환경으로 구성하는 요소는 대상물, 공간, 시간, 고객이며 상점계획에 있어 이들 요소들은 종합적으로 체계적으로 조사, 분석하여 디자인에 반영한다.

대상물은 전달하고자 하는 내용물, 즉 정보요소이다. 대상물의 성격에 따라 상품, 광고, 프로모션, 상품구색의 다양성은 필수적이다. 소비자가 받는 정보요소는 대부분 시각에 의해서 받게 되므로 정보전달에 있어 시각적 효과가 미치는 영향을 매우 크다. 따라서 소비자에게 환경이미지의 전달방법은 신중히 선택하고 독특해야 한다.

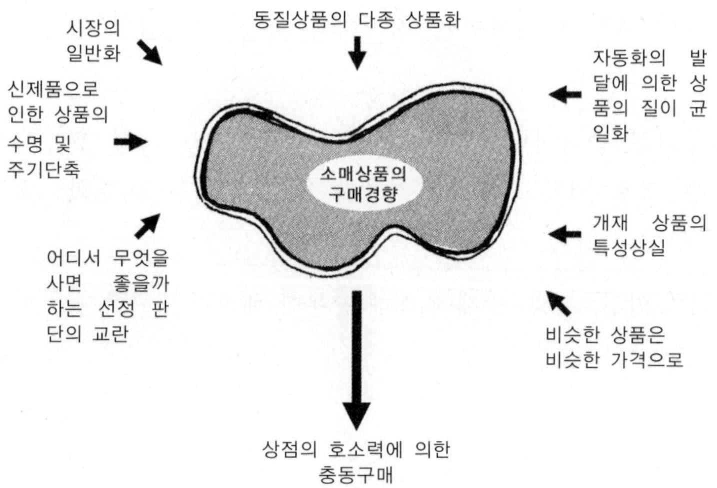

|그림 3 -3| 소매상품의 구매경향

공간은 전달하고자 하는 대상물과 고객이 만나 커뮤니케이션이 이루어지는 장場이다. 공간의 환경적 요소, 규모, 형식, 위치 등에 맞게 조형적 공간으로 시각화하고 인간의 전체 감각에 대응하는 모든 요소를 동원하여 구체적이고 창조적인 공간으로 디자인한다.

시간은 대상물에 대한 시대, 계절, 발매시기 등, 즉 어떤 시기에 어떤 시간(주, 야), 어느 정도의 기간(장기, 단기, 정기, 부정기), 어떤 시점에서 전시하는가에 관련된 요소이다. 이 요소는 공간과 관련되며 계절감과 시대감각의 표현이라는 측면에서 디자인에 반영되어야 한다.

고객은 전달하고자 하는 대상물의 내용을 받아들이는 수신자이다. 소비자의 구매에 따른 행동연구는 고객의 심리적, 사회적 영향 요인을 연구함으로써 상점 디자인의 궁극적 목표인 고객의 심리적 효과를 유발시켜 구매 행동으로까지 연장되도록 해야 한다. 이 요소는 공간, 시간에 대응하여 디자인에 반영되는 기본요소이다.

| **표 3 -3** | 소비자의 욕구와 상점의 주장

소비자의 욕구	욕구를 분석하여 대응방법을 고려한다.	상점의 주장
개성을 가꾸고 싶다. 변신하고 싶다. 자기현시를 하고 싶다. 화려하게 살고 싶다. 사치스럽게 하고 싶다. 유행에 참가하고 싶다. 아름답게 하고 싶다. 전통을 중요시 하고 싶다.	①~하고 싶은 사람이 대응하는 욕구를 선택함에 따라 상점의 개성인 아이덴티티를 수립한다.	이 욕구를 가진 사람은 어떤 직업과 어떤 라이프스타일을 가지고 있는가를 고려한다. • 라이프스타일 • 직업 • 구매가격 • 패션경향
좋은 취미를 가지고 싶다. 경제적인 생활을 하고 싶다. 안정된 노후를 보내고 싶다. 재산을 갖고 싶다. 돈을 늘리고 싶다. 사람을 즐겁게 하고 싶다.	②~생활을 할 때	①에서 생각했던 사람은 어떤 라이프 스테이지(생활장면)을 가지고 있을까 상정한다. • 오피스 여행 • 퇴근 후 파티 • 스포츠, 데이트 등
소비자는 여러 가지 욕구를 가지고 상점을 찾지만 그 모든 것에 대응하여 만족하는 것은 불가능하다.	③~상점의 주장	①②에서 확실하게 포착된 사람 · 라이프 스테이지를 조합하며, 무엇을 권유하면 만족할까를 생각하고 독자적인 상품을 제안한다. • 여행은? • 디자인은? • 소재는? • 아이템은?

소비자의 행동에 있어 Kelly와 Stephenson에 의한 상점 선택 기준은 다음과 같다.

•전반적인 상점의 특성 - 지역사회에서의 평판, 상점 수
•상점의 물리적 특성 - 실내 환경, 계산의 신속성
•소비자가 상점에 도달하는 편리성 - 소요되는 시간, 주차
•제공되는 상품 - 다양성, 신뢰성, 품질
•상점이 책정하는 가격 - 가치, 특별 판매
•판매원의 행동 - 정중, 협조적 행동, 친절
•상점의 광고 - 정보 제공능력, 호소력, 신뢰성
•상점에 대한 주위 사람들의 지각 - 잘 알려져 있는가
- 좋아하는가, 추천할만한가

상점계획은 판매환경을 독특한 이미지로 조형화시키고 상품을 합리적이고 기능적으로 전시, 진열하는 계획의 구현이다. 특히 상점의 실내디자인은 커뮤니케이션으로 수신자와 발신자 사이의 공간에 존재하는 총체적인 전달이 가능하도록 실체적, 비실체적인 요소를 전개시키는 시각화 작업이라 할 수 있다.

2. 1
상품의 구매와 판매

상점계획에 있어 우선 고려되어야 할 사항은 팔고자 하는 상품에 대한 성격, 대상 고객층의 선정 그리고 이들의 구매형태, 판매형태를 결정하는 일이다. 상품은 용도, 구매방식에 따라 분류될 수 있는데 용도에 의한 상점은 의류점, 일용잡화, 문화용품, 식료품으로 분류되며 이에 속하는 상품은 다음과 같다.

① **의류점** : 일반 양품, 양장, 양복, 아동복, 한복 등
② **일용 잡화점** : 구두, 가방, 시계, 안경, 문구류, 화장품, 장식잡화, 수예품, 전기기구, 침구 등
③ **문화용품점** : 악기, 서적, 레코드, 귀금속, 카메라, 미술품, 민예품, 운동구, 레저용품, 완구, 취미용품, 도

자기, 꽃과 화분 등

④ **식품점** : 제과, 과실, 포장가공식품, 일용식품 등

|**표 3 -4**| 상품의 분류

상품의 분류	일용품, 실용품, 가정용품	필수품, 유행품	문화품, 유행품, 사치품
소비자의 구매특징	• 필요량을 때때로 또는 매일 조금씩 산다. • 소비자 자신이 상품을 잘 알고 있다. • 쇼핑시간과 수수료가 들지 않는다. • 사고 싶을 때 언제라도 산다. • 빈부의 차 없이 모두 산다. • 가능하면 싼 것을 산다. • 단골상점에서 산다.	• 불규칙적 또는 부정기적으로 산다. • 쇼핑을 예정하지 않고 구매욕구에 따르기도 한다. • 지출예산을 세우고 계획해서 산다. • 여러 상점을 둘러본 후 가격, 품질, 스타일, 색 등의 여러 측면을 비교한 후 선택한다. • 쇼핑의욕이 일어나도 더욱 신중을 기한다.	• 충분히 생각, 계획해서 산다. • 쇼핑시간과 수수료가 들어도 상관없이 모든 노력을 기울인다. • 가격보다도 스타일, 품질, 색, 서비스를 중요시한다. • 대용품으로는 맞지 않다. • 빈부에 따라 상당한 차이가 있다.
업종별	담배, 신문, 필수 식료품, 부엌용품, 신발류, 잡화	의류, 가구, 화장품, 고급신발, 서적, 선물	피아노, 악기, 자동차, 카메라, 시계, 안경
상점의 위치	• 쇼핑에 편리한 곳 • 교통이 편리하고 통행량이 많은 곳 • 주택지 등 배후지가 있는 곳 • 동일한 종류의 상점이 모여 있는 곳	• 상점가, 번화가 등 즐겁게 선택, 구매할 수 있는 곳 • 동일하거나 유사한 종류의 상점이 모여 있는 종합지역	• 상점가 부근 및 상점가에 속한 곳 (그러나 반드시 그렇지 않아도 좋다.)
상품 및 판매특징	• 상표가 중요하다. • 가격이 싸다. • 품질, 신선도가 좋아야 하며 위생적이어야 한다. • 판매서비스가 철저해야 한다.	• 즐거운 쇼핑 분위기가 되도록 한다. • 상점의 신용이 중요하다. • 판매서비스가 좋아야 한다.	• 소비자의 상품선택에 충분히 협력한다. • 철저한 판매서비스 및 애프터 서비스가 철저해야 한다. • 차분한 분위기가 되도록 한다.

구매방식에 의해 계획적 구매와 충동적 구매로 구분되는데 계획적 구매는 욕구를 유발시키나 상표, 지명의 성격, 유행, 평판에 영향을 받는 일용필수품, 전문품, 가정용품 등이다. 충동적 구매는 시간, 장소, 점원의 서비스 등 우연적 요소가 작용하는 일반용품, 장식품, 사치품 등이다. 불특정 다수의 고객을 상대로 충동구매의 가능성이 높은 업종의 상점은 파사드facade를 포함한 도입공간이 매우 중요하게 다루어져야 한다. 백화점의 경우 매장배치에 있어

구매방식에 의한 상품분류는 중요하게 적용되어 충동적 구매상품이 계획적 구매상품의 매장으로 가는 중간에 위치하도록 한다.

표 3 -5 | 소비자의 구매형태

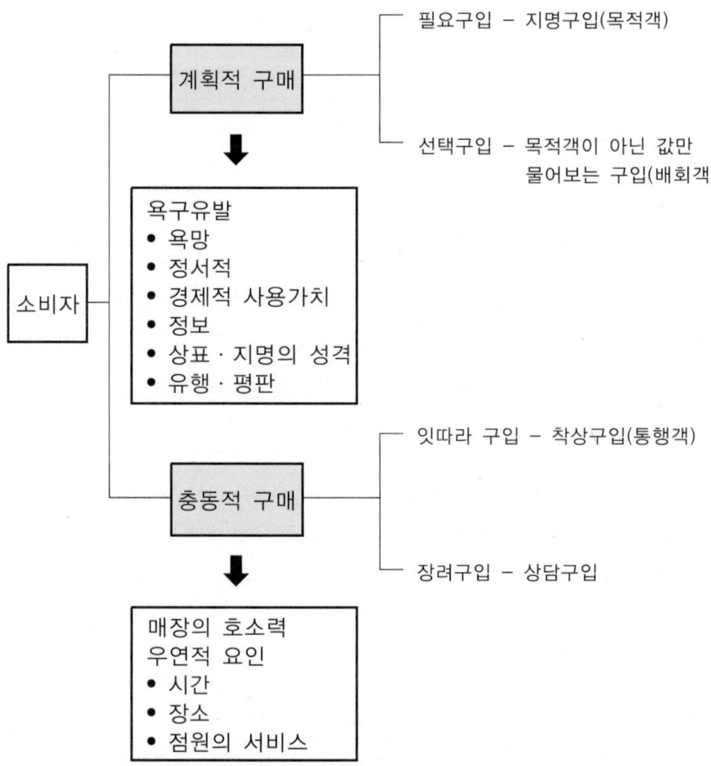

판매방식은 대면對面판매와 측면側面판매로 구분된다. 대면판매는 고객과 종업원이 쇼케이스show case를 가운데 두고 상담, 판매하는 방식으로 고객과 바로 대면하여 상품설명에 편리하고 판매원의 위치가 정하기 쉽다. 또한 포장대를 가릴 수 있으며 포장에 편리하다. 그러나 판매원이 통로를 차지하여 진열면적이 감소되고 쇼케이스가 많아지면 상점의 분위기가 부드럽지 않다. 일반적으로 대면판매를 하는 상품은 화장품, 제과, 수예품, 시계, 귀금속, 의약품, 카메라류로 이들 상품은 소형, 고가품이며 상품에 대한 설명이 요구

된다. 측면판매는 고객이 직접 상품과 접촉하여 충동적 구매를 유도하고 고객은 상품을 직접 만지고 고르므로 선택이 용이하다. 판매원의 면적이 필요하지 않아 진열면적이 크고 상품에 친근감이 간다. 그러나 판매원의 위치를 정하기 어려우며 상품의 설명이나 포장이 쉽지 않다. 측면판매를 하는 상품은 전기용품, 서적, 양장, 양복, 침구, 운동용품 등이다.

2. 2
상점의 위치

상점의 위치는 사람들이 많이 모이는 번화한 장소가 택해지나 계획에 있어 입지에 대한 타당성 조사가 우선 이루어져야 한다. 대상지역의 특성, 규모, 경쟁상대인 근린상점, 입지상권과 도로 및 교통사정과 함께 취급하는 상품의 특성, 판매형식, 예상되는 대상고객의 계층, 구매행동 등을 종합하여 기획에 반영한다. 이를 바탕으로 상품 개발력, 상점 이미지, 환경 연출, 정보 발신 등 실내외계획이 이루어진다.

|**표 3 -6**| 지역에 따른 상점의 특성

유형 / 특성	광 역 형	지 역 형	근 린 형
입지환경	• 대도시의 중심부에 위치 • 상점밀도 80~100% 정도	• 중소도시, 근린형을 몇 개 포함 • 상점밀도 70~90%	• 주택지역, 일용품 중심, 도보로 구매하는 상점가 • 상점밀도 50~80% 정도
상점의 환경	• 호화, 고급이미지, 개성을 강조 • 객층을 분류 • 센스, 유행성, 품질을 중시 • 고급전문점의 입지가 가능	• 고급, 개성적인 이미지와 친근감이 드는 이미지 • 객층을 분류 • 개성이 광역형보다 낮은 범위 • 센스, 유행성, 품질 중시	• 들어가기 쉽고 친하기 쉬운 대중적이면서 친근한 이미지의 상점 • 실용적 저가격성을 중시

2. 3
상점의 공간 구성

상점의 공간구성은 판매부부인 매장賣場, 부대附帶부분, 그리고 파사드facade로 나누어진다. 매장은 직접적으로 판매활동에 사용되는 공간이며 부대부분은 판매를 위한 관리부분으로 직접적인 영업목적을 달성하기 위한 수단으로 사용되는 부분이다.

(1) 판매부분

판매부분, 즉 매장은 도입공간, 통로공간, 상품전시공간, 서비스공간으로 구성되어진다. 도입공간은 외부에서 판매공간까지 진입하는 부분으로 원래는 상품전시나 서비스공간으로 사용되어질 수 있는 곳이나 공공공간公共空間으로 개방시키기도 한다. 통로공간은 판매부분 가운데 고객 또는 종업원의 통행공간이다. 상품 전시공간은 진열장, 쇼케이스, 진열대 등 상품이 전시되는 부분이다. 서비스 공간은 응접실, 고객 화장실, 포장대, 접객 카운터 등 고객에게 서비스를 제공하는 일반적인 서비스 시설이다.

(2) 부대부분

부대부분은 상품관리공간, 판매원의 후생공간, 시설관리부분, 영업관리부분, 주차장으로 이루어진다. 상품관리공간은 발송장, 창고 등 상품을 보관하거나 발송하는 데 필요한 공간이다. 판매원 후생공간은 매장에서 판매활동을 하는 판매원, 즉 종업원의 후생복지를 목적으로 하는 실로 종업원을 위한 화장실, 통로, 출입구, 탈의실이 이에 속한다. 시설관리부분은 전기, 공기조화, 급배수 등의 기계실이다. 영업관리부분은 사무실, 대합실이며 주차장은 고객용과 화물용으로 나눌 수 있다.

(3) 파사드Facade

파사드는 쇼윈도show window, 출입구 및 홀hall의 입구부분을 포함한 평면적인 구성요소와 아케이드arcade, 광고판, 사인, 외부장치를 포함한 입체적인 구성요소의 총체이다. 상점내의 내용과 결부된 개성적인 계획으로 고객에게 깊은 인상을 주어 구매욕을 불러일으키게 하고 아름다운 도시미관으로서도 중요하다. 파사드는 개성적이고 인상적으로 신선한 감각이 넘친 표현이 되어 통행객의 발을 멈추어 상점 내로 유도하도록 한다. 또한 상점의 취급상품, 업종을 쉽게 알 수 있도록 시각적으로 표현한다.

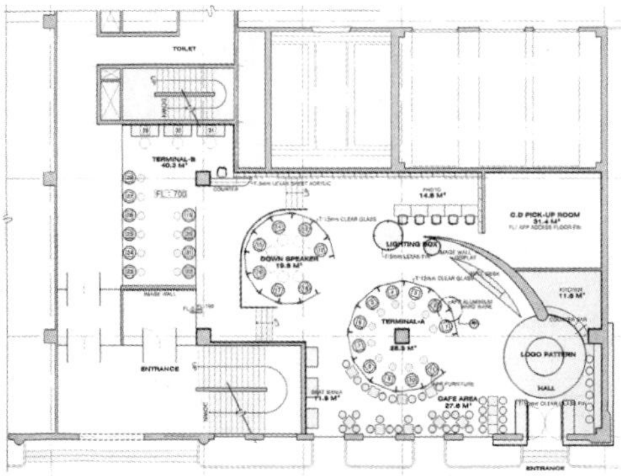

|그림 3 -4| TMC Music Company / Floor Plan

|사진 3 -6| TMC Music Company-Facade

|사진 3 -7| TMC Music Company-매장내부

|사진 3 -8| TMC Music Company-매장내부
가장 중앙에 위치한 인터넷 검색실 및 감상실.
원형의 공간 전면이 유리로 마감되어 전후상하 모두가 그대로 투시되고 중첩되어 입체감있게 표현되어지고 있다. 감상실 상부에 포인트 조명과 더불어 스크린을 배치하여 다음 순서를 기다리는 카페고객에게 볼거리를 제공한다.

2. 4
상점의 동선계획

동선계획은 매장계획의 기본이며 동선으로 고객의 흐름을 의도하는 대로 조정할 수 있는 레이아웃이다. 동선은 단순히 통로공간을 확보하는 것뿐만 아니라 매장 전체가 잘 보이도록 입체적으로 계획한다. 특히 2, 3층을 전체 사용하는 매장은 입체적으로 이용하도록 계획한다. 동선은 고객동선, 종업원동선, 상품동선으로 분류되며 각각의 동선은 교차되지 않도록 해야 한다.

(1) 고객동선

고객동선은 고객의 눈과 보이게 되는 상품과의 거리관계에서 이루어지는 시각관계, 즉 얼마만한 거리에서 그 상품이 보여져야 하며 고객이 어떤 위치에 있도록 할 것인가를 관련시켜 계획한다. 동선의 흐름은 시선의 흐름이므로 입체적인 관점에서 다루도록 한다. 고객의 행동, 걷는 방향, 고객의 습관, 보고 만지는 범위 등을 조사해서 상점 내의 행동상태를 예상하고 구매 시 고객의 심리적인 상태를 고려하여 동선을 결정한다. 따라서 동선계획은 고객이 상품을 보기 쉽고 사기 쉽도록 하며 고객의 시선이나 행동의 흐름에 막힘이 없어야 한다. 특히 입구에 섰을 때 고객의 시선이 매장 전체에 분산되어 매장이 한눈에 들어올 수 있도록 한다.

고객동선은 가능한 길게 하여 고객의 배회율徘徊率을 높임으로써 상점 내에서 오랫동안 머무르도록 한다. 입구에서 출구까지 부담없이 자유스럽게 동선을 유도하여 평면계획상 편안한 마음으로 상품을 선택하도록 한다. 고객을 위한 통로폭은 최소 900을 취한다. 그리고 시선이 상품에 고정되므로 잦은 단차이는 피한다. 계단은 적절한 단너비와 단높이의 치수이어야 하고 난간을 설치하는 것이 안전하다.

매장에 있어 고객동선의 유형은 규칙적인 형과 불규칙적인 형으로 나눌 수 있다. 규칙적인 동선은 원활한 동선흐름으로 쉽게 유도할 수 있으나 단조롭고 고객의 배회율徘徊率이 짧다. 이에 반해 불규칙적 동선은 배회율徘徊率이 길고 많은 시각적 요소로 다양하게 유도되어 흥미로우나 혼잡하기 쉽다. 비교적 매장이 넓어야 효과적이다.

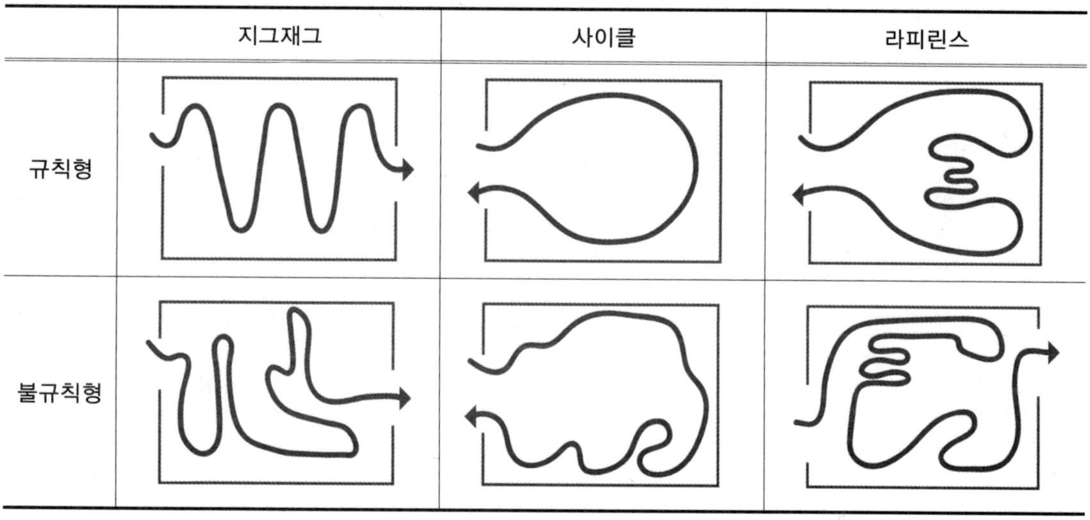

|그림 3 -5| 동선의 유형

계단이 위치할 경우 주위의 상품을 보는 등 계단을 지루하지 않게 오르도록 하는 배려가 필요하다. 한편 계단은 상점계획을 변화있게 구성하는 좋은 장식적 요소가 될 수 있다.

주계단과 부계단과의 관계, 계단경사도 등은 고객의 흡인력과 밀접한 관계가 있다. 계단의 경사도는 지나치게 낮은 경우를 제외하고 낮으면 올라가기 쉽다. 소규모매장에서는 경사도가 너무 낮으면 계단이 차지하는 면적이 많아 매장면적을 감소시키므로 매장의 규모에 맞는 적절한 경사도, 계단형태, 계단폭을 취한다. 계단 주위의 개방은 면적에 비해 너무 넓으면 2층 매장을 감소시키므로 공간감, 시퀀스, 디자인 의도에 따라 적절히 해결한다.

계단이 한 벽면을 이용하여 위치하면 계단으로 인해 차지하는 면적이 적다. 그러나 매장 중앙에 위치하면 동선을 자연스럽게 분할한다. 나선형 계단은 차지하는 면적이 적으나 오르내리기가 원활하지 못하다. 중2층의 계단은 상점 전면에 개방감을 주면서 중2층을 두어 넓은 매장을 확보할 수 있다.

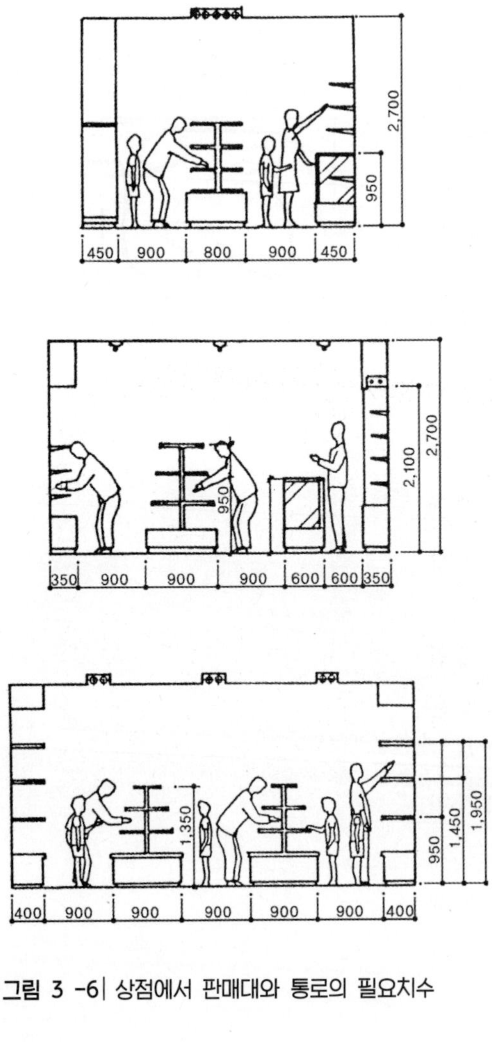

|그림 3 -6| 상점에서 판매대와 통로의 필요치수

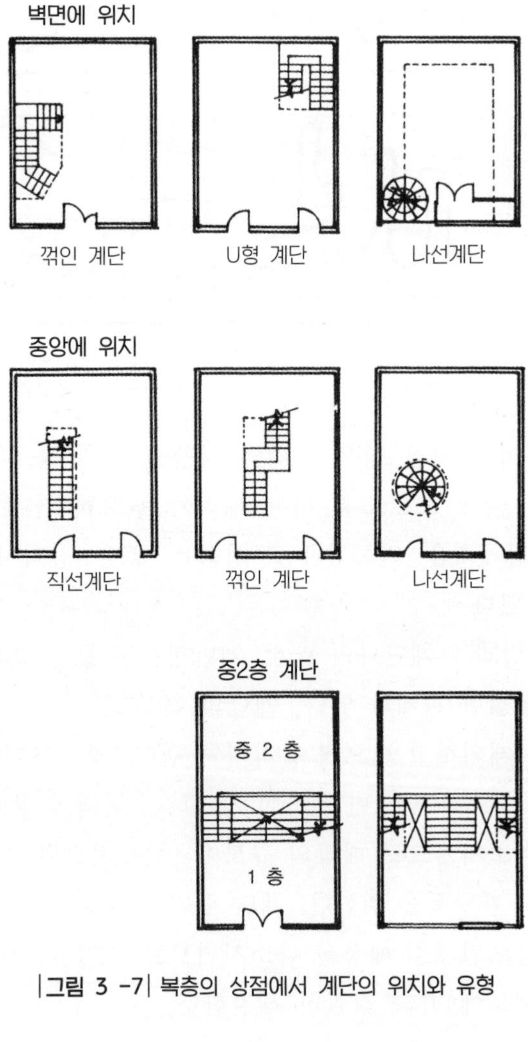

|그림 3 -7| 복층의 상점에서 계단의 위치와 유형

(2) 종업원 동선

종업원 동선은 종업원의 판매행위나 출납, 사무의 동선이다. 특히 고객동선과 교차되지 않도록 하며 가급적 동선길이를 짧게 하여 피로를 적게 한다. 적은 점원수로 상품매매가 능률적으로 될 수 있도록 하는 것이 이상적이다. 동선계획에 있어 고객동선과 종업원 동선이 만나는 곳에 카운터, 쇼케이스show case 등을 배치한다.

(3) 상품 동선

상품 동선은 상품의 반입, 보관, 포장, 발송과 같은 작업에 상품이 이동하는 동선으로 관리 동선이라고도 한다. 소규모 상점은 폐점 후 이와 같은 작업이 행해지나 개점 시 이 작업이 행해질 경우 고객동선과 교차되지 않도록 한다. 계획시 상품을 들고 나르는 데 불편이 없도록 통로공간에 여유를 둔다. 즉 취급상품, 포장방법, 운송방법 등에 따른 운반, 통행을 고려하여 충분한 폭을 취한다.

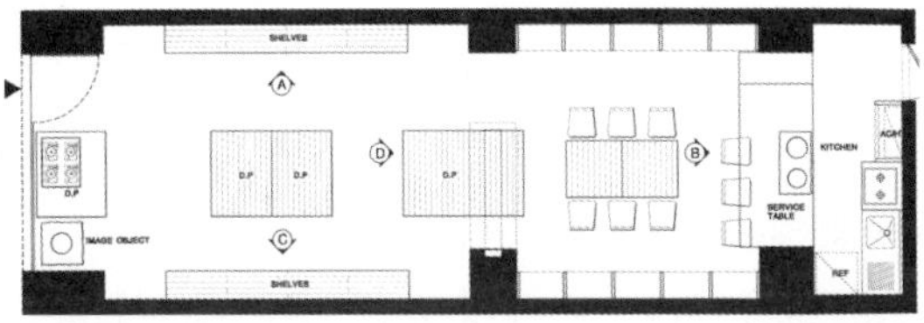

|그림 3 -8| 우리그릇 麗 Floor Plan

|사진 3 -9| 우리그릇 麗 -매장내부

|사진 3 -10| 우리그릇 麗-Facade
월가디자인, 박성칠

2. 5 매장계획

매장계획은 상품구성과 배치를 고려한 판매대의 배치가 중요하며 이때 동선계획을 기본으로 전개한다.

(1) 매장의 상품구성과 배치

상품은 가격, 종류, 특성에 따라 중점상품, 보완상품, 전략상품으로 분류한다. 중점상품은 취급상품 중 가장 양을 많이 차지하는 주된 상품군으로 경쟁점보다 개성적이며 품질 구성면에서도 우위를 차지하도록 한다. 보완상품은 중점상품의 판매력을 높이기 위한 보조 상품군이다. 전략상품은 파는 상품이기보다는 고객의 시선을 집중시키고 상품의 평가를 높게 유도하기 위해 보여주는 상품군이다.

이 3가지 상품군이 어떠한 장소에서 어떠한 형태로 배치, 연출되는가에 따라서 그 상품의 성격과 이미지를 변화시키고 판매력을 좌우하는 요인이 된다.

상품군의 배치에 있어 중점상품은 주통로에 접하는 부분에 상호연관성을 고려한 상품을 연속시켜 배치한다. 보완상품은 부통로 부분에 품목별로 대, 중, 소 그리고 세목별 분류로 나누어 진열한다. 전략상품은 점두에 위치하며 상점 내에서 눈에 가장 잘 띄는 곳에 진열한다. 또한 수납하기 좋고 잘 보이는 높이에는 중점상품과 전략상품을 진열한다. 충동 구매적 성격의 상품은 눈에 잘 띄는 내부의 전면부분, 주통로에 면한 부분, 중앙, 코너 부분에 위치시킨다. 고객의 잠깐 동안의 휴식이나 기다림을 위한 시설은 고객들이 다시 찾게 되는 요인이므로 충동구매 상품과 근접시켜 배치한다.

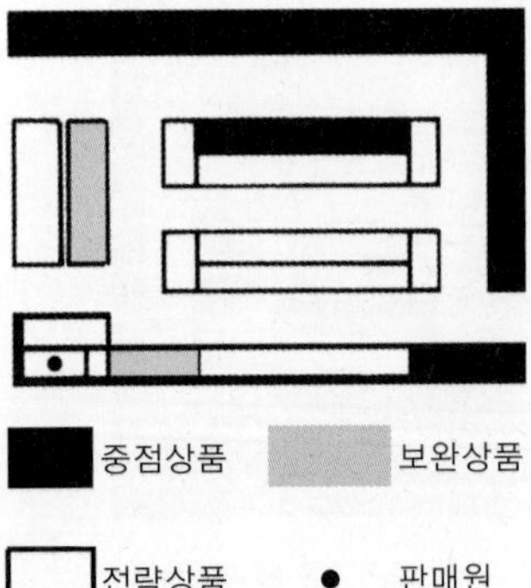

|그림 3 -9| 매장 상품 분배군의 예

(2) 진열대의 배치

상품을 진열하기 위한 쇼케이스show case, 행거hanger, 진열장 등을 포함한 진열대는 계획하고자 하는 상점의 평면의 형태, 규모를 고려하여 배치한다. 진열대는 굴절 배열형, 직렬 배열형, 환상 배열형, 복합형으로 분류된다.

1) 굴절 배열형

진열대의 배치와 고객동선이 굴절 또는 곡선으로 구성되는 상점으로 대면판매와 측면판매방식이 조합된 형식이다. 안경점, 양품점, 문방구점 등 상품이 소형이고 고가雇價인 경우에 많이 적용된다.

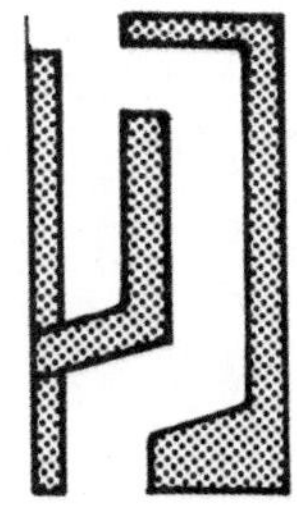

| 그림 3 -10 | 굴절 배열형

2) 직렬 배열형

진열대가 입구에서 안으로 향하며 직선적으로 구성된 형식이다. 통로가 직선이어서 고객의 흐름이 빠르며 부분별 상품진열이 용이하다. 대량판매에도 가능한 형식이다. 침구, 가전제품, 식기, 서점 등 비교적 상품이 크고 고객이 직접 취사, 선택할 수 있도록 하는 측면판매의 업종에서 많이 볼 수 있다.

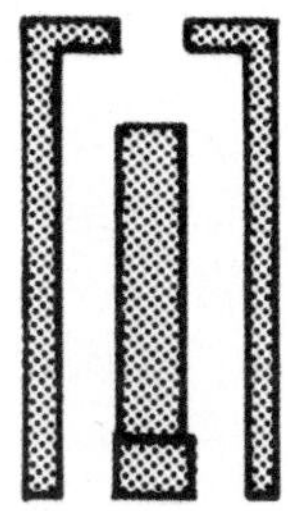

| 그림 3 -11 | 직렬 배열형

3) 환상 배열형

평면의 중앙에 쇼케이스, 진열 스테이지 등이 직선 또는 곡선에 의한 고리모양 부분을 설치하는 형식이다. 계산대나 포장대는 점두나 상점 내의 깊숙한 곳에 위치한다. 상점의 고리모양 부분을 2개 이상으로도 한다. 중앙의 고리모양 부분에는 소형의 고액상품을 대면판매하는 부분으로 하고 벽면에는 대형상품을 진열한다. 고객에게 상품에 대한 설명이 필요한 수예품, 민예품과 같은 업종에 많이 적용된다.

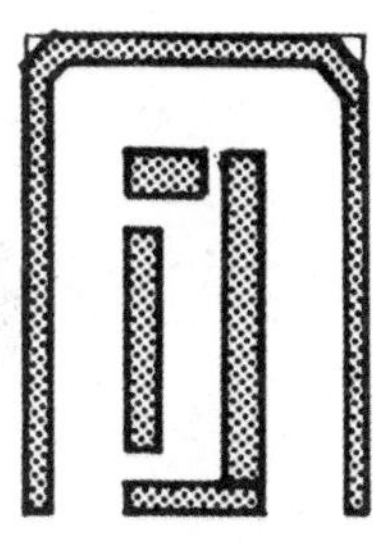

| 그림 3 -12 | 환상 배열형

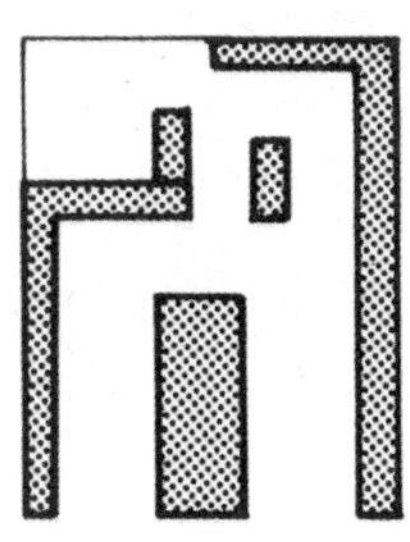

| 그림 3 -13 | 복합형

| 그림 3 -10~13 | 진열대의 배치 유형

4) 복합형

위의 형태들을 평면의 크기, 형태, 상품에 따라 적절히 조합하는 형식으로 일반적으로 전면은 측면판매를 후면은 대면판매나 카운터로 한다.

2. 6
쇼윈도Show Window

쇼윈도는 도로면에 설치되는 상점의 얼굴부분에 해당하는 파사드의 일부분으로 개성적이고 아름답게 계획되어 통행인에게 즐거움과 정서를 제공하고 상점의 특색이나 취급상품을 알려서 상점 내로 유도하도록 한다. 고객과의 접촉을 통하여 상점과 상품에 대한 새로운 정보를 제공하고 고객으로 하여금 상품에 대한 구매욕구를 자극하여 구매를 촉진한다. 또한 쇼윈도는 그 시대의 유행이나 관습, 미적 감각뿐만 아닌 상품의 전체적인 품격과 이미지가 표현되어야 한다. 쇼윈도는 상점의 종류, 위치 등에 따라 그 처리, 크기나 형상을 고려하여 상품이 돋보이도록 디스플레이 계획과 통합하여 진행하며 전체 파사드의 일부분으로 취급하여 계획한다.

(1) 쇼윈도의 평면형식

상점의 전면이 넓지 않을 경우 일반적으로 쇼윈도와 출입구는 비대칭적으로 처리하여 넓은 쇼윈도 면적을 확보하며 출입구에 섰을 때 상점 내부가 한눈에 보이도록 한다. 쇼윈도는 평면의 기하학적 형태에 따라 평형, 곡면형, 경사형, 독립형으로 구분된다.

1) 평형

가장 일반적으로 많이 사용되는 기본형으로 지면과 수직이기에 눈부심이 일어나기 쉬우나 상점 내의 면적을 넓게 사용할 수 있다.

2) 곡면형

곡면유리를 사용하여 쇼윈도 구성에 변화를 주어 일단 형태감에서 통행인의 시선을 자연스럽게 유도하고 흥미를 끈다.

3) 경사형

유리면을 경사지게 처리하여 단조로움을 적게 함으로써 시선과 동선을 자연스럽게 유도하고 유리면의 눈부심도 적다.

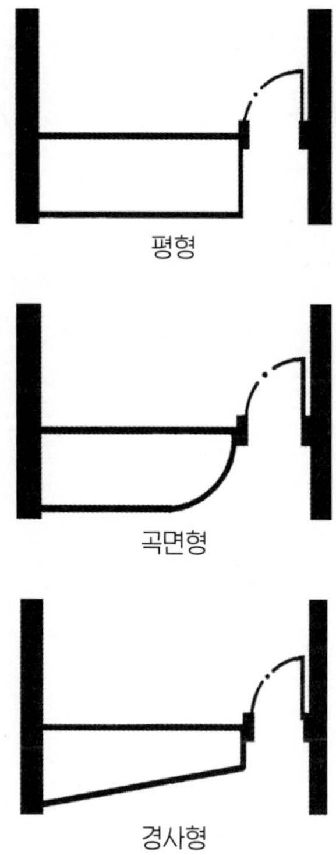

| 그림 3 -14 | 쇼윈도의 평면형식

쇼윈도는 평형, 곡면형, 경사형을 기본으로 전면의 크기, 계획의 처리에 따라 혼합하여 다음과 같이 적용된다.

① 진열하는 데 넓은 면적이 필요한 가구점과 같이 상품크기의 차이가 클 경우 쇼윈도의 깊이를 깊게 처리하되 경사지게 하여 시선의 흐름과 동선을 자연스럽게 유도한다.

② 아케이드 식으로 중앙에 독립 케이스를 위치시키면 중심성이 형성된다.

③ 상점의 전면길이가 부족하면 측면으로 깊은 쇼윈도로 하여 흡인력 있는 쇼윈도로 계획할 수 있다.

④ 장식면적이 크지만 쇼윈도의 면적이 감소한다. 쇼윈도 자체가 조형성이 있어 통행인에게 흥미를 크게 일으킨다.

⑤ 양화점, 구두점과 같이 상품이 작고 같은 형상의 상품일 경우 적당하다.

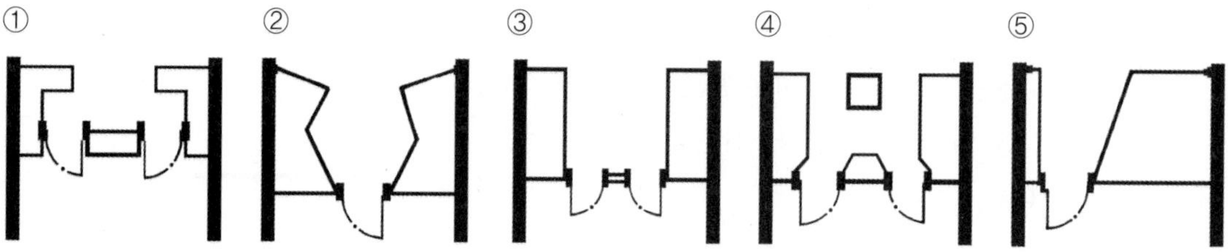

| **그림 3 -15** | 응용된 쇼윈도의 평면형식

| **사진 3 -11** | 이유덕 패션숍 Facade

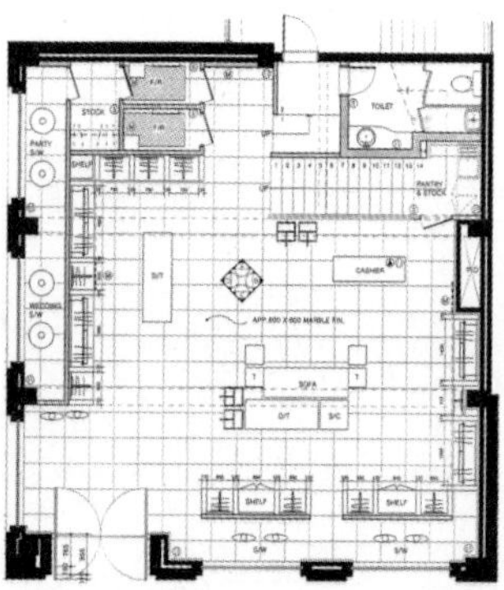

| **그림 3 -16** | 이유덕 패션숍 Floor Plan

| **사진 3 -12** | 이유덕 패션숍

(2) 쇼윈도의 단면형식

쇼윈도의 단면형식은 건물의 일층 또는 그 이상에 쇼윈도를 설치하느냐에 따라 단층형, 다층형, 오픈 스페이스 open space형으로 구분된다.

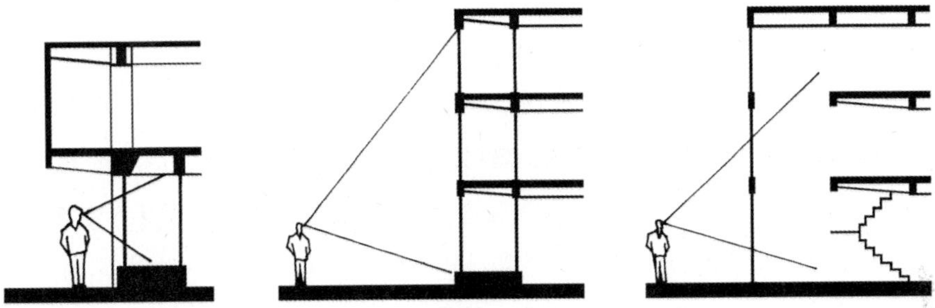

단층형　　다층형　　오픈스페이스형

쇼윈도의 단면형식

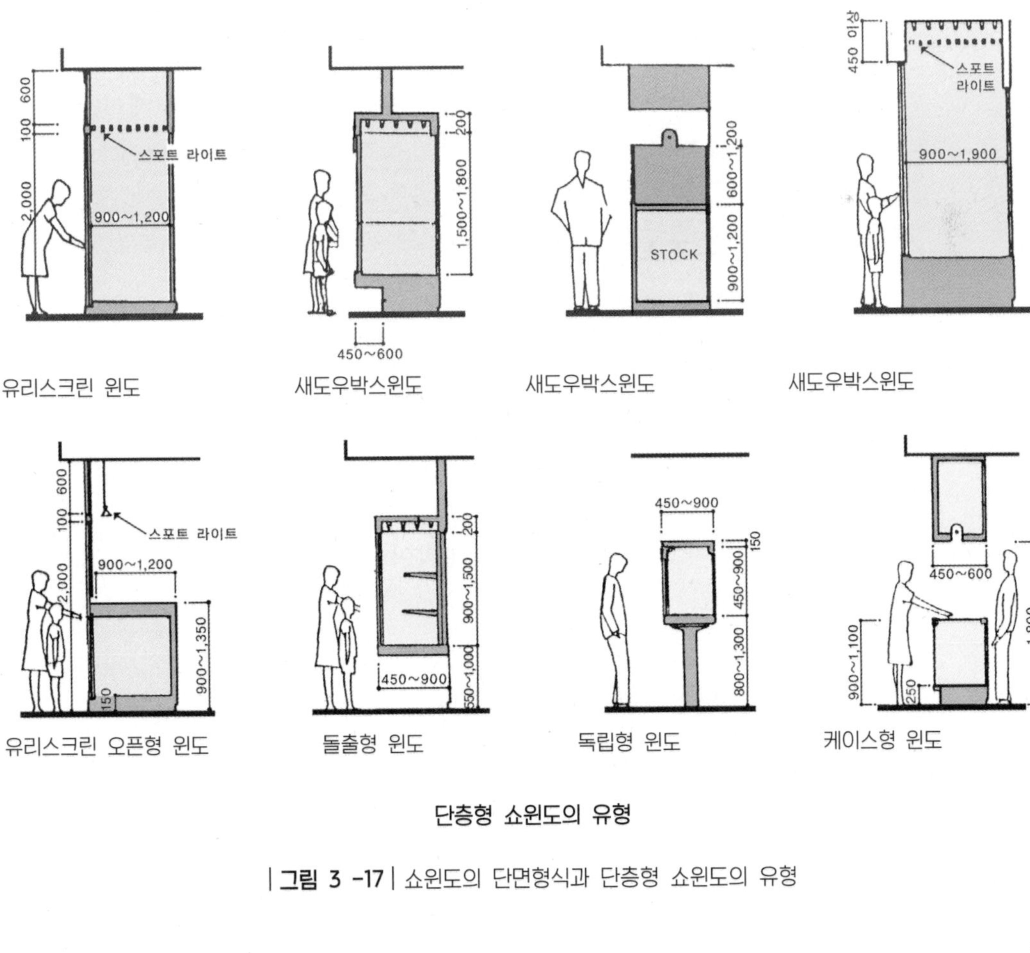

유리스크린 윈도　　새도우박스윈도　　새도우박스윈도　　새도우박스윈도

유리스크린 오픈형 윈도　　돌출형 윈도　　독립형 윈도　　케이스형 윈도

단층형 쇼윈도의 유형

| 그림 3 -17 | 쇼윈도의 단면형식과 단층형 쇼윈도의 유형

단층형은 건물 일층의 전면에 쇼윈도를 설치한 것이며 다층형은 일층 이상 여러 층의 전면에 쇼윈도를 설치한 것으로 도로폭이 넓어야 멀리서도 다 볼 수 있다. 오픈 스페이스형은 투시형이라고도 하는데, 일층 이상의 상층부를 개방시켜 큰 공간감을 얻으며 다양하고 자유로운 진열이 가능하다.

상점규모가 2, 3층일 경우 쇼윈도를 입체적으로 취급하며 한눈에 규모와 상점에 대한 이미지가 강하게 부각될 수 있도록 한다. 특히 단층형에 있어 쇼윈도의 높이와 전후면의 개폐정도는 상품의 종류, 크기, 형상에 따라 통행인의 시선을 고려하여 결정한다. 쇼윈도의 높이는 가구, 운동용구, 구두, 침구류 등은 낮게, 귀금속, 시계, 양품 등은 높게 한다.

단층형 쇼윈도는 바닥면의 높이, 전후면의 개폐 등에 따라 유리스크린 윈도, 새도우박스 윈도shadow box window, 유리스크린 오픈형 윈도, 돌출형 윈도, 독립형 윈도, 케이스형 윈도로 나눌 수 있다.

① 유리스크린 윈도

대형 쇼윈도일 경우 전면을 유리로 처리하는 것이 유리스크린 윈도이다. 바닥에서 150 정도 높이로 전면을 개방시키고 디스플레이 계획이나 디자인 의도에 따라 후면의 차단 정도가 결정되나 폐쇄시키는 것이 일반적이다. 시선의 범위가 넓으며 비교적 상품의 형상이 큰 가구, 가전제품, 침구, 인테리어용품, 의류 등에 많이 적용된다.

② 유리스크린 오픈형 윈도

쇼윈도 전후면을 가능한 개방시켜 상점의 내부가 밖에서 보이도록 전면을 투명한 유리로 처리함으로써 도로와는 특별한 경계를 두지 않는다. 시즌, 행사 등 목적에 따라 레이아웃을 쉽게 바꿀 수 있으며 일반의류, 스포츠용품, 침구류, 인테리어용품, 백화점에 많이 적용된다.

③ 새도우박스 윈도shadow box window

쇼윈도의 전후면을 폐쇄, 외부와 완전히 차단하여 상점의 실내·외부를 명확히 구분한다. 외부는 강한 주목성을 띄어 시각적 집중을 가지며 일단 실내에 들어서면 상점 분위기에 젖게 된다. 쇼윈도의 바닥은 도로면보다 높으나 진열되는 상품에 따라 다르다.

즉, 전면을 약간 돌출시키고 바닥에서 450~600 정도 높일 경우 일반 의류, 옷감, 구두 등 사용범위가 비교적 넓다. 바닥면을 900~1200 정도 높이고 쇼윈도도 작게 하여 시선의 범위에만 한정시키면 시계, 귀금속 등과 같이 소형이면서 고가인 상품에 적합하다. 그리고 바닥에서 300~600 높이로 상부는 전면 개방시키고 비교적 큰 깊이를 갖는 쇼윈도는 의류, 가구 등 대형상품에 적합하다.

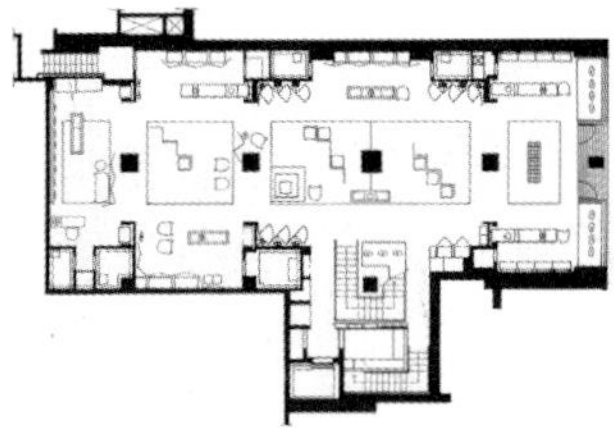

| 그림 3 -18 |
패션숍「GIORGIO ARMANI」
/ 1st Floor Plan

④ 돌출형 윈도

쇼윈도의 전면부를 돌출시킨 형식으로 경쾌한 느낌이 들어 사용 범위가 넓으며 음식, 잡화, 카메라 등에 적용된다.

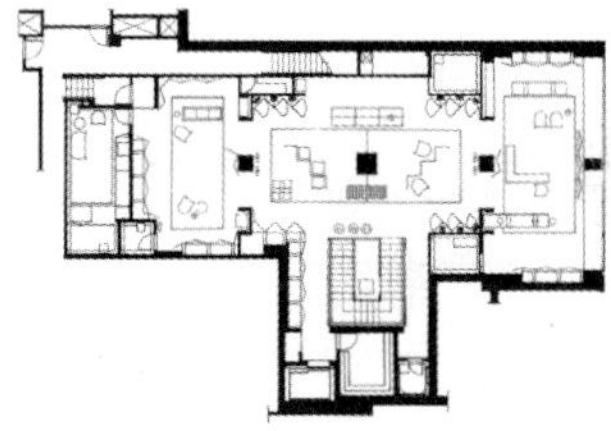

| 그림 3 -19 |
패션숍「GIORGIO ARMANI」
/ 2nd Floor Plan

⑤ 독립형 윈도

소형의 고급품을 취급하는 상점에 적합하며 귀금속, 보석, 시계 등이 이에 속한다.

| 사진 3 -13 |
패션숍「GIORGIO ARMANI」
- Facade

⑥ 케이스형 윈도

상점 전면에 판매를 위해 윈도를 설치하는 경우로 담배, 서점 등에서 많이 볼 수 있다.

(3) 쇼윈도의 배면처리

쇼윈도는 배면처리에 따라서 개방형과 차단형으로도 구분할 수 있다.

1) 개방형

쇼윈도 밖에서 내부를 볼 수 있어 고객에게 상점 내부의 인상을 즉시 전달하여 매장을 더욱 가깝게 느껴지도록 한다. 상점의 전면과 배면을 완전히 개방형으로 처리할 경우 상점의 내부 전체가 쇼윈도의 역할을 하도록 한다.

2) 차단형

상점 내부가 보이지 않도록 차단하므로 쇼윈도의 디스플레이가 한 아이템item이나 주제에 대해 주목성注目性이 크므로 쉽게 강조할 수 있다. 의도적인 디스플레이 연출로 극적인 표현을 시도한다.

|**표 3 -7**| 쇼윈도의 크기

	상품의 종류	h(m)	H(m)	D(m)
특히 큰 상품에 대하여 h≒0.3	가 구 점	0.4~0.6	1.8~3.0	1.5~7.1
	피 아 노 점	0.0~0.5	1.8~2.7	1.8~3.0
	자 동 차 점	0.0~0.3	2.4~3.0	2.1~3.0
큰 상품에 대하여 h≒0.15	숙 녀 화 점	0.3~0.6	1.8~2.7	0.7~1.8
	숙 녀 복 점	0.3~0.6	1.8~2.7	0.9~2.1
	운 동 구 점	0.3~0.6	1.8~2.7	0.9~1.8
	백 화 점	0.3~0.6	2.4~3.0	1.8~3.0
보통 크기의 상품에 대하여 h≒0.15	모 피 점	0.3~0.7	1.8~2.7	0.9~2.1
	양 품 점	0.4~0.8	1.8~2.4	0.6~1.8
	미 술 재 료 점	0.1~0.8	1.5~2.4	0.9~1.2
작은 상품에 대하여 h≒0.75	사 진 기 점	0.6~0.9	1.5~2.1	0.6~0.9
	문 방 구 점	0.6~0.9	1.2~1.8	0.6~1.2

h=도로면에서의 높이, D=쇼윈도의 깊이, H=쇼윈도의 높이

(4) 쇼윈도의 크기

쇼윈도의 크기는 상품의 형상, 종류, 크기, 특성을 고려하여 상점의 규모, 전면폭의 넓이에 따라 결정된다. 큰 상품일 경우 쇼윈도의 바닥면을 낮게 하여 상품이 진열되었을 때 적당한 시선 내에 놓이도록 해야 한다. 그러나 작은 상품일 경우 쇼윈도의 면적을 작게 하되 높이를 높여 주목성을 갖도록 하고 상품이 시선 내에 놓여 가까이에서 잘 보이도록 한다.

(5) 쇼윈도 전면의 눈부심 방지

쇼윈도를 보고자 하는 사람의 눈을 꼭지점으로 하여 60° 원추체 속의 유리면에 태양이나 전등 같은 광원체의 빛이 들어오면 빛이 반사하여 눈부심 즉 현휘현상이 일어나 상품을 보기가 어렵다. 이 눈부심을 방지하기 위해 광원체의 빛이 유리면에 비춰도 눈에 들어오지 않도록 한다. 따라서 유리면의 반사를 벗어나게 하고 쇼윈도 내부의 조도를 외부, 즉 도로면보다 밝게 처리한다. 이에 대한 구체적인 방법은 다음과 같다.

① 차양을 쇼윈도에 설치하여 햇빛을 차단한다. 도로면을 어둡게 하고 쇼윈도 내부를 밝게 한다.

|그림 3 -20| 쇼윈도의 차양 설치를 이용한 눈부심 방지

|그림 3 -21| 쇼윈도 앞 가로수를 이용한 눈부심 방지

② 가로수를 쇼윈도 앞에 심어 도로 건너편의 건물이 비치지 않도록 한다.

③ 곡면유리를 사용하거나 유리를 경사지게 처리하여 햇빛을 위로 비추게 하여 외부의 영상이 쇼윈도를 보고자 하는 사람의 시야에 들어오지 않도록 한다.

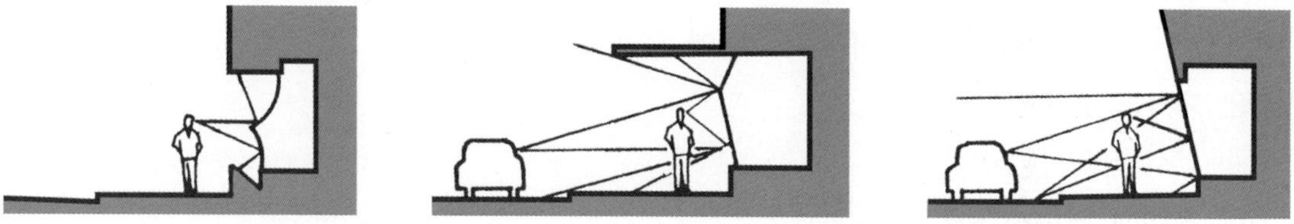

|그림 3 -22| 쇼윈도의 여러 가지 유리처리기법을 이용한 눈부심 방지

2. 7
상점의 업종별 실내계획

상점은 취급상품별에 따라 크게 의류점, 일용잡화점, 문화용품점, 식품점으로 분류한다.

이들 상점의 실내계획 시 고려해야 할 기본사항은 다음과 같다.

① 상점의 바닥은 도로면에서 자연스럽게 유도하여 부담감 없이 실내에 이르도록 한다. 계단이나 단차이는 가능한 없애 실내·외를 수평으로 연결한다.

② 실내 바닥면은 큰 요철이 없도록 하며 미끄럽지 않아 안전해야 한다.

③ 천장이 높으면 허전하게 느끼게 되나 낮으면 압박감이 느껴진다. 따라서 천장고는 매장의 규모, 형태에 따라 적정한 높이를 취하는데 유효 진열범위를 참고로 한다. 천장이 낮을 경우 설계의도에 의해 천장의 보나 설비시설 등을 그대로 노출시키면 높은 천장고를 얻을 수 있으나 이때 천장면은 시각적으로 쉽게

눈에 띄지 않도록 처리하는 것이 좋다.

④ 바닥, 벽, 천장은 상품에 대해 배경적 역할을 해야 하며 상품과 적절한 균형을 이루도록 한다.

(1) 의류점

의류점은 종래 연령 중심, 패션 감각 중심에 치중했던 것으로부터 고객의 라이프스타일에 비중을 두는 방향으로 변화하였다. 즉 최근 소비자는 자신의 라이프스타일에 가장 근접한 상점에서 상품을 구입하는 경향이 크다. 의류점은 의류의 종류와 스타일, 대상고객층, 패션 사이클을 정확히 파악하여 고객의 구매를 일으킬 수 있도록 실내계획을 하고 VMD에 의하여 디스플레이를 보다 다양하게 연출한다.

의류점 계획 시 고려해야 할 점은 다음과 같다.

① 점두나 쇼윈도 부분은 가능한 개방형으로 처리하여 실내·외 공간전체가 디스플레이 되도록 한다.

② 고객과 종업원의 동선에 있어 고객은 저항감없는 원활한 흐름이 되도록 하며 종업원은 짧은 동선처리로 피로가 적고 능률적인 흐름이 되도록 한다.

③ 판매형식은 대부분 측면판매방식이며 대면판매는 일부에 국한한다. 대면판매부분은 계산대, 포장대와 가깝도록 하여 종업원의 관리 하에 두도록 한다.

④ 고객이 들어와서 나갈 때까지의 시선, 행동을 분석하여 전략상품은 적절한 위치에 진열한다.

⑤ 판매대는 판매상품에 의해서 결정되나 크기는 표준화가 되어 있으면 융통성이 커 경제적이다. 이때 계절에 따른 상품의 크기와 볼륨을 고려한다. 판매대는 상품의 양에 대응할 수 있는 적당한 유형과 크기로 한다. 또한 보기 쉽고 만지기 쉽도록 진열하고 매장 전체의 규모와 균형, 조화를 이루도록 한다. 선반은 상품의 양, 종류, 계절 등에 따라서 간편하게 조립을 변경시킬 수 있는

| 사진 3 -14 | Valextra Store / John Pawson

| 사진 3 -15 | Valextra Store / John Pawson

가동식으로 한다. 입구에 섰을 때 각 품목별로 매장 전체를 볼 수 있도록 배치한다.

의류점은 연령, 생활방식, 용도, 취급상품 등 기준에 따라 다음과 같이 분류된다.

|**표 3 -8**| 의류점의 분류

구 분	의류점의 분류
연 령	유아복(baby 0~4세) 아동복(children 5~12세) 틴에이저(teen ager 13~18세) 영미시(young missy 19~25세) 영어덜트(young adult 23~29세) 미스(Miss 25~30세) 미세스(Mrs. 31~45세) 어덜트(adult 45세 이상)
생활방식	유행 선호층(advanced) 시대에 적합한 패션을 좋아하는 층(up to date) 규격화되고 단정한 패션을 좋아하는 층(new established) 보수주의층(established)
용 도	타운 웨어(town wear) 시티 웨어(city wear) 스포츠 웨어(sports wear) 라운지 웨어(lounge wear) 나이트 웨어(night wear)
가 격	최고가군(prestige zone) 고가군(better zone) 표준가군(volume zone) 저가군(budget zone)
취급상품	유아복, 아동복, 신사복, 여성복, 스포츠복, 한복 등

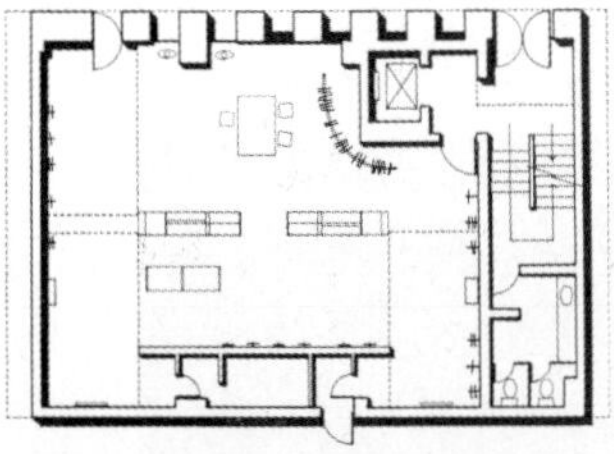

|**그림 3 -23**| 데무사옥전시장 / Floor Plan, 최정화

|**사진 3 -16**| 데무사옥전시장 / 최정화

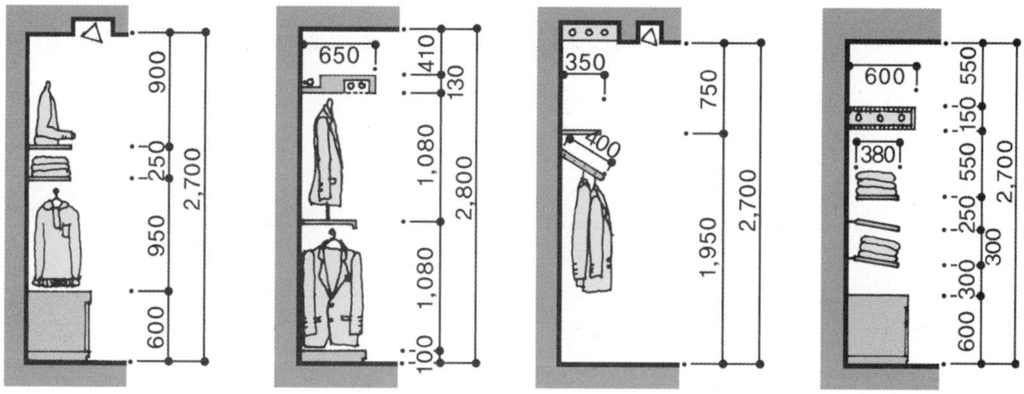

| 그림 3 -24 | 의류점 진열장의 예

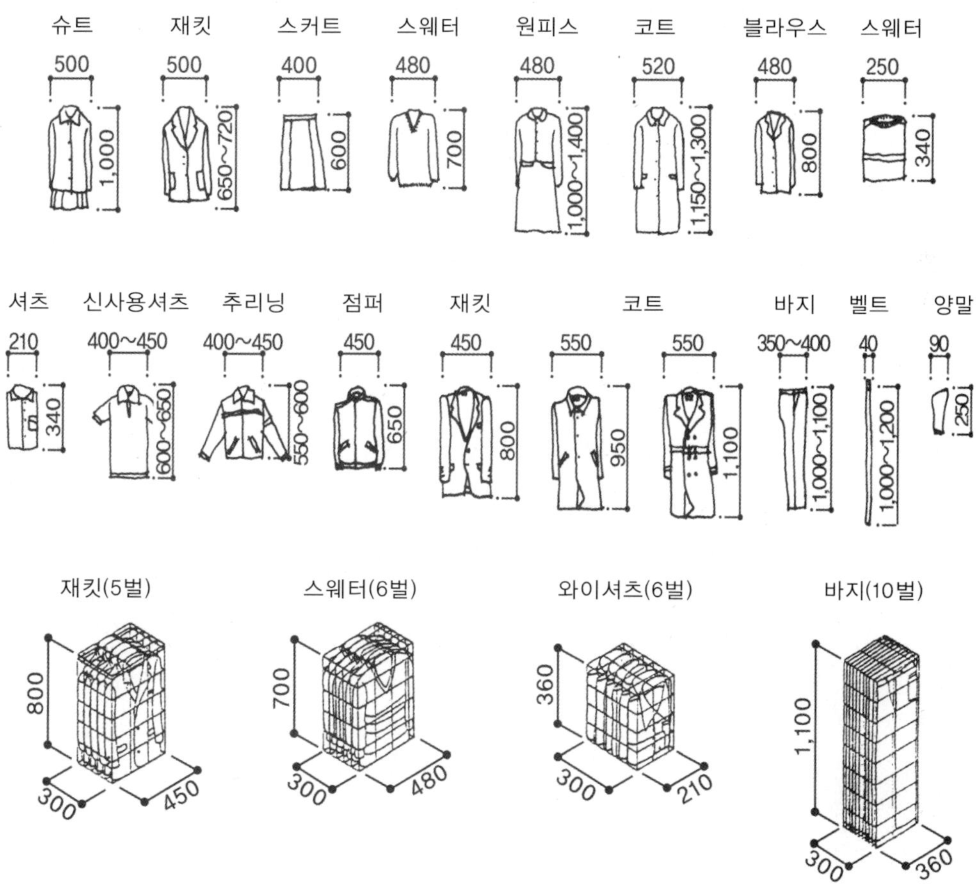

| 그림 3 -25 | 의류의 크기

여성복점은 다른 의류보다 유행이 짧고 변화가 심해 고객의 연령층별에 따른 상점분류에 의한 디자인 구성요소와의 관계가 중요하다.

표 3 -9 | 고객의 연령층에 따른 상점분류

분류		영미시 Young Missy	영어덜트 Young Adult	미세스 Mrs.	개성파
디자인 구성요소	형태	동적인 형태 곡선이용 변화풍부	유동적인 형태 섬세한 형태	정적인 구성	개성이 강한 형태 단순한 형태
	색	자극적인 색 원색조화 보색조화	유연한 색조 파스텔 색조	중간색의 유사색 조화	색채조화와 무관한 감각
	재료	새로운 소재 질감의 큰 차	섬세하고 부드럽고 경쾌한 소재	자연색 새로운 소재 유사질감	특정소재
	공간	밀도 보통 (통로폭 : 600~1,000)	밀도가 적다. (통로폭 : 1,000~1,200)	밀도가 적다. (통로폭 : 1,200)	밀도가 적다. (통로폭 : 1,200~1,500)

아동복점은 일반적으로 유아에서 15세 정도까지를 대상으로 하고 고객은 부모와 아동의 동반형태로 가족지향적이다. 상품이 소형이고 크기, 종류도 다양하므로 판매대는 아동의 스케일을 기준으로 설치하며 가동식 선반의 진열기구가 바람직하다. 피팅룸fitting room은 사용의 기회가 적으므로 특별히 공간을 마련하여 고정 설치하기보다는 간단하게 커튼이나 가리개로 처리한다.

스포츠복은 요사이 패션복으로 간주되어 일상생활에서도 착용하므로 매장은 스포츠점이면서 다른 의류점의 성격도 갖도록 한다. 스포츠복점은 상품이 갖고 있는 경쾌감, 활동감, 운동감 등의 이미지를 살릴 수 있는 계획으로 전개한다. 일반적으로 시스템판매대로 처리하고 단순명료한 진열기구, 백색을 기초로 한 이미지색과 사인으로 연출한다.

사진 3 -17 | 패션숍 DKNY

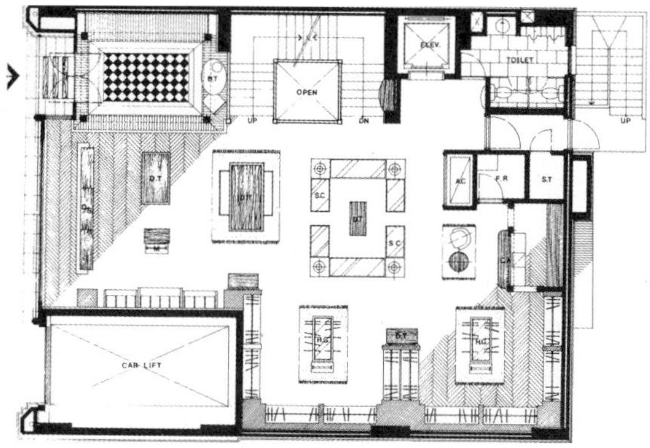

|그림 3 -26| 서울트래드 클럽 / Floor Plan, 아티프랜

|사진 3 -18| 서울트래드 클럽 / 아티프랜

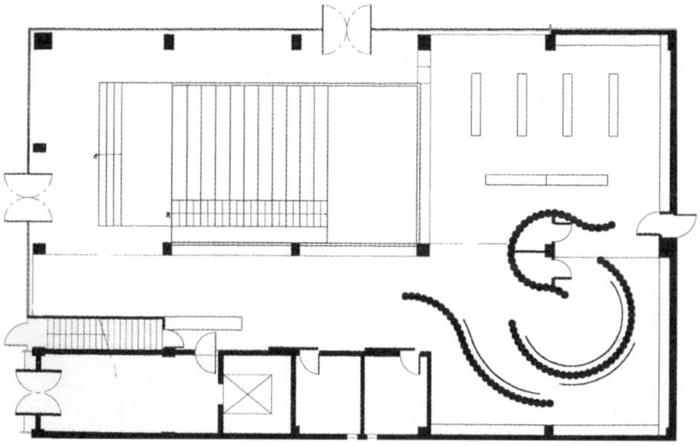

|그림 3 -27| 아동복점 동동 / Floor Plan, 최정화

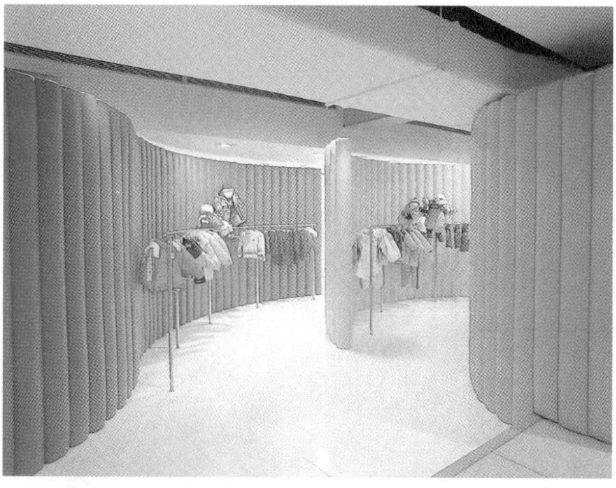

|사진 3 -19| 아동복점 동동 / 최정화

|사진 3 -20| 아동복점 동동 / 최정화

(2) 구두점

구두점의 매장은 크게 여화, 남화로 나누어지며 계산, 포장대, 판매대, 폐쇄 또는 혼합된 점두의 쇼윈도, 창고, 휴식공간 등으로 구성된다. 진열장은 대부분의 벽면 전체를 차지하는데 일반적으로 최상부 1,800 전후로 선반 그리고 하부의 스톡stock 공간으로 이루어진다. 선반의 간격은 250 이상으로 놓여진 구두가 잘 보이도록 경사진 선반으로 하는 것이 좋다. 또한 대규모 내장일 경우 사이즈 별로 각 진열장에 정리되도록 한다. 매장 중앙에는 오픈형의 독립 하이케이스를 놓아 전략상품을 진열한다.

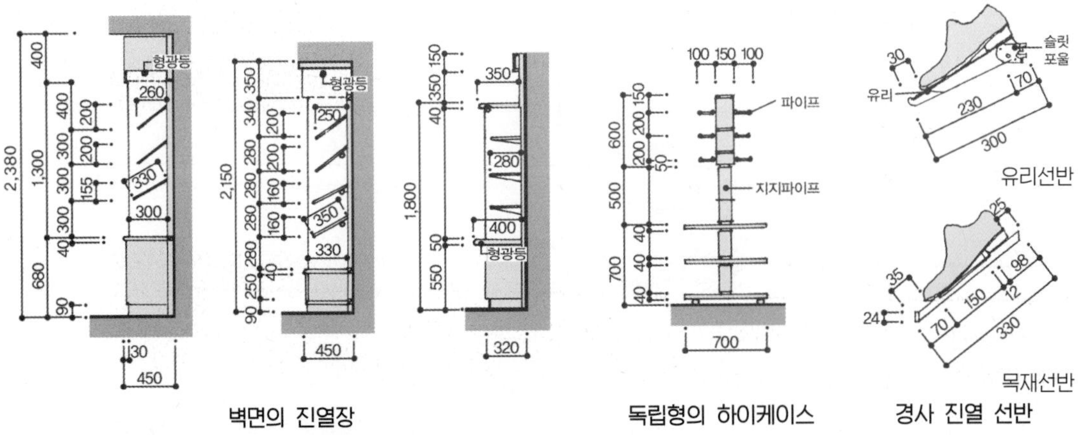

| 그림 3 -28 | 구두점 진열대의 예

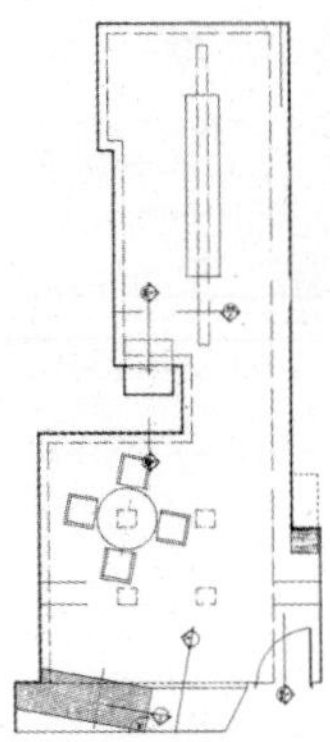

| 그림 3 -29 | Audley Shoe Shop

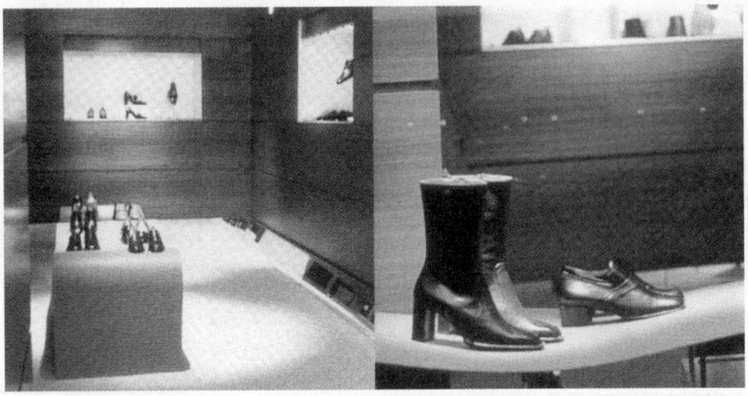

| 사진 3 -21 | Audley Shoe Shop / ben kelly design

(3) 보석점

보석점의 성격은 전통적인 보석전문점적, 부띠끄적, 고급보석점적, 시계안경점적, 액세서리점적, 민예공예품적, 주문가공품적인 이미지 등으로 분류할 수 있다. 보석은 소형이면서 고가품이므로 보석점은 대면판매형식으로 쇼케이스에서 직접 판매한다. 따라서 계산, 포장대는 따로 마련되지 않고 쇼케이스와 겸용한다. 매장 규모가 크면 상담실, 사무실, 감정실 등의 공간으로 세분화한다. 벽면에 진열장은 보통 벽면과 동일하게 처리되어 진열장은 벽면 내부에 위치한다. 이 진열장은 서서 가장 보기 쉬운 높이에 단일 보석품을 위한 것이므로 폭 400~500으로 작다. 중앙의 쇼케이스는 보석 진열뿐만 아니라 판매원이 고객과 앉아서 상담과 판매하므로 낮은 쇼케이스로 한다. 이 쇼케이스의 배치는 고객의 동선을 고려하여 결정한다.

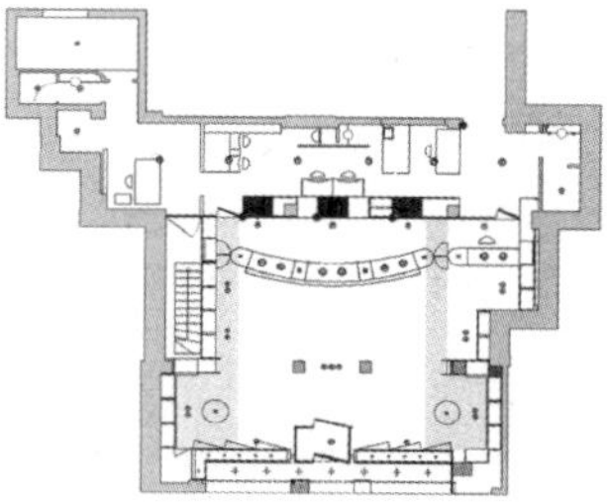

그림 3-30 보석·시계전문점 Damiano Parati / floor plan, di franco

사진 3-22 보석·시계전문점 Damiano Parati - Facade

사진 3-23 보석·시계전문점 Damiano Parati

사진 3-24 보석·시계전문점 Damiano Parati

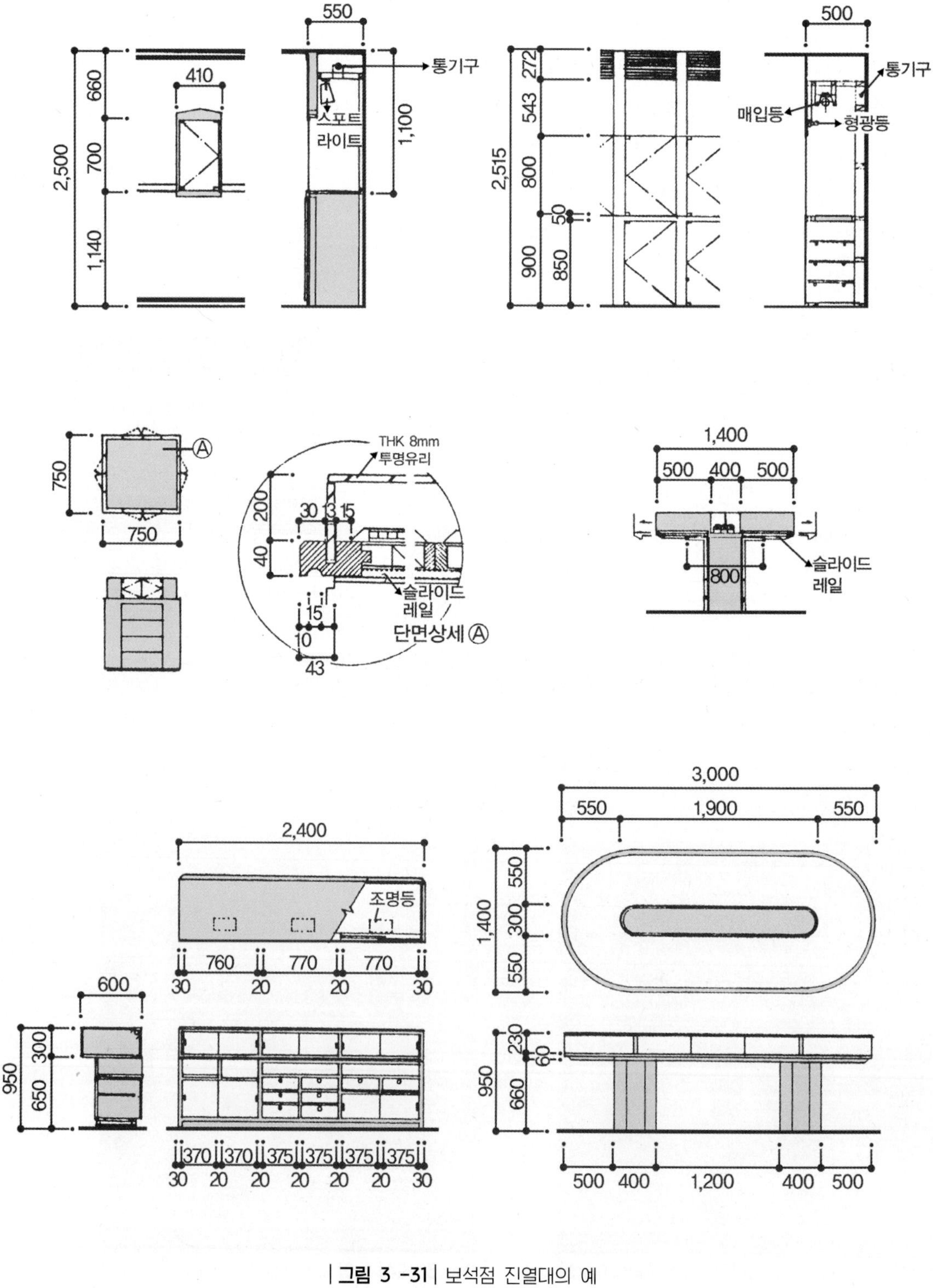

| **그림 3 -31** | 보석점 진열대의 예

2. 8 조명 계획

상업공간의 조명은 공간의 규모, 상품의 특성을 잘 나타내어 줄 수 있는 방향에서 계획함이 기본이다. 상품이 바르고 확실하게 보이게 조명한다는 사고방식은 다른 공간의 조명과 동일하나, 이에 그치지 아니하고 여러 가지 의미로 판매 증가를 도모할 수 있는 조명계획이 이루어져야 한다.

(1) 조명계획의 기본

상점에서는 풍만감이 있도록 전체조명 이외 주위보다 높은 조도로 상품의 진열에 악센트 조명을 하여 형태감, 촉감, 색채감 등의 기호를 강조시키고 그 상품을 보는 즐거움을 주어야 한다.

전체조명에 형광등, 반투명의 특수 펜던트나 쿨레이램프 cool ray lamp를 사용한다. 강조하는 악센트 조명은 배경조명과 3배 이상의 조도차가 적당하다. 주위와의 조도차가 클수록 인상은 강해지나 풍부한 느낌을 주려면 주위의 조명도 상당한 조도가 필요하다. 따라서 주위의 조도에 대응하여 와트 watt수가 높은 반사형 전구, 빔전구로 하거나 전구의 수를 증가시킨다.

형태감에는 조명의 방향과 양이 강하게 영향을 미치는데 촉감에 대해서는 빛의 확산성, 지향성 등이 문제가 되며 색채감에 대해서는 광원이 가진 색광의 균형을 고려해야 한다.

① 상품을 항상 생동감 있게 보이게 하려면 계절에 따라 조명을 변화시키도록 한다. 상품은 계절에 따라 색채, 반사율 등이 달라지므로 계절감 있는 분위기를 연출하기 위한 조명계획이 필요하다.

② 영업중인 시간에는 가능한 조명 전부가 점등되도록 하는 것이 바람직하며 맑은 날씨, 흐린 날씨 등 기후와 주간, 오후, 야간, 폐점 후 등의 시간에 대응할 수 있는 점멸계획도 필요하다.

③ 조명의 자외선이나 열로 인한 상품에 손상을 미치는 영향을 고려하여 상품의 특징이나 품질에 따라 적당한 보호가 요구된다.

④ 상품의 색채가 중요한 상점은 연색성이 좋은 광원을 사용해야 한다.

| **표 3 -10** | 경영과 조명

개 인 상 점	백 화 점	수 퍼 마 켓	조 명
상품 풍부 주의	이익이 있는 특매	중심상품의 활용	균제도가 높은 조도
중점상품주의 (전문점, 유명 브랜드점)	스페셜 코너 특별전시의 시설	–	드라마틱한 효과
고객별 전문점	연령층 코너	주부 전문점	상품과 고객과의 분위기

(2) 상점의 조명 기능

좋은 조명조건에 더하여 보다 좋은 조명수법을 사용함은 고객의 심리를 유도하고 연출적인 효과를 도모할 수 있는 중요한 수단이다. 상점의 조명은 '어떻게 보이고 무엇을 보게 하고 볼 것에 대해 어떻게 느끼는가'에 대한 측면에서 고객의 심리적, 생리적 반응을 고려해야 한다. 고객이 진열된 상품에 대해 흥미를 갖도록 하여 어느 각도에서든 명료하게 상품을 볼 수 있도록 하며 상품의 가치를 돋보이도록 하여 판매공간으로서의 분위기를 조성해야 한다. 쇼윈도의 조명은 진열상품 등에 대해 상품을 강조하고 통행객의 주목을 끌고 더욱이 발을 멈춘 고객을 내부로 유도하여 구매행위로까지 이르도록 한다.

상품을 입체감있게 하도록 바닥면, 측면으로부터 조명하면 효과가 높다. 내측이 깊은 공간은 측면보다 내측에 위치한 정면의 조도를 높인다.

| 표 3 -11 | 보다 좋은 점포 조명의 유의 사항

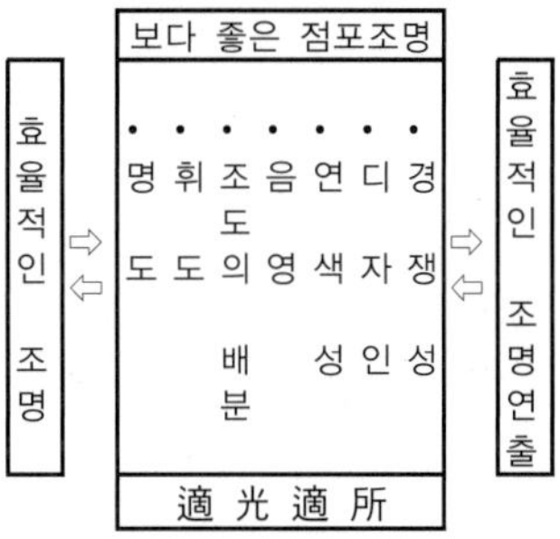

상점에 있어 조명은 다음과 같이 확산기능, 집중기능, 연출기능을 갖는다.

1) 확산기능

전체의 분위기를 보편적으로 밝게 균일한 고조도의 전체조명이다.

2) 집중기능

주로 스포트라이트를 이용한 국부조명으로 부분적인 강조와 상품의 이미지를 전달한다. 악센트 조명을 병용하고 내부 전체를 활기있는 분위기가 되도록 한다.

3) 연출기능

동적이며 환상적인 분위기를 만들거나 심리적인 변화를 줄 때 사용하는 조명이며 편광필터나 칼라필터를 이용한다.

조명과 구매심리와의 관계를 단계별로 살펴보면 점두에서 조명분포나 색채 대비 등으로 시선을 끄는 조명, 이상적이고 흥미를 끌고 호기심이 가는 상품에 대한 형태감, 친근감을 주는 조명, 점내를 감싸주는 조도로 배분하고 매력있게 시선집중을 시켜 구매욕구를 자극시키고 조명, 충분한 밝기의 조도와 상품에 맞고 연색성을 고려하여 광원 선택으로 상품비교가 가능한 조명이다. 이러한 단계들이 전체적으로 조화되어 구매에 기분이 좋은 상품, 또 다시 오고 싶은 상점이 되도록 구매심리를 고려한 조명계획을 전개한다. 이는 단골고객이나 계획구매의 고객보다 유동객이나 구매를 망설이는 고객에 대한 고려이다.

| **표 3 -12** | 구매심리와 조명

구매심리의 단계	행 동	조명 포인트	비 고
무관심	-	-	-
유주의有注意	점두	돋보이는 것	-
흥미	진열로	상품의 기호	-
이상	-	-	저것을 가졌으면
욕망	점내에	유도무드와 조도배분	갖고 싶다
비교	매기買氣	충분한 조도	어느 것으로 할까
신뢰	-	상품을 고려한 연색성	이것이라면
결정	구매	-	결정한다.
만족	-	조화	다음에 다시

(3) 업종별 적정 조도

업종별 적정조도는 입지조건을 고려하되 장래의 조도 상승을 예상하여 약간 높여 하는 것이 좋다. 설치한 램프수와 그것에서 얻어지는 조도와의 관계는 조명기구의 종류, 내부의 상황 등에 따라 다르다.

| 표 3 -13 | 입지 조건에 따른 점내 조도 정도

입 지 조 건	조 도 (Lux)
대도시 일류상점가	500~1,500
대도시 이류상점가	300~1,000
중간도시의 밝은 지역	300~1,000
중간도시의 주택 근처	200~500
소도시 또는 마을	150~300
지하 상점가	300~1,000

| 표 3 -14 | 업종별 상점 조명의 권장 조도와 조명설계의 비중

		업 종	상점 내의 권장조도 (Lux)		조명설계의 비중				연색성
			베이스조명	중점조명	베이스 조 명	중 점 조 명	익사이팅 조명	배 경 조 명	
물품판매점	패션	여 성 패 션	200~500	1,000~3,000	○	●	△	□	●
		남 성 패 션	300~600	1,000~2,000	●	○	△	□	○
		스포츠 패션	300~700	1,000~3,000	●	○	△	□	○
		액 세 서 리	200~500	1,000~2,000	○	○	△	□	●
		아 동 복	300~600	1,000~2,000	●	○	△	□	○
		신발·가방·백	300~600	1,000~3,000	●	●	△	□	○
		액 세 서 리	100~700	1,000~3,000	○	●	○	□	○
	문화용품	서적·문구점	300~700	500~1,000	○	○		○	○
		레 코 드	300~700	1,000	○	○	△	○	○
		카 메 라	500~1,000	2,000~3,000	○	●	△	□	○
		약국·화장품	300~600	1,000~3,000	○	○	△	□	●
		안 경·시 계	500~700	1,000~3,000	○	●	△	□	○
		스포츠 용품	300~700	1,000~3,000	●	○	△	□	○
		사이클 용품	300~600	1,000	●	○	△	□	○
	리빙	리빙·인테리어	200~500	1,000	○	○	△	□	○
		도 기·식 기	200~600	1,000~2,000	○	○	△	□	○
		가 전 기 기	300~700	1,000~2,000	●	○	△	□	○
		홈 패 션	300~700	1,000	○	○	△	□	○
	푸드	케이크·베이커리	200~500	500~1,000	○	○	△	△	○
		데 리 카·숍	200~500	500~1,000	○	○	△	△	○
		주 류	200~500	1,000	○	□	△	△	○
		정 육	200~500	1,000~2,000	○	○	△	△	○
		어 류	200~500	1,000	○	○	△	△	○
		청 과	200~500	500~1,000	○	○	△	△	○

복합상업시설	백화점	1 층	500~1,000	1,000~3,000	●	○	□	○	○
		2 층	300~500	1,000~3,000	○	○	△	□	○
		패 션 층	200~500	1,000~3,000	○	●	△	□	○
	양품점	식 품	500~1,000	1,000	●	○	△	△	○
		의 류	300~700	1,000~2,000	○	●	△	□	○
		잡 화	300~700	1,000	○	○	△	△	○
	슈퍼	식 품	1,000	1,000~2,000	○	○	△	△	○
		의 류	300~700	1,000~2,000	○	○	△	□	○
음식점	다방	다 방	100~200	300	○	○	△	□	○
	레스토랑	패 스 트 푸 드	200~500	500	○	○	△	△	○
		레스토랑 (디너)	100~300	300	○	○	△	□	○
		레스토랑 (캐주얼)	200~500	300~500	○	○	△	△	○
		스테이크 하우스	100~300	300~500	○	○	△	□	○
		중 식 당	200~500	300~500	○	○	△	□	○
		한 식 당	200~500	300~500	○	○	△	△	○
		카 레 하 우 스	200~500	300~500	○	○	△	△	○
		일 식 당 (일반)	100~200	200~300	○	○	△	□	○
		선 술 집	100~300	200~300	○	○	△	△	○
		초 밥 집	100~300	300~500	○	○	△	□	●
		국 수·우 동	100~300	300	○	○		△	○
		장 어 구 이	100~300	300	○	○		△	○
		통 닭 구 이	100~300	300	○	○	△	△	○
		샤 브 샤 브	100~300	300	○	○		□	○
	클럽	클 럽·바	10~30	100	○	○	△	△	
		디 스 코	10~50	100	○	○	○		
서비스·기타		미 용 실	300~500	500~700	●	○	△	△	●
		이 발 소	300~500	500~700	●	○	△	△	○
		당 구 장	100~200	500~700	○	○	△	△	
		사 우 나	100~300		○	○	△	△	
		헬 스 점	300~700		○	○	△	△	

● 100~80%, ○ 79~60%, ○59~40%, □ 39~20%, △ 19~10%
베이스 조명은 주변환경이나 업종, 업태에 따라 그 폭을 달리한다.
그 기준은 중간 수치, 예를 들어 300~700Lux의 경우 500Lux로 한다.

(4) 조명방식

상점에서는 조명의 배광방식 중 직접조명, 간접조명, 반간접조명이 많이 사용된다. 직접조명은 전체조명이나 국부조명으로 사용한다. 간접조명은 전체조명으로 부드럽고 음영이 없어 차분하나 조명률이 낮으므로 국부조명과 함께 병용한다. 그리고 반간접조명은 가장 많이 사용하는 것으로, 어느 정도 조명률도 좋고 광선이 부드러워 실내를 명확하게 보이게 하여 밝고 화려한 공간을 연출한다.

조명기구에 의한 배광방식에 따라 조명의 효과가 좌우된다. 기구에 의한 조명방식과 건축화 조명으로 구분되며 이들은 상점에서 효율본위의 조명이냐, 흥미본위의 조명이냐에 따라 광원, 조명기구, 배광방식 등이 결정된다.

| 표 3 -15 | 조명기구의 배광방식과 특징

배광방식	배광의 분류	수평면과 수직면의 조도 밸런스 전장벽면의 밝기	주된 조명기구의 모양	조명기구 설치간격의 기준	배광의 특징	매장의 조명환경
직접조명	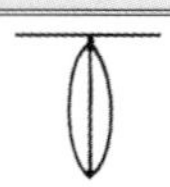 협조배광	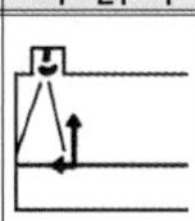	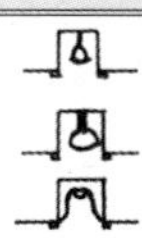	S≦ 0.4H ~ 0.8H	• 효율이 좋고 바로 아래 조도를 얻을 수 있다. • 균일한 조명일 경우 배치에 유의한다.	• 조도에 억양을 두어 매장 공간을 연출할 수 있다. • 비교적 소규모의 전문점에 효과적이다.
	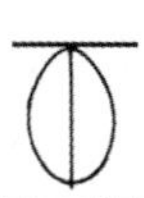 중조배광	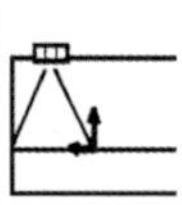	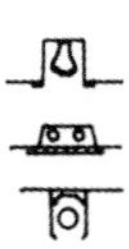	S≦ 0.1H ~ 1.2H	• 루버, 홈통형 형광등 기구는 중조배광을 얻을 수 있다. • 글레어가 적다.	• 레프램프는 번쩍이는 효과로 밝은 느낌의 조명효과를 얻을 수 있다. • 루버가 달린 것은 글레어가 적으므로 질이 높은 조명을 얻을 수 있다.
	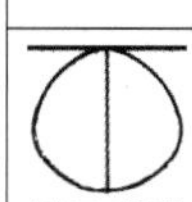 광조배광	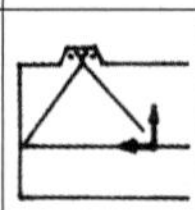	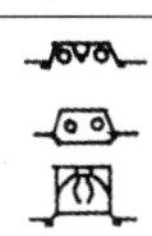	S≦ 1.3H ~ 1.5H	• 효율이 좋고 매장 점체를 조명할 수 있다. • 매장 공간이 넓은 경우에 적합하다.	• 글레어가 적으므로 상품을 보기 쉽고 쾌적한 매장을 연출할 수 있다.
	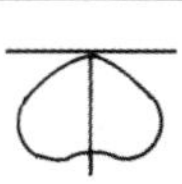 특광조 배 광	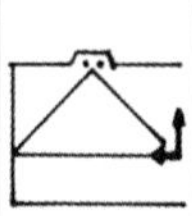	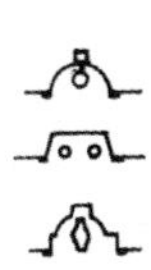	S≦ 1.5H ~ 2.0H	• 대각선 방향으로 강한 빛이 나오므로 넓은 범위를 적은 균등수로 균일하게 조명할 수 있다. • 매장은 넓고, 천장 높이가 낮은 경우에 적합하다.	• 기구수가 적고, 산뜻한 매장을 연출할 수 있다.
반직접조명	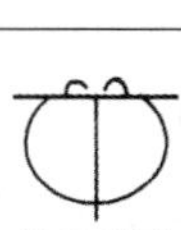 광조배광	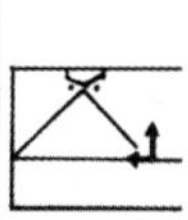	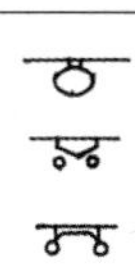	S≦ 1.5H ~ 1.6H	• 효율적으로 조명할 수 있다. • 내장재의 반사율(특히 천장, 벽)에 의한 밝기의 영향은 커진다.	• 밝고 화려한 매장을 연출할 수 있다.
간접조명	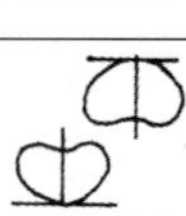 광조배광	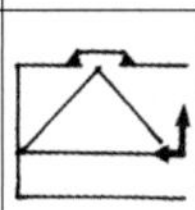	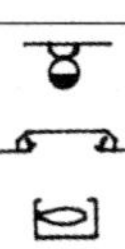	S≦ 1.5H ~ 2.0H	• 직접광의 글레어가 없다. • 면으로 조명되므로 밝은 느낌이 커진다.	• 상품을 보기 쉽고, 부드러운 하이센스 이미지를 주는 매장을 연출할 우 있다.

1) 기구에 의한 조명

① 매입형down light

광원을 노출시키는 직접조명일 경우 효율이 좋을 뿐만 아니라 천장의 마무리도 좋다. 바로 아래 조도를 얻으므로 조도에 강약을 두어 매장공간을 연출할 수 있다. 전체조명으로 사용할 경우 조도가 균일해야 하므로 배치에 유의한다. 비교적 소규모의 전문점에 효과적이다. 커버cover로 광원을 처리하면 눈부심이 적어 격조 높고 유연한 조명효과를 얻을 수 있다.

② 직부형

확산 직부형이나 확산 직부다운라이트는 효율이 좋고 매장전체를 조명할 수 있다. 천장이 너무 낮지 않고 상점 내의 진열밀도가 높고 천장의 외관이 크게 문제되지 않는 경우에 적합하다. 천장과 벽에 마감된 재료의 색, 광택 유무, 질감 등에 따른 반사율은 조명에 영향을 미치므로 유의한다. 광원을 커버로 감싸면 눈부심이 없고 밝고 부드러운 분위기의 조명이 되어 효과적이다. 일반적으로 직부 스포트라이트는 효율이 좋고 높은 조도로 상품을 강조하는 국부조명으로 사용한다.

③ 펜던트형

특정한 부분을 집중적으로 비쳐 흥미를 유도하며 조명기구 자체가 빛을 발하는 액세서리 역할도 하므로 조명기구의 조형적인 면도 고려해야 한다.

2) 건축화 조명에 의한 방법

광천장은 높은 조도로 눈부심이 없는 부드러운 조명을 상점 내부 전체에 비추도록 하는 전체조명에 적합하다. 조도가 낮으면 어두운 감이 생겨 적합하지 않으나 높은 조도의 국부조명과 조합하면 조도의 강약이 생겨 극적인 효과를 연출할 수도 있다.

천장의 건축화 조명은 조명기구의 위치에 천장 및 건축 구조화의 관계를 고려해야 한다.

(5) 조명의 연출기법

상업공간의 조명은 인간적인 쾌적함의 조명환경과 고객에게 생리적, 심리적 욕구를 만족시켜 구매욕구를 유발시키는 조명이어야 한다. 다양한 조명의 연출기법을 통해 개성적이고 독특한 분위기를 창출하도록 한다. 상점의 조명은 크게 상품조명과 환경조명으로 구분되는데, 상품조명은 상품의 정보를 빠르고 매력적으로 전달하기 위한 것이며 환경조명은 사기 쉽고 안전하고 쾌적한 분위기를 조성하기 위한 것이다.

| **표 3 -16** | 상점 조명 연출의 기법과 빛

건축과 관계되는 세 가지 빛	상점조명 디자인	적용	조명디자인 비중(%)
보이기 위한 빛	베이스 조명	• 몰이나 매장의 전반조명	50
	중점 조명	• 중점 전시에 대한 스포트라이트 • 진열장 • 쇼케이스 조명	35
느낌을 주기 위한 빛	익사이팅 조명	• 기분 좋은 빛이나 색채효과 • 미니 전구의 군집에 의한 빛 • 네온튜브의 빛 • 컬러 라이팅	5
생각하게 하기 위한 빛	배경조명	• 벽면, 천장면, 바닥면의 조명 • 간접 조명 • 건축화 조명	10

| **표 3 -17** | 업종에 따른 환경조명과 상품조명

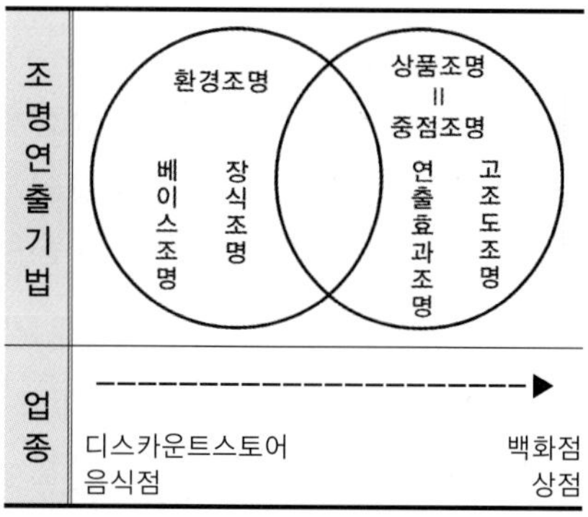

1) 환경조명

|사진 3 -25| 패션숍
Y's Utsunomiya

환경조명은 전체적인 매장의 기본적인 조명, 즉 전체조명으로서 매장의 분위기와 기본적인 밝기를 얻기 위한 베이스base조명과 특별한 효과와 상점의 개성있는 표현을 하기 위한 장식조명으로 구분된다.

일반적으로 천장 전면에 광원을 균등하게 배치하거나 천장면을 면광원으로 처리하는 방법을 사용한다. 업종, 상품, 입지조건, 점포구성, 진열에 따라 조명의 수법을 달리한다. 조도는 중점조명의 조도와 적절한 비율로 하여 입체적 효과를 갖도록 하며 매장 전체에 비교적 고르고 광범위하게 조명하여 상품을 구별하고 매장을 안내하는 등 고객의 행동에 적합하도록 한다. 조광장치를 하여 공간이용에 가변성을 주고 에너지를 효과적으로 사용하도록 한다.

2) 상품 조명

진열되어 있는 어떤 상품을 집중하여 비추게 하는 것이 상품조명 또는 중점조명이라 한다. 상품의 면에 밝기를 한층 더하게 함으로써 색채나 질감을 돋보이게 한다. 또한 상품조명은 매장 전체에 아름다운 확대감을 내도록 하는 효과를 갖는다. 따라서 상품을 강조하고 판매부분을 한정하도록 하고 기본조명과 환경조명에 조화 균형있는 조명으로 계획한다.

상품의 종류, 형태, 크기, 디스플레이 방법을 고려하여 소형의 조명기구를 판매대 안에 장치하거나 매입등이나 스포트라이트를 사용한다. 상품의 위치가 고정적이지 아니할 때는 덕트 레일duct rail을 설치하여 융통성 있게 조명할 수 있도록 한다.

상품조명으로는 주로 직부 스포트라이트가 사용되는데 상품조명과 환경조명과의 대비는 3~5배 정도로 할 때 가장 입체적이며 상품의 인상을 강조할 수 있다. 휘도가 높은 광원은 상품 표면의 광택을 강조할 뿐만 아니라 지향성을 강하게 하여 상품의 입체감과 재질감을 더욱 강조한다. 또한 특정부분이나 상품은 색광을 이용해서 더욱 강조할 수도 있다.

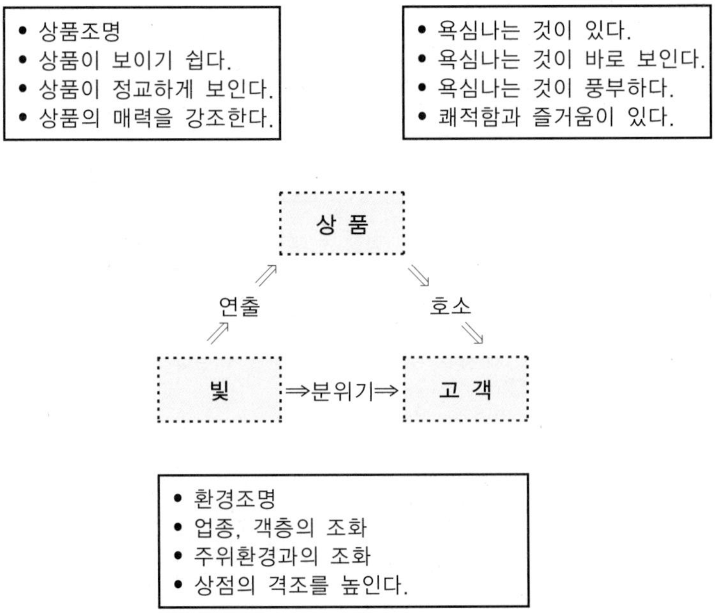

| **표 3 -18** | 환경조명과 상품조명

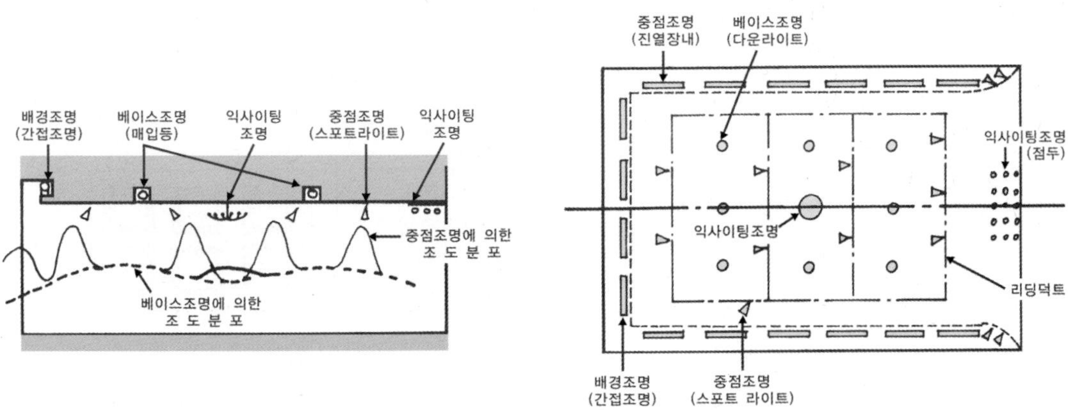

단면도

천정도

| **그림 3 -32** | 상점 조명 연출기법의 예

표 3-19 | 베이스 조명 패턴의 예

점 조 명	선 조 명		면 조 명
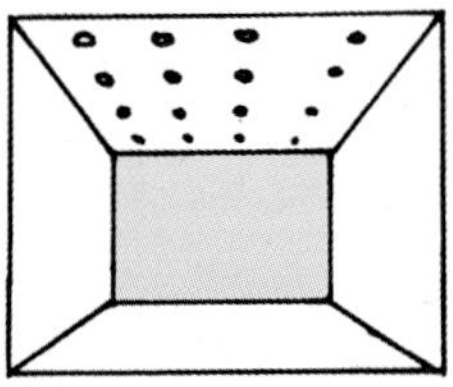	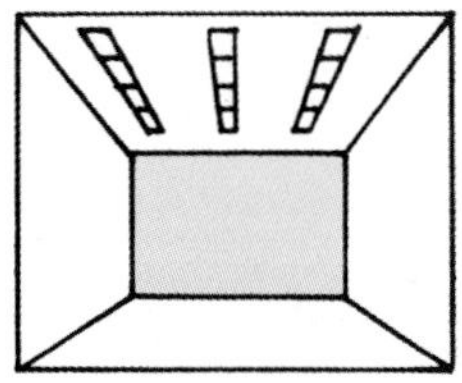	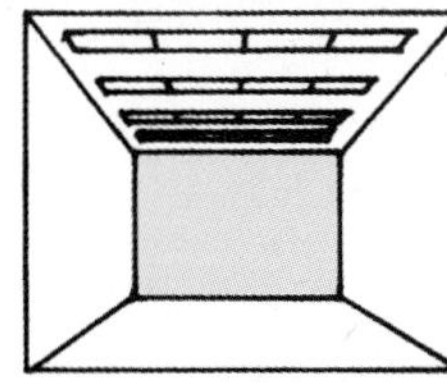	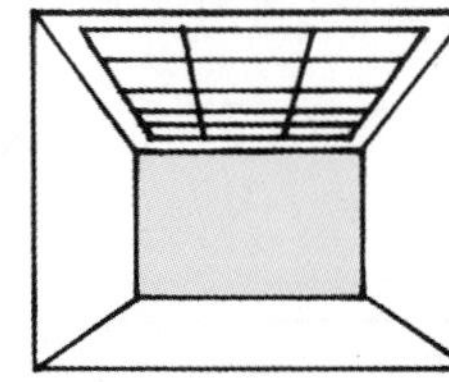
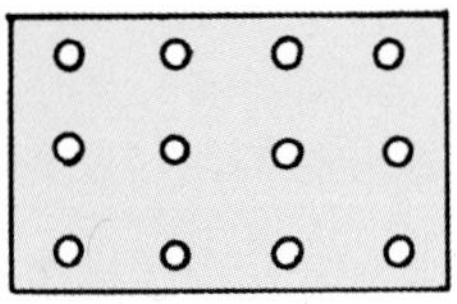	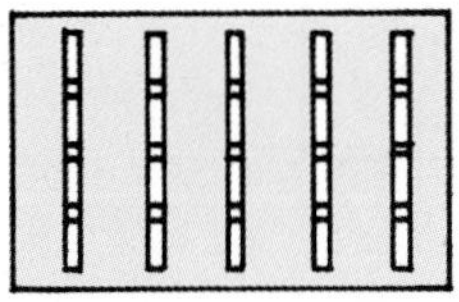	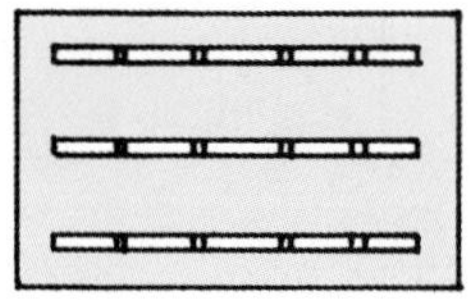	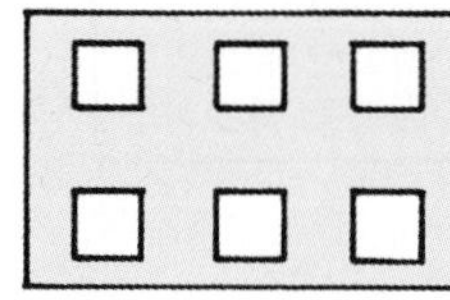
• 규칙 배치형이다. • 차분한 분위기를 조성할 수 있다. • 조도를 높게 하면 답답한 분위기가 되기 쉽다.	• 안쪽으로 평행배치이다. • 도입성이 좋아 유인효과가 크다. • 정면폭이 좁게 느껴진다. • 평행방향의 면적이 밝다. • 등의 배치간격은 천장고의 1.3배 이내로 한다.	• 정면폭 방향으로 평행 배치하여 편안한 느낌을 준다. • 정면폭이 넓게 느껴진다. • 배장의 배치에 맞출 필요는 없다. • 안쪽 벽면과 입구쪽이 밝다.	• 대형기구의 배치에 적합하다. • 진열레이아웃과 고객 동선과의 조화에 유의한다. • 정리된 느낌을 준다.
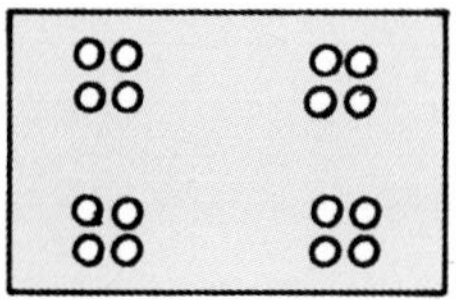	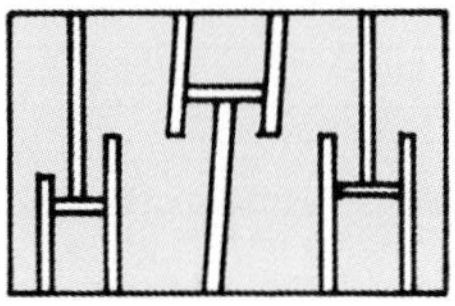		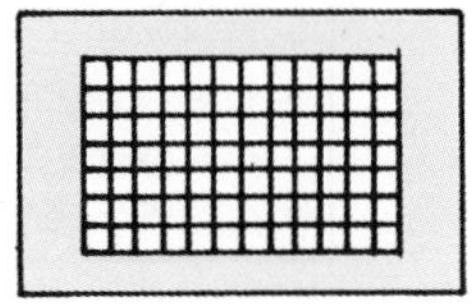
• 블록배치 패턴이다. • 산뜻한 분위기를 조성할 수 있다. • 밝기의 강약으로 조닝 가능하다. • 레이아웃의 변화와 커버의 종류 등으로 장식효과를 얻을 수 있다.	• 불규칙형의 기구배치 • 불규칙한 여러 가지의 변화형이 될 수 있으나, 너무 부자연스럽거나 퍼진 형태이어서는 안 된다.	• 정면방향으로 등을 배열한다. • 입구에서 보아 글레어가 없도록 유의한다. • 기구를 방동형으로 배치 • 코너, 결함의 마무리에 유의한다. • 중점적인 느낌이 있다.	• 루버 천장조명이다. • 글레어를 억제한다. • 품격이 높은 다이나믹한 공간이 연출될 수 있다. • 시원스런 매장 분위기를 조성한다.
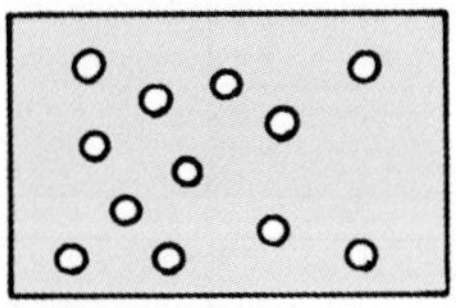		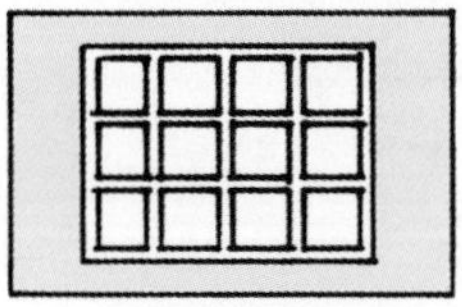	
• 불규칙한 배치이다. • 변화가 많고 화려한 분위기를 줄 수 있다. • 밝기의 명암자를 얻을 수 있다.	• 전田자형의 배치이다. • 리듬감을 준다. • 진열 레이아웃과의 조화에 유의해야 한다. • 교점부에 점조명 방법을 겸용할 수 있다.	• 연속 크로스패턴배치이다. • 고조도 조명에 적합하다. • 다이나믹한 연출이 가능하다.	• 간접조명으로 한다. • 글레어가 적다. • 품격이 높은 고급스러운 이미지를 갖는다. • 천장면이 밝아진다.

|표 3 -20| 스포트라이트의 배경과 특성

	1/2 빔 각(°)						
	15°		20°	30°	55°	80°	90°
빛을 확산	 프레임 지름의 빔각						
기구의 개요	 네오할로겐 프레임스포트	 빔전구스포트	 네오할로겐 스포트라이트	 빔 전구 플래드	 레드램프	 레드램프	 네오할로겐 플래드
용 도	패널 등 POP를 강조할 때	특히 예리한 스폿 빛이 필요할 때	패셔널한 부티크 등 여성의류에 사용하고자할 때	어디에나 사용할 수 있는 표준형	비교적 넓게 비치고 부드러운 빛이 요구될 때	스포트라이트와 상품까지의 거리가 가까울 때	마네킹뿐만 아니라 주위를 포함해서 넓은 범위를 조명할 때

(6) 쇼윈도의 조명

1) 쇼윈도 조명의 기능과 기법

쇼윈도 조명의 기능은 상품의 주시성注視性을 높여 흥미뿐만 아니라 쾌적성을 높이고 진열을 변화시켜 인상을 강하게 한다. 그리고 상품의 재질감, 입체감, 색채를 효과적으로 나타내도록 한다. 따라서 쇼윈도의 조명계획은 다음과 같은 점을 고려한다.

① 근접한 타 상점 등의 조도, 통과하는 보행자의 속도에 상응하여 주시성 있는 조도로 한다. 상점 내 전체조명보다 2~4배 높은 조도로 쇼윈도에 조명하며 배경, 진열상품이 함께 어두울 때에는 조도를 충분히 높일 필요가 있다.

② 상품의 재질감을 강조하고 진열의 효과를 높이기 위해서 반사형 전구, 빔전구, 투광기 등을 사용한다. 반짝이는 효과가 필요한 시계, 귀금속, 보석 등은 1,000Lux 정도 높은 조도가 필요하며 스포트라이트로 국부 조명하는 것이 효과적이다.

③ 진열상품의 색채는 자연광 아래서 동일하게 보이도록 연색성이 높은 광원을 선택해야 한다.

④ 광원이 보는 사람의 눈에 직접 비추어 눈부심이 생기지 않도록 한다.

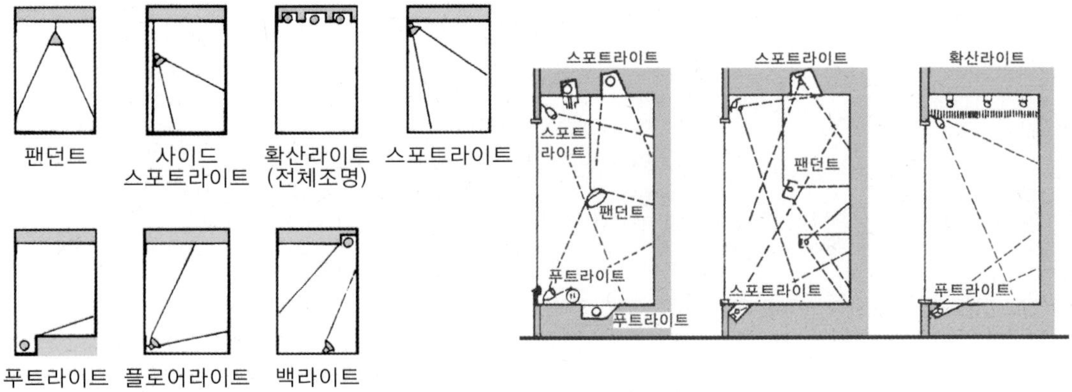

|**그림 3 -33**| 쇼윈도의 조명방식과 그 적용의 예

쇼윈도의 형태, 상품의 종류, 진열디자인에 의해 조명이 구분되어 사용하는 기법은 다음과 같다.

- 상부에서의 빛만으로 진열에 음영이 생기거나 수직면의 하위부분이 어두울 때는 푸트 라이트foot light를 사용한다. 푸트 라이트는 바닥면에서 상향되는 조명으로 일반적으로 상부조도의 20% 정도로 한다.
- 쇼윈도에 밝은 중심을 정하여 몇 개의 스포트라이트로 한 부분에 집광시키면 진열의 효과가 크다.
- 색광에 따라서 개성적인 진열효과를 내나, 상품 본래의 성격을 나쁘게 만들 위험도 있다. 배경보조 전시장치, 가격표 등에 사용하면 무난하며 색의 수를 적게 하여 소극적으로 사용한다. 또한 진열상품의 색과 같은 색광으로 하면 더욱 효과적이다.

2) 각종 쇼윈도의 조명방식

① 일반적인 윈도

쇼윈도의 상부에는 반사형 전구나 빔전구 등의 국부조명으로 설치하여 특정 진열상품을 비추도록 하고 하부에는 외부에서 조명기구가 보이지 않게 푸트 라이트foot light를 설치한다. 배경의 효과를 위해 형광등에 의한 백라이트back light를 후면 상하부에 설치하는 것이 효과적이다. 전체조명은 형광등을 루버 천장 안에 설치하여 광원의 눈부심을 피한다. 상품의 성격에 따라서 루버를 어두운 색으로 칠하거나, 주위의 휘도를 내려 진열상품이 부상하도록 조명하면 효과적이다.

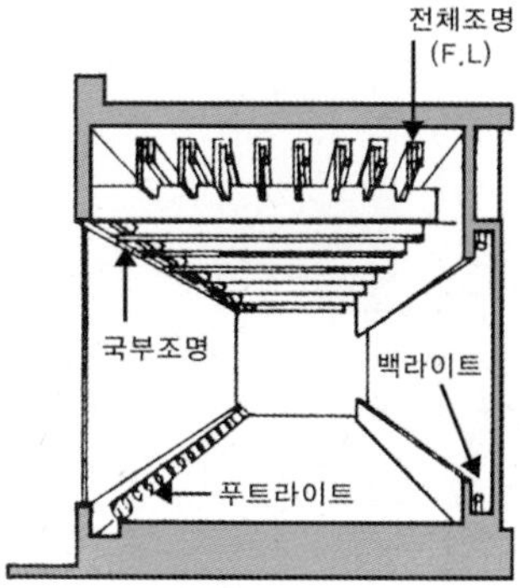

|그림 3 -34|
일반적인 쇼윈도의 조명

② 일면투시一面透視 윈도

형광등의 루버louver를 전면유리와 평행이 되도록 설치한 조명방식이다. 쇼윈도의 전면 상부가 보이지 않도록 악센트 조명을 병행하여 설치하면 효과적이다.

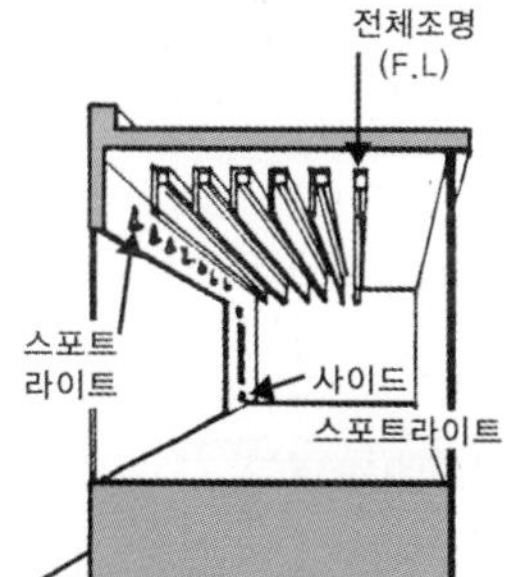

|그림 3 -35|
일면투시윈도의 조명

③ 저면횡장低面橫張 윈도

일반적으로 눈높이보다 낮은 위치에 설치하여 높이가 낮고 길이가 긴 쇼윈도는 형광등의 광천장으로 처리하되 가능한 고조도로 하여 세밀한 곳까지 보이도록 고르게 조명하고 악센트 효과는 진열 면에서 하는 것이 좋다.

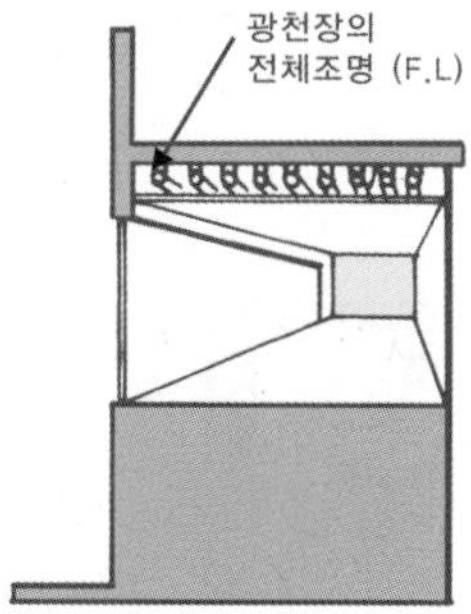

|그림 3 -36|
저면횡장윈도의 조명

④ 아주 작은 윈도

일반적으로 눈높이보다 낮게 설치되며 전체조명은 조도가 낮다. 형광등에 의한 플로어 라이트floor light와 진열상품을 강조하는 악센트 조명으로 처리한다.

⑤ 폭이 좁은 윈도

쇼윈도 양측면 안에 형광등을 매입하여 아크릴로 커버를 처리, 조명함으로써 확장감을 꾀한다.

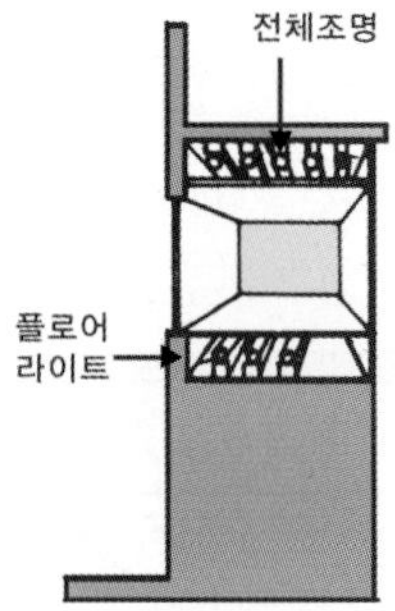

|그림 3 -37|
아주 작은 윈도의 조명

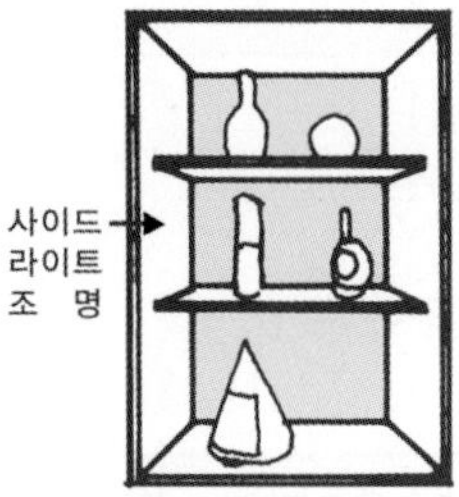

|그림 3 -38|
폭이 좁은 윈도의 조명

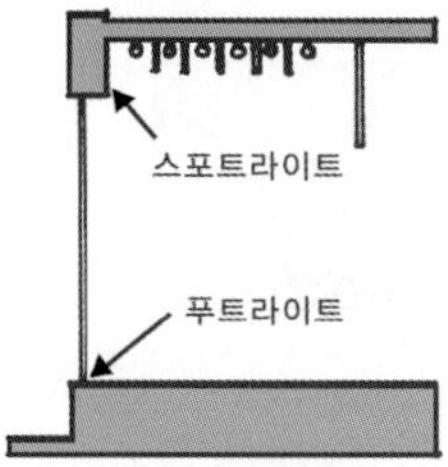

|그림 3 -39|
오픈형 윈도의 조명

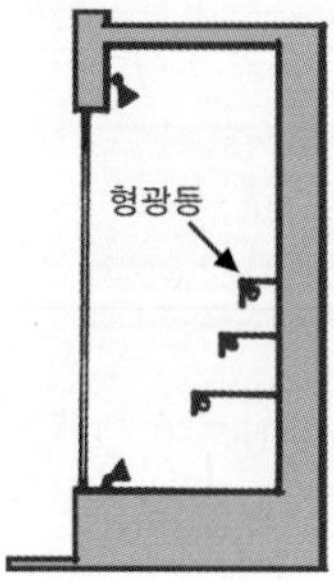

|그림 3 -40|
선반이 있는 윈도의 조명

⑥ 오픈형 윈도

쇼윈도 전후면을 개방시킨 것으로 어떠한 측면에서도 눈부심이 없도록 하며, 조명의 기구가 보이지 않도록 쇼윈도의 배면을 약간 내려주는 것이 바람직하다.

⑦ 선반이 있는 윈도

소품은 선반을 사용하여 진열하면 수용면적이 커지나 상부의 조명이 미치지 못하므로 형광등을 선반 앞 테두리 밑에 설치하고 광원이 직접 보이지 않도록 한다.

⑧ 안길이가 얕은 윈도

낮은 전압의 작은 반사형 전구를 되도록 많이 설치하여 고조도로 조명한다. 또 형광등으로 전체조명을 할 때는 낮은 조도를 보강해야 한다.

⑨ 오픈 스페이스형 윈도

일층 상층부를 개방시키는 쇼윈도의 조명은 장식적 효과와 함께 조명으로 낮게 많이 달아맨다. 상점디자인에서 이것이 허용되지 않을 경우 천장 직부조명으로 하되 눈부심 방지에 대한 보완책이 강구되어야 하며 푸트 라이트를 병용하여 낮은 조도를 보충한다.

⑩ 유리스크린 오픈형 윈도

특히, 쇼윈도를 특별히 설치하지 않고 점두의 중앙을 쇼윈도로 사용할 경우 상점 내 조명이 그 역할을 다하지 못하므로 윈도의 전면 상부에 악센트 조명을 설치한다. 기능적이고 장식효과를 위해 조명하며 상점 내에서 쇼윈도의 광원이 눈에 띄기 쉬우므로 눈부심이 적도록 주의한다. 이밖에 천장을 조명천장으로 하여 별도로 낮추기도 한다.

⑪ 독립형 윈도

윈도가 섬과 같이 독립될 경우 사방에서 보이게 되므로 눈부심에 주의하며 주위가 밝기 때문에 외부보다 더 높은 조도로 조명한다.

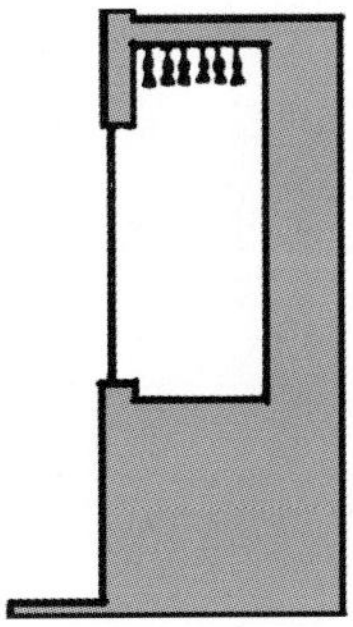

|그림 3 -41| 안길이가 얕은 윈도의 조명

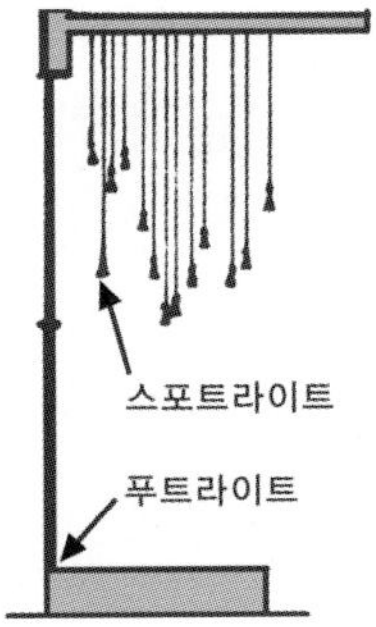

|그림 3 -42| 오픈 스페이스 윈도의 조명

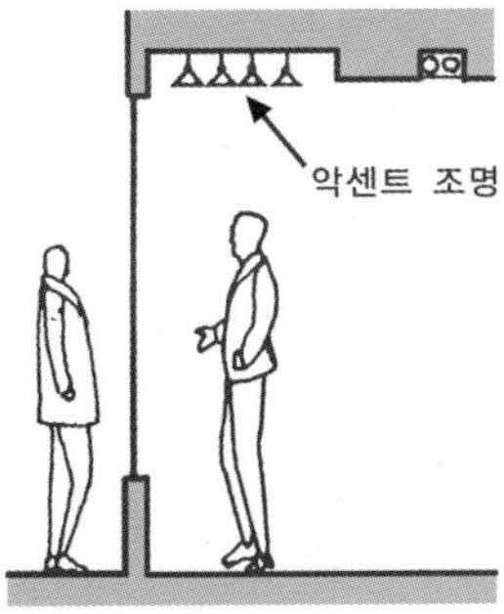

|그림 3 -43| 점두를 쇼윈도로 사용하는 윈도의 조명

3) 쇼윈도의 조명과 디스플레이

쇼윈도의 조명과 디스플레이는 구도와 균형의 기본원칙에 바탕을 두어 디자인한다. 조명은 디스플레이에서 의도된 연출을 충분히 뒷받침하도록 한다. 통행인의 시선방향을 고려하여 통행객이 쇼윈도 앞을 지나치지 않고 시선을 자연스럽게 줄 수 있도록 한다. 시선이 닿는 부분에는 조명과 함께 강조된 디스플레이를 한다.

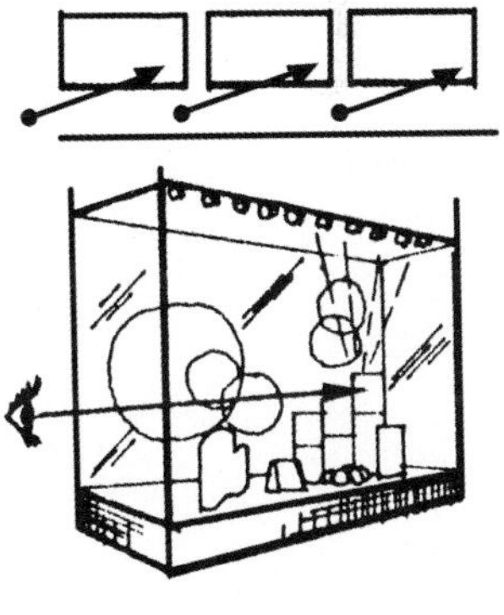

|그림 3 -44| 통행인의 시선방향

(7) 진열대의 조명

1) 벽면 진열장

벽면진열장의 내부에 설치되는 조명은 상점 내부보다 2배 정도 조도를 높게 한다. 진열장 선반이 유리와 같이 투명할 경우 밑까지 조명이 닿을 수 있으나, 진열상품의 그림자로 얼룩지기 쉬우므로 유의한다. 그러나 불투명한 선반일 경우 선반마다 조명을 설치하는데 일반적으로 선형의 형광등이 많아 사용되며 광원이 직접 보이지 않도록 커버처리를 한다.

유리그릇, 도자기 등은 배면으로부터 빛이 나오는 백라이트와 밑에서부터 빛이 나오는 푸트 라이트가 효과적이다.

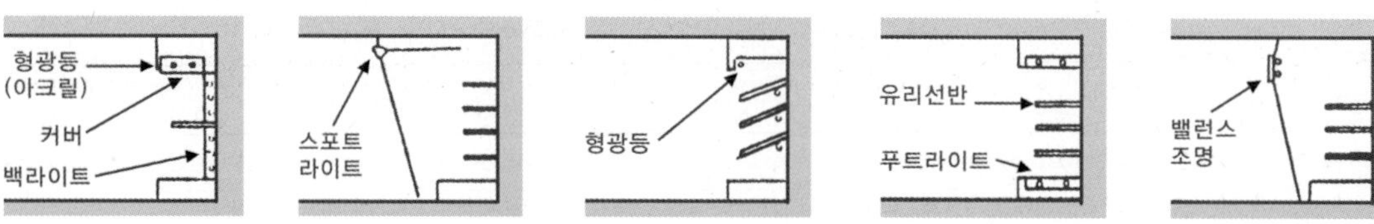

|그림 3 -45| 벽면 진열장의 조명의 예

2) 쇼케이스의 조명

쇼케이스의 조명은 전체조명보다 1.5~2배 정도 조도가 높다. 또한 진열상품에 따라 다르나 일반적으로 케이스 내부 상부 코너에 조명을 설치해 내부를 충분히 밝게 한다. 조명등이 직접 보이지 않도록 조명기구 커버의 크기, 형상에 유의한다.

일반적으로 선형인 형광등이 많이 사용되는데 이 경우 방전放電으로 인한 안정기의 방열량放熱量이 크므로 안정기가 위치하는 공간은 되도록 크게 하거나 방열구멍을 뚫어준다. 상품에 하이라이트high light를 가하거나 광택감을 강조할 경우에는 스포트라이트, 펜던트, 플로어스탠드 등으로 쇼케이스 외부에서 조명한다. 또한 냉동 쇼케이스나 케이크, 과일과 같이 상하기 쉬운 식품은 쇼케이스 외부에서 조명한다. 특히 이 경우 조명등의 강한 빛이 쇼케이스면에 반사하여 상품을 볼 수 없게 되므로 광원과 고객의 시선관계, 쇼케이스 빛의 입사각과 반사각의 조사照射방향을 고려하여야 한다.

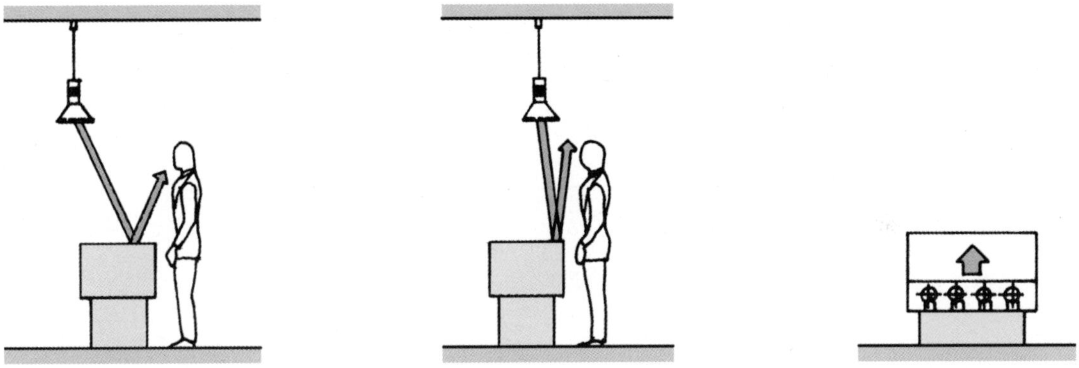

유리면에 램프가 보인다. 유리면에 램프가 보이지 않는다. 푸트 라이트

|그림 3 -46| 쇼케이스의 조명

3) 하이케이스의 조명

손그늘이 생기지 않도록 각 선반마다 선형의 형광등을 설치하며 광원이 직접 보이지 않도록 커버 처리한다. 또한 천장에서 스포트라이트로 조명할 경우 빛의 조사방향에 유의하며 선반의 크기를 단계별로 적게 하여 하부의 선반까지 빛이 닿도록 한다.

4) 디스플레이 테이블의 조명

디스플레이 테이블은 매장에서 포인트가 될 수 있는 부분이며 자주 상품을 변화시키는 부분이므로 높은 조도의 융통성있는 조명계획이 필요하다. 일반적으로 집광성이 있고 빛의 조사방향을 바꿀 수 있는 회전 스포트라이트를 사용한다. 스포트라이트의 수가 적을 때에는 충분히 진열상품에 접근시켜 조명하나, 특히 광원이 눈에 비치기 쉬우므로 설치높이와 방향에 주의하고 눈부심이 적은 조명기구를 사용한다.

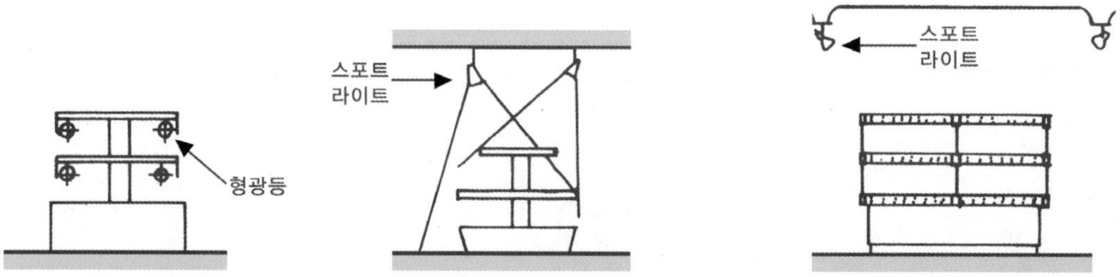

|**그림 3 -47**| 하이케이스의 조명

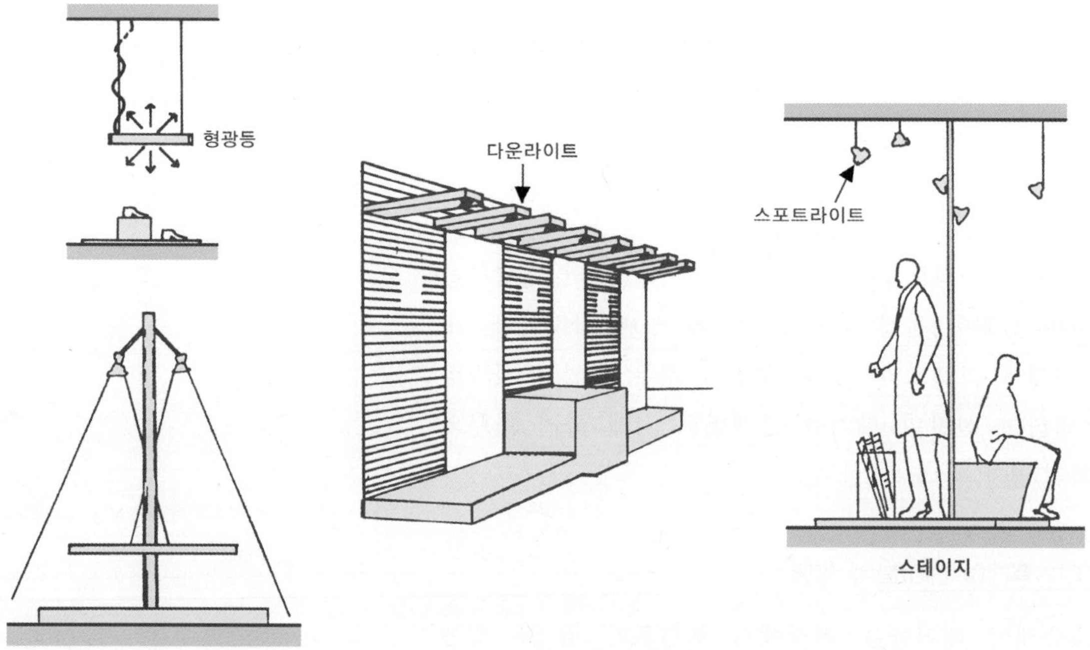

|**그림 3 -48**| 디스플레이 테이블의 조명

(8) 상점별 조명계획

상점 내의 전체조명은 150~700Lux 정도가 되도록 하고 그림자가 없는 부드러운 빛으로 침착한 분위기를 만든다. 포인트가 되는 디스플레이 부분이나 안쪽 정면부분은 스포트라이트와 혼합시켜 1,000Lux 정도 밝게 조명한다. 전체조명보다 간접조명으로 전체를 400~500Lux가 되도록 조정한다. 집광성이 높은 스포트라이트의 국부조명으로는 단일상품을 비치며 상품의 실루엣을 강조하도록 조명한다.

의류점의 조명계획은 계절에 따라 상품의 반사율이 다르므로 전체조명은 최저점을 고려할 필요가 있다. 옷의 색채가 문제시 될 경우 연색성이 좋은 광원을 사용한다. 옷이 벽면 전체에 진열될 경우 균일하게 수직면을 비추도록 조사방향을 고려한다. 일반적으로 고객층이 젊을 경우 상점 내부는 밝고 활동적인 분위기를 도모하도록 조명한다. 그러나 고급전문점인 경우 상품이나 고객층을 고려하여 차분하게 조명한다.

구두점의 조명계획은 피혁제품이 광택이 나나 검정, 갈색계통의 제품이 많아 반사율이 낮고 흡수율이 높으므로 상점 내의 조명은 밝다고 느낄 정도로 높게 한다.

귀금속, 보석, 시계, 안경, 카메라점의 조명계획은 그림자가 생기지 않도록 높은 조도로 조명하여 형, 크기 등이 확실히 분별할 수 있게 한다. 상품의 광택을 강조하기 위해 부드러운 확산광보다 휘도가 높은 점광원의 스포트라이트로 조명한다. 그리고 색이 정확하게 보이기 위해 연색성이 좋은 광원을 사용한다.

보석, 시계와 같이 고가이고 소형의 상품은 쇼케이스 내에 진열이 된다. 케이스 내부에 고조도의 조명이 설치되는데 상점 내 조명보다 3~4배의 조도인 1,500~5,000 Lux가 필요하다. 광택이 한층 더 아름답게 보이도록 케이스 위에서 하이라이트를 주는데 눈부심과 빛의 반사에 주의해야 한다. 또한 접객장소의 케이스, 테이블 등에는 의장적으로 우수한 조명기구로 보조조명을 하고 필요한 밝기와 함께 악센트 효과를 있게 하면 좋다.

서점 내 전체는 침착한 밝기를 느끼도록 조도를 고르게 조명 계획한다. 조명기구는 눈부심, 그림자가 없으며 빛을 확산시키는 노출형 커버로 한다. 어느 정도 상이한 조명방식을 병용하거나 광원을 혼합하여 변화를 줌으로써 활기를 띠게 한다. 특히 상점 내측면을 밝게 하여 유도성을 주며 벽면의 진열에는 위에서부터 아래까지 동일하게 그림자가 없도록 조명한다.

2. 9 색채계획

보다 개성적이고 독창적인 상점의 이미지를 위해 적절한 색채의 연출은 매우 효과적인 결과를 가져올 수 있다. 기본적으로 상점은 상품을 돋보이게 하는 배색을 전개한다. 따라서 각양각색의 다양한 상품의 색을 중심으로 하여 공간, 가구, 집기, 설비, 액세서리 등 실내 제요소가 적절한 색의 면적배분으로 균형감 있는 조화를 이루도록 한다. 이때 색 자체의 이미지, 공간의 유형과 크기, 조명, 실내재료 등을 종합적으로 고려하여야 한다.

배색은 단색조화, 유사색 조화, 보색조화로 구분할 수 있다. 단색조화는 상품을 포함한 전체를 한 가지 색으로 통일과 조화를 이루도록 하는데, 단조로워지기 쉬우므로 패턴, 텍스처를 대비시켜 세련된 조화를 꾀한다. 유사색 조화는 쉽게 조화를 이루어 역시 단조로워지기 쉬우나 상품과 무난히 배색되고 안정된 분위기를 얻을 수 있다. 보색조화는 활발하고 개성적인 분위기를 만드나 강한 대비일 경우 혼란감을 줄 수 있으므로 상품의 디스플레이를 고려한 균형있는 색의 면적배분에 주의해야 한다. 특히 한 쌍의 보색과 무채색의 조화는 색채조화의 효과를 크게 높일 수 있다.

밝은색 계통의 의류는 검정색, 회색과 그리고 어두운 색 계통의 의류는 흰색 분홍색 등 밝은 색과 조화시키는 것이 일반적이다. 그러나 전체 실내공간과 가구에 이르기까지 심지어 옷까지도 포함시키기도 하여 한 가지 색으로 통일하는 모노톤mono tone을 사용하기도 한다.

남성의류점은 일반적으로 갈색, 검정, 흰색, 베이지, 파랑색 등 남성을 의미하는 색을 많이 사용하여 중후한 분위기를 내도록 한다. 특히 목재에서 오는 자연스러운 색감은 상품을 돋보이게 하고 조화를 잘 이루므로 무난한 배색으로 많이 사용된다.

3. 백화점의 실내계획

백화점은 선호품을 중심으로 전문품에 이르기까지 가지각색의 상품계열을 취급하며 각 상품별로, 부분별로 조직된 대규모 소매기관이다. 풍부한 인적, 물적 서비스의 제공으로 판촉활동을 하며 고객에게 쾌적한 쇼핑행위를 촉진시킬 수 있는 환경을 제공해야 한다.

3. 1
백화점의 현황과 전망

백화점은 1852년 프랑스 파리에 설립된 본 마르세유를 효시로 19세기 후반부터 구미 각국으로 전파하여 번창하였다. 풍부한 상품의 확보, 정찰제 판매, 자유관람제, 반품 교환 등 폭넓은 서비스와 함께 근대적이며 획기적인 운영방식으로 크게 각광받았다.

우리나라의 백화점은 1930년 일본 미스꼬시백화점의 경성지점을 시초로 해방 후 동화백화점으로, 1969년 신세계백화점으로 개칭하고 직영 체제로 하여 본격적인 백화점으로 출범되었다. 1980년대 중반 이후 소득수준의 향상, 도시 인구의 증대, 소비생활 패턴 변화 등 제반 상환경의 변화에 부응하고자 많은 유형의 백화점과 대형백화점이 등장하는 데에 대한 구체적인 요인은 다음과 같다.

(1) 소비자의 욕구의 변화

생활경제, 가치관의 변화와 새로운 라이프스타일로 과거 절약, 저축, 명예가 중시되었던 것에서 실질, 쾌락을 추구하고 단순한 소비자가 아닌 생활자의 위치에서 독자적인 가치를 추구한다. 또한 소비자는 새로운 생활양식을 발견하기 위해 기업에 대해 새로운 생활문화의 제안을 끊임없이 기대하고 있다. 소득증가에 따른 생활수준의 욕구증가로 다양한 생활을 추구하여 여가, 레저의 비중이 커지고 건강에 유의하는 생활패턴을 갖는다. 그리고 식품업계는 신상품을 개발하여 단시간 내 즉흥적인 만족을 얻을 수 있는 패스트푸드, 인스턴트식품, 레토르트식품이 등장하여 식생활면에서도 간편함을 이루게 되었다.

(2) 구매활동의 변화

① 생활이 복잡해지고 가속화됨에 따라 구매에 대한 편리성을 추구하므로 장소적 편의성은 중요하다. 따라서 지역사회와 밀착하여 지역성이 중요시되는 쇼핑센터shopping center나 쇼핑몰shopping mall과 같은 커뮤니티community시설이 등장하였다. 또한 상품의 선택에 있어 편리하고 상품구색이 풍부하여 일괄구매를 할 수 있는 대규모의 상업 집적지集積地를 선호한다.

② 상품선택 기준이 변화되어 의류나 신변품의 경우 맞춤에서 개성화의 시대로 변화되었다. 유명상표의 등장으로 상점의 충실성에 상표의 충실성이 강조되는 시대로 바뀌었다. 또한 상품의 선택기준에 있어서도 가격이나 내구성의 1차적 기능보다 색상, 디자인과 같은 2차적 기능을 중요시함으로써 소비자들의 요구는 개성화, 다양화되어 가고 제품면에서도 차별화, 시장 세분화가 확대되고 있는 추세이다.

③ 소득의 증가로 생활의 여유와 쇼핑에 대한 사고방식의 변화는 단지 상품을 손에 넣는 것만이 아닌 쇼핑에서 구매선택의 과정에 갖는 즐거움과 함께 상품정보에 부수된 정보를 동시에 인수하고 싶어 한다. 따라서 쇼핑은 레저의 일부로 정보의 수집 장場으로 간

|사진 3 -26| Euralille Center / Jean Nouvel

주하여 레저를 겸한 쇼핑, 외식을 겸한 쇼핑, 또한 가족단위의 쇼핑이 증가하고 있다.

④ 중고생의 교복 자율화와 대학생의 인구 증가는 젊은이들을 위한 시장인 유스마켓youth market이 형성되었다. 이 마켓의 매출액 증대로 시장이 확대되고 아울러 이 마켓은 점점 세분화, 패션화, 고급화되고 있는 추세이다.

⑤ 승용차를 이용한 구매가 늘어남에 따라 상권이 확대되어 원거리 구매가 증가되고 1회 구매액도 증대되었다. 따라서 이를 위한 주차장 면적도 충분히 확보되어야 한다.

|사진 3 -27| 더현대서울_전시공간 / Richard Rogers

|사진 3 -28| 더현대서울_Forest Zone / Richard Rogers

(3) 문화휴식시설

백화점은 고객의 편리시설로서 휴식공간의 개념이 강조되어 고객이 즐기면서 쇼핑을 할 수 있으며 물질적 부담없이 자유로이 이용할 수 있는 공공 휴식공간과 함께 전람회장, 강당, 공연장 등 서비스로서의 공공 문화시설이 마련되어야 한다. 이 시설은 백화점 전체에 대한 이미지에 미치는 영향이 크며 장기적으로 고정 고객화를 가져오고 그 결과 판매증대를 꾀할 수 있다. 그리고 상품의 질이 균일해지고 동일 가격화되어 상품의 차별이 어려워지게 됨에 따라 백화점은 판매기능보다 각종 서비스 문화시설 및 휴식공간의 비중이 높아졌다. 따라서 이들 공간의 구성비율은 판매 정도를 결정하는 중요한 요인이 되어 최근 백화점에 있어 전체 면적에 대한 매장 면적비는 점차 낮아지고 이들의 면적비는 높아지고 있다.

(4) 스포츠 레저시설

가전제품 보급률의 확대로 주부들의 여가시간이 많아지고 라이프스타일의 변화에 따른 자아실현의 욕구, 대중의 레저욕구가 확대되면서 스트레스 해소와 건강증진에 대한 관심으로 그 이용도도 급격히 증가하는 추세이다. 쇼핑에 스포츠교실, 헬스클럽 등을 이용하는 것을 포함시킨다. 백화점에서 이들 시설은 대형유통시설의 관련시설로서 불균형을 초래할 수밖에 없다. 따라서 백화점에서의 스포츠 레저시설은 지역적 특성에 맞게 계획하며 본래의 기능이 충분히 발휘되도록 수영장, 볼링장, 헬스클럽, 에어로빅댄스, 인도어 골프indoor golf, 실내 트레이닝실, 놀이터 등 종합적인 스포츠 레저센터를 개발하는 것이 바람직하다.

(5) 외식시설

외식外食은 외식 기회의 증가, 사교 및 접대기회의 증가, 여성의 사회생활 활동범위의 확대, 독신 생활자의 점증漸增, 가족주의에 따른 가족단위의 외출 등 제반요인에 따라 외식업체수 및 판매면에서 급격한 증가 추세에 있다. 패스트푸드의 보급 확대, 식생활 문화의 양식화 경향 등으로 제과, 빙과업, 다방업, 식당업, 주점업이 증가하고 있다. 기존 및 신규 개발되는 백화점은 쇼핑 및 외식을 동반하는 소비자의 구매행동 변화에 맞추어 매장의 상층부에 1개 층 내지 2개 층 전체를 전문식당가로 배치하는 것이 일반적이다.

3. 2
백화점의 기능

백화점은 고객을 맞아들여 많은 상품을 판매하는 것을 목적으로 한 판매시설이므로 기본적으로 유통 영업시설을 갖는다. 소비자의 욕구수준이 개성화, 다양화되고 쇼핑에 대한 태도 또한 변화되어 쇼핑은 단순히 상품을 구매하고자함이 아닌 복합적인 기능의 만족을 추구한다. 따라서 백화점은 판매 공간 이외 문화 휴식공간으로서 공공 공간의 이용도 늘어나게 되고, 그에 따른 각종 위락 산업시설이 새로이 등장하여 백화점은 상품판매의 단일기능이 아닌 다양한 복합기능을 수용해야 한다.

도시의 사회생활은 생산, 유통, 소비생활로 이루어지는데 백화점은 이들 간을 연결하는 매개공간으로서의 유통산업기능을 갖는다. 상점보다 확대된 영업으로 불특정의 다종다수多種多數의 고객을 대상으로 각종 물품을 취급 판매하는 쇼핑공간을 제공하여 소비자의 구매욕구를 충족시키고 생활수준의 향상을 도모한다. 적절한 상품을 선정, 구비하여 고객에게 제공하고 상품의 성격 및 기능에 관한 정보를 제공하고 쾌적한 매장 분위기로 쇼핑의 즐거움도 아울러 갖도록 한다.

또한 백화점은 문화센터를 통해 고정 고객 확보는 물론 잠재 소비자 확보에 따른 매출 증대 효과를 기대 할수 있다. 실제 오프라인 강좌 수강생의 경우 일반 고객보다 내점 빈도가 약 6배 많고, 연간 구매액 역시 일반 고객보다 많다. 강좌 수강을 위해 백화점을 정기 방문하는 만큼 구매로 연결될 공산이 높고, 그만큼 매출 기여도가 크다. 전시회를 비롯한 문화체험 행사를 다각도로 확대하는 것은 백화점 업계의 성장세가 둔화된 상황에서 비슷비슷한 브랜드와 상품 유치, 할인 특가전 진행만으로는 고객의 발길을 붙잡을 수 없다는 판단 때문이다.

3. 3
백화점의 분류

백화점은 입지조건, 규모, 총면적 및 면적비율에 따라 다음과 같이 분류된다.

(1) 입지조건에 따른 분류

① **도심 백화점** : 도심부에 위치한 백화점으로 풍부한 상품을 폭넓게 취급하며 유통 영업시설의 기능이 큰 비중을 차지한다. 특히 도시환경적 기능을 수행한다.

② **터미널 백화점**terminal department store : 대도시에 있어 교외 교통망과 시내 교통망의 접속점을 중심으로 한 상업지구에 위치한다.

③ **쇼핑센터**shopping center : 교외나 도심 외부에 있어 주택지의 교통 중심지에 위치한다. 문화 휴식시설과 스포츠 레저시설, 외식시설이 큰 비중을 차지하여 계획된다. 미국에서 많이 발달한 형태로 2~3층의 저층이며 대규모의 주차장을 수반한다.

④ **슈퍼마켓**supermarket, **슈퍼스토어**superstore : 단독경영의 종합식품점으로 내구 소비재를 중심으로 생활필수품을 판매하며 셀프서비스 방식으로 운영된다. 따라서 유통 영업시설로서의 기능을 갖는다.

| 표 3 -21 | 백화점의 분류

<table>
<tr><th>대 분 류</th><th>소 분 류</th><th>특 성</th></tr>
<tr><td rowspan="4">백화점
(Department Store)</td><td>종합백화점</td><td>• 연건평 300㎡ 이상
• 의식주 관계 상품 취급</td></tr>
<tr><td>부문백화점</td><td>• 구매 객층별 관련 상품에 충실</td></tr>
<tr><td>임대백화점</td><td>• 판매업자가 공동으로 백화점 운영</td></tr>
<tr><td>월부백화점</td><td>• 할부판매</td></tr>
<tr><td rowspan="7">슈퍼마켓
(Super Store)</td><td>Supermarket</td><td>• 식료품 판매</td></tr>
<tr><td>Superstore</td><td>• 비식품 중심의 일용필수품</td></tr>
<tr><td>의류슈퍼</td><td>• 취급상품의 과반수가 의류를 취급</td></tr>
<tr><td>Variety Store</td><td>• 10센트 스토어</td></tr>
<tr><td>Drug Store</td><td>• 약, 잡화, 과자, 간이식당</td></tr>
<tr><td>Discount Store</td><td>• 내구소비재를 중심으로 한 할인점</td></tr>
<tr><td>Cafeteria</td><td>• 셀프서비스</td></tr>
<tr><td colspan="2" rowspan="3">쇼핑센터
(Shopping Center)</td><td>• 500~100대의 주차능력
• 4,000인 이상 • 소형쇼핑센터 10~15점</td></tr>
<tr><td>• 중형 쇼핑센터 1~40점
• 1,000~3,000대의 주차능력</td></tr>
<tr><td>• 대형쇼핑센터 40~100점
• 5,000대 이상 주차능력
• 100,000인 이상</td></tr>
</table>

(2) 규모에 따른 분류

① **대규모 백화점** : 판매장 면적 4,000~10,000㎡

② **중소규모 백화점** : 판매장 면적 1,000~4,000㎡

3. 4
백화점의 건축적 조건

(1) 백화점의 입지조건

① 백화점의 부지를 선택할 때 고려되는 조건은 예상입장객, 교통, 상권, 환경시설 등이다.

② 이용객은 영업 1일에 대해 판매장 면적 100㎡당 180~200명 이상일 때 순조로운 경영이 가능하다. 예를 들어 판매장 면적 15,000㎡ 정도인 백화점의 경우 이 기준에 준하여 하루 27,000~30,000명 이용

객이 예상되어야 한다.

③ 이용고객의 유출과 유입량, 교통기관의 종별, 수송상황, 교통기관의 변화에 의한 영향 등 교통기관에 관련된 사항이 검토되어야 한다.

④ 상점가의 상호관계와 상점가의 업종 구성 및 성격 구분이 고려되어야 한다.

⑤ 고객유치를 위한 시설, 기타 환경이 조성되었는지를 검토하여야 한다.

⑥ 부지의 형태는 정사각형에 가까운 직사각형이고 한 변이 주요 도로에 면하고 다른 1변 또는 2변이 상당한 폭을 가진 도로에 면한 부지가 가장 이상적이다.

(2) 기둥 간격

기둥 간격은 매장의 표준화를 위해 재배치하여 전환이 가능하도록 모듈module화하여 건축 계획된다. 기준층의 기둥 간격은 기준층의 판매대 치수와 그 주위의 통로폭 치수에 의해 결정된다. 기둥 간격이 클수록 매장배치가 용이하고 판매전망도 유리하다. 기둥간격은 보통 6×6m, 6.3×6.3m 전후가 일반적이고 9.15×9.15m, 10.60×10.60m가 이상적이다. 이 기둥 간격은 지하주차장의 주차대수에 영향을 미치는데 기둥 간격이 9~9.3m 정방형이면 가장 이상적인데 기둥 사이에 3대의 주차가 가능하고 판매대 역시 효율적인 배치가 될 수 있기 때문이다.

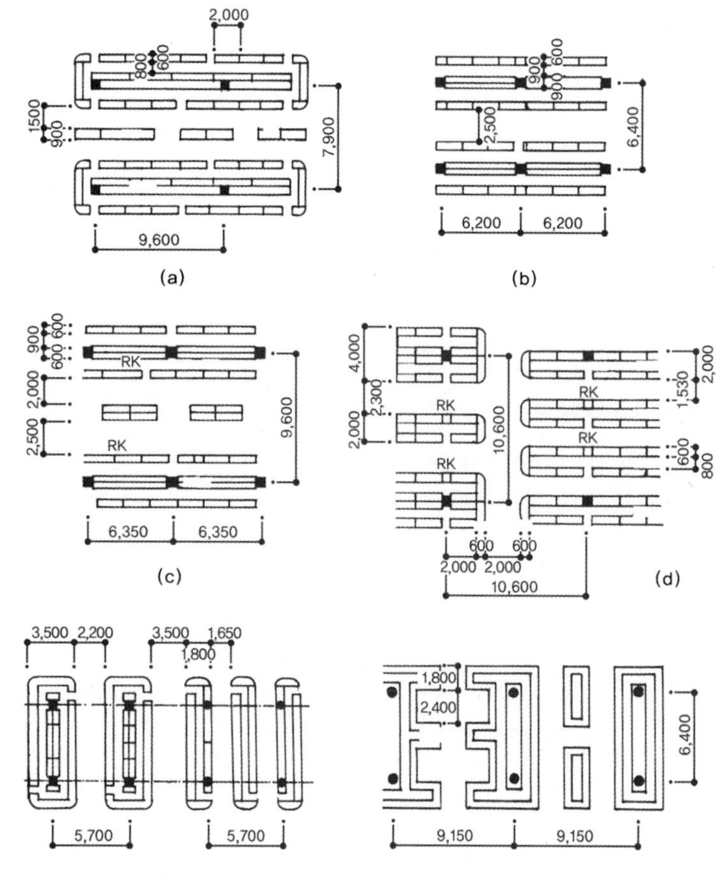

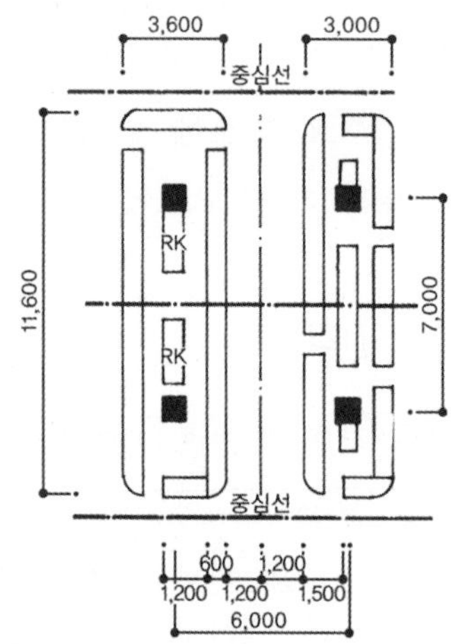

기둥간격에 따른 진열대 배치의 예

기둥간격 : (a) 9.60×7.90 (b) 6.40×6.20 (c) 9.60×6.35
(d) 10.60×10.60 (e) 5.70×5.70 (f) 9.15×6.40 (단위 : m)

RK : 포장 및 계산대

|**그림 3 -49**| 백화점의 기둥간격과 진열장의 배치

(3) 층고

층고의 적정치는 1층이 4~4.5m 정도로 외국의 경우 5m 이상 층고인데 반해 국내 백화점은 3~4m 사이 정도이다.

1층의 층고는 다른 기준층보다 높은데 외부에서 내부로 들어갔을 때 심리적으로 답답한 느낌을 주지 않도록 하고 도로상의 잠재고객에 대한 전시효과를 위해서이다. 그러나 기준층은 매장의 시각적, 심리적인 조건을 충족시키는 한도 내에서 최소한으로 낮추는 것이 경제적인데, 이는 단순히 공조나 조명의 효율적인 면에서뿐만 아니라 건축비도 절감되기 때문이다.

| 표 3 -22 | 국내 백화점 천장고의 예

백화점명 \ 층	1층	기 준 층	기 타
롯 데	3,500~4,000	2,600~2,800	지하1층 : 2,600~2800
신 세 계	3,300~3,550	2,800	지하 : 2,400 4층 : 3,000
미 도 파	2,500~2,800	2,500~2,800	지하 : 2,200~2,400
영 동	2,650	2,650	6층 : 2,800~2,500
뉴 코 아	3,100	2,900	–
제 일	4,000	2,500	–

(4) 계단

계단은 엘리베이터, 에스컬레이터와 같은 기기 승강설비, 보조용 또는 비상계단으로 계획한다. 건축법규에 의하면 계단참은 폭 1.5m, 단높이 18cm 이하, 단너비 26cm 이상으로 하며 계단참은 층고 3m 이상인 경우 3m 마다 너비 1.2m 이상으로 설치한다.

3. 5 백화점의 공간구성

백화점 공간은 고객권, 종업원권, 상품권, 판매권으로 구성된다.

(1) 고객권

고객을 맞이하는 현관, 매장 내 고객용 교통부분인 통로, 계단, 엘리베이터 또는 에스컬레이터는 고객을 넓은 매장 내부로 고르게 유도해야 한다. 또한 고객에게 편리함을 제공하는 휴게실, 식당이 포함된다. 고객권은 대부분인 판매권의 매장과 결합되고 종업원권과 접하게 된다.

(2) 종업원권

종업원의 출입구와 통로, 계단, 화장실, 탈의실, 사무실, 식당, 회의실, 응접실 등 종업원을 위한 제공간이다. 종업원권은 별개의 계통으로 독립되어 있으며 판매권과 상품권과 접한다.

(3) 상품권

상품의 반입, 보관, 배달, 발송을 위한 부분과 주문된 상품을 검수, 가격표시 등 상품의 보급시설이며 판매권으로부터 상품을 보합, 조정 및 점외 배달 등을 원활히 행하는 시설이다. 따라서 판매권과 접하며 고객권과는 절대 분리된다.

(4) 판매권

판매권은 백화점의 경영을 좌우하는 가장 중요한 부분으로 상품을 전시하여 판매, 영업하는 장소이다. 고객의 구매욕을 환기시키고 종업원의 능률 좋은 작업환경을 형성해야 한다. 종업원, 고객의 대금수령, 포장, 고객통로, 판매장 표시 등은 상호 혼란 없이 합리적이고 능률적으로 구성한다. 판매권의 방화구획, 피난계획, 출입구의 폭 등에 관해 관련 건축법규에 규정되어 있으므로 계획 시 이를 고려해야 한다. 판매권은 크게 매장, 접객부분, 쇼윈도의 부분으로 나누어진다.

① 매장은 전체적으로 밝고 개방적인 분위기로 원활한 동선의 흐름이 되도록 한다.
② 접객부분은 고객을 맞아들이는 부분이므로 밝고 편안한 분위기로 한다. 또한 많은 사람이 모이는 장소이므로 화재 및 기타 비상시 피난방법을 충분히 고려한다.
③ 쇼윈도는 통행인을 점내로 유도하는 부분으로 극히 제한하여 폐쇄적인 백화점의 내부로 들어오면 무엇이

든 구비하고 있음을 암시하며 새로운 상품을 암시하는 새로운 감각의 디자인으로 고객을 유도한다.

3. 6
백화점의 매장계획

(1) 상품 배치

매장은 상품이 품목별로 위치를 선정, 배치되고 평면에 적용되어 공간 및 배분 조닝zoning된다. 사입품번호, 상품가격의 등급별, 성별, 사이즈별, 연령별, 용도별, 라이프스타일별, 테마, 디자이너의 부티크boutique, 브랜드 상점 등 상품이 지니는 캐릭터character에 따라 상품이 배치된다.

이들 배치는 매장의 조닝계획과 직접 관련되어지며 이 계획은 마케팅marketing과 머천다이징merchandising에서부터 파생된 전략을 매장 내에서 구성해 나가는 것이다. 즉 상품계획과 VMD 전략에 기초를 둔 상품량의 배분을 의미하는 것으로 그 기본은 다음과 같다.

① 전략적 상품군과 수익성이 큰 상품목은 에스컬레이터, 엘리베이터 등 주동선에 접하여 배치하거나 가까운 부분에 배치한다.

② 최소의 인원으로 최대의 매상고를 올릴 수 있도록 매장을 조정, 상품을 배치한다. 아울러 침체기에는 판매원이 인접한 2구획을 담당하거나 판매원이 물품포장까지도 담당할 수 있도록 한다.

③ 고객을 위한 휴식공간, 편의시설에는 많은 동선이 집중되므로 한 층이나 한 장소에 모든 시설을 배치하지 아니하고 분산 배치한다.

④ 서로 관련된 상품군을 선정 배치하여 매장과 매장이 자연스럽게 연결되도록 한다.

⑤ 인기품목은 조금 덜 바람직한 곳에 배치하면 부진한

품목의 매상을 촉진할 수도 있다.

⑥ 성공적인 인기품목은 수익성이 적은 품목을 주위에 배치하여, 필요한 경우 다른 곳으로 이동시켜 점차 확장에 대비한다.

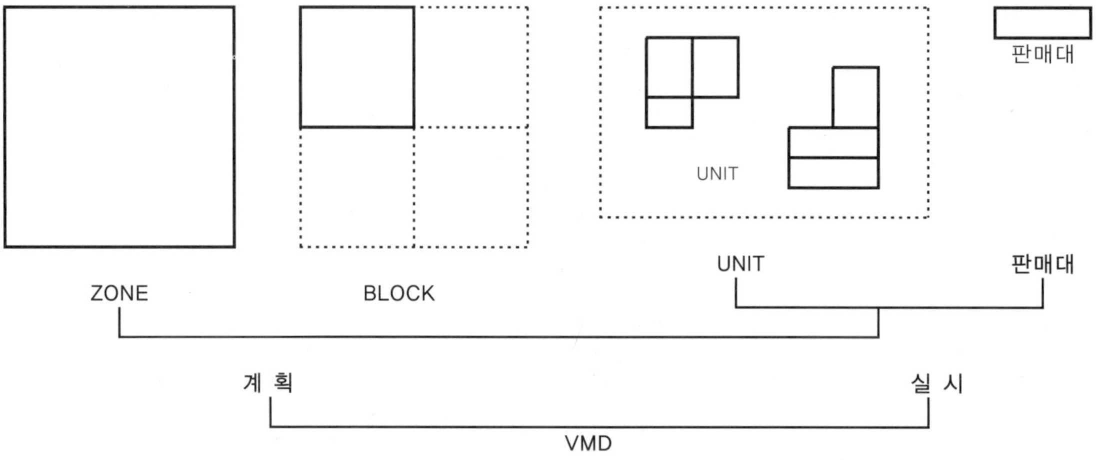

|그림 3 -50| 매장구성 계획

|사진 3 -29| 현대 프리미엄 아울렛 스페이스 1 / Betwin Space

|사진 3 -30| 더현대서울 central & iconic zone / Betwin Space

⑦ 각 층의 입구에 섰을 때, 매장구성과 상품배치의 식별이 용이하고 고객의 시선을 유도하여 빠른 동선의 흐름으로 혼잡하지 않도록 한다. 특히 입구부분에 인기품목을 배치할 경우 혼잡하기 쉬우므로 주의한다.

⑧ 디스플레이는 VMD 전략에 입각해 상품을 쉽게 이해하고 보기 쉽도록 하며 각 품목마다의 독특한 개성의 아이덴티티를 표현하도록 한다.

따라서 매장구성의 계획은 공간을 큰 단위로부터 세분화시켜 가면서 계획한다. 품목의 적절한 위치선정과 연관해서 매장을 단계적으로 구성한다.

(2) 층별 구성

백화점의 층별 구획 변동은 대대적인 변화이기에 근본적인 리노베이션 계획의 시행 때나 가능하므로 층별 구획의 결정은 계획단계에서 철저한 검토를 해야 한다.
층별 구성 시 기본이 되는 사항을 다음과 같다.

① 매장 전체의 활성화를 꾀하며 전 층에 걸친 상품의 순환이 원활하도록 한다.

② 단위에 따라 상품의 성격, 주제성을 명확히 한다.

③ 상층, 하층, 중층의 순으로 전략적 구획을 한다.

④ 고객서비스를 위한 편의시설은 각 층의 성격에 따라 균등하게 배분한다.

또한 각층의 매장효율을 높이기 위해서는 적절한 업종배치가 필요하다. 계획적으로, 충동적으로 구하는가, 가격이 싼가, 비싼가 등 구매에 따른 상품의 성격, 용도별, 실용품과 사치품 그리고 수익성, 구매객의 수요, 선택상의 편의 등을 고려하여 층별 상품 구성이 결정된다.

매장은 크게 지하층, 하층, 중층, 상층으로 분류되는데 지하층은 목적성이 강한 층으로 고객의 관심도가 높은 상품군인 식품부를 일반적으로 둔다. 하층은 백화점의 얼굴로 전략적인 매장이 되도록 하여 머천다이징merchandising 정책상 전략상품으로 구성하고 소형이면서 선택에 비교적 시간이 걸리지 않고 손쉽게 구매할 수 있는 상품, 즉 액세서리, 화장품, 핸드백, 구두 등의 잡화를 둔다. 중층에는 화제성과 시대성이 높고 비교적 선택에 시간이 걸리고 매상면에서도 최대판매가 되는 상품군인 의류, 새로운 감각의 생활용품을 둔다.

일반적으로 여성의류, 남성의류, 남성복, 생활용품 순으로 위치한다. 상층은 고객을 머물게 하는 목적이 강한 층으로 하층의 인상을 씻어주는 듯한 효과를 갖게 하고 고객의 관심도가 많은 상품군으로 구성한다. 상층의 하층에는 카메라, 문구, 완구, 운동구, 식기, 도기 등 생활잡화와 가구, 가정용품, 가전제품 등 비교적 넓은 면적을 차지하는 상품을 둔다. 그리고 가장 높은 상층은 식당가, 전시장의 문화행사장을 두어 문화공간으로 꾸민다. 이들 상품구성에 대한 면적 배분은 백화점마다 상이하고 경영방침, 판매방법 등에 따라 다르다.

| 표 3 -23 | 외국의 백화점내 면적구분 및 평균 면적 비율

면 적 구 분	대규모 백화점 (%)	중규모 백화점 (%)
판매장(고객용 계단 등을 포함)	60.5	65.5
식당, 커피숍	4.0	6.8
매상에 관계있는 서비스시설	2.0	2.0
매상에 관계없는 서비스시설	1.0	1.2
관리 및 사무부문	30.5	22.5
대여부문	1.0	1.0
기타	1.0	1.0
백화점 사용면적 합계	100	100

| 표 3 -24 | 각 백화점 층별 상품구성의 예

백화점명	롯데 (신 · 본관)	신세계 (본관)	신세계 (미아)	현대	현대 (무역센터)	쁘렝땅
지하1	식 품	식 품	식 품	식품 · 슈퍼 · 슈퍼마켓	식 품	식 품
1	잡 화	패션잡화 여성니트	잡 화	잡 화	해외부티크 신변잡화	잡 화
2	신사의류	영패션 여성의류	여성의류	숙녀의류	숙녀캐주얼	여성의류 (15~22세)
3	숙녀정장	부틱패션 여성의류 신생아의류	남성 및 아동의류	아동의류 신사의류	숙녀정장	여성의류 (25~35세)
4	숙녀캐주얼	남성의류 아동의류	가정용품 수입잡화	가정용품 문화용품	신사의류	여성의류 (35세이상)
5	아 동 · 문 화	가전제품 주방용품 홈인테리어	식당가	식당가 · 미술관	아동스포츠	남성의류
6	가정용품			옥상조각공원 어린이동산	가정용품	스포츠 주니어
7	가구, 화랑				전생활관	
8	행사장 가 구				문화의 광장 식당가	
9	DIY, 원예					
비고		4층스포츠 이벤트홀 문화관 미술관 귀금속 3층스포츠 문화관 스포츠용품		지하2층 로열부티크 문화교실	중8층 현대가든	

|표 3 -25| 규모에 따른 판매장 면적배분의 예

매 장 명	소규모		중규모		대규모	
	m²	%	m²	%	m²	%
화 장 품	215		325		515	
약 품	40		80		130	
악 기	145		190		255	
레 코 드			170		135	
시계 · 귀금속						
카 메 라					120	
문 방 구	150		320		430	
서 적	80		250		345	
완 구	165		350		515	
구 두	160		90		145	
가 방			120		215	
운동용품			170		305	
미술공예품	180		345		585	
소 계	1,035	24.4	2,420	20.2	3,705	19.0
남자양복	190		435		705	
부 인 복	275		545		925	
아 동 복	120		135		305	
양 품	325		715		1,105	
양산 · 우산	95		195		310	
고급양품	0		95		165	
소 계	1,005	23.5	2,120	17.7	3,515	18.0
의 류	375		800		1,250	
침 구	195		395		435	
특수의복	0		210		325	
소 계	570	13.4	1,405	11.8	2,010	10.3
가 구	350		980		1,815	
전기기구	140		180		335	
가스기구			50		95	
도 자 기	220		510		425	
유 리 기					395	
칠 기			120		210	
원 예 품	145		340		415	
소 계	855	20.1	2,180	18.3	3,690	18.9
식 료 품	600		650		1,115	
과 자			220		365	
담 배			15		30	
소 계	600	14.1	855	7.4	1,510	7.7
자 전 거	0		50		150	
자 동 차	0		0		200	
소 계	0	0	50	0.4	350	1.8
식당 · 커피숍	95		560		1,325	
미용, 이발실	50		250		380	
기타객용거실	45		1,300		1,530	
소 계	190	4.5	2,110	17.6	2,235	16.5
특 매 장	0		800		1,535	
소 계	0	0	800	6.6	1,535	7.8
합 계	4,255	100	11,970	100	19,550	100

(3) 동선계획

백화점은 고객, 상품, 종업원의 동선 중 고객은 불특정 다수의 많은 사람들이 출입, 이용하므로 원활한 동선체계를 위하여 다음과 같은 사항을 고려한다.

1) 동선계획의 기본적인 검토사항

① 체류시간 데이터 분석
② 정지부분과 이동부분에 의한 통로폭 산정
③ 주동선과 부동선과의 관계
④ 입장객수와 통로폭과의 관계
⑤ 매장면적과 동선의 비율
⑥ 동선의 흐름이나 방향
⑦ 쾌적한 분위기 시설, 벽면과의 거리감, 바닥재의 선택 등
⑧ 동선계획의 단조로움과 복잡한 정도 검토
⑨ 다른 층과 관계
⑩ 평면개념이나 머천다이징 개념과의 쾌적성
⑪ 방화, 대피시설과의 관계
⑫ 계단, 엘리베이터, 에스컬레이터 등의 상하수송설비의 위치와 연계성

2) 군집, 유동의 일반적인 특징

① 보행공간에 있어 군집群集의 보행행동은 여러 가지 보행자 측의 조건 및 보행공간의 조건에 따라 다르다.
② 일반적인 특성은 한산한 상황일 경우 타인에 영향을 받는 일없이 자신에게 맞는 속도나 경로로 보행한다. 이에 반해 복잡한 경우 타인의 연관에 의해서 속도나 방향을 빈번히 바꿀 필요성이 커 군집으로서는 평균적 행동을 취하게 된다.
③ 백화점의 동선계획은 특정 고객의 흐름과 정지에 의해 일상적인 고객의 이동에 지장이 없도록 하며 예상

되는 고객의 혼잡도와 그에 맞도록 통로폭을 조정한다. 또한 모든 동선은 매장 양측에 위치하고 고객이 목적 매장에 도달해서는 보행속도가 줄어 군집의 평균적인 이동속도에 지장을 초래하므로 충분한 통로폭을 확보해야 한다.

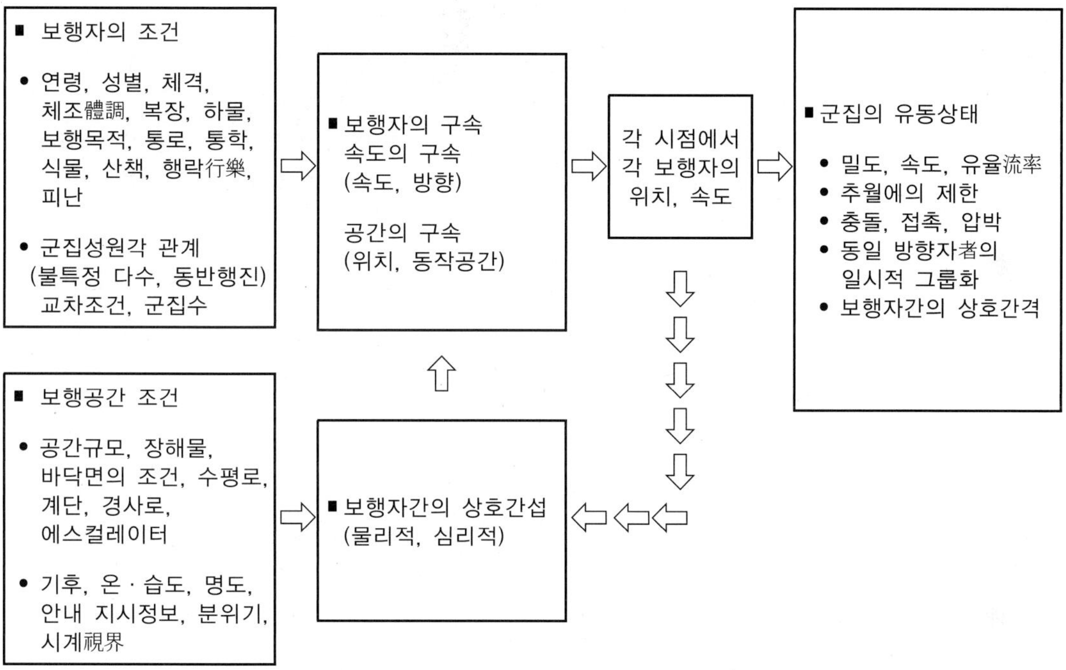

| **표 3 -26** | 군집 유동 현상의 인자관련

3) 동선의 혼잡도

동선의 혼잡도란 공간에 있어서 고객의 밀도와 전달기능과의 상대적인 요소이며 그 기준은 1인당 발의 면적 0.05㎡, 1인당 어깨둘레의 투명면적 0.12㎡이다. 이 혼잡도는 고객의 이동변수에 의해 가변적이어서 공간에 고객이 정지해 있는 경우와 고객이 한 방향으로 움직이는 경우 각기 밀도는 같아도 그 상태는 전혀 다르다.

| 표 3 -27 | 동선의 혼잡밀도

	정지상태인 경우	고객이 한 방향으로 이동하는 경우	고객이 방향성 없이 이동하는 경우
극히 혼잡	12인/㎡	9인/㎡	6인/㎡
혼 잡	9인/㎡	6인/㎡	4인/㎡
보 통	5~6인/㎡	3인/㎡	2인/㎡

4) 매장의 동선계획

동선계획은 매장 내의 교통 통로를 정리하는 것이 기본으로 어떻게 고객을 매장 안측 각 부분이나 상층부까지 이끌도록 할 것인가가 주안점이다. 이는 구매력을 높여 매상고와도 직접 관계하기 때문에 중요하다. 매장 내의 동선은 주동선과 부동선으로 나누어 주동선에서 부동선으로, 부동선에서 주동선으로 막힘없이 원활한 흐름이 되도록 하며, 고객이 쉽게 목적하는 곳을 식별 도달할 수 있도록 한다. 또한 너무 단조롭거나 혼잡하지 않게 고객을 분산시킨다. 비능률적인 포켓pocket지대나 좁고 긴 부분의 데드스페이스dead space가 생기지 않도록 한다. 매장에서 고객의 주통로폭은 3인 이상 다닐 수 있도록 2,000 이상이어야 하며 종업원 통로는 대면판매, 측면판매인가에 따라 종업원의 판매동작을 기준하여 합리적으로 산정한다.

| 표 3 -28 | 매장의 통로조건과 통로폭

판매장의 혼잡상황	고객의 통로조건	통로 폭	종업원의 통로조건	통로 폭
한산	1인의 통과	750	1인의 통과	400~550~700
혼잡	2인의 통과 3인의 통과 4인의 통과	1,300~1,500 1,600~1,900 2,600~3,000	• 2인이 겨우 다닐 수 있는 경우 • 2인의 통과 • 2인의 통과나 한 사람이 밑의 서랍을 사용하는 경우 • 상품의 상자를 취급하는 경우	500~600~700 700 전후 800 전후 900 전후

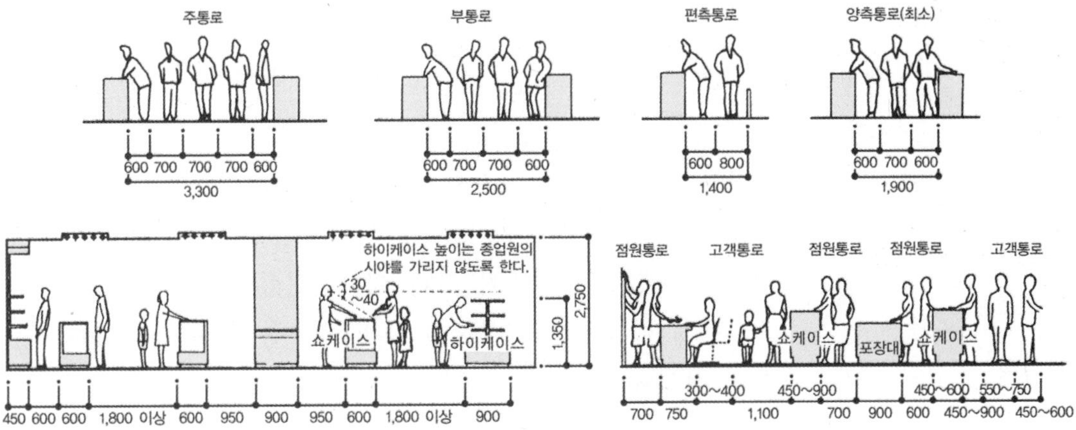

| 그림 3 -51 | 매장의 판매대와 통로의 필요치수

(4) 매장의 배치유형

매장의 각 상품은 인접한 상품군의 관련성, 상품의 머천다이징, 고객의 구매심리를 고려하여 배치하되 동선에 따른 연계성이 있어야 한다. 판매대의 배치유형은 기둥간격에 영향을 받는다. 백화점의 경영방침과 고객 동선계획에 따라 그 유형이 결정되며, VMD 계획에도 부합되어야 한다. 따라서 매장의 배치유형은 평면계획의 기본이다. 평면계획이 단순, 명쾌하면 비용면이나 방화구획면에서도 유리하며 건축적 질서가 정리되어 공간의 질서가 표현되나 질서를 추구해 나가다 보면 자칫 단조로운 흐름이 되기 쉽다. 따라서 매장에서 고객은 변화를 즐기면서 자유스럽게 보고 구매할 수 있도록 계획한다.

매장의 배치유형은 직각 배치형, 사행 배치형, 자유곡선 배치형, 방사 배치형으로 나눌 수 있다.

1) 직각 배치형

가장 많이 사용되는 배치형식으로 판매장의 면적을 최대한으로 이용하며 다른 배치에 비해 비교적 간단하며 비용면에서도 저렴하다. 그러나 전체적으로 단조로워지기 쉽고 부분적으로 고객의 통행량에 따라 통로폭을 조

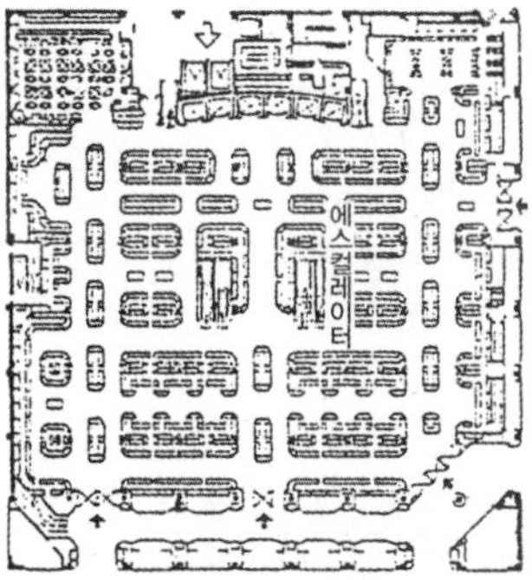

|그림 3 -52| 직각 배치형의 예

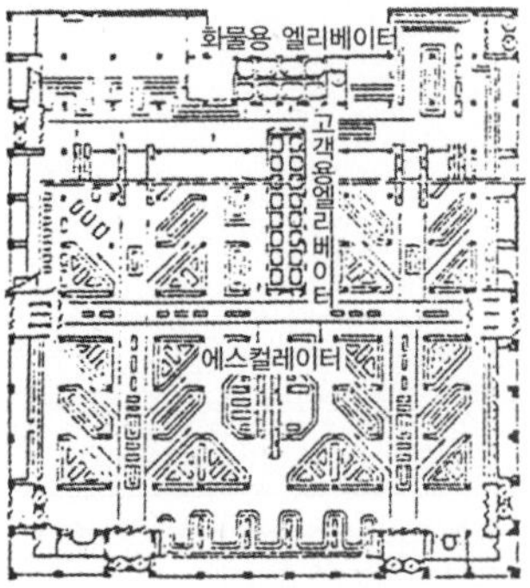

|그림 3 -53| 사행 배치형의 예

|그림 3 -54| 자유곡선 배치형의 예

절하기 어려워 국부적인 혼란을 일으키기 쉽다.

2) 사행 배치형

주통로 이외의 부통로를 상하교통계로 향하여 사선으로 하는 형식이다. 직각형식에서 변형된 것으로 많은 고객이 판매장의 구석까지 가기 쉽다. 시선이 엇갈려 혼란스러워지기 쉬우므로 상품의 벽면 연출을 중요하게 처리하여 시선을 정리하도록 한다.

3) 자유곡선 배치형

통로를 상품의 성격, 고객의 통행량, 유통방법에 따라 유기적으로 계획하여 판매대를 자유로운 곡선형으로 배치하는 형식이다. 폭도 자유로이 변화시키며 디스플레이 상품에 따라 독특한 특징을 살릴 수 있다. 매장의 획일성을 탈피하고 개성적인 공간이 되나 판매대가 이형이기에 시설비가 많이 들고 계획이 요구된다.

4) 방사 배치형

에스컬레이터 등 핵공간을 중심으로 방사형태를 이루는 것으로 일반적으로 적용하기 어려우므로 기본 건축계획 시부터 매장 배치유형이 반영되어야 가능하다.

3. 7 백화점의 매장 외 시설

백화점은 판매가 이루어져 수익과 직접 연관되는 매장 이외 고객을 위한 서비스시설, 종업원 및 사무종사자들을 위한 제반시설, 상품 반입출과 관리를 위한 시설이 필요하다. 즉 고객용 서비스시설, 사무 및 종업원 관계시설, 상품관리시설이다.

(1) 고객용 서비스시설

이익보다 고객의 편의를 위한 서비스시설로 식당, 커피숍, 미용실, 보행공간, 안내 등의 시설이 이에 속한다. 식당, 커피숍의 관계시설은 서비스 시설 중 가장 중요하고 상당량의 매상을 가져오는 부분이다. 음식이나 음료의 판매, 종류, 넓이, 위치 등은 고객의 상황에 따라 결정되며 이들은 대부분 위탁 경영된다.

안내시설은 백화점 출입구 부분근처와 각 층의 주계단, 엘리베이터, 로비에 설치한다. 여직원 1~2명이 카운터에서 각 판매장을 안내, 물품 보관 등 기타 고객의 요구에 응한다.

(2) 사무 및 종업원 관계시설

사무원 및 종업원을 위한 시설이다.

① 종업원 출퇴근시설 : 종업원 출입구, 탈의실, 휴대품 검사실

② 종업원 교통시설 : 종업원용 출입구, 계단

③ 종업원 서비스시설 : 종업원 식당, 의무관계실 및 휴식실, 면회실, 교육실

④ 사무실 및 작업실 : 중역실, 비서실, 일반사무실, 응접실, 회의실, 영업부, 기타 간부사무실

| 표 3 -29 | 종업원 관계시설의 계획 요점

실 명	계 획 방 법
타임 레코더실	카드실을 타임레코더의 전후에 설치하고 카드케이스를 벽에 건다. 타임레코더 1대당 300~500명으로 본다.
갱의실	라커locker는 단독 또는 2명용으로 하고 폭 330~370, 깊이 400, 실내의 통로 폭은 1200, 넓이는 1명당 0.4~0.6㎡으로 한다.
휴대품 검사소	통로의 양쪽에 폭 360정도의 카운터를 둔 실을 설치한다.
종업원 식당	넓이는 전종업원이 4~5명씩 교대로 식사할 수 있는 정도, 면적은 1석당 0.7~0.9㎡, 주방은 식당의 1/3 정도로 한다.
의무 관계실	의무관계실을 두는 경우, 넓이는 전종업원 1명당 0.15~0.2㎡ 정도로 하고 진료실, 간호원, 의사실, 약국, X-ray실, 암실, 휴양실, 대기실 등을 둔다.
기 타	휴게실, 면회실, 도서실, 교육실 등을 설치한다.

(3) 상품 관계시설

① **상품 수취시설** : 주차장 및 하차장, 수취실, 상품 검사실, 가격 표시실

② **상품 관리시설** : 상품창고, 상품 검사실

③ **상품 발송실** : 상품 발송 집배소, 분류 및 포장실, 발송실 등

3. 8 백화점의 세부계획

(1) 백화점의 조명계획

전체조명은 빌딩의 사무실 조명에 준하고 매장의 배치가 변하여도 조명설비는 변동하지 않도록 융통성있게 한다. 또 매장 각 층의 중요도 및 업종, 고객의 다소 정도를 고려하여 조명 계획한다.

판매장의 조명은 진열구조, 진열상품의 종류, 배치에 따라 적절한 조명방법으로 계획한다. 직접조명방식은 조

명효율이 좋으나 눈부심으로 불쾌감을 일으킬 수 있으므로 광선이 부드러운 반간접조명이 가장 많이 사용된다. 간접조명은 부드럽고 그림자를 만들지 않아 좋으나 상품을 강조할 수 없으므로 국부조명과 함께 병용하여 사용한다. 강조하는 상품에 집광성이 좋은 스포트라이트가 국부조명으로 많이 사용된다.

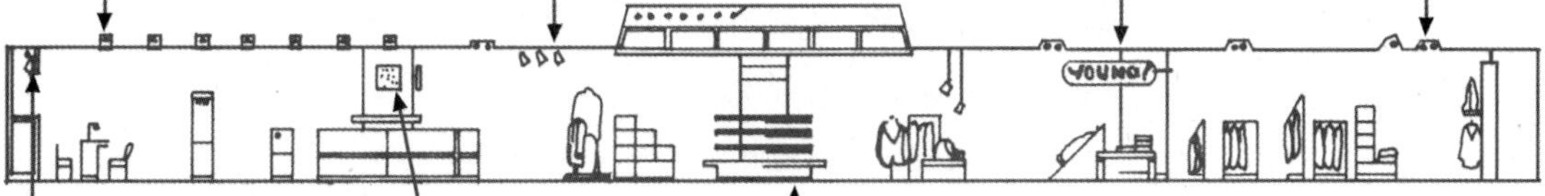

|그림 3 -55| 매장조명의 유형

고액상품이거나 전시효과가 좋은 상품 또는 소형의 상품은 쇼케이스에 넣어 진열되므로 높은 조도의 조명이 필요하다. 일반적으로 전체조명의 1.5~2배 정도 높은 조도로 처리하며, 특히 중점상품이 놓이는 케이스 위에는 3~4배의 조도로 조명한다.

일층 매장은 주간에 옥외에서 들어온 고객에게 밝은 느낌을 주기 위하여 1,000Lux 이상의 전체조명이 바람직하다. 전체조명은 천장도 높기 때문에 광천장이나 건축화 조명이 좋다. 연색성이 좋은 매입등을 보조조명으로 하여 조도의 억양을 두어 활기있는 매장분위기를 연출하도록 한다. 이층 이상은 일층보다 천장이 다소 낮으므로 매입형, 직부형 등 기구로 전체조명을 한다. 매장상품의 종류에 따라 스포트라이트, 푸트라이트, 매입등의 보조조명을 적절히 병용한다. 부분적인 조명계획으로 조명기구와 배치를 바꾸거나 증설하기 위한 전원설비도 고려한다. 지하층 매장은 일층과 같은 밝기로 하여 지하실의 음침한 느낌을 갖지 않도록 밝은 분위기로 한다. 천장이 비교적 낮게 느껴지므로 조명기구도 모나지 않고 건축화된 조명이 좋다.

(2) 백화점의 색채계획

각종 상품을 취급하는 백화점은 전체적으로 색상을 통일시키는 것이 중요하다. 각종 색의 심한 변화가 눈에 거슬리지 않도록 중채도의 색을 위주로 한 배색의 색채계획이 좋다. 그러나 각층마다 취급상품과 고객층이 다르므로 상품의 종류와 고객층의 성별, 나이 등을 고려하여 어느 정도 변화 있는 배색을 한다. 명도와 채도가 높은 색, 특히 노란색은 입구에서 멀리 떨어진 구석부분이나 엘리베이터 주변 등에 사용하면 충동구매를 촉진하는데 도움이 된다. 명시성이 높은 색은 고객의 시선을 이끌어 동선을 유도하도록 하나 혼잡스럽지 않도록 한다.

3. 9
특수 백화점

(1) 쇼핑센터Shopping Center

쇼핑센터란 한 개의 단위로서 계획, 건설되며 이 한 개의 단위로 판매활동을 하며 지정된 테넌트 숍tenant shop을 중심으로 운영된다. 쇼핑센터가 전문상점, 슈퍼마켓, 일반 백화점과 다른 점은 대량생산, 대량유통, 대량소비를 원칙으로 운영된다는 것이다. 또한 개인의 소득이 점차 증대됨에 따라 자동차의 보유율이 높아져 자동차를 이용한 구매방식의 상업공간이 쇼핑센터이다. 도심지의 백화점은 지가地價가 높으므로 주차장 시설이 충분히 확보하기 어려우므로 쇼핑센터는 도심지가 아닌 도시 주변이나 근교의 주택지에 넓은 대지를 잡고 형성된다. 따라서 주차장의 확보와 이용객의 주거지로부터 쇼핑센터에 이르기까지의 운행시간이 중요하다. 미국의 경우 이 시간이 12~15분 정도이며 최대 25분을 초과하지 않는다. 쇼핑센터는 지역사회에 주거하는 소비자들이 편리하고 다양한 쇼핑을 즐길 수 있도록 하며 지역사회와 연결하여 문화 휴식, 레저 스포츠공간이 복합된 쇼핑공간이 되도록 한다.

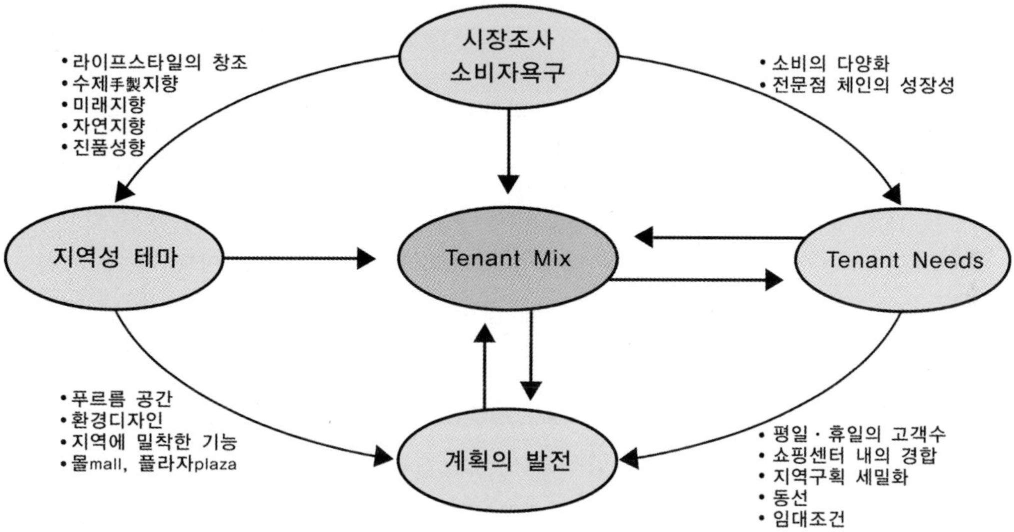

|그림 3 -56| 쇼핑센터의 테넌트 시스템tenant system

쇼핑센터는 입지별, 구성 업태별 기준에 따라 다음과 같이 분류된다.

① 입지별 분류

도시중심형, 도시주변형, 근교형으로 분류되며, 도시중심형은 다시 도시빌딩형, 지하상가형, 상업빌딩형으로, 도시주변형은 뉴타운형, 주변빌딩형, 시가지형으로 구분된다.

② 구성 업태별 분류

백화점 전문점의 구성, 백화점과 전문점의 구성, 슈퍼마켓과 전문점의 구성, 전문점의 구성으로 구분된다.

③ 핵점포

핵점포는 슈퍼마켓과 같이 목적 구입이 행해지고 고객이 많이 모여 집객력集客力이 크다. 핵점포는 출입구에서 멀리 떨어져 배치하고 핵점포가 둘인 경우 각 점포 사이의 거리를 두고 배치하여 핵점포 사이를 이동하는 고객이 되도록 많은 점포를 접할 수 있게 한다.

④ 테넌트 숍tenant shop

부인복, 숙녀구두, 잡화, 액세서리, 아동복 등 관련 상품이나 상호 보충할 필요가 있는 상점은 한 곳에 모아서 배치하는데 이는 보완적인 상품을 근접시킴으로써 쇼핑이 편리할 뿐만 아니라 매상증가도 꾀할 수 있기 때문이다. 같은 종류의 상품이 한 곳에 많이 모여 있는 경우 고객은 비교 선택의 구매가 자유스러우므로 상점의 업종, 규모에 따라 적절히 배치한다. 상점의 전면은 3m 폭이 최소이며 3~6m가 일반적이다. 전면부분이 일률적이면 단조로워지기 쉬우므로 각 점포마다 취급상품의 종류, 성격에 따라 변화있는 평면, 입면을 구성하도록 계획한다.

⑤ 보행공간

보행공간은 쇼핑센터의 가장 특징적인 공간이다. 넓은 면적을 차지하여 경영면에는 단점이나 고객들이 즐겁게 쇼핑할 수 있으므로 궁극적으로 구매력이 증가되고 매력있는 공간으로 기억하게 하는 장점으로 작용한다. 일반적으로 분수, 연못, 나무 등 조경적 요소들을 사용하여 변화있고 흥미있는 공간으로 계획한다. 친근감 있는 규모, 형상 및 비례감이 잘 정리되어 각기 연속된 크고 작은 공간들을 조합, 계획한다. 특히 나무나 식물이 위치하는 낮은 화단, 화분대 등으로 사람들의 유동적인 동선에 방해하지 않고 자연스럽게 동선의 흐름을 유도하도록 하며 휴식공간이 설치되기도 한다.

⑥ 서비스 공간

지점은행, 우체국 분국, 세탁소, 미장원, 이발소 등의 서비스공간은 지역적 특성에 맞도록 구성한다.

(2) 슈퍼마켓Supermarket, 슈퍼스토어Superstore

슈퍼마켓은 단독경영의 종합 식료품점이며 슈퍼스토어는 일용필수품 등의 비식료품을 중심으로 한 셀프 서비스 형식의 판매점이다. 점원은 계산대에서 계산하고 쇼핑백에 구입한 물품을 넣은 일만하고 손님은 입구에서 카트를 밀고 돌아다니면서 상품을 선택하고 계산대에서 일괄 계산, 지불하는 형식으로 일종의 전문백화점이다. 상품의 배열 및 구성은 전 상품을 균등하게 보고 다닐 수 있도록 하며 일반적으로 입구는 넓고 출입구는 좁다.

출입구의 설정은 고객의 흐름을 결정지으며 통로폭은 카트가 다닐 수 있도록 1,500 이상으로 한다. 체크카운터의 대수 결정은 슈퍼마켓은 1시간당 1대의 처리능력이 500~600명, 슈퍼스토어는 400~500명 정도이다. 카트의 대수는 500㎡의 판매장의 경우 40대가 이용된다.

슈퍼마켓의 조명은 다양한 종류의 상품이 진열되므로 전체조명은 충분히 밝도록 하며 조명기구는 효율이 좋은 직부형으로 한다. 상점면적이 넓고 설치기구의 수가 많으므로 질서정연하게 배치하고 전체적 마무리는 통일감 있게 한다. 전체조명으로 고출력 형광등을 사용하고 중점상품은 고조도의 스포트라이트로 하여 전체의 밝기에도 변화를 주고 광색을 조절한다. 특히 생선류, 육류점은 연색성이 좋은 조명이 필요한데 육류는 그 색이 붉기 때문에 천연색형의 형광등을 사용하고 생선류는 신선도를 더해 주도록 스포트라이트로 조명하나 눈부심이 적도록 한다.

| 사진 3 -31 | ORGA Mart / 배대용

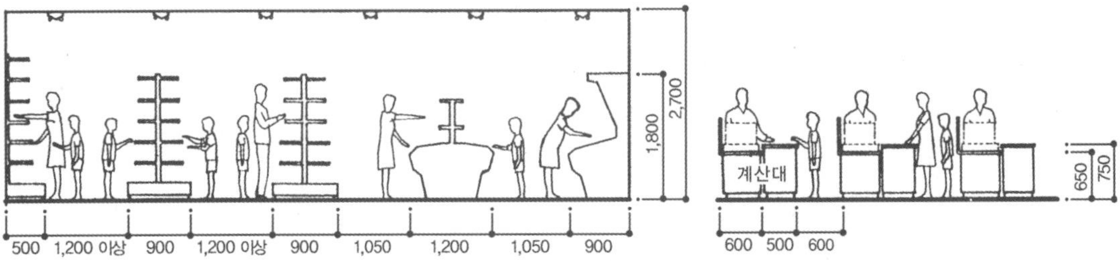

|그림 3 -57| 슈퍼마켓 · 슈퍼스토어 판매대와 통로의 필요치수

|사진 3 -32| ORGA Mart / 배대용

(3) 터미널 백화점

고속버스나 철도의 여객을 대상으로 판매하여 터미널 본래의 업무에 지장이 없는 범위에서 터미널을 입체화시킨 백화점이 터미널 백화점이다. 터미널 시설과의 사이에 명확한 구분을 한다. 다양한 상품을 판매하는 매장은 고객의 유치에 가장 유효하므로 넓게 차지하며 이외 음식점 및 서비스점들도 구비한다. 대합실은 오가는 승강객의 흐름이 백화점 고객의 흐름과 교차되지 않도록 하며 특히 대합실 근처에 설치되는 백화점용의 에스컬레이터, 엘리베이터, 계단 등의 배치는 주의를 요한다. 백화점에서 직접 승강장으로 들어가거나 여객통로에서 직접 백화점에 들어갈 수 있는 전용개찰구를 설치하면 효과적이다. 또한 상품의 반입, 반출은 터미널시설이나 광장의 보행자, 자동차의 동선과 교차되지 않는 위치에 별도의 출입구를 둔다.

제 4 장 상 업 공 간
– 레스토랑 · 호텔

Zaha Hadid / Magazine Restaurant, Sepentine Sackler Gallery

1. 레스토랑의 실내계획

|사진 4 -1| Commune by the Great Wall 中 The Club Houses / 승효상

레스토랑restaurant은 음식물이 인간의 인체를 회복시킨다는 의미의 프랑스어로 1750년대 이후 처음에는 호텔의 식사부 또는 커피하우스를 지칭했다가 20세기 이후 여러 종류의 식음공간이 발생함으로써 거의 모든 음식점을 총칭하게 되었다. 오늘날에 있어 레스토랑은 양식을 주로 판매, 영업하는 곳을 말하나 일반적으로 모든 식사와 음료, 빙과 등을 판매, 영업하는 넓은 의미의 상업공간을 지칭한다.

레스토랑은 가정에서의 평소의 식사를 벗어나 독특한 맛과 분위기를 즐길 수 있고 먹는 기쁨을 얻을 수 있는 공간이다. 특히 사업의 상담 등에 유용한 식음공간을 제공하여 사업의 진전을 가능하게 하고 만남과 대화와 사교공간으로 새로운 생활을 갖도록 한다.

레스토랑은 먹고 마시는 식음의 상업공간으로서 다음과 같은 측면을 고려하여 계획한다.

① 디자인은 '미각'과 연관되어 자연스럽게 '먹고 싶다' '마시고 싶다'라는 욕구를 자극하고 고객이 부담감없이 마음 편히 쉴 수 있는 안락한 분위기로 전개한다.

② 기획의 측면은 중요하여 기획에서 파악된 내용은 레스토랑의 규모, 독특한 메뉴와 음식의 맛과 가격, 서비스 정도, 좌석의 배치유형 등을 규정하고 아울러 레스토랑의 유형을 결정한다. 단순한 식사장소인가, 사치스러운 레스토랑인가, 단순한 스낵바인가 등 레스토랑의 성격과 경영방침은 디자인의 전개에 있어 일관성 있게 적용되어야 한다.

③ 실내의 청결, 음식의 신선감 등 위생적인 면에 관한 고려와 함께 사인, 메뉴, 식기 등 기타 서비스 품목도 디

자인 코디네이션을 꾀하여 시각적 통일이 있어야 한다.

④ 이용자가 먹고 마시는 데 편리하고 안락한 식음의 시설과 함께 종업원의 피로가 절감되어 효과적인 서비스가 될 수 있도록 서비스시설을 계획한다.

⑤ 높은 수준의 실내디자인과 아울러 친절하고 신속한 서비스, 주목을 끌 수 있는 홍보계획, 철저한 위생시설, 투자 등이 종합적으로 함께 이루어지도록 한다.

오늘날 레스토랑은 경영적 측면에 있어 고급식당이 아니면 경식당을 운영하는 경향이 있다. 즉 격조 높고 호화로운 식당이거나 카운터 서비스 또는 셀프서비스의 카페테리아 방식으로 요금이 싸 경제적으로 식사를 할 수 있는 레스토랑이 고객으로부터 인기가 있다. 음식은 맛보다 음식과 요금이 실질적인 곳을 선호하여 정식 메뉴보다는 일품요리를 선택하는 경향이 크다. 즉 요리의 가짓수가 많은 복수의 식사보다는 비프스테이크, 프라이드 치킨 등 전문식당이 각광받고 있다. 특히 이들 전문식당은 대형화, 고급화되어 가고 있는 추세이다.

|**표 4 -1**| 레스토랑의 입지조건과 경영방침

입 지 조 건	주 고 객 층	이 용 동 기	체 류 시 간	가 격	경영방침과 계획
역 앞	다양한계층	남은 시간이 이용, 가벼운 만남, 식사	비교적 짧다.	대중적	밝고 들어가기 쉽도록 하며, 명확한 표시와 함께 접근성이 좋도록 한다.
학교주변	학 생	만남, 이야기를 즐김, 식사	비교적 길다.	대중적	기능적이고, 편리하며, 안락한 분위기로 한다.
사무실 주변	회사원	식사의 장소, 커피의 맛, 일과 후의 휴식	시간대에 따라 짧기도 하고 길기도 하다.	대중적 약간 고급적	정식적이고 안락한 분위기가 중요하다.
번화가	일반 (낮) 젊은이(밤)	이야기를 즐김, 만남	비교적 길다.	고급적	새롭고 실질적 기능으로 분위기가 중요하다.
레저시설 주변	가족단위	갈증의 해소, 친목, 음식의 맛	비교적 길다.	대중적 고급적	밝고 고급스럽게 하며, 지역적 자연환경과 레저 유형을 반영한다.

표 4 -2 | 레스토랑의 경영방침

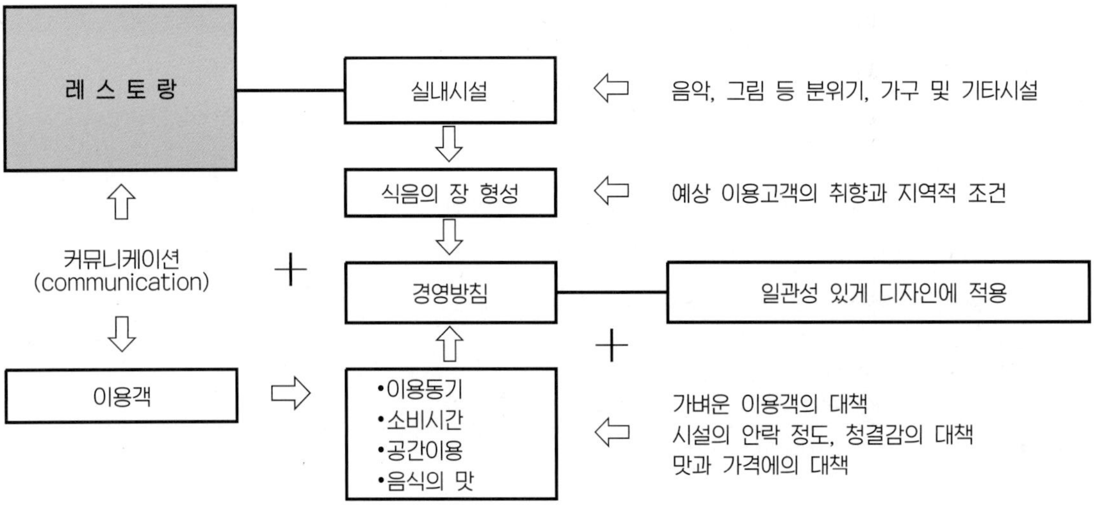

1. 1
레스토랑의 분류

레스토랑은 가장 넓은 의미의 식음공간이기에 비스트로bistro, 브라스리brasserie, 카페cafe, 살롱salon, 와인 바wine bar, 카바레cabaret도 레스토랑의 개념에 어느 정도 포함되나 식음의 형태, 요리, 성격, 서비스 유형에 따라 다음과 같이 분류된다.

(1) 식음의 형태에 의한 분류

식사, 주류, 음료 중 어느 것을 주로 취급하느냐에 따라 다음과 같이 분류된다.

1) 식사를 주로 하는 음식점

레스토랑, 런치 룸lunch room, 그릴grill, 스낵 바snack bar, 샌드위치 숍sandwich shop, 카페테리아cafeteria, 드라이브인 레스토랑drive in restaurant, 각종 전문 요리점

2) 주류를 주로 하는 점

바bar, 스탠드 바stand bar, 요정, 카페cafe, 비어 홀beer hall, 주점

3) 음료와 주류를 전문으로 하는 점

커피하우스coffee house

(2) 요리에 의한 분류

한식, 일식, 중식, 양식 요리 중 어느 것을 전문적으로 취급하느냐에 따라 한식당, 일식당, 중식당, 양식당으로 분류되며 각 음식의 독특한 요리종류에 의해 다시 세분화될 수 있다. 각 나라의 고유음식을 취급하므로 레스토랑의 실내에서도 각기 고유의 분위기가 있어야 한다. 따라서 현대 레스토랑의 유형을 도입하되 고유의 문화성을 살려 현대성과 조화되도록 계획한다.

1) 한식당

갈비탕, 설렁탕 등 대중을 상대로 하는 대중음식점과 한정식, 요정과 같은 고급음식점으로 구분한다. 대중음식점은 일상생활에서의 식사와 같이 텁텁하고 편안한 분위기를 만든다. 고급음식점은 격조있고 품위있는 분위기로 한다. 고기를 구우면서 식사할 경우 실내 환기를 위한 공조문제가 해결되어야 한다. 일반적으로 한옥의 장식적 요소를 도입하여 한실의 분위기를 내는데, 특히 창호는 실내분위기를 형성하는 중요한 요소로 사용된다. 단체손님을 위한 개실이 구분되기도 하며 좌석은 입식과 좌식을 병용하기도 한다. 개실은 일반적으로 좌식으로 하되 한옥과 같은 구조로 하여 융통성있게 사용하도록 한다.

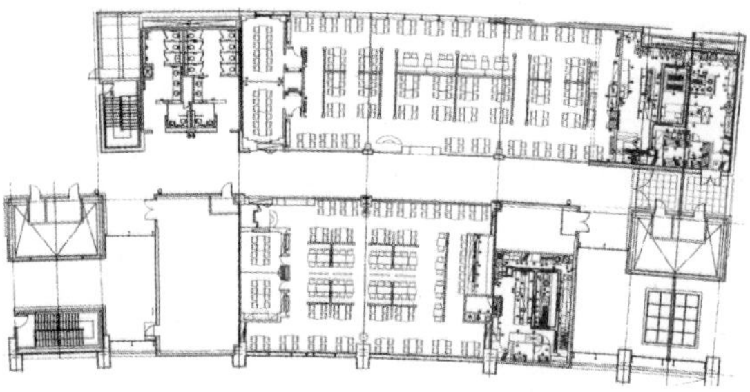

|그림 4 -1| 한식당-인천국제공항 조선호텔내 / Floor Plan, 희훈

|사진 4 -2| 한식당-인천국제공항 조선호텔내 / 희훈

2) 중식당

중국식당은 중국 고유의 빨강, 검정, 금색 등 강한 원색이나 고전 문양을 사용하여 독특한 분위기를 자아내도록 한다. 단체손님을 위한 개실이 구분되며 이들 개실이 모여 하나의 실이 되기도 하고 하나의 큰 개실이 간이칸막이로 구분되어 다목적으로 이용되기도 한다.

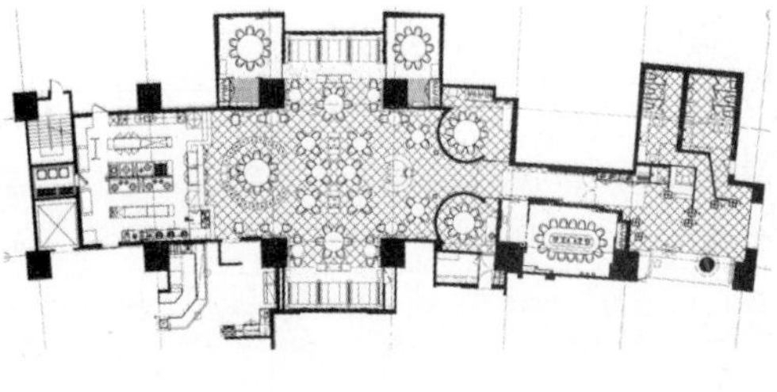

|그림 4 -2| 중식당 산수/ Floor Plan, 계선디자인

|사진 4 -3| 중식당 산수 / 계선디자인

3) 일식당

접객카운터, 의자 테이블석, 좌식의 개실 등 상점의 규모와 대상 고객층에 따라 적절히 배치한다. 소형점은 조리장을 겸한 접객카운터를 중심으로 초밥, 오뎅류 등을 즉석에서 즐길 수 있도록 하며 대형점은 영업방침에 따라 접객양식을 선택하여 공간을 구성한다. 개실은 미세기문이나 미닫이문으로 구획하여 필요에 따라서 하나의 실로 사용할 수 있어 다목적으로 이용이 가능하다.

프라이버시를 확보하기 위해 칸막이를 적절히 이용한다. 개실의 칸막이는 천장 안까지 미치는 칸막이벽으로 하고 흡음재료를 사용하여 차음효과를 높인다. 옛 일본의 민가, 상가, 민예의 양식을 기본으로 이들 전통양식에 입각하여 일본 고유의 분위기가 나도록 계획한다.

|사진 4 -4| 일식당 Kooma

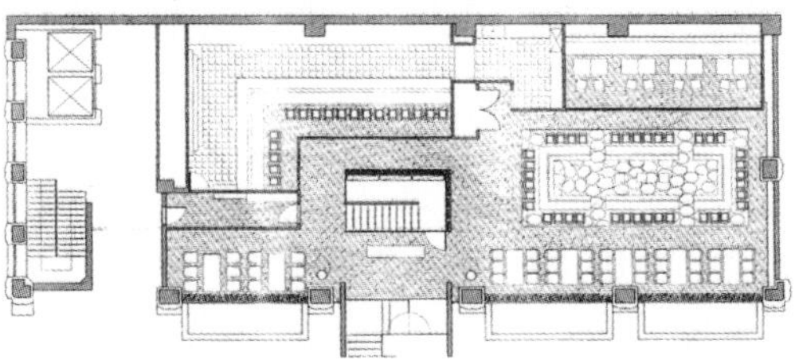

|그림 4 -3| 일식당 Kooma / 1st Floor Plan

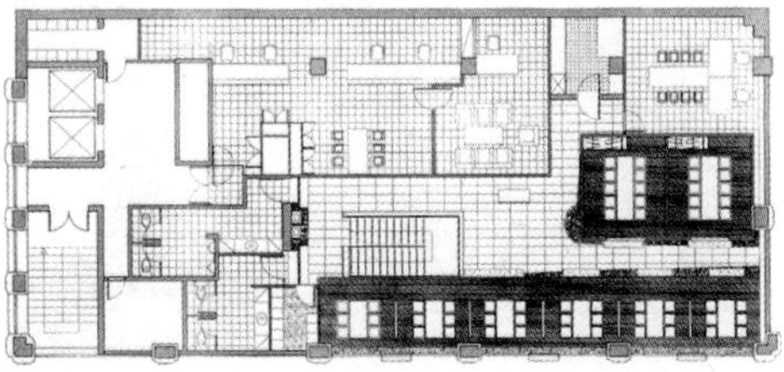

|그림 4 -4| 일식당 Kooma / 2nd Floor Plan

4) 양식당

① 레스토랑

일반적인 양식당을 칭하는 레스토랑은 테이블 서비스를 주체로 하며 호텔의 식당과 같이 정시定時에 정식을 제공하는 것을 원칙으로 한다. 대부분 배선을 통해 종업원의 서비스를 받는다. 대규모 레스토랑의 경우 크라크룸, 런치룸, 연회실, 바 등이 부속된다. 한편 펍레스토랑pub restaurant은 누구나 부담없이 즐길 수 있는 음식점으로 종업원과의 커뮤니케이션이나 서비스 면에서 카운터를 중심으로 구성하는데 이 카운터의 규모, 형상, 위치결정이 평면의 레이아웃을 좌우한다. 대화와 접대의 장소, 휴식의 장소로서 독창성 있도록 계획한다.

|**사진 4 -5**| |**사진 4 -6**| Restaurant Jean-Georges at the Connaught / John Heah

② 그릴grill

구운 고기, 구운 생선 등 특징있는 일품요리를 취급하는 음식점으로 특히 스테이크 하우스stake house의 경우 요리사가 직접 고객 앞에서 고기를 요리하며 서비스한다. 스테이크의 테이블이나 카운터의 철판치수는 조리한 것을 고객 앞에 내놓을 수 있도록 깊이 600~750 기준으로 하고, 그 길이는 바닥면적과 객석 레이아웃을 고려하여 4~7인용 정도로 한다. 스테이크 하우스와 같은 전문요리점의 경우 급배기의 환기계획이 중요하다. 왜냐하면 환기로 조리 시 발생되는 연소가스, 수증기, 냄새 및 연소열을 제거하고 실내에 적당한 기류를 주어 쾌적성을 증가시키고 연소에 필요한 신선한 공기를 공급해야 하기 때문이다. 특히 테이블에서 요리하는 음식점table cooking일 경우 부분배기만으로 실내 전체를 환기시키는 것은 어렵다. 따라서 레인지 등의 연소기구 위에 후드로 부분배기를 하고 그 외는 천장면에 가까운 벽에 환기장치를 설치하여 전체배기와 겸용하도록 한다. 또한 배기와 함께 급기도 균형 있게 분산, 배치한다.

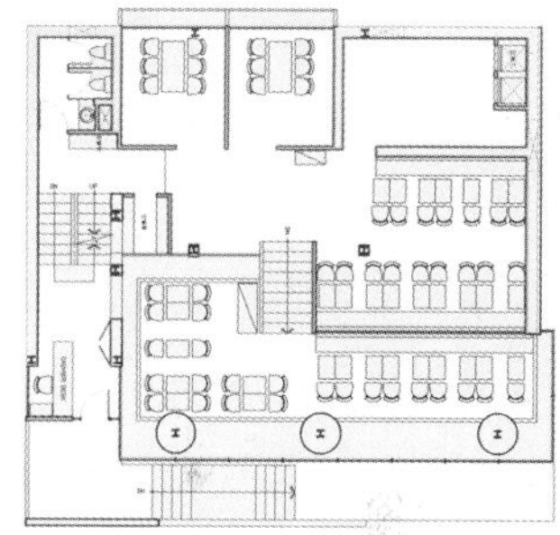

|그림 4 -5| 궁 / 1st Floor Plan, 전시형

③ 런치 룸lunch room

셀프서비스의 레스토랑으로 저렴한 식사가 가능하다. 주로 경음식을 취급하며 런치 카운터 안측은 조리장으로, 바깥측은 객석이 위치하여 배선이 없는 형식을 취한다. 런치카운터는 공간의 중심이 되며 평면 레이아웃에 영향을 미친다.

|사진 4 -7| 궁 / 전시형

④ 패스트푸드 레스토랑fast food restaurant

단시간에 가볍게 먹을 수 있는 간이 음식점으로 미리 준비되어 셀프 서비스된다. 셀프 서비스를 위해 일정한 통로폭을 확보하고 고정식의 테이블과 의자를 최소화하여 배치한다. 의자와 테이블의 레이아웃은 2인석, 1인석 또는 여러 사람이 같이 앉을 수 있는 카운터로 한다. 카운터는 입구의 고객동선과 마주하여 들어오는 손님에게 직접 주문, 계산, 셀프 서비스된다. 상품의 미각이나 서비스가 밖으로 표현되는 디자인이 바람직하다. 즉 파사드facade 전면의 투명유리를 통해 밖에서 객석에 앉은 손님이

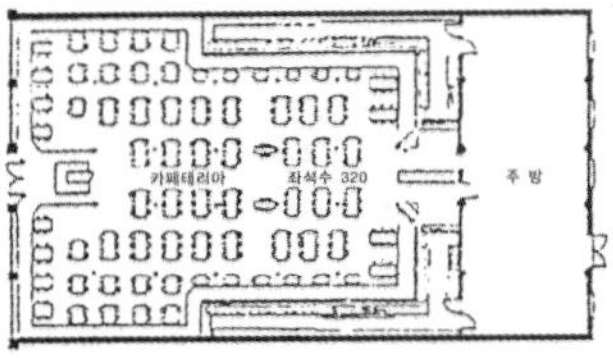

|그림 4 -6| 셀프서비스레스토랑의 예

보이도록 하여 선전 효과와 함께 간이식당의 이미지를 전달한다. 파사드에서부터 테이블, 매트, 용기류에 이르기까지 통합된 계획으로 전체적인 디자인 코디네이션이 이루어지도록 한다. 많은 사람들이 이용하므로 입식 카운터가 효과적이며 타일, 멜라민과 같이 내구성이 큰 재료를 사용한다. 한편 일반적으로 주방이 개방되므로 주방과 객석이 다른 공조시스템으로 주방의 냄새가 객석으로까지 가지 않도록 주의하며 항상 청결하게 유지되어 깨끗한 인상을 주도록 계획한다.

- **카페테리아**cafeteria : 간단히 식사를 하려는 사람들의 요구에 의해 등장한 경양식당이다. 준비되어 있는 음식물을 고객이 직접 운반하여 식탁에서 식사하는 셀프서비스 형식을 취한다.
- **스낵 바**snack bar : 단시간에 간단히 가볍게 식사할 수 있는 카운터 서비스형식의 간이식당이다. 주방 앞 카운터에 앉아서 식사하는 셀프 서비스 형식을 취한다.
- **샌드위치 숍**sandwich shop : 샐러리맨과 학생 등 시간에 쫓기는 사람들에게 단시간에 간단히 먹을 수 있는 샌드위치와 음료수를 판매하는 간이식당이다.
- **드라이브인 레스토랑**drive in restaurant : 자가 운전자용 레스토랑으로 주차장이 부속되며 철야로 영업한다. 셀프서비스가 많고 카운터와 테이블이 병용되기도 한다.

⑤ **커피숍**coffee shop

커피를 위주로 홍차 및 기타 음료수를 판매할 뿐만 아니라 분위기, 인적 서비스를 판매하는 공간이기도 하다. 만남, 대화, 비즈니스, 음악 감상 등 폭넓고 다양한 고객층의 사람들이 부담없이 자유로이 출입할 수 있는 다목적 이용의 공간이다. 입구 어프로치로부터 목적하는 좌석에 이르기까지 원활한 동선의 흐름이 되도록 하며 좌석배치가 손님의 수용상황에 대응할 수 있어야 한다. 고객층, 지역성에 따라 파티션이나 스크린에 의한 구획도 적절히 계획한다.

5) 뷔페 레스토랑Buffet Restaurant

뷔페 레스토랑은 고객이 차려진 음식 중 원하는 것을 손수 그릇에 담아 먹는 간이식당을 뜻한다. 가족의 외식 장소로서 또는 바쁜 도시인에게 부담없이 식사할 수 있는 장소로 애용되고 있다. 풍부한 음식으로 시각적인 만족감도 주며 식욕을 돋우도록 잘 진열된 음식을 보는 즐거움과 함께 개인의 식성에 맞도록 자유롭게 음식을 취사 선택하는 셀프서비스의 즐거움도 있다. 독립된 조리장과 즉석의 조리 서비스가 동시에 운용된다. 좌석과 음식 진열대는 분리되면서 유기적인 동선의 흐름이 되도록 레이아웃 한다. 음식 진열대의 적합한 위치선정과 음식의 분류 및 식사 순서에 따른 배치가 중요하다. 찬 음식과 더운 음식을 구분하고 원형의 보존을 요하는 것과 즉석조리, 서비스되는 것을 적절히 배치하여 상차림의 연출효과를 극대화한다.

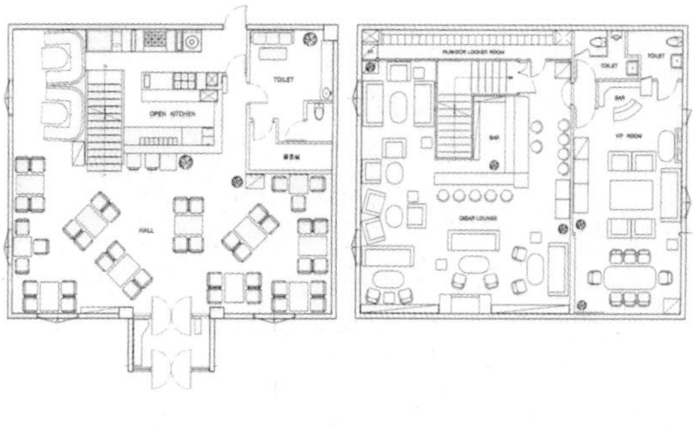

|그림 4 -7| 그랜드하바나 / Floor Plan

|사진 4 -8| 그랜드하바나

6) 카페Cafe

카페는 16세기경부터 아랍지역에서 커피를 파는 점을 지칭했으며 17세기 중엽 프랑스에서 상류층을 위한 커피점으로 시작했으나 곧 일반대중을 위한 커피점으로 바뀌었다. 귀족들과 부자들은 살롱salon을 이용하는 대신 일반인들은 카페를 만남의 장소로 이용하였다. 19세기 후반 본격적으로 각광받았는데 특히 예술가들과 학생이 주축된 문학 모임이 열리는 장소로 샹송의 요람으로 이용되었다.

카페는 커피만을 판매하는 커피전문점, 음료수를 주체로 크림 파르페, 샌드위치, 토스트 등을 판매하는 순수한 카페, 음료수와 스파게티, 햄버거 등의 경음식輕飮食을 판매하는 스낵 카페로 분류될 수 있다. 또한 팔러parlor 카페는 과일류로 만든 음료수 등 계절성 있는 메뉴를 가진다. 양과자 카페는 음료수와 함께 케이크류에 변화를 준 메뉴 구성으로 서양품의 분위기를 제공하며 그 외에도 디저트 카페 등도 있다. 그러나 우리나라에서는 잘못된 카페의 개념 도입으로 주류 및 사교, 서비스를 판매하고 전문점으로 취급되고 그 인식 또한 별로 좋지 못한 실정이다.

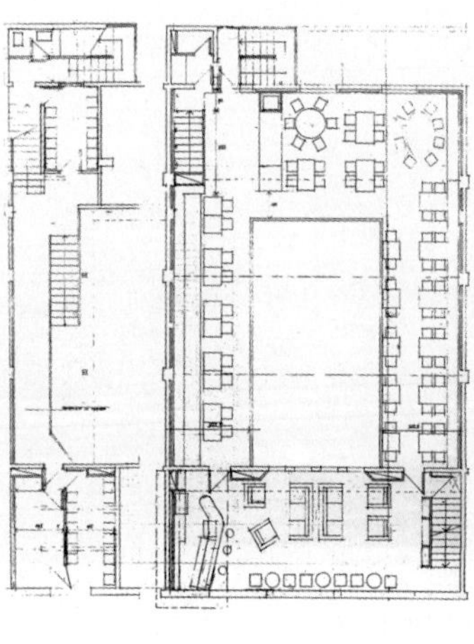

|그림 4 -8| cafě de colombia / Floor Plan, Alicia Nunez

|사진 4 -9| cafě de colombia / Alicia Nunez

(3) 성격에 의한 분류

1) 실용적 식당

학생식당, 직원식당, 식권식당, 런치룸, 카페테리아 등으로 저렴하게 식사할 수 있다.

2) 위안적 식당

전문요리점, 레스토랑, 한식당, 일식당, 중식당 등 가정요리 이외의 특별요리가 제공되는 식당과 카페, 바, 칵테일 라운지 등 주류를 전문으로 하는 점이 있다.

3) 유흥적 식당

상담, 공용, 연회 등에 이용되는 음식점으로 요정, 고급 레스토랑이 이에 속한다.

(4) 서비스에 의한 분류

고객과 종업원 사이에 '음식이 어떻게 서비스 되는가'에 따라 셀프서비스 레스토랑, 카운터 서비스 레스토랑, 테이블 서비스 레스토랑, 객실 서비스 레스토랑으로 분류된다.

1) 셀프서비스 레스토랑Self-Service Restaurant

손님이 스스로 서비스하는 형식으로 패스트푸드 레스토랑, 런치 룸, 학교 식당, 식권식당, 사원식당 및 오피스빌딩의 지하식당 등 실용적 식당에 많이 적용된다. 손님은 배선 해치hatch에서 요리를 직접 받아 들고 좌석에 와서 식사한다. 식후에는 식기류를 각자가 다시 해치에 반환하는 경우와 종업원이 가져가는 방법이 있다. 음식의 선택이 자유롭고 가격이 저렴한 것이 특징이다. 손님이 스스로 서비스하므로 고객의 동선계획이 중요하며 고객의 시설은 일반

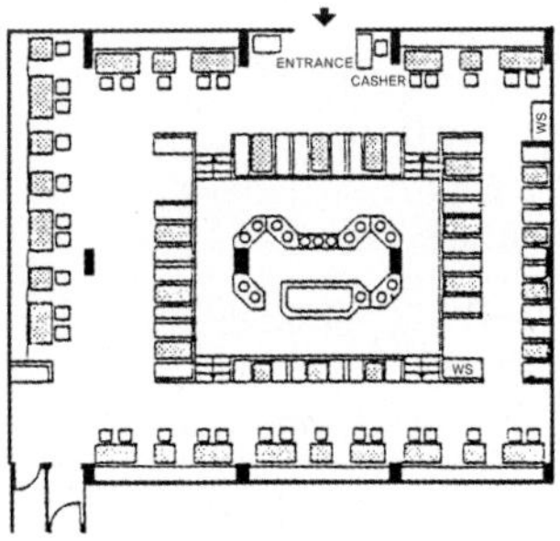

|그림 4 -9| 셀프서비스 카운터가 있는 서비스 레스토랑의 예

적으로 의자와 테이블로 구성되며 음료대를 설치한다.

2) 카운터 서비스 레스토랑Counter Service Restaurant

좌석은 카운터와 의자로만 되어 있는 형식으로 카운터를 사이에 두고 조리사와 고객 사이에서 직접 교류된다. 서비스가 신속하게 이루어지고 가벼운 기분으로 식사하는 음식점이다. 고객 앞에서 조리되므로 조리장과 카운터 주변은 청결하게 유지되도록 한다. 특히 카운터 뒤의 벽면은 고객이 바라보는 면이므로 청결감을 강조하고 단순하게 처리한다. 이러한 유형의 레스토랑은 면적의 이용률이 높고 어떠한 평면에도 자유롭게 설치 가능하며 고객의 순환율도 좋다. 그러나 시끄럽고 안정되지 못한 것이 결점이다. 손님이 일시에 몰려드는 혼잡한 음식점이나 신속하게 식사하려는 사람에게 적당하다. 테이블 서비스와 혼용하면 융통성이 있어 더욱 바람직하다. 공간이 협소할 경우 1층은 카운터 서비스로 2층은 테이블 서비스하는 것이 적절하다. 그릴, 카페테리아, 런치 룸, 스낵 바 등에서 많이 볼 수 있으며 일식당의 경우 스시, 덴부라, 오뎅과 같은 일품요리의 소규모 음식점에 많다.

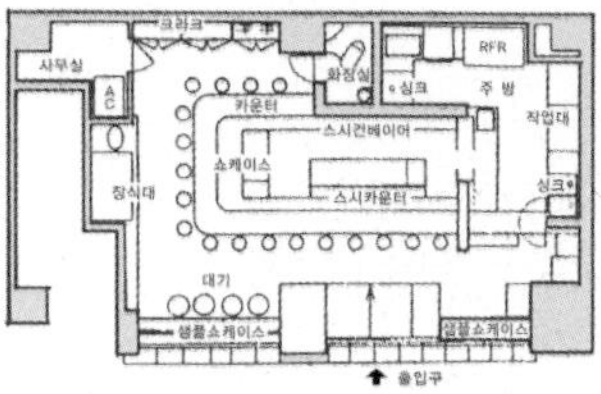

| 그림 4 -10 | 카운터서비스 레스토랑의 예

3) 테이블 서비스 레스토랑Table Service Restaurant

종업원이 배선실에서부터 고객의 식탁에까지 음식을 운반, 제공하는 형식으로 대부분의 레스토랑에서는 이 형식을 취한다. 테이블 서비스는 신속하고 정중히 이루어지도록 하고 고객, 종업원의 동선은 혼란이 없도록 한다. 특히 주방이 한쪽 평면에 치우쳐 배치될 경우 종업원의 서비스동선이 길어져 비효율적이므로 주의한다.

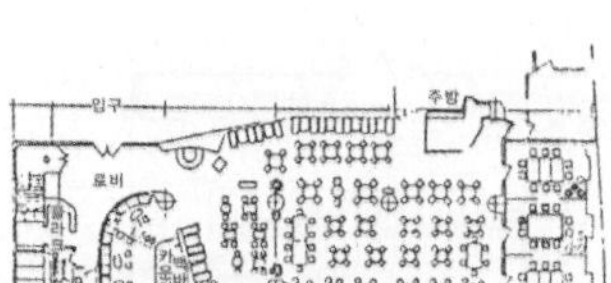

| 그림 4 -11 | 테이블서비스 레스토랑의 예

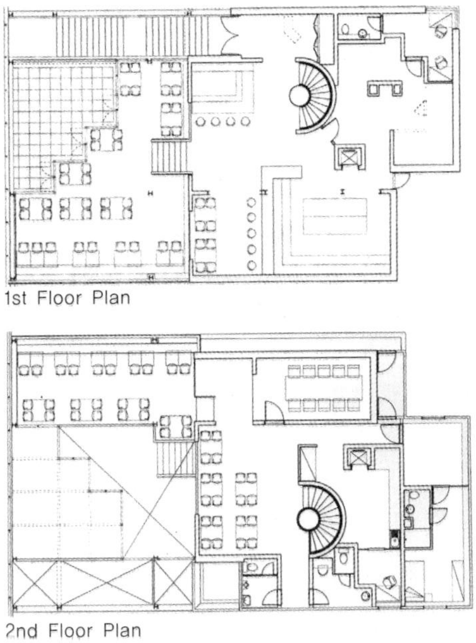

|그림 4 -12| 테이블서비스 레스토랑의 예 - Xian

|사진 4 -10| 테이블서비스 레스토랑의 예 - Xian

4) 객실서비스 레스토랑Room Service Restaurant

객실마다 음식이 운반, 제공되는 형식으로 식사, 상담, 회합, 유흥 등의 목적으로 이용되는 요정, 고급 레스토랑에서 볼 수 있다. 각 실의 독립성과 입·퇴실 시 혼잡을 피하기 위해 전실이나 알코브 등을 둔다. 또한 복도에서 직접 실내를 볼 수 없도록 계획한다.

1. 2 전문식당별 디자인 방향

(1) 한식당

기존의 한식당 이미지는 흔히 생각되는 좁고 답답한 집에 안방 형태를 지니고 있어야 한다는 고정 관념을 갖고 있다. 그러나 오늘날같이 자유분방하고 세계화 추세의 시대에는 양식당이나 중식당같이 한식당도 서구적인 실내 분위기를 표방해 가고 있다. 이는 식당 분위기 특성을 가진 다른 실내 공간과 어떻게 조화를 시킬 것인가 하는 문제에 부딪혀 잘못하면 한식당인지 양식당인지 잘 구분이 안 가는 실수를 하기 쉽다.

한식당의 실내 디자인에서 부딪히게 되는 난점은 한국적 건축의 미를 어떻게 도입할 것인가 또는 전통 건축의 어느 부분을 실내 디자인과 연출의 모델로 삼아 현대화할 것인가이다.

(2) 중식당

일반적으로 중국 식당은 중국 특유의 맛을 즐기며 개성이 강한 독특한 곳으로 인식되고 있다. 그 실내 디자인은 강한 원색의 사용과 복잡한 고전 문양, 동영호, 한자 등을 소재로 하여 실내를 구성하였으나 그 이미지는 현대인들에게 크게 호응되고 있지 않다. 그 이유는 그 소재가 낡은 유물에 불과하다는 점이며, 다른 하나는 실내 디자인의 전문성이 미약하기 때문이다. 실제로 중국 음식점에 가보면 복잡한 문양에 휘향 찬란한 적색赤色과 금박을 입힌 형태가 주조를 이루고 있으며 그것은 현대인들의 기호를 충족시키기에는 이미 낡은 것들이 되었다.

현대에 와서 중국 음식점들이 웨스턴 레스토랑western restaurant 형태를 도입하여 두 가지 양식이 혼합된 특징을 보이고 있다. 이러한 경향은 자연스럽고 당연하게 받아들여져서 종전의 중국 식당의 이미지를 바꿔 놓고 있다.

그러나 아무리 현대적인 중국 음식점이라 해도 고유의 문화적 특성을 반드시 살려 전통성과 현대성을 조화시켜야 한다. 따라서 식당의 전반적인 분위기는 현대인들을 위한 현대적인 분위기가 지배적이어야 하고 그 안의 장식적인 요소에 그 나라 고유의 특성을 반영시키는 것이 현대적으로 잘 어울린다고 본다.

(3) 일식당

일본 음식점을 잘 계획하기 위해서는 우선 장소의 선택이 중요하고 다음으로 실내 디자인과 상품menu, 서비스 관리 등에 유념해야 한다. 일식당의 내부 공간은 일본적인 진수珍粹를 표현하게 부각시킬 수 있다.

다른 식당 공간과 마찬가지로 일식당에서도 환경 측면의 기능을 충족시키기 위해서는 일본 건축의 전통미에 현대적인 실내 디자인 감각을 가미시켜야 한다. 예를 들면 목재를 주 내장재內裝材로 사용하고 창호, 조명, 도입부의 마감처리, 방의 구석과 그 밖의 마감재료 등에 일본의 전통미를 살리도록 하고 바닥, 천장, 넓은 전망창, 간접조명 방식 등에서는 현대적 실내 디자인 요소를 적용 시키는 것이 좋다.

일식당의 평면 구성을 크게 객실과 개실個室, 초밥 카운터, 튀김 코너 등으로 구분할 수 있다. 일식당의 주메뉴인 초밥과 오뎅류를 즉석에서 즐길 수 있는 스텐드 코너는 필수적으로 설치해야 한다.

그러나 아무리 실내 환경이 좋고 아름다운 분위기라 해도 일본 특유의 정갈스런 음식과 마음으로부터의 서비스가 없으면 식당의 분위기는 창백해진다.

즉, 실내 디자인에서의 4차원의 연출을 무시하지 말아야 한다.

(4) 양식당

양식당의 개념적 조형은 클래식classic풍, 세미 클래식semi classic풍, 모던modern풍, 포스트 모던post modern풍, 네오 클래식neo classic풍, 기타 팝pop, 랙rack풍 등을 들 수 있다.

한끼의 식사라도 좋은 분위기와 격조를 따지게 되는 양식당은 어디에 앉아도 좋을 만큼 고급스런 분위기, 안정된 실내의 조건이 갖추어져야 한다.

개방화된 실내에서는 담소하는 사람들이 실내 연출의 주된 요소가 되기도 한다. 양식당은 단순한 식욕만을 해결하지 않으며 손님 초대나 다정한 사람끼리의 모임을 더욱 정겹고 실속 있는 자리로 만들어야 한다.

고유의 전통과 현대 감각을 새롭게 조화시킨 실내 의장으로 감성적 배려를 잘 해야 되며, 특히 샐러리맨들의 점심 식사로까지 확대된 요즈음 양식당의 판매 증대는 '매력적인 환경'의 창조가 우선적으로 요구되고 있다. 그러나 일반적인 스테이크 하우스steak house를 양식당의 포괄적인 개념으로 볼 때, 중후한 멋을 간직하여 편안함을 주는 것이 통례이며 화려한 유럽풍 가구와 소품으로 꾸며 소박하면서도 정다운 곳이 되어야 한다.

(5) 뷔페 식당

근래의 뷔페 식당은 바쁜 도시민의 부담 없는 식사 장소이며 대중 기호를 충족시켜 주는 실리적인 식당 공간이다.

뷔페 식당은 셀프서비스self-service를 기본으로 자유롭게 음식을 가져다 먹는 즐거움이 있으며 식욕을 북돋아 주는 음식의 진열을 보는 재미가 있는 것이다.

기능적인 뷔페 식당을 위해서는 조리와 음식 차림대를 위한 서비스 시스템을 잘 활용해야 한다. 그러나 아무리 훌륭한 시스템도 음식물의 진열, 배치, 연출 효과를 통해서 뷔페 식당의 특징적 개성을 살리지 못한다면 고객에 대한 시각적 이미지와 친근감을 잃게 된다. 따라서 요리의 메뉴에 신경을 써야 함은 물론이지만 분위기에도 신경을 써서 명랑하고 즐겁게 즐길 수 있도록 유의해야 한다.

(6) 패스트푸드 식당

식생활 패턴의 서구화로 보다 새롭게 자극적이며 다양해진 식문화는 무역 개방의 물결을 토대로 더욱 가속화되고 있다.

초창기에는 미국식 프랜차이즈형 패스트푸드 브랜드 파워brand power의 강점을 이용하여 창업을 하였으며 근래에는 우리 고유의 상품을 개발한 패스트푸드점도 신종 유망 비즈니스의 하나로 부각되고 있다.

한끼 식사의 수단에서 맛, 분위기, 신속한 배식 추구의 흐름을 상품 전략의 주종으로 하였으나 점차 까다롭고 고급화되어 가는 고객에게는 가치 창조의 지혜를 발휘해야 되는 데에 역점을 두어야 한다.

패스트푸드가 향락 외식 산업과 동일시 되지 않게 하기 위하여 다중을 위한 맛과 분위기 창출에 온힘을 모으는 지혜가 필요하다.

(7) 카페테리아

카페테리아 시스템의 최대 장점은 1인분씩의 소단위로 음식을 판매하고 제품화된 메뉴, 특수 진열대에 보관된 음식을 각자 취향에 맞는 음식을 선택할 수 있는 것이다. 그래서 불필요한 식재료를 최대한 줄일 수 있으며 인건비의 낭비를 크게 줄일 수 있다.

이제 식당에서 음식의 맛 개발과 서비스 향상, 시설과 분위기의 편안성은 기본적인 상식에 통한다.

일반적으로 카페테리아는 대형건물 내에 입주하게 되는데 도시인의 욕구 해결을 위해서는 간단하고 편리하며 저렴한 식사 해결을 목적으로 해야 한다. 그러기 위해서는 입주 당시부터 이권에 얽힌 여러 가지 복잡한 올바른 경영의 걸림돌을 제거해야 되는데 이것은 건물주와 여러 경쟁 입주자들 간의 치열한 단가 경쟁을 근본적으로 배제시켜야 될 일이다. 그래야 보다 더 적극적으로 고객에 대한 서비스를 진행시킬 수 있는 것이다.

서비스에는 직접 서비스와 간접 서비스가 있지만 카페테리아에서는 양 서비스를 완벽히 추구해야 올바른 음식 공간을 유지할 수 있다.

위생적이며 첨단 기계화된 주방, 개성 있고 특색 있는 실내공간 연출은 건물내 사무실 직원뿐 아니라 외부의 고객을 대상으로 하는 패밀리 레스토랑의 기능을 갖추어야 한다.

(8) 커피숍

커피숍의 우수한 설계는 성공적인 경영을 위해 요구된다. 좋은 커피숍, 인상적인 커피숍의 개념은 여러 방면에서 분석해 볼 수 있으나 간단히 요약하면 개성이 잘 표현된 곳이라 할 수 있다.

점포의 개성은 점포 이미지 형성 과정에서 생기며 커피숍 시설은 점포 이미지의 구현 및 통일 작업을 완벽하게 할 수 있도록 착안되어야 한다. 점포의 이미지는 크게 세 가지로 분류된다. ① 건축 이미지, ② 인테리어 이미지, ③ 그래픽 이미지인데 이 세 가지는 각각 독립되면서 상관된 것이므로 통일과 조화를 잘 이룰 수 있어야 한다.

근래에 와서 커피숍은 그곳만이 갖는 독특한 디자인의 특성을 느낄 수 있어야 분위기 좋은 커피숍으로서 유지되고 있다. 그러나 우리나라에서는 원래 커피숍의 뿌리는 약 1세기 전 다방으로부터 진행되어 왔으며 거리의 사랑방 역할을 톡톡히 해왔다. 삐걱거리는 낡은 가구와 희미한 전등불, 그리고 젊은 여종업원의 말동무를 겸한 서비스 등이 그 다방의 인기 여부를 판가름해 주었다.

이제 커피숍은 전문 체인점 형태가 주류를 이루고 있으며 '통신 서비스 완비'라는 아이디어로 테이블마다 전화기 및 팩시밀리, 컴퓨터까지 활용하는 커피숍이 생기는 추세이다.

결국 커피숍 분위기의 특징은 개방형 실내와 부담주지 않는 실내 연출, 서비스 시스템의 능률성 배려, 그리고 커피숍 이미지와 격조를 한눈에 느낄 수 있는 데서 찾게 된다.

커피숍의 분위기는 커피숍 이미지 형성에 기여하지만 커피숍 영업에서 주요한 판매 소구력을 갖게 된다. 따라서 그 분위기는 차분하고 안정된 느낌을 줄 수 있는 곳이어야 하며 그곳만이 갖는 개성있는 분위기의 매력을 느낄 수 있어야 한다.

1. 3 레스토랑의 공간구성

레스토랑의 공간은 영업부분, 조리부분, 관리부분으로 구성된다. 영업부분은 식당, 라운지, 로비, 현관 입구, 화장실, 크라크 룸, 담화실로 고객이 머무르는 공간이며 수익을 가져오는 부분이다. 조리부분은 주방을 포함한 매입실, 배선실, 팬트리, 세척실, 주류창고, 식품 저장고로 능률적인 작업환경조건이 우선한다. 관리부분은 식당을 경영하기 위한 제관리부분으로 접수, 사무실, 지배인실, 준비실, 기계실, 라커룸, 종업원 화장실이 이에 속한다. 조리부분과 관리부분은 비수익성 공간이므로 식당 규모와 취급요리류, 좌석수, 이용률 등을 고려하여 최적의 면적을 배분하도록 한다.

표 4-3 | 레스토랑의 기능도

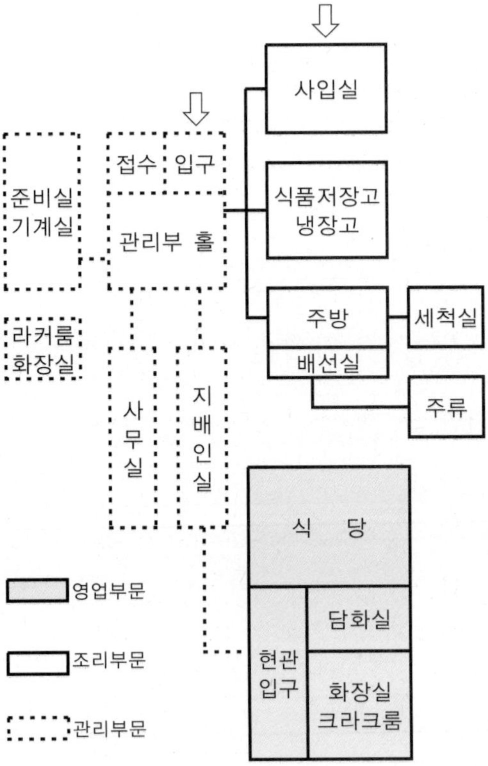

표 4-4 | 1인당 필요한 식당의 소요면적(㎡)

식당의 종류	객석 + 카운터	객실면적	주방면적
카운터서비스의 식당	1.4~2.6(1.7)	–	0.45~0.65(0.50)
카운터와 테이블의 식당	1.4~2.6(1.5)	–	0.45~0.65(0.50)
카페테리아	1.4~2.7(1.7)	–	0.45~0.65(0.50)
공장, 학교용 식당	–	0.7~1.0(0.9)	0.32~0.50(0.40)
레스토랑 (1품)	–	1.1~1.5(1.3)	0.45~0.65(0.55)
레스토랑 (정식)	–	1.1~1.5(1.3)	0.26~0.40(0.28)
연회장	–	0.7~1.0(0.8)	0.26~0.40(0.35)

주 1. 카운터서비스, 카운터와 테이블, 카페테리아의 주방면적에는 카운터를 포함하지 않음
2. 공장, 학교용 식당은 저장고를 포함한 것임
3. ( )내의 숫자는 일반적으로 적당한 수치를 표시한 것임

(1) 식당

고객 1인당 면적은 정식 레스토랑, 중식당, 일식당 등 전문 요리점이 많이 차지한다. 그리고 일품 요리점, 간이 음식점은 면적이 작아 좌석이 많이 배치된다. 따라서 의자와 테이블은 음식의 종류, 전문 음식점의 여부, 서비스 정도에 따라 그 크기, 종류, 안락성, 재료, 형태 등이 결정된다.

평당 좌석수는 소파 타입이 0.8인, 의자 타입이 1.7인, 벤치 타입이 2.5인, 스탠드 타입 3.0인이다. 안락한 소파 타입은 규모가 크고 이용시간이 긴 전문 레스토랑에 적용된다. 간이음식점의 경우 가볍게 빨리 먹으므로 이용시간이 짧고 회전율도 커 많은 사람들이 이용한다. 따라서 평당 좌석수가 많은 벤치, 스탠드, 의자 타입을 적절히 혼합, 배치한다.

|**표 4 -5**| 객석의 업종별 밀도

업종별		양식 레스토랑		중식 레스토랑		일식 레스토랑		다방 스낵		소규모 요리점		비 고
그레이드	A〉B	A	B	A	B	A	B	A	B	A	B	규모에 알맞은 이미지 전략은 불가피한 경영조건으로, 파사드 및 실내디자인이 종합적으로 계획되어야 한다.
규모	≦150㎡	1.8 (㎡/인)	1.5	1.1	1.0	3.5	1.9	1.4	1.2	1.8	1.5	식사메뉴와 같이 치밀하고 넓은 폭이 있다.
	≧300㎡	3.3 (㎡/인)	1.7	2.7	1.2	3.6	2.0	2.0	1.6	3.0	2.1	(객석+통로)의 면적 : ㎡ / 석수 : 인 (단위 : ㎡)
주방면적/전체면적 (%)		26 (%)	22	27	25	25	23	20	12	30	20	메뉴의 내용, 종업원의 배치계획, 작업공간의 정도, 조리범위 등에 의한다. 카운터 형식도 포함한다.

|**표 4 -6**| 객석의 구성별 밀도

객석의 구성별 밀도	각열 정사각형 테이블			각열 직사각형 테이블		원형 테이블	박스석	셀프서비스 각열 직사각형 테이블		
좌석의 패턴	평행 · 2석	평행 · 4석	대각 · 4석	평행 · 4석	평행 · 6석	원주 · 4석	대면 · 4석	대면 · 4석	대면 · 6석	대면 · 8석
	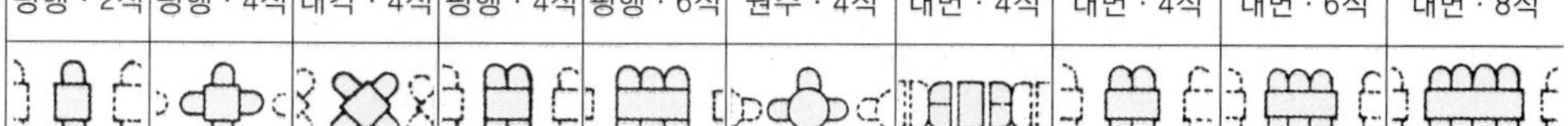									
㎡/인	1.7~2.0	1.3~1.7	1.0 · 1.2	1.3~1.5	1.0~1.3	0.9~1.4	0.7~1.0	1.3~1.5 (1.4~1.6)	1.0~1.2 (1.1~1.3)	0.9~1.1 (1.0~1.2)

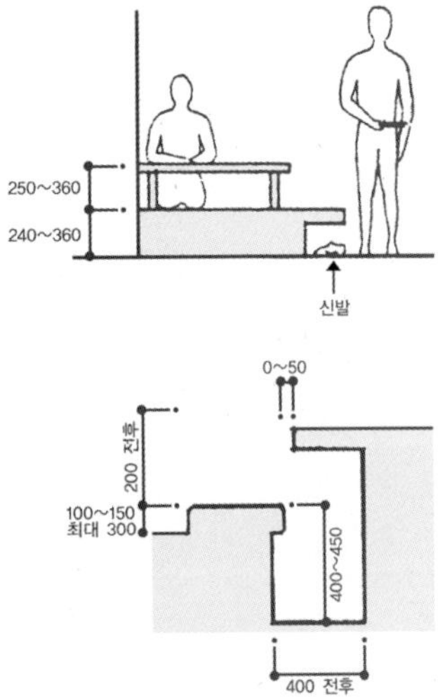

| **그림 4 -13** | 좌석과 파넣기 좌석의 필요치수

대규모 레스토랑의 경우 사업상의 담화, 가족, 단체손님, 연회를 위한 개실이 마련되는데, 이때 개실은 연속 가능하게 배치하여 이용빈도에 따라 융통성 있게 사용하도록 한다. 즉 창호의 개폐, 가동칸막이, 스크린 등을 이용하여 좌석을 조정 가능하도록 한다. 특히 한식당과 일식당의 경우 개실을 만들거나 바닥에서 240~360 높이의 단을 둔다. 또한 좌식의 변형으로 좌석을 파 넣어 만들기도 한다.

식당은 식음의 형태에 따라 그 분위기를 달리해야 한다. 즉 식사를 위주로 하는 경우 밝고 활기있는 분위기로 즐겁게 먹을 수 있도록 하나 주류를 위주로 하는 경우 아늑하고 편히 쉴 수 있는 분위기로 계획한다. 식당은 고객에게 지루함을 느끼지 않도록 공간을 비롯하여 조명, 그래픽, 조경, 마감재료, 색채 등 디자인의 제요소들로 변화감있게 계획한다. 또한 회화, 조각 등 조형적 액세서리로 실내를 풍요롭고 매력적으로 돋보이도록 한다.

고객은 일반적으로 중앙 테이블보다는 주변부의 테이블을 선호하므로 칸막이, 스크린, 단차이, 식물 등으로 적절히 처리한다.

| **사진 4 -11** | 몽중헌 / 본디자인

(2) 입구 부분

입구는 고객에게 첫인상을 주고 상점 전체의 이미지에 관계된다. 멀리서도 잘 눈에 띌 있도록 하며 레스토랑의 종류, 성격에 따라 특색 있는 파사드와 사인으로 고객을 유도한다.

1층에 위치할 경우 현관을 통하여 직접 내부가 보이지 않도록 처리해야 하는데, 입구 홀을 두거나 이중문을 설치하면 방풍실의 역할도 하여 효과적이다. 지하층에 위치할 경우 계단에서 넘어지지 않도록 계단에 손잡이를 설치하고 어둡지 않도록 조명을 한다. 내려가는 길이가 짧게 느껴지도록 입구와 마주한 벽면을 강한 시각적인 요소로 처리하면 효과적이다.

전문적인 일품요리를 취급하는 음식점의 경우 쇼윈도를 입구부분에 마련하여 일품요리를 진열한다. 간이음식점의 경우 서비스 카운터의 상부에 취급음식의 사진이나 와이드 컬러필름으로 처리하면 시각적으로 미각을 돋우면서 음식의 선택에도 도움을 준다.

|사진 4-12| Novotel Ambassadors Seoul - 아일랜드바의 출입구 / 계선디자인

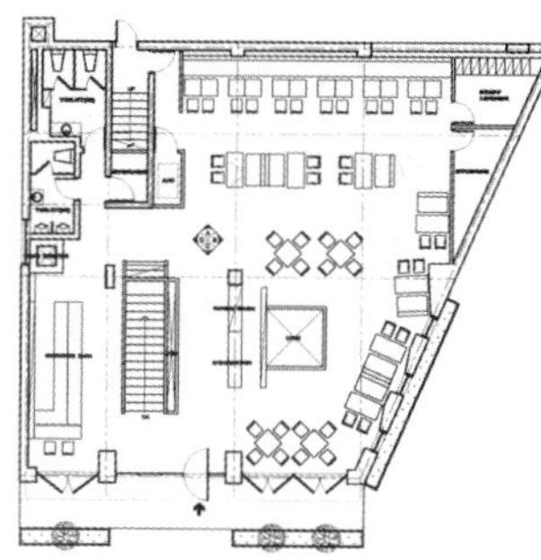

|그림 4-14| 카페 모스 / Floor Plan, 박형원

|사진 4-13| 카페 모스 - 출입구 / 박형원

|사진 4-14| 카페 모스 / 박형원

(3) 계산대

계산대는 일반적으로 주출입구 근처에 위치하며 식당 어디에서나 객석이 잘 보이는 곳에 객석과 배선실과의 중간에 위치한다. 또한 계산서의 처리방법에 따라 주출입구 근처에 독립되어 위치하기도 한다. 계산대 주위에 입장객과 계산하고자 하는 고객의 동선이 혼잡하지 않도록 주의한다. 소규모 레스토랑의 경우 계산대에서 음악까지도 다루어야 하므로 계산카운터는 기능적으로 디자인되어야 한다.

| **사진 4 -15** | 레스토랑 Kushi To Cook-계산대부분 / 종킴

(4) 배선실Pantry Service Room

배선실은 규모가 크고 전문 음식점일 경우 주방과 별도로 마련되며 주방과 객석 중간에서의 연락장소이다. 배선실의 기능은 식기와 글라스glass류의 보관과 서비스, 테이블보와 냅킨의 보관과 서비스 조미료, 메뉴 등이 비치된다. 서비스와 음료수의 서비스 스테이션service station을 설치하여 간단한 세척도 할 수 있게 한다. 또한 주방의 내부가 보이지 않도록 처리한다. 배선실에는 하루에 사용할 음식류 및 필요용품을 놓을 수 있는 제설비와 유리그릇, 나이프, 포크, 스푼, 글라스 등을 넣어 두는 수납장이 벽면을 이용하여 설치된다. 한편 규모가 대형일 경우 음료수의 서비스 스테이션은 배선실과 별도로 설치되어 각종 음료수, 주류, 글라스류 따위가 비치된다.

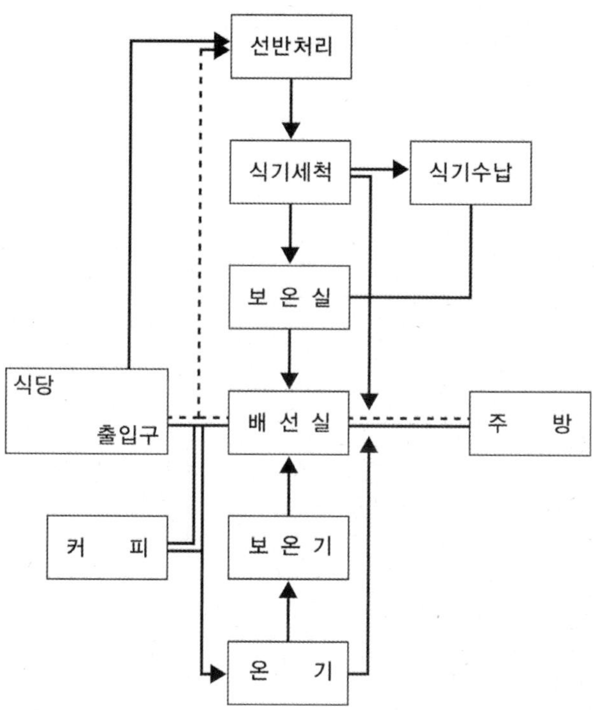

|그림 4 -15| 배선기능도

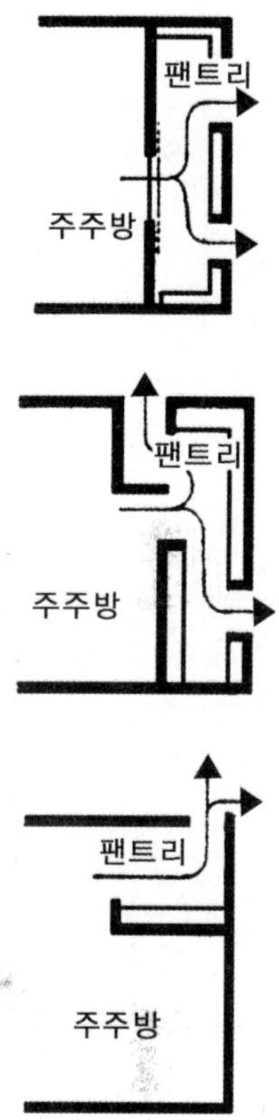

|그림 4 -16| 서비스 스테이션 -주방과 팬트리를 구분하여 마련하는 경우

(5) 주방

주방의 규모와 기기의 레이아웃은 객석수와 회전율, 메뉴의 내용, 요리사의 작업에 대한 생각 등에 따라 달라진다. 기본계획에서는 식품과 서비스 동선을 고려하여 적절한 규모로 배치하고 마감재료, 조명, 색채 등을 정하나 그 외 필요한 제설비 및 시설물 등 상세한 레이아웃은 전문가에 의해 진행된다.

|그림 4 -17| 레스토랑 주방의 예

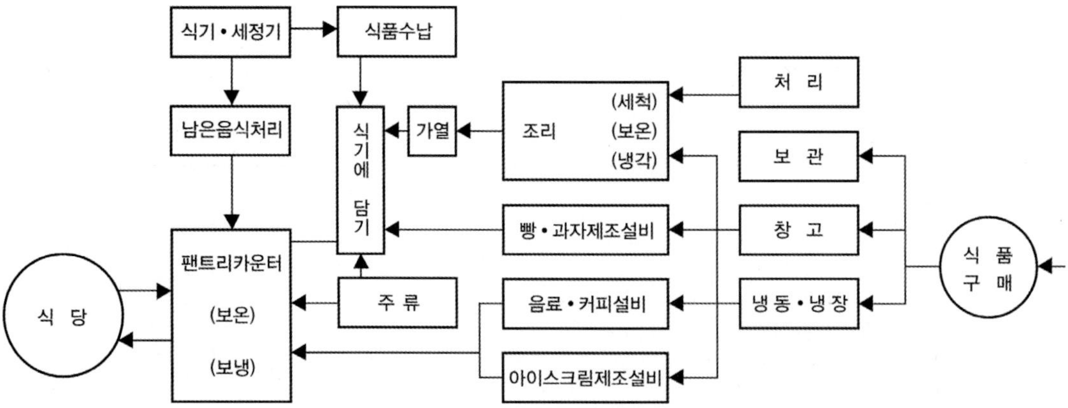

| **그림 4 -18** | 주방의 기능도

정방형 / 직사각형 / 직사각형

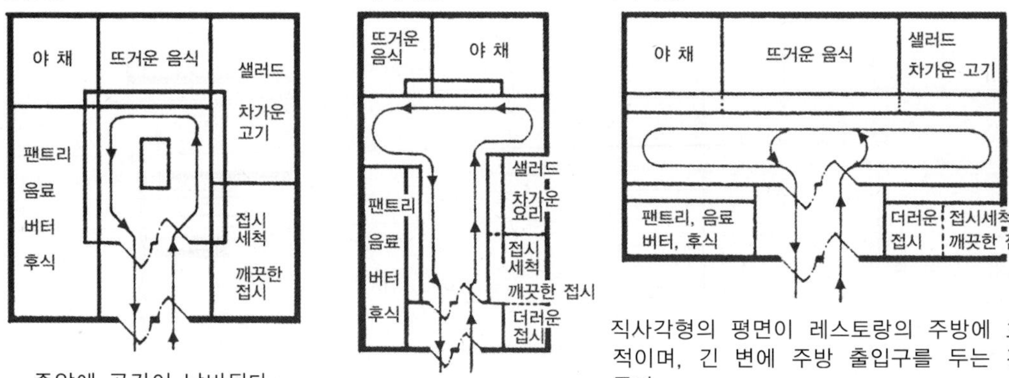

중앙에 공간이 낭비된다.

직사각형의 평면이 레스토랑의 주방에 효율적이며, 긴 변에 주방 출입구를 두는 것이 좋다.

| **그림 4 -19** | 레스토랑 주방의 평면형태와 작업유형

| **표 4 -7** | 주방의 필요시설 기구

식품 저축 시설	검수실, 어육 내장실, 가루 및 통조림 창고, 고기 및 야채선반
냉 장 고	야채 냉장실, 육류 냉장실, 기타 냉장실
조 리 시 설	믹서, 레인지, 브로일러, 식수기, 스팀 테이블, 요리대, 스프솥, 주전자, 로스트 오븐, 보온기대, 증기찜통, 작업대 등
빵 제조 시설	오븐, 싱크, 주전자, 믹서, 슬라이더, 브레드랙, 선반, 책상, 보온기대, 콜드빵 토스터cold toaster, 디토 디바이더 ditto divider
아이스크림 제조 설비	아이스크림 프리저ice cream freezer, 냉장고, 아이스크림 테이블, 싱크 등
음료 · 커피 · 과자 시설	커피 팬, 카운터, 소다파운틴soda fountain, 서비스냉장고, 스탠드, 싱크, 와플로스트waffle roast, 작은 레인지 등
접시 · 식기 세척 시설	사기 접시 싱크, 접시 세척기, 식기 소독기, 슬라이딩 테이블, 정리 선반, 사용한 식기대, 사용한 접시대, 오물통 등

실의 길이와 너비는 1.5배의 직사각형 평면이 적당하나 불규칙할 경우 20~25% 정도 면적이 더 필요하다. 주방의 소음, 냄새가 식당에 들어가지 않도록 공기의 흐름을 고려하여 환기시설을 한다. 물을 사용하는 곳이므로 바닥, 벽은 타일과 같은 내수재료를 사용한다. 싱크대의 배치는 메뉴를 고려하고 조리의 작업 흐름에 따라 배치한다. 바닥에는 배수로를 두고 약간 경사지게 하여 자연스럽게 배수되도록 한다. 아울러 위생을 요하는 곳이므로 해충, 쥐, 먼지 등에 대해서도 고려한다.

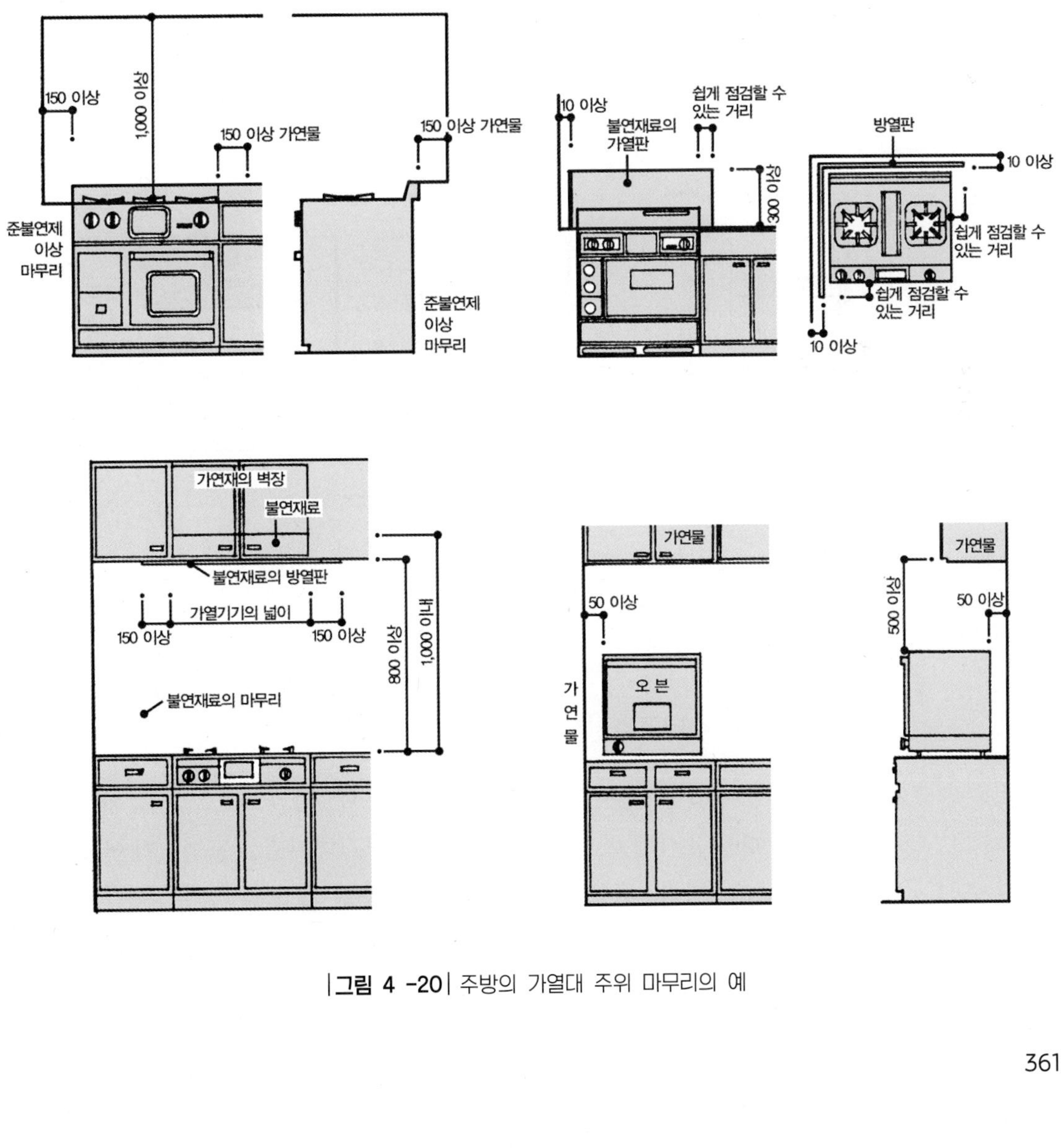

|그림 4 -20| 주방의 가열대 주위 마무리의 예

주방은 화재의 위험성이 큰 식용 기름류나 가스, 전기 등의 열원을 항상 사용하므로 보다 안전한 계획과 시공에 주의를 기울여야 한다. 가열기기에서 열전도로 인해 가연물에 인화되거나, 조리 중 유지류에 발화되어 다른 가열물을 연소시키거나, 불이 배기덕트로 전파하여 다른 여러 부분으로 확대시키는 등 화재의 위험성이 크므로 화재 방지 및 연소확대의 방지대책이 요구되는 공간이다. 따라서 주방의 벽면처리는 일반적으로 타일이나 스테인리스판 등 불연재료로 마무리한다. 주위를 가연재료로 마무리할 경우 가스테이블이나 가스레인지 등 열원 주위는 사방으로 150 정도의 일정한 거리를 두거나 방열판放熱板을 설치한다.

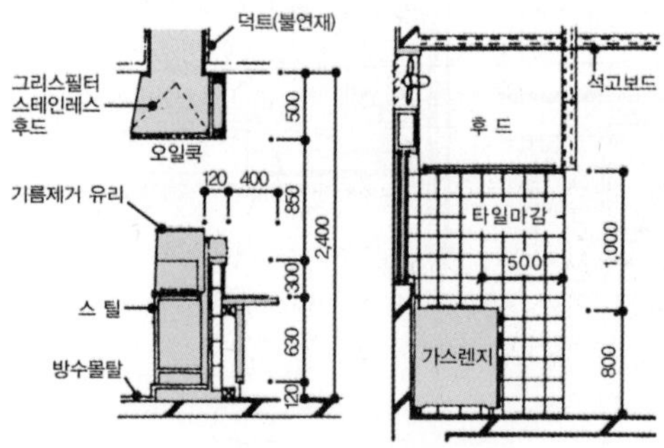

통닭구이집 카운터

| **그림 4 -21** | 주방가열대 주위의 예

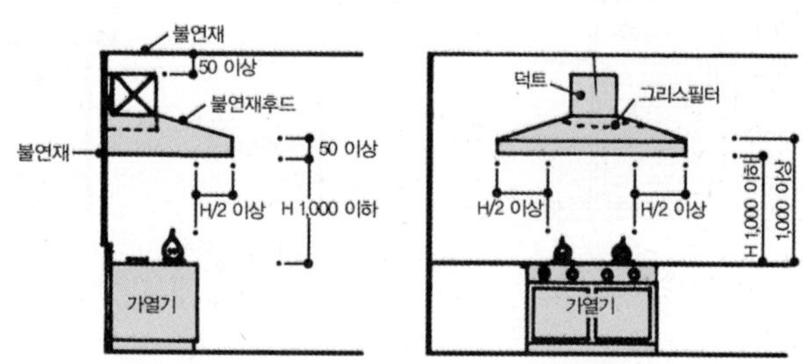

| **그림 4 -22** | 주방의 가열대와 후드

(6) 수납공간

수납공간은 객석 수, 메뉴내용에 따라 다소가 정해진다. 음식재료, 집기비품, 선전물, 메뉴판, 공병, 테이블보, 냅킨 등이 수납된다. 주류병은 창고와 같은 공간이 필요하나 평면적으로 처리하면 상대적으로 다른 공간이 줄어들 수 있으므로 데드 스페이스를 이용하거나 수납장을 두어 정리, 보관하여 효과적인 수납이 되도록 한다. 특히 좌식의 레스토랑일 경우 신발, 방석 등을 위한 수납공간이 필요하며 개실이 마련될 경우 각 실마다 필요한 물품을 수납할 수 있도록 한다.

(7) 기타

규모가 크고 고급 음식점일 경우 크라크 룸cloak room과 대기실waiting room이 마련된다. 크라크 룸은 고객의 코트, 핸드백, 짐 등을 받아 보관하는 장소로 계산대에서 통상 관리한다. 양복걸이, 래크 또는 옷장의 형태로 설치된다. 레스토랑 내에 단체손님을 위한 연회실이 따로 마련될 경우 크라크 룸은 연회실과 가깝게 위치한다. 대기실은 손님이 많아 좌석이 없을 경우나 일행을 기다리는 경우를 위한 공간이다. 휴식 의자, 전화 등을 구비하고 입구 근처에 위치하며 전화대, 화장실이 부속되기도 한다.

1. 4
동선계획

원활하고 신속한 음식 서비스를 위해 레스토랑의 동선계획은 중요하다. 레스토랑의 동선은 크게 고객의 동선, 종업원의 서비스동선, 음식재료의 반입과 쓰레기의 반출을 위한 식품 동선으로 나눌 수 있다.

우선 규모의 대소에 관계없이 고객동선과 주요 서비스동선은 혼란스럽지 않도록 교차되지 않아야 한다. 서비스동선은 주방과 객석을 왕래하는 길로 주문받은 음식이 조리되어 테이블까지 서비스되기까지의 동선이다. 종업원이 보행하는 거리를 단축시키기 위해 주방위치의 관계를 고려하여 가능한 짧고 단순화시킨다. 따라서 서비스동선은 고객동선과 무관하게 하고 서비스동선을 단축하기 위해 식당의 적당한 위치에 서비스 스테이션을 설치하여 사이드 보드나 웨건wagon에 린넨류, 글라스류 등과 서비스 물품을 수납한다.

레스토랑의 규모에 따라 다르지만 식당의 주용 통로는 2인이 지날 수 있어야 하며 웨건이 다닐 수 있도록 900~1,200, 주통로에서 갈라진 부통로는 600~900, 박스석에 이르는 최종 통로의 부통로는 400~600이 필요하다. 또한 요리의 출구와 식기의 회수를 별도로 하는 것이 바람직하고 주방이나 배선실의 내부가 객석에서 보이지 않아야 한다.

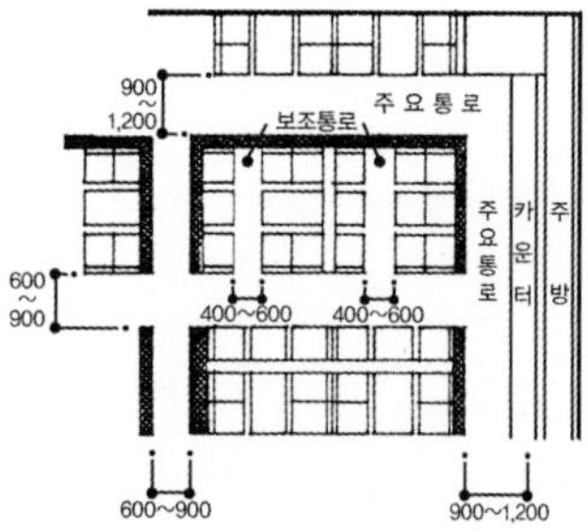

|그림 4-23| 레스토랑의 필요치수-1

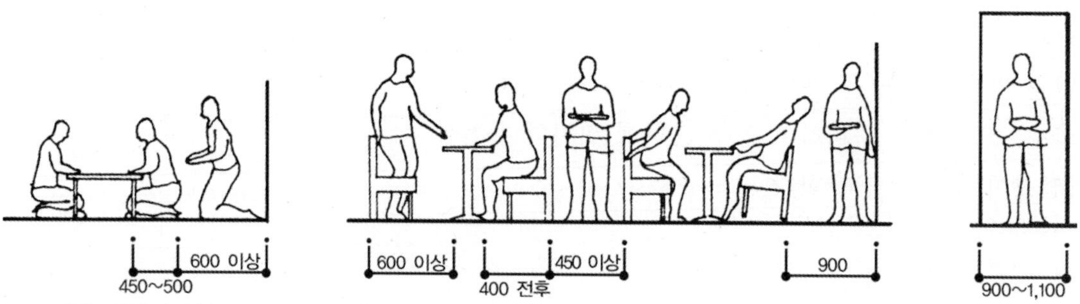

좌탁 주위의 치수　의자에서 설 때　의자 사이의 통로　벽과의 통로　서비스용 출입구

|그림 4-24| 레스토랑의 필요치수-2

1. 5 가구계획

레스토랑은 고급, 대중, 간이음식점인가에 따라 한식당, 양식당, 중식당, 일식당 등 요리에 따라, 그리고 세분화하여 전문요리, 일품요리, 패스트푸드인가에 따라 가구계획뿐만 아니라 실내디자인 전체에 영향을 미친다. 가구의 크기, 형태, 안락성, 스타일 등 가구계획은 이와 같은 요건에 따라 좌우된다. '어떻게 무엇을 즐기는가'의 레스토랑

성격에 따라 가구계획에 영향을 미친다. 즉 식사, 다과, 술 등 어느 것이 중심인가, 시간대의 변화, 회전율, 특정 그룹, 커플, 가족 등의 고객층과 이용행태, 자유롭고 개방적이며 비정식적 분위기인가 아닌가의 이용방식 등에 따라 의자와 테이블의 크기, 높이, 형태, 배치와 밀도 정도 등이 결정된다. 또한 입지적 조건과 개구부의 유무有無와 위치, 개수, 기둥 등 건축적 조건도 이에 영향을 미친다.

① 가구는 공간에 변화를 주고 분위기와 리듬을 조성하므로 전체적 디자인과 가구의 색, 형태, 양식 등이 조화를 이루어야 한다.

② 가구는 공간의 이용을 나타내므로 공간의 사용 목적과 부합되어야 한다.

③ 인간공학적 측면에서 안정하고 기능적인 가구이어야 한다.

④ 공간 내의 위치 관계를 고려해야 한다. 즉 마주 보고 앉거나 바깥을 향하거나 원심적으로 앉거나 고저高低차를 이루고 있는가 하는 점이다.

⑤ 기능적, 심리적인 면에서 앉는 방식을 고려해야 한다. 편안히 장시간 앉거나 활동적으로 단시간 앉거나 좌석 상호의 프라이버시를 확보하기 위해 폐쇄적인 좌석에 앉거나 개방적이고 자유스러운 좌석에 타인과 어울려 앉는가 하는 점은 가구계획에 영향을 미친다.

⑥ 가구는 인체를 지탱하고 음식을 먹기 쉽게 해주는 역할 외에 공간에 작용하여 사람들의 관계를 결정짓고 더욱이 공간 전체에서 시각적 오브제로서 역할을 하기도 한다.

⑦ 의자의 배치와 디자인은 시선높이를 결정하고 테이블의 높이, 칸막이 높이 등도 아울러 결정되고 천장고에도 영향을 미친다. 따라서 의자디자인은 공간계획의 원점이라고도 할 수 있다.

사진 4-16 | 화이트&블랙 벽면 둘레로 붙박이 의자를 배치하여 편안함과 자유로운 대화를 유도하고 있다. / plastic, 옴니디자인, 이종우

⑧ 외부의 전망이 좋은 경우 가구배치는 창에 기대는 것보다 시선이 자연스럽게 밖을 향하도록 한다.

⑨ 벽난로와 같이 공간에서 초점이 되는 요소가 있을 경우 가구배치는 이를 중심으로 배치한다.

⑩ 테이블을 중심으로 한 좌석배치는 편안하게 착석하고 자유스럽게 움직일 수 있도록 적당한 거리를 두어야 한다. 그리고 음식을 서비스함에도 불편하지 않아야 한다.

(1) 의자와 테이블

1) 배치유형

먹는 장면을 연출하고 쉬고, 먹고, 마실 수 있게 하는 의자와 테이블의 배치는 계획의 기본과정이다. 배치유형은 세로 배치형, 가로 배치형, 가로와 세로 배치형의 조화, 부스booth형, 점재點在형으로 구분된다. 레스토랑의 규모가 클 경우 몇 개의 배치유형으로 조합되어 레이아웃 한다.

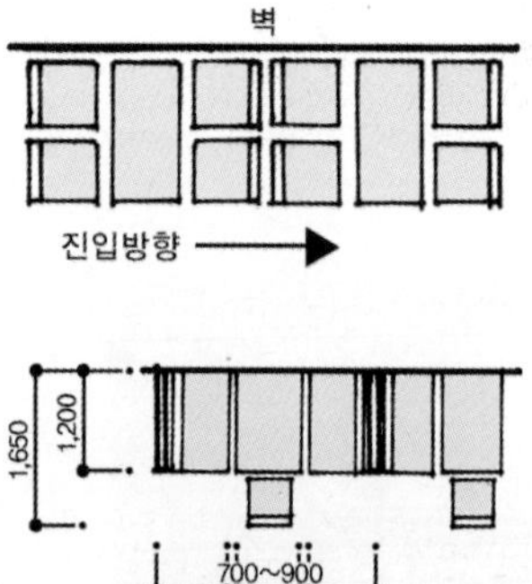

|그림 4 -25| 세로 배치형과 필요 치수

① 세로 배치형

배치형태 중 가장 기본적인 형태로 테이블을 가운데 두고 의자를 배치하는 직사각형의 평면이다. 내측의 긴 벽을 따라서 배치한 좌석의 구성은 단순, 명쾌하여 경음식에 적합한 배치이다. 이용객은 좌석을 선택하기 쉽고 시선의 흐름도 자연스럽다. 아울러 종업원은 서비스하기 쉬워 서비스 효율도 크다. 그러나 구성이 단순하여 열차 실내와 같은 거북한 느낌과 딱딱한 이미지가 주기 쉬우므로 그래픽의 벽면처리나 펜던트와 같은 보완책이 강구되어야 한다.

② 가로 배치형

벽 또는 주요 통로에 직각에 배치된 형태로 벽측 의자를 벤치 시트bench seat로 한 것이 많다. 일반적으로 다른 유형과 복합시켜 사용하며 스크린이나 칸막이를 병렬하여 좌석을 구분한다. 단체손님이 왔을 경우 쉽게 좌석을 만들 수 있으나 통로를 지나가는 종업원과 손님의 시선이 마주쳐 자칫 산만하기 쉽다.

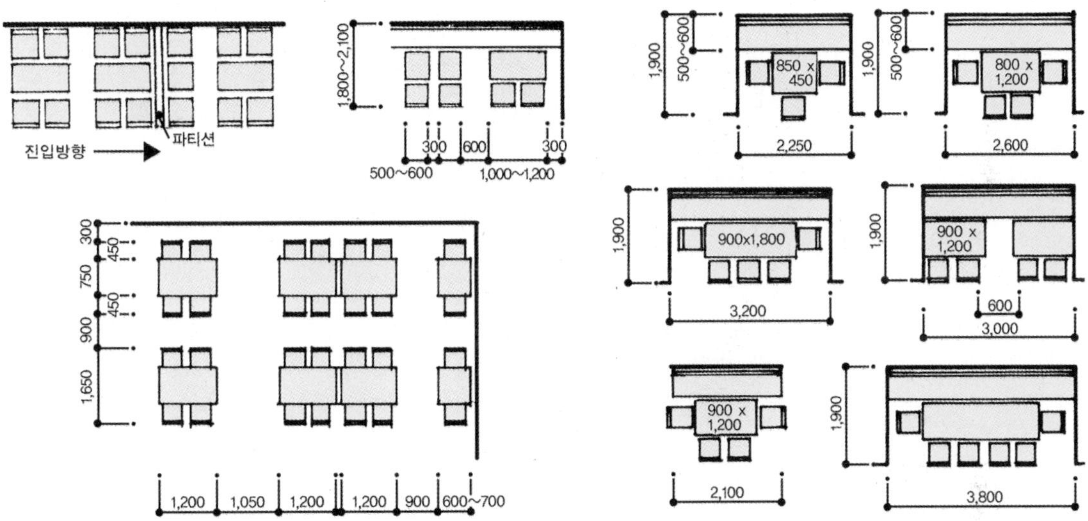

|그림 4 -26| 가로 배치형과 필요치수

③ 가로와 세로 배치의 조화형

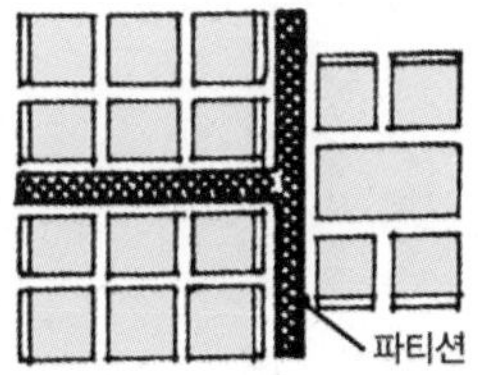

|그림 4 -27| 가로와 세로 배치의 조화형

정사각형 평면 형상에 어울리는 배치로 좌석 구성을 다채롭게 변화시킬 수 있다. 실제로 배치효율이 높아 공간의 낭비가 없다. 그러나 객석 통로가 복잡하고 서비스 동선이 길어져 고객에 대한 응대에 자칫 불쾌감을 줄 수 있다. 손님끼리의 시선이 서로 부딪치므로 앉은 시선높이를 고려하여 좌석을 구분하거나 칸막이, 스크린 등으로 처리한다.

④ **부스booth형**

곡선형, 원형, 예각, 둔각, 코너형 등 자유로이 변형시킨 부스형태의 좌석으로 변화가 풍부한 좌석구성이 될 수 있고 칸막이를 조합하여 개성적인 공간을 연출할 수 있으며 차지하는 면적이 크고 단체석에 적합한 형태이다. 칸막이를 하지 않아도 좌석형태로 인한 자연스러운 공간구분이 형성된다.

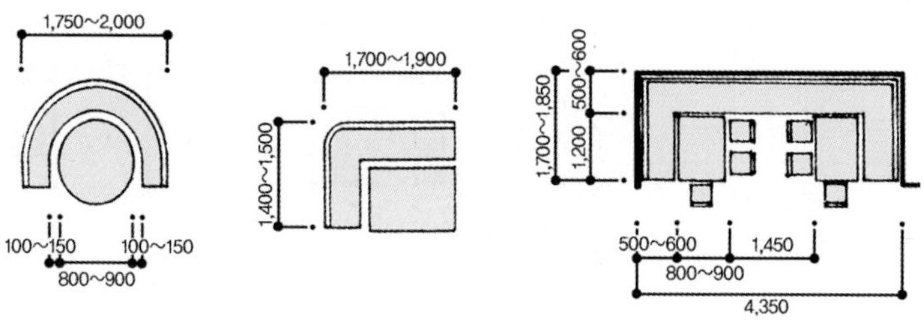

|**그림 4 -28**| 부스booth형과 필요치수

⑤ **점재點在형**

식사를 전문으로 한 레스토랑에 많이 사용되는 배치로 비교적 대형 홀을 확보해야 가능하다. 자유로이 배치하는 방법과 일정한 간격으로 배치하는 방법이 있다. 독립된 형식으로 여유있고 차분한 객석 구성이 가능하나 다른 배치유형과 비교해 면적당 좌석수가 적다.

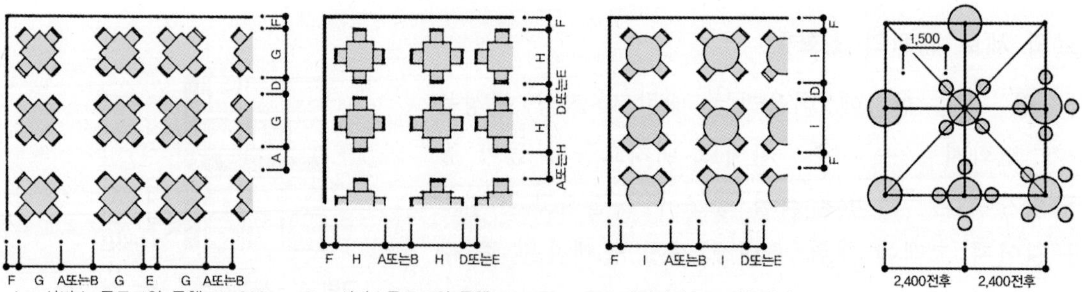

A : 서비스 통로 1인 통행, A=900　　B : 서비스통로 2인 통행, B=1,50~1,200 왜건서비스도 가능하다.
D=600, E=450을 최소치수로 하고 그 경우 방향을 D로 하여 다른 방향은 E로 하면 테이블 서비스가 가능하다.
G, H : 테이블 치수에 의해 450×450의 경우 G=1,200 H=1,750 으로,
900×900의 경우 G=1,275 H=1,800 으로,
960×960의 경우 G=1,345 H=1,860 으로 한다.
I : 테이블의 직경을 950으로 한다.

|**그림 4 -29**| 점재형과 필요치수

⑥ 큰 테이블 배치형

직사각형의 큰 테이블일 경우 한 사람당 필요 간격을 550~650으로 계산하면 좌석 수에 대한 테이블의 필요치수가 산출된다. 그러나 큰 테이블의 경우 직각으로 접하는 양쪽에도 좌석을 만들 수 있다. 이 코너부분에는 한사람에 필요한 테이블 간격이 중복되므로 코너에서 150~250의 공간을 두고 계획한다.

원형의 큰 테이블일 경우 지름 400이 혼자서 사용 가능한 테이블을 기본으로 150씩 합산하면 2인석은 550, 3인석은 700, 4인석은 850으로 적정한 치수가 산정된다. 한 사람당 사용 가능한 치수는 지름이 커짐에 따라 적어지지만 대면하는 객석과의 사이에 여유가 확보되어 적절한 크기가 될 수 있다.

한편 테이블 지름에 원주율을 곱해서 원주를 산출하여 의자폭으로 나누는 방법으로도 설치 가능한 좌석수는 계산할 수 있다. 이에 대한 공식은 지름=400+150×(필요 좌석수 −1) 또는 설치 가능 좌석수=지름×3.14/의자폭 이다.

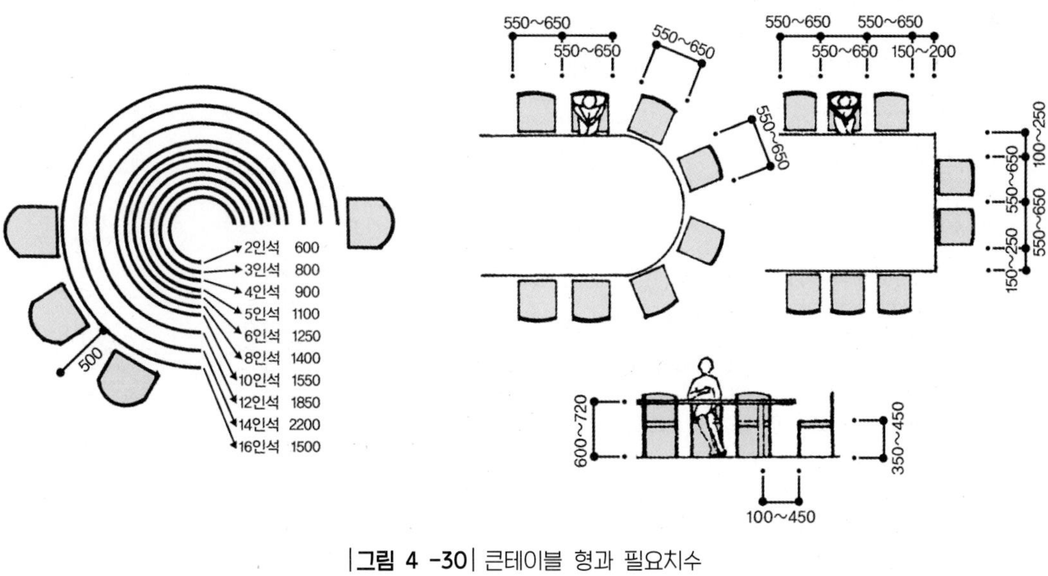

|그림 4 -30| 큰테이블 형과 필요치수

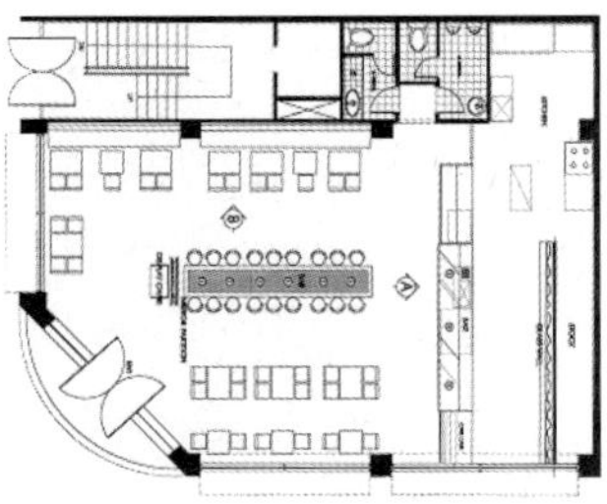

| 그림 4 -31 | Spoon / Floor Plan

| 사진 4 -17 | Spoon

2) 테이블의 필요 치수

테이블과 의자는 이미 언급한 바와 같이 계획대상의 조건, 즉 공간의 규모, 형태 및 업종, 객층, 입지 등에 따라 차이가 있다. 음료수가 중심일 경우 최소한의 치수로 하나 식사가 중심일 경우 테이블 크기는 메뉴의 내용과 그의 사용식기를 고려해야 한다.

4인용 테이블은 정사각형이 850×850, 좀더 정식적인 식당이라면 960×960의 크기까지 사용하며 직사각형은 (1,000~1,200)×(700~800) 정도가 표준크기이다. 일반적으로 직사각형 테이블이 사용되며 정사각형은 서비스에 편리한 장점이 있다. 특히 4인용 테이블의 경우 2인용 테이블의 2조를 맞붙인 상태로 레이아웃하면 경우에 따라 분리할 수 있으며 좌석배치도 변화를 줄 수 있다.

2인용 테이블은 4인용의 1/2이 아닌 좀더 넓은 600~750 정도의 치수가 필요하다.

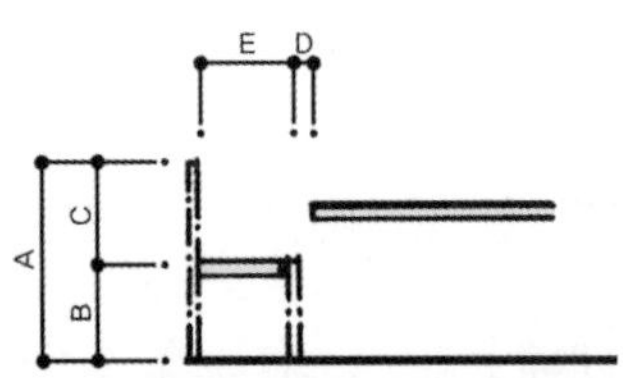

	A	B	C	D	E
케이크숍 I	660	400	260	30	475
케이크숍 II	730	450	290	105	470
다방 I	650	400	250	100	510
다방 II	690	410	290	70	470
일식당	700	420	280	15	430
펍레스토랑	650	350	200	0	440
바	650	380	270	150	500

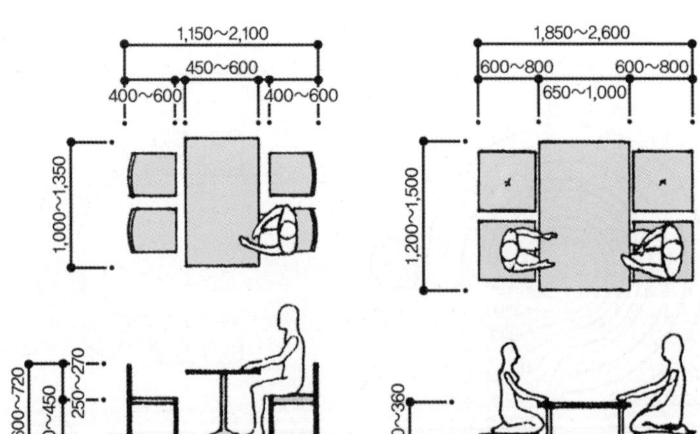

의자와 테이블 높이는
다과와 음료가 중심일 때는 의자 300~400, 테이블 600~650을 그리고
식사가 중심일 때는 의자 420~450, 테이블 700~750을 표준으로 한다.

| 그림 4 -32 | 주방의 기능도

6인용 테이블은 (11,350~1,800)×(650~800) 정도의 크기로 가벼운 분위기이며 합석에 별로 저항을 받지 않는 레스토랑이나 그룹 손님이 많은 곳에 유리하다.

대면거리는 좌위기준점이 낮아지면 그만큼 안길이가 크게 필요하므로 멀어지게 된다. 그 길이가 2,100까지 되면 대면하는 사람의 시선이 멀어져 느긋한 느낌이 된다. 또한 바로 뒤에 벽이 있거나 좌석이 배치될 경우 머리의 움직임을 위해 다소의 여유치수가 필요하다.

|사진 4 -18| Cafe 4560디자인하우스

3) 인간공학 측면에서의 의자와 테이블

의자와 테이블은 각각 다른 것이 아니라 하나의 계통으로 결부된 세트로 취급해야 한다. 테이블은 의자에 앉은 사람, 요리, 음료수 등을 원활한 위치관계로 유지시켜야 하므로 테이블 상판과 좌면높이의 치수 차이가 가장 중요하다. 이 치수가 적절하지 못하면 식사에 불편을 가져오기 때문이다. 좌위결정점인 좌위기준점을 원점으로 발의 뒤축과의 안정된 바닥면 또는 발걸이까지의 수직거리와 앉아서 먹기 쉬운 테이블 상판까지의 거리를 측정하여 테이블 높이를 정한다. 즉 테이블의 높이는 좌위기준점에서 밑으로 향해 측정된 치수와 위를 향해 측정된 치수를 합하여 구한다. 눈높이, 등받이, 전후 좌우의 치수 역시 이점을 기준으로 정해진다.

인간공학적 자료에 의하며 식사, 경작업, 휴식 등의 경우 좌위기준점의 높이는 300 이상, 400 이하로 테이블면과의 차이는 270 이상, 300 이하의 범위에서 마무리되도록 하는 것이 적절하다. 한편 이 좌위기준점은 의자에 앉았을 때 최종 안정자세이므로 좌면의 쿠션 정도에 따라 달라질 수 있다. 그리고 좌면의 경사가 있을 경우 좌우기준점은 좌석 앞에서 측정된 치수보다 20~30 정도 낮도록 한다.

4) 업종별 의자와 테이블

업종에 따라 의자와 테이블의 크기, 형태, 안락성 등은 다음과 같은 차이가 있다.

① 대중음식점이나 간이음식점은 짧은 시간 동안 가볍게 식사하므로 소형의 의자와 테이블로 많은 수용인원을 확보하고 이용 회전율이 크다. 박리다매薄利多賣의 판매형태로 판매고의 신장을 추구하여 사용빈도가 높으므로 구조, 재질면에서 내구성이 높고 유지 관리하기 쉬워야 한다.

② 고급 음식점은 장시간 동안 앉아 음식의 맛을 즐기며 자유스럽게 대화를 나누는 장소이므로 안락하고 여유 있는 분위기이다. 따라서 한 좌석당 점유면적도 크고 의자와 테이블은 충분히 크고 편안해야 한다.

③ 불고기나 갈비요리의 한식당이나 스테이크 하우스와 같이 테이블 위에서 조리하는 음식점의 경우 보고 즐기면서 맛을 보므로 미각과 함께 시각은 중요하다. 테이블에 열원기구의 장치를 고려하며 조리 시 발생하는 열, 연기, 냄새의 배기를 위한 좌석당 환기시스템도 필요하다. 한식은 다른 요리보다 반찬으로 인해 상차림이 크므로 테이블의 상판 크기도 다소 커 4인용의 테이블의 경우 (1,200~1,350)×800 정도의 치수를 취한다. 사업상 담화, 친구끼리 단란한 식사, 어린이를 동반한 가족단위, 단체일 경우 좌식의 식사방법은 격의 없고 매우 편안하고 좋은 분위기를 만든다.

| 사진 4 -19 | Plastic / 옴니디자인, 이종우

(2) 카운터Counter

카운터는 좁은 공간에 많은 손님이 앉을 수 있으며 고객 5명당 한사람의 종업원이 필요하나, 카운터 좌석의 7명 고객을 혼자서 담당할 수 있고 작업자는 서비스와 조리를 겸하므로 매우 경제적이다. 자연스러운 합석으로 손님끼리 동화되고 아울러 많은 손님들을 제각기 동시에 대응할 수 있으므로 뜨내기손님을 단골손님으로 만들 수 있는 장점이 있다. 카운터 안측의 작업자는 테이블 좌석들을 바라보면서 조리하므로 전체공간의 상황을 파악할 수 있다. 고객은 요리사와 대화가 가능하여 원하는 기호에 맞춘 주문요리가 가능하며 요리사의 솜씨 좋은 작업을 즐길 수 있다. 아울러 고객은 요리사가 자기를 위해 조리한다는 특별서비스를 인식함으로써 만족감을 보다 크게 할 수 있다.

그러나 요리사는 늘 손님과 마주하므로 작업의 피로가 크며 손님과의 대화에 따라서 작업 능률이 저하될 수 있다. 단골손님에게 카운터는 점유되기 쉬워 다른 손님에게는 이질감을 느끼게 할 수 있다.

|사진 4 -20| 레스토랑 카운터의 예-1 / 일식당 우오, 본디자인

|사진 4 -21| 레스토랑 카운터의 예-2 / Kuish To Cook, 종킴

또한 주방이 개방되어 작업하는 것이 보이므로 항상 청결을 유지해야 하고 조리 시 발생하는 소리, 악취, 열, 연기 등의 따위는 완전한 차단이 불가능하여 고객에게 불쾌감을 줄 수 있다. 따라서 카운터의 급배기시설에 세심한 주의를 기울여야 한다.

1) 카운터의 배치형식

카운터는 전체 레스토랑의 규모, 평면형태, 주방과의 관계, 카운터 내의 설비, 좌석배치계획을 근거로 하여 메뉴의 종류, 서비스의 활동범위, 카운터의 역할 등을 고려하여 배치한다. 또한 물을 사용하는 장소이므로 기존 급배수시설을 참조한다.

카운터의 배치에 따른 유형은 직선배치형, 코너배치형, 대면 배치형, 자유배치형, 큰 테이블형으로 나눌 수 있으며 세부사항은 다음과 같다.

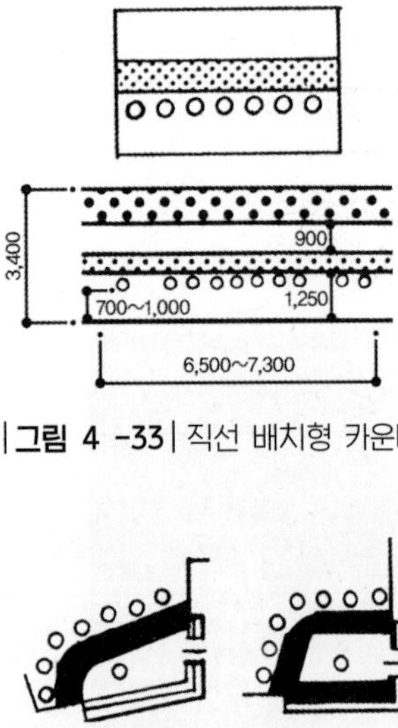

|그림 4 -33| 직선 배치형 카운터

① 직선 배치형

가장 일반적인 배치형으로 안길이가 길거나 폭이 넓은 평면형에 적당하다. 카운터가 너무 길면 작업동선이 길어지므로 주의한다. 주방기구 배치와 카운터 작업자의 위치를 고려하여 배치한다.

|그림 4 -34| 코너 배치형 카운터

② 코너 배치형

친숙함이 있는 개방적인 카운터로 최소한의 종업원으로 좌석의 고객에게 서비스할 수 있다. 주방 내부가 보이거나 고객끼리의 시선이 교차되므로 이를 고려한다.

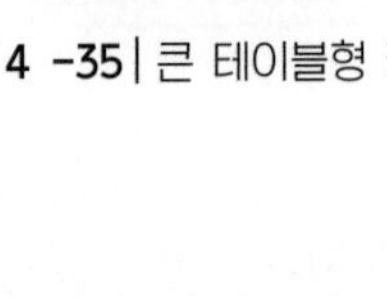
|그림 4 -35| 큰 테이블형 카운터

③ 큰 테이블형

큰 테이블로 인해 종업원, 손님은 멀리 떨어져 있으므로 카운터에 앉은 손님끼리의 일체감을 줄 수 있으며 손님끼리의 시선은 문제되지 않는다. 카운터가 차지하는 면적이 비교적 넓으므로 면적당 좌석수는 약간 감소한다.

④ 대면 배치형

아일랜드 타입island type이라고도 하는 대면 배치형은 카운터의 고객이 서로 대면하는 형태로 U자형, C자형, 원형 등의 평면에서 찾아볼 수 있다. 약간의 종업원으로 손님에게 서비스가 가능하며 한정된 면적에서 많은 사람이 카운터에 앉을 수 있다. 주방이 들여다보이며 손님에게 종업원의 등을 보이는 결점이 있으므로 카운터 중앙에 선반장, 수납장 디자인으로 마주한 카운터의 시선을 어느 정도 차단하도록 한다.

⑤ 자유 배치형

평면계획 중 최대한으로 카운터의 전개를 활용하는 형태이다. 카운터의 일부에 테이블의 기능을 유지시켜 고객의 가변적인 이용을 촉구할 수 있다. 기둥이나 계단 등 주어진 건축적 제한조건을 활용해서 계획하면 매우 유효하다. 코너부분은 좌석이 중복되므로 충분한 여유를 두고 좌석을 배치한다.

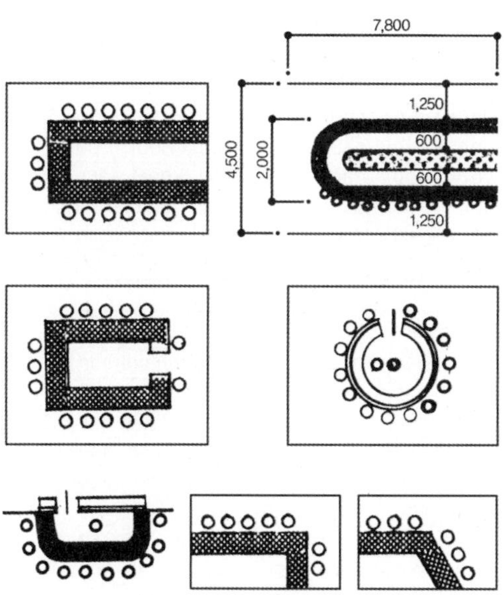

|그림 4 -36| 대면 배치형 카운터

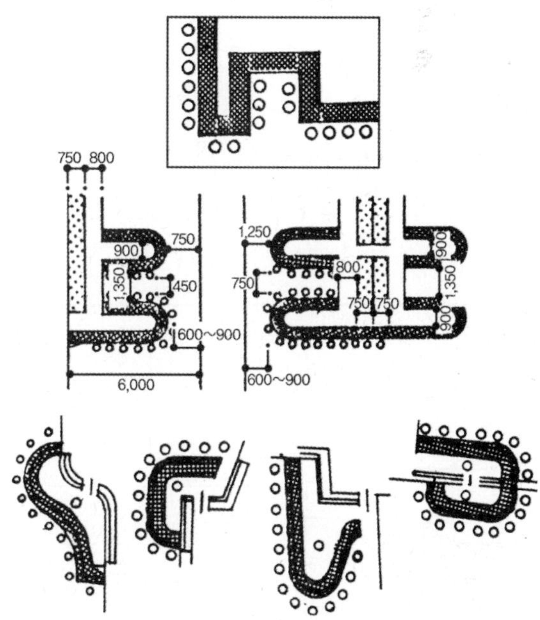

|그림 4 -37| 자유 배치형 카운터

2) 카운터의 입면계획

카운터에서 일반적으로 고객은 의자에 앉아서 먹고 마시며 서비스측은 서서 작업을 한다. 평평한 바닥이라면 카운터를 중심으로 서로 다른 동작이 일어나므로 시선의 레벨차이가 생긴다. 손님을 종업원은 내려다보게 되어 불쾌한 느낌을 유발시키고 종업원 역시 부자연스럽게 작업해야 한다. 서서 작업하기 쉬운 높이는 800~850 정도이나 작업대를 감추기 위해 이 높이에 200 이상이 더해져 일반적으로 카운터의 높이는 1,000~1,050 정도가 되고 테이블의 높이는 700 전후이다. 따라서 시선이 레벨을 거의 일치시키기 위해서 300~350 정도의 단차이를 해결해 주어야 한다. 이 단차이를 해결하는 방법에 따라 로우 카운터low counter, 하이 카운터high counter, 스탠드 카운터stand counter 등으로 구분된다.

표 4 -8 | 카운터의 치수 실례표

로우카운터

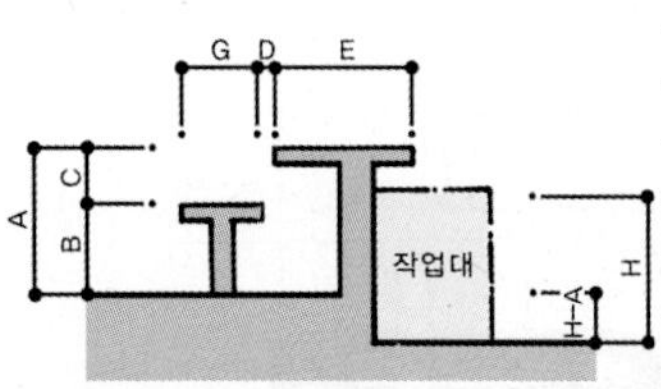

	A	B	C	D	E	F	G	H	H-A
다방 I	720	420	300	0	650	250	300	1,020	300
다방 II	750	450	300	가동의자	600	300	450	1,100	350
카페테리아	800	450	350	25	700	350	350	1,080	280
스테이크하우스 I	700	380	320	460	900	230	450	700	0
스테이크하우스 II	720	475	245	가동의자	700	190	400	700	−20
일식당	750	430	320	가동의자	700	270	470	750	0
불고기식당	800	500	300	0	550	210	400	1,000	200
바	730	410	320	100	780	350	450	1,096	365
일품요리점	730	430	300	70	1,080	280	∅300	820	90
펍레스토랑	700	400	300	가동의자	700	325	∅420	1,050	350
클럽	800	500	300	80	750	300	400	950	150

하이카운터

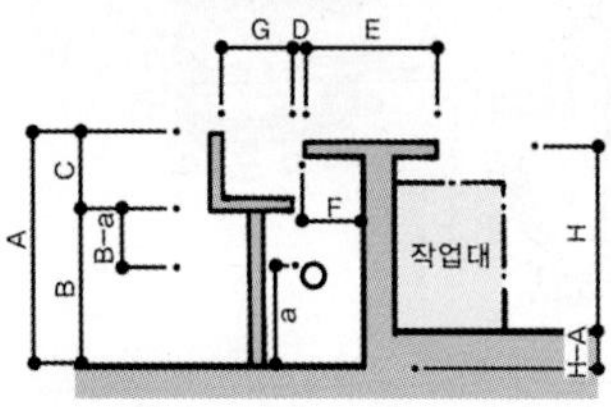

	A	B	C	D	E	F	G	H	H-A	a	r	B-a
케이크숍	880	600	290	100	950	350	∅300	880	0	220	200	400
다방 I	1,050	785	265	60	658	325	450	1,060	0	325	250	460
다방 II	1,100	810	290	0	600	250	∅325	1,100	0	315	250	495
레스토랑 I	900	600	300	가동의자	950	550	560	1,200	0	200	350	400
레스토랑 II	1,089	789	300	0		350	∅370	1,089	0	300	300	489
불고기식당	1,000	700	300	25	650	200	400	950	−50	250	150	450
펍 I	800	550	250	가동의자	500	220	∅350	1,050	250	100	110	450
펍 II	1,050	750	300	100	530	240	340	1,050	0	250	190	500
바 I	800	515	235	0	600	200	460	1,000	200	100	150	415
바 II	925	625	300	0	730	330	400	1,100	175	175	300	450
클럽	850	570	290	100		300	300	850	0	150	250	420

① **로우 카운터**low counter

단차이만큼 작업대측의 바닥을 낮추는 방법으로 이상적인 해결방법이다. 건축의 계획단계에서 반영해야만 구조적으로 해결되어 설치가 가능하다.

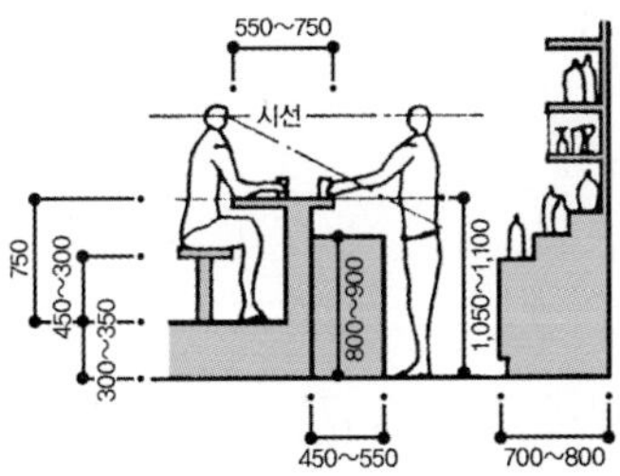

|**그림 4 -38**| 로우 카운터의 필요치수

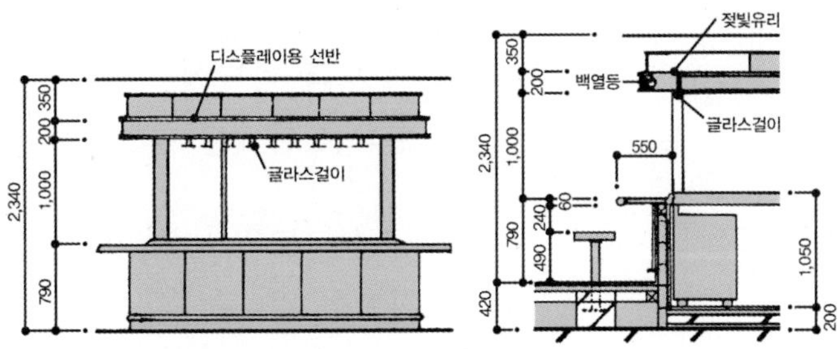

|**그림 4 -39**| 로우 카운터의 예

② **하이 카운터**high counter

가장 간편한 해결방법으로 단차이만큼 카운터 의자를 높인다. 카운터 의자가 높으므로 좌면에서 400~450 낮춘 높이에 발걸이를 부착하고 카운터 상판에는 팔걸이를 만들어 앉기 쉽도록 한다. 또한 테이블 좌석과의 시선 차이를 고려하여 테이블 좌석에 앉은 손님의 시선이 카운터에 앉은 손님의 허리에 오도록 한다.

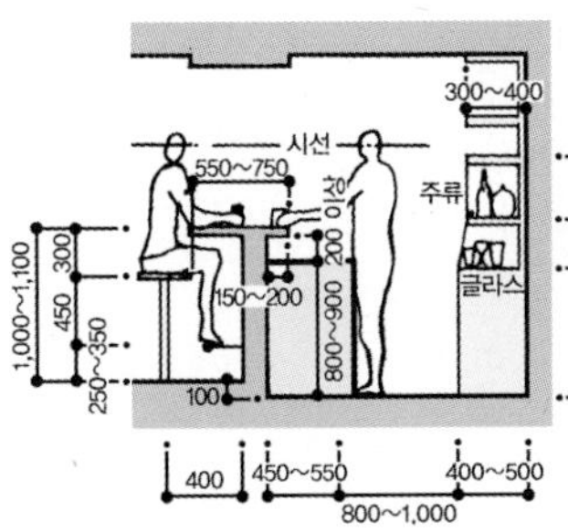

|**그림 4 -40**| 하이카운터의 필요치수

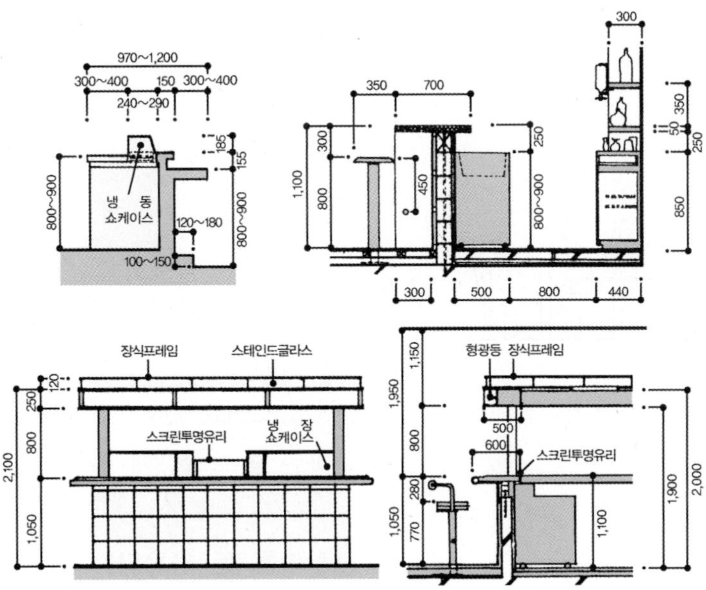

|**그림 4 -41**| 하이카운터의 예

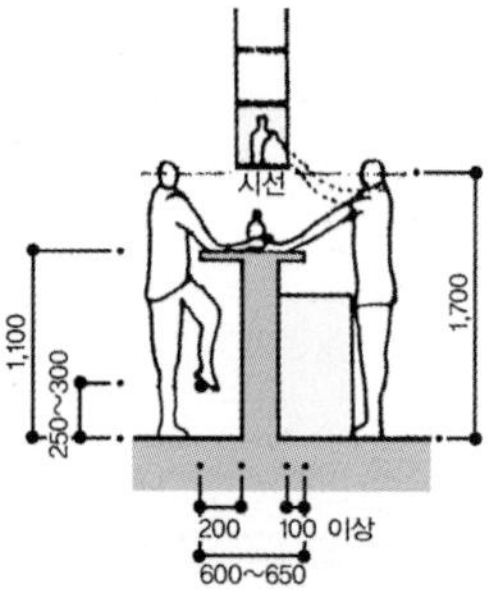

|그림 4 -42| 스탠드 카운터의 필요치수

③ 스탠드 카운터stand counter

고객이 앉아서 먹고 마시는 것이 아니라 카운터에서 서서 먹고 마시도록 하는 것이다. 따라서 서서 편안한 높이는 1,000~1,100 정도이므로 단차이가 자연스럽게 해결된다. 고객이 좀더 편안하기 위해 서서 발을 얹을 수 있도록 바닥에서 250~300 높이에 발걸이를 부착하고 카운터 상판에는 팔걸이를 부착한다.

④ 좌석부분의 바닥만을 높인 카운터

비교적 큰 규모의 레스토랑에 적합한 형식으로 테이블 좌석이 가깝게 배치될 경우 악센트적인 요소의 칸막이나 스크린 등을 설치하면 종업원과 좌석에 앉은 손님과의 시선을 차단할 수 있다. 객석 바닥의 단차이는 공간이나 사람의 위치관계에서 변화적인 요소로 적극적으로 활용할 수 있다.

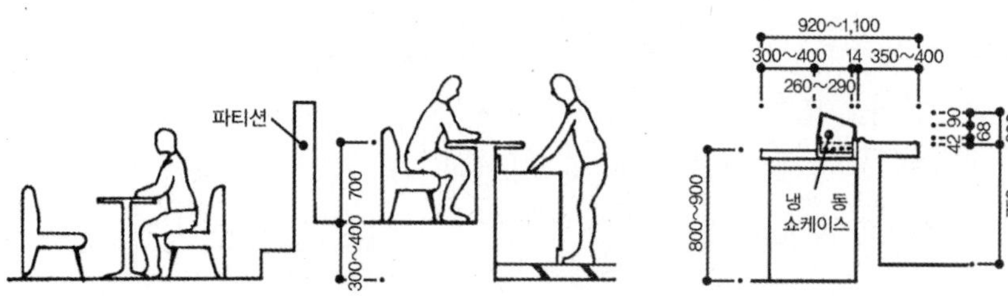

|그림 4 -43| 좌석부분의 바닥만을 높인 카운터

⑤ 카운터 좌석에 맞추어 좌석의 테이블을 높이는 방법

테이블 좌석을 카운터 좌석의 높이만큼 높이는 방법은 테이블 좌석의 안정감은 적으나 통로를 걷는 사람과 작업자 손님의 시선레벨을 모두 일치시킬 수 있다. 높은 테이블은 차지하는 면적도 작으며 활동적인 분위기를 꾸밀 수 있으므로 간이 레스토랑이나 젊은 고객층을 대상으로 하는 레스토랑에 적합하다.

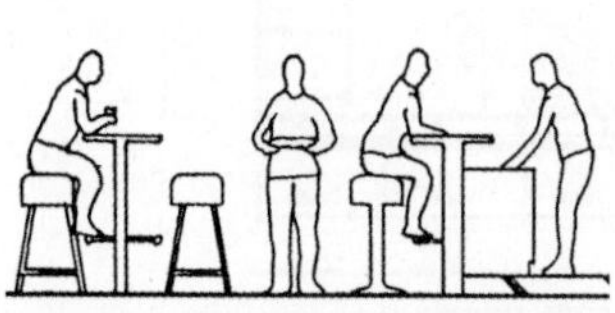

|그림 4 -44| 카운터 좌석에 맞추어 좌석의 테이블을 높이는 방법

⑥ 단차이를 둔 카운터

카운터 전면에 단차이를 두고 객석의 높이를 식사하기

편안한 높이로 한다. 카운터 손님과 서비스측의 시선 레벨차는 해소되지 않으나 고객과 작업자의 자세는 각각 무리 없고 작업대도 감출 수 있다. 이 경우 단차이는 앉은 고객 시선에 부담을 주지 않는 높이인 250 이하가 적당하다. 만일 서비스측의 바닥을 낮출 수 있으면 단차이는 그만큼 적어진다. 일식당의 경우 냉동케이스가 높이면 자연스럽게 단차이를 해결할 수 있다. 한편, 카운터 서비스측의 바닥은 방수처리나 배관 매설공사를 위해 150~200 정도의 높이가 필요하며 바닥에 배수구를 경사지게 설치하여 물빠짐이 좋도록 한다.

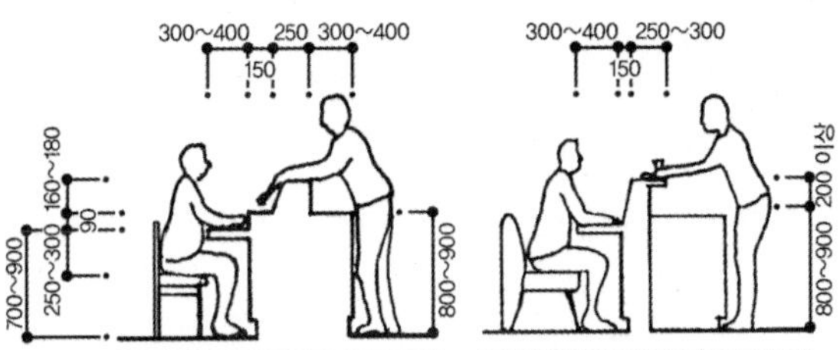

|그림 4 -45| 단차이를 둔 카운터의 필요치수

3) 치수계획

작업자와 고객의 동작과 심리적인 면에서 편안하도록 인간공학적인 치수를 근거로 치수 계획한다. 작업하기 쉬운 카운터는 종업원의 피로가 적어서 서비스 향상에도 도움을 줄 수 있다. 평면치수는 평면계획에서, 입단면 치수는 인체치수와 동작에 따라 카운터의 치수가 결정되어지나 최종적인 치수는 종합되어 공간과 조형적인 측면을 고려하여 결정된다.

① 평면치수

사람이 보통자세로 앞으로 팔을 뻗었을 때 길이 450~500, 좌우로 팔을 벌리면 폭 1,000 전후의 치수이다. 이 깊이의 범위가 작업하기 쉬운 범위이나 실제로 카운터 안쪽보다 튀어나와 있는 작업대의 치수인 200 전후만큼 작업자의 뒤에 위치해야 하므로 카운터의 위의 작업은 전방 200~300의 범위에 한한다.

카운터의 폭은 업종에 따라 다소의 차이는 있으나 약간 넓게 하여 500~600 정도가 적당하다. 일식당에 있어 카운터 위에 냉동 케이스를 설치할 경우 안길이 치수를 250 이하로 하고 카운터 폭을 600~700 정도로 하면 카운터에 앉은 손님에게 압박감을 주지 않는 적정한 치수이다.

그리고 객용 카운터에서 식사를 위한 것이 주류를 위한 것보다 폭이 넓어야 하며 메뉴내용과 사용식기를 참조로 하여 결정한다. 또한 객용 카운터는 서비스 카운터보다 폭이 넓다. 카운터 의자를 고정식으로 할 경우 의자의 좌위기준점을 기준으로 카운터 상판과의 거리는 200~250 이상이어야 하며, 앉았을 때 무릎이 카운터 면에 닿지 않도록 카운터 상판의 내부 깊이는 300 이상 확보되어야 한다.

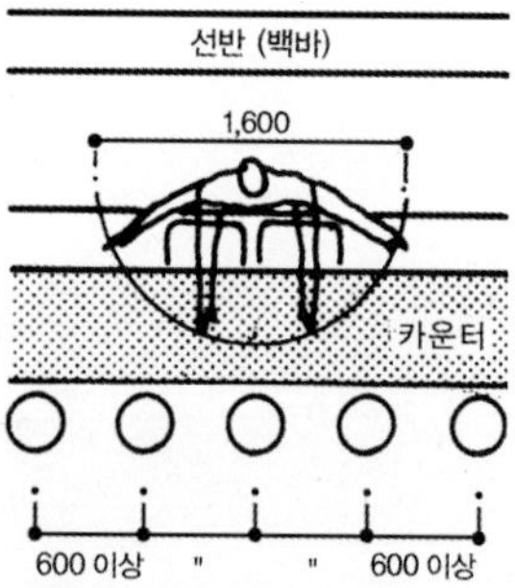

|그림 4 -46| 카운터의 작업 범위와 객석의 간격

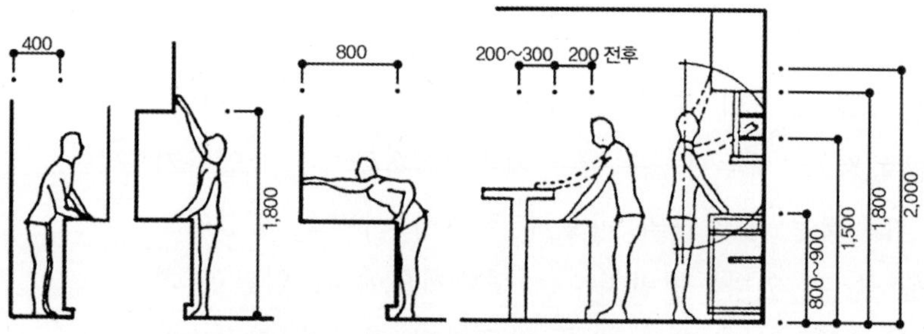

|그림 4 -47| 카운터의 치수계획

② 단면치수

작업을 원활히 할 수 있는 작업대의 높이는 작업자의 키에 따라 다소 달라지나 800~900, 깊이는 450~600 정도이다. 이 치수를 기본으로 카운터와 의자의 높이가 결정된다. 일반적으로 좌면의 높이는 바닥에서 450 전후가 기준으로 이 기준점에 대응한 테이블 높이는 바닥에서 700~750이며 그 높이 이상일 때는 발걸이가 필요하다. 따라서 우선 테이블 상판과 좌면과의 차이가 250~300이 되도록 의자높이를 결정하고 다음 좌면에서 450 내려간 곳에 발걸이를 설치한다. 카운터에서 사람이 먹고 마시며 작업할 수 있는 최대 높이는 1,100 정도이다.

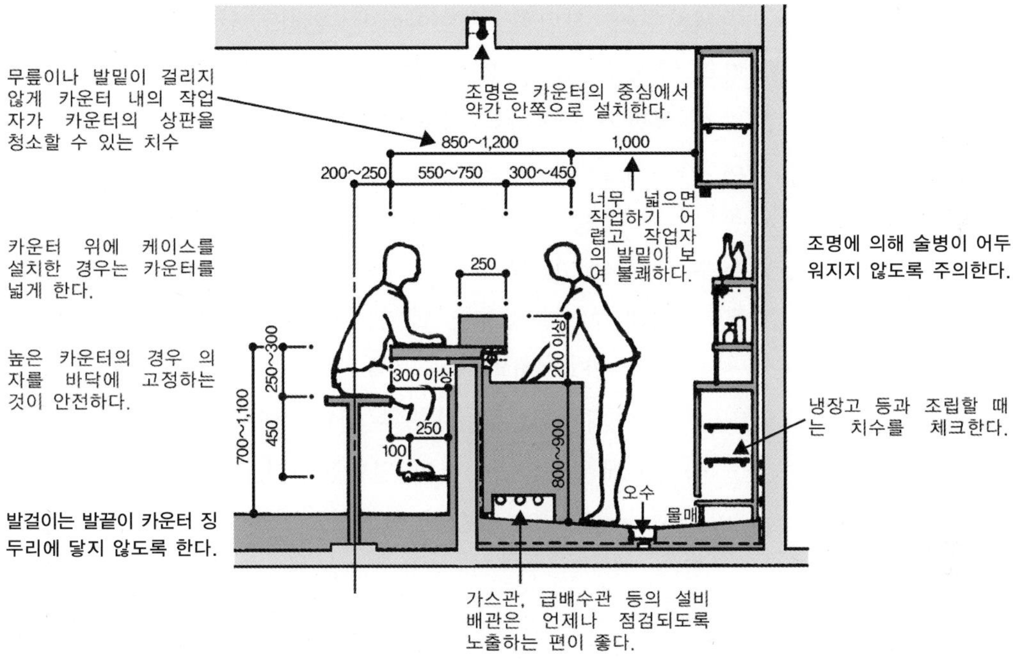

|그림 4 -48| 카운터 주변의 체크 포인트

4) 세부계획

① 카운터의 작업동선

카운터의 작업대는 작업내용에 따라 구분해 주어야 한다. 즉 손님의 주문에 따라 가공, 조리 등의 작업을 원활히 하기 위해 작업순서를 고려하여 구분한다. 작업은 조리-식기 회수-설거지-세척, 소독-수납의 순서로 행해지도록 레이아웃 한다. 조리부분은 준비대-개수대-조리대-가열대-배선대의 순서로 작업이 이루어지도록 한다. 물과 열원을 사용하는 부분과 냉장고, 제빙기를 사용하여 아이스크림, 주스 등 음료수와 주류를 준비하는 경작업 코너는 구분하는 것이 좋다.

② **카운터의 부속기능**

카운터는 손님에게 원활하고 신속한 서비스와 편리하고 능률적인 작업을 위해 작업의 배치가 적절해야 하며 인체치수에 적합한 치수이어야 한다. 업종이나 규모에 따라 필요한 설비 및 제諸기기도 다르지만 고객측면, 작업자 측면에서 메뉴의 내용, 고객층, 회전율 등을 고려하여 카운터를 레이아웃 한다. 카운터는 고객의 식사장소, 종업원의 작업과 서비스 기능 이외에 다음과 같은 제諸기능을 가질 수 있다.

ⓐ **계산대 기능:** 소규모 레스토랑의 경우 공간의 활용이라는 측면과 서비스와 기동성을 고려하여 카운터 일부에서 계산이 가능하도록 한다. 이때 카운터는 입구 가까이에 설치하는 것이 일반적이다.

ⓑ **해치**hatch : 종업원만의 출입장소이면서 식기의 반·출입을 겸하는가를 파악하여 해치를 설치한다. 해치는 여닫이문 또는 미닫이문으로 구획하고 해치 주변에 수납장을 마련하여 재떨이, 성냥, 메뉴판 등 서비스 물품을 정리, 보관하면 편리하다.

ⓒ **배선기능** : 카운터는 그릇에 보기 좋게 담아 서비스하는 배선기능dish-up이 있는데 소규모 레스토랑의 경우 객용 카운터 일부에 배선기능을 복합한다. 배선에 필요한 식기나 도구의 수납을 위해 카운터의 전면에 파티션 겸용의 선반을 설치하거나 카운터 내부에 선반을 설치하는 것이 바람직하다.

ⓓ **백 바**back bar : 카운터 배면의 벽면은 카운터의 좌석은 물론 테이블 좌석에서나 정면에서 가장 많이 고객의 시야에 들어오는 부분이다. 따라서 술병이나 식기의 수납

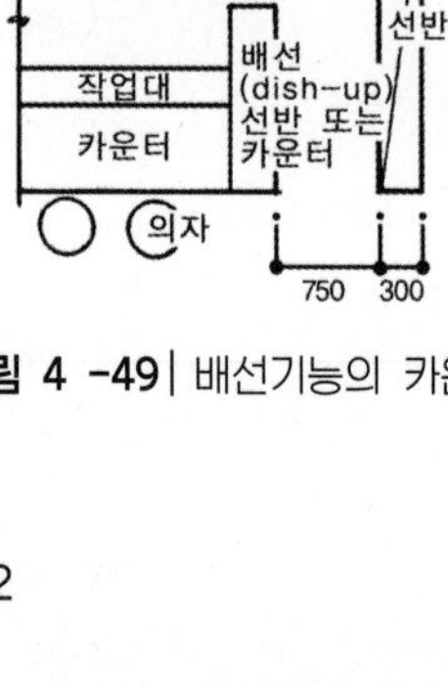

|그림 4 -49| 배선기능의 카운터

기능뿐만 아니라 장식적인 면을 고려하여 백 바back bar를 설치한다. 백 바에 거울과 같이 반사되는 재료를 사용하면 술병이나 잔등이 비치고, 바bar도 확대되어 보인다. 그러나 작업자의 뒷모습이나 기기의 배면이 비쳐 좋지 않을 수 있으므로 이에 주의해야 한다. 또한 백 바의 선반에 전면에서 보이지 않게 조명등을 달아주면 디스플레이의 효과를 더해줄 수 있다. 카운터와 백 바의 거리가 너무 넓으면 작업하기 어렵고 카운터 좌석에 앉은 손님에게 작업자의 발밑을 보여 불쾌하므로 카운터에 서서 작업하고 백 바의 물품을 움직이지 않고 잡기에 쉽도록 1,000 정도의 거리가 적절하다.

|**사진 4 -22**| Novotel Ambassadors Seoul -아일랜드 바의 카운터 / 계선디자인

③ 카운터의 디테일

ⓐ **발걸이 :** 높은 카운터 의자에 앉았을 때 발의 편안함과 착지감, 안정감을 주며 신발의 끝이 카운터 밑부분에 닿지 않도록 하기 위해 발걸이를 설치한다. 번번이 발이 닿는 곳이므로 쉽게 더러워지지 않고, 더러워지더라도 쉽게 깨끗이 할 수 있는 견고하고 유지 관리

성이 좋은 재료를 사용한다. 일반적으로 금속 파이프가 많이 사용되는데 금속음을 부드럽게 하기 위해 파이프 속에 모래를 채우는 것이 좋다.

ⓑ **팔걸이와 팔꿈치 받침 :** 하이카운터의 경우 의자의 좌면이 높아서 앉기 어려우므로 쉽게 앉고 편안한 착석감을 주기 위해 카운터에 팔걸이나 팔꿈치 받침을 설치한다. 아울러 엎질러진 물이 손님에게까지 닿지 않도록 카운터 상판에 홈을 두는 것이 좋다.

ⓒ **짐 놓는 선반 :** 카운터 밑에 짐 놓는 선반을 설치할 경우 카운터 폭은 기준보다 약간 넓게 한다. 설치 위치는 좀 높게 해서 무릎이 닿지 않도록 한다.

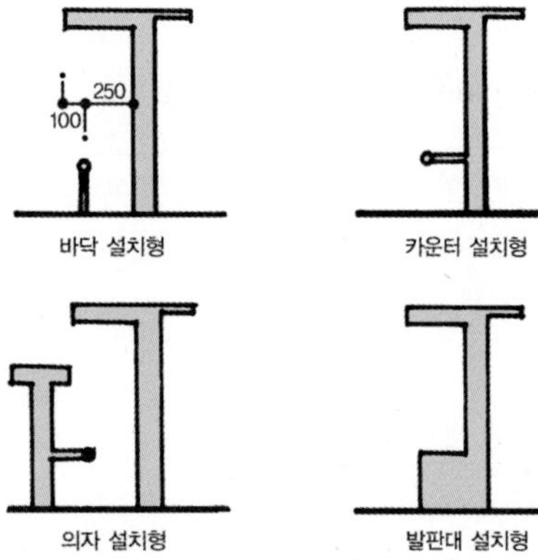

|그림 4 -50| 발걸이의 유형

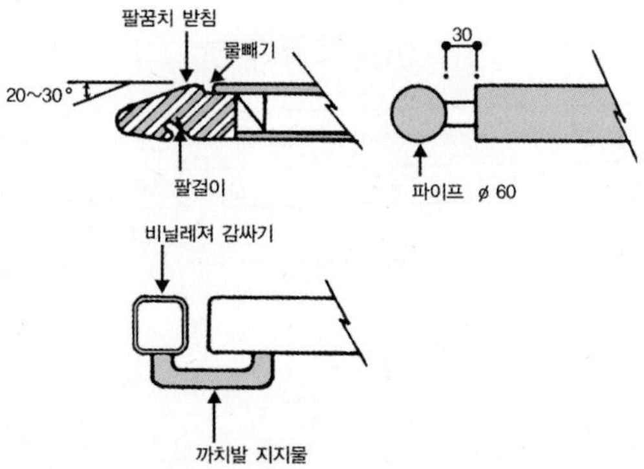

|그림 4 -51| 팔걸이 디테일의 예

ⓓ **카운터의 재료 :** 사용빈도가 큰 카운터는 내구성이 큰 재료를 사용하는 것이 기본이다. 또한 물을 쓰는 곳이므로 내수성이 있고 청소관리가 용이한 재료이어야 한다. 아울러 길고 넓은 면적의 카운터를 균일하게 마무리하기 위해 이음매를 보이지 않게 처리할 수 있는 재료와 제작법을 고려해야 한다. 카운터에서 불을 사용할 경우 불연성의 재료를 사용하며 내열유리나 방열판으로 보호칸막이를 설치하여 안전을 도모하도록 한다. 그리고 조리로

인한 냄새, 열, 연기가 고객에게 닿지 않도록 가열대 상부에 후드를 설치한다. 후드는 먼지가 쌓이지 않도록 수직으로 하며 벽, 천장은 불연재를 사용함이 안전하다.

ⓔ **카운터용 의자 :** 하이카운터일 경우 안정성을 고려하여 등받이가 높은 하이백 의자high back chair나 바닥에 고정된 의자로 한다. 하이백 의자는 회전이 될 수 있는 것이 편리하다. 회전식 의자는 양측에 앉은 손님과 대화의 각도를 원활하게 조절할 수 있는 장점이 있다. 카운터 의자 바로 뒤가 통로공간이며 의자는 고정식이 좋다. 왜냐하면 의자의 방향과 위치가 흐트러져 통로폭을 확보하기 어렵고 정리가 필요하기 때문이다.

의자의 높이는 이미 설명한 바와 같이 카운터의 높이에 따라 결정된다. 일반적으로 등받이가 낮고 팔걸이가 있는 것이 무난하다. 의자는 등받침과 팔걸이가 없고 좌면이 딱딱하고 좁으면 이용 회전율이 큰 간이음식점이나 주점에 적당하다. 또한 팔걸이가 있고 등받이가 높고 좌면이 넓고 부드러우면 고급감을 주어 고급레스토랑에 적합하다.

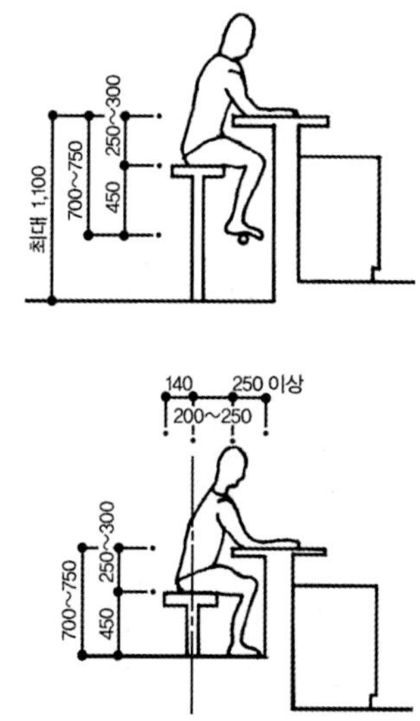

|**그림 4 -52**| 카운터 의자의 필요치수

1. 6
조명계획

레스토랑에 있어 조명은 실내를 구성하는 요소의 하나로 색, 마감재료 등 다른 구성요소들과 함께 실내분위기를 형성하는 데 중요한 역할을 한다. 식음의 형태에 따라 식사에 치중할 경우 음식을 돋보여 미각을 자극하는 조명으로 음료나 주류 위주일 경우 침착하고 편안한 분위기의 조명으로 계획한다.

이용객이 많고 회전율이 빠른 대중음식점일 경우 반매입형의 조명기구 또는 광천장으로 처리하여 밝고 명랑한 분위기를 돋우어 줄 수 있도록 한다. 그리고 음식의 종류, 실내

분위기, 고객층에 따라 적절한 조명방식, 조도로 계획한다.

레스토랑의 조명방식은 주로 매입형과 펜던트가 주로 사용되며 조명기구의 의장, 배광방식, 실내분위기, 디자인 스타일은 조화되어야 한다. 특히 테이블 위에 떨어지는 펜던트는 조명기구 자체가 장식적이며 집중하는 빛을 발하므로 테이블을 중심으로 영역을 한정하고 조명갓 아래서 독특한 대화 분위기를 형성한다.

펜던트는 테이블에 앉은 사람의 눈에 빛이 들어가지 않아야 하며 테이블에 앉고 일어설 때 머리가 부딪치지 않는 위치이어야 하는데, 그 높이는 테이블 위로 600 전후가 적절하다. 또한 백열등은 발열량이 커서 식사시 온도가 올라가 불쾌감을 유발할 수 있으므로 펜던트와 매입형을 겸용하여 좌석은 펜던트로 조명하고 통로는 매입형등으로 하는 것이 바람직하다.

매입형으로 할 경우 배광방식, 조도를 달리하여 조명의 억양을 만들어 단조롭고 지루하지 않도록 조명계획한다. 매입형을 배치할 경우 규칙적이거나 불규칙하게 배치할 수 있는데, 규칙적인 배치는 정식적인 느낌을 주며 연속적인 빛과 음영으로 시각적 흐름을 주어 동선을 유도할 수 있다.

불규칙적인 배치는 격식 없고 허물 없는 안정감을 주나 조명기구 자체가 클 경우 자칫 혼란스러워지기 쉬우므로 유의한다.

카운터의 조명은 카운터 상부의 천장면을 낮추거나 직부형 또는 펜던트로 처리하는 것이 일반적이다. 조명이 작업자와 카운터에 앉은 사람의 눈에 직접 비추지 않도록 하며 조명등은 카운터의 중심에서 약간 작업자측에 치우치도록 한다.

백 바의 선반에도 조명하여 술병이나 잔을 비추도록 하되 전면에서 조명등이 보이지 않도록 한다. 일반적으로 레스토랑에 조광기구를 설치하면 주야, 식사시간대,

외부 기후조건 등에 따라 조도를 조절할 수 있을 뿐만 아니라 경제적이기도 한다.

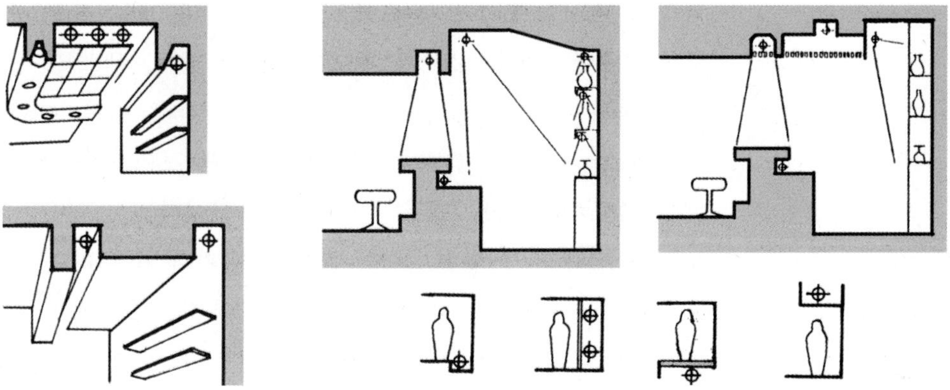

|그림 4 -53| 카운터 백 바 조명의 예

1. 7
색채계획

식욕은 색에 따라 영향을 받으므로 식욕을 증진시키는 색과 감퇴시키는 색으로 구분할 수 있다. 난색계는 모두 식욕을 돋우는 경향이 있는데, 빨강, 주황의 중간 채도색이 그 대표적이다. 한색계에서 청록의 중간 채도색은 음식물에 직접 배경이 될 때 청록이 음식의 빨강, 주황과 보색 관계에 있고 음식의 채도를 강하게 보이게 하여 음식을 맛있게 보이게 한다. 그러나 청색이 너무 강하면 불쾌감을 줄 수 있으므로 주의한다. 한편, 어두운 빨강, 자주색은 고기의 부패를 연상시켜 식욕을 감퇴시키므로 단색의 경우 어두운 색은 피한다. 노랑-연두의 어두운 색은 야채류가 시들거나 한색으로 느껴지므로 밝은 색을 사용한다. 파랑-남보라를 많이 포함한 한색은 고기류가 부패하게 보이므로 피한다.

따라서 음식점의 배색은 난색을 주조색으로 하여 즐겁

고 편안한 분위기로 활기있고 밝은 분위기가 되도록 한다. 예를 들어 연두-녹색-청록 계통이 많은 음식일 경우 주위가 빨강-주황 계통이면 아름답게 보이나 채도가 너무 강하면 그 효과가 감소하므로 주의한다. 테이블도 음식에 영향을 주지 않아야 하는데 노랑-연두, 남보라-보라는 피하는 것이 좋다. 또한 회색에 가까운 청록, 파랑 등은 빨강, 주황을 강하게 하여 신선하게 보이도록 한다. 이때 명도차를 어느 정도 주어야 효과적이다.

또한 실내의 조명은 색과 함께 분위기를 좌우하는 중요한 요소인데 특히, 색에 따른 광원의 색을 고려해야 한다. 보통 어두운 칵테일 라운지와 같은 유흥장소에는 빨강과 같은 조명색을 사용할 수 있다.

1. 8
기타 관련 계획

(1) 그래픽 요소 계획

식음료 공간의 그래픽 요소 디자인은 일종의 환경 디자인으로 식음료 공간의 쾌적한 시각 환경을 조성하는 데 그 목적이 있다.

세부적인 사항은 식음료 공간의 시각 환경 조성 및 그래픽 요소의 통합 및 체계 정리와 시각 환경 요소의 디자인 및 배치 등 C.I.P 작업의 기본 및 응용 체계 정리와 같은 목표 체계에 의하여 식음료 공간의 독창적 시각 디자인의 개발을 통하여, 보다 나은 시각 환경과 서비스 공간을 조성하여 실내 디자인에 부합되는 문화생활 공간으로서의 가치를 높이며 식음료 공간의 개성을 정립하게 한다.

그 내용을 구체적으로 보면,

첫째, 환경 디자인과 장식 디자인은

- 환경 색채 계획/ color plan
- 환경 조형물 계획/ sculptures
- 환경 그래픽 계획/ super graphic/ 장식 포스터
- 배너 계획/ banner program
- 사일 계획/ 사인 시스템, 그래픽 사인 보드
- 입체 구조 장식물/ 플래카드, 아치

간이 시설 디자인은

- 간이 시설물/ 텐트tent류, 공중 전화 부스
- 스트리트 퍼니처/ 휴지통, 프랜트 박스
- 실내 연출물/ 실내 연출 요소의 배치 계획
- 행사 장식 계획

랜드스케이프landscape에는

- 화훼 장식/ flower bed
- 구획물/ 팬스, 경계선 표시 등

둘째, C.I.P. 작업의 기본 체계 디자인에는

- 로고 타입logo type
- 심벌 마크symbol mark
- 심벌 컬러symbol color
- 스토어 타입페이스store typeface

응용 체계 디자인에는

- 사인sign
- 표시판 / 각 실별 명칭, 화장실, 공중전화, 인포메이션 등
- 유도 표시/ 주차장 유도, 입출구, 비상 대피 유도/ 고객 유도 등
- 안전 표시/ 출입 통제, 출입문(미시오, 당기시오), 경고 등
- 유리 사인/ 충돌 방지 표시
- 간판/ 업소 명칭 간판
- 비품류/ 재떨이, 휴지통 등

- 서식류/ 봉투, 메모지, 광고지, 성냥 등
- 유니폼/ 종사원 제복, 명찰 등

셋째, 환경 디자인 및 C.I.P. 요소의 통합 기본 실의 분석에는
- 관련 형태
- 형태의 연결
- 형태의 조화

색채 계획의 적용에는
- 기본 색의 적용
- 보조 색의 적용
- 색채의 연결 및 조화

디자인 이미지에는
- 이미지의 유출
- 이미지의 연결
- 이미지의 통일

(2) 실내 설비 계획

식음료 공간에서 요구되는 환경 설비는 인간의 쾌적 조건에 부응하는 온·습도와 깨끗한 공기 그리고 적절한 조도로 집약될 수 있다. 이를 위하여 자연광과 신선한 공기, 그리고 실내 온도 조절 장치가 필요하나, 그 업장의 위치가 지하 혹은 밀폐된 경우에는 어쩔 수 없이 기계 설비 시설에 일부 의존할 수밖에 없다.

1) 환기 및 냉난방 설비

공조 방식에는 중앙 덕트 방식과 개별 패키지 유닛 방식이 주류를 이루며, 담배 연기, 음식 냄새 제거를 위하여 덕트 방식의 경우 천장과 일부 벽에 갤러리 형식의 흡기,

급 · 배기 시설이 적용되고 있다. 소규모 건물에 설비 시설이 원활치 못 한 경우, 주로 패키지 유닛 방식에 의한 환기 및 온도 조절 장치를 겸하는 경우가 많아서, 이 경우 송풍기, 전동기, 에어 필터뿐만 아니라 자체적으로 냉동기까지 내장하여 냉수 · 난방을 겸하고 있고, 이때 실외에 설치를 요하는 냉각 시설의 위치, 옥내 연결 가스관의 설치 방법, 응축수 처리 방법, 연도의 연결 방법 및 위치 등이 미적 처리 기법과 함께 또한 중용하게 되며, 이때 필요 전기 용량의 사전 검토가 필요하다.

최근의 경우 개별식 냉 · 난방 기구의 급격한 발전은 미려한 외관과 함께 다양한 기능을 보유하고 있으나, 용량, 송풍 거리, 소음 문제를 고려하여, 요구되는 실내 분위기에 알맞은 설비 시스템의 선정이 중요하다.

2) 음향설비

실내의 음향 계획에서 요구되는 조건은 소음이나 음의 반사 등 음향 장애가 없는 상태에서 대화 및 음악을 즐길 수 있는 여건 조성이 가장 중요하다 할 수 있다.

대체로 음의 잔향 시간이 길면 음의 명료성이 다소 저하되는 반면, 음의 윤기를 얻게 된다. 따라서 회화, 강연이 요구되는 실내공간에서는 언어의 명료도를 얻기 위하여 짧은 잔향 시간이 요하고, 음악을 위한 경우 다소 긴 잔향 시간이 요구된다.

일차적으로 실내 음압의 고른 분포와 음의 반향, 집중, 공명 등의 음향 장애가 없도록 실의 평면 및 단면 계획이 고려되어져야 한다. 내부를 형성하는 벽체나 바닥, 천장 면이 지나치게 평형을 이루지 않도록 하고, 면 자체의 요철과 불규칙적 처리도 고려된다. 타원이나 원형 평면은 음의 집중, 반향 등의 문제를 일으키기 쉬우므로 조심을 요한다.

다음으로 유해한 소음, 진동을 최소화하여야 한다. 이를 위하여 차음, 흡음시설이 적절히 고려되어져야 하고, 환경

음악, 배경 음악 등으로 매스킹 효과를 얻어야 한다. 대체로 차음 구조물, 흡음재의 설치 및 부착, 다중벽의 흡음재 충진 및 방진지지 방식을 동시에 고려함이 필요하다. 또한 실내에 설치되는 가구, 액세서리, 조경물 등 설치물의 흡음 효과를 고려하여 선정함이 좋다.

식음 공간의 경우 시끄러운 음원이 적으므로 일반적 음향대책이 요구되나, 강한 음악이 필요한 카페, 나이트 클럽의 경우 인근 지역과 건물내 인접 공간에 음의 전달이 우려되므로, 실내를 형성하는 면 및 개구부를 통한 음의 전달을 최대한 차단하고, 입구에서 홀 사이에 중간 방음문 설치나 긴 복도의 형성을 통하여 음전달의 장애 요소 설치 방법 등이 우선적으로 고려된 후 실내에 대한 음향 계획이 필요하다.

2. 호텔의 실내계획

호텔hotel은 라틴어 Hospitale의 어원에서 파생된 것으로 여행자의 심신회복, 휴식을 취하는 간이숙소를 제공함과 아울러 여행 중 발생한 환자, 부상자, 고아, 노인을 쉬게 하는 시설이었다. 이러한 호텔의 원시적인 성격은 병원, 기숙사처럼 공공시설을 의미하였다. 시대적 변천으로 숙박시설뿐만 아니라 사무실, 임대회의실, 오락장이 제공되어 오늘날과 같은 호텔의 형태로 등장하였다. 호텔의 의미는 피로를 풀고 보살핌이 있는 곳에서 휴식을 취한다는 것으로 봉사정신을 강조하고 있지만, 궁극적으로 영리를 추구하는 기업의 형태로서 경영전략적 측면을 중요시하고 있다.

|사진 4 -23| Rhiga Royal Hotel in New York - The Grand Royal Suite Room

호텔이란 여행자를 위한 각종 편의시설, 즉 객실, 식당, 식음장소 및 오락시설 등을 갖춘 공공기업체로서의 사명을 다하는 서비스 사업체이다. 따라서 호텔은 여유 있는 공공공간을 갖는 동시에 숙박객들의 요구를 충족시키고 양질의 서비스를 제공함이 중요하다. 숙박객들이 요구하는 시설은 여행목적 이외의 숙식을 여행자의 생활공간과 흡사한 분위기를 선호하는 성향과 전혀 새로운 분위기를 느끼고자 하는 성향으로 구분된다.

2. 1
호텔의 현황과 전망

호텔은 2차 세계대전 후 유사한 배치, 기획, 시설을 갖춘 형태로 50년대 중반까지 커다란 변화없이 지속되었으나 후반에 들어 국제적 교류가 활발해지면서 낡은 호텔을 증축하거나 새로운 호텔이 등장하기 시작하였다. 아울러 이용자들의 요구도 변화, 향상됨에 따라 호텔 상호간 경쟁에 의해서 새로운 기획과 설비를 갖춘 도시호텔은 대형화, 고급화되면서 오늘날 다음과 같은 특징의 경향을 갖고 있다.

① 도시호텔은 단순히 숙박과 서비스만의 기능이 아닌 그 이상의 복합적이고 다기능적인 측면을 요구하고 있다. 즉 도시지역사회의 커뮤니티community로서 객실 운영 이외의 사회적 기능을 수용하여 경영효과와 더불어 사회에 공익을 제공해야 한다. 따라서 호텔은 숙박, 식음료 서비스 제공 이외에 사교, 휴식, 오락, 업무, 문화행사, 회의, 유통시설, 축제공간 등이 포함된 'home away home'의 인간적인 생활환경으로 사랑받을 수 있는 장소가 됨으로써 도시커뮤니티에 점차 동화되어 가고 있다. 그리고 이들 제기능에 따른 공간과 시설들은 호텔의 중요한 상품이 되고 있다.

② 투숙객의 객실 이용보다 도시민의 이용이 커감에 따라 도시호텔의 기업적 측면에서 숙박수입과 식음료의 수입이 각각 35%, 65%를 차지하고 있다. 따라서 수익의 극대화를 위한 경영방침은 도시민의 이용을 반영하여 식음료 시설부분에 큰 비중을 두고 있다. 이는 시장 확대에 따른 이용패턴의 변화와 호텔에 대한 도시민의 새로운 인식에서 비롯된 결과이다.

③ 기능이 변화되는 경향이 반영되어 다기능 호텔이 등장하였는데 백화점과 호텔이 복합된 쇼피스텔, 사무실과 호텔이 복합된 오피스텔이 그 대표적이다. 이러한 다기능 호텔은 업무상 여행자들이 시간을 절약하고자 하는 필요성을 어느 정도 충족시키고 방문지의 지리에 익숙하지 못해서 오는 어려운 점들을 쉽게 해결할 수 있어 오늘날 점차 정착되고 있다.

④ 기능의 변화에 따라 버젯트 호텔budget hotel과 콘도미니엄condominium과 같은 새로운 숙박형태의 호텔이 등장하였다. 버젯트 호텔은 실비로 숙박이 가능한 호텔로

| 사진 4 -24 | 포시즌 호텔 서울 - Lobby

비용 절감을 위해 특별한 경영관리방법으로 운영되며 콘도미니엄은 종합소유권을 인정하여 공동주택이나 개인주택으로 개인이 소유하나 경영관리와 서비스가 공동에 의해 운영되고 있는 형식의 호텔이다.

⑤ 호텔이 특성화되어 특정 고객층을 대상으로 하는 공항호텔, 가족호텔 등이 성업될 전망이다. 또한 고객대상에 대한 융통성과 유용성을 지닌 호텔 경영방식이 채택되고 있다. 연회장의 경우 낮에는 회의장소로, 밤에는 무도, 연회 등의 장소로 계획되어 호텔시설의 유용성을 크게 한다. 저급, 중급, 고급 그리고 최고급의 등급으로 호텔의 경영 특성을 확실히 구분하고 있다.

⑥ 호텔은 국민경제의 발달, 항공교통의 발달로 인한 관광동향과 밀접한 관계가 있다. 국민소득이 증가함에 따라 레저나 레크리에이션을 위한 여가시간이 증가되고 여가활동에 대한 관심도 고조되었다. 아울러 향락을 추구하는 인간의 기본욕구에 의해 소비성향이 커져 관광산업이 꾸준히 성장할 것으로 예측되고 있다. 따라서 이에 부수된 호텔산업은 더불어 확대, 발전할 것이다.

| **사진 4 -25** | Loews Summit Hotel - Reception Area

2. 2
호텔의 분류

호텔은 크게 장소, 숙박 목적에 따라 시티 호텔city hotel, 리조트 호텔resort hotel로 분류된다. 이들 호텔에 대한 세부사항은 다음과 같다.

(1) 시티 호텔City Hotel

교통 및 상업의 중심지인 도시에 위치하여 이용 교통기관이 편리하고 상업, 사무 등 각종 비즈니스 여행자에 대해 최대의 편의시설을 제공한다. 또한 도시건축으로서 개방성이 있고 자동차, 지하철 등 교통에 대한 접근이 좋아 도시민과의 접촉이 용이하다. 시티호텔은 숙박 목적과 숙박객의 체재기간에 따라 입지특성이 다음과 같이 세분화된다.

1) 숙박 목적에 따른 분류

|**사진 4 -26**| Hotel Macklowe -Conference Room

|**사진 4 -27**| Courtyard Boutique Hotel, Magok -Small Meeting Room

① **비즈니스 호텔**business hotel : 전형적인 업무 상용호텔로 도시중심부에 위치한 대부분의 호텔이 여기에 속한다. 세일즈맨, 엔지니어, 회사 주재원, 연락 사무원 및 일반 투숙객들이 흔히 이용하여 시설이 다양하게 운영된다. 2인용 개실twin bed room이 기준이나 공간 활용을 극대화시키기 위해 다목적 침대가 사용되기도 한다. 응접실을 겸할 수 있는 컨넥팅 룸connecting room이나 이용객의 업무기능을 위해 비즈니스 사무실이 로비에 설치된다.

② **컨벤션 호텔**convention hotel : 대도시에 위치하면서 수천 개의 객실과 컨벤션 홀convention hall을 보유한 대형 호텔로 메트로폴리탄 호텔metropolitan hotel이라고도 칭한다. 국제회의, 대규모 연회, 각종 문화행사, 전시 및 박람회 등 사회, 경제, 문화, 예술 각 분야의 집회를 유치할 수 있는(1,000명 이상) 다목적 공간의 컨벤션 홀을 중심으로 운영된다.

③ **다운타운 호텔**downtown hotel : 도심지의 요지에 위치하여 각종 연회, 집회, 회합, 결혼식, 전시회, 발표회 및 쇼핑 등 도시민의 이용도가 높은 호텔이다.

2) 숙박객의 체재기간에 따른 분류

① **트랜지언트 호텔**transient hotel : 단기 체재자용 호텔로 숙박객의 왕래가 번잡하고 항상 로비의 업무가 많고 식당과 커피숍의 이용이 다른 호텔보다 높으며 경제적이다.

② **레지던트 호텔**resident hotel : 일주일 이상의 체재자를 대상으로 한 장기체재자용 호텔이다. 객실은 2~3인실로 연결가능하며 최고 호화로운 시설로 한다.

3) 입지특성에 따른 분류

① **에어포트 호텔**airport hotel : 에어텔airtel이라고도 하며 공항 근처에 위치한다. 비행기 사정으로 출발 또는 도착이 지연될 때 기다리는 탑승객이나 승무원 등이 이용하기 편리한 호텔이다.

② **시포트 호텔**sea port hotel : 하버호텔harbor hotel이라고도 하며 항구 근처에 위치한다. 여객선 출입으로 여객과 선원이 이용하기 편리한 호텔이다.

③ **터미널 호텔**terminal hotel : 철도, 버스터미널 근처에 위치한 호텔로 유럽의 경우 유럽 국제철도eurail-pass를 운영하기 위해 각국의 주요 도시마다 이 호텔은 널이 이용되고 있다.

(2) 리조트 호텔Resort Hotel

조망 및 주변 경관이 좋은 위치에 휴양, 레크리에이션, 관람을 위한 호텔이다. 외관에서부터 실내에 이르기까지 주변의 자연환경과 일치시키려는 면을 보여 호텔이 위치한 지역 특유의 형태나 재료, 장식 등이 사용된다. 또한 호텔 내외에 레크리에이션 시설을 갖춘다.

리조트 호텔은 이용계절에 따라 윈터 리조트winter resort, 섬머 리조트 호텔summer resort hotel로 구분하고 이용 목적에 따라 휴양 별장형 호텔과 관광호텔로 구분한다. 또한 입지에 따라 컨트리 호텔country hotel, 교외 호텔, 비치 호텔beach hotel, 클럽 하우스club house, 레이크 사이드 호텔lake side hotel, 온천호텔로 나누어진다.

1) 이용계절에 따른 분류

① **윈터 리조트 호텔**winter resort hotel : 겨울 한철동안 피크로 이용되는 호텔로 스키, 스케이팅, 설경의 즐거움이나 피한을 위한 호텔이다.

② **섬머 리조트 호텔**summer resort hotel : 여름뿐만 아니라 연중 운영되는 호텔로 비치 호텔, 컨트리 호텔, 온천호텔이 이에 포함된다.

2) 이용 목적별 분류

① **휴양, 별장형 호텔** : 각 계절에 알맞고 요양에 적합한 곳에 세워지는 호텔로 회원제로 운영되기도 한다.

② **관광호텔** : 해변, 산악, 호반, 온천, 유적지 등 관광지에 세워지는 호텔이다.

3) 입지특성에 따른 분류

① **컨트리 호텔**country hotel : 산에 세워지는 호텔로 산장호텔mountain hotel이라고도 하며 골프, 스키, 등산 등 레크리에이션 기능도 갖는다.

② **교외호텔**suburban hotel : 시티 호텔의 자동차 공해, 주차장 문제 등 난점을 해결하기 위해 도시를 벗어나 한가한 교외에 세워지는 호텔이다. 요사이 자동차 여행객들이 급격히 증가하여 공기 좋고 주차가 편리한 교외호텔의 이용이 증가하는 추세에 있다. 또한 가족단위의 주말여행이 증가함에 따라 각광받고 있다. 지가地價가 저렴하여 넓은 대지 위에 크게 자리잡아 위치

하며 전원 기분을 만끽할 수 있으므로 이용 선호도가 높다.

③ **비치 호텔**beach hotel, sea side hotel : 해변가에 세워지는 호텔로 컨트리 호텔country hotel과 같이 레크리에이션 기능을 갖는다.

④ **클럽 하우스**club house : 골프, 승마 등 스포츠시설을 위주로 운영되는 호텔이다.

⑤ 그 외 호반에 세워지는 레이크 사이드 호텔lake side hotel, 온천지에 세워지는 온천호텔hot spring hotel 등이 있다.

(3) 특별 목적에 따른 호텔

모텔motel, 유스 호스텔youth hostel, 보텔botel, 아파트먼트 호텔apartment hotel, 병원호텔hospital hotel 등은 각기 목적에 따라 다음과 같은 특징을 갖는다.

1) 모텔Motel

자동차 여행자들이 주로 이용하는 모터 호텔motor hotel이다. 자동차 도로를 따라 도시 근교에 많이 있으며 주차장을 위시한 제반시설들이 운전사가 이용하기 편리하도록 독특한 형태의 숙박시설을 갖고 있다. 일반적으로 객실 10~20개 정도까지 소규모 형태이며 객실, 관리실, 식당, 주차장 등으로 간단히 구성된다. 모텔의 영업형태는 호텔식도 있지만 대개의 경우 셀프 서비스 식으로 운영된다.

2) 유스 호스텔Youth Hostel

유스 호스텔은 청소년에게 보다 많은 여행경험을 제공할 수 있도록 여행을 뒷받침하고 실현, 발전시키고자 하는 의도에서 생겨난 숙박시설이다. 청소년 합숙소나 기숙사에 해당하며 청소년들은 값싼 비용으로 간편하게 이용할 수 있다.

3) 보텔Botel, 요텔Yotel

해상여행을 위해 보트나 요트에 숙박시설을 마련한 호텔이다.

4) 아파트먼트 호텔Apartment Hotel

장기 체재자용 호텔로 주방이 객실에 부속되어 있으며 호텔과 아파트가 복합된 형태이다. 일반적으로 퇴직노인들이 노후를 지내는 복지시설의 일환으로 사용한다.

5) 병원 호텔Hospital Hotel

도시나 관광지에 위치하여 숙박과 동시에 건강관리를 할 수 있는 호텔이다.

2. 3
호텔의 공간 구성

호텔은 크게 수익의 유무有無에 따라서 영업을 통해 이익을 가져오는 객실, 식음공간 등의 수익 공간부분과 영업을 하기 위한 관리 서비스, 공용공간의 비수익 공간부분으로 구성된다. 그리고 각 공간별 특성에 따라서 숙박부분, 공공공간, 관리부분, 요리설비관계부분으로 구성된다.

(1) 수익 유무에 따른 공간구성

1) 수익 공간부분

① **객실부분** : 가장 중요한 숙박부분으로 이에 의해 호텔의 유형이 거의 결정되며 숙박을 위한 쾌적성이 기본적으로 요구된다.

② **식음부분** : 레스토랑에 관계한 커피숍, 메인 다이닝룸main dining room, 메인바main bar, 클럽club, 칵테일 라운지

cocktail lounge, 각종 레스토랑과 대중소 연회를 위한 연회실, 집회실로 구성되는데 호텔 고유의 개성적 실내 분위기가 요구된다.

③ **기타 영업부분** : 그 외 회의실, 결혼식장, 대기실, 미용실, 매점, 여행사, 게임실, 사우나 등 기타 일반인을 대상으로 한 부분이다.

|**사진 4 -28**| Loews Summit Hotel - Fitness Club

2) 비수익 공간부분

① **공용 부분** : 엘리베이터 홀, 승강 로비, 복도, 계단, 현관 홀, 로비lobby, 라운지lounge, 고객용 화장실 등 투숙객을 비롯한 일반인들이 공동으로 사용하는 부분이다.

② **서비스 부분**

ⓐ **주방 관계** : 주방, 팬트리pantry, 예비주방, 식품창고, 주방사무실 등 식음공간을 위한 제관계부분이다.

ⓑ **관리 관계** : 프런트 데스크front desk와 프런트 오피스 front office, 경리사무실, 연회사무실, 지배인실, 크라크 룸cloak room, 휴게실, 경비원실, 금고실, 전화교환실, 영사실, 검수실, 대기실 등 관리를 위한 제관계부분이다.

|**사진 4 -29**| Rhiga Royal Hotel in New York - Elevator Hall

ⓒ **종업원 관계** : 탈의실, 휴게실, 탕비실, 욕실, 종업원 식당, 대기실, 매점, 의무실 등 종업원들을 위한 공간이다.

ⓓ **기계실 관계** : 보일러실, 전기실, 변전실, 기계실 등

|표 4 -9| 호텔의 부문별 공간 배분

부 문	20실 규모의 호텔 (㎡/실)	500실 규모의 호텔 (㎡/실)
① 숙 박		
• 객 실	2.4	26.5
• 복도, 엘리베이터, 계단	3.2	9.3
• 서비스 영역	0.6	0.9
소 계	27.8	36.5
② 퍼블릭과 서비스 부문		
•로비, 주차포함, 순환 엘리베이터	1.6	1.8
•프런트, 크라크룸, 예약, 수화물	0.4	0.5
•관리제실	0.3	0.4
•레스토랑	1.1	0.6
•커피숍	0.6	0.5
•바1, 카운터 창고	0.8	0.4
•바2, 카운터 창고	0.5	0.3
•라운지	0.5	0.3
•화장실	0.4	0.3
•기타 제실	1.1	1.3
•전실영역	–	0.5
•가구창고	0.1	0.2
•전문식당 및 회의실	0.4	0.9
•상점	–	0.2
소 계	7.8	8.2
③ 퍼블릭과 서비스 부문		
•주방 및 서비스 부문	3.8	2.5
•창고	0.9	0.9
•작업실 및 유지관리실	0.8	0.4
•세탁, 린넨 창고 등	0.3	0.7
•직원식당, 라커룸, 화장실	1.0	1.1
•직원, 고용원, 청소원 제실	0.3	0.5
•순환 · 서비스 엘리베이터 등	0.8	0.9
소 계	7.9	7.0
총 계	43.5	51.7

(2) 공간별 특성에 의한 공간구성

1) 숙박 부분

각 객실 및 이에 부수되는 공용 변소, 공용 욕실, 메이드실maid room, 복도, 계단이 포함된다.

2) 공동 부분

공용성을 주체로 호텔 전체에 매개공간의 역할을 하는 퍼블릭 스페이스public space이다.

① **수익 부분**: 연회실, 매점, 나이트클럽, 바, 볼룸, 커피숍, 그릴, 담화실, 독서실, 미용실, 레스토랑

② **비수익 부분**: 프런트front, 로비lobby, 라운지lounge, 엘리베이터 홀elevator hall, 복도, 계단

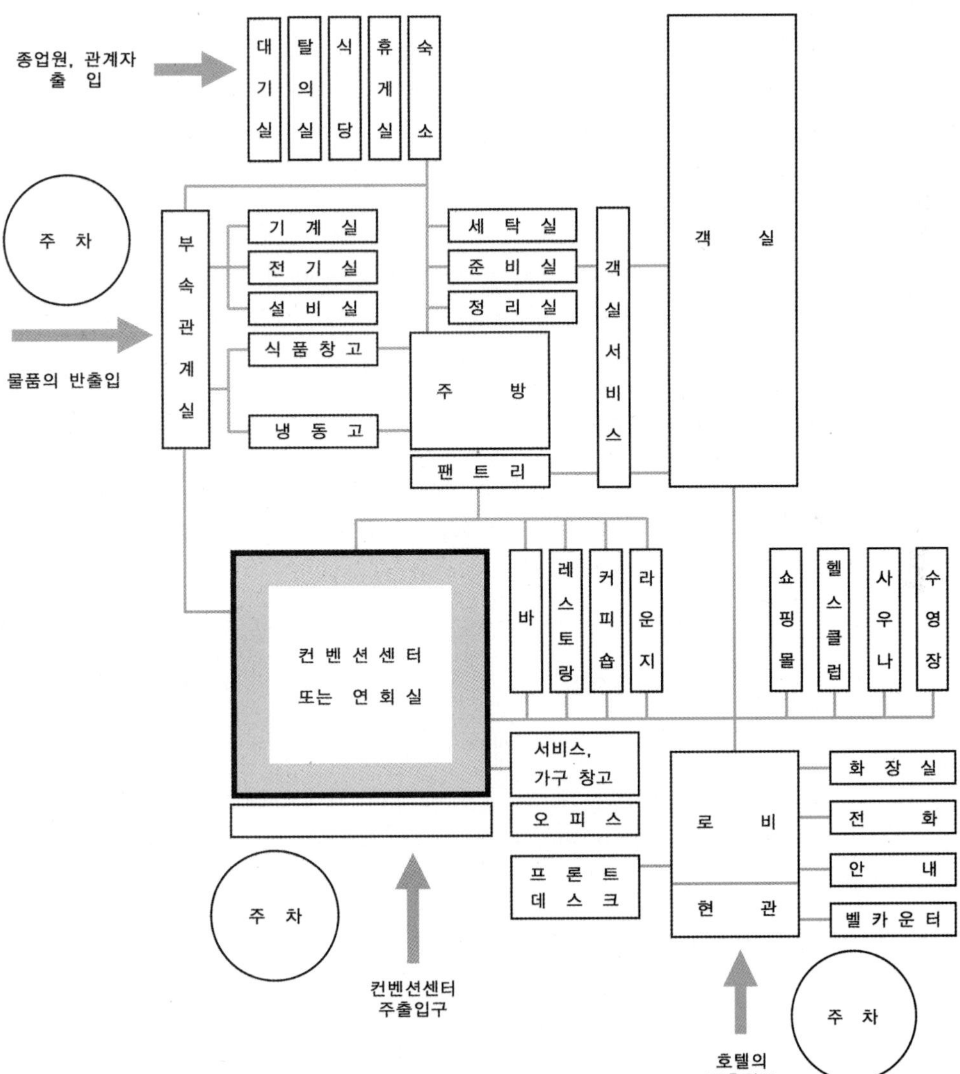

|그림 4-54| 호텔의 일반적인 공간구성

3) 관리 부분

프런트 오피스, 크라크 룸, 지배인실, 사무실, 창고, 전화 교환실, 종업원의 관계제실 및 이에 부수되는 화장실, 복도, 계단 등

4) 요리관계, 설비관계 부분

요리에 관계되는 배선실, 주방, 식기실, 팬트리, 식료품 창고 등과 보일러실, 각종 기계실 등 설비관계 부분

2. 4 동선 계획

호텔에서 숙박객 및 일반이용자의 고객은 당혹하지 않고 전체공간을 쉽게 파악하여 가고자 하는 목적지를 편안한 기분으로 갈 수 있어야 하며 종업원은 일하기 쉬워 능률적으로 서비스할 수 있도록 동선 계획해야 한다. 동선의 유형은 고객, 종업원, 물품으로 나누어지는데 각 동선은 각기 다른 출입을 가지며 이들 동선을 정리하되 분리, 교차되지 않도록 한다.

(1) 고객 동선

호텔에서의 고객은 숙박객(투숙객)과 외래객(방문객)으로 나누어지는데 이들 숙박객과 외래객의 동선은 분리되도록 하는 것이 기본이다.

1) 숙박객 동선

짐을 갖고 도착하는 숙박객은 호텔의 주출입구에서 도어맨door man과 벨보이bell boy의 도움을 받을 수 있어야 한다. 숙박객의 접수는 프런트 데스크에서 숙박절차를 진행하나

유명인사의 경우 전용층에 별도로 마련된 곳에서 하며, 단체로 예약할 경우도 별도로 진행한다. 숙박객은 주출입구로부터 숙박 절차를 밟는 곳까지 그리고 자기의 객실까지 중간에 다른 공간을 경유하지 않고 곧바로 올라갈 수 있어야 한다. 또한 프런트에서 항상 숙박객의 동향을 파악할 수 있도록 숙박객을 반드시 프런트 데스크 앞을 지나가도록 하며 객실에서 프런트를 거치지 않고 주차장으로 바로 갈 수 없도록 한다.

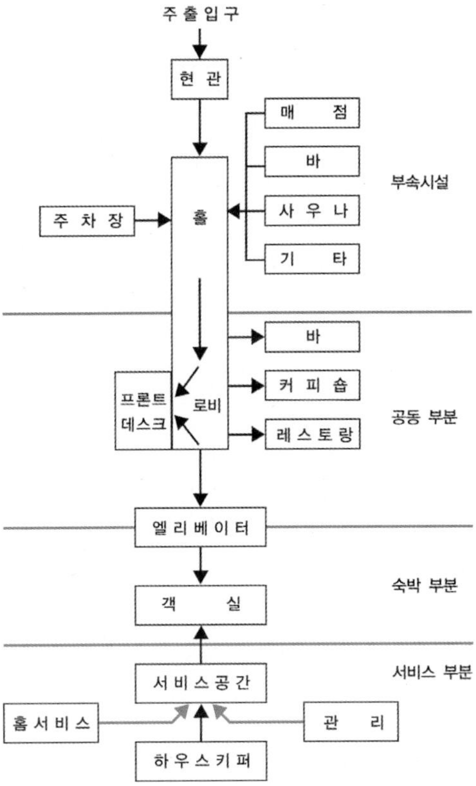

|그림 4 -55| 숙박객 동선

2) 외래객 동선

단순히 방문을 목적으로 호텔에 들어왔거나 식사 또는 다른 목적으로 호텔을 방문한 사람들은 로비를 자유로이 지나다닐 수 있도록 하되 프런트 데스크 앞을 지나 목적하는 공간에 다다르도록 하는 것이 원칙이다. 그러나 대규모 연회장이 있는 경우 직결되는 통로를 두거나 별도의 출입구를 마련하고 그 연회장을 위한 로비와 접수 카운터도 필요하다.

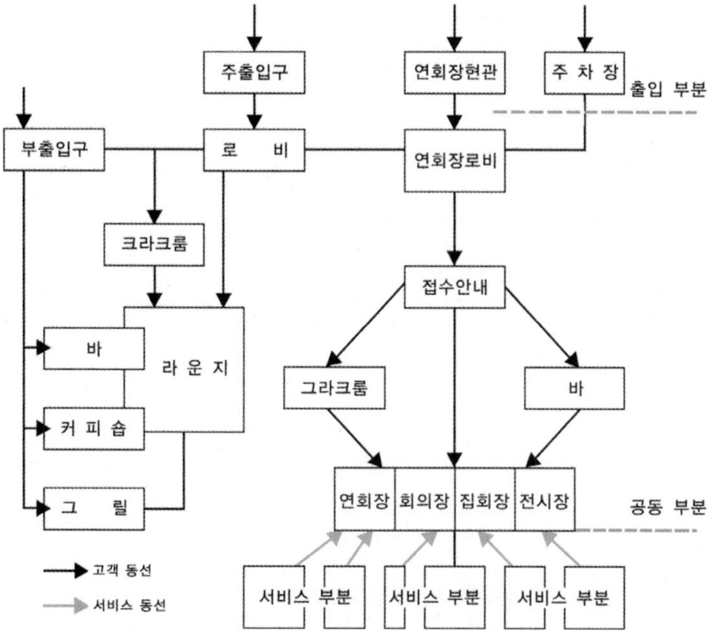

|그림 4 -56| 외래객 동선

(2) 종업원 동선

종업원의 출입구는 한 곳으로 하여 수위실, 타임 키퍼time keeper 앞을 지나가고 경비실을 거쳐서 각 부서로 가도록 한다. 특히 고객동선과 종업원의 서비스 동선을 분리하여 교차되지 않도록 한다.

(3) 물품 동선

물품 동선은 호텔 내에서 서비스에 소용되는 동선으로 고객의 수하물 운반동선이 포함된다. 작업능률을 향상시키고 부정행위의 감시에도 용이하도록 계획한다.

2. 5
공간별 실내계획

(1) 현관

현관은 내부와 외부가 접점接點이 되는 곳으로 첫인상을 주는 곳인 동시에 고객을 맞아들이는 공간이기도 한다. 소규모일 경우 지붕을 커버하는 부분은 길이 10m, 깊이 6m (승용차 2대 정도)로 하며 천장고는 2,500 ~3,500 이상으로 한다. 현관은 본래의 출입 목적 이외 외부로부터 강한 바람을 차단하고 공기 조화된 실내의 공기를 보존하기 위한 방풍防風의 기능을 가져야 한다. 이 방풍 공간은 내 · 외부공간이 바뀌어지는 지점이라는 것을 고려하여 마감재료를 선정해야 한다. 일반적으로 외부의 바닥, 벽 재료를 그대로 사용하며 천장과 조명은 내부 로비와 연결감이 있도록 처리한다.

호텔의 현관문은 일반적으로 이중문, 회전문, 이중 자동문이 대표적으로 사용되는데 규모가 클 경우 이들을 조합하여 계획한다. 여닫이의 방향이 다른 이중문으로 하면 바람의 영향은 적으나 개폐방향이 서로 반대이어서 들어오는 고객은 당황하기 쉽다.

회전문은 밖으로부터 강한 바람이 침입하지 않아 실내의 공기에 전혀 변화를 주지 않는다. 그러나 회전문 옆에 수하물을 둘 경우 지장을 초래하므로 포터용 여닫이문을 따로 설치하도록 한다. 비상 시 한꺼번에 많은 사람이 밖으로 나가기 어려우므로 비상문으로는 적합하지 않다. 그리고 두 쌍의 자동문 사이에 방풍공간을 두는 이중 자동문이 가장 바람직하나 설치비가 많이 소요된다. 문의 폭은 900 이상이나 보통 1,200~1,800 정도로 한다. 곡면의 자동문일 경우 시각적 부드러움은 있으나 소리가 나기 쉽다.

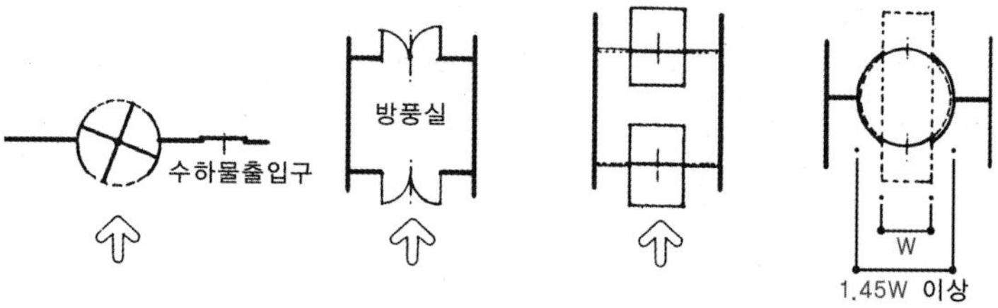

|그림 4 -57| 호텔의 현관문

(2) 로비

로비는 호텔의 실내디자인적 측면에서 가장 중요하게 계획되어야 할 공간이다. 호텔의 모든 기능은 로비에서부터 퍼져나가고 투숙객이나 외래객의 동선체계 역시 여기서부터 시작되며 투숙객의 숙박절차도 시작과 끝이 되는 곳이다. 따라서 공간구성상 중심에 위치하며 이용면에서 동선이 모아져 활동이 집산되는 곳이다. 또한 개념상으로는 호텔 전체 디자인의 기본이 되며 호텔의 이미지를 가장 크게 부각시키는 공간이다. 로비는 공공부분의 중심으로 호텔의 사회성을 가장 잘 알려주며 호텔 숙박객뿐만 아니라 일반시민의 출입이용이 가장 자유로운 공간이다.

|사진 4 -30| 그랜드 하얏트 서울 로비라운지 / 계선디자인

로비를 아트리움으로 전개하면 수목, 흐르는 물, 벽천, 폭포 등 실내조경요소가 도입되고 휴식공간, 조각물의 전시, 공연무대 등이 설치되기도 한다. 더욱이 천창을 통해 자연광선이 실내에 드라마틱하게 조명되면 풍부한 공간감과 함께 더욱 매력적인 공간을 만들고 시각적으로도 강한 중심성과 방향성을 갖는다.

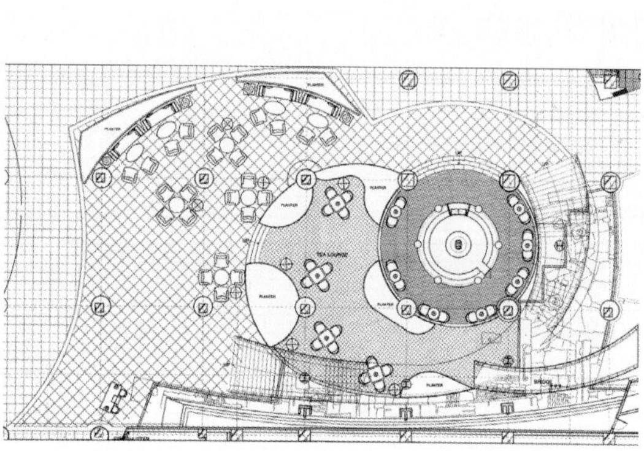

|그림 4 -58| 워커힐 호텔 로비라운지 / Floor Plan

|사진 4 -31| 워커힐 호텔 로비라운지

1) 로비의 기능

로비는 호텔의 관문이자 광장으로 출입 공간, 휴식 공간 및 서비스, 쇼핑 등의 기능을 갖는다.

① 출입 공간

현관에 도착하는 고객이 호텔에 들어서면 처음 대하는 홀로 엔트런스 홀entrance hall의 기능을 갖는다. 이용객의 출입을 위한 공간뿐만 아니라 투숙객이 숙박 수속을 하거나 방문객을 응대하는 곳이다. 프런트를 포함하여 주출입구, 부출입구, 각 부분의 출입구, 통로, 홀, 서비스 카운터, 벨 데스크bell desk 등으로 구성된다.

② 휴식 공간

사람을 잠시 기다리거나 간단히 환담하는 휴식공간으로 리셉션 로비의 성격을 갖는다. 요사이 공공 공간으로서 비수익성 부분인 로비에 수익성을 높이기 위해 로비의 일부분을 구획하여 라운지lounge를 만들거나 유료화하여 티라운지tea lounge, 바 라운지bar lounge, 커피숍coffee shop 등 식음공간을 두기도 한다. 따라서 로비 라운지라 불리기도 한다. 이를 위해 접견장소, 대기 장소, 벤치, 산책로, 전시공간 등을 둔다.

로비 라운지의 각기 공간, 즉 커피숍, 식당, 바 등은 따로 별실을 마련하지 않고 개방적으로 유리 스크린이나 가벼운 칸막이, 화분대 등으로 구획하는 경향이 있다.

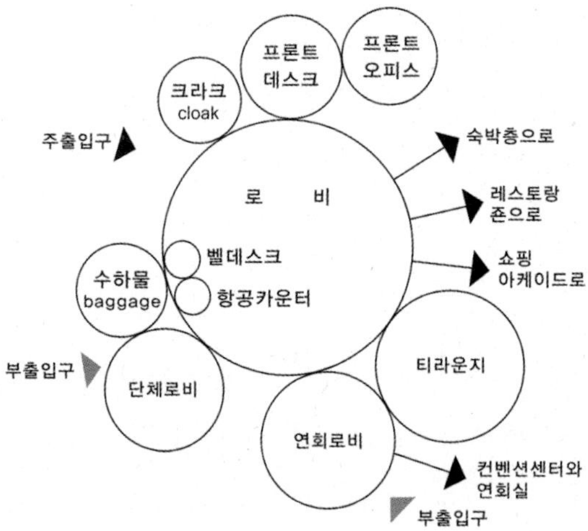

|그림 4 -59|
로비공간의 연결

③ 그 밖의 기능

ⓐ **우편:** 키, 우편을 위해 카운터에 우편함을 설치한다.

ⓑ **통신:** 공중전화, 구내전화를 설치하되 박스식이 좋으며 간단한 메모를 할 수 있도록 하며 눈에 잘 띄는 구석에 설치한다.

ⓒ **은행:** 여행자 수표, 외국 통화 등의 교환은 계산대cashier나 특별히 마련된 환전소에서 취급하도록 한다.

ⓓ **여행:** 여행대리점이나 항공회사의 카운터나 코너를 설치한다.

ⓔ **쇼핑:** 매점이나 키오스크KIOSK에서 신문, 잡지, 담배, 필름, 엽서, 우표류, 토산물 등을 판매한다. 그 규모가 커지면 쇼핑 아케이드로 별개의 기능으로 취급한다.

ⓕ **시계:** 각국 도시의 시간을 알 수 있도록 세계 시계를 설치하여 여행객에게 도움을 준다.

ⓖ **대여 쇼케이스:** 대형 호텔에 로비가 넓은 경우 로비에 쇼케이스를 진열하여 상인, 메이커maker에게 대여하거나 간단한 전시공간으로 활용한다.

|사진 4 -32| 하얏트 호텔 로비의 서비스카운터

|사진 4 -33| 쉐라톤 워커힐 호텔 로비의 Cake Bar

2) 로비 공간의 면적

일반적으로 로비 면적은 프런트 데스크를 포함한 메인 로비일 경우 객실당 0.8~1.0㎡/실로 하고 로비 라운지를 포함할 경우 0.9~1.2㎡/실이 필요하다. 또한 이용자 한 사람당 비즈니스 호텔의 경우 0.5㎡/인의 로비면적이 필요하다.

3) 로비 공간의 연결과 유형

로비는 많은 사람들을 위한 공간이며 여러 기능이 복합적인 다목적 공간이므로 각 공간의 조닝zoning을 명확히 하여 혼란이 없도록 한다. 이때 메인로비를 중심으로 제기능들의 공간이 연결되므로 다른 조닝에 대해 서로 알기 쉬운 거리를 검토한다. 고객, 서비스, 물품의 동선이 가능한 교차되지 않도록 각 동선을 정리하여 계획한다. 특히 연회 로비가 따로 분리되어 있지 아니하고 같이 있을 경우 세심한 주의가 필요하다. 메인로비main lobby와 연회로비는 바닥차이를 두거나 규모, 천장고 등으로 변화를 주어 조정하며 찾기에 너무 어렵지 않도록 해야 한다. 입구가 하나일 경우는 혼란이 예상되므로 대규모 연회장일 경우 따로 입구를 마련하거나 객실로비와 연회장 로비를 수직동선으로 연결한다.

로비의 유형은 상향식, 하향식, 수평식, 절충식으로 분류한다.

① 상향식 로비

메인로비main lobby를 중심으로 2층 또는 지하층에 또 다른 로비를 배치하여 2개 층이 단일효과가 있도록 한다. 개방적인 에스컬레이터나 장식적 계단을 두어 상하층을 연결한다. 로비공간의 확대감을 위해 가장 보편적으로 배치하는 유형이다.

② 하향식 로비

메인로비 아래층에 메인로비와 구별하여 연회장, 아케이드, 식당을 위한 또 다른 로비를 두며 지하 주차장과 접근이 쉽도록 해야 한다.

③ 수평식 로비

단일 층에 로비공간을 넓게 확보하여 모든 공공 시설을 연결, 배치한다. 출입구를 각기 두고 동선을 분류하여 여러 방향으로 분산되도록 함으로써 동선의 혼잡을 피한다.

④ 절충식 로비

각 층에서 로비를 분리시켜 다층식 로비로 배치시킨다. 또는 로비부분의 여러 층을 오픈시켜 개방감이 크도록 한다.

(3) 라운지Lounge

라운지는 호텔을 이용하는 모든 사람을 위한 공간으로 기능이 분명치 않은 단순한 휴식처를 말하며 다음과 같은 기능을 갖는다.

① 차를 천천히 마시거나 대화를 할 수 있는 공간
② 단순히 누구를 기다리거나 대기할 수 있는 공간
③ 회의나 상담 등의 행사가 끝난 다음 잠시 쉬면서 긴장을 풀 수 있는 공간
④ 식사나 집회, 연회 등의 전후에 기분 조절을 위해 무료하게 시간을 보낼 수 있는 공간

라운지는 로비공간의 일부분을 차지하거나 엔트런스 로비, 엘리베이터 홀, 식당, 연회장, 회의장과 연결되는 곳에 위치한다. 따라서 라운지는 이들 공간과 원활한 동선의 흐름이 되도록 하며 휴식을 취할 수 있는 공간으로 계획한다. 그런데 로비와 비교하면 라운지는 상업적 측면을 가지므로 바, 커피숍 등이 부속되기도 한다.

|**사진 4 -34**| 조선팰리스 강남 로비라운지

(4) 프런트Front

|사진 4 -35| Hotel Macklowe -Front Desk

프런트는 호텔의 중추적인 업무를 담당하는 접객부분으로 프런트 데스크front desk와 프런트 데스크의 업무를 위한 프런트 오피스front office부분으로 나누어진다. 호텔 각 부분에서 정보가 집중되어 투숙객이 호텔에 머무르는 동안 필요한 모든 정보를 제공한다.

1) 프런트 데스크Front desk

프런트 데스크는 고객을 처음으로 맞이하고 환송하는 장소로 호텔과 고객을 연결시켜 호텔에 대한 인상과 이미지를 갖게 한다. 따라서 호텔의 얼굴에 해당하는 부분이라 할 수 있다.

① 프런트 데스크의 기능

프런트 데스크는 접수, 회계, 안내 등의 여러 기능이 복합적으로 이루어지는 곳으로 프런트 카운터front counter라고도 한다.

ⓐ **접수 :** 호텔에 도착한 고객의 접수를 받고 객실을 조정, 결정하는 체크인check in 업무가 이루어지는 곳이다. 이 체크인 업무는 대개 오후 2시부터 오후 10시까지 장시간에 걸쳐 행해진다. 이에 반해 체크아웃check out 업무는 오전 7시부터 오전 10시까지 단시간에 집중하는 경향이 있다. 원활한 흐름을 위해 단체손님용 로비와 프런트 데스크를 따로 마련하기도 한다.

ⓑ **계산 :** 호텔을 출발하는 고객이 열쇠를 되돌려 주고 현금출납과 신용카드를 취급하여 각종 전표를 처리하고 숙박요금을 계산, 확인하는 체크아웃 업무가 이루어지는 곳이다. 환전용 카운터나 창구를 함께 두기도 하고 별도로 설치하기도 한다.

ⓒ **안내 :** 각종 정보를 제공하고 고객의 열쇠와 귀중품을 보관하며 서신 및 우편물의 접수, 송달을 담당한

다. 또한 고객의 불평을 해결해 주기도 하며 호텔 내부의 안내뿐만 아니라 그 도시 또는 지방 전반의 관광, 쇼핑, 식사 등을 안내, 상담한다.

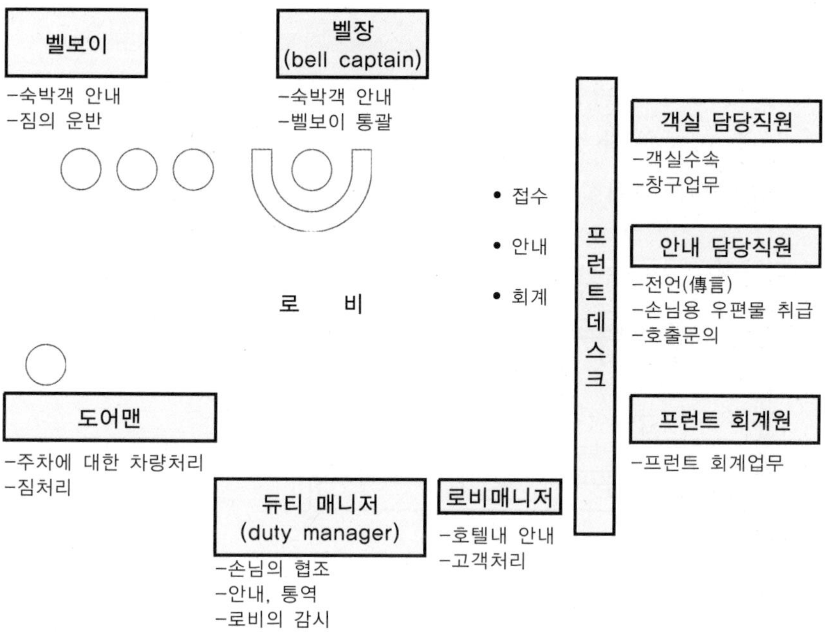

프런트 오피스	
담당 직원 예약과	예약 매니저
	예약부 매니저
	치어컨덕트
	예약담당 직원
	오퍼레이터
교환실	카운팅
	전화교환원
경리과	경리 매니저
	경리부 매니저
	경리 과장
	경리 직원
	프런트 회계원

|**그림 4 -60**| 프런트에서의 업무모델

② 프런트 데스크의 제설비

프런트 데스크의 기능을 수행하기 위해 다음과 같은 제설비가 필요하다.

ⓐ **룸 인디케이터**room indicator : 프런트 데스크 내 투숙객의 체크인과 체크아웃, 객실의 청소상태의 상황 등이 동시에 표시되는 룸 인디케이터를 설치하는데 숙박객의 눈이 직접 닿지 않는 카운터 밑부분에 위치한다.

ⓑ **호텔 머신**hotel machine : 프런트 데스크의 회계를 담당하는 부분에 설치하며 숙박객의 객실, 요리음식, 시설, 전화 등의 요금이 계산되어 자동적으로 표시된다.

ⓒ **키랙**key rack : 객실마다 키를 보관하는 키랙과 랙메세지 보드rack message board를 겸용하는 경우가 많다. 프런트

데스크와 프런트 오피스의 경계부분에 설치하며 숙박객의 눈에 띄는 위치에 있도록 디자인상 주의를 기울인다.

ⓓ **메세지 보드**message board : 투숙객의 메모를 위한 보드를 둔다.

그 외 각종 시간표, 팸플릿pamphlet, 지도, 집회 일정표 등을 수납하기 위한 서랍, 책꽂이, 키박스key box, 우편물함, 우표 판매용 작은 서랍, 잔돈을 보관하는 상자 등을 프런트 데스크에 설치한다.

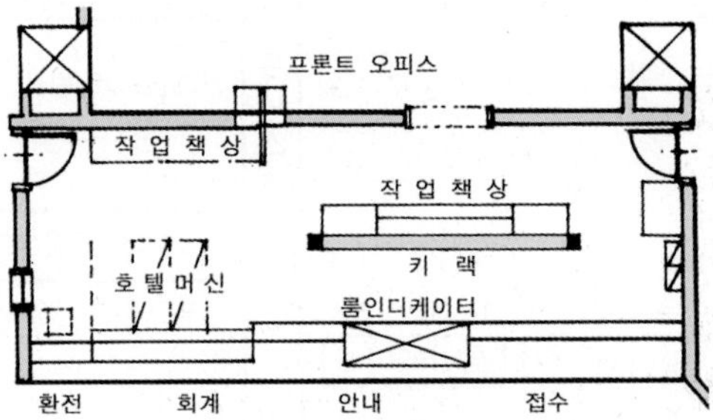

|그림 4 -61| 프런트 데스크의 예

③ 프런트 데스크의 위치

주출입구의 위치, 엘리베이터의 위치, 로비와의 관계를 충분히 검토하여 고객 및 종업원의 동선이 교차되지 않는 원활한 동선체계를 갖도록 한다. 또한 출입구에 들어선 고객의 시선 흐름을 고려하여 현관에서 프런트는 눈에 잘 띄는 곳에 위치하여 프런트의 위치는 명료해야 한다. 그러나 들어서자마자 정면으로 위치하는 것은 피하는데 고객의 시선과 프런트의 직원과 시선이 마주쳐 어색하지 않도록 하기 위해서다.

잘된 예

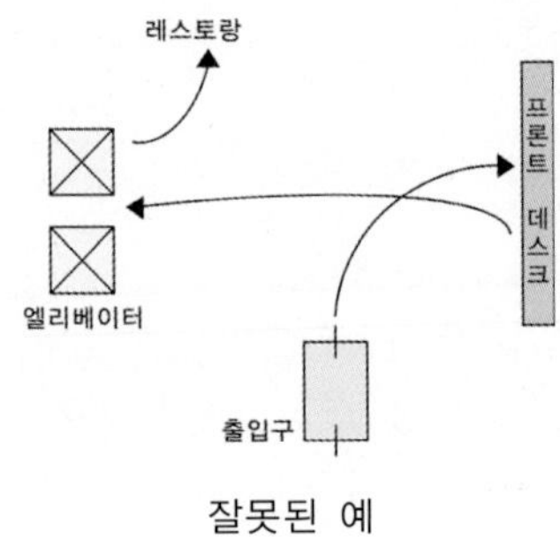

잘못된 예

|그림 4 -62| 프런트 데스크 앞의 동선처리

④ 프런트의 디자인

프런트는 호텔의 얼굴이므로 가장 호텔답게 호텔 특유의 이미지가 부각되고 개성 있는 분위기에 주안점을 두고 계획한다.

ⓐ **천장** : 로비에서 프런트 직원의 얼굴 표정이 명확히 보여야 하며 또한 직원은 프런트에서 고객의 표정

을 파악할 수 있어야 한다. 우선 조명은 충분한 조도와 균일한 배광방식으로 계획된다. 로비는 일층에 위치하여 천장고가 높으므로 프런트 데스크 부분의 천장을 내림천장으로 처리하기도 한다.

ⓑ **벽** : 벽면은 로비에서 프런트 오피스 내부에 대한 시선을 차단하며 동선계획상 프런트 데스크와 프런트 오피스와의 원활한 동선흐름이 되도록 한다. 프런트 데스크의 배면 벽면은 호텔의 로고, 마크 등 호텔을 상징하는 것으로 처리하여 독특한 개성이 표현되도록 한다.

ⓒ **프런트 데스크** : 프런트 데스크의 접수 및 계산업무는 조합하기도 각기 분리하기도 하나 일반적으로 길이가 긴 길이의 카운터 형식으로 하여 각 업무기능이 자연히 분리되도록 하는 것이 편리하다. 그 길이는 최소 3,500 정도이며 객실의 수에 따라 조정된다. 프런트의 고객측 부분은 간단한 짐이나 핸드백을 올려놓을 수 있도록 하면 편리하며 고객이 서서 서명할 수 있도록 깊이 500~600, 높이 1,000~1,100의 치수로 한다. 고객은 직원의 업무나 데스크 내부를 볼 수 없어야 한다. 또한 종업원측 부분은 프런트의 제설비가 충분히 설치되도록 하며 앉아서 업무를 볼 수 있도록 깊이 500~600, 높이 700~750의 치수가 필요하다.

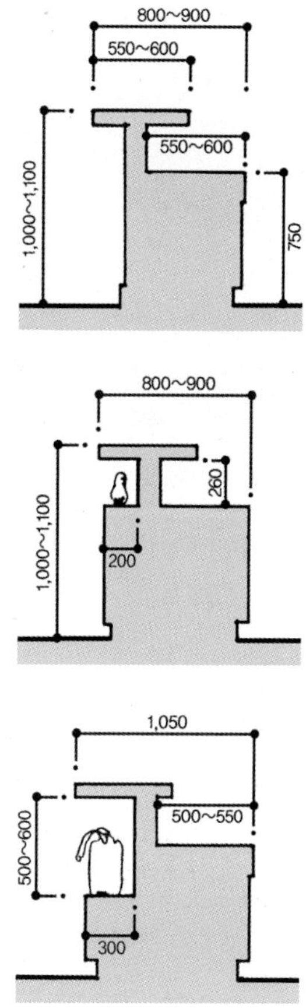

|그림 4 -63| 프런트 데스크의 필요치수 (단면)

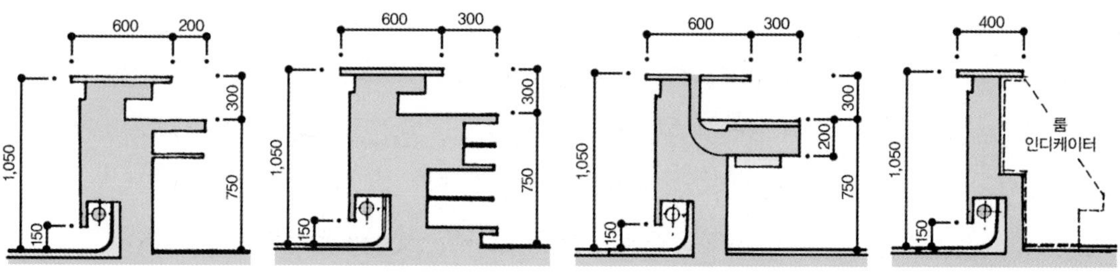

|그림 4 -64| 프런트 데스크의 예 (단면)

|사진 4 -36| 힐튼호텔 프런트 데스크

|사진 4 -37| 시그니엘 서울 프런트 데스크

2) 프런트 오피스Front Office

프런트 오피스는 전화, 편지, 텔렉스에 의한 예약 접수, 예약카드 작성, 예약확인 및 조정, 전화교환, 회계업무를 담당한다. 따라서 업무적으로 프런트 데스크와 밀착한 위치에 있어야 한다. 일반적으로 프런트 데스크의 배면에 위치하여 백 오피스back office라고도 한다. 업무를 위한 가구류 이외에도 항공사, 관광회사와 관련하여 컴퓨터 업무를 위한 컴퓨터 터미널, 텔렉스, Fax, 파일 선반과 캐비닛, 금고 등이 놓이도록 충분한 규모가 필요하며 이들은 기능에 따라 적절히 배치한다.

(5) 객실

객실은 호텔 총면적의 50~80%가 큰 비중을 차지하므로 호텔 이용자의 목적, 경향 등을 분명히 예측하여 객실계획에 반영해야 한다. 즉 업무상, 관광, 리조트별, 개인, 단체별, 외국인과 내국인의 비율, 체재기간, 숙박비의 고저高低 등을 검토하여 이에 대응할 수 있는 시설로 한다.

1) 객실의 유형

객실은 입식이냐, 좌식이냐에 따라 한실과 양실로 구분되다. 한실은 전통적인 분위기가 나도록 안방이나 사랑방의 전통가구와 배치를 참조하여 계획하는데 특히 침구를 수납하기 위한 수납공간 및 가구가 필요하다. 그리고 양실은 가구류, 규모 등에 따라 일반 객실, 특별객실, 변형객실로 나누어지며 다시 다음과 같이 세분화된다.

① 일반 객실

ⓐ **싱글베드룸**single bed room : 1인의 숙박을 위한 객실로 1인용 침대가 놓여진다.

ⓑ **더블베드룸**double bed room : 2인의 숙박을 위한 객실로 2인용 침대가 놓여진다.

ⓒ **트윈베드룸**twin bed room : 2인을 위한 객실로 싱글베드single bed가 2개 놓여진다. 트윈베드룸과 싱글베드룸single bed room의 비는 85:15 정도로 트윈베드룸이 주로 차지하나 비즈니스 호텔business hotel의 경우 50:50 정도 같은 비율을 차지한다.

ⓓ **스튜디오**studio : 1인용 예비 침대가 트윈베드룸twin bed room에 더 설치되는 객실로 전체의 5% 정도를 차지한다.

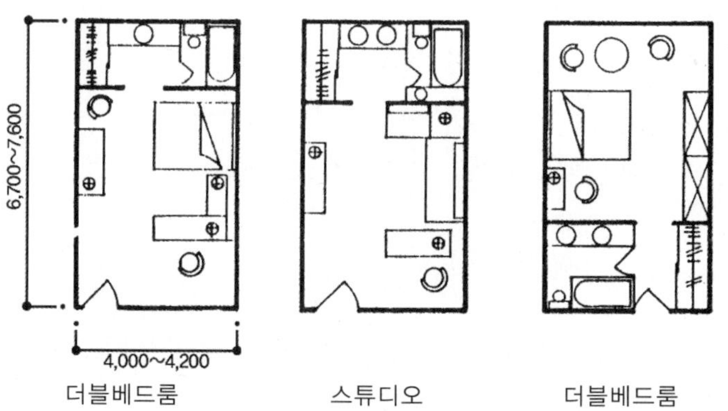

|그림 4 -65| 전형적인 객실

|사진 4 -38| 제주 하얏트 리젠시 - 더블베드룸

|사진 4 -39| 호텔 모리노 SHINYURIGAOKA - 트윈베드룸

② **특별 객실**

ⓐ **특실** : 보통 슈트룸suite room 또는 프레지덴셜 슈트룸presidential suite room, 스위트 룸sweet room으로 불리는 객실로 일반 객실과 달리 침실과 거실공간을 구분하고 식사공간을 두며 키친 네트kitchenett를 부속시키기도 한다. 따라서 특실은 침실, 시팅룸sitting room, 식사공간 등 여러 기능의 공간으로 구성된다. 위치는 일반적으로 복도와 복도 사이의 연결부분이나 기준층의 모서리 부분에 배치된다. 전체 객실에 대한 특실의 비율은 5% 정도로 리조트 호텔의 경우는 그 이상 차지한다.

ⓑ **스페셜 슈트룸**special suite room : 호텔 객실 중 일반투숙객에게는 공개되지 않는 귀빈실로 로열 슈트룸royal suite room이라고도 한다. 이 객실은 국가의 국빈급, 특수층의 사람들이 숙박할 경우를 대비하여 마련된 것이다. 특실보다 장식적이며 주침실을 비롯한 여러 개의 침실과 함께 식당, 주방, 전실, 거실 등으로 구성된다. 보통 일반객실과 층수를 달리하거나 특실의 경우와 같이 기준층의 방향方向이 좋은 모서리부분에 위치한다.

|그림 4 -66| 신라호텔 Presidential Suite room / Floor Plan

|사진 4 -40| 신라호텔 Presidential Suite room

③ **변형 객실**

ⓐ **컨버터블룸**convertible room : 트윈베드룸의 시팅 스페이스sitting space에 특별히 여유를 두어 예비 침대가 배치 가능한 객실이다. 가족이나 4~5명 정도의 그룹 고객에게 하나의 객실을 제공할 수 있으므로 가족단위나 그룹의 이용객이 많은 리조트 호텔에 실용적인 객실 유형이다.

ⓑ **컨버터블 슈트룸**convertible suit room : 두 객실이 공유한 칸막이벽에 연락구인 컨넥팅 도어connecting door를 설치하여 필요에 따라 하나의 슈트룸suite room을 만들어 융통성 있게 사용하게 한다.

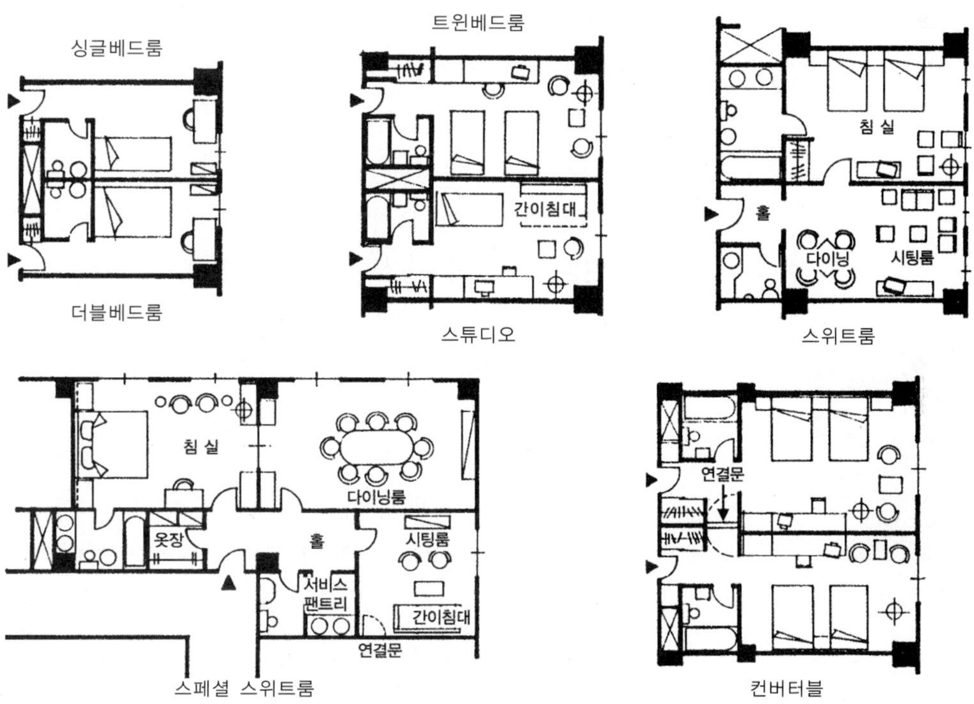

|**그림 4 -67**| 객실 유형에 따른 평면의 예

2) 객실의 규모

객실은 최소한 면적으로 최대한 효율적으로 사용하기 위해 합리적인 평면계획이 필요하다. 객실의 규모는 객실의 종류에 따라 필요공간 및 침대의 크기와 위치, 필요 가구류와 제설치물, 욕실의 위치 등에 의해 결정된다.

| 표 4 -10 | 객실면적의 표준

객실종류 \ 호텔유형	시티호텔	리조트호텔	비즈니스호텔
싱 글 베 드 룸	9~16	17.5~22	9~10.5
더 블 베 드 룸	12~17.5	17.5~23.5	–
트 윈 베 드 룸	17.5~39	22~33.5	13.5
스 튜 디 오	11	22~34	–

(단위 : ㎡)

3) 객실의 가구

양실의 일반 객실 가구는 침대, 나이트 테이블night table, 라이팅 테이블wright table, 의자류, 의복걸이, 거울이 기본으로 배치되나 호텔의 유형, 등급, 객실 유형에 따라 옷장, 서랍장, 수하물대, TV와 오디오세트, 화장대 등이 적절하게 놓이게 된다. 그런데 특실이나 스페셜 슈트룸special suite room의 경우 침실 이외 시팅룸sitting room, 식사 공간 등으로 구성되므로 이에 따른 제가구가 배치된다.

| 사진 4 -41 | 제주 HYATT 리젠시

| 사진 4 -42 | 제주 HYATT 리젠시

① **침대** : 침대는 인체치수를 고려하여 충분한 크기로 한다. 1인용 침대는 벽에 기대어 배치하되 창과 평행하도록 배치시키는 것이 기본이다. 침대간의 간격은 최소 450 이상, 800 정도이며 벽과 침대간의 간격은 300 이상이 필요하다. 예비침대spare bed / extra bed는 소파 베드sofa bed, 데이 베드day bed 등 다목적 가구로 하거나 벽 내부에 수납되는 하우스 베드house bed를 설치하기도 한다.

② **나이트 테이블** : 침대 주변에 위치한 낮은 테이블로 베드 사이드 테이블이라고도 한다. 테이블에 실내의 각종 스위치류, 오디오, 스피커 등을 내장시킨다. 테

이블 위에는 메모지, 볼펜류, 나이트 램프, 전화기를 비롯한 신변 잡화품들이 놓인다.

③ **라이팅 데스크**wrighting desk : 라이팅 데스크는 이용객층을 고려하여 마련한다. 특히 비즈니스 호텔일 경우 객실은 업무상 투숙하는 고객에게 업무의 진행, 준비를 위해 라이팅 데스크와 충분한 밝기의 조명을 갖추도록 한다. 데스크가 화장대를 겸하는 경우 거울의 위치와 조명방법이 적절해야 한다.

④ **서랍장** : 장기 체재형 호텔에서 특히 필요하며 일용품, 의류 등을 수납하는 장식적 가구이다. 꽃, 벽부장식, 브래킷을 설치하여 실내의 포인트가 되도록 하며 실이 좁을 경우 라이팅 데스크나 화장대와 일체화시키기도 한다.

⑤ **수하물대** : 여행용 가방에서 짐을 풀거나 열어보기 위한 가구로 배기지 랙baggage rack이라고도 한다. 일반적으로 고정의 선반이나 스탠드식으로 하는데, 객실의 규모가 협소할 경우 서랍장이나 라이팅 데스크와 일체화시키기도 하며 의자 대용으로 쿠션이나 등받이를 부착하여 사용하기도 한다.

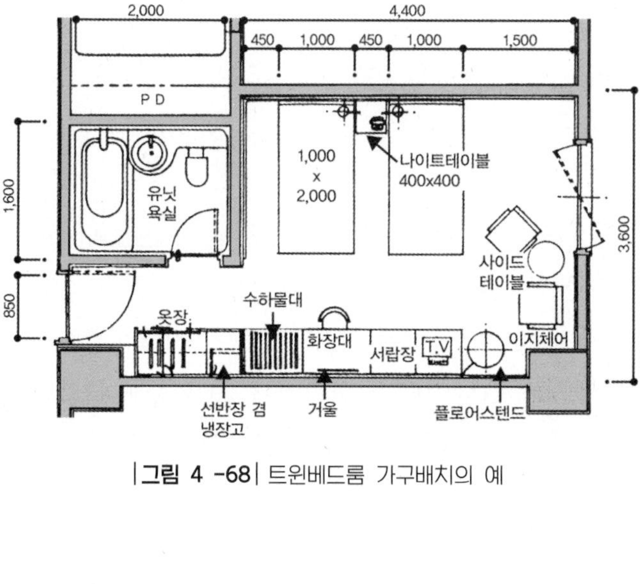

|**그림 4 -68**| 트윈베드룸 가구배치의 예

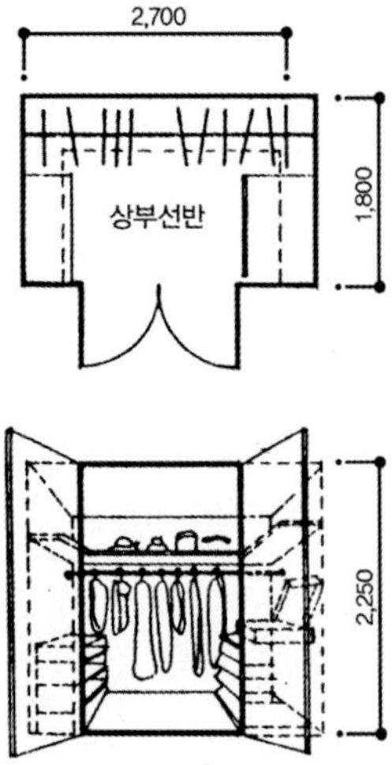

|그림 4 -69| 옷장의 예

⑥ **옷장** : 객실의 수용인원수, 체재일수, 이용객층에 따라 필요한 크기가 정해진다. 객실의 입구 부분에 주로 설치하는 것이 동선상 유리하다. 일반적으로 붙박이 가구로 처리하고 여닫이문으로 하나 공간의 여유가 없을 때는 미닫이문, 미세기문, 접는문, 커튼으로 처리한다. 도어 스위치를 설치하여 옷장 내부를 조명할 수 있도록 하면 편리하다.

(6) 식음공간食飮空間

호텔의 식음공간 계획은 대상 이용객층, 호텔의 객실수, 연회장의 면적, 기타 서비스 시설, 호텔의 규모, 호텔 주변의 음식시설 등 입지적 조건 그리고 1일 3식의 이용률과 회전율에 따른 상황을 고려하여 그 유형과 규모를 결정한다. 즐겁게 식사할 수 있는 매력적인 공간계획은 호텔의 수익과 이미지에 큰 영향을 미친다. 과거 호텔의 음식점은 식사판매를 위한 다이닝룸dining room 또는 레스토랑과 일품一品요리를 판매하는 그릴grill 정도였다. 그러나 현재 대부분의 호텔이 1일 3식의 식사 판매보다는 숙박객과 일반인을 대상으로 한 칵테일 라운지cocktail lounge, 나이트클럽night club, 특별 전문요리식당에 치중하고 있는데, 그 이유는 이러한 공간들이 호텔의 주요 수입원으로 바뀌었기 때문이다. 메뉴와 디자인이 조화를 이루도록 경영자인 호텔 측, 건축가, 실내디자이너의 긴밀한 협조가 어느 공간보다도 필요하다.

대부분의 호텔은 칵테일 라운지, 커피숍, 레스토랑, 바 등의 식음공간을 갖추고 있으나 큰 호텔의 경우 특수한 레스토랑, 카지노, 나이트클럽까지 갖춘다. 이들 공간은 한 층에 집중하여 식당가를 형성하거나 최적층에 분산시키는 방법을 취한다. 한 층에 집중할 경우는 이용률을 고려한 시간대에 따라 개업부분을 조정할 수 있어 경제적이

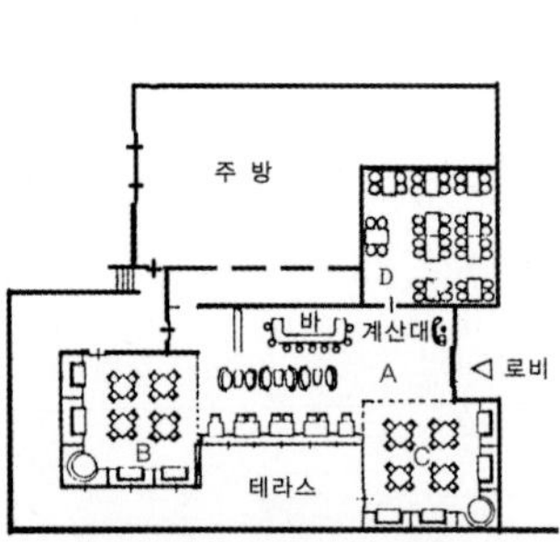

A : 가장 한산한 시간대의 개업부분. 예를 들면 오후 3~4 및 심야
A+C : 칸막이를 개방해서 개업한다. 예를 들면 오전중, 밤 10시경
A+B+C : 가장 복잡한 중식, 저녁시간에는 여기도 사용한다.
D : 다시 손님이 많아지면 사용되지만 여기는 다시 집회실로서 그룹의 회식에 사용한다.
테라스 : 관광시즌 등에 외래객에게는 테라스도 좋다.

|그림 4 -70| 시간대에 따라 개업부분을 조정할 수 있는 식음공간의 예

다. 그러나 식당이 분산될 경우는 주主주방을 설정하고 여러 개의 부주방을 적절히 분산, 배치하는 등 효율적인 서비스 동선계획이 요구된다. 수용력이 큰 식당은 개성적인 중소공간의 구획을 고려한다.

또한 시티 호텔의 경우 외래객의 이용이 많으므로 식음공간이 차지하는 비중이 매우 크다. 체재형을 지향하는 리조트 호텔에서는 식사 서비스를 적극 기획하므로 식음공간이 중요하다. 주식당의 면적은 1평당 2~2.5명 정도이며 좌석수는 시티 호텔의 경우 0.6석/수용인원이며 리조트 호텔의 경우 0.8석/수용인원을 차지한다.

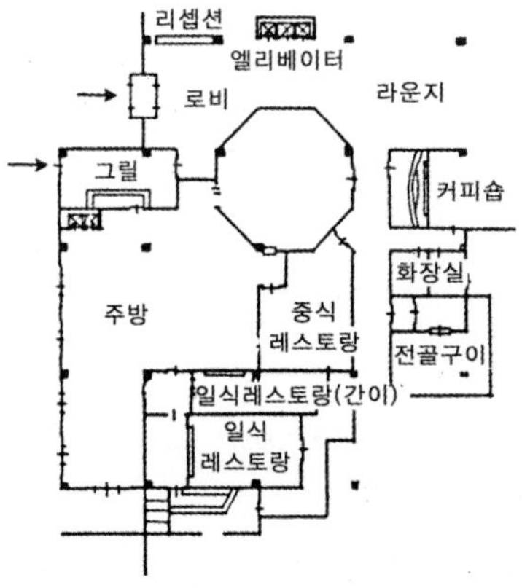

각종 레스토랑이 한 층에 집중된 예

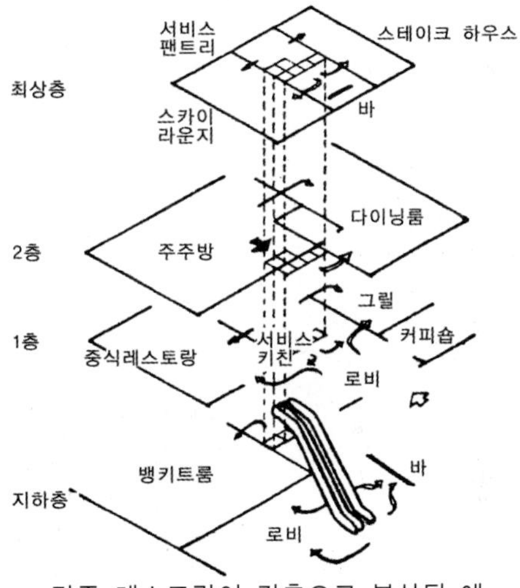

각종 레스토랑이 각층으로 분산된 예

| **그림 4 -71** | 호텔 레스토랑의 집중배치와 분산배치

| **표 4 -11** | 호텔의 식음공간의 면적

식음공간	호텔의 종류	석수의 표준	1석당 면적의 표준(단위 : ㎡)
다이닝룸 레스토랑	시티호텔 리조트호텔 그랜드호텔	객실수 1/2~2/3 객실동수~객실수 3/2 객실동수~객실수 2/3	1.37~1.65 1.7~2.0 1.7~1.9
그릴, 일식당 등의 합계 수	시티호텔 리조트호텔 그랜드호텔	객실수 1/5~1/3 객실수 1/3~1/2 임 의	1.01~1.35 1.3~1.5 -
런치 카운터, 카페테리아, 스낵바	-	-	카운터석은 1.4~2.0 테이블을 병용할 경우는 1.1~1.6

1) 커피숍Coffee Shop

|사진 4 -43| Ritz Calton Hotel - NYX&NOX Bottle Rack

커피숍은 일반 외래객의 이용에 편리하거나 레스토랑까지 외래객을 유도하기 위해 동선상 라운지와 레스토랑의 중간에 위치한다. 그러나 라운지에 바, 커피숍, 티룸이 부속되기도 한다. 일반적으로 이들은 주출입구의 주위나 메인로비에 바로 이웃하여 위치한다. 레스토랑이나 연회장 부근, 전망실의 한부분에 위치하기도 한다. 기후가 온화한 계절에는 옥외 정원, 옥외 수영장의 데크까지 확장되도록 하는 것이 바람직하다.

커피숍은 호텔 식음장소의 기본으로 호텔의 품위와 개성이 나타낼 수 있는 분위기로 계획한다. 숙박객뿐만 아니라 외래객들을 위해 개방되는 공간이다. 호텔에 들어서자마자 쉽게 찾을 수 있도록 하며, 오랜 시간 동안 개점하고 많은 사람들이 이용하므로 내구적인 재료를 사용하고 충분한 통로를 확보하여 원활한 동선흐름이 되도록 한다. 소규모 호텔일 경우 커피숍은 경식당이나 간단한 주류 판매공간을 겸하기도 한다.

|사진 4 -44| 포시즌스 호텔 서울

2) 바Bar

주류의 판매공간으로 주류를 서비스하는 바 카운터를 중심으로 운영되므로 바 카운터와 백 바는 실내디자인에 있어 그 비중이 크다.

3) 레스토랑

격식을 차린 다이닝룸의 식사형식이 붕괴되면서 레스토랑이라는 명칭은 서서히 호칭되기 시작하였다. 숙박객뿐만 아니라 외래객까지도 대상으로 하여 영업범위가 확대된 호텔의 레스토랑은 다이닝룸의 개념에서 오늘날 좀더 부담이 덜한 레스토랑의 형태로 그 인식이 바뀌어 가고 있다. 과거 다이닝룸은 호텔에서 넓은 면적을 차지하는 유일한 식당이었으나 요사이 레스토랑을 위시한 다양한 형태의 식당으로 세분화되어 그릴, 런치카운터, 카페테리아, 스낵바, 샌드위치 코너, 뷔페 레스토랑 등을 둔다.

레스토랑은 제공되는 메뉴에 맞는 장식과 실내분위기로 계획하며, 일부분에 바 카운터를 두기도 한다. 대규모 호텔의 경우 전용층을 마련하여 여러 전문 레스토랑을 두고 옥상층에는 스카이 레스토랑을 두기도 한다. 전용층일 경우, 각 레스토랑의 입구가 로비에 개성있게 위치하도록 하며 고객이 쉽게 찾을 수 있도록 메뉴의 특징을 외부에 표현하며 이를 위해 소형 로비공간이 마련되기도 한다. 스카이 레스토랑의 경우 전망을 고려하여 좌석을 배치하며 레스토랑 고객을 위한 전용 엘리베이터를 두는 것이 바람직하다.

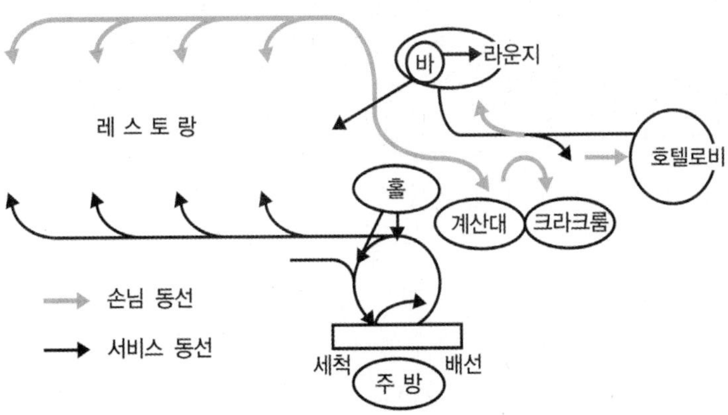

|그림 4 -72|
레스토랑의 동선

|사진 4 -45| 포시즌스 호텔 서울
/ 유유안

4) 다이닝 룸Dining Room

복장을 단정히 하고 들어가는 정식의 식당으로 상류사회의 생활풍속에 대응하여 풀코스full course의 식사를 서비스한다. 식당의 이용시간이 한정되어 점심, 저녁때 일정시간에만 식사가 가능하다.

(7) 연회장

연회장은 행사를 위해 많은 사람들이 모여 교류하는 장소이다. 호텔에서 집회공간은 정식의 연회, 향연 등이 열리는 뱅키트 홀banquet hall 또는 뱅키트 룸banquet room, 무도회장인 볼 룸ball room, 의식, 제전, 대규모 연회 등을 위한 공간인 펑션 룸function room 등이 있다. 이들 모두는 식사를 같이 할 수 있는 집회공간, 즉 연회장이라는 동일한 의미로 사용되고 있다. 그런데 또 하나의 집회공간인 컨벤션 홀convention hall은 회의장의 성격이 강하며 일반적으로 볼룸이나 뱅키트 룸보다 대규모의 공간을 의미한다. 특급 호텔 중에서 연회 및 집회를 겸할 수 있는 대규모 다목적 집회공간인 컨벤션 홀과 그에 따른 중소규모의 연회장을 고루 갖춘 종합적인 집회시설이 컨벤션센터로 체계화되어 호텔 자체의 시설에서 어느 정도 독립적으로 운영되는 경향이 크다. 행사

목적별로 연회장은 회의, 일반 연회 및 행사, 공연, 전시의 기능을 갖는다.

1) 연회장의 기능

① 회의

회의의 규모나 형식은 매우 다양하며 대규모 국제회의congress convention, 중규모 회의conference, 주제 발표회의seminar, lecture forum, 강연회 및 강습회institution, 청중 앞에서 하는 회의panel discussing, symposium, 주제별 분과 토의workshop 등으로 구분된다. 대규모 국제회의일 경우 개폐회, 총회, 분과토의, 세미나, 리셉션 등이 회의 기간 동안 계속 열리게 되므로 각종 회의장은 물론 숙박시설, 식당 등 호텔의 제반시설들을 거의 모두 활용하게 된다. 회의기간동안 주최측의 사무실로 쓸 수 있는 임대사무실, 텔렉스, Fax, 전화 등 사무통신시설이 필요하다. 특히 국제회의의 경우 동시통역시설이 갖춰져야 하고 회의에 필요한 시청각 시설도 구비되어야 한다.

② 일반 연회 및 행사

식음료를 겸비한 모임인 일반 연회는 기업에 의한 각종 모임이나 축하회, 기념회, 조찬회 등이 가장 많이 연회장에서 치루어지나 최근에는 개인 주최의 생일이나 회갑잔치, 결혼피로연 또는 가족잔치 형태로 이용되는 경우가 증가하고 있다. 경우에 따라 귀빈실, 귀빈 출입구가 별도로 요구된다.

③ 공연

연극, 영화, 발표회, 음악회, 공개녹음, 패션쇼 등의 문화적 기능이 여기에 포함되며 드물게 식음료를 겸한 발표회나 쇼 등도 개최한다. 공연을 위해 조명, 음향, 영사시설 등이 필요하며 무대장치에 필요한 소도구 및 장치물의 반출입이 가능해야 하며 출연자를 위한 대기실이

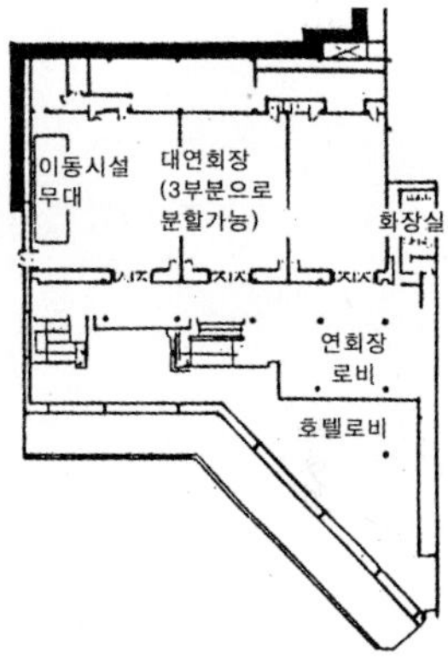

신라호텔 대연회장

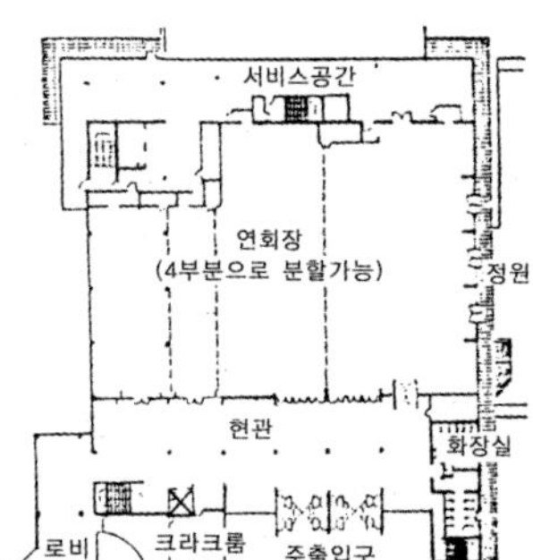

쉐라톤 워커힐 컨벤션센터

| 그림 4 -73 | 호텔연회장의 예

나 분장실도 마련되어야 한다.

④ 전시

기업이나 단체 등에서 홍보전시회, 신상품 소개 및 전문박람회 등이 이에 속한다. 이동식 패널 또는 디스플레이를 위한 조립 시 부스 등을 설치 가능해야 하며 전시 통로로도 구성할 수 있다. 접수 안내, 카탈로그나 기념품 교부, 다과, 접대 등을 위한 제설비와 전시품의 반출입이 가능하도록 한다.

|사진 4 -46| 밀레니엄 힐튼호텔 연회장-그랜드볼룸

|사진 4 -47| 제주신라호텔 연회장-Halla 로비

2) 연회장 계획의 특성

다양한 행사에 대응하는 사업계획에 입각하되 수용인원을 고려하여 연회장의 수와 규모가 결정된다. 그리고 연회장의 규모 및 기능 정도에 따라 연회장의 로비 및 출입구가 별도로 마련되기도, 부속되기도 한다. 평면의 건축적 조건과 가구의 치수, 형상 등에 따라 가구배치가 달라진다. 특히 소규모일 경우 기둥의 유무有無, 출입구의 수, 외부창의 형상과 크기 등의 건축적 조건이 수용 인원수를 좌우하고 가구계획에 영향을 미친다.

대규모 연회장인 경우 1인당 1.3㎡ 정도, 중소규모 연회장인 경우 1인당 1.5~2.5㎡ 정도로 바닥면적을 차지한다. 연회장의 층고는 소규모일 경우 2.7~3.5m이며 대규모일 경우 5m 이상이나 평면의 크기와 형상을 고려하여 적절한 치수를 결정한다. 연회장을 위한 전용 크라크 룸, 대기실, 서비스 팬트리를 설치하는 것이 바람직하다.

| **표 4 -12** | 연회 규모와 1인당 바닥면적 (㎡/인)

연회장 규모 (㎡)		디너 스타일	뷔페 스타일	극장식 스타일
소	50	2.0~2.5	1.2~1.6	1.0
	100	1.8~2.0	1.2~1.5	0.9~1.0
중	200	1.5~1.7	1.0~1.3	0.6~0.8
대	500	1.2~1.5	0.9~1.2	0.6~0.7
	1,000	1.0~1.5	0.8~1.0	0.6~0.7

연회장은 공간 활용을 크게 하고 집약적인 관리와 다양한 행사를 위해 다목적 사용이 가능하도록 계획한다. 각 행사기능을 소화할 수 있는 세심한 배려로 화려하면서도 무성격의 공간이 되며 빛과 음의 장치와 디스플레이에 의해 여러 성격으로 변화시킬 수 있어야 한다. 공간의 다목적 사용을 위해 설치, 설비물은 반고정적이거나 이동이 가능하도록 하여 사용목적에 따라 내부는 구획, 변경되거나 가구, 바닥깔기, 스테이지 등이 교환된다. 또한 조명, 방송, 공조 등도 장치 전환이 필요하다.

공간 규모의 다변화를 위해 칸막이는 이동식 칸막이 movable partition로 하는데, 그 방법으로 아코디언식과 패널식이 있다. 아코디언 식은 주름문의 커튼형식으로 설치가 쉬우나 너무 가볍고 차음성遮音性이 거의 없다. 집회장이나 대회의실의 칸막이로는 부적당하며 간이 칸막이로 사용한다. 패널식은 천장에 내장하는 행거 레일에 패널을 매달고 칸막이를 개방할 경우 한쪽 끝이나 양측의 구석부분에 칸막이를

표준적인 이동칸막이

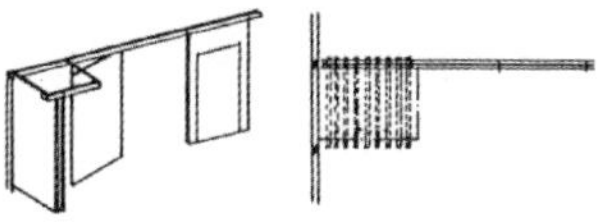

기둥을 이용하여 칸막이를 보관한다.

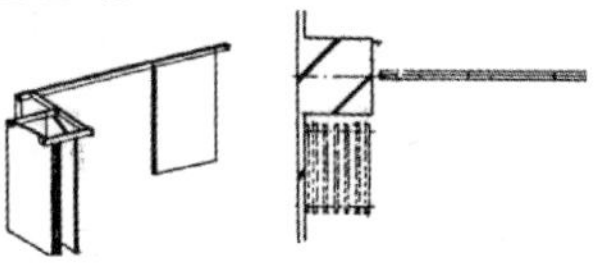

| **그림 4 -74** | 연회장의 이동 칸막이

치워두는 형식으로 차음, 방음의 성능이 있다.

가구는 가볍고, 조립이 가능하고 내구성이 큰 재료로 만들어져 이동, 수납, 관리가 용이해야 한다. 테이블은 다목적으로 용도에 맞게 다양하게 변화시켜 배치될 수 있는 것이 좋다. 겹쳐서 쌓아 보관할 수 있는 스테킹 의자 stacking chair는 수납, 이동이 용이하다.

좌석배치는 극장 스타일, 강의 스타일, 수평 스타일, 디너 스타일, 뷔페 스타일 등으로 나누는데 행사의 형식에 따라 적절히 배치한다. 무대, 계단식 좌석배치, 전시 패널 등의 설치물은 이동설치가 가능하도록 하며 이들의 이동, 운반이 가능하도록 반출입구 및 동선을 체크한다.

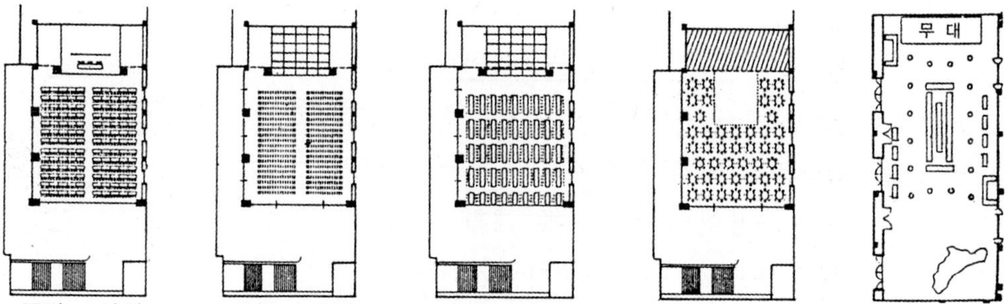

|**그림 4 -75**| 연회장의 좌석배치

3) 동선계획

용도가 연회뿐만 아니라 각종 모임을 수용하고 동시 사용이 빈번하므로 고객과 서비스 동선을 분리, 처리한다. 특히 수용인원이 많은 대연회장은 혼잡을 피하고 원활한 서비스가 이루어지도록 고객 동선과 서비스 동선을 분리해야 한다. 동선의 분리가 곤란한 소연회장에서는 고객과 서비스 동선이 서로 교차해도 별 무리가 생기지 않도록 충분한 통로폭을 확보한다. 조리실, 팬트리 등은 연회장과의 동선이 짧도록 하며 서비스 웨건이 사용되므로 이를 고려하여 통로폭을 결정한다.

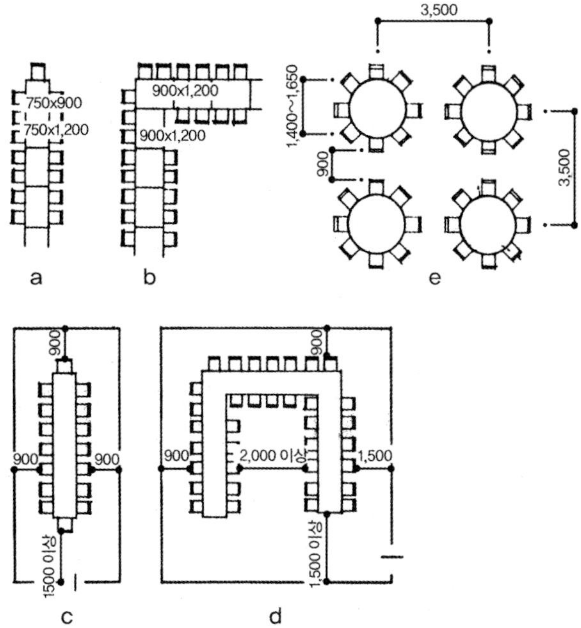

ⓐ 테이블의 너비가 750일 경우 편안한 좌석을 위해 750×900의 테이블로 한다.
ⓑ 테이블의 치수가 900×1,200일 경우 꽃 등을 장식할 수 있어 식탁의 분위기를 돋울 수 있다.
ⓒⓓ 연회의 서비스가 신속하게 이루어지도록 서비스공간은 일반 식당보다 넓게 한다.
ⓔ 원형테이블은 테이블 중앙의 꽃장식 등으로 분위기를 화려하게 할 수 있을 뿐만 아니라 음식의 배선도 용이하여 연회 진행을 부드럽게 한다.

- 원형 테이블의 지름
  6인석 : 1,200
  6~7인석 : 1,250~1,350
  7~8인석 : 1,350~1,500
  8~9인석 : 1,400~1,650
  10인석 : 1,550~1,800

|**그림 4 -76**| 연회장의 좌석배치 및 필요치수

|**사진 4 -48**| 제주신라호텔 연회장 -Lotus

4) 시청각 설비계획

대연회장의 경우 방송실, 통역실, 인터뷰실, 대기실, 준비실, 크라크룸 등이 부설되며 가까이에 가구, 무대장치를 비롯 기타 설치물을 수납할 수 있는 창고를 둔다. 이 창고 상부에는 방송실이나 영사실, 조명 기계실, 동시통역실 등이 위치한다. 단순한 다목적실일 경우에 보다 여러 가지 기능의 시청각 설비를 고루 갖추어야 한다. 시청각 설비는 보다 효율적으로 정확한 커뮤니케이션을 위해 정보의 송수신을 보조하는 모든 설비 시스템을 말한다. 이 시스템은 음향장치sound system, 시각장치visual system 및 조명장치lighting system로 종합 제어시스템total control system이 되도록 한다.

① 연회장의 바닥에 각종 기기를 설치하기 위한 배관 및 배선의 용이성을 고려하여 플로어 콘센트를 설치한다.

② 스크린, 수상기의 사용시 참석자 전원이 볼 수 있도록 화면의 크기, 시청거리 등을 고려하여 설치한다.

③ 광원의 휘도, 색채, 소음 및 영사 크기 등에 대해 고려한다.

조정장치 CONTROL SYSTEM

음향장치 SOUND SYSTEM	시각장치 VISUAL SYSTEM	조명장치 LIGHTING SYSTEM
•일반 음향 확성 보전 (amplifier, equalizer) •microphone speaker •녹음기 (tape recorder) •turn table •compact disk player •무선수신기 (wireless microphone receiver) •동시통역 시설	•영사기 (sound projector) •over head projector •영사막 (screen) •video beam projector •VTR •TV	•조광조정 (lighting dimmer circuit) •무대조명, 전시조명 •ceiling light •floor light •pin spot light •조명 효과장치 (effect machine) •stroboscope

| 표 4 -13 | 연회장의 시청각 설비시스템

④ 조광장치를 설치하여 사용목적에 따라 적절히 조도를 조정하도록 한다.
⑤ 대규모 회의일 경우 개개인의 책상에 마이크로폰, 제어패널의 설치가 가능하도록 한다.
⑥ 유해한 반사음을 막기 위해 흡음률이 좋은 마감재를 사용한다.
⑦ 영사 시에도 메모할 수 있도록 어느 정도 조도를 유지해야 하므로 리얼 스크린 방식을 채택하는 것이 바람직하다.
⑧ 국제적 행사의 진행을 위해서는 동시통역 시설이 필요하다. 동시통역실은 연회장 입구의 상부에 회의장이 넓게 바라다 보이는 위치에 두고 바닥에서 3m 이상 높게 설치한다.

2. 6 조명계획

호텔의 조명기구 및 기타 조명설비의 양식은 건축, 실내, 가구 등 디자인 스타일과 조화를 이루되 설계자의 취미나 감각보다 호텔의 특성과 고객층에 잘 부합되어야 한다. 특히 조명은 색과 함께 실내 분위기를 좌우하므로 호텔의 유형과 실에 따라 그에 대한 요구, 분위기를 파악하여 계획한다.

조명은 실내에 충분한 밝기를 제공해야 하고, 조명기구는 의장적으로 아름다워야 한다. 그러나 독서나 회의장소, 주방과 같이 기능적인 조명을 요구하는 곳은 합리적인 조명계획이 우선한다.

공간사용의 목적, 고객층, 요구분위기 등 대상공간에 대한 여러 가지 조건을 고려하여 광원을 선택한다. 낮은 조도의 형광등은 냉랭하며 쓸쓸한 느낌을 주므로 가능한 조도를 높게 하여 명랑하고 쾌적한 분위기를 형성하도록 한다. LED 조명등은 경제적이고 발열량이 적으므로 장시간

조명해야 하는 곳에 적절한 광원이다. 유스호스텔의 레스토랑, 프런트, 주방, 복도 등 기능적이고 경제적인 조명을 요하는 곳에 주로 사용된다.

① 프런트 데스크

호텔의 외래객이나 숙박객에 대하여 접수나 사무처리를 하는 곳으로 프런트 직원과 고객의 표정이 서로 확실히 보이도록 500Lux 이상의 밝은 조명이 필요하다. 데스크 위의 서류, 문서를 판독할 수 있어야 하며 접수와 계산을 확실히 할 수 있도록 데스크 바로 위에서 조명하는 것이 효율적이다. 또한 데스크 위의 밝은 조명은 현관과 로비에서 쉽게 눈에 띄어 유인성을 더해 준다.

② 로비

호텔의 로비는 가장 이용도가 높은 장소이다. 홀은 백열등에 의한 매입등이 많이 사용되나 낮은 조도로 형광등의 간접조명과 병용하여 천장면이 어두워지지 않도록 한다. 경우에 따라 호화로운 분위기를 주기 위해 샹들리에를 달기도 한다. 천장이 높은 로비는 조명 효율을 위해 많은 고조도의 광원이 필요하고 공간 용도상 주·야에 걸쳐 장시간 조명해야 한다. 조명기구의 수가 많을 경우 광원의 교환비가 많이 들게 되므로 조명등을 규칙적으로 배열하기보다 불규칙적으로 배열하는 것이 유리하다. 불규칙할 경우 약간 소등되어도 크게 눈에 거슬리지 아니하고 가구배치에도 유리하기 때문이다. 또한 조광장치를 하여 야간에 절광節光을 하면 광원의 수명 연장뿐만 아니라 전력 소모도 적어 경제적이다.

③ 복도

연회장이나 라운지 또는 객실로 가는 복도는 안내받지 않은 숙박객이 불편하지 않을 정도의 조명이 필요하다. 복도는 객실이나 레스토랑보다 낮은 50~100Lux 정도로 균일한 조명을 한다. 야간을 위하여 조광 장치를 하는 것이 경제적이다. 일반적으로 매입형 조명방식을 많이 하며 규칙적으로 배열하여 동선을 유도한다. 또한 엘리베이터 홀에서 복도로 나가는 곳에는 그림이나 조각 등 액세서리를 배치하고 밝게 조명 처리하여 동선을 유도한다.

|**사진 4 -49**| 신라호텔 corridor

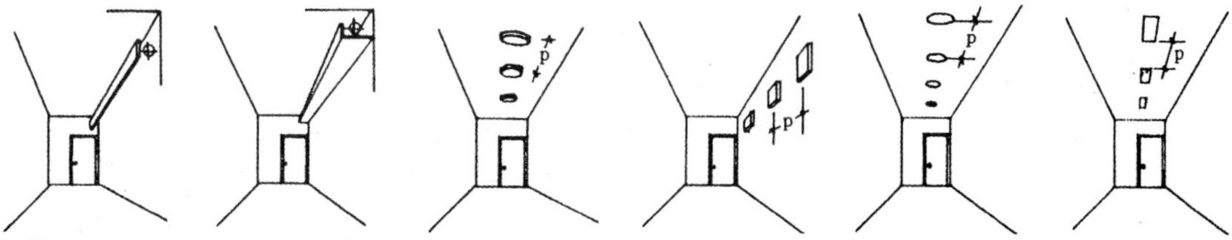

|**그림 4 -77**| 호텔복도의 조명방법

④ 계단실

계단 바닥에 음영이 안 생기는 고른 조명을 위해 계단참 위에 설치한 하나의 천장등으로는 상하계단을 모두 조명하기 어렵다. 따라서 계단 상부의 천장등과 함께 계단 측면에 벽부등을 설치하는 것이 효과적이다. 올라갈 때에 조명기구는 시선 안에 들어오기 쉬우므로 광원이 눈부시지 않도록 고려해야 한다. 계단실은 복도보다 조도가 높아야 하며 조명기구의 청소나 광원의 교체에 편리한 위치인가를 고려하여 조명계획한다.

|사진 4 -50|
포시즌스 호텔 서울 - Elevator Hall

⑤ 객실

양실 객실은 침대를 중심으로 조명계획한다. 천장의 전체조명은 침대에 누웠을 때 시선 안에 들어오므로 간접조명방식으로 하고 탁상 스탠드, 플로어 스탠드, 벽부등과 같은 국부조명을 위주로 계획한다. 플로어 스탠드는 소파의 옆에 위치하며 베드 사이드 테이블이나 화장대, 라이팅 테이블writing table 등에는 탁상 스탠드가 놓인다. 이밖에 극히 낮은 조도로 나이트 라이트night light 램프인 벽부등을 설치하면 야간에 편리하다.

객실의 욕실 조명은 거울 위나 옆쪽에 설치한다. 형광등일 경우 연색성이 좋은 래피드 스타트rapid start식을 거울의 상부에 설치하되 아크릴 커버를 씌우며 거울 양측에 벽부등으로 설치하는 것이 일반적이다.

객실의 액세서리를 위한 조명은 밸런스 조명, 코니스 조명으로 은은한 분위기를 형성하도록 하되 형광등일 경우 자외선에 따른 퇴색을 방지하기 위해 아크릴 커버를 씌우도록 한다. 그리고 그림을 위한 조명은 빛이 벽면을 비추는 것보다 그림의 상부에 위치하여 강한 하향 빛을 발하여 그림만 조명하도록 한다.

취침용 탁상 스탠드는 독서를 위해 100Lux 정도의 조도가 좋으며 측면에서의 광도가 높은 것이 좋다. 입구와 침대에서 점멸이 가능하도록 스위치를 설치한다.

⑥ 연회장

호텔의 연회장은 경영상에 있어 단시간 내에 많은 수익률을 올리는 고수익성 장소이다. 따라서 도심지에 있는 컨벤션 호텔이나 다운타운 호텔에서 연회장은 매우 큰 비중을 차지한다. 연회장은 되도록 호화스럽고 즐거운 분위기로 계획되어 과거 구미에서는 호화스러운 크리스털 샹들리에가 사용되었으나 오늘날 우리나라에서도 많이 사용되고 있다. 샹들리에는 호화스럽고 즐거운 분위기를 조성하는 효과가 있으며 소형전구로부터의 직사광이 보석, 기타 장신구 따위에 반사되어 화려함이 더하다. 또한 조광 장치를 설치하여 연회장의 분위기에 따라 변화시키도록 한다. 조도가 낮으면 눈부심도 부드럽게 약화되고 조명등의 수명도 길어지고 색온도도 낮아지므로 친밀하고 따뜻한 분위기가 증가되는 효과도 기대할 수 있다.

호텔의 연회장은 다양한 행사를 위해 이동식 무대나 간이 무대장치가 설치된다. 이 무대를 위한 조명 장치는 본격적인 극장과 같은 설비는 필요치 아니하나 무대 조명 장치는 전문적인 분야이므로 전문가에게 협조를 구하여 진행한다. 연회장의 조명의 조건은 200~500Lux 이상의 조명으로 구석구석까지 밝고 균일하게 조명되도록 하며 연색성이 좋은 광원을 선택한다. 조명 기구와 설비가 보기에 아름다운 동시에 무대를 보는데 방해가 되지 않아야 한다. 특히 천장은 다른 면보다 밝게 하여 수직적 상승감을 꾀한다.

⑦ 식음공간

호텔의 식음공간은 숙박객뿐만 아니라 외래객에게도 이용되는 장소로 연회장과 같이 호화스럽게 할 필요는 없으나, 만일 한사람의 손님일지라도 모든 조명을 점등해야 하므로 어느 정도 효율 좋은 조명계획이 필요하다.

푸근하고 안정된 분위기를 위해 간접, 반간접, 전체조명으로 천장을 처리한다. 특히, 유스호스텔이나 스포츠 호텔과 같이 젊은이들의 장소라면 반매입등이나 광천장으로 처리하면 좋다. 그리고 펜던트는 식탁 위만 100~200Lux 정도로 조명하고 통로 공간은 이보다 낮은 조도로 한다.

자유스러운 분위기에서 식사하며 덜 장식적인 그릴은 한층 더 아늑한 분위기가 요구된다. 조도는 낮게 하나 식탁이 어둡지 않도록 조명 처리하고 천장이나 전체공간의 조도는 아주 낮춘다. 따라서 밑부분이 트이고 투과율이 낮은 반사갓의 펜던트가 식탁 위에 바로 떨어지도록 설치한다. 이때 떨어지는 직사광이 식탁 이외의 공간에는 미치지 않도록 과감하게 낮춘다.

바 카운터의 조명은 내부를 밝게 하여 술병의 상표를 명확하게 읽을 수 있는 정도로 하되 내부의 빛이 객석에까지 미치지 않도록 빛을 차단한다. 카운터 위에는 펜던트나 매입등으로 조명하나 그 빛이 카운터에 앉은 사람의 눈에 들어오지 않도록 주의한다.

⑧ 주방

주방은 음식을 요리하고 준비하는 작업장이므로 청결감을 갖도록 밝고 환하게 조명 계획한다. 따라서 200Lux 이상의 높은 조도로 균일하게 전체조명을 하며 선반으로 그늘이 지는 곳에는 보조광원을 설치한다. 요리는 식당에 내놓았을 때 색이 정확하게 나타나게 되므로 주방 조명은 식당과 동일하게 하는 것이 바람직하다.

점등시간이 길고 조도가 높으므로 형광등만 설치하는 것이 경제적이다. 조명방법은 단순한 것이 좋으며, 되도록 먼지가 쌓이지 않도록 매입이나 반매입으로 하되 광천장 조명이 이상적이다.

2. 7
색채계획

호텔은 다양한 계층의 많은 외래객이나 숙박객들이 사용하는 공간이므로 호텔 자체의 독특한 분위기로 이미지를 향상시키고 기억에 남는 장소가 되도록 색채 계획한다. 단색조의 색채는 안정감, 침체감을 주므로 피하고, 적은 수의 유사색을 간결하게 색채 계획하는 것이 일반적이다. 젊은이들이 많이 사용하는 유스호스텔이나 스포츠 호텔의 경우 밝고 활동적인 분위기이어야 하므로 밝은 주조색을 중심으로 보색으로 악센트가 되도록 배색하면 효과적이다. 그런데 리조트 호텔의 경우 산장, 해변, 호수, 온천 등 각 호텔이 위치한 입지적 조건과 지역적 특성을 고려하여 색채 계획한다.

일반적으로 호텔의 색채 계획은 대체로 명도가 높은 유사한 색상들에 악센트가 가해진 색채들을 미묘하게 변화시키는 것이 무난하다.

2. 8
기타 관련 계획

(1) 설비

호텔의 설비는 24시간 하루종일 운영이 계속되어야 하는 호텔의 특수성에 따라 필요로 하는 설비의 부하를 해결하는 완벽 시스템이 요구되어진다.

그리고 사용하는 계층이 워낙 다양하므로 개개인의 생활 페턴에 탄력적이고 가변적인 대응이 가능하도록 시설이 계획되어야 한다. 일반적으로 설비 시설은 건축 시공에 의해 진행되고 있기 때문에 실내 디자인에서는 설비 기기에 관한 직접적인 연관성은 없지만 설비 기기의 최종적인 단말기가 실내에 노출되어 위치하게 됨에 따라 이에 대한 디자인 측면의 기기의 배치 및 위치 선정이 필수적으로 요구되고 설비 단말기의 수량 조정과 배치계획이 요구될 시에 실내환경의 적정한 조절에 지장이 초래되지 않도록 계획이 이루어져야 한다

(2) 객실

객실에서 체크되어야 할 설비 항목은 냉난방의 공조, 욕실 설비, 조명과 가전 설비, 안전설비 및 시스템 설비 등이 있다.

1) 공조설비

객실에 필요한 외기량은 싱글 룸을 기준으로 $50m^3/h$ 이상이고, 트윈 룸은 $100m^3/h$, 스위트 룸은 트윈 룸의 2배 이상을 필요로 한다. 따라서 자연 환기가 불가능한 호텔 객실에는 기계 급배기가 필요하고, 냉난방의 조절을 위한 공기 조절 방식의 기기가 시설되어야 한다.
객실의 온도 조절은 전공기 조화방식의 사용이 일반적이므

로 온도와 풍량의 조절이 가능한 팬 코일 유닛이 배치되고, 객실 사용의 유무에 관계없이 건물 전체에 급기하는 공조 닥트가 배관된다. 따라서 실내에는 공조 유닛 케이스와 디퓨저에 대한 디자인이 필요하다. 팬 코일 유닛은 외부 기온이 실내에 영향을 미치는 창가에 인접하는 것이 일반적으로, 실내 디자인의 구성에서 유닛의 커버 박스가 제작되는 경우에는 컨트롤 스위치의 사용과 유지 보수가 용이하도록 계획되어야 한다.

2) 욕실 설비

욕실의 크기는 설치되는 설비물, 즉 욕조의 규격에 의해 결정지어진다. 단 샤워부스만을 설치하거나 FRP 주문 성형품을 사용하게 될 경우는 크기의 조절이 가능하다. 욕조는 바닥면에 올려져 설치되는 거치형이 일반적이고, 샤워 커튼이 필요 없는 도어 부착형의 사용 빈도가 높아지고 있다. 일반적으로 비즈니스 호텔의 일반 객실은 욕실의 면적을 최대한 축소하고 레저 호텔이나 스위트 룸은 여유 있는 공간으로 계획한다. 디럭스한 시설로 욕실 내에 사우나와 옷장을 두는 경우도 있다.

물을 사용하는 공간이므로 모든 설비물에는 내수성이 반드시 요구된다. 욕실 도어의 내부 면과 문틀은 투습성이 적은 재료로 마감한다.

국내의 호텔은 객실과 분리하는 문턱을 두거나 욕실의 바닥을 낮추고 방수를 실시하지만 유럽 등 일부 지역에서는 바닥에 방수를 하지 않고 배수 시설이 없는 경우도 있다. 바닥재는 미끄럼 방지 처리가 된 제품을 사용하고, 구배를 주어 배수구로 물이 흘어 내려가도록 한다. 배수구는 이물질의 제거가 용이한 드럼 트랩을 사용한다.

화장 거울에 인접한 벽면에 헤어드라이어 또는 전기 면도기 등을 사용하도록 설치되는 콘센트는 방수 커버 부착형으로 한다. 필요시 벽면 부착형 헤어드라이어를 설치하기도 한다. 세면대의 카운터는 컵, 칫솔, 비누, 샴푸, 재떨이 등의 비품이 놓이게 되는 공간을 확보하여야 한다. 마감재는 내수성도 중요하지만 담뱃불에도 견디는 내구성 자재를 사용한다.

변기를 사용할 때 손이 닿는 벽면에 수신 전용의 전화기를 설치하면 욕실 사용중에 전화 수신이 가능하다. 디럭스룸 이상의 여유 있는 욕실에는 필요 유무에 따라 비데를 설치한다. 변기에 인접하여 설치하는 휴지 걸이는 편리성을 위하여 2조를 두는 것이 일반적이다.

욕실 안에서의 불의의 사고를 대비하는 안전 시설로 버튼식 경보기 설비와 욕조용 보조 손잡이를 시설하는 것이 좋다. 동작에 알맞은 위치에 부착한다. 수건 걸이의 높이 또한 사용이 편리하도록 결정하고 단단히 고정되도록 한다.

조명 기구는 습기에 영향이 없도록 시설하고, 점멸 스위치는 욕실의 배기용 환기 기구와 연동되도록 시설하고, 점멸 스위치는 욕실의 배기용 환기 기구와 연동되도록 시설하는 방법이 많이 쓰인다. 배기용 환기구의 규격은 벽면 마감재의 규격과 모듈을 같이하는 것이 바람직하다.

3) 전기, 조명 설비

호텔 객실의 조도는 주거에 비하여 비교적 낮은 편이다. 높은 조도가 필요한 화장대나 테이블의 주변은 스탠드 또는 브라켓의 부분 조명으로 조도를 확보한다. 객실 입구에는 문을 열면 조명 기구가 자동으로 점등되도록 시설하고, 옷장의 내부에 조명을 설치하여 옷장의 문을 열었을 때 점등되도록 하기도 한다. 실내에 사용되는 조명 기기의 점멸은 3로 스위치 방식으로 하여 벽면에 부착된 스위치와 침대 머리 곁의 나이트 테이블에 설치된 메카닉 패널에서 조작이 가능하도록 시설한다.

메카닉 패널은 실내 등의 점멸 스위치 외에 TV, 라디오의 작동 스위치와 시계 및 공조 기기의 풍량 조절 스위치

등을 종합하여 설치한다. 일부 비즈니스 호텔은 모닝 콜을 대신하도록 시계에 알람기능이 추가되기도 한다. TV와 라디오의 음량은 인접실에 전달되지 않는 크기 이하가 되도록 조절한다. 근래에는 리모콘을 비치하여 메카닉 패널에 가전제품의 컨트롤을 삭제하고 간단히 전등의 점멸 스위치만으로 구성되는 방식이 확산되고 있다.

조명의 종류는 다운 라이트, 플로어 스텐드, 펜던트, 데스크 램프, 브라켓, 나이트 램프 등을 사용하는데 재실중에만 전원을 공급하도록 키포켓에 키홀더가 삽입되어야 전기의 이용이 가능하도록 하기도 한다.

편리함을 제공하는 차원에서 객실에 두는 냉장고는 열과 소음을 발생시키는 가전 제품이므로 소음으로 안면을 방해하는 일이 없도록 매입하여 시설한다. 냉장고를 벽체 속이나 가구와 일체식으로 빌트인하는 경우에 기기가 발생하는 열을 배출하도록 환기 계통의 경로를 확보한다. 리조트 호텔에서는 냉장고 자체를 사용하도록 내용물이 들어 있지 않지만, 음식물이 제공되는 경우에는 사용량이 자동으로 체크되어 숙박비에 계산되는 자동 회계 방식의 시스템 냉장고를 시설하기도 한다.

4) 안전 설비

객실의 도어에 사용하는 방범용 안전 용품은 도어 록, 도어 스코프, 도어 체인, 도어 가드, 도어 차임 등이 있다. 도어는 내부에서 자유롭게 개폐가 가능하지만 외부에서는 반드시 키를 사용하여 열도록 호텔용 도어 록을 장치한다. 최근 들어 투숙객에게 주어지는 전자식 카드키의 활용도가 높아지고 있다.

법규사에 필요한 감지기, 스프링클러, 비상용 전관 방송 스피커, 비상등을 기본적으로 시설한다. 그 밖의 비품으로 고층의 호텔에는 비상용 구난용품, 휴대용 전등, 마스크 등을 보관하도록 한다. 화재 감지기는 실내 공기의 흐름을 형성하는 화기용 급배기 기구의 위치를 고려하여 배치한다.

비상구의 위치를 인식시키는 비상구 표시와 전원이 고장 난 경우에 안전한 피난을 위해 비상 조명을 둔다.

(3) 퍼브릭 공간

1) 공조 설비

외부와 연결되는 개구부에는 외기의 침입을 최소화하도록 방풍실로 구획하고 라인형 급기구를 이용한 에어 커튼을 시설한다.

식당, 커피숍, 연회장 등은 흡연과 먼지의 발생으로 인하여 충분한 환기량이 있어야 하며, 배기구 주변에는 오염된 공기로 인하여 오탁이 발생할 수 있다. 따라서 급배기구의 주변의 마감은 오탁에 대비한 마감재의 사용이 필요하다.

설비용 급배기 기구의 선정은 첨장의 디자인 진행 과정에서 실내에 필요한 공조 규모의 용량을 기준으로 반드시 사전 검토되어 진행되어야 한다.

2) 소방 설비

공공 공간의 성격을 가지며 디자인의 적용이 다양한 호텔의 소방 설비는 실내 디자인과 긴밀한 연계 체계를 갖고 진행되어야 한다. 시설물의 이용자 계층이 부인, 소아, 노약자에 이르기까지 다양하고 대부분의 이용자들이 건물의 구조를 잘 알지 못하며, 퍼브릭 공간은 다수의 인원이 고밀도를 형성하기도 하고, 가장 비중이 큰 면적을 차지하는 객실 공간의 부분은 화재가 발생하였을 경우 관리 및 통제가 난해하다는 점 등의 특수한 조건을 갖고 있어 방재에 대해서는 건축 소방법의 규정을 준수할 뿐만 아니라 만족할 만한 기능이 갖추어져야 한다.

스프링클러, 열감지기, 연기감지기, 비상등, 소화전, 화재경보기 등의 소방설비물을 실내에 필요한 기준에 따라 배치하는 것에는 설비 담당 부서와의 긴밀한 협조와 각별한 조치가 요망된다. 천장에는 설비물의 필요 조건을 우선으로 수량과 간격을 결정하고 그 기준을 디자인 모듈로 하여 디자인하는 방법으로 진행하거나, 디자인을 선행하고 필요한 설비 시설 기준 이상에 해당하는 수량을 배치하는 방법이 있다.

소화전에나 경보기, 비상등 등은 안전을 위한 기능을 전제로 제작된 제품이어서 그 형태나 설치된 위치가 실내 디자인에 부적합하다 하여 매입되거나 제거되어서는 안 되며, 또한 형식적으로 설치되어도 안 된다.

3) 기타 설비

호텔의 공공 공간에 실내 전관 방송BGM을 위한 스피커 시스템은 비상 방송용으로 함께 이용되기도 한다. 단, 객실은 비상 방송용 스피커 단일용으로 설치한다.

방범과 안전 관리에 사용되는 CCTV는 이용객 시선에 띄지 않는 위치에 설치하거나 구형 커버를 씌운 제품을 이용한다.

전산 장비의 도입으로 호텔의 운영이 전산화되는 추세이다. 프론트에서 객실 재실자의 유무가 파악되고, 정문에 차량의 도착 여부를 알 수 있다. 전산화로 사용되는 장비들은 인텔리전트 빌딩의 개념이 도입된 장비인 만큼 프론트를 중심으로 하는 집기들은 각종 장비의 기능을 충분히 활용할 수 있는 디자인 설비가 채택되어야 한다.

제 5 장 업 무 공 간

KPMB Architects / Toronto Office

1. 개설

19세기 후반 자본주의 경제가 발달하면서 구미 각 도시의 기업활동은 활발해졌다. 이에 따라 업무공간은 크게 필요, 발달되어 오피스 건축물은 점차 도시의 핵심이 되기 시작하였고 밀집한 상업지구를 형성하였다. 2차 세계대전 이후에는 도시산업화로 인하여 초고층의 대규모 오피스 건축물이 등장함과 아울러 급속히 발달하였다. 형광등, 공기조화, 자동 엘리베이터와 같은 새로운 설비가 개발되고 자연채광과 환기가 해결됨에 따라 인공환경으로서 새로운 업무공간 계획이 가능해졌다. 이와 함께 사무 인구의 증가, 산업과 기술의 발달로 인한 건축공법과 재료의 발달은 사무공간의 발전과 공간구성에 새로운 차원을 가져왔다.

그러나 오늘날에 있어 사무의 효능과 경제성에 너무 치중하여 업무공간에서 생활적인 측면을 소홀히 하게 되었을 뿐만 아니라, 생활공간으로서의 환경개선도 도외시하여 사무환경의 악화를 초래하였다. 또한 집무내용 면에서 컴퓨터를 위시한 각종 사무 자동화 기기의 발전과 보급, 정보량의 증대에 따르는 업무처리 방법의 변혁으로 집무형태도 변화하여 새로운 업무작업 공간이 필요하게 되었다. 시스템 가구를 비롯한 오피스 랜드스케이프office landscape, 업무 자동화office automation의 등장은 쾌적한 일터에 대한 시대적 요구와 변화에 대한 대응의 결과라 할 수 있다.

우리나라의 오피스 건축은 초기 정부 주도에 의해 시작되었으나 경제개발로 성장한 민간기업에 의해 곧 대체되었다. 특히 대기업, 시중은행, 보험은행 등 금융회사들이 장기 투자목적으로 집중적으로 건축함에 따라 70년대 초 당시 최고층인 삼일빌딩을 시작으로 현대적 성격의 오피스 건축물이 본격적으로 등장되었다.

1. 1
업무공간의 건축적 조건

(1) 평면유형

업무공간은 크게 수익 부분과 비수익 부분으로 나눈다. 수익 부분은 집무를 업무공간, 회의실을 비롯하여 업무를 수행하기에 필요한 제반공간들이며 비수익 부분은 로비, 현관홀 등 공용 공간과 복도, 계단, 엘리베이터 등의 교통용 공간과 화장실, 덕트공간, 파이프 샤프트pipe shaft, 전기배선 공간, 설비기계실 등의 서비스 공간이다.

오피스 전체의 공간계획에는 비수익 부분 중 교통용 공간과 서비스 공간을 한곳에 모아 집중시켜 경제적이고 사무실 부분을 자유로이 사용할 수 있는 코어 시스템core system이 일반적으로 적용되고 있다. 이 코어부분은 공간 활용을 좌우하는 실의 형태에 영향을 미쳐 전체평면에 있어 코어부분의 위치에 따라 편심형, 중앙형, 독립형, 외주형으로 나눈다.

① **편심형** : 코어core가 한쪽으로 치우친 평면형태로 일반적으로 사무실의 기준층 면적이 작은 경우에 많이 적용된다. 가능한 실의 규모는 중규모 정도로 전부 차지하거나 부분적으로 분할된다.

② **중앙형** : 코어가 중앙에 위치한 평면형태로 사무실의 면적이 큰 경우 보행거리를 평균화하기 위해 만들어진 평면형태이다. 코어의 크기에 따라 여러 가지 용도에 맞는 실의 형성이 가능하며 중규모, 소규모 실로 분할된다.

③ **독립형** : 융통성이 높은 균일한 공간이 확보되지만 양쪽에 코어가 배치되지 않으면 대피, 피난의 방재 계획에 불리하다.

④ **외주형** : 외주에 대피 발코니를 설치하지 않아도 이상에 가까운 두 방향으로 대피가 가능하며 중규모, 소규

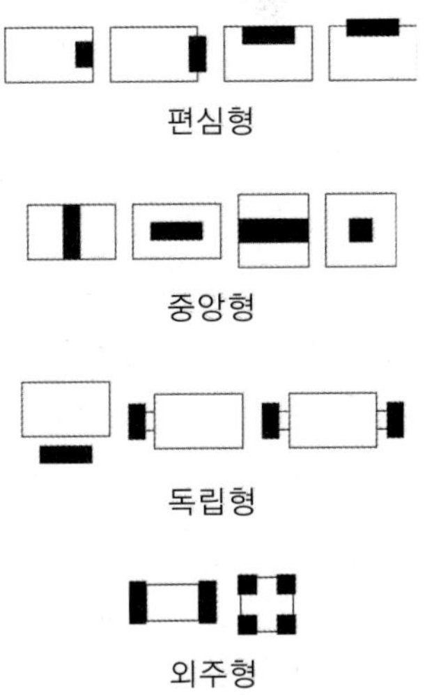

|그림 5 -1|
오피스의 평면형태

모로도 분할이 가능하다. 대규모의 실이 형성될 수 있어 분할 또는 개방이 가능하며, 오피스 랜드스케이프office landscape나 오픈 오피스open office에 유리하다.

참고로 프랜시스 듀피Francis Duffy와 콜린 케이브Colin Cave는 조직구조 및 업무의 특성과 오피스의 평면형태와의 적합성을 연구하였는데 조직구조 및 업무의 성격에 따라 설계 사무실, 광고 사무실, 최고경영인 사무실, 일반 사무실의 4가지로 분류하고 각 조직의 업무특성을 파악하여 필요한 공간 규모와 타 집단 간의 관련성을 검토하였다. 공간분할의 규모는 소규모 공간이 40㎡, 중규모 공간이 40~150㎡, 대규모 공간이 150㎡로 공간의 장변과 단변의 비례가 2:1을 초과하지 않는 것을 가정하였다. 이 연구결과에 의하면 조직의 요구는 다양하여 모든 사무공간은 어떤 조직에 관계없이 적합하지 아니하다. 따라서 각 조직에 대한 적절한 오피스의 평면형태와 소요공간 규모는 다음과 같이 제시하였다.

	편심형	중앙형	외주형	독립형
가능한 실의 규모	중규모	소규모 중규모	소규모 중규모 대규모	소규모 중규모 대규모
설계 사무실	○	○	○	○
광고 사무실	○	○	○	
최고경영인 사무실		○	○	
일반 사무실			○	○

표 5 -1 | 오피스의 평면형태와 조직구조와의 적합성

구 분	소요공간 규모	집단의 관련성
설계사무실	소규모 공간 중규모 공간 대규모 공간	상호연관 분리된 채 상호연관
광고사무실	소규모 공간 중규모 공간	분리된 채 상호연관
최고경영인 사무실	소규모 공간	상호 관련성
일반사무실	소규모 공간 대규모 공간	상호 관령성이 크다.

표 5 -2 | 오피스의 조직구조와 소요공간 규모

(2) 창

과거 설비가 발달하지 않았을 때 창窓은 통풍, 채광면에서 불가결한 요소로서 사무실의 폭은 외벽의 창으로부터 빛이 유효하게 도달하는 범위 내에서 결정되었고 그 폭은 18m 정도였다고 한다.

설비가 발달한 오늘날에는 밝기를 인공조명에 의지하고 공조설비로 실내환경을 조절함에 따라 채광, 통풍을 위한 창은 그 필요성이 적어 실의 폭은 점차 증가하였다. 그 결과 사무공간의 레이아웃이 좋아졌으며 경제적으로도 유리하게 되었다.

따라서 창의 기능이 채광, 통풍뿐만 아니라 고도의 설비를 갖춘다면 없어도 무방하나 창문이 없는 실은 생각할 수 없다. 왜냐하면 창은 위의 기능 이외에 전망, 개방감, 외부공간과의 연대감 등 심리적, 시각적, 청각적인 면에서 중요하며 외부의 자연이나 사회로부터 격리되어 있다는 밀폐감을 해소시켜 주기 때문이다. 사람들은 창측에 면한 위치를 좋아하는데, 그 이유는 창 밖의 하늘과 전망의 즐거움과 같은 심리적인 요소가 크게 작용하기 때문이다.

조명과 공조설비가 잘 갖추어진 사무공간이라면 직사광선이 너무 강하지 아니하며, 시각에 따른 일광의 변화도 적은 북측 실이 우선한다. 동측, 서측에 면한 실은 남측, 북측에 비해 1일 받는 열량이 여름에는 크고 겨울에는 적어 일광과 열의 변화가 크다. 따라서 건축물에 따른 방위, 도로사정의 특성에 따른 일과, 열, 전망, 소음 등을 고려하여 실을 배치한다.

충분하게 밝게 조명되는 실에서는 책상이 창을 향하도록 배치하면 빛이 눈에 직접 들어와 눈이 부시게 되므로 창을 등지고 앉는 것이 정신 집중에 용이하다. 그리고 강한 직사광선이 들어오지 않도록 블라인드, 커튼 등으로 차단한다. 높은 층에 사무실이 위치할 경우 창문을 열면 강한 바람이 들어와 곤란하므로 공조설비시설이 잘 갖춰져야 한다. 교통량이 큰 도로에 면할 경우 창을 열면 소음이 커 능률이 저하되므로 공조설비시설이 매우 중요하다.

(3) 천장고

천장이 낮으면 책상면의 소요밝기를 확보하기 위한 천장의 조명도 적으며 실내의 공기량, 외부벽면, 공조부하도 적어 건축공사비가 저렴하게 된다. 너무 낮은 천장은 압박감을 느끼게 하나 높은 천장은 공간의 여유, 즉 볼륨감을 느끼게 하므로 천장고는 심리적인 측면에 영향을 미친다. 따라서 천장고의 정도는 실내환경의 우열을 측정하는 중요 요소의 하나이다.

천장고天障高는 절대치에 의하지 아니하고 실의 크기, 밝기, 천장면의 마감 등을 종합적으로 고려하여 결정된다. 또한 설비와 구조의 조건 등도 참작해야 한다. 1층의 경우 층고는 일반적으로 4,000 정도이며 은행영업실이나 넓은 상점의 경우 3,500~5,000, 작은 실의 경우는 2,700~3000 정도이다.

조명기구를 매입하고 냉·난방용 덕트나 환기덕트를 은폐하고 음향적인 고려를 위해 이중 천장을 하는데, 이에 보 밑으로 최소 300~600 정도 이상의 높이가 필요하다. 따라서 천장고는 층고에서 보의 높이와 위의 설비를 위한 높이를 감한 높이다. 기준층의 경우 층고는 3,300~4,000 정도이므로 천장고는 2,300~2,700 정도가 일반적이다.

(4) 비상재해

건축법 및 소방법에 의거하여 불연재의 사용, 방화 구획, 경보 설비, 피난 설비, 소화 설비가 규정되어 있으며 화재 발생 시 연소 방지를 위해 방화 구획이 세분화되어 있으므로 업무공간의 레이아웃에 이를 고려해야 한다. 계획시 화재 경보기, 유도등을 비롯한 소화전, 스프링클러, 드렌처 등의 비상재해非常裁害를 위한 설비와 피난 계단의 위치를 파악해야 한다. 이들은 실내계획이 있어 준수해야 할 선행조건이기에 매우 중요하다. 만일 이들을 이동이나 재설치해야 할 경우 관련법규를 검토하여 전문가의 협조하에 신중히 진행하며, 아울러 그에 필요한 비용의 증가도 염두에 두어야 한다.

1. 2
업무공간의 유형

오피스의 업무공간의 개실開室의 형태에 따라 싱글 오피스, 오픈 오피스, 오피스 랜드스케이프로 분류하며 각 유형에 따른 특징은 다음과 같다.

(1) 싱글 오피스Single Office

긴 복도를 가지고 작은 공간의 실로 구획되는 업무공간으로 복도형 오피스corridor office라고도 한다. 건물의 크기와 형태에 관계없이 작은 단위의 업무공간을 형성할 수 있다.

공간 구획에 있어 개실開室의 세포형 오피스cellular office와 여러 명을 위한 집단형 오피스group space office로 구분할 수 있다. 또한 복도를 중심으로 한 측면에만 실이 위치할 경우 편복도식, 양쪽으로 위치할 경우 중복도식, 삼면에 위치할 경우 삼중복도식으로 구분된다. 이는 평면의 폭과 형태, 교통 체계, 화장실 등의 서비스 공간을 종합적으로 고려해서 결정한다. 특히 코어 시스템core system의 건축일 경우 싱글 오피스의 레이아웃에 큰 영향을 미친다.

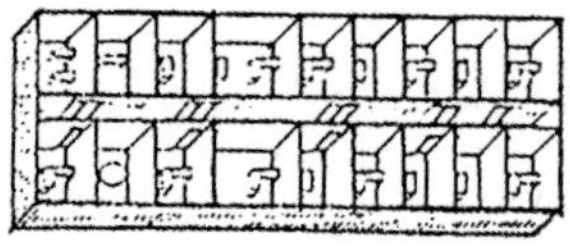

세포형 싱글 오피스

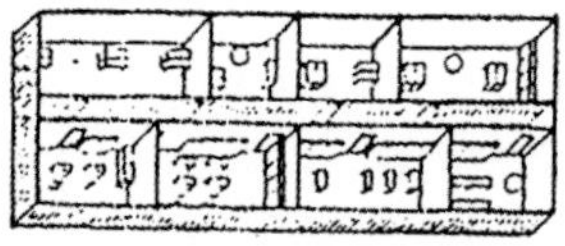

집단형 싱글 오피스

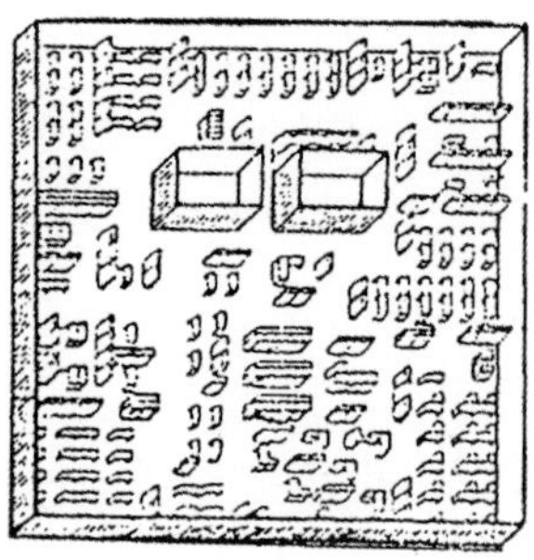

오픈 오피스

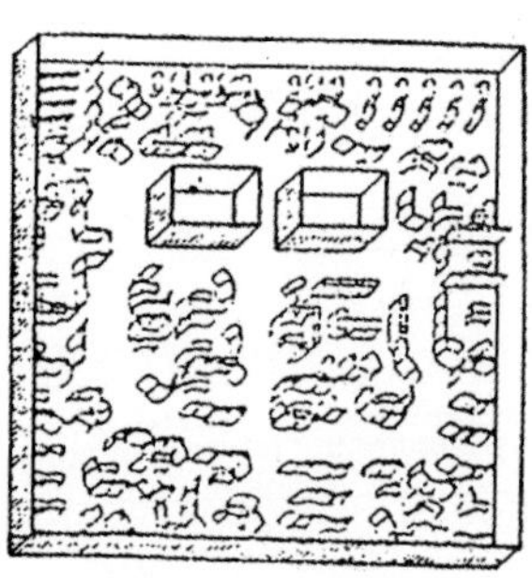

오피스 랜드스케이프

|그림 5 -2| 오피스 공간의 유형

① 세포형 오피스의 경우 개실의 규모는 20~50㎡ 정도로 일반 사무원 1~2인 정도의 소수 인원을 위해 부서별로 개별적인 사무실을 제공한다. 개실의 최소면적은 2.5m × 2.5m 정도이며 가구의 수량에 의해 그 면적은 커지나 3m 내외 정도의 폭은 유지한다.

② 집단형 오피스의 경우 7~8인의 그룹을 위한 실로 구성되며 직제별 사무작업석의 필요면적, 가구배치형식, 단위 그룹별 인원, 작업종류 등에 의해 그 규모가 결정된다.

칸막이에 의한 구별로 시선과 음향이 차단되어 시청각적 프라이버시가 확보되므로 정신 집중을 요하는 전문직이나 프라이버시의 보장이 요구되는 업무에 적합하다. 또한 각 실마다 사용자가 원하는 대로 실을 꾸밀 수 있어 퍼스낼리티personality가 있는 공간이 될 수 있다. 조명의 조작, 통풍, 채광, 블라인드, 커튼 등 주위 환경의 조정도 가능하다.

각 실 단위에 대한 기준이 서로 상이한 사무실은 가구에 의해 식별되며 실의 크기나 내부의 치장 정도는 각 실 사용자의 지위 정도에 따라 좌우된다. 경제적인 면에서 각 실을 구획하는 칸막이가 설치되므로 공사비는 물론 관리비, 경영비의 지출이 크며 공간구획으로 생기는 연결 복도, 통로 구석은 공간의 낭비라 할 수 있다. 개실의 문을 열어 두더라도 회사의 일부라는 인식이 어려워 공동체 의식이 약화되기 쉽다. 또한 경영그룹의 감독이 어렵고 사무실 간의 커뮤니케이션도 어렵다. 배치 변경이 어렵고 실의 칸막이 변화는 비용이 많이 들며, 미래에 변화에 대응하기 어렵다.

(2) 오픈 오피스Open Office

19세기에 들어 경영관리가 세분화되고 교역이 증대됨에 따라 최초의 개방 사무실이 등장하였다. 기업이 확대되고 통화가 개방되자 오피스 인원이 증가되었는데 특히 유럽의 은행, 통화거래소에서 고정된 벽을 두지 않는 개방형의 오픈 오피스가 크게 각광받았다.

오픈 오피스는 단일공간에 경영관리, 직급에 따라 업무별로 분할해서 배치하는 형식으로 책상이나 비품들은 창 측의 간부급을 중심으로 서열에 따라 일정하게 평행 배치된다.

싱글 오피스의 경우 7.5~8.5㎡/인이나 오픈 오피스는 4~5㎡/인으로 복도 통로면적의 최소화로 공간이 절약되고 구석진 부분의 공간낭비가 없어 사용면적이 크다. 가구, 비품, 그리고 설비가 임의 위치나 목적에 맞게 이동 가능하고 부서 간에 벽과 문이 없어 경제적인 면에서 시설비·관리비가 적게 든다. 또한 동선이 자유롭고 커뮤니케이션도 용이하다. 한 공간에 모든 직원이 함께 일하므로 일반직에 대한 관리직의 감독이 용이하다.

그러나 개방형 공간으로 소음과 프라이버시의 확보가 문제되며, 개방감은 심리적으로 자칫 산만한 분위기를 형성해 능률의 저하를 초래할 수 있다. 직급에 따른 가구 배치로 비우호적인 분위기와 관리직을 중심으로 한 배열은 계급의식을 조장한다. 각 개인이 자기의 주위환경을 통제하여 지위를 나타내는 외적 표현은 거의 말소되어 비개성적 공간이 되기 쉽다.

업무공간에 오픈 플래닝을 할 경우 체크사항은 다음과 같다.

① 프라이버시를 필요로 하는 일반직원들에게 프라이버시를 지켜 줄 수 있는가.

② 함께 있어야 할 사람들이 한 장소에서 일하는 것이 가능한가.

③ 커뮤니케이션이 원활하여 직원간의 의사소통이 잘 되고 있는가.
④ 공간의 구석구석이 잘 이용되고 있는가.

싱글 오피스와 오픈 오피스의 장점을 취합하기 위해 싱글 오피스형과 오픈 오피스를 합하여 오픈된 공간의 일부에 개실을 둔다. 개실은 안정성과 프라이버시가 유지될 수 있으므로 간부급이나 프라이버시의 확보가 필요한 직무의 부서가 위치한다. 부서 간의 연결은 업무의 흐름에 따라 계획해야 한다. 한편, 규모가 작거나 폭이 좁은 공간에는 부적합하며 개인은 조직 내에서 엄격히 통제된다.

(3) 오피스 랜드스케이프Office Landscape

오픈오피스에 있어 작업환경의 능률 향상을 위한 배려와 개방 공간에서의 작업자의 심리적인 상태를 고려하여 문제점을 보완한 것이 액션 오피스action office, 즉 오피스 랜드스케이프office landscape 의 등장이다.

사무처리에 있어 개인적 작업수행이 감소되고 수시로 업무에 관련된 팀이나 그룹을 형성함으로써 가변성, 개인의 활용, 의사전달의 원활한 흐름, 밀접한 팀워크teamwork가 필요하게 되었다. 이러한 기능에 따른 사무공간의 체계가 필연적으로 대두되어 새로운 사무환경에 대한 모색이 1959년 독일의 경영자문회사Quick Borner Team에 의해 시도되었다.

자체 생산품과 사무실 체계의 차이에 따른 문제점을 해결하기 위해 사무공간의 상호관계를 조사 연구하여 사무실의 물리적인 배치가 작업과정에 미치는 영향에 대해 사무실의 물리적인 배열로 해결하고자 하였다. 즉, 모든 사무공간은 생산행위, 작업의 전개, 작업환경 등과 공간적 연계성을 가지고 있다. 이들 요소들은 상호유기적 관련성을 가지고 오피스의 성격, 작업에 따라 그 패턴을 달리하게 된다는 연구결과를 발전시켜 오피스 랜드스케이프를 탄생시켰다.

오피스 랜드스케이프의 개념은 이용자가 참여한 팀플래닝이 필수적이며, 이 상호 유기적 관계를 동시에 처리하도록 기획한 것이다. 개실이 없고 전체적으로 질서없이 배치함으로써 전통적인 계획의 기하학적인 양상과 모듈에 대한 개념을 없애 버렸다. 따라서 오피스 랜드스케이프는 작업의 조직과 작업과정에 대한 물리적 환경의 영향력을 발견한 것이라 할 수 있다.

오피스 랜드스케이프 계획의 특징은 다음과 같다.

① 가장 능률적인 레이아웃을 모색하기 위해 각자가 행하는 작업과 물품(서류, 물건 등)의 흐름을 조사, 분석하고 사람과 가구, 책상, 작업대, 서류장 등과의 긴밀도를 측정한다. 그 결과인 의사전달의 커뮤니케이션과 작업의 흐름work flow의 실제적 패턴에 기초하여 레이아웃한다. 또한 업무 상호관계를 고려한 살롬salom원칙, 즉 사람에 의해 가속, 감속에 따라 자연적으로 규제되는 궤도곡선에 준하여 유동적인 동선의 흐름이 되도록 계획한다. 따라서 일정한 기하학적인 패턴에서 탈피하여 작업장의 집단을 자유롭게 그룹핑grouping하여 자연스러운 사무분위기를 조성하고 불규칙한 평면을 유도한다. 특히 직원들 상호간의 위치관계에서 오는 심리적인 영향이나 통로가 타인의 일에 방해가 되지 않도록 유의한다.

② 작업의 흐름, 단체 활동, 직위 표시 등은 부단히 변화하므로 이 요구조건에 맞게 또는 제한받지 않도록 한다. 즉 직제職制, 기구의 변화, 직원의 증감에 대응할 수 있도록 계획한다. 따라서 오피스 랜드스케이프는 고정적인 칸막이벽을 가능한 줄이고 필요한 칸막이는 천장까지 하지 않으며 자유로이 세울 수 있는 스크린이나 서류장 등을 활용하여 변화요구에 대응하도록 융통성 있게 한다. 적은 비용으로 변화가 가능하므로 경제적이다.

③ 작은 개실이 많은 경우 실마다 스프링클러, 천장 조명, 급배기의 제어장치가 그만큼 필요하다. 레이아웃 변경시 작은 개실도 이에 따라 달라지므로 공조 설비에 대한 부담이 가중된다. 즉 각 실에서 조명을 끄고 켜려면 칸막이 변경시 조명을 다시 해야 하며 소방법에 의해 각 실은 스프링클러를 재설치해야 한다. 따라서 천장까지 달하는 칸막이가 적은 랜드스케이프 방법은 설비면에서 유리하다. 그러나 음향면에서 불리하므로 계획시 이를 보완하는 방법이 강구되어야 한다. 마감재료는 카펫, 직물, 커튼, 코르크 등과 같이 흡음성 있는 것을 사용하고 칸막이는 가동 흡음 스크린을 사용한다. 그리고 서비스 공간, 휴식 공간, 회의 공간은 소음이 발생하는 장소이므로 사무 공간과 멀리 배치시키고 소음을 일으키는 업무용 기기 등도 업무 공간과 격리시킨다.

④ 칸막이벽과 복도가 없고 코어와 사무실이 직접 연결되어 공간이 절약된다. 재래식 사무실은 유효면적 비율이 58~67%인데 반해 오피스 랜드스케이프 경우 72~ 82%로 다른 평면유형보다 유효면적 비율이 크기 때문에 그만큼 경제적이다.

⑤ 산만하고 인위적인 분위기를 정리하기 위해 식물을 사무공간에 도입한다. 식물로 인하여 정적이고 안정된 분위기를 조성하며 청록색으로 인한 신선한 느낌은 공간에 활력요소로도 작용한다. 또한 식물은 통로와 같은 공용 공간과 업무 공간과의 한계를 명확하게 하고 시선차단을 위한 칸막이 기능을 하기도 한다. 따라서 식물은 오피스 랜드스케이프에 있어 중요 요소로 취급된다.

⑥ 오피스 랜드스케이프에 있어 가구의 역할이 증대되어 종래의 개념과는 전혀 다른 가구가 필요한데, 인간공학적 측면을 고려한 시스템 가구가 매우 효과적이다.

오피스 랜드스케이프는 직원 개인의 독립성을 존중하는 자유로운 가구배치로 사회심리학적 인간관계에 기반을 둔 체제를 형성함으로써 사무작업 환경의 인간화를 꾀할 수 있다. 따라서 오피스는 소극적, 수동적 공간에서 적극적, 능동적 공간으로 전환되고 보다 경쾌한 인간관계가 수립됨과 함께 적절한 마무리에 의한 음향, 광학, 공조로 오피스 환경의 개선을 가져올 수 있다. 가구를 통일시키되 오픈된 공간이므로 미적인 효과나 시각적인 디자인을 고려하여 더욱 활기있는 업무분위기를 형성하도록 계획한다.

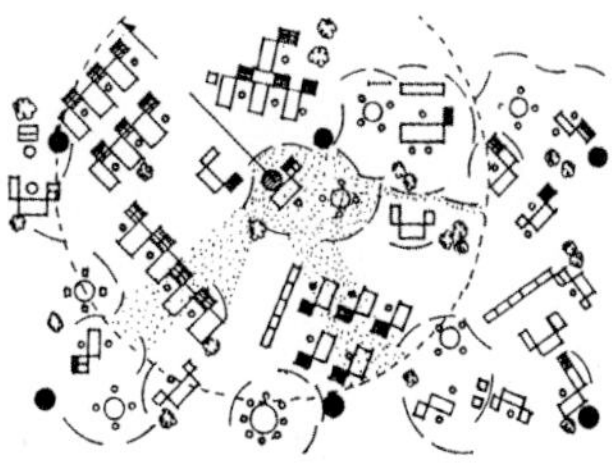

|**그림 5 -3**| 오피스 랜드스케이프의 체계

2. 업무공간의 실내계획

기업의 생산 향상과 이윤의 극대화를 위해 조그만 공동사회가 이루어지는 업무는 인간과 조직 간의 사무의 능률화를 목표하여 많은 상이한 작업들이 서로 유기적인 관계를 맺으면서 행해진다. 행정, 의사결정, 정책결정, 회의개최, 면담, 서기, 기록, 문서분류, 타자, 복사, 계산, 제도 등의 관리와 정보처리, 섭외 등의 관리, 자료의 신속한 수집과 분석 등의 많은 작업들이 사무실에서 행해진다. 따라서 사무공간의 실내계획은 이들 작업이 원활히 커뮤니케이션 되도록 해야 한다. 또한 이 작업에 필요한 인원이나 규모의 가변성은 사무조직의 특성이 되며 작업에 따른 다양한 기기설비, 매점, 휴식 공간, 화장실, 팬트리pantry 등을 고려한다.

오피스는 크게 업무공간과 비업무공간으로 나누어진다. 사무능률화가 중점 요구되어 계획되는 공간인 일반사무공간, 임원실, 회의실, 리셉션reception공간 등의 업무공간과 업무공간을 유지하기 위한 휴게실, 오락실, 탕비실, 창고, 직원 화장실, 로비 등의 비업무공간으로 구성된다.

업무공간의 실내계획은 쾌적한 업무환경의 조성에 목표를 두고 다음과 같은 측면을 고려하여 전개한다.

① 사무의 능률화를 위해 업무의 상호협동체계에 바탕을 두고 업무의 기능에 따른 평면 및 가구계획은 합리적이어야 한다. 아울러 인간공학을 적용하여 인체의 동작과 활동에 따라 기능적인 작업공간으로 계획한다.

② 업무공간, 접대공간, 휴식공간 등 제실에서 요구하는 기능적인 만족과 함께 심미적, 심리적인 측면도 아울러 강조한다. 장시간의 업무에 적응할 수 있는 적절한 작업시

설과 정서적인 실내분위기가 조성되도록 계획한다.

③ 전체 사무공간에서 느껴지는 독특한 분위기로 기업의 이미지를 표현한다.

④ 직제, 기구의 변화, 직원의 증감 등 사무체제 변화에 따라 대응할 수 있도록 융통성있게 계획하는 것이 바람직하다.

⑤ 계획에 있어 오픈 오피스 및 오피스 랜드스케이프의 적용과 함께 사무자동화인 OA기기 사용에 따른 소음, 발열, VDT작업 등을 고려하여 VDT에 적합한 시각환경, 각종 소음의 차음과 흡음 대책, 쾌적한 공조의 확보 등의 문제를 해결하여야 한다.

| 표 5 -3 | 종합적인 오피스계획의 흐름

전체를 파악한다.	확정을 변경하지 않는다.	제1단계의 분석	대략적인 스케치	대략적인 조정	기본계획	세부조정	결정	실시

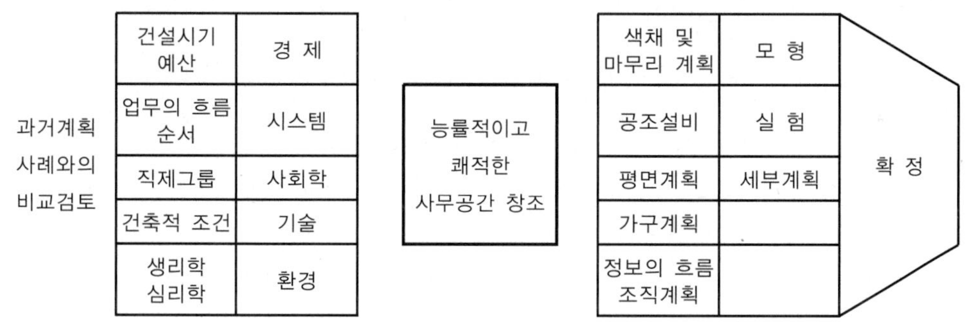

2. 1
기획 및 계획조건

사무공간의 실내계획은 기업의 경영방침을 비롯하여 희망, 요구사항이나 제약사항을 확실하게 파악하는 작업인 기획企劃 및 계획조건計劃條件의 파악을 우선하여 전개한다.

(1) 경영방침

기업의 경영방침 및 미래의 사업방향은 적절한 기업의 이미지로 실내계획에 표현되도록 해야 한다. 또한 기존의 운영조직 체계를 조사하여 보다 능동적인 작업환경으로 개선되도록 계획한다.

(2) 내부적 계획조건

실내계획에 있어 희망 요구사항은 내부적 조건으로 해당업무 및 작업진행상 행해지는 접촉에 관한 정보와 사무환경에 대한 사용자의 요구사항이다. 이 조건은 설문조사와 사용자의 면담을 통해 조직의 성격, 사무작업의 종류, 사무처리방법, 조직체계, 커뮤니케이션 형성 등 내부구조를 명확히 한다.

(3) 외부적 계획조건

제약적 사항은 외부적 조건으로 평면형태, 개구부의 위치와 크기, 기존 마감상태, 공조 및 소방설비, 조명과 같이 건축적으로 주어져 실내계획에 영향을 미치는 제조건들이다. 쾌적한 사무실 환경을 조성하도록 모든 조건들을 파악하여 종합적으로 계획에 반영한다. 계획에 있어 극복해야 할 조건일 경우 이에 수반되는 비용의 증가 및 공사의 확장, 공사기간 등의 측면을 철저히 고려하여 결정한다.

(4) 사무조직 체계와 레이아웃

사무기능에 대응한 적절한 조직체계는 보다 능동적이고 능률적인 사무공간 계획의 기본이다. 이는 단순작업의 반복에서 자료를 분석하여 결론, 판단, 사고, 창조적인 작업으로 변화시키도록 함으로써 전략적 차원에서 사무환경의 개선을 가져오기 때문에 중요하다.

① 작업의 종류는 한 사람의 책상에서 작업, 흐름작업, 공동 작업, 상담, 손님 접대, 그리고 팩스나 전자계산기, 타이프 등의 기기를 사용하는 작업, 서류를 배부하는 등 돌아 다녀야 하는 작업으로 분류된다.

② 각 부서별로 인원을 파악하고 모든 조직체계를 파악한다. 조직체계란, 일반적인 직제표에서 나타난 것이다. 조사함에 있어 상하의 명령계통 및 업무체계를 명확히 표시한다. 직급별, 업무기능에 따른 피라미드 경우 수직적 조직체계로 작성된다. 개개인의 능동적인 행동의 가능성을 배제하고 정해진 규칙에 따라 모든 부서 인원을 부품으로 취급하며 행동의 표준화에 의해 직위, 업무범위, 권한 등을 명백히 한정하여 파악한다.

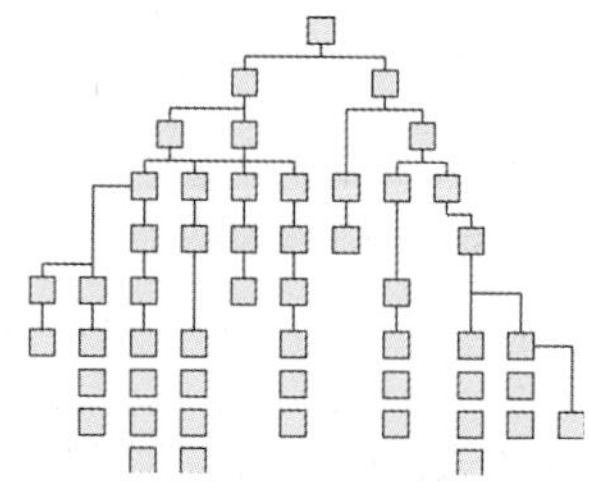

|그림 5 -4| 일반적인 직급별 조직체계 파악

③ 조직체계에서 부서나 개인간의 업무 상관관계 및 빈도에 따라 몇 개의 단위그룹을 결정하고 모든 직원의 업무에 따른 커뮤니케이션을 조사 분석한다. 사무공간 내의 커뮤니케이션 유형은 전화, 서류, 개인적 방문 등으로 이들 유형별로 흐름과 양을 파악한다. 이 때 집계표를 사용하는 것이 효과적이다. 이 표를 모든 직원에게 배부하되 소속된 단위집단은 배제하고 모든 다른 그룹에서 오는 커뮤니케이션만을 기록한다.

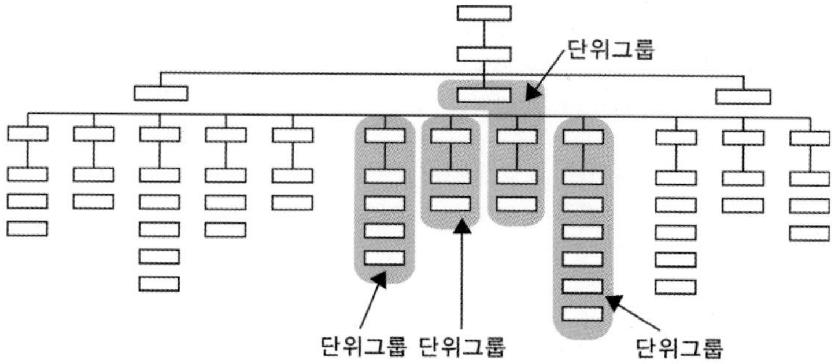

|그림 5 -5| 조직체계에 따른 단위그룹 결정

커뮤니케이션의 분석은 상호 연관작용의 척도인 상관 관계표에 표시한다. 상관 관계표는 단위그룹별로 커뮤니케이션을 도식적으로 표현하는 방법이다. 각 그룹별로 타 그룹과의 관계를 고려하여 공간배치에 있어 최적의 위치를 선정하고 조직과 기능을 분석, 커뮤니케이션을 분석해 작성한 매트릭스이다. 단위 그룹별 인원수에 따른 크기를 정하고 임의의 번호를 정하여 그 결과에 따라 근접해야 하는 단위그룹이 결정되고 단위그룹 간의 상관관계 정도는 선의 강약으로 표시된다. 이 상관 관계표 중에 빈도가 높은 그룹은 중심에 위치시키고 사무공간의 관련 정도에 따라 부서별로 레이아웃을 하면 자연스러운 동선체계가 형성된다.

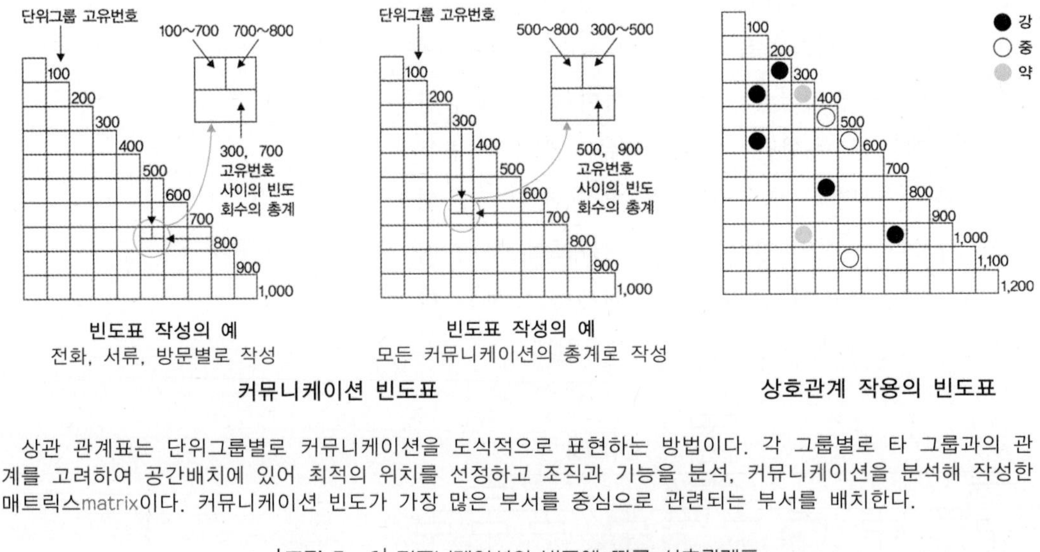

빈도표 작성의 예
전화, 서류, 방문별로 작성

빈도표 작성의 예
모든 커뮤니케이션의 총계로 작성

커뮤니케이션 빈도표

상호관계 작용의 빈도표

상관 관계표는 단위그룹별로 커뮤니케이션을 도식적으로 표현하는 방법이다. 각 그룹별로 타 그룹과의 관계를 고려하여 공간배치에 있어 최적의 위치를 선정하고 조직과 기능을 분석, 커뮤니케이션을 분석해 작성한 매트릭스matrix이다. 커뮤니케이션 빈도가 가장 많은 부서를 중심으로 관련되는 부서를 배치한다.

|그림 5 -6| 커뮤니케이션의 빈도에 따른 상호관계표

④ 전체 레이아웃이 확정되면 이를 근거로 단위그룹의 인원과 작업의 성격에 따라서 필요로 하는 가구와 사무기기 등의 수량을 정하고 동선계획에 의한 개인작업공간으로 세분화시킨다. 각 작업자의 요구와 작업유형에

맞도록 디자인하되 기능적인 가구와 사무기기를 고려해야 한다. 서류보관체계에 따른 가구 및 사무가구의 필요성도 파악하여 계획에 반영한다.

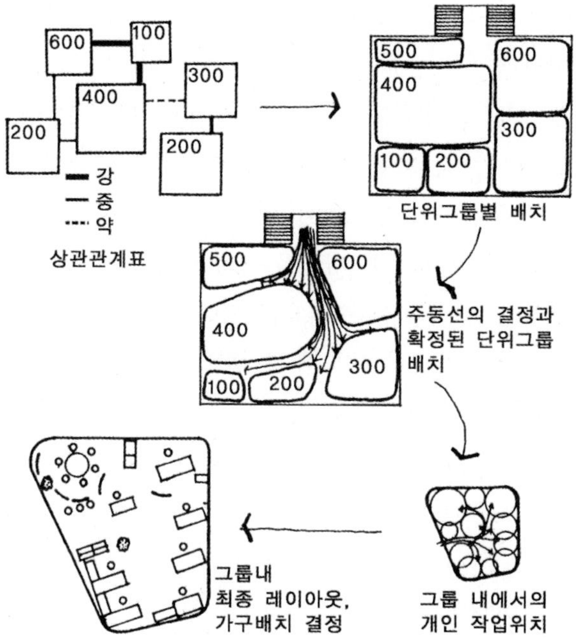

|**그림 5 -7**| 단위그룹별 레이아웃

2. 2
개인실과 가구배치

내 · 외부적 계획의 조건을 파악하여 직급에 따른 개실個室의 크기와 개수, 칸막이와 책상, 서류장 등의 필요가구와 그 배치를 결정한다.

외국의 경우는 가구배치와 실의 위치에 따른 지위의 표현에 구애가 없으며 구두의 상담도 타이프로 문장화시키는 사무처리 습관과 프라이버시의 침해를 중시하는 경향으로 큰 실은 적고, 작은 개실의 수가 많다. 그러나 우리의 경우 신분상 직급 서열을 중시하는 경향으로 가구배치에서 책상크기, 의자크기, 소파의 배치와 유무有無 등으로 다양한 지위를 표현한다.

대부분 오픈 오피스로 개실은 부장급 이상의 고위직급에 한정하며 큰 실의 사무공간은 출입구와 가까운 측에서부터 사원이 제1선, 과장이 제2선, 부장이 제3선, 그리고 그 이상은 별실의 제4선이나 창 측에 위치한 별도의 책상배치가 일반적이다. 직위가 높아질수록 책상과 의자의 크기도 커지고 좋아지며 출입구에서 멀리 떨어진 사무실 안측 또는 창가에 위치하거나 개실을 소유한다. 또한 개실의 크기도 직위가 높아질수록 넓으며 소파, 탁자 등도 놓여진다. 한편, 최근 직급서열에 대한 획일적인 레이아웃을 반성하여 사무의 흐름과 작업내용의 성격을 중요시하는 오피스 랜드스케이프가 컴퓨터회사, 증권회사, 은행 등의 사무공간에 점차 시도되고 있다.

(1) 개실과 가구배치의 기본

① 작업 커뮤니케이션의 실질적인 형성은 물리적 계획에 근거하므로 교류가 잦은 사람은 인접시키고 팀워크의 작업자는 단위그룹별로 배치하고 가능한 동선이 짧도록 한다.
② 작업공간은 작업에 따라 필요한 가구와 사무기기만으로 구성한다.
③ 서류 보관시설은 분산시키지 아니하고 중앙에 수납시스템을 별도로 마련한다.
④ 소음 발생원은 가능한 사무공간에서 격리시킨다.
⑤ 시선이 부딪치는 배치는 피하되 접촉이 유지되도록 배치한다.
⑥ 순환동선은 가급적 기하학적 형태를 피하고 자연스러운 동선체계를 갖도록 한다.
⑦ 모든 직원이 사용하기 편리한 위치에 휴식공간을 마련한다.

⑧ 가구배치를 결정하는 기준은 기업 내부의 직제에 의한 형식, 외래객에 대한 체면의 필요 정도, 사무기기와 제도기기의 사용 빈도, 사무용품의 양, 서류의 양 등이다. 또한 사무작업석마다 필요한 바닥면적은 가구, 선반, 서비스면적과 같이 작업기능에 필요한 면적과 통로면적, 체면이나 격조를 위해 사용하지 않는 면적, 구분이나 분절을 위한 면적을 합하여 산정한다. 한편 사용빈도가 큰 비품은 이용 상태를 배치기준으로 한다.

분절용 면적은 경험에 의한 인원마다의 추가면적으로 코어부분에서 사무작업석으로의 주요통로이며 사회학적 경계설정을 위한 작업그룹 간의 완충공간이기도 한다. 또한 빛, 소리에 대한 차폐 및 주통로를 명시하기 위해 식물이나 키 큰 수납장이 놓여지는 공간이기도 하다.

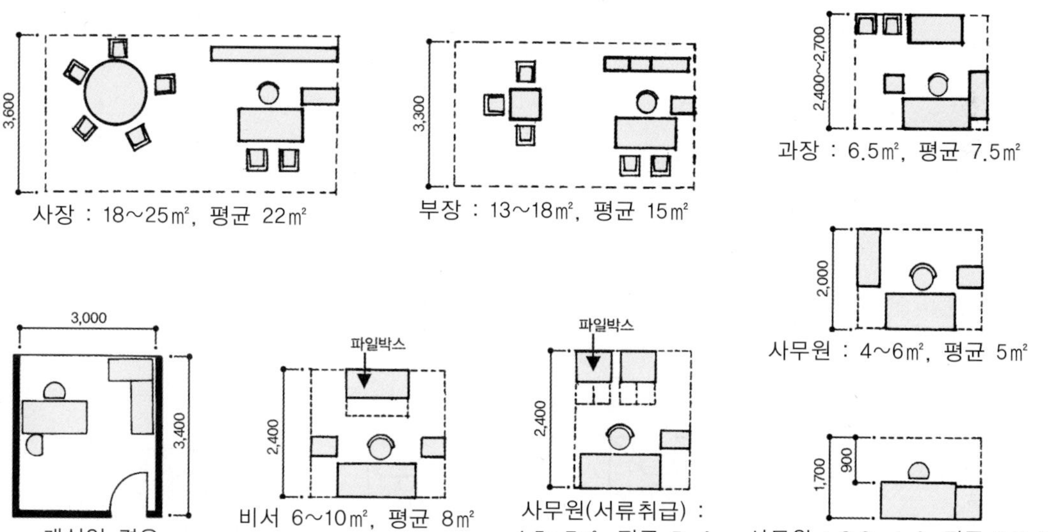

|그림 5 -8| 직급별 사무작업의 필요면적

⑨ 같은 부서 내의 모든 가구와 비품배치는 평행이 되어 방향이 통일되도록 한다. 그러나 같은 공간에 다른 부서와 같이 위치할 경우 다른 방향으로 가구 배치한다. 인접한 단위 그룹의 책상방향이 다를 때는 같은 방향끼리는 동일한 소속을 나타낸다. 또한 부서와 부서 사이에 칸막이나 식물 등으로 경계를 만들어주거나 주통로 폭을 넓게 하여 경계공간을 둔다.

⑩ 책상이 밀집된 배치일수록 오픈오피스에서는 유동적인 개방공간을 고려한 계획이 필요하다.

⑪ 책상의 정면은 통로나 출입구의 시계視界 밖에 위치하도록 하여 작업자의 업무공간이 통로나 입구에서 훤히 보이지 않도록 한다.

⑫ 대규모의 오픈오피스의 경우 가구배치의 기준은 기둥위치이다. 실의 중앙에 기둥이 있을 경우 이 기둥을 피해서 가구를 배치하며 기둥이 통로부분을 막지 않도록 한다.

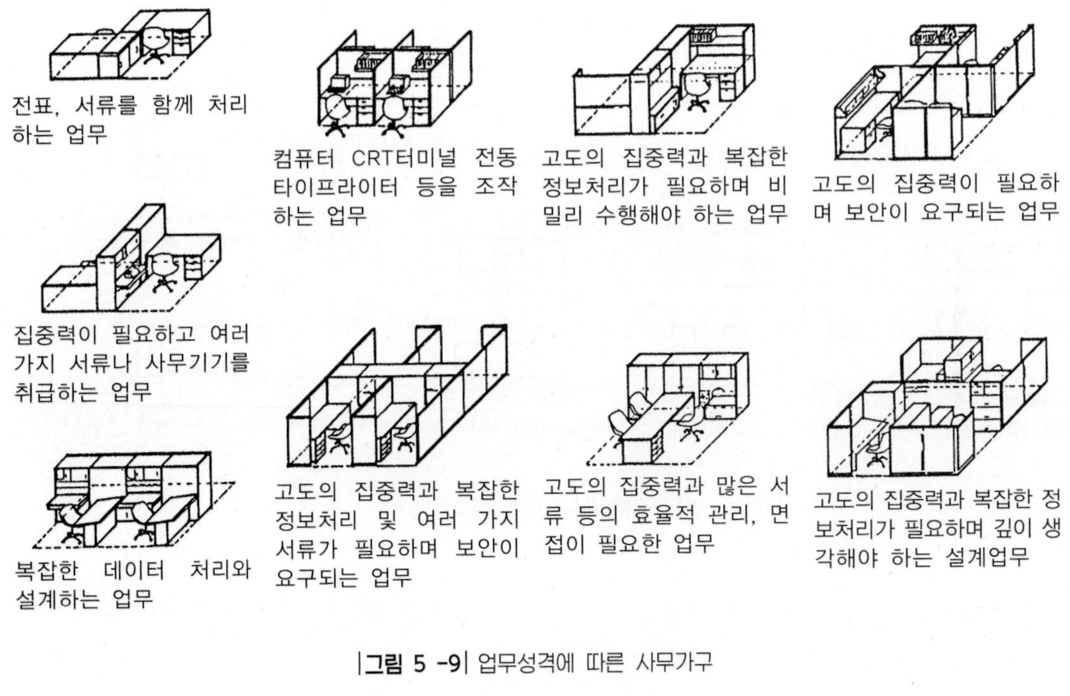

|그림 5 -9| 업무성격에 따른 사무가구

(2) 책상배치의 유형

가구배치는 가까이에 있는 책상과 어떻게 마주하느냐에 따라 동향형, 대향형, 좌우대향형, 십자형, 자유형으로 나누며 그에 따른 특성은 다음과 같다.

① **동향형** : 책상을 같은 방향으로 배치하는 형식으로 가장 일반적이다. 대면對面시선에 의한 프라이버시의 침해를 최소화할 수 있다. 통로가 명확히 구분되고 잡담을 줄일 수 있는 반면에 대향형에 비해 면적효율이 떨어진다.

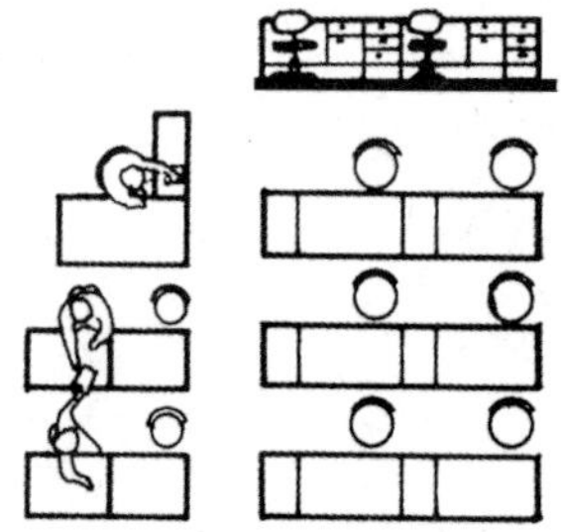

| 그림 5 -10 | 동향형

② **대향형** : 책상이 서로 마주보도록 하는 배치로 면적효율이 좋고 커뮤니케이션의 형성에 유리하며, 전화와 전기 등의 배선관리가 용이하다. 반면에 대면시선에 의해 프라이버시가 침해당하기 쉽다. 일반 업무, 특히 공동작업으로 자료를 처리하는 영업, 관리 업무에 적합하다.

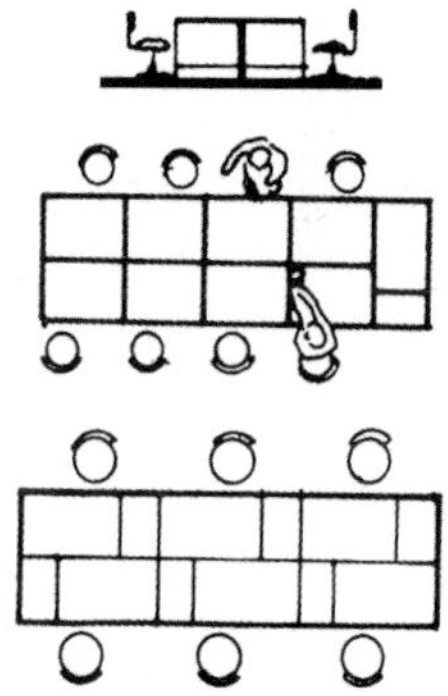

| 그림 5 -11 | 대향형

③ **좌우대향형** : 좌우대향형은 대향형과 동향형의 양쪽 특성을 절충한 형태이다. 조직관리자면에서 조직의 융합을 꾀하기 쉽고 정보처리나 집무동작의 효율성이 좋다. 그러나 배치에 따른 면적 손실이 크며 커뮤니케이션의 형성에 불리하다. 생산관리업무, 서류와 전표 등 독립성있는 데이터 처리업무에 적당하다.

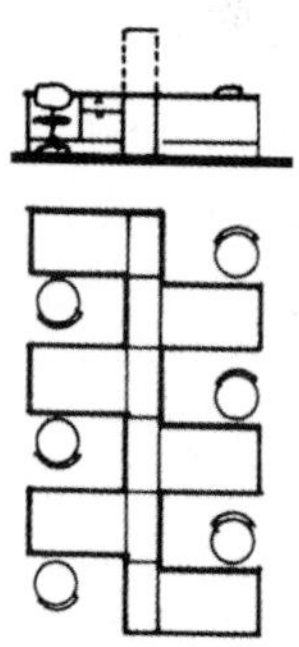

| 그림 5 -12 | 좌우대칭형

④ **십자형** : 4개의 책상이 맞물려 십자를 이루도록 배치하는 형식으로 십자형의 책상배치가 한 단위그룹을 이룬다. 그룹작업을 요하는 전문직 업무에 적합하며 커뮤니케이션이 원활하다. 한편 3개의 책상이 맞물려 모아질 경우 삼각형의 배치가 한 단위 그룹을 이룬다.

⑤ **자유형** : 낮은 칸막이로 한사람의 작업활동을 위한 공간이 주어지는 형태로 독립성을 요하는 전문직이나 간부급에 적합한 배치이다.

| 그림 5 -13 | 십자형

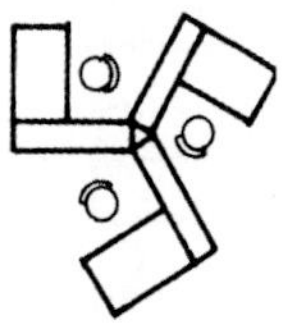

| 그림 5 -14 | 삼각형

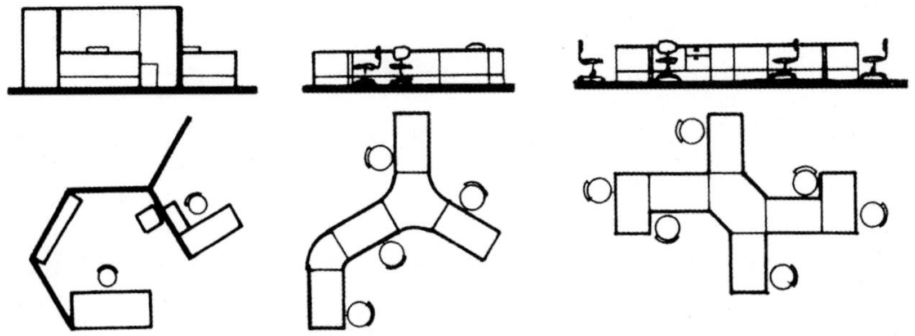

| 그림 5 -15 | 자유형

| 그림 5 -10~15 | 책상배치의 유형

2. 3 동선계획

건축물 내에서 사무공간의 위치와 형태는 매우 중요하다. 공간의 위치가 광선의 방향을 결정하고 공간의 형태는 동선의 위치와 방향에 영향을 주기 때문이다. 사무공간에 있어 동선은 사람, 서류, 물건의 동선이 있으며 이 동선은 서로 교차하지 않는 것이 원칙이다. 능률적인 사무를 위한 동선계획의 기본은 다음과 같다.

① 같은 층에 있어 모든 작업평면은 하나의 코어core에 기능적으로 집약되도록 하며 모든 외래객의 동선, 객층 간의 동선 및 모든 문서전달의 동선은 이 코어를 통과하도록 한다.

② 모든 가구는 단위그룹별로 순환동선 내에 배치하도록 하며 적절한 위치에 간결하게 동선 처리한다.

③ 회의용 또는 휴식용 테이블은 모든 작업공간에서 쉽게 도달할 수 있는 위치에 배치한다.

④ 주통로는 폭이 2,000 이상, 일반 통로는 1,000 이상, 단위그룹 간의 통로는 700 이상이 되도록 한다. 통로를 지날 때 타인의 방해를 받지 않고 지나다닐 수 있도록 충분한 폭을 취한다.

⑤ 작업공간의 접근은 정면, 좌측 또는 우측에서 비스듬히 접근하도록 하여 시선이 마주치지 않도록 한다. 또한 부서간의 통로는 부서장에 대해 정면이거나 좌우로 비스듬히 설정한다.

⑥ 관계있는 부서는 의사전달을 원활히 하기 위해 관리자의 시야범위인 10m 이내에 배치한다.

⑦ 각 부서나 팀별로 환경적인 차원에서 동선처리하고 아울러 가구배치를 모듈에 맞게 계획하면 1인당 사용면적이 절약되어 경제적 측면에서 유리하다.

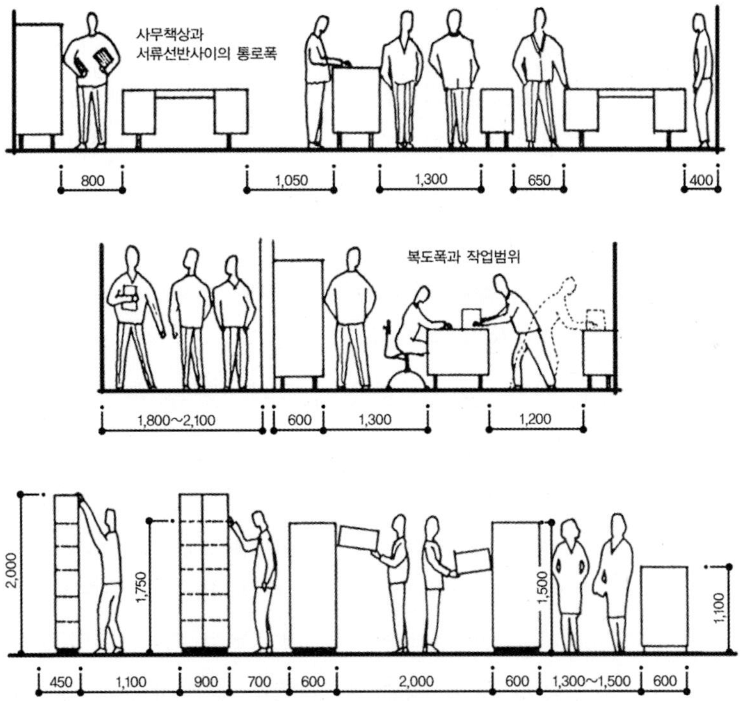

| 그림 5 -16 | 주방의 기능도

2. 4
평면, 입면계획

사무공간에 있어 필요한 실을 만들기 위해 세워지는 벽체의 칸막이는 다음과 같은 기준으로 계획한다.

① 칸막이는 기둥, 보의 위치를 고려하여 구획한다. 건축에서 그리드 플래닝grid planning이나 모듈시스템이 적용되었다면 가능한 이에 준하여 실의 평면, 입면을 계획하는 것이 바람직하다. 즉, 칸막이의 위치를 규칙적인 선인 그리드상에 한정시켜 상정想定한다. 설비적인 변경이 적도록 그리드 플래닝이 건축계획에 적용되었다면 실내디자인은 이 그리드에 준하여 개실, 가구배치, 작업석타입, 단위그룹 등을 계획한다. 그러나 이 방법에만 한정시켜 디자인을 전개시키면 자칫 어색한 공간계획이나 경직된 디자인이 될 우려가 있으므로 주의해야 한다.

② 창의 한가운데는 칸막이가 오지 않도록 한다. 기둥이나 창틀에 맞추어 칸막이를 계획하여 창의 형태를 흩트리지 않도록 한다.

③ 평면, 입면계획은 인원의 변화, 부서의 발전, 축소에 의한 가구나 개실의 재배치, 규모나 위치변화에 따른 재조정에 어느 정도 대응 가능하도록 한다.

④ 조명, 콘센트, 전화선의 아웃렛outlet 등도 가구나 실의 배치 변동시 융통성 있게 대응 가능하도록 한다.

⑤ 각 실은 설비적으로 제기능이 충분히 발휘되고 공조설비에 있어 공기의 분포가 균일하도록 환기, 배기구가 모두 있어야 한다. 또한 그룹을 위한 개실이나 회의실은 공조밀도가 평균보다 크기 때문에 열부하 조건이나 신선한 공기의 필요성은 개실과 달라 더 많은 공조설비가 필요하다. 따라서 각 실의 기능에 따라 적절한 공조설비가 되도록 계획에 앞서 기존 설비시스템을 파악, 조정한다.

| **그림 5 -17** | 그리드플래닝에 의한 가구의 예
공간을 적절히 구성할 수 있는 그리드 시스템을 유기적으로 발전시킨 사무가구 시스템 / VOKO社

(1) 그리드 플래닝Grid Planning

그리드 플래닝은 많은 관련 디자인상의 제요소를 종합하여 균형잡힌 계획으로 정리하기 위한 일반적인 계획방법의 하나이다. 일정하게 정해진 규칙적인 형태의 기하학적인 면이나 입체인 그리드를 계획의 보조도구로 사용하여 디자인을 전개하는 것이 그리드 플래닝이다.

그리드grid는 단위작업공간인 워크스테이션work station 또는 단위 그룹별의 능률적인 작업을 위한 최소면적 치수를 기본으로 건축에 적용된 설비그리드 간격과 기둥간격과 배치를 고려하여 그리드의 크기, 방향, 형태가 정해진다.

그리드는 삼각형, 사각형, 육각형 등 다양한 형태를 가질 수 있으나, 단 그리드의 한 변은 어느 가구와도 조합될 수 있도록 통일된 치수체계이어야 한다. 또한 창과의 관계, 칸막이, 문 등 각 부의 비례 등 디자인면도 고려한 치수체계의 그리드이어야 한다. 따라서 그리드에 준하여 개실이 만들어지거나 칸막이가 설치되기도 하며 가구배치, 창, 문 등도 설치된다. 이 때 한 그리드가 개실일 경우 조명, 공조, 스프링클러, 콘센트, 전화아웃레트 등의 설비가 각 유닛별로 완비되어야 한다. 이는 건축적 조건이므로 건축계획의 그리드의 치수체계를 참조하여 그리드 플래닝을 전개한다.

칸막이나 가구 배치의 변경에 따른 설비상의 변경을 축소하려면 그만큼 강한 필요성에 맞추어 일체의 부분을 갖추어 설비해야 한다. 따라서 융통성있는 계획을 전개하고자 할 때는 그리드 플래닝은 어느 정도 적용할 것인가를 결정한다.

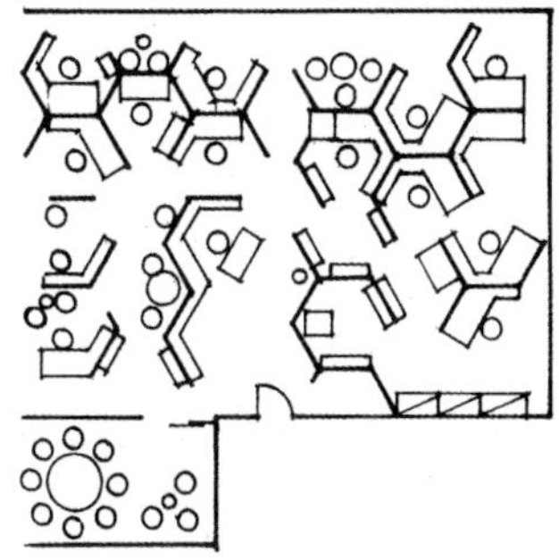

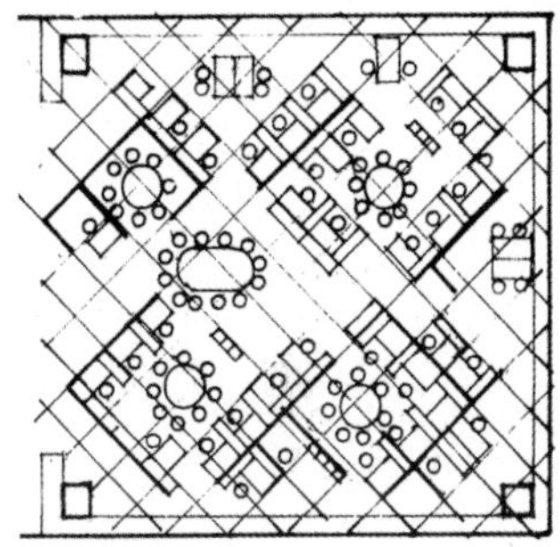

| 그림 5 -18 | 그리드 플래닝을 이용한 평면의 예

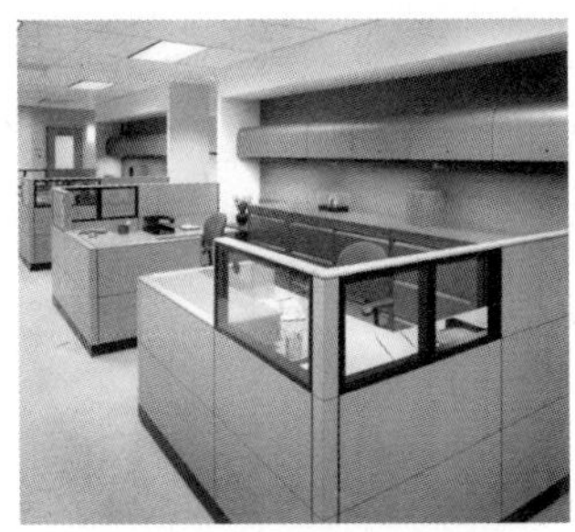

| 사진 5 -1 | 그리드 플래닝을 이용해 설계된 사무공간의 예

(2) 모듈러 시스템Modular System

바닥, 벽, 천장을 구성하는 각 부재의 크기를 기준단위로 한 모듈을 계획의 보조도구를 삼아 생활면에서의 고려는 물론 의장, 구조, 공법 등 갖가지 면에서의 요구를 종합적으로 조정, 해결하는 것이 모듈러 시스템의 적용이며 모듈러 플래닝이라 한다. 계획에 있어 모듈의 단위 치수를 얼마로 정할 것인가에 따라 실의 크기, 각 부재의 치수가 정해진다. 그리고 그리드 플래닝과 함께 적용될 때는 종합적으로 고려하여 그리드와 모듈은 같은 치수체계 하에 있어 조정 가능하도록 하는 것이 경제적, 기술적인 측면에서 유리하다.

모듈의 적용은 크게 수직 모듈, 평면 모듈로 나누어 볼 수 있다.

① **수직 모듈** : 입면이나 내부시설의 단면에 일정한 규칙성을 부여한 것이다. 이 때 인체 치수를 기본으로 예상되는 동작, 눈높이 등을 고려하여 치수의 합리화를 꾀한다. 수직 모듈이 적용되면 스케일이나 외관에서 일정한 비율로 통일된다. 내부공간에서는 일정한 칸막이가 자유로이 이동 가능함으로써 융통성있는 계획이 진행되며, 아울러 여러 구성부재가 규격화되므로 양산화量產化, 프리패브리케이션prefabrication의 생산 합리화와도 일치되어 경제적이다. 또한 천장고를 일정하게 구획하면 구조적 서비스 공간이 확보되고 수직적으로 분할되는 설비도 표준화되어 각 부분마다 균형잡힌 밀도의 환경구성이 가능하다.

② **평면 모듈** : 재료나 다른 물품의 소규모 치수단위를 공간 구성상 필요에 따라 조합할 수 있는 한 유닛unit의 모듈인 기본단위로 선정하여 계획을 전개한다. 1인당 단위면적, 작업석 타입, 표준화된 가구치수, 창, 문, 칸막이의 패널치수, 기둥의 간격, 개실의 최소치수 등은 평면모듈이 될 수 있으며 그리드 플래닝까지 연장하여 적용가능하다. 그런데 재료의 규격, 계획의 편의, 경제성, 이용상의 문제점을 여러 측면에서 분석하여 평면단위의 모듈결정을 고려한다. 아울러 건축에서 적용된 설비와 구조의 모듈을 참조로 한다.

2. 5 가구계획

가구의 디자인과 선정은 기능적 측면의 만족과 함께 분위기 형성에 도모할 수 있어야 한다. 특히 사무용 가구는 편안하고 능률적인 작업을 위해 기능적인 측면이 강조되어 인간공학적인 배려가 필요하다. 또한 사용자가 사용목적에 따라 자유롭게 조립, 분해가 가능하여 어떤 공간에도 설치할 수 있는 시스템 가구로 하면 쉽게 이동하며 여러 조합이 가능하여 융통성 있다. 설계, 재료의 생산, 조립작업에 있어 통일된 치수체계를 갖도록 M.C.를 적용하면 공간에 가변성, 통일성, 균일성을 줄 수 있어 더욱 경제적이다.

가구의 용도와 기능에 맞는 재료를 선택하되 실용성, 심리적, 의장적 측면을 고려한다. 중간색을 선택하면 심리적 안정성을 주며 어떤 색과도 자연스럽게 조화할 수 있어 무난하나 전체 색채계획에 준하여 결정한다.

가구의 스타일은 크게 고전적 가구, 현대적 가구로 나눌 수 있는데 전체 실내 분위기와 스타일에 준하여 선택한다. 고전적 가구는 시각적인 안정감이 있으며 현대적 가구는 단순한 조형이므로 디자인에 있어 적절한 안정감 있는 형태와 텍스처에 대한 조화를 고려한다.

(1) 가구계획의 기본

1) 워크스테이션Work Station

워크스테이션은 사무작업공간의 기본단위로 사무실 내의 한 사람이 차지하는 면적을 기준으로 정해진다. 따라서 작업을 위해 가장 기본이 되는 개인영역이라 할 수 있다. 사용자의 직위나 업무성격에 따라 비품과 사무기기, 서류의 양에 따른 기본가구로 구성된다. 이 때 인간공학적 측면, 대인관계, 안전조건, 감각적인 측면을 아울러 고

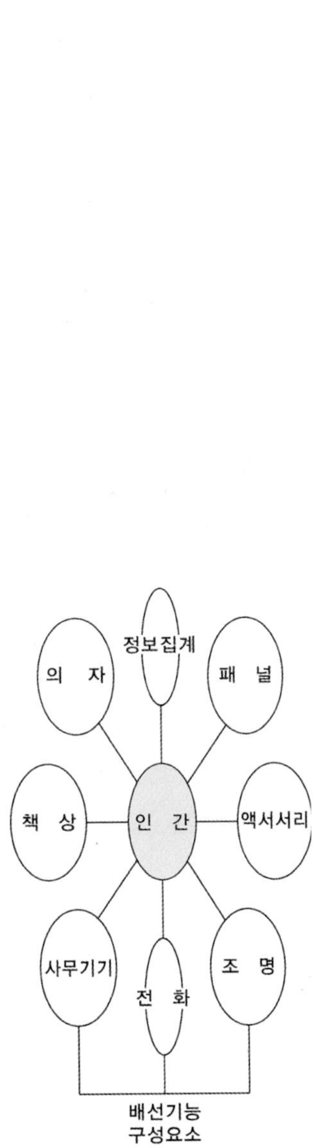

| 그림 5 -19 | 워크스테이션

려한다. 이 워크스테이션은 그리드 플래닝에 있어 그리드의 크기, 형태를 결정하기도 한다.

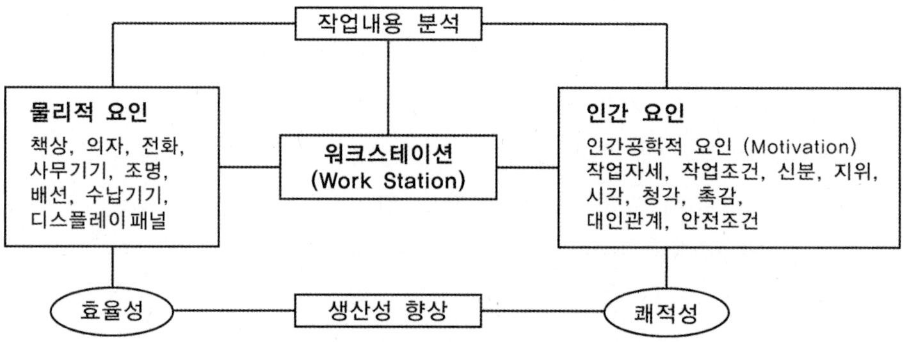

| **표 5 -4** | 워크스테이션 디자인의 목표

2) 작업영역

가구디자인에 있어 인간공학의 적용은 피로가 적고 쓰기에 편리하며 조작에 실수가 없으며 능률적이도록 하기 위해 필요하다. 이를 위해 작업영역의 규정이 필요한데 작업영역은 의자에 앉은 자세에서 신체의 각 부위를 움직여 동작할 때 그것에 의해 만들어 내는 입체적 영역이다. 작업영역의 규정은 책상면의 적절한 넓이에 관계하여 그 적절한 넓이는 작업자의 장악범위에 의해 결정되나 팔길이와 상체의 가동여부 및 의자류의 구조에 따라서 달라진다.

의자에 따른 좌우팔의 장악반경은 좌면고정의 의자에 상반신을 구부려 앉을 경우 각각 65°, 회전의자를 사용하면 1차 회전 시에 각각 30° 확대된다. 회전의자에 앉아 2차 회전 시 좌우 약 90°씩 확대되면 책상의 폭은 700인데 이것이 평균적인 작업 안길이의 최적치수이다.

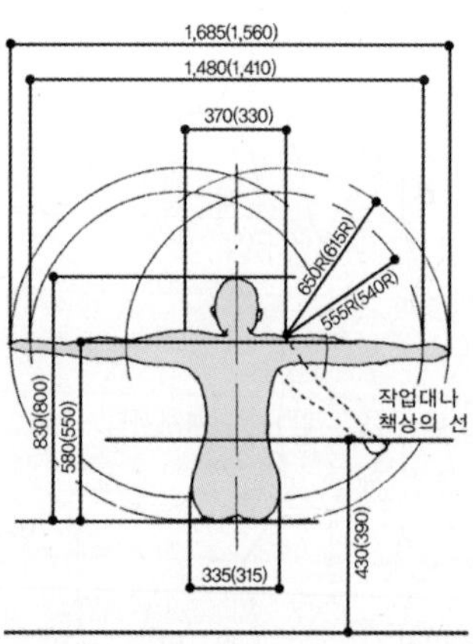

| **그림 5 -20** | 의자 위의 수직 작업역
( )는 여자 평균값

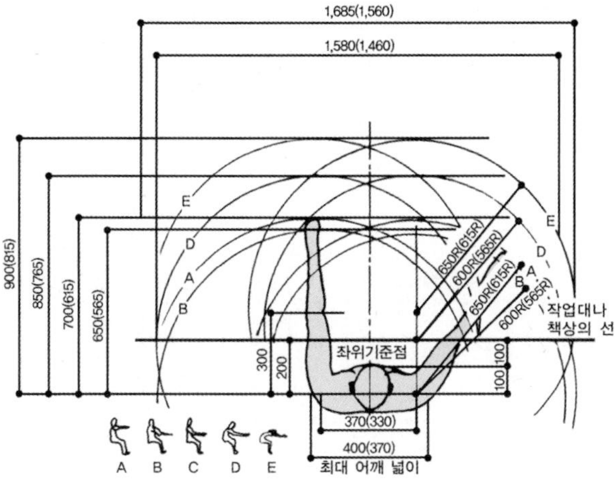

| 그림 5 -21 | 수평 작업역　　　( )는 여자 평균값

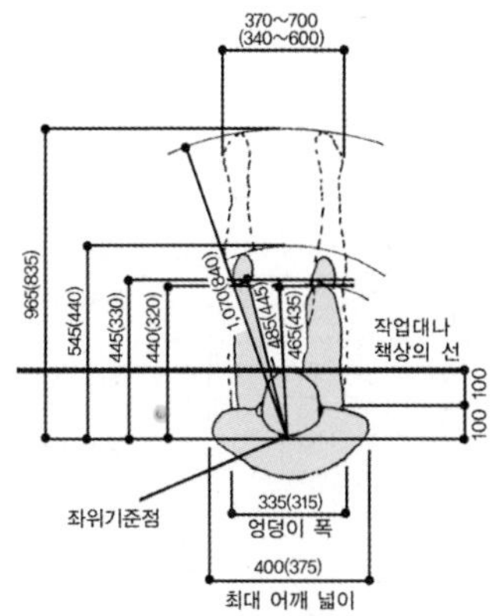

| 그림 5 -22 | 책상 아래의 다리 동작범위　( )는 여자 평균값

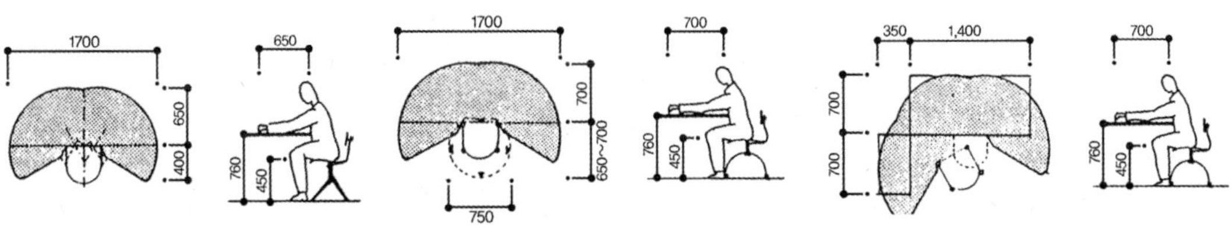

좌면고정의 의자에 상반신을 구부려서 좌석한 상태로 좌우의 작업범위

회전의자에 앉아 제1차 회전(좌우 약 30°씩)에 의한 범위

바퀴가 있는 회전의자에 앉아 제2차 회전(좌우로 약 90°씩)에 의한 작업범위

| 그림 5 -23 | 의자에 따른 작업범위

3) 책상

책상은 기본적인 개인단위의 작업공간이다. 책상에서의 작업동작 측정에 의하면 최적치수는 폭 1,400×700 정도로 이 치수범위 내에는 규격화 된 정리용품이 위치하도록 한다.

책상의 구조에 따라 평책상, 편수책상, 양수책상으로 나눌 수 있다. 사이드 보드side board는 작업에 필요한 물품을 가까이에 두기 위해 최적 작업동작의 치수범위 내에 독립된 보조 테이블을 둔 것이다.

가구 본체의 외부로부터 연결되는 전화선, 전기선, 컴퓨터의 케이블 등은 바닥에서부터 상판까지 효율적이고 미적인 면을 고려하여 배선되도록 한다.

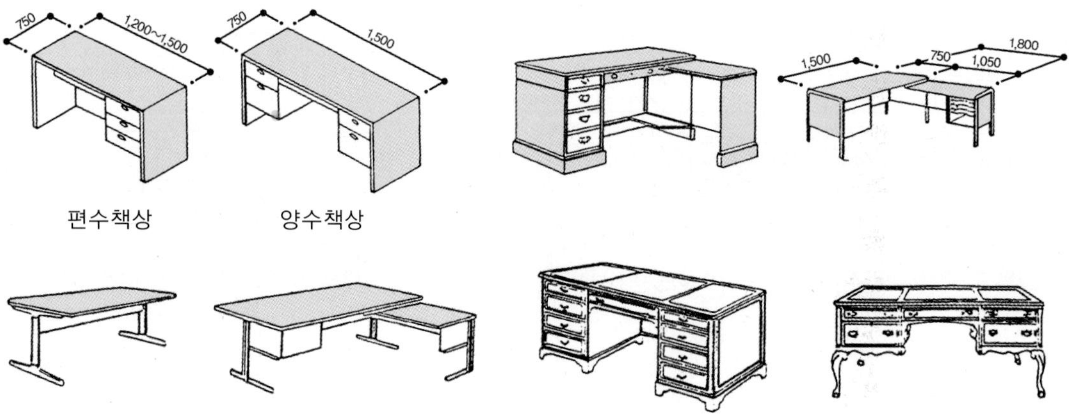

|그림 5 -24| 사무책상의 유형

4) 의자

인체계측에 의한 의자규격과 생리적 요소의 인간공학적인 치수를 적용하여 의자는 사무작업의 형태에 따라 기능적이어야 한다. 신체적 차이, 업무성격의 변화에 따라 좌면의 높이가 조절될 수 있도록 한다. 캐스터가 붙은 회전의자는 앉은 자세의 양측과 배면에의 동작 이동범위를 확대시킬 뿐만 아니라, 편리하며 작업시간의 단축을 가져올 수 있다.

(2) O.A. 가구

O.A는 오피스 오토메이션office automation, 즉 사무자동화로 2차 세계대전 후 포드모터사의 공장에서 생산성 향상을 위한 자동제어의 방법을 지칭하여 사용되기 시작하였다. 본격적으로 사무가구에 O.A. 개념이 도입된 것은 1977년 독일의 국제적인 사무기기 회사인 하노버리코에 의해서이다.

Michael D. Zisman에 의하면 O.A란 종래의 데이터 처리 기술로는 다루기 어렵고 불투명한 구조를 가진 대량의 업무에 대해 컴퓨터, 기술통신, 기술시스템 과학 및 행동과학을 적용하는 것이다. 사무실의 제반 업무 처리 과정에서 능률 향상을 위해 행해지는 것이 사무 자동화로서 단순한 기기도입이 아니라 단순한 수작업을 O.A.기기로 대체하여 정보처리를 빠르게 하고 사람의 가동률을 최대로 높이고 창조성을 최대한으로 발휘시키고자 한다.

|표 5 -5| O.A.의 개념도

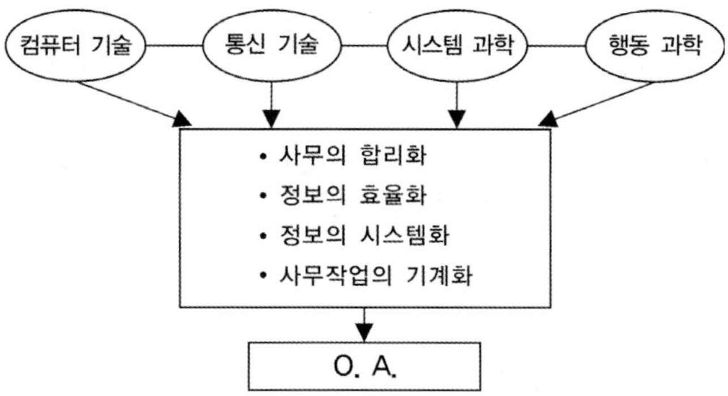

1) O.A.의 등장배경과 필요성

O.A의 등장배경과 필요성은 기업운영적, 경제적, 사회환경적, 기술적 이유로 구체적으로 설명하면 다음과 같다.

① 기업운영적 이유

공간절약, 문서작성, 보관, 인건비, 자재 등에 대한 사무비용의 감소와 업무량의 증가로 인한, 특히 복사기의 보급으로 서류정리가 간편해진 반면 카피매수가 필요 이상 증가되어 많은 문서와 보관 장소가 필요하게 됨에 따라 면적감소의 방안이 모색되었다. 또한 인건비와 각종 자재비의 상승은 문서 작성비를 상승시킴으로써 O.A.는 그 필요성이 커졌다.

② **경제적 이유**

사무노동의 생산성 향상을 위해 필요하다.

③ **사회환경적 이유**

오늘날 정보화 사회로 기업의 규모도 광대해짐에 따라 서비스산업 등의 3차 산업의 확대를 가져왔다. 이와 같은 산업구조의 변경으로 정보량이 증가하고 그에 따른 사무처리량도 늘었기 때문이다.

④ **기술적 이유**

컴퓨터의 하드웨어, 소프트웨어의 급진적인 발달과 함께 사무기기에 컴퓨터를 도입함으로써 생산성을 향상시킬 수 있다. 컴퓨터의 고기술화, 고신뢰화, 소형화, 저전력화, 저가격화로 사무자동화는 급진적으로 확산, 각광받고 있다.

2) O.A.의 기대효과

O.A.로 인하여 정보를 쉽게 접근, 이용이 가능해짐에 따라 다음과 같이 파급되는 기대효과를 갖는다.

① 정보의 이용은 상황판단과 결정을 도와줘 정보판단의 시행착오를 최소화시키고 아울러 시간이 절약된다. O.A 기기의 사용은 정보의 이용으로 일의 도구가 축소되고 업무절차가 간소화되어 사무공간의 절약뿐만 아니라 업무습관을 변화시키며 일에 대한 사고방식도 변화시킬 수 있다.

② 조직의 최적화로 사무원, 전문가 등 개인능력을 향상시키고 적절한 인력구성, 단순작업의 최소화, 개인과 조직의 융통성 향상을 가져온다.

③ 업무의 정확성이 개선되어 단위시간당 작업량이 증가하고 개인별 작업시간의 단축으로 사고 및 창조시간이 향상되어 업무의 질적인 향상과 함께 생산성이 증대된다.

④ 정보획득 시간이 단축되고 적절한 형태의 정보획득으로 의사결정이 개선되고 경쟁력이 증대된다.

3) O. A.의 문제점

한편 점차 사무자동화가 이루어짐에 따라 이에 수반되는 다음과 같은 여러 문제점이 지적되었다.

① 생산성의 측정에 장애가 될 수 있다. 일에는 적당한 정도의 다양성과 창조성이 필요한데 한 가지 일만을 집중적으로 처리함으로써 사무처리에 장애가 되기도 한다.

② 인간적인 측면으로 사회에 대한 충격과 반응, 변화=불안, 자동화=실적, 자동화=손실의 자유, 정보=힘이라는 시각을 가져왔다.

③ 정보기술에서 통신의 역할이 증가되었다.

④ 사람이 가진 기능에 영향을 미쳐 완전한 민주주의와 완전한 전체주의 개인 프라이버시의 보호와 파괴, 완전한 부전 방지와 거대한 완전범죄, 유연성, 경직성과 같이 상반되는 사회를 지향함으로써 여러 사회 문제를 일으킬 수 있다. 특히 완전한 민주주의는 데이터를 공유함으로써 의사결정이 분산되고 의사결정에 전원이 참가, 의견교환, 회합, 토론이 용이하다. 완전한 전체주의는 데이터 접근이 특정인이나 그룹에게만 가능하고 모든 사람을 제어감시가 가능하다.

4) O. A. 업무공간의 특성

사무공간에 전자화일이나 디스크 등 O.A.의 도입으로 실내면적이 넓어졌으나, 컴퓨터 등 사무기기의 사용은 이에 필요한 특별한 공간의 설정이 요구되어 사무공간의 실내계획에 영향을 미쳤다.

전기통신장비의 사용으로 충분한 동력공급의 시설이 필요하며 컴퓨터실이나 중앙처리장치실과 같은 특수한 공간이 마련되어야 한다. 이 공간은 컴퓨터를 위한 충분한 면적과 함께 설비된 기계의 크기에 따라 10~20평 정도의 면적이 필요하다. 항상 온 · 습도는 일정하여 습도는 50±10%, 온도는 21±3℃를 유지해야 한다. 동력의 공급을 위해 플로어를 사용하되 다른 면보다 바닥면이 높아져 액세스 플로어access floor를 취한다. 컴퓨터실 내의 작업자와 관계부서의 동선을 고려하여 적절한 위치를 정한다.

오픈 오피스에 있어 일반 사무원의 소요면적은 5~8.5㎡/인 정도이나 O.A.사무실에서 터미널 사용자는 4.6~9.5㎡ 면적이 필요하며 경영자는 중역회의나 접견공간도 필요하므로 19~32㎡ 면적이 필요하다. 단위 작업공간, 즉 한 사람이 필요한 작업공간은 책상, 컴퓨터 테이블, 의자로 구성되는데 최소 4.8㎡가 필요하며 취급업무에 따라 기기면적이 포함되어야 한다.

O.A.가구에 시스템화를 적용하여 O.A.시스템 가구의 확대된 개념으로 디자인하는 것이 바람직하다. 경제적 효율성과 사무능률의 향상을 도모할 수 있기 때문이다. 이와 함께 능률적인 사무실의 레이아웃, 색채, 실내조경, 실내연출 등의 계획으로 보다 쾌적하고 능률적인 사무 생활환경을 가져오도록 한다.

|그림 5 -25| O.A. 가구의 예

(3) 시스템 가구

시스템이란 개개의 부분은 서로 상이하나 그 부분들의 집합은 하나의 통일체를 이루는 것을 말한다.

시스템 가구는 가구와 인간과의 관계, 가구와 건축구체建築構體와의 관계, 가구와 가구와의 관계 등 여러 요소를 종합적으로 고려하여 적절한 치수를 산출한다. 전체와 부분은 높이, 폭, 깊이의 치수를 모듈화, 규격화시켜 단위 요소인 컴포넌트component로 구성하므로 원하는 형태로 만들 수 있다. 따라서 시스템 가구의 특징은 다음과 같다.

① 몇 개의 단위 요소로 구성되므로 넓은 공간에 다양한 배치가 가능하다.

② 기능에 따라 여러 가지 형으로 손쉽게 조립, 해체가 가능하므로 가구 배치계획에 합리성을 부여하고 이동이 손쉬워 공간 성격의 변화에 융통성있게 대응할 수 있다.

③ 유연한 동선의 흐름에 근거하여 배치함으로써 명확히 공간을 구분할 수 있다.

④ 색채, 재료, 형태가 통일됨으로써 실내 분위기가 적절히 조성되고 환경을 개선할 수 있다.

⑤ 모듈화 된 가구는 계급의식이 제거되므로 작업환경이 인간화되는 소프트웨어로 유도한다.

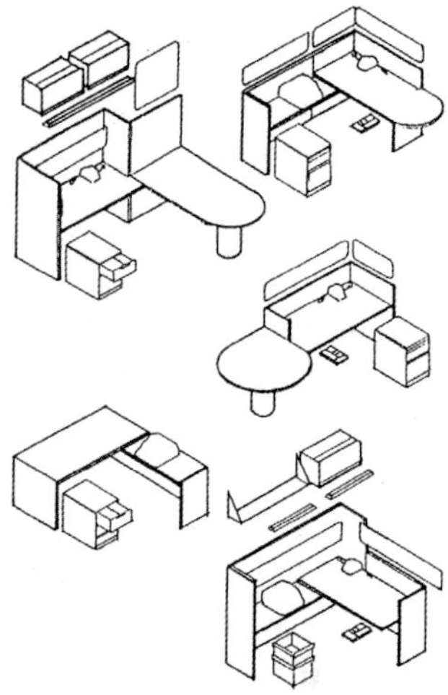

| 그림 5 -26 | 오피스 시스템 가구의 예 -1
/ Mari Bellini가 디자인 한 '마르카트레(Marcatrĕ)'라는 오피스 시스템

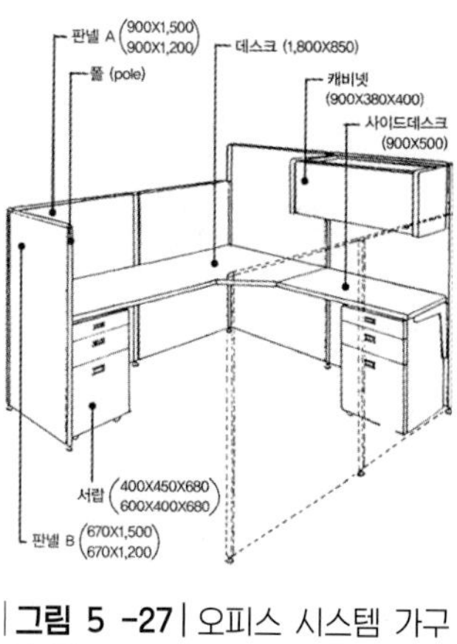

| 그림 5 -27 | 오피스 시스템 가구의 예 -2 / 다다도프社

1) 업무공간에 시스템 가구의 도입

사무공간 특히 오픈 오피스에 시스템 가구가 도입됨으로써 다음과 같은 사무환경의 개선을 가져올 수 있다.

① 수직적 조직체계에 의한 가구배치에서 계급의식이 제거된다.

② 공적 공간에서 준사적 공간으로 변화되어 작업자의 프라이버시를 확보할 수 있다.

③ 면적의 개념에서 볼 때 종래 좌식 작업형태인 평면적 사용, 2차원적인 공간에서 입좌식 작업형태인 입체적, 공간적 사용, 3차원적 공간으로 전환시킨다.

④ 비합리적 수납에서 합리적 수납체계로, 수동적 커뮤니

티에서 능동적 커뮤니티로 전환한다. 전체적으로 개인 작업공간의 360° 중 120°는 출입을 위한 영역이고 240°는 둘러싸임에 의한 활동영역이다. 이 활동영역에 실제 작업면, 커뮤니케이션, 수납기능, 핀업pin-up과 같은 작업 보조기능이 업무내용과 동작을 고려하여 체계적으로 배치된다. 따라서 능동적인 개인 작업영역을 갖도록 하며 아울러 작업능률의 최대화를 꾀할 수 있다.

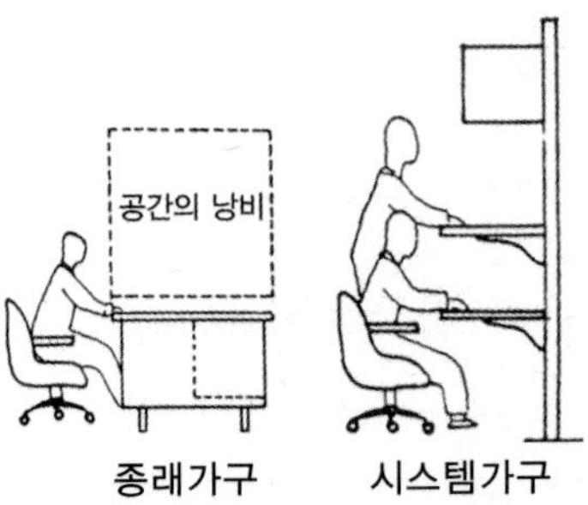

시스템 가구는 입·좌식의 작업형태를 꾀하여 공간을 입체적으로 사용함으로써 경제적이며 효율적이다.

|**그림 5 -28**| 좌식과 입·좌식의 작업형태

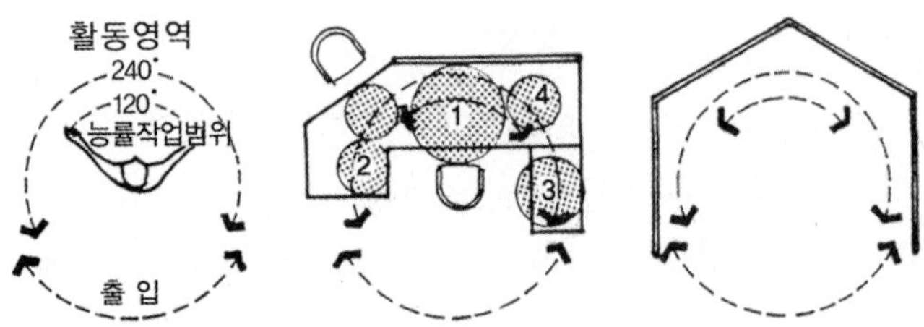

|**그림 5 -29**| 능동적인 활용의 시스템 가구

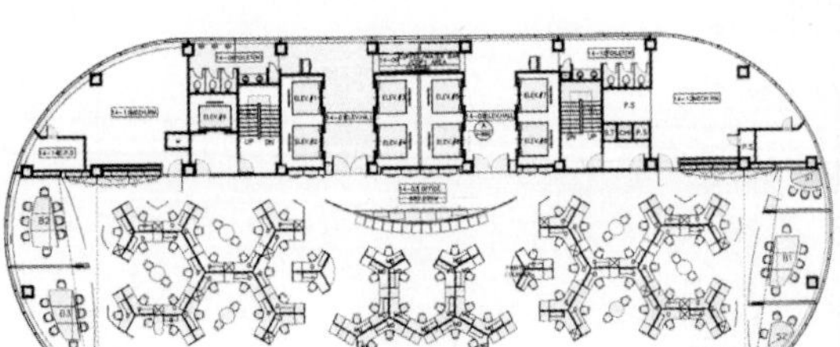

|**그림 5 -30**| HP Korea / Floor plan, 계선 디자인

|**사진 5 -2**| HP Korea

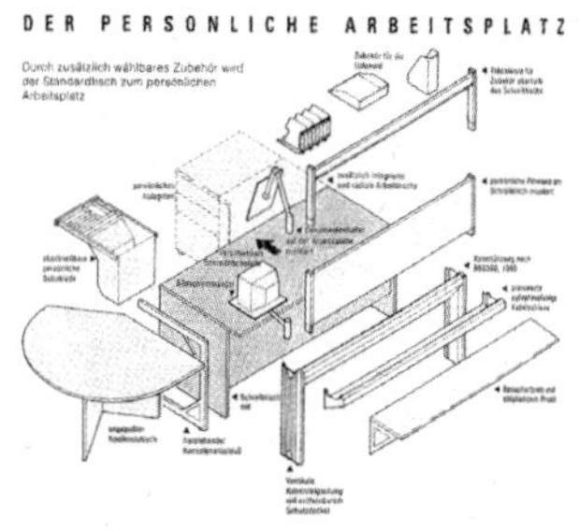

| **그림 5 -31** | 오피스 시스템 가구의 예-3
기본 책상에 조립이 용이한 시스템 유닛부분 가구의 연결을 통해 다양한 사무가구 시스템을 구성할 수 있다.
/ Desking System社

2) 시스템 가구의 기능

시스템 가구의 기능은 공간분할 기능, 수납 기능, 작업 기능이 있는데 공간분할 기능과 수납 기능이 겸하는 경향이 있다.

① 공간분할 기능

공간분할 기능의 가구는 개방된 단위공간을 직급별로, 같은 부서에서의 기능이 다른 공간용도별로 구획한다. 또한 공간의 성격을 명확히 하고 외부로부터 시선을 차단하여 다른 공간용도별로 구획한다. 또한 공간의 성격을 명확히 하고 외부로부터 시선을 차단하여 업무능률의 향상을 기대할 수 있다. 이러한 기능의 가구는 칸막이 부분에 해당하는 것으로 다음과 같은 종류가 있다.

ⓐ **표준 칸막이** : 공간분할의 단순한 독립된 기능을 갖으며 단독설치가 가능하다. 직선적인 가구와 배치가 용이하며 좁은 공간에도 유리하다.

ⓑ **연결 칸막이** : 시스템 가구의 기본요소인 패널을 연결막대에 부착시켜서 공간을 분할하는 칸막이다. 칸막이는 공간분할 기능 이외에 서류비품의 수납, 작업을 위한 패널의 부착이 가능한 벽상구조의 시스템 가구 형식을 취한다. 연결막대에 부착되는 칸막이는 평면패널, 곡면패널 혹은 양자를 조합하여 다각이나 직각으로 연결함으로써 형태를 다양하게 변화시킬 수 있다. 특히 수납, 정리, 작업을 위해 통합된 시스템가구의 워크스테이션work station형식은 몇 개의 규격화 된 패널을 연결막대에 부착한다. 또한 작업대, 서류함, 서류꽂이, 메모꽂이, 핀업보드 등을 설치하여 수직적으로 공간을 활용함으로써 작업공간의 영역을 능률적으로 확대시킨다.

ⓒ **칸막이용 수납가구** : 시선높이 이상의 키 큰 가구를 이용한 칸막이 형식으로 보다 명확하고 구체적으로 공간사용 영역의 한계를 구분한다. 가구로서의 수납기능이 우선하며 가구의 배면은 단순히 칸막이 역할 이외 핀업보드pin-up board, 메모꽂이 등으로 활용가능하다.

특히 곡면패널의 칸막이는 곡면으로 인해 사무실 전체의 분위기를 부드럽게 하고 곡면의 평면배치는 동선을 자연스럽게 처리해준다. 곡면의 활반사活反射는 개방된 공간의 소음을 감소시킬 수 있으나 직선구조의 가구와 접할 경우 공간이 낭비되므로 평면과 곡면패널을 혼용하거나 워크스테이션으로 일체화시키는 것이 효과적이다.

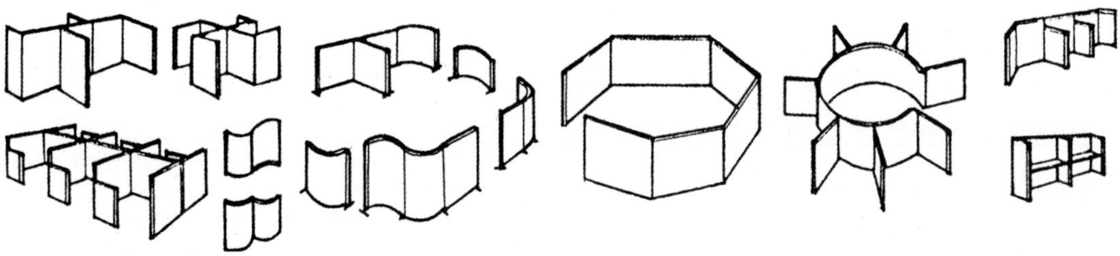

|**그림 5 -32**| 칸막이의 다양한 조합

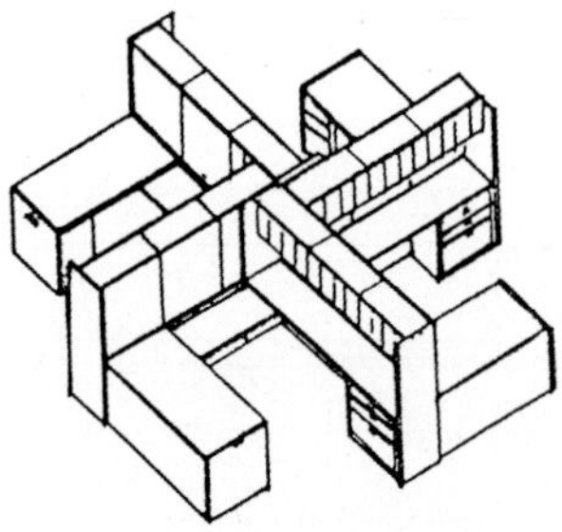

|**그림 5 -33**| 연결 칸막이의 시스템 가구

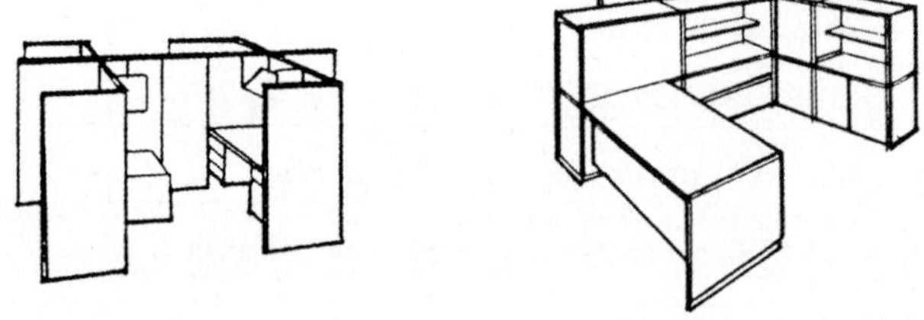

|**그림 5 -34**| 칸막이용 수납가구의 시스템 가구

또한 칸막이는 소음을 흡수하도록 내부에 흡음재료를 삽입하고 음의 반사가 적은 직물로 마감처리한다. 그리고 두께를 어느 정도 두껍게 하여 구조적인 면, 시각적인 면에서 안정감을 주도록 한다.

공간의 성격, 직급별, 동일 직급 내에서 업무의 성격

에 따라 프라이버시가 다르게 요구되므로 적절한 높이를 선택한다. 시선차단의 범위에 융통성을 부여하여 커뮤니케이션을 회복시켜야 한다. 일반적으로 칸막이의 높이는 낮았을 때와 섰을 때의 시선높이를 고려하여 1200, 1350, 1600, 1800의 치수체계를 갖는다.

② 수납 기능

각 개인이 맡은 업무내용에 따라 소유하고 있는 서류의 양과 종류가 다르고 작업공간 또는 워크스테이션의 크기와 모양에 따라 서로의 수납방식이 다르다. 일반적으로 수납기능의 가구는 서류장과 서류함인데 서류장은 자주 사용하지 않는 서류를 부서별, 내용별로 체계적으로 정리하기 위한 보관용 수납가구이며 중요도와 사용빈도에 따라 개방식, 밀폐식으로 하여 부서별로 배치하거나 별도로 칸막이를 부착한다. 그리고 서류함은 개인의 서류정리와 보관을 위한 수납가구로 필요할 때마다 찾고 정리하기 쉽게 하며 그 형태와 종류는 매우 다양하다.

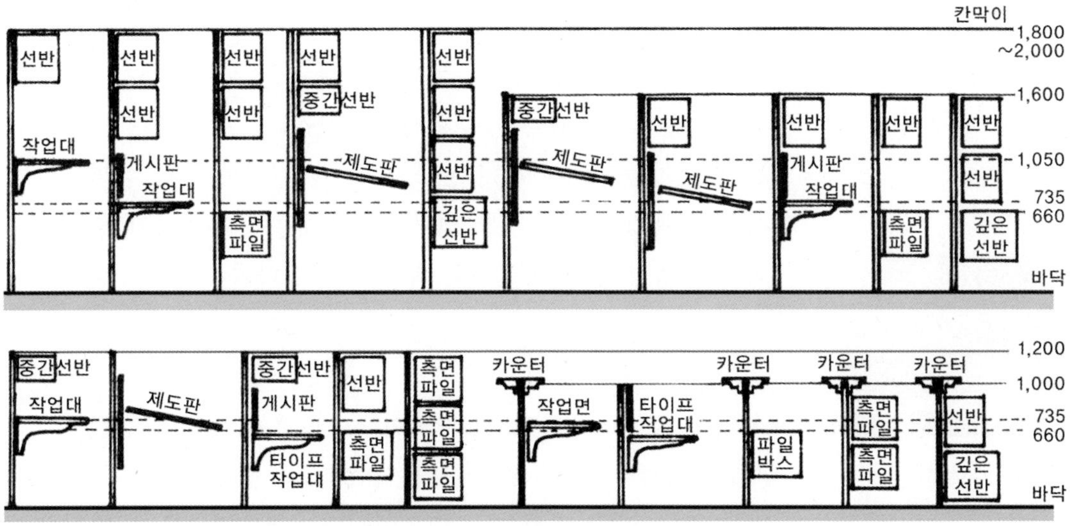

| 그림 5 -35 | 패널걸이 시스템의 예 (입면)

③ 작업 기능

작업 기능을 가진 가구는 책상과 작업대이다. 작업대는 연결 칸막이의 연결막대에 패널을 부착하여 고정시킨 것을 작업테이블로 사용하므로 수평구조의 패널 시스템이다. 작업대는 공간의 효율성을 높이기 위해 인체치수와 작업용도에 따라 높이의 조정이 가능하도록 하며 더욱이 조립식일 경우 부착, 해체가 쉬워 업무조직의 변화에 능동적으로 대처할 수 있다. 천판의 형태에 따라 장방형, 다각형, 곡면 테이블 등으로 분류하며 그 조합방법도 다양하다. 장방형의 테이블은 대화의 주인공이 명백하고 중요한 좌석이 표시되며 곡면, 다각형 테이블은 팀워크가 필요한 조직에 적당하다.

3) 시스템 가구의 종류

① 종래형

단일품목을 시스템화한 유형으로 현재의 책상, 수납캐비닛, 패널 등에서 필요한 것을 선택해서 작업공간을 구성하는 것이며 기본 사무가구에서 연장된 유형이다.

② 패널시스템

모델이 다른 패널을 조합하여 수납유닛, 캐비닛, 작업 등 배선기능을 첨가하여 시스템화 시킨 유형이다. 패널의 성격상 독립성이 높기에 연구개발 부분 등 창조성이 중시되고 작업상 집중을 요하는 부분에 적합하다.

|그림 5 -3| 오피스 시스템 가구의 예-3 / Alea Office Furniture

③ 데스크 시스템

작업공간에 필요한 캐비닛이다. O.A.테이블, 카운터, 패널액세서리 등을 부가하여 구성하고 부품을 조립하여 만든 데스크를 기본으로 이루어진다. 평면영역은 다양한 변형이 가능하며 커뮤니케이션의 조절과 이용이 용이하다.

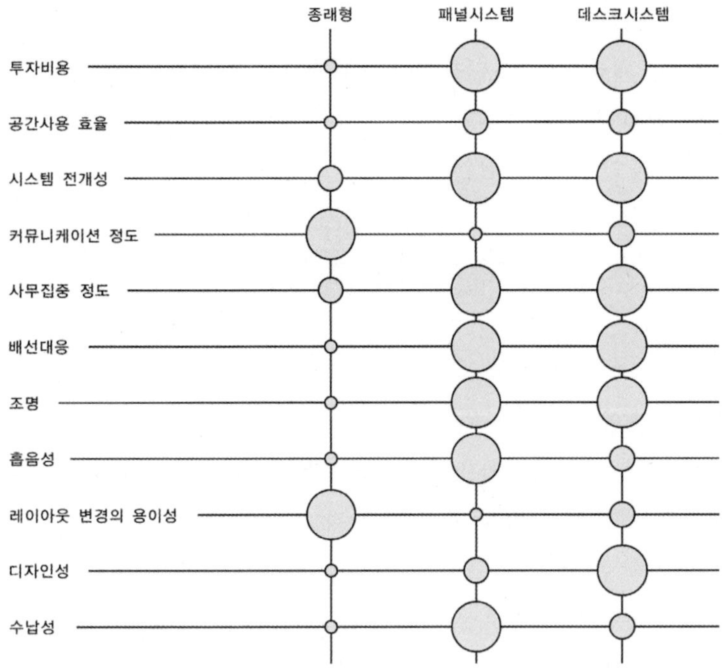

| 그림 5 -36 | 워크스테이션 가구의 특징

4) 시스템 가구의 디자인 조건과 단위결정

① **시스템 가구의 디자인 조건**

ⓐ 가구는 규격화된 디자인으로 한다.

ⓑ 규격화된 구성재와 결합시켜 가구의 통일과 조화를 꾀하며 융통성을 크게 한다.

ⓒ 가구는 안정성 있게 견고하게 조립되어야 한다.

ⓓ 가구는 가벼워 이동에 편리해야 한다.

ⓔ 구성재는 최저비용으로 재배열이 가능하도록 하며 교체에도 용이하며 쉽게 이동 가능하도록 한다.

ⓕ 자주 사용하는 서류함 및 설비는 신축성있게 디자인한다.

ⓖ 모든 가구는 인간공학에 의거하며 인체치수 및 동작에 적합하게 디자인한다.

ⓗ 가구의 개폐, 이동으로 인한 소음이 적도록 한다.

② 가구의 단위 결정

ⓐ 설계, 재료생산, 조립작업이 일괄적으로 진행될 수 있도록 일정한 치수체계를 세워 모듈러 코디네이션화 한다.

ⓑ 공간단위 모듈의 결정으로 임의의 형태로 조합이 가능함으로써 얻어지는 가구의 가변성은 공간의 융통성, 공간의 통일성을 꾀할 수 있어 경제적이기도 하다.

③ 재료 및 색채의 선택

ⓐ 가구의 재료는 용도와 기능에 맞도록 하되 재료가 인간에게 주는 심리적인 영향을 고려한다. 특히 두 가지 이상의 재료를 조합할 경우 의장적, 기술적인 측면을 고려해야 한다.

ⓑ 색채 선택은 사무실 내 전체 분위기의 색채계획과 일치시키되 심리적, 심미적 측면을 고려한다. 중간 색조는 시각적으로 양호할 뿐만 아니라 안정감을 주며 다른 색과의 조화도 무난하여 많이 사용된다. 부분적으로 자극적인 배색, 즉 보색이나 원색을 사용하여 생동감과 자극적인 흥미를 가져오도록 하며 시각적인 사인효과도 줄 수 있다.

2. 6
업무 공간별 실내계획

(1) 로비

로비는 다음과 같은 성격을 갖는다.

① 건물 입구부분에서 내방객을 처음 맞이하는 공간이다.

② 내·외부를 유기적으로 연결시켜주는 전이공간轉移空間이다. 즉 외부공간과 한정된 개실을 연결시키는 완충적 역할을 하고 무한대의 공간과 폐쇄공간 사이에 위치하는 중간적 성격의 공간이다.

③ 수직적으로 다른 공간보다 높고 평면적으로도 다른 공간보다도 넓어 개방성이 강한 공간이다.
④ 입구부문에 위치하므로 방문객에게 첫인상을 주고 사무실 전체의 성격과 이미지가 표현되는 장소이다.
⑤ 로비의 기능은 외부로부터 들어온 사람들을 각 개실로 적절하게 배분하는 통과공간뿐만 아니라 휴식공간, 행사공간, 정보전달공간으로서의 기능을 가질 수 있다.

특히 오늘날 로비 공간은 공공 공간으로서 건축계획에서 다양한 시도가 행해지고 있다. 예를 들어 아트리움atrium을 설치하여 머무를 수 있는 휴식공간으로서의 성격을 강조하며 풍부한 빛과 식물은 공간을 더욱 풍부하게 하여 환경을 개선한다. 그밖에 지하층과 2층을 공용화시켜 공적 공간으로 만들거나 과감히 오프닝을 시도하는 등 개방성의 확대를 꾀한다.

로비는 사무공간 계획에 있어 그 자체만을 단독으로 계획하기보다는 대지조건, 도로의 위치, 건물의 평면, 코어의 위치 그리고 도시의 타 기능성과의 관련성 등 여러 요소에 의해 영향을 받아 결정된다. 따라서 그 실내계획은 이미 건축계획에 의하여 주어진 조건하에 계획하게 되므로 건축계획의 의도에 따른 디자인 전개가 우선 필요하며 명확한 동선 체계로 공간을 활성화시켜야 한다. 로비를 중심으로 한 공공 공간은 단순히 건물 내 오픈 스페이스로만 인식할 것이 아니라 도시 체계 속에 오픈 스페이스로 간주하고 주변 공간과의 연결 및 접근성을 파악, 계획한다. 이를 위해 건축 초기계획에서부터 적극적으로 주변환경과 관련시키는 활성화방안이 강구되어야 한다. 따라서 건축계획과 실내계획은 기획단계에서부터 종합적으로 함께 검토되는 디자인의 전개가 바람직하다.

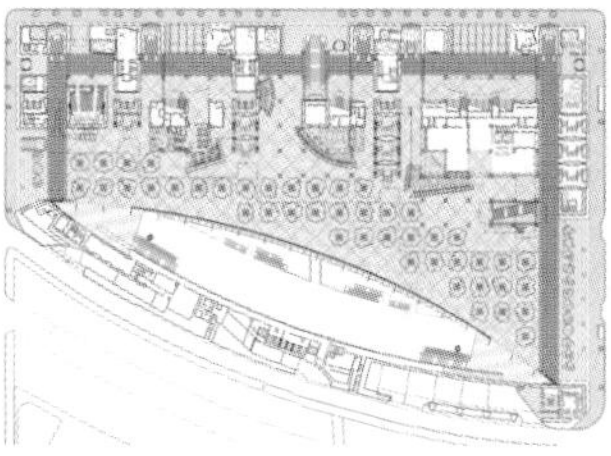

| **그림 5 -37** | 토쿄 국제포럼 로비 / floor plan

| **사진 5 -4** | 도쿄 국제포럼 로비

(2) 리셉션reception 공간

리셉션 공간은 오피스의 첫인상을 주는 공간으로 방문객의 안내와 대기공간이다. 이외 응접이나 회의실 기능까지도 포함시킬 수 있으며 그 기능에 따라 규모, 디자인을 다르게 전개한다. 대기장소로 이용될 경우 지나친 개방은 방문객에게 불안감을 줄 수 있으므로 응접장소에 가깝게 디자인한다. 한편 리셉션 공간에 자사제품을 진열하여 전시공간의 성격을 부여한 디자인은 회사의 이미지 부각에 효과적이다. 적극적인 색채계획과 함께 사무의 특성을 나타내는 그래픽 또는 조형적인 형태의 안내데스크로 시각적 효과를 꾀한다.

|**사진 5 -5**| 리셉션 공간의 예

(3) 회의실

회의실은 회의규모와 성격을 파악하여 디자인하되 그에 따른 변화에 대응하도록 조합이 가능한 테이블, 회의실에 테이블, 복수 선정 등의 방법을 모색하는 것이 바람직하다. 직원의 휴식공간을 겸할 경우 가구 선택에 주의하며 긴장의 해소를 위해 원형 테이블을 배치하는 등 자유로운 분위기로 계획한다.

회의실 규모는 1인당 소요면적이 1.5~2㎡ 정도이기에 6~8인 정도의 회의실인 경우 9.5㎡의 면적이 필요하다.

회의실은 그룹간의 모임을 위한 공간일 경우 각 작업장에서의 동선을 고려하여 각 동선이 교차되는 주통로에 위치한다. 방문객과의 회의를 위한 공간일 경우 리셉션 공간과 가까이 배치하되 작업실을 거치지 않고 회의실로 직접 접근하도록 한다.

그리고 사무실 내 전직원을 위한 대규모의 주회의실은 사무실 규모에 따라 20~70명 정도를 예상하여 계획한다. 모든 부서에서 접근이 용이한 곳에 위치하며 주회의 시간이 길 경우를 대비하여 편안한 의자를 택한다. 회의 규모에 따라 조절이 가능하도록 융통성 있는 회의실을 만드는 것이 바람직하다. 즉 유닛테이블을 활용하여 분리 가능하도록 하거나 칸막이, 접는 문 등으로 실을 분리 가능하도록 계획한다.

공식적인 모임에 사용하는 회의실은 보드룸board room으로 시청각적인 설비와 속기사를 위한 시설을 하며 대기실과 부설의 주방 등이 전형적으로 배치된다.

화면을 통하여 회의를 진행하는 화상 회의실일 경우 디자인에 앞서 장비에 대한 결정이 우선하여 회의 테이블의 형태, 회의실의 크기, 주요 비디오 장비의 배치가 결정된다. 그리고 가시성, 카메라 렌즈의 거리한계, 모든 장비의 정확한 위치, 테이블 좌석의 디테일, 조정판의 배치, 환기 시스템에 대한 자료, 음향처리에 대한 자료, 실내마감재료 등도 고려해야 한다.

화상 회의실일 경우 회의 테이블의 한 면에 카메라의 화상면이 자리하므로 테이블의 형태에 따라 좌석배치가 고려되어야 한다.

|사진 5 -6| 회의실의 예 -1
/ 교원그룹본사사옥, 김경숙

|사진 5 -7| 회의실의 예 -2
/ 대치동 유리에셋, 김경숙

|표 5 -6| 테이블의 유형과 좌석 수에 따른 크기

직사각형

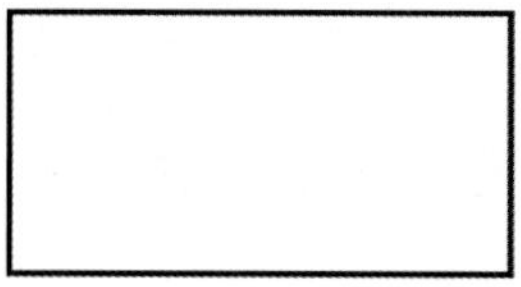

4인석	1,500×600
	1,800×600
	1,200×750
	900×750
6인석	1,200×900
	1,800×900
	1,800×1,050
8인석	2,100×900
	2,400×900
	2,100×1,050
	2,400×1,050
	2,100×1,200
	2,400×1,200
10인석	2,700×1,050
	3,000×1,000
	2,700×1,200
	3,000×1,200
12인석	3,600×1,200

배 모 양

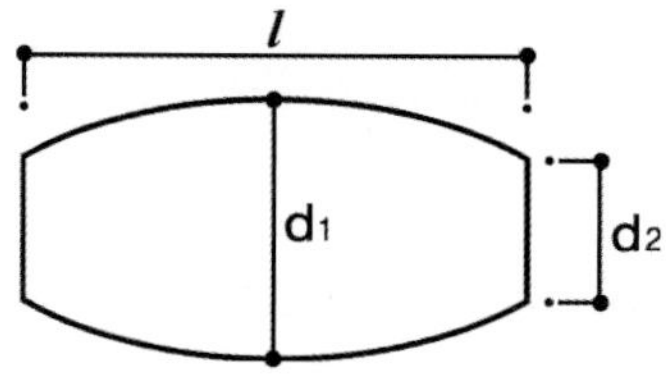

$l \times d_1\ (d_2)$

6인석	1,800×900(750)
	2,100×950(780)
8인석	2,400×1,000(810)
10인석	3,000×1,400(840)
12인석	3,600×1,200(865)
14인석	4,200×1,300(890)
16인석	4,800×1,400(915)
18인석	5,400×1,500(940)
	6,000×1,500(990)
20인석	6,600×1,500(990)
22인석	7,200×1,500(1,015)

트 랙

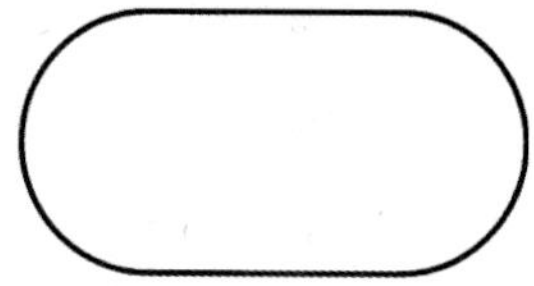

4인석	1,100×850
6인석	1,350×900
8인석	2,000×900
	2,400×1,200
10인석	3,000×1,200
12인석	3,600×1,200
	3,600×1,500
	3,000×1,500
16인석	4,500×1,500

정 사 각 형

4인석	900×900
	1,050×1,050
	1,200×1,200

타 원 형

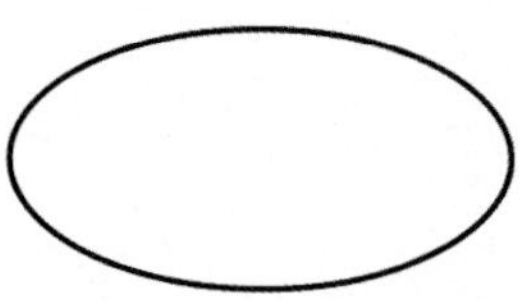

4인석	1,500×750
	1,800×850
6인석	2,100×1,050
	2,400×1,200
8인석	2,700×1,200
	3,000×1,200
10인석	3,600×1,200

타 원 형

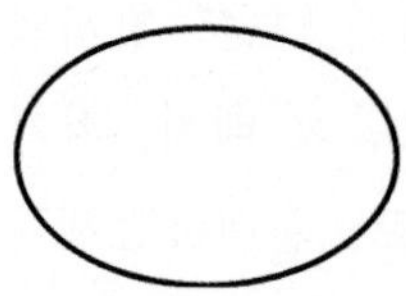

4인석	1,750×900
6인석	1,950×1,200
8인석	2,400×1,200
9인석	2,700×1,300
10인석	3,000×1,400
12인석	3,600×1,500

원 형

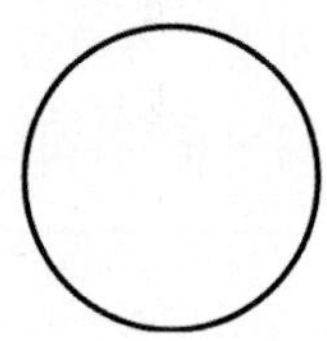

4인석	∅ 1,050
5인석	∅ 1,200
6인석	∅ 1,350
7인석	∅ 1,500
	∅ 1,650
8인석	∅ 1,800
9인석	∅ 2,100
11인석	∅ 2,400
12인석	∅ 2,700
14인석	∅ 3,000

① 반원형 테이블일 경우 개개인은 비디오 카메라와 모니터에서부터 같은 거리에 앉을 수 있으며, 테이블의 형태는 회의실의 느낌을 주나 형식적인 좌석배치로 자유토론을 유도할 수 없다.

② 쐐기형 테이블일 경우 토론을 유도할 수 있는 좌석배치이며 표준모니터 시스템보다 더 나은 화면을 제공한다. 의장격의 사람이 일반적으로 테이블의 끝부분에 앉으므로 모니터 스크린상에 지배적인 위치를 나타낸다. 또한 테이블의 형태로 인하여 참석자들이 모니터의 화면을 보기 위해 다른 참석자를 피하여 머리를 180° 움직여야 하는 불편이 있다.

③ 콩팥형 테이블은 참석자들이 모니터로부터 같은 거리에 앉게 되며 머리를 앞으로 내밀지 않아도 볼 수 있는 장점이 있다.

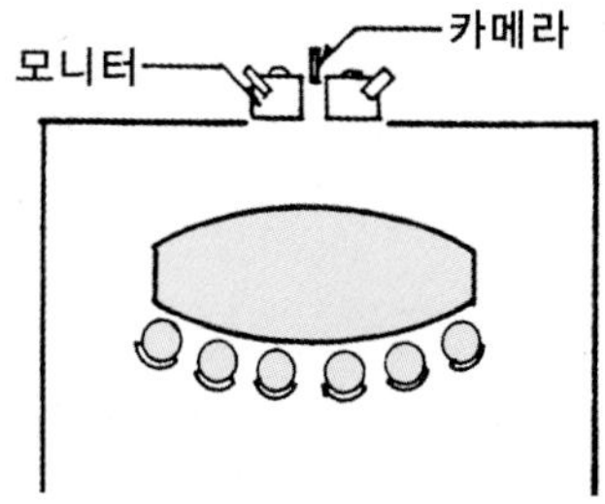

|그림 5 -38| 반원형 테이블

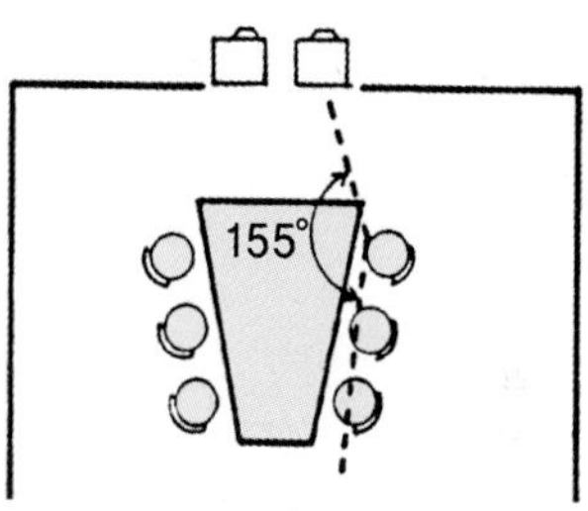

|그림 5 -39| 쐐기형 테이블

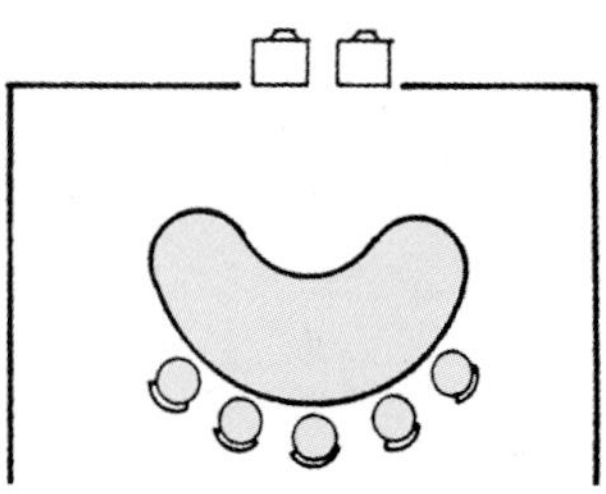
|그림 5 -40| 콩팥형 테이블

|그림 5 -38~40| 화상 회의실의 테이블 유형

2. 7 조명계획

최근 오피스 건축물은 사무노동의 업무공간이 중심이나 응접실, 회의실, 자료실 등 제반 필요공간의 비중이 커졌다. 사무자동화 시스템 등으로 업무내용이 바뀌고 빌딩의 거대화와 인공조명 및 설비의 발달로 사무공간의 조명照明도 새로운 각도에서 이해하고 대처해야 한다.

사무공간의 전체조명은 거의 형광등화가 되었으며 높은 천장의 은행 영업실이나 현관로비 등에는 고효율, 고연색의 메탈할로이드 램프가 사용되고 있다. 또한 사무실이 넓어지는 경향으로 높은 조도의 조명이 필요하고 낮에도 조명되어야 한다. 따라서 많은 조명기구에서 발생하는 열을 제거하기 위해 조명과 공조를 일체화시키는 것이 바람직하다.

사무공간의 조명기구는 펜던트, 직부형, 매입형이 일반

적으로 사용되며 조명기구는 직접 또는 간접조명, 아니면 두 방식 모두로 하거나 이중천장으로 처리한다. 직부형이나 매입형은 연속적으로 열을 지어 배치하되 조명기구와 천장은 색이나 질감 등이 크게 대조되지 않도록 한다.

(1) 일반사무실의 조명

일반사무실의 조명은 고도의 융통성을 필요로 하는데 이는 사무실 내에서 다양한 작업이 이루어지고 인원, 업무, 조직체계의 변화에 대응하기 위함이다.

사무공간의 조명은 충분한 조도와 함께 불쾌한 눈부심이 없어야 하며 실내의 휘도분포가 쾌적해야 한다. 또한 낮에도 이와 같은 사항들이 만족되어야 하며 공기조화의 관계도 고려해야 한다.

1) 조도

보이기 위한 최저의 조도와 보는데 적합한 조도와의 사이에는 약간의 간격이 있다. 보통 독서와 같은 시작업에서는 적어도 500Lux가 필요하고 다시 눈의 필요를 줄이기 위해서는 1,000~2,000Lux가 필요하다. 또한 세밀한 작업에 대해서는 조명의 질이 불량하지 않는 한 심리적으로는 3,000Lux 정도의 조도가 이상적이다. 사무실의 조도는 낮에도 인공조명방법을 고려하여 기후조건 등에 따라 조명등의 점멸을 조정 가능할 수 있게 한다. 또한 조도분포에도 주의하여 조도의 균제도가 나쁘지 않도록 조명기구의 간격을 되도록 줄여 배치한다.

2) 눈부심 방지

일반적으로 조도를 높이기 위해서 조명기구의 효율에 중점을 두어 노출형이나 배광상의 고려가 불충분한 조명기구를 사용함으로써 불쾌한 눈부심이 일어난다. 특히 근래 천장고가 점차 낮아지고 실내가 넓어지는 경향으로 천장의 조명기구가 눈에 띄기 쉽게 되었다.

사무실 조명은 불쾌한 눈부심이 일어나지 않도록 계획하는 것이 가장 중요하다. 눈부심 방지를 위해 조명은 다음과 같이 고려되어야 한다.

① 수평에 가까운 방향에 광도가 작은 배광기구를 쓰거나 루버louver, 배플baffle을 달든가, 혹은 발광면을 넓게 해서 휘도를 낮춘다. 특히 시선에서 30° 범위 내는 글레어 존glare zone으로 눈부심이 일어나므로 이 범위의 휘도에 주의하여 조명기구를 선정한다.

② 상방광속上方光束이 많은 조명기구로 천장면을 밝게 하여 휘도대비를 줄인다.

③ 형광등과 같이 직선형의 기구는 그 설치방향을 검토한다.

④ 조명기구의 설치는 되도록 높게 설치한다.

⑤ 천장, 벽은 반사율이 좋은 재료로 마감한다.

⑥ 최근에 조명의 고조도화 경향과 함께 배광, 보호각, 반사면, 휘도, 기구효율 등을 특별히 고려하여 각종 눈부심의 억제기구가 제작되고 있으므로 이를 이용한다.

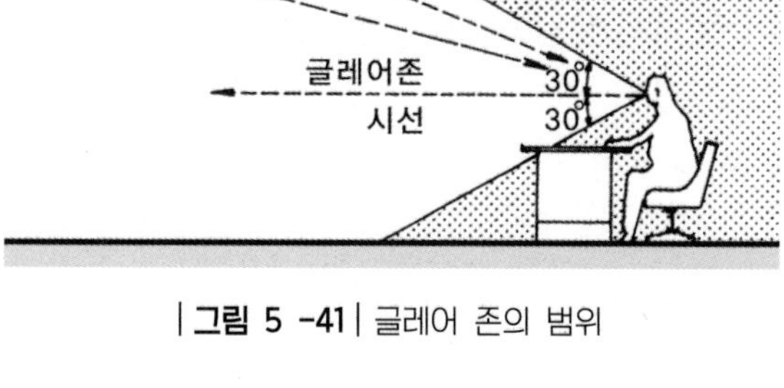

| 그림 5 -41 | 글레어 존의 범위

시선의 상하 30° 범위 내는 눈부심을 일으키기 쉬운 글레어 존GLARE ZONE이다.

3) 실내의 휘도분포

눈부심이 없어도 실내 각 부분의 휘도분포는 어느 정도 잘 되어 있지 않으면 실내분위기는 음침한 느낌을 줄 수도 있다.

천장 전면을 광천장 또는 간접조명으로 하고 벽면, 바닥면 등도 반사율이 높은 것으로 하면 확실히 조도도 높고 조도분포, 휘도분포도 균일에 가까우나 활기없는 느낌이 들고 별로 밝게 보이지 않는다. 따라서 어느 정도 휘도차를 두면 조도의 강약으로 오히려 활기를 더하고 실내도 넓게 느껴져 분위기가 좋아진다. 매입등만으로 조명하면 작업면은 밝아져도 주위 벽이나 천장은 어두워져서 음산한 분위기가 되기 쉽다. 따라서 쾌적한 조명환경을 만들려면 작업면, 그 주변, 천장, 벽, 바닥 등이 휘도의 정도 및 이들 간의 대비와 심리적 영향과의 관계를 고려할 필요가 있다.

표 4-7 | 휘도비의 권장치

	사 무 실	공 장
작업 대상과 그 주위의 사이에서 (예 : 책과 책상 사이)	3 : 1	3 : 1
작업 대상과 그 곳에서 떨어진 면의 사이에서 (예 : 책과 바닥, 벽 사이)	5 : 1	10 : 1
조명기구나 창과 그 부근의 면 사이에서		20 : 1
보통의 시야 내에서		40 : 1

4) 주간의 인공조명

사무공간이 거대화됨에 따라 일광만으로는 실내조명을 해결할 수 없게 되고 낮에도 인공조명에 의지하게 되었다. 따라서 인공조명의 사용시간은 밤보다 낮이 훨씬 길기 때문에 조명계획에 있어서 주간의 상태를 고려해야 한다. 일반적으로 자연광에 의한 조도는 북향의 창에서도 꽤 높지만, 그 방향이 횡방향에서의 빛이기 때문에 창가와 실의 안쪽과는 수평면과 수직면의 조도가 매우 큰 차이가 있다.

이에 비해 인공조명은 천장면에서 균일하게 조명하므로 밤에는 비교적 쾌적한 조명이 되지만, 낮에는 자연광 때문에 균형을 잃고 조명의 질이 불량해지기 쉽다.

그리고 창에서 보이는 하늘과 건물들의 높은 휘도와 작업면과 실내 각부의 휘도대비 및 눈의 순응상태에서 시력적으로나 작업 능률적으로도 악영향을 미치고 위치에 따라서는 실내의 인물, 기기 등이 실루엣으로 보여 불쾌한 상태가 된다. 건물이 고층화되고 층고가 낮아지고 속 깊이가 깊어짐에 따라 이러한 경향은 더해지고 있다. 주간 조명의 악영향을 방지하기 위해 블라인드나 커튼으로 처리하나 경관이 방해되므로 되도록 경관이 보이는 상태에서 더욱 쾌적한 실내환경을 만드는 것이 바람직하다. 이를 위해 직사광에 대한 건축적 대책은 물론 주간의 자연광을 고려하여 조명 계획한다.

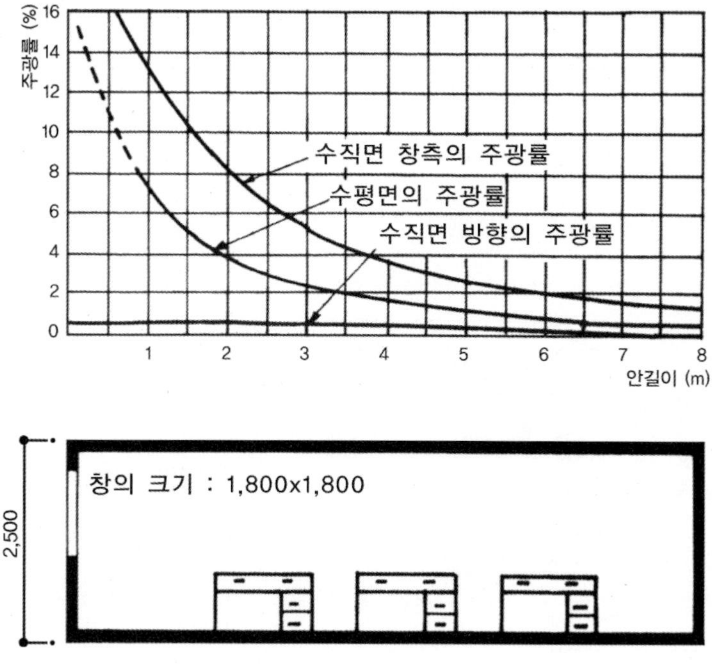

| 그림 5 -42 | 사무실의 주광률晝光率 곡선의 예

기본적으로 창밖의 자연광이 밝을수록 실내의 조명은 밝게 한다. 그리고 주간의 빛에 영향이 없거나 밝은 창을 볼 수 없는 실내에서는 창 측의 벽이 어둡게 보이는 것을 막기 위해 밝은 색으로 처리하든지 벽면조명을 설치하는 것이 좋다.

5) 공기조화와의 관계

사무실에는 상당히 높은 조도가 필요하므로 조명기기에서 발생하는 열의 처리 및 건축상의 각종 요구에 따라 공기조화의 배기와 흡입구를 겸한 공기조명기구를 사용하는 것이 바람직하다.

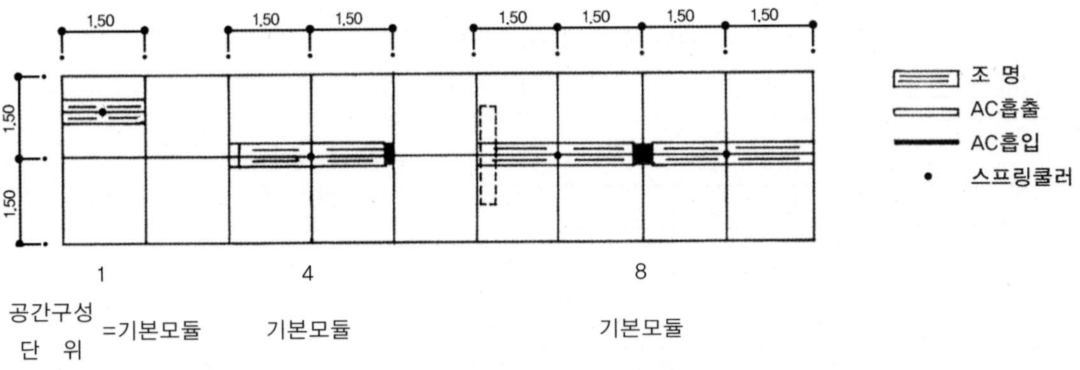

|그림 5 -43| 기본 모듈과 공간구성단위

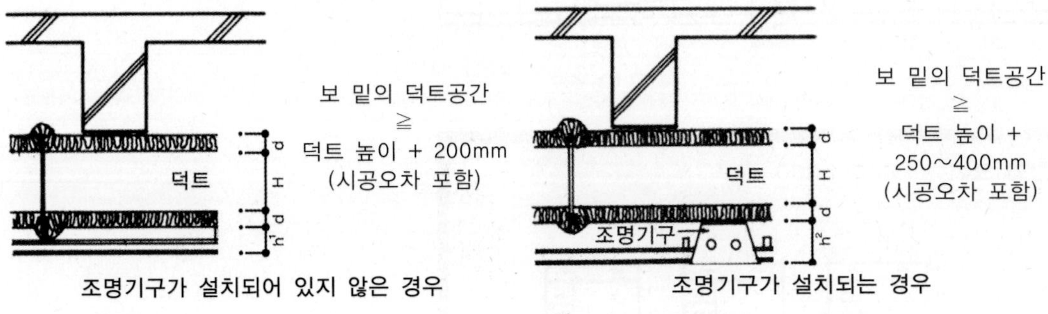

d : 보온재 두께 25mm, H : 덕트높이, h^1: 천장 설치공간, h^2: 조명기구 높이 150~300mm

|그림 5 -44| 천장 덕트와 조명기구의 설치 예

(2) 사무실 각부의 조명

1) 개실

임원실과 같은 개실은 일반 사무처리와 일상적 대화, 즉 서류결재, 방문객의 응접, 휴식, 사교적 활동 등 여러 행위가 이루어지므로 어떤 기능에도 적응할 수 있는 유연성 있는 계획과 함께 다양한 종류의 조명이 요구된다. 또한 행위에 따라 가장 적절한 조도가 유지되도록 한다.

일반적으로 실내가 좁으므로 충분한 조도와 함께 쾌적한 조명환경이 되도록 조명기구배치를 고려한다. 책상 위에 배광이 좁은 매입등을 사용할 때는 2개 또는 그 이상을 배치한다.

형광등의 전체조명 이외 월워싱에 의한 벽면조명, 테이블스탠드, 플로어스탠드 등의 조명 방식을 혼합하여 사용한다. 예를 들면 천장을 광천장조명으로 처리하고 밸런스조명으로 벽면을 밝게 하고 커튼은 포트조명으로 처리하여 밝은 수직방향의 빛을 만들어 조명한다. 또는 천장을 광천장조명으로 처리하고 밸런스조명으로 벽면을 밝게 하고 커튼은 포트조명으로 처리하여 밝은 수직방향의 빛을 만들어 조명한다. 또는 천장을 광천장조명이나 전체조명으로 평균 조도를 얻고 책상, 소파의 배치에 따라 매입등이나 이동조명 기구를 설치하되 광원을 혼합하여 국부적인 조명의 음영으로 공간분리를 꾀한다.

2) 회의실

회의실에는 여러 종류의 조명을 준비해서 회의내용에 따라 조명기구의 점멸을 조정하거나 조광調光할 수 있도록 한다. 천장이 높은 실은 전체조명이 밝도록 하기 위해 직부형이나 펜던트형 또는 매입형의 내림천장으로 처리한다. 소회의실은 책상 위를 밝게 조명하되 슬라이드나 차트chart를 보기 위해 조명은 가능한 조광을 할 수 있도록 하고 효과적인 악센트 조명을 병용하는 것이 좋다.

너무 낮은 광천장은 심리적으로 불쾌한 영향을 줄 수도 있으므로 프리즘 패널prism panel이나 루버로 처리하여 휘도를 줄이도록 한다. 예를 들어 회의실의 전체조명은 루버 광천장으로 하고 월워싱기법으로 사방벽을 밝게 하여 회의에 자극을 주도록 한다. 한편 회의 중 슬라이드 영사를 위해 전체조명은 끄고 국부조명은 책상 위만을 비치게 조명한다. 그리고 회의테이블 배치의 형태에 따라 천장의 조명형태를 같이 하거나 대회의실의 경우 일률적인 열배치로 조명한다.

|사진 5 -8|
포스코 센터 회의실

3) 현관홀

현관은 사무실의 내부를 알려주듯이 첫인상을 주는 중요한 장소이다. 현관홀은 낮에 되도록 외부의 밝기와 조화시켜 밝게 처리하도록 그 조명방법을 고려한다. 홀은 전체확산조명으로 전반적으로 밝게 처리하고 내부가 부드럽고 저항감이 없도록 조명한다. 벽면은 음영이 지지 않도록 매입등으로 벽면을 조명한다. 현관홀은 비교적 천장이 높기 때문에 조도를 항시 유지하도록 보수, 관리를 철저히 하며 외부의 일광과 내부조명이 균형을 이루도록 자동 점멸기를 사용하는 것이 좋다.

4) 로비

로비는 잠깐 동안의 간담이나 잠시를 기다리는 대기 장소이므로 밝기보다는 부드러운 분위기가 되도록 대비가 적은 조명이 좋다. 예를 들면 창가에는 매입등으로 처리하고 플로어스탠드로 가구배치의 영역을 한정한다.

| 사진 5 -9 | 엘리베이터 홀의 예
/ Gensler and Associates

5) 엘리베이터 홀

현관홀과 복도와 연관되어 있으므로 엘리베이터 문 쪽을 밝게 하여 유도감을 주며 주위는 로비와 같은 정도의 밝기로 한다. 예를 들면 엘리베이터 앞에는 광창조명이나 벽부등을 설치하고 홀 중앙에는 높은 조도의 매입등으로 조명한다.

| 사진 5 -10 | 교원그룹 본사 사옥 - 세미나실

6) 기타

계단참의 천장이나 벽면에 벽부등을 부착하거나 청소하기 쉽고 눈부심이 없는 조명등을 사용한다. 또한 홀, 계단은 천장이 높으므로 광원의 교환이나 조명기구의 청소나 보수를 고려하여 배치한다.

(3) 영업사무실

영업사무실은 은행, 증권회사, 항공회사 등의 객장과 영업을 위한 사무실을 포함하며 객장, 영업사무실, 그리고 그 영업카운터로 구성된다. 일반적으로 1층에 위치하므로 천장이 높고 실내가 넓다. 따라서 접객하는 데 쾌적한 환경이 되도록 다음과 같이 조명 계획한다.

외부조도와의 조화뿐만 아니라 주위상황과도 조화를 이루어야 한다. 높은 조도에 따른 눈부심의 방지와 조명기구의 발열제거 등을 고려하여 조명 계획한다.

조명방식은 기구의 배치, 사용 광원을 고려하여 개별배치, 연속열배치, 전면배치로 분류한다.

개별배치는 조명기구를 개별적으로 배치하며 높은 조도를 얻기 위해 여러 개의 조명등을 사용하거나 고출력, 고효율의 조명등을 사용한다. 천장이 낮은 실은 매입형광등으로 처리하되 눈부심이 없도록 조명해야 한다. 높은 천장에서는 고출력, 고효율의 광원인 메탈할로이드 램프를 사용한다. 그런데 메탈할로이드 램프는 발열량이 많으므로 자연통풍이나 강제통풍방식이 강구되어야 한다.

연속 열배치는 연속적으로 등기구를 열지어 배치하는 방법으로 형광등이 가장 많이 사용되고 있다. 이 배치는 천장고가 3~5m 범위 내일 때 적합하며 높은 조도를 얻기 위해 고출력 형광등을 사용한다.

전면배치는 천장전면에 배치하는 방법으로 광천장조명이 가장 많고 넓은 공간감의 효과를 준다. 광원으로는 형광등, 수은등, 메탈할로이드등이 사용된다.

(4) 기타 조명계획의 주의점

1) 방열 대책

고조도화에 따른 조명등의 전력증가는 조명등과 안정기의 방열放熱을 증가시키고 그 열량도 조도의 상승에 비례한다. 조명기구 내의 온도상승은 조명등의 효율을 저하시키고 수명도 짧게 하며 안정기를 태우는 원인이 되기도 한다. 따라서 조명기구의 방열을 위해 자연통풍과 강제통풍의 방법을 강구해야 한다.

자연통풍이 일반적으로 많이 이용되지만, 천장 내부는 실내온도보다 5~10℃ 높아지므로 높은 조도의 많은 광원을 사용할 때는 강제통풍을 해야 한다. 강제통풍은 천장 이면의 더워진 공기를 팬과 같은 기계식으로 옥외로 배기하는 방법이다. 실내의 오염된 공기를 흡입해서 배기할 경우 조명기구에 먼지가 쌓여 청소해야 하므로 공조장치에 의해 차고 깨끗한 공기를 조명 전용으로 공급하는 것이 바람직하다.

각 광원의 최적주위온도는 일반형 형광등 20℃, 고출력형광등 15~20℃, 수은등과 메탈할로이드등은 온도에 영향을 받지 않는다.

2) 비상등

일반사무실에서는 건전지에 의한 전구등이 사용되고 있으나 높은 천장일 때는 그 조명효과를 기대할 수 없다. 특히, 현금을 취급할 경우는 잠시도 정전시킬 수 없으므로 비상등을 철저히 고려한다.

3) 배선 방법

단계적으로 조명을 조절할 수 있도록 미리 계획할 때 분기회로를 고려하여 외부의 기후적 조건, 영업을 하기 전 또는 야간에 조명이 필요없을 때 감광減光할 수 있도록 부분적으로 점멸하는 배선방식을 취하는 것이 경제적이다.

4) 보수 점검

높은 천장조명의 경우 광원의 교체를 비롯하여 조명기구의 청소 및 수리, 안정기 등의 보수 점검이 용이하도록 한다. 천장 속에 들어가서 작업을 할 수 있게 점검구를 두며 천장 내에 점검등을 설치하면 좋다. 천장 안에 들어갈 수 없을 때는 밑에서 점검, 보수를 할 수 있는 구조로 한다.

2. 8
색채 계획

사무공간에서의 색채계획色彩計劃은 능률적이고 쾌적한 업무환경을 제공하고자 함을 목표로 한다. 장시간 동안 업무공간이므로 심리적으로 안정감을 주는 분위기가 필요하다.

바닥은 중명도의 색으로 하고 고명도의 색은 천장, 벽에 사용하되 조명의 반사율이 높은 색이 유리하다. 바닥, 가구, 비품, 설비는 바닥과 같은 중명도 또는 약간 높은 명도의 색으로 하는 것이 일반적이다.

그런데 사무실의 분위기의 생동감, 자극적인 흥미, 시각적 효과를 위해 부분적으로 악센트 색을 사용하는 것이 바람직하다. 이 때 악센트 색은 사무실의 로고, 마크 등을 고려하여 주조색과의 조화를 고려하여 정한다. 특히 리셉션공간이나 응접실, 회의실과 같이 회사의 이미지가 강하게 부각되는 공간에는 악센트 색을 효과적으로 사용한다.

한편, 순수한 흰색을 벽에 사용하면 눈이 부시게 되고 눈을 수축하게 하여 시각을 어지럽혀 눈이 피로할 뿐만 아니라 작업의 능률을 저하시킨다. 또한 사람의 눈은 밝기에 빨리 순응하고 어둠에 천천히 순응하므로 밝은 색이나 흰색의 벽으로 둘러싸이고 작업부분 자체가 어두운 공간이면 작업하기 부적당하다. 따라서 실제 작업이 이루어지는 부분은 적당한 조도의 질 좋은 조명으로 보충하고 전체적으로 밝은 분위기가 되도록 한다.

2. 9 기타 디자인적 요소

로비를 중심으로 하는 공적 영역의 디자인적 요소는 대부분이 건축 단계에서 설정된다. 이러한 디자인적 요소들은 공간과 조형의 개념과 총체화 되며 특화된 주제를 가질 수 있다.

(1) 재료와 색채

사무소 건축의 마감은 대부분 건축 마감에 준하는 경우가 보편적이나, 실내 디자인에서 재료는 조형적 개념과 일의적 一義的인 대상이 될 수 있다.

대용량의 동선이 벌어지는 공간의 속성상 내구성, 청소성이 뛰어난 재료의 선택이 보편적이다. 대개는 화강석과 같은 강한 내구성의 석재가 광택 마감으로 보편화되어 있는데, 같은 재료라 하더라도 패턴 디자인이 미적 표현을 달리하게 한다.

의외성으로서 재료의 조형은 재료의 선택과 마감의 특별한 개념을 통해 거두어지며 인상적인 공간을 만든다.

색채 역시 자연 재료의 색상으로 설계가 보편화되나, 부분적으로 악센트를 구하거나 슈퍼 그래픽 등으로 개별화시킬 수 있다.

(2) 실내 조경

대부분의 로비는 대형 공간으로서 스케일이 크기 때문에 모든 외부 공간과 같은 기법이 가능하다.

그것은 돌, 나무, 물과 같은 자연적 요소들과 빛, 경관 등이 포괄되며 상당한 만큼 생태적 속성에 있다.

수水 요소	케스케이드 연못 분수	낙차를 구성할 수 있는 차원에서 벽천壁泉 정적 또는 동적인 인공 못 물의 동작
수樹 요소	실내의 숲 화단	교목喬木의 군식으로 공간화 지피地皮 식물을 포함한 관목, 화초의 군식
석石 요소	괴석怪石, 수석 壽石, 자연석	

(3) 환경 미술

현대 사회에서 대기업이 예술에 대한 애정과 투자는 적극적이고도 생산적인 의지로 구현된다.

사무소 빌딩에서 순수 미술을 갖는 것도 시각적인 환경을 풍요롭게 한다는 뜻 이상의 가치가 있다. 첫째는 자본이 미술의 후원자patron로서 동시대의 문화 예술을 진흥시키는 역할이다. 둘째는 미술품에의 투자가 실질적인 자산의 증식 수단이다. 여기에서 자산이란 단순하게 자본재로서 가치뿐만 아니라 일종의 문화적 자산이기 때문에 기업의 이미지와 사회적 기여에서 지지받을 동기가 된다.

사무소 공공 공간에 적용할 수 있는 환경 미술의 대상은 거의 제한 없이 모든 장르를 수용할 수 있다. 회화의 평면계 예술과 조각의 입체 조형은 보편적인 대상이지만, 비디오, 아트, 키네틱 아트와 같은 시간의 개념이 포함된 것도 가능하다. 벽화, 부조 등 고정된 구조로서 대상을 건축화할 수 있다.

차원	유형	내용/성격
2차원	회화	한국화, 서양화, 판화, 서예 등 각 장르의 평면계 미술 섬유 예술 중 타피스트리 유형
	벽화	건축화된 구조로서 일정 面의 고정상 후레스코 및 모자이크
준3차원	부조	공간적 요철을 포함한 준입체계
	투조	공간적 관류가 이루어지는 투조
3차원	조각	정태적 조각 입체와 공간적 속성을 겸하는 대상
	공예	기능과 미적 대상으로서 공예품 섬유 예술, 목칠 고예, 금속고예, 도자 등
	기념물	상징물, 역사적 유물
	공간물	공간적 위사에서 이루너지는 모빌 형식 수공간, 실내 조경과 공조되는 구성
4차원	비디오 아트	영상과 전자적 시각 매체로서 예술
	키네틱 아트	기계 동력, 풍력, 수력 등을 이용하여 움직임을 동반하는 예술

(4) 스케일의 관계

실내 환경과 오브제간의 적합한 스케일 관계가 되지 않을 경우 시각상의 알력이 이루어지거나 빈약한 체험이 될 수밖에 없다. 대체로 로비 공간과 같은 공적 영역에서 미술품은 대형물이기 쉽다.

미술과 공간은 적당한 시각적 밀도감을 유지하여야 한다고 말할 수 있다. 그것은 미술품의 크기와 건축 공간의 비례적 문제뿐만이 아니라, 적절한 감상 거리를 확보하여야 하기 때문이다. 섬세한 표정을 읽어야 할 조각은 시거리를 좁혀야 하나, 조각품의 성격에 따라서는 전모가 읽혀지기 위한 공간적 스케일이 있다.

(5) 위치 공간의 선택

오브제가 위치할 장소와 사람과의 관계는 전위前位, 포위包位, 조감鳥瞰, 앙시仰視 등의 조건에 의한다. 전위는 미술이 정면성을 위주로 시각화되는 것이고, 포위는 미술의 각 향위가 모든 시각적 대상이 되는 경우이다. 미술을 시각 아래로 내려다보는 조감과 올려보는 앙시는 공간의 조건에 따른다. 만약 공공 공간의 형식이 대단위이면서 여러 가지 각도의 시점 설정이 가능하다면 가급적 다채로운 시각이 이루어질 수 있도록 배치함이 적절할 것이다.

(6) 광선의 조건

로비와 같은 공공 공간은 자연 채광과 인공 조명이 복합될 수 있는 조건에 있다.

광선의 조건은 시각적 편안함과 미술품의 보존적 측면이 함께 고려되어야 한다. 시각적 편안함은 역광逆光의 현상이 발생하지 않는 환경으로서 주로 현휘의 문제이다.

미술품의 보존적 조건은 미술품의 재질에 따른 온 · 습도의 조건과 광선의 자외선 폐해를 제어하는 데 있다. 일반적으로 공공 공간에서 온 · 습도의 조건은, 미술관과 달리, 일상적인 공조 환경에 의할 수밖에 없지만, 자외선에 의한 탈색 폐해는 철저히 통제되어야 한다. 특히 회화류의 경우 직사 광선이 도달하지 않는 환경을 마련하는 것은 물론, 인공 광선도 자외선 방출 광원은 제한되어야 한다.

조각의 미적 차원은 일차적으로 양감量感의 표현에 있다. 그러므로 광선의 조건은 균질한 조사照射보다도 한 방향의 조명이 더 효과적이다. 이를 위해 인공 조명은 스포트라이트의 배치가 효과적이다.

(7) 오브제의 재질과 색상

오브제의 시각적 부각은 조명 환경과 함께 배경의 재질과 색조에 따라 현저히 달라진다. 예를 들어 조각의 재질과 배경의 재질은 혼화되지 않도록 하며, 색상에 있어서도 적절한 대비의 관계를 만들 필요가 있다.

특히 공용 공간에서 일상적인 사람들의 시기각이란 미술관과 달리 정숙하고도 깊은 주시 속에 감상될 조건이 아니다. 그 둘 간의 감정 이입은 우연히 또는 상당한 동적 상태에서 벌어진다.

(8) 미술과 실내 디자인의 공조

실내 디자인에서 구사되는 사인, 가구, 액세서리 등 각종 요소의 성격과 미술의 조화는 양방 간의 의사로서 검토되어야 한다.

미술은 항시 개별적 입장에 있을 수 있는 존재이지만, 실내 환경에 설치되며, 실내 환경과 미술은 일의적一義的 관계를 갖기 때문이다.

이를 위해서는 실내 디자인의 요소와 미술, 재료, 설비기기 등의 총체적인 통합 디자인의 개념이 유효하다.

3. 은행의 실내계획

| 사진 5 -11 | 상상인플러스 저축은행 본점 / 디자인다나함

은행은 금전 또는 유가증권과 관계를 갖는 모든 사람에게 여러 가지 제도에 의해 봉사하는 기관으로서 공공성, 안정성, 수익성을 추구하는 영리단체이다. 1970년대의 경제성장은 은행을 비롯한 금융산업을 전반적으로 성장시켰으며 이에 따른 금융환경의 변화, 사무자동화의 발전은 점포정책과 은행업무의 변화를 가져왔다. 즉, 이는 반복적이고 타성적인 작업의 사고방식에서 벗어나 은행조직의 합리화, 은행사무의 기계화 및 전산화, 그리고 대고객서비스 강화이다. 전국의 본점과 지점 간을 연결하는 컴퓨터 네트워크, 사무처리의 집중화로 사무자동화가 꾀해짐으로써 고도의 경영통계는 정확하고 신속하게 작성 처리되고 경영의 합리화가 도모되었다. 지점 간에 치열한 경쟁으로 권위주의적 경영에서 고객서비스가 강화된 백화점식 경영방식으로 전환되었다. 특히 타 경쟁사와의 차별화, 구별화 및 고객유치, 대고객 서비스 확대로 실내디자인의 필요성이 대두되고 실내환경에 대해 관심을 갖기 시작하였다. 따라서 은행의 실내계획은 업무환경의 획기적으로 개선으로 대외적 이미지를 고무시키고 대내적으로는 업무능률을 향상시켜 영업을 활동화 시키고자 함을 목적으로 한다.

3. 1
실내계획의 기본

은행의 실내계획은 일반사무공간과 동일하나 공공기관으로서 금융업무기능을 수용하고 미래지향적인 금융업무공간을 창출하도록 전개한다. 그리고 금융기관으로서의 신뢰성, 신용, 안정성 표현, 공공 공간의 제공 및 서비스의 극대화가 강조되어야 한다.

디자인의 전개는 도시환경적, 건축적, 실내적 조건을 파악하고 실내 전체의 분위기, 기능체계 등을 결정하는 기본구상단계로 진행한다. 도시환경은 주변환경과 교통 통행량 및 동선 등이며 건축적 조건은 외장형태와 마감, 건물의 구조, 설비체계, 공간의 규모, 출입구, 평면형태, 천장고 등이다. 그리고 실내적 조건은 공간의 성격, 사무조직체계, 개개인의 업무량의 측정, 작업동선 확인, 파악된 개인집기량이다.

설정된 디자인 방향을 기본으로 파악된 내용 및 기타 제한 요구사항, 기존 C.I.P 등을 고려하여 공간의 배분, 동선, 규모, 가구배치, 색채, 조명계획 등이 종합적으로 진행되면서 평면, 입면, 천장계획 및 재료마감 등이 확정되어진다. 그리고 보다 극적이고 활동적인 공간을 연출하기 위해 아트리움, 환경조각, 선큰가든, 실내조경 등이 도입되기도 한다.

한편 증권회사의 공간구성에서 기본업무에 관한 공간은 일반 사무공간 계획과 동일하나 증권의 거래현황을 알리는 시세판과 이것을 관찰하도록 고객에게 제공하는 공간을 객장공간에서 확보해야 한다. 이의 공간배분은 레이아웃에서 큰 비중을 차지한다.

은행의 공간구성은 크게 접객부분과 비접객부분으로 이루어진다. 접객부분의 대표적 공간인 영업실은 영업지점의 대소大小를 불문하고 한정된 인원으로 전과목의 업무를 취급하고 풀 뱅킹full banking의 운영을 전제로 한다. 영업실은 점포 고유의 기능과 사무 고유의 기능을 갖기에 영업을 위한 객장과 업무를 위한 영업장이 한 공간에 위치하며 카운터를 중심으로 구분된다. 객장은 점포 분위기와 성격에 맞는 설비 및 기기 등이 고려되고 영업장은 사무처리의 기능이 대

| 그림 5 -45 | 영업실의 공간구성

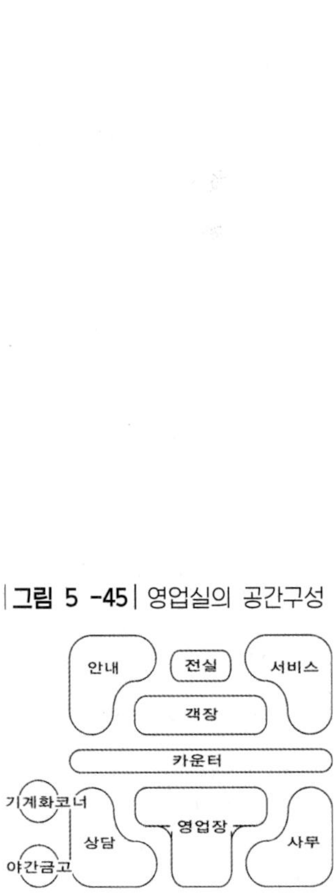

량의 고객을 단시간 내에 정확 신속하게 처리하는 고도의 능률성이 요구되므로 양기능을 적절히 융합, 조화시킨다.

|표 5 -8| 은행의 공간구성

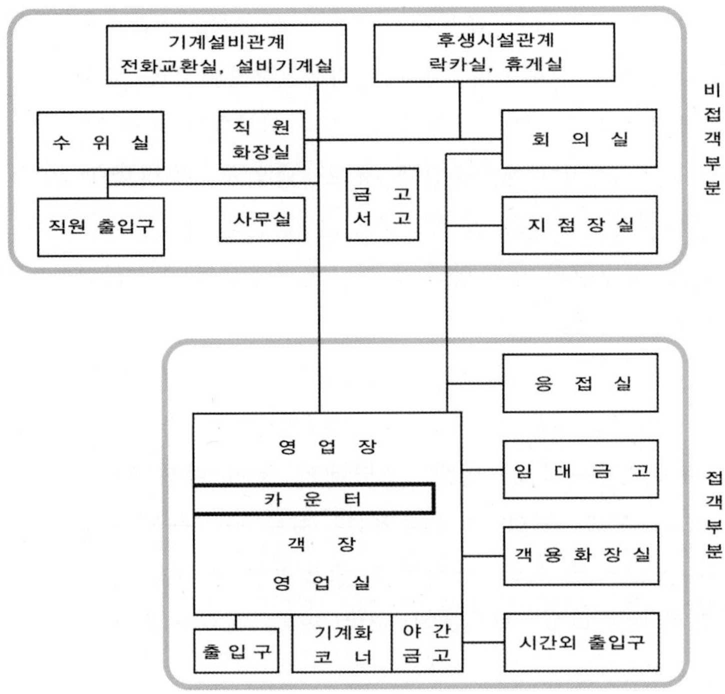

특히 일반 대중과의 거래는 카운터에서 이루어지고 있으나 은행은 전시해 놓은 상품이 없으므로 고객이 얻는 인상은 실내디자인에 의존하게 된다. 따라서 영업실의 실내계획은 일반적인 상점건축과 달리 고객에 대한 모든 시각적이고 심리적인 측면을 고려하여 다음과 같이 전개한다.

① 돈이 취급되므로 고객은 타인의 시선을 피하려 하고 특정한 행원만을 상담하려는 고객심리를 반영한다.
② 고객이 영업실 전반을 한눈에 볼 수 있도록 함이 이상적이다.
③ 지역환경과 조화되도록 점포의 성격을 설정하고 그 성격에 맞는 분위기를 조성하여 가구, 제반집기 등을

적절히 선택, 디자인한다.

④ 창구업무의 신속화를 제일로 창구업무와 후방사무의 연관, 계係상호의 관련성을 고려하여 대고객 서비스를 능률적으로 대처할 수 있도록 한다.

⑤ 관객에게 친밀감, 신뢰감, 안정감 등 은행 이미지를 줄 수 있는 분위기로 하며 이와 아울러 정서적인 업무공간을 형성한다.

⑥ 현대 금융기관으로서의 이미지와 미래지향적 디자인을 통해 앞서가는 은행의 이미지를 표현한다.

| 표 5 -9 | 영업실 기능의 특성

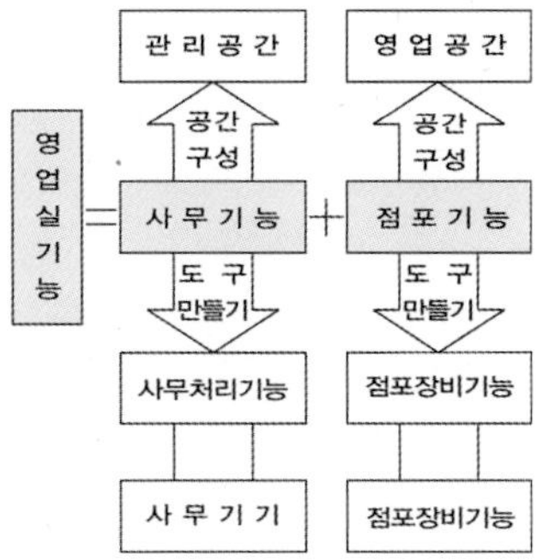

| 표 5 -10 | 영업실의 성격, 형태 결정 조건

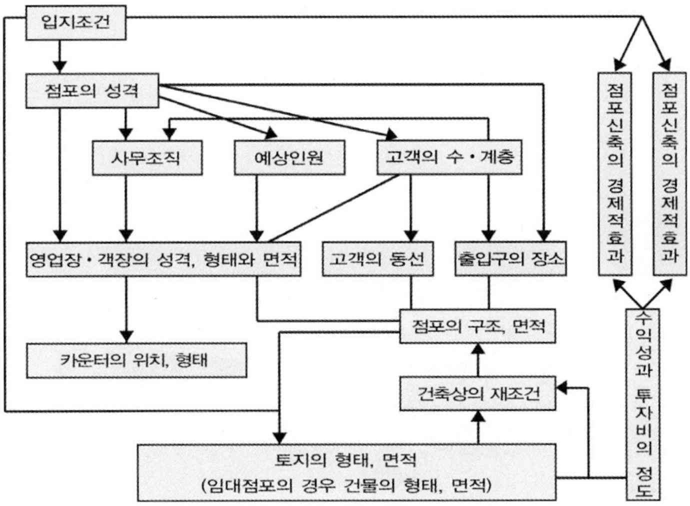

한편 증권회사에 있어 실내디자인은 위의 사항을 기본으로 하되 업무의 차이로 인하여 다음과 같은 점을 고려하여 전개한다.

① 증권인구의 증가와 업무확대로 인해 그 동안 통합적인 형태의 업무수행에서 전문화되는 경향을 뚜렷이 나타내고 있다. 따라서 기존의 카운터 위주의 공간배치에서 영업부문(상담), 업무부문(체결, 주문), 저축부문(단자, 채권)으로 업무에 따라 분할되는 공간배치로

변화되고 있는 점을 고려한다.

② 정보시스템의 발전으로 각 상담요원들이 객장에 나가 고객과 상담하는 형태에서 상담부서는 컴퓨터 단말기를 설치하는 워크스테이션 시스템으로 정착화되고 있다. 따라서 기본의 상담공간, 카운터공간, 업무공간을 왕래해야 하는 상담요원들의 동선이 대폭 축소되었다.

③ 각 증권사들은 고객 유치를 위해 고유의 개성을 표현하는 상징물이나 상징요소를 내부공간에 적극 수용하고 있다.

④ 영업형태의 변화에 따라 대고객의 접근방식은 소극적인 접근방식에서 적극적인 접근방법으로 전환하여 주부교실이나 증권교실 등 강의가 개최되므로 지역적 특성을 고려한 공간구성이 되도록 계획에 반영한다.

| **사진 5 -12** | 객장의 예 -1 / 상상인 저축은행 / 디자인다나함

| **사진 5 -13** | 객장의 예 -2 / 신한은행, 아이디포커스

3. 2 동선계획

고객은 내점목적來店目的에 따라 각기 다른 동선을 갖게 된다. 같은 목적의 고객일 때는 동선을 묶어서 은행업무에 맞춰 동선을 유도하도록 한다. 동선계획은 고객과 은행측의 동선이 중복되지 않도록 하되 고객측에서 본 동선과 은행측에서 본 동선으로 분리하여 계획을 전개한다. 아울러 동선 계획에 있어 출입구의 위치, 계단, 가구, 기기의 배치를 고려한다.

고객의 동선은 내점來店, 전표기입, 접수, 용무완료, 귀가의 순서로 이루어지는데 이 때 내점목적에 따라 분류된 고객동선과 중복되지 않도록 한다. 즉 소요시간의 장단점에 의해 예금관계와 융자관계의 두 분야로 구분하여 동선을 분류, 계획한다. 은행업무의 입장에서 고객의 동선은 창구위치에 의해 유도된다. 창구는 각 계係가 배치되는데 예금의 예입과 인출, 재산증식을 위한 상담, 자금을 융자받기 위한 상담의 순서로 거리를 안배한다. 한편, 기계화에 따라 자동 현금인출기, 야간금고, 대여금고 등의 기기가 설치되므로 이 기기의 위치와 고객동선이 고려되어야 한다.

은행측의 동선은 작업의 흐름이 정체되지 않도록 고객 부분과 내부 개실은 긴밀한 관계를 유지하도록 하고 업무의 흐름을 고객이 알지 못하도록 해야 한다.

3. 3 출입구

은행의 출입구는 외부에서 객장으로 이어주는 연결체로 건물 전체에 밝은 인상을 주도록 하여 고객이 점내로 자연스럽게 유도되도록 한다. 출입구는 고객이 가벼운 마음으로 출입할 수 있도록 하되 품위유지 및 손님에게 신뢰감을 줄 수 있도록 처리한다. 객석의 확보가 필요한 예금창구의 정면에 출입구가 위치하지 않도록 하여 고객의 시선집중을 피하되 고객이 목적하는 창구로 바로 갈 수 있게 한다. 객장의 중앙에 출입구가 위치할 경우 분비는 예금창구와 한산한 상담창구와 양분되어 자칫 데드스페이스가 생기기 쉬우므로 주의한다. 출입구와 카운터

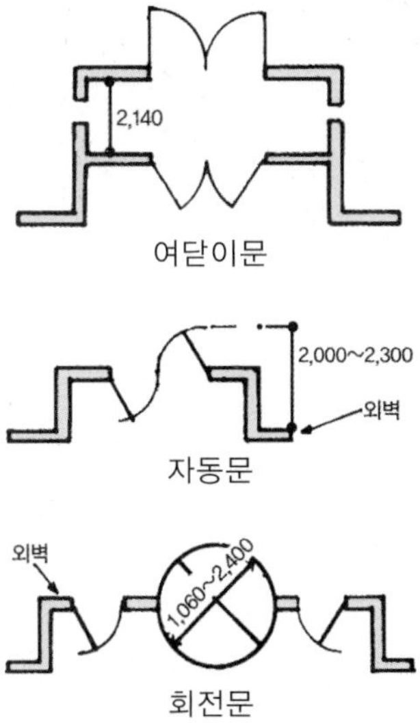

|그림 5 -46| 은행의 출입문

가 동선의 진행방향과 동일하게 위치할 경우 붐비는 예금창구를 먼저 배치한다.

출입구의 형태는 내부가 전혀 보이지 않아 예측할 수 없거나 완전히 노출되어 있는 형태보다는 점포 안팎의 상태를 어느 정도 예측할 수 있을 정도로 개방적으로 처리한다. 도난방지를 위해 안여닫이문이 원칙이나 경쾌한 자동문이 바람직하다. 한편 겨울철에 실내온도의 유지 및 바람막이를 위해 방풍실의 전실前室을 두는 것이 좋은데 바깥문은 밖여닫이문 또는 회전문으로 한다.

3. 4
영업장

영업장은 행원이 카운터를 경계로 고객과 접하고 행정사무와 부기업무를 처리하는 공간이다. 은행업무 중 가장 능률적인 사무처리가 되도록 공간적 배려가 필요하며 공간의 조형은 객장과 관련되게 한다. 소규모 은행은 모든 영업이 단일공간에서 이루어지나 대규모일 경우 대부, 환전, 수금, 신용 등이 각 기능별로 분산처리된다.

(1) 영업장의 면적

1950년대에 영업장과 객장의 면적비는 7:3으로 영업장 면적이 객장보다 2배 이상을 차지했으나 1960년대는 6:4, 1970년대는 5:5, 현재는 그 비율이 4:6의 비율로 객장이 넓어지고 있다. 이는 업무에 있어 기계화, 사무자동화가 이루어지고 대고객의 서비스 차원에서 객장의 면적을 충분하게 확보하고자 함이다.

영업장의 면적은 그 곳에서 일하는 행원 수에 의해 결정되며 은행점포의 평면형태, 영업방식, 계係의 종류, 카운터의 길이 등을 고려하여 산정된다.

① 행원 1인당 소요면적은 최소 4~5㎡ 정도이다.

② 영업장 후방과 벽 사이는 2m 정도의 공간이 필요하다.

③ 양측 벽면측으로 1.5m의 통로를 확보한다.

④ 책상의 뒤나 옆은 최소 600 이상의 여유공간을 둔다.

⑤ 영업장의 후면길이, 앞면길이를 다음과 같이 산출함으로써 영업장 대략의 면적을 구할 수 있다.

- 후면길이 = 카운터 폭 + 창구계원 + 다음 행원의 열수列數 × 후방 통로공간 (2m)
- 앞면길이 = 카운터 길이 (약 1.5M) × 창구개수 + 양측 벽면 통로 (1.5m × 2)

⑥ 기계화에 대응한 영업장의 후면길이는 2선식 배치에서는 5.5m, 1선식 배치에서는 4m 정도가 필요하다.

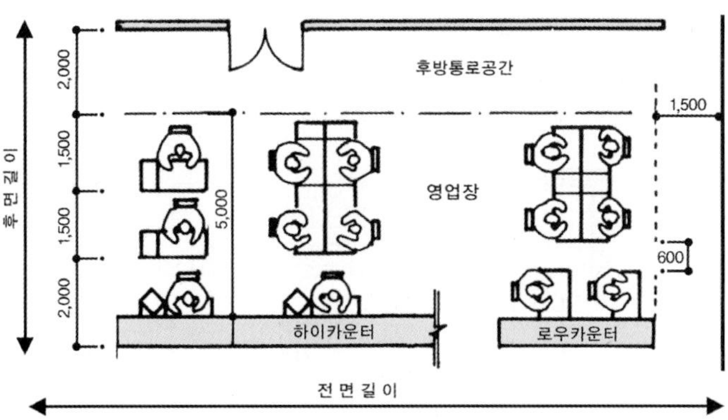

|그림 5 -47| 영업장의 필요치수

(2) 영업장의 유형

영업장은 영업방식에 따라 형태가 결정되는데 영업방식은 고객의 서비스를 중심으로 사무능률화를 도모할 수 있는 방향으로 전환되고 있다. 즉 종래의 분업방식, 유닛방식에서 대부분이 전산기기를 사용하는 텔러teller방식으로 전환되고 있다.

① 분업방식

종래의 분업방식은 각 업무의 성질에 따라서 계별係別로 구분하지 않고 세분화된 업무의 여러 행원을 거쳐 업무가 처리된다. 따라서 고객은 입금창구에서 처음 행동을 시작하여 일정한 거리간격에 있는 출납계에서 현금을 찾게 된다. 즉 현금의뢰, 기장계(장부 기록계), 책임자 검인, 출납계기장, 지불계, 고객의 순서과정을 거치므로 고객이 이동해야 하고 처리시간이 길어 불편하다.

② 유닛방식

한 계係의 업무가 한 유닛 내에서 처리되는 방식으로 예금계는 통장과 현금을 받아 그 계원은 손만 거쳐 다시 그 창구행원을 통해 고객에게 이어지는 방식이다. 고객은 한 창구에서 전 업무처리의 진행을 보므로 안정감과 친밀감을 느낀다.

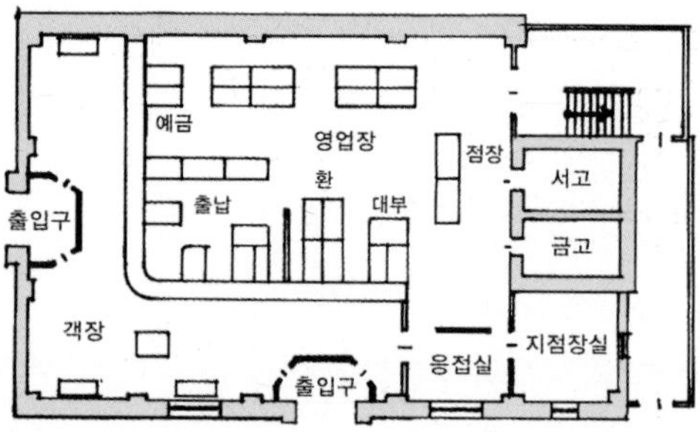

|그림 5 -48| 분업방식 영업장의 예

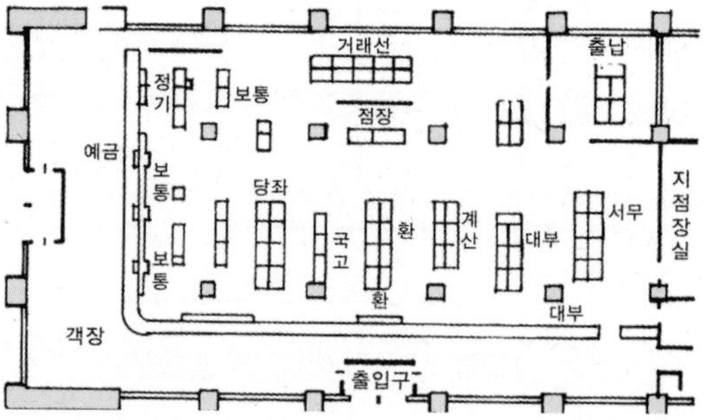

|그림 5 -49| 유닛방식 영업장의 예

③ 텔러teller 방식

선진국에서 널리 통용되는 방식으로 기계화에 대응한 이상적인 영업방식이다. 카운터에 텔러가 배치되어 있으며 원장이 각 계별로 분배되지 않고 컴퓨터로 일원화되기 때문에 비어 있는 어느 창구에서든지 고객의 사무처리가 온라인방식으로 즉시 이루어진다. 잔여업무의 경우 기계화의 집중처리에 의해 후방에서 일률적으로 처리되며 후방사무는 이동칸막이에 의해 영업장과 분리하거나 다른 사무실로 전용하기도 한다. 텔러방식은 사무간소화로 인해 사무능률을 높일 수 있고 영업장의 면적을 줄임으로써 객장면적을 많이 확보할 수 있으며 고객 본위의 쾌적한 영업실 환경을 조성할 수 있는 이상적인 방식이다.

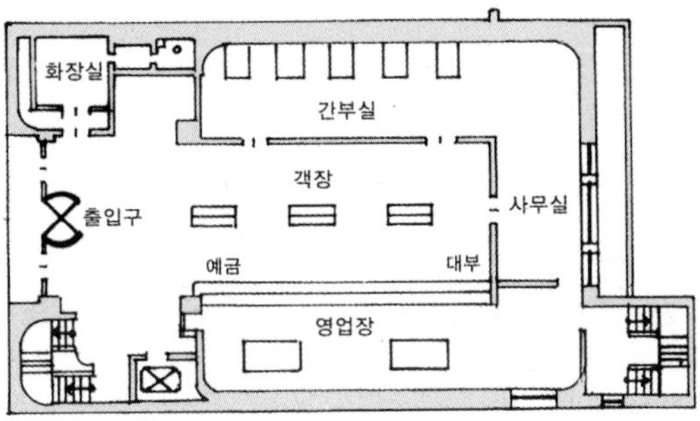

|그림 5 -50| 텔러방식 영업장의 예

우리나라 대부분이 아직도 유닛방식을 채택하고 있으나 온라인화의 증대로 사무간소화된 일부 은행은 종전 3선 유닛방식에서 2선이나 1선 텔러방식을 채택, 시도하고 있다. 그러나 대부분 은행이 현금이나 수표의 지급과정에 있어서 해당대리의 검인을 제도화하고 있어 텔러에게 전 권한이 주어지는 1선식 텔러방식의 채택은 아직 이른 실정이다.

(3) 영업장의 배치계획

각 계의 배치 및 사무용 책상, 사무기기의 배치계획은 다음과 같은 점을 고려하여 진행한다.

① 사무의 흐름을 고려하여 관계가 깊은 계는 가능한 한 접근 배치한다.

② 책임자석은 담당계가 보이는 위치에 배치한다.

③ 고객과 접촉이 많은 책임자 및 담당자는 응접좌석 근처에 위치한다.

④ 출입구와 통로에의 흐름을 고려한다.
⑤ 공용 공간은 가능한 중심에 배치한다.
⑥ 시선을 차단시키는 구조벽체나 고정된 기둥은 피하여 배치한다.
⑦ 채광은 좌측 또는 전면에서 오는 것을 원칙으로 한다.

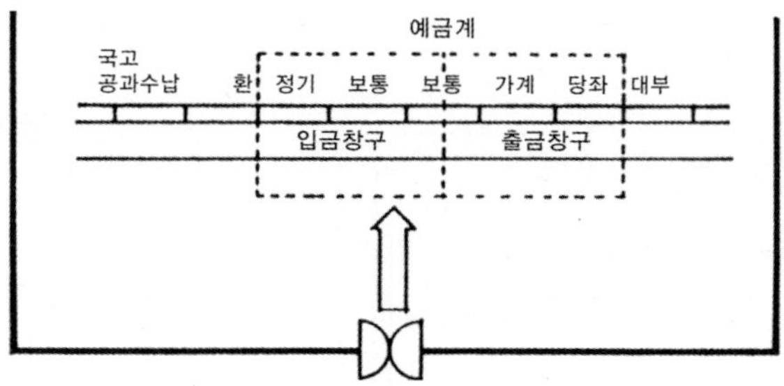

| 그림 5 -51 | 영업장 예금계의 위치

영업실에 있어 계係는 은행의 규모에 따라 다소 차이가 있으나 크게 나누어 예금, 환, 대부, 출납, 서무 등이다. 각 계의 배치에 있어 예금계는 여러 개의 창구를 필요로 하므로 카운터의 길이를 길게 잡고 출입구에서 가깝게 배치한다. 예금계 중에서도 내점 객수의 약 60%를 차지하는 보통예금이 중앙에 위치하며 정기예금계는 유동성예금의 고정화를 위해 보통예금과 근접하도록 배치한다. 그러나 온라인의 전산처리에 의하고 업무종류가 많은 은행일수록 각 계의 조직단위는 비교적 크게 나누어질 수 있다. 예금계의 경우 예금 종류별로 세분하기보다는 통합시켜 어느 창구에서든지 각종 예금을 취급, 컴퓨터단말기에 의해 처리되는 것이 바람직하다.

카운터에 사무용 책상이 함께 위치할 때 그 배치방법은 카운터와의 관계에 따라 전후병렬식, 대면식, 측면식으로 분류되며 그 특징은 다음과 같다.

① **전후병렬식** : 필요 없는 대화가 적어지고 정신이 집중되어 사무능률이 매우 높다. 사무기기에서 일어나는 진동을 전달시키지 않고 파일링 시스템filing system의 도입이 쉽다. 실내가 정연한 느낌을 주며 측면관리가 쉬우나 공간을 많이 차지하고 섹션section이나 그룹을 구분하기 어렵다.

② **대면식** : 팀워크team work를 짜서 일하는 계나 그룹을 이루고 판매하는 영업관계에 알맞다. 고객과 직접 관계가 없는 서무, 계산 등에 적합하다. 공간이 절약되고 전표의 일괄작업이 많을 경우 그 처리가 편리하다. 불필요한 잡담이 많아지고 주의가 분산되기 쉬우며 사무기기의 진동이 전달되기 쉽다.

③ **측면식** : 시간이 걸리는 접객업무, 대부계나 상담창구에 적합하다. 책상 위의 면적을 넓게 사용할 수 있다. 고객측면에서 접근하므로 정면에서의 접근보다 심리적 부담이 적어 가까이 가기 쉽다.

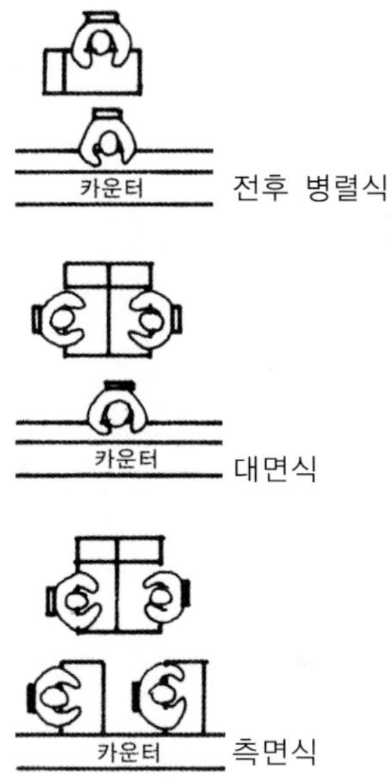

|**그림 5 -52**| 사무용 책상배치의 유형

배치계획에 있어 기능을 줄이지 않고 작은 공간을 효율적으로 이용할 수 있는 사무용책상과 기기의 선택, 배치는 중요하다. 종래 오프라인off-line형식에서 영업장의 배치는 출납계를 중심으로 전표의 흐름을 고려하여 카운터에 대해 직각의 계를 배치하는 대면식이었으며 각계는 원장을 중심으로 넓게 퍼졌다. 그러나 온라인on-line형식으로 원장이 없어지고 그 대체로 기계가 카운터라인을 향하여 전진하게 됨으로써 카운터의 길이가 길어지고 각 계는 카운터에 대해 평행배치인 전후병렬식으로 배치된다.

카운터에 접해 있는 텔러 책상은 전후병렬식이 능률적이며 대부계나 상담에는 측면식이 고객의 심리적 부담감을 덜어주기 때문에 적합하다. 기계화에 대응한 영업장의 책상배치는 사무 간소화로 인한 인원과 업무량의 절감 등으로 종전의 3선 이상의 책상배치를 지양한다. 2선식 또는 1선식에 의한 2선식 배치는 제1선식이 텔러식

책상. 제2선식이 단말기와 담당대리의 책상이며 제1선과 제2선의 업무는 수시로 연결된다. 1선식 배치는 제 1선상에 텔러 책상, 단말기, 담당대리 책상이 함께 배치되므로 카운터의 길이가 길어진다. 따라서 대부분 텔러만 배치하고 배면이나 후면의 단말기를 직접 조작한다. 대리 책상은 눈에 띄지 않는 후방이나 별실에 배치하는데 1선식 배치는 담당대리의 지시나 검인을 수시로 필요치 않기 때문이다.

3. 5
영업 카운터

영업 카운터teller counter는 영업장과 객장과의 경계를 가장 우선 고려하고 그 기능은 영업장과 객장을 분리하는 기능, 범죄방지의 기능, 작업하는 책상으로서의 기능을 갖는다.

영업실의 평면구성은 합리적인 카운터라인의 결정에 의해 좌우된다. 이 라인의 결정은 영업장의 공간을 후방벽으로부터 앞으로 밀어내고 한편으로 객장이 요구하는 공간을 출입구 정면으로부터 뒤로 밀어 넣음으로써 생기는 양자의 접선에 의해 얻어진다. 따라서 영업장과 객장 모두의 기능적 요구를 만족시키는 범위 내에서 카운터라인을 설정해야 한다. 즉 카운터는 영업장과 객장의 공간 변화로 영업장의 기능과 서로 대응하되 객장의 기능을 만족시키는 위치에서 결정된다. 카운터라인의 배치는 고객의 본위이냐 행원의 업무를 편리하게 하느냐에 따라 다르므로 이를 충분히 검토, 계획에 반영한다.

카운터라인의 형태는 실의 형태, 계의 종류, 창구의 수에 의해 결정되는데 대부분이 단순, 명쾌하고 기동성이 보장되는 직선형 또는 그 자체의 형태미를 추구하는 유선형이나 자유형으로 한다. 곡선형 카운터는 직선형보다 부드러운 느낌으로 고객에게 친밀감을 준다. 카운터의 곡선을 강하게 나타내면 영업장 안의 공간은 데드스페이스를 가져오며 레이아웃에 지장을 가져온다. 따라서 강한 곡선형과 지그재그zigzag형 등의 복잡한 곡선은 피한다. 곡선형일 경우 곡선의 정점위치를 고려한다. 한편 조명을 위한 내림천장도 카운터와 같은 곡선형으로 하여 받쳐주면 더욱 부드러운 느낌을 주며 전체공간의 분위기를 좌우하는 강한 요소로 보다 개성적으로 특징지어준다.

| 표 5 -11 | 영업카운터의 배치형태와 특징

형 태	특 징
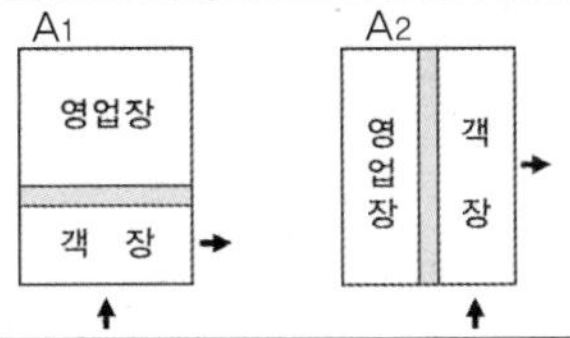	•A1형은 접객선이 짧아 접객창구가 비교적 적기 때문에 소규모 은행에 적합하다. 영업식의 면적에 비해서 영업장의 비율이 커지는 이점이 있다. •A2형은 접객선이 길고 영업장의 면적도 비교적 넓게 잡을 수 있다.
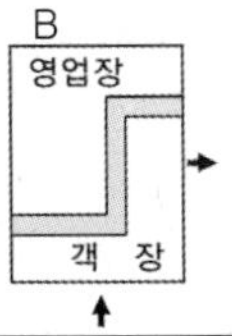	•A1과 A2의 혼합형으로 접객선이 비교적 길다. 카운터가 영업장 쪽으로 꺾일 때는 영업장 내측공간에 무리가 생기고 반대로 객장 쪽으로 꺾일 때는 안정감이 없는 실내가 되므로 계획에 신중을 기해야 한다.
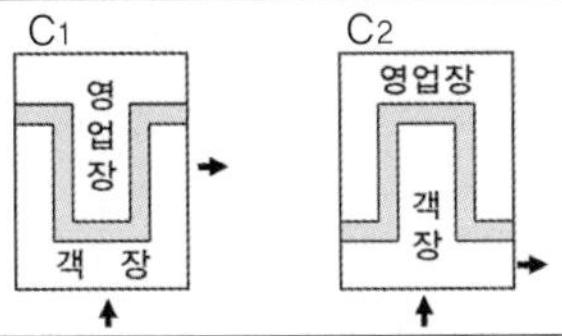	•A · B형에 비해서 접객선이 대단히 길다. •C1형은 대규모 은행에 적용, 영업 직무 능력에는 상당히 좋지만 객의 동선이 길어지는 결점이 있다. •C2형은 소규모 은행에 적합하다. 정면이 좁고 옆면이 넓은 영업실에 한하여 적용한다.
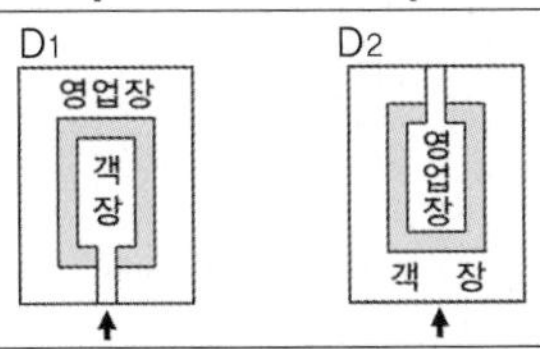	•D1형은 고객의 동선이 단축되는 반면 영업 직무상 연결은 불편하다. 객장의 중앙은 천장조명에 유리하다. •D2형은 영업직무상의 연결은 양호하나 고객의 불편이 크며 영업장보다 객장의 채광조건이 양호하다. 이는 외국에서 보편적으로 채용되고 있는 형식이다.
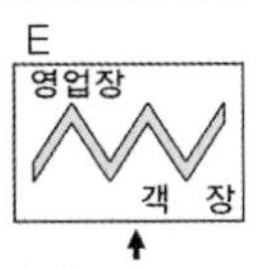	•고객처리에 능률적이며 고객 측에서는 한 사람이 창구계를 독점할 수 있어 심리적으로 친밀감을 가질 수 있다.

카운터의 폭과 높이를 비롯한 치수는 고객과 창구와의 관계를 인간공학적으로 고려한 후 산출한다. 카운터치수는 사람이 자연스럽게 서서 편하게 팔을 펼 수 있는 높이인 900~1,000을 기준으로 하되, 최대 1,100을 초과하지 않는다. 폭은 카운터와 텔러의 책상의 폭을 합하여 1,000~1,100 정도가 적당하다. 창구 1개당 카운터 길이는 텔러머신teller machine을 설치할 경우 창구 계원이 1인당 최소 1,500이며 그 외는 1,000 정도가 일반적이다.

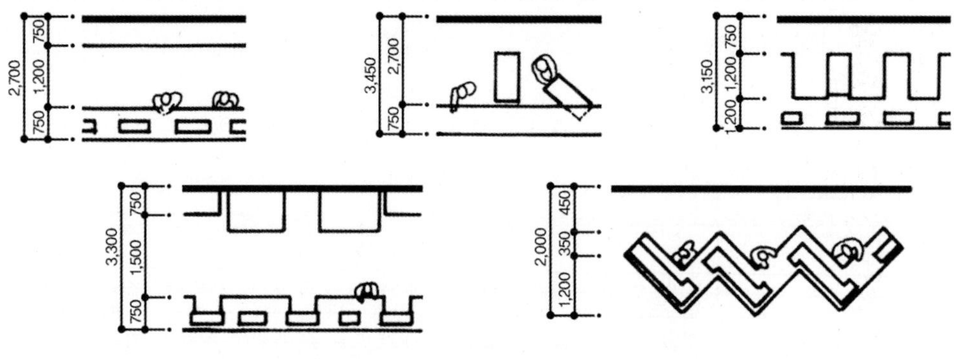

|그림 5 -53| 영업카운터의 배치에 따른 필요치수

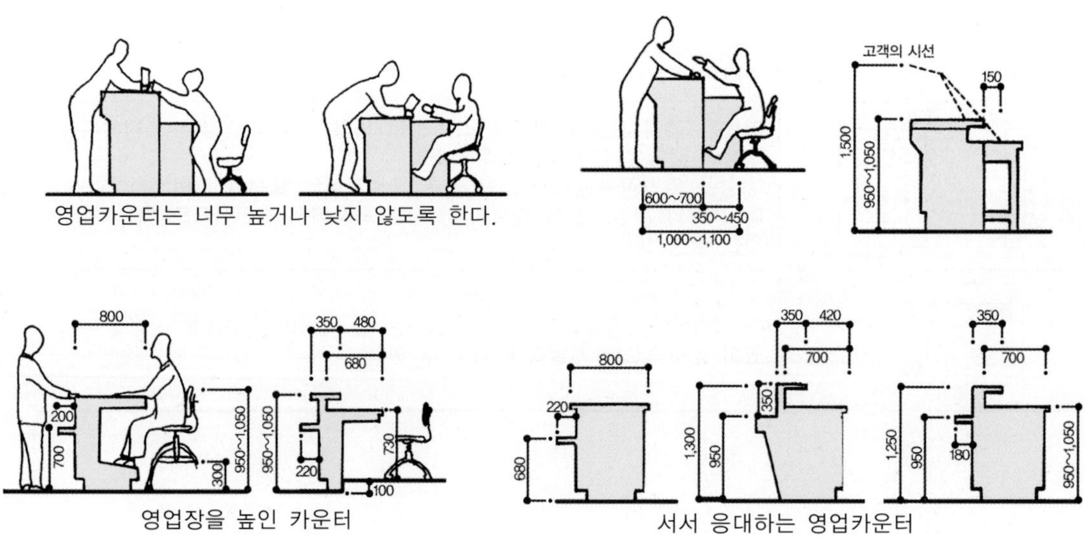

|그림 5 -54| 영업카운터의 필요치수

치수 1,500 길이는 창구가 한산할 때 고객이 2명, 붐빌 때는 3명이 함께 설 수 있는 공간이며 창구계원이 고객을 대응하기에 가장 알맞은 길이이기도 하다. 카운터 전체의 전면길이는 고객의 수와 업무량을 예측한 창구 계원수에서 산출된다. 그리고 상담을 위한 카운터는 카운터 앞에 고객 좌석이 마련되므로 책상높이 정도로 한다.

과거 카운터의 상부에 유리나 아크릴 등의 투명스크린을 설치했으나, 근래 현금출납계 부분 간에 간혹 설치하기도 하지만 고객과의 친밀감을 위해 거의 설치하지 않는다.

| 사진 5 -14 | 영업장 카운터의 예
/ 하나은행, 제이이즈워킹

3. 6
객장客場

객장은 은행의 구성 공간 중 고객이 많이 출입하는 공간으로 은행의 대중화 정책에 따라 대고객 서비스 측면과 고객 확보를 위한 전략의 하나로 중요한 의미를 가진다.

객장은 카운터에서 용무를 처리하는 시간 동안 고객이

머무르는 중요한 공간이므로 기능적인 공간처리에서부터 가구, 조명 등에 이르기까지 고객을 환영하는 분위기로 실내계획한다. 아울러 건축적 이미지가 실내까지 연장, 표현되도록 한다. 또한 객장은 은행이 유리한 입장에서 고객과 자연스럽게 접근할 수 있도록 하며 고객이 의사를 그 자리에서 결정, 구체적인 행동으로 옮기도록 기회를 마련한다.

| **사진 5 -15** | 객장(고객대기공간)의 예 / 국민생명보험 본점, 희훈디자인

(1) 객장 면적

객장은 고객 본위로 보다 충분한 면적을 확보하는데 카운터의 창구수와 예상 고객수, 필기대, 대기를 위한 충분한 여유공간을 고려하여 면적을 산출한다.

1) 후면길이 참조

M을 사람의 폭, C를 사람이 의자에 앉은 폭으로 가정할 때 3MC의 객장에 필기대가 있을 경우 필기대의 폭(1.0m)과 최소한 한 사람의 폭(0.3m)을 가산한다. 예금

계 앞의 객장은 후면길이 4M2C(4.5~5m) 이상의 충분한 객장면적을 확보해야 하며 대부계의 앞은 3MC(2.5~3m) 정도가 필요하다.

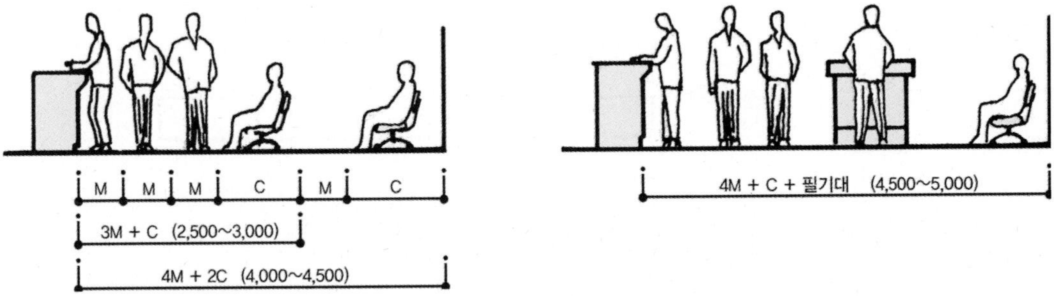

|그림 5 -55| 객장의 후면길이

2) 전면길이 참조

창구계원 1명에 대해 카운터가 필요로 하는 길이는 대략 1.5m 이므로 전면길이=1.5×창구개수-양측면의 여유분(1.5m~ 2m 씩)을 최소한 필요로 한다. 전면길이가 짧은 평면일 경우 카운터를 'ㄱ'자형으로 꺾거나 2층 이상의 점포일 경우 대부계 등의 창구를 2층으로 이동시켜 객장의 전면길이를 짧게 한다.

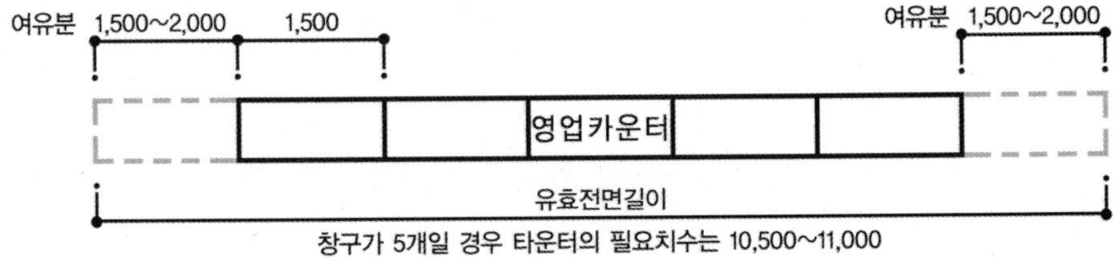

|그림 5 -56| 객장의 전면길이

객장은 출입구, 계단과 이에 따른 동선공간이 필요한데 3MC 객장일 경우 10㎡, 4M2C의 객장에는 20㎡를 가산한다. 객석은 창구 1개 1.5m에 대해 2명의 좌석을 확보할 수 있으므로 1열의 객석인 객장에서 창구수가 5개

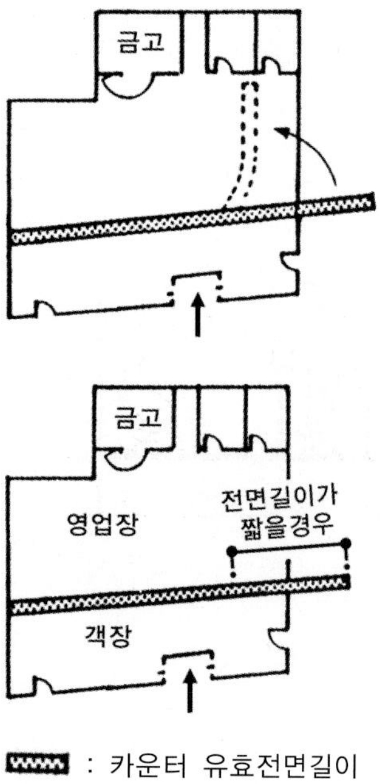

|그림 5 -57| 전면길이가 짧을 경우의 영업카운터 배치

일 경우 10석 정도, 2열의 객장에서는 약 20석 정도가 확보된다. 객석을 1열 또는 2열로 하느냐는 필요창구 수와 소요객석 수에 따라 결정되며 객석열의 결정에 따라서 객장의 후면길이도 정해진다.

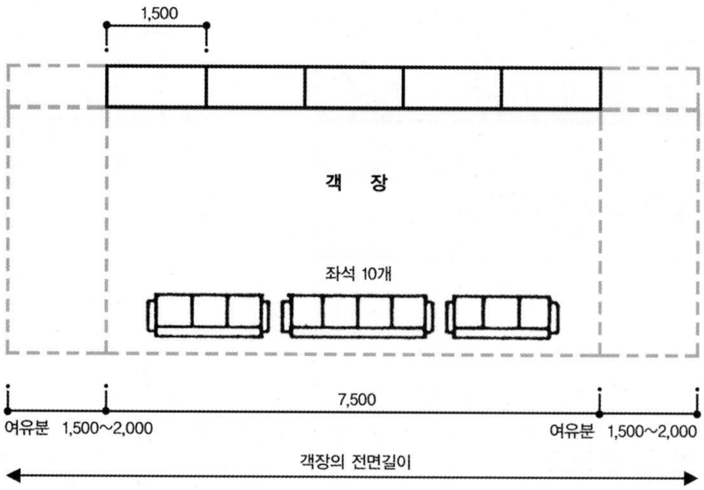

|그림 5 -58| 객장의 좌석

(2) 객장의 기능별 분류

객장은 크게 정적 공간과 동적 공간으로 구분된다. 정적공간은 대기동작이 이루어지는 곳으로 적절하고 효과적인 위치에 대기용의 좌석배치가 필요하다. 동적공간은 보행, 전표기입, 하이카운터, 로우카운터에서의 거래가 이루어지는 곳으로 영업실의 업무가 전산화됨에 따라 고객업무의 처리소요시간을 기준으로 슈퍼퀵 공간super-quick space, 퀵서비스 공간quick service space, 슬로우 서비스 공간slow service space으로 구분된다. 이들 각 공간은 각기 독립되도록 배치하는데 객장의 동선단축과 혼잡을 방지하고 안정된 분위기에서 사무를 처리하고자 하기 때문이다.

1) 슈퍼퀵서비스 공간

카운터상의 단순업무 처리 중에서 60% 이상이 기계화 코너에서 처리될 수 있는데 이 중 40%정도를 기계화된 코너에서 처리할 수 있다. 따라서 고객의 대기시간 단축과 행원의 업무량 감소를 가져올 수 있다. 이 공간은 출입구와 근접시켜 위치하며 영업시간의 종료 후에도 사용 가능하도록 전용출입문을 따로 만들거나 객장 출입구와 겸용한다.

2) 퀵서비스 공간

주로 예금관계의 공간으로 출입에 편리하고 객석을 많이 확보할 수 있는 곳에 위치시키며 하이카운터를 사용하여 고객과 대응한다. 출입구로부터 고객의 흐름을 부드럽게 하기 위해 대기공간과 보행, 전표기입, 카운터에서의 거래와 교차되지 않도록 대기용 의자와 필기대의 배치를 고려한다. 고객이 제일 붐비는 공간이므로 은행 자체 내의 홍보물이나 기타 전시공간을 마련하는 것도 바람직하다.

3) 슬로우서비스 공간

상담, 융자 관계를 담당하는 슬로우서비스 공간은 수퍼 퀵서비스 공간과 퀵서비스 공간과 분리되고 출입구에서 떨어져 차분하고 안정된 장소에 위치한다. 하이카운터에 붙여서 로우카운터를 사용하거나 객장의 일부에 책상이나 응접세트를 마련하여 친근한 분위기를 조성한다. 로우카운터는 짧은 독립형 카운터를 사용하여 타인에 대해 프라이버시가 보장될 수 있을 정도로 간격을 두고 고객과 1:1의 대응이 가능한 형식이 바람직하다. 기계화 업무의 본격화와 소비금융의 성행으로 행원이 고객의 상담에 응하는 기회는 종전보다 많아져 슬로우서비스 공간은 점차 중요하게 되리라 예상된다.

1. 개설

상업중심의 초기 박람회에서 거래 촉진을 목적으로 시작된 전시는 주의를 끌기 위해 보내는 측과 받는 측 사이의 어떤 공간에 존재하는 전달수단으로서 보이는 행위를 의미한다. 그러나 관람자에게 단지 보여주고 진열하는 것만이 아닌 전시를 통해 느끼게까지도 할 때 비로소 의미있는 전시라 할 수 있다. 이를 위해 어떤 공간에 어떤 물건을 넣는다는 행위에서 출발한 개념이 구성과 연출을 통해 강력한 주제나 이미지를 관람자에게 적극 전달, 설명할 수 있어야 한다.

전시에 해당하는 용어로는 엑시비션exhibition, 엑스포지션exposition, 쇼show, 페어fair, 디스플레이display 등이 있다. 영어에서 유래한 엑시비션은 전시의 뜻이 강하고 프랑스어에서의 엑스포지션은 설명한다는 뜻으로 이들은 모두 회화의 전람회에서 비롯되었다. 이에 반해 미국에서는 농산물이나 가축의 정기 품평회를 여는 전시를 페어라고 하였다.

|사진 6 -1| UK Pavilion, Shanghai Expo 2010 / Thomas Heatherwick

전시는 영리적인 측면에서 보면 비영리적인 전시와 구분된다. 영리적 전시는 전시자의 명성과 상품의 선전효과를 이용하여 판매를 촉진하기 위한 것이나 비영리적인 전시는 예술작품의 발표나 일반대중의 문화적 사고개발, 교육을 목적으로 열리는 것이다. 전시공간에 있어 전자의 전시가 열리는 경우 쇼룸show room이 대표적이며 후자의 전시는 미술관, 박물관, 기념관, 박람회 등이 이에 속한다.

1. 1 전시공간의 유형

(1) 박물관, 미술관

박물관 또는 미술관을 의미하는 뮤지엄museum은 고대 그리스에서 예술을 관장하는 신인 뮤즈Muse를 모시는 전당에서 유래하였다. 역사적 배경에서 살펴보면 그리스시대에는 귀족들이, 로마시대에는 부호계급들이 궁전이나 도서관 또는 저택의 일부에 귀중한 미술품, 값비싼 보물 등을 수집하여 진열, 감상하였는데 이것이 오늘날 미술관, 박물관, 도서관의 원시적인 형태라 한다.

중세에는 각 사원이 박물관의 역할을 하게 되고 소수의 대귀족, 부호들은 자기 집 별관에 독점하고 있었던 미술품, 수집품들을 진열하는 형식의 작은 박물관을 만들어 예술가, 학자들에게 공개하기 시작하였다. 근세에 이르러 유적의 발굴조사가 성행하여 그 성과를 전시하는 건축물도 많아졌으며 19세기에는 유럽 각지에 도시의 번영을 과시하려는 박물관, 미술관이 등장하여 개인소장의 개념에서 벗어나 공공적인 보존과 대중을 위한 전시의 중심으로 운영되었다.

20세기에 들어 월터 그루피우Walter Gropius, 르 꼬르뷔제Le Corbusier와 같은 건축가들의 근대건축운동과 더불어 박물관 건축은 기능을 중시하는 방향으로 계획되었다. 특히 프랭크 로이드 라이트F. L Wright의 구겐하임미술관(1960)은 입체적인 동선처리와 조형적인 공간구성으로 미술관 건축과 공간구성에서 획기적인 발전의 계기를 가져오게 하였다.

| 표 6 -1 | 박물관의 발달과정

시대		사건	내용	소유주	관람객
고대	▲ 이집트 ▼ 그리스 | 로마	박물관의 기원 : BC285 Ptolemy왕 Alexandria "MUSEON" 개인적 취향의 소박물관 POMPEIUS/Caesar에 의해 공개시도	교육보급 전 시 보 관 ◀------▶ 연 구 정리·보관 조사·연구	신 전 귀 족 · 신 전	특정인 제한
중세		각 사원의 박물관 기능	전 시 보 관 ◀------▶ 연 구	교 회	특정인 공개
근대		차츰 일반에게 공개 전문 박물관의 출현	전 시 보 관 ◀——▶ 연 구	교 회 · 가 족	특정인 공개
근대	▲ 르네상스	수집품의 체계적인 정리 및 보관 OLAF WORM의 진열관	전 시·보 급 정 리·보 관 ◀——▶ 연 구·조 사	정 부 · 귀 족 · 공공단체	특정인 공개
근대		대중공개 1683 ASHMOLEAN 박물관 건축보급, 박물관 제도화	전 시·보 급 정 리·보 관 ◀——▶ 연 구·조 사	정 부 · 귀 족 · 공공단체	일반 공개
현대		박물관 건축의 혁명 사회적 기능의 확대 박물관의 국제 협력 ICOM 발족	전 시·보 급·교 육 정 리·보 관 ◀——▶ 연 구·조 사	정 부 · 공공단체 · 민 간	일반 공개

|사진 6 -2| Mimesis Art Museum / Álvaro Siza

박물관은 예술, 역사, 미술, 과학, 기술 등에 관한 수집품 및 식물원, 동물원, 수족관 등 문화적 가치가 있는 자료, 표본 등을 표현, 전시하는 기관이다. 미술관은 조각, 공예, 회화와 같이 미를 표현하여 시각화한 창작예술 작품을 전시한다.

오늘날 미술관의 경우 국제적인 교류에 따라 국내·외 정상적인 활동과 질적 향상에 영향력을 미치고 독창적인 작품을 적절하게 발표할 수 있는 전시공간을 제공해 줌으로써 미술가의 의욕을 고무시키고 있다. 특히 현대미술관의 경우 현대미술의 한 특징인 상황과 퍼포먼스performance의 연극적, 음악적, 체험적 작품행위를 포용할 수 있도록 계획에 반영되어야 한다.

그리고 오늘날 현대적인 박물관은 단순한 수집품의 보존과 진열에만 그치는 것이 아니라 소장한 예술품과 역사적 유물자료 등을 깊이 연구하고 그 문화적, 예술적 가치와 내용이 잘 이해되도록 하며 관람자들의 심리적·정신적 기쁨과 사회교육에 효과적으로 이바지하도록 전시하고 관리해야 한다.

박물관과 미술관은 각종 자료, 정보를 좋은 환경적 조건 속에서 표현, 전시하여 일반대중에게 전달해야 한다. 자료, 정보는 수집, 정리, 보존의 기능을 필요로 하며 좋은 환경적 조건은 자료를 표현하기 위한 쾌적한 장소이다. 그리고 표현은 정보를 끌어내어 표현하는 수단으로 조사와 연구를 전제로 일반 시민이 쉽게 알아볼 수 있도록 전시하는 것이다. 따라서 효율적인 제시와 적절한 전시공간의 계획이 요구된다.

박물관의 종류는 다양하며 그 분류방법도 여러 기준으로 나누어질 수 있으나 일반적인 성격판별 기준과 분류는 다음과 같다.

|표 6 -2| 박물관의 성격별 분류

<table>
<tr><th rowspan="2">성격별
판정기준</th><th rowspan="2" colspan="2">성격별 박물관</th><th colspan="4">분류 단계와 실례</th></tr>
<tr><th>I</th><th>II</th><th>III</th><th>IV</th></tr>
<tr><td rowspan="16">취급되는
자료의
종류</td><td rowspan="6" colspan="2">인문과학계 박물관</td><td rowspan="3">미술계
박물관</td><td rowspan="3">미술박물관
(미술관)</td><td>고미술 박물관</td><td>회화박물관, 동양미술 박물관</td></tr>
<tr><td>서양미술박물관</td><td>조각박물관, 공예박물관</td></tr>
<tr><td>근대미술박물관</td><td>연극박물관</td></tr>
<tr><td rowspan="3">역사계
박물관</td><td rowspan="3">역사박물관
(역사
자료관)</td><td>역사박물관</td><td>문화사박물관, 고문서박물관</td></tr>
<tr><td>민속학 박물관</td><td>민가원民家園, 민속촌</td></tr>
<tr><td>고고학박물관</td><td>구총具塚박물관</td></tr>
<tr><td rowspan="10" colspan="2">자연과학계 박물관</td><td rowspan="6">자연계
박물관</td><td rowspan="3">자연사
박물관</td><td>지질박물관</td><td>화석박물관, 광물박물관</td></tr>
<tr><td>동물박물관</td><td>공룡박물관, 곤충박물관</td></tr>
<tr><td>식물박물관</td><td></td></tr>
<tr><td rowspan="3">사육재배
박물관</td><td>동물원박물관</td><td>Monkey Center</td></tr>
<tr><td>식물원</td><td>식물원</td></tr>
<tr><td>수족관</td><td></td></tr>
<tr><td rowspan="4">이공계
박물관</td><td rowspan="3">이공학
박물관
(과학기술
박물관)</td><td>기초과학박물관</td><td>화학박물관, 물리·생물학박물관</td></tr>
<tr><td>응용과학박물관</td><td>전기박물관, 전자·원자력박물관</td></tr>
<tr><td>산업박물관</td><td>농업박물관, 해양박물관,
교통박물관, 기계박물관</td></tr>
<tr><td>천문박물관</td><td>우주박물관</td><td>기상박물관, Planetarium</td></tr>
<tr><td rowspan="6">박물관의
중점기능</td><td colspan="2">보존기능 중시박물관</td><td colspan="4">보물관적 박물관, 기념관</td></tr>
<tr><td colspan="2">연구기능 중시박물관</td><td colspan="4">대학 또는 연구소의 부설박물관</td></tr>
<tr><td colspan="2">교육기능 중시박물관</td><td colspan="4">어린이 박물관, 학교박물관, 이공학계박물관</td></tr>
<tr><td colspan="2">레크리에이션 기능 중시박물관</td><td colspan="4">공원박물관</td></tr>
<tr><td colspan="2">전기능형 박물관</td><td colspan="4">다수의 국공립 박물관</td></tr>
<tr><td colspan="2">모집기능 중시형 박물관</td><td colspan="4">천문박물관, 고고미술관</td></tr>
<tr><td rowspan="3">자료의
보존·전시
장소</td><td colspan="2">관내 전시형 박물관</td><td colspan="4">국립중앙박물관</td></tr>
<tr><td colspan="2">옥외 전시형 박물관</td><td colspan="4">민속촌, 야외조각전시장, 동물원, 식물원</td></tr>
<tr><td colspan="2">현지 보존형 박물관</td><td colspan="4">아프리카의 자연동물원(자연보호구), 구총具塚박물관</td></tr>
<tr><td rowspan="2">자료의
시간적
모집범위</td><td colspan="2">역사 지향형 박물관</td><td colspan="4">역사박물관, 기념관</td></tr>
<tr><td colspan="2">현대, 미래지향형 박물관</td><td colspan="4">과학기술관, 천문박물관</td></tr>
<tr><td rowspan="2">자료의
공간적
모집범위</td><td colspan="2">지역·향토지향형 박물관</td><td colspan="4">향토박물관, 향토기념관</td></tr>
<tr><td colspan="2">광장·중앙지향형 박물관</td><td colspan="4">국립과학관, 일본국립민족학박물관</td></tr>
<tr><td rowspan="3">이용대상
자의 범위</td><td colspan="2">어린이대상 박물관</td><td colspan="4">어린이 박물관, 어린이동물원, 학생과학관, 어린이회관</td></tr>
<tr><td colspan="2">학생·연구자대상 박물관</td><td colspan="4">대학부설 박물관, 연구소부설박물관</td></tr>
<tr><td colspan="2">일반시민대상 박물관</td><td colspan="4">국공립의 다수의 박물관, 시립의 다수박물관</td></tr>
<tr><td rowspan="2">전시자료
의 상태</td><td colspan="2">살아있는 생물정식박물관
(사육·재배박물관)</td><td colspan="4">동물원, 식물원, 수족관</td></tr>
<tr><td colspan="2">죽어있는 생물전시박물관
(종래의 자연사박물관)</td><td colspan="4">화석박물관</td></tr>
<tr><td rowspan="5">관리
·
경영자별</td><td rowspan="3">국공립</td><td>국립박물관</td><td colspan="4">국립중앙박물관, 국립과학관</td></tr>
<tr><td>공립박물관</td><td colspan="4">도립박물관, 시립박물관</td></tr>
<tr><td>비영리법인박물관</td><td colspan="4">학교법인, 재단법인, 종교법인 등의 박물관</td></tr>
<tr><td rowspan="2">사립</td><td>회사직영박물관</td><td colspan="4">태평양박물관</td></tr>
<tr><td>개인박물관</td><td colspan="4">호암미술관, 에밀레미술관</td></tr>
</table>

박물관, 미술관의 구체적 기능은 다음과 같다.

① 자료의 모집, 보존, 관리
② 전시 자료에 관한 전문적이고 학술적인 조사, 연구
③ 자료의 보조전시 등에 관한 기술적인 조사, 연구
④ 자료에 관한 강연회, 강습회, 영사회, 연구회 등의 개최
⑤ 활동에 관한 각종 간행물의 제작 및 배포
⑥ 다른 박물관, 미술관과의 자료, 간행물, 및 정보교환 등 유기적인 협력
⑦ 위치한 지역의 상징성, 향토적 전통보존 기능을 갖추어야 한다.

이들 기능은 박물관의 성격에 따라 전시나 연구 중 한쪽으로 치중하여 조직적인 체계로 구성된다.

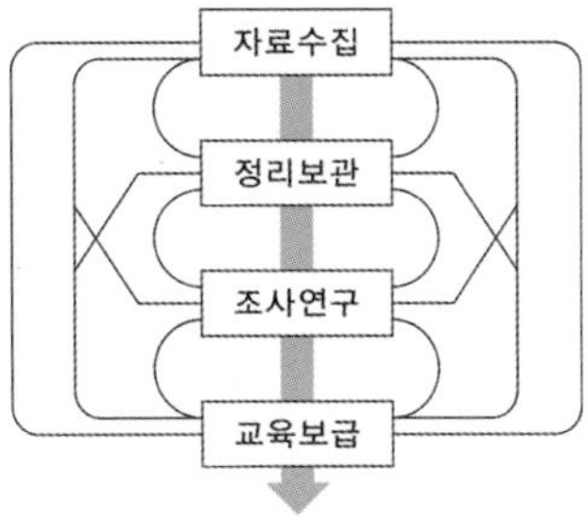

|그림 6 -1| 박물관의 기능-1

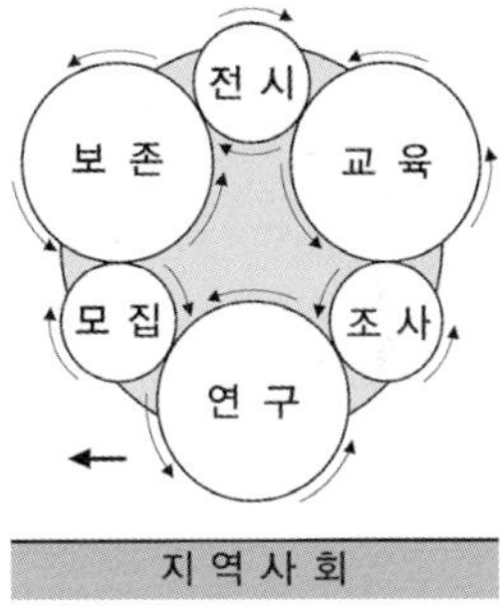

|그림 6 -2| 박물관의 기능-2

박물관, 미술관의 공간구성은 크게 전시공간과 비전시공간으로 구분된다. 전시공간은 전시계획과 전시공간계획으로 구분하여 뒤에 살펴보고자 한다. 비전시공간은 직접 전시가 없는 부분으로 관람객의 출입이 불가능하고 직원 전용 또는 관계자의 출입이 제한되고 전시관의 기능과 연결되어 전시관의 운용효과를 높이는 데 큰 역할을 한다. 비전시공간은 학예공간, 보관공간, 관리공간, 교육보급공간으로 경쾌한 작업의 환경조건과 관리효율을 높이도록 계획한다.

|사진 6 -3| Guggenheim Museum Bilbao / Frank O. Gehry

|사진 6 -4| 전시공간의 예 / Guggenheim Museum Bilbao, Frank O. Gehry

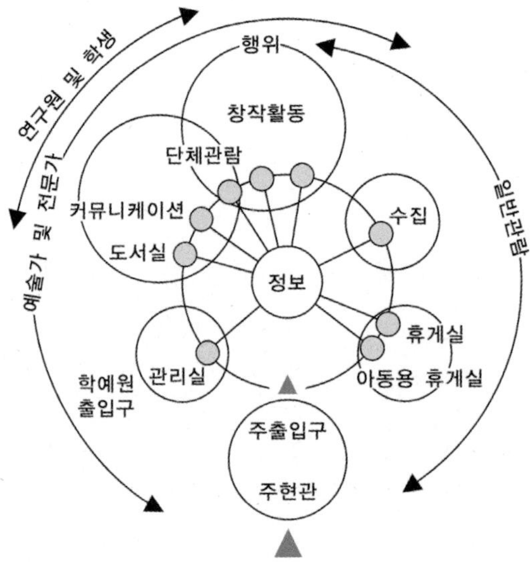

|그림 6 -3| 박물관의 기능에 따른 공간구성

|표 6 -3| 비전시공간의 공간별 성격·시설·설비

		성 격 · 위 치	시 설 · 설 비
비전시공간	학예공간	•학예관계직원의 조사, 연구활동의 중추부 •개인실보다는 오픈된 큰 공간으로 구획 •수장고나 전시실과 근접하고 입구홀에서 가까운 곳 •이용자의 교류 배려 •교육보급과, 조합과가 있는 경우 인접	•소회의용 설비 •촬영시설, 암실 •천장고 3m 이상 •외래연구자용 별실 •창이 있어야 함
	보관공간	•반영구적 보존과 관리 •빛, 공기의 접촉이 없도록 함 •전시실과 수평이동할 수 있는 위치 •자료의 재질에 따라 다시 구분 •외광을 가능한 차단하기 위해 무창無窓 또는 최소한의 개구부	•내화, 내진, 방충, 방음 •열, 습도, 일광, 통풍의 조절 •도난 파괴방지에 필요한 설비 •이중바닥, 벽 •천장, 입구의 이중처리 •온도 10~20℃, 습도 50~60℃
	관리공간	•사무센터로 관장, 부장, 학예원, 보존수리 기술자, 교육보급담당자 등의 직원실 •자문기구로서 박물관 협의회와 심사위원회 •관장실, 응접실, 회의실 2~3개	•구급의무실 20㎡ •작은방의 표준면적 30~40㎡ •별전을 위한 임시사무실이나 봉사요원 •창고(60~70㎡), 탈의실, 수위실, 숙직실, 방송실, 고용인대기실, 기계실, 근무자를 위한 별도시설
	교육보급공간	•대중의 문화생활에 도움이 되는 역할 •학습하는 즐거움을 갖는 장소로써의 배려 •공개된 박물관 사업으로 확장, 기회균등의 정신 실현 •지역사회의 정보센터 역할	•강당은 1,200~3000인 정도 수용으로 영사와 시청각 겸용 •강의실은 음향고려, 전동스크린, 필기가능, 30명 정도 수용 •도서실, 휴게실, 뮤지업 숍, 외래연구자 시설 •독립 운영하는 경우 전용출입구가 마련됨

| 표 6 -4 | 박물관의 기능에 따른 소요공간

		일반 관람자	집회 참가자	학예원	일반 직원	유 물	소 요 공 간
전시 및 교육·체급	전 시			●	●	○	전시실, 특별 전시실
	관 람	●				○	옥외전시실, 공연장
	교 육	○		●			세미나실, 워크숍 룸workshop room
	강 연	○	●				강당, 리셉션 룸reception room, 회원실
	영 상	●		○	○		시청각실, 영사실
	홍 보	○		●	●		자료실, 도서실, 홍보실, 인포메이션 룸information room
연구 및 수장	연 구			●		○	연구실, 학예원실, 실험실, 사진실, 보존과학실, 집회실, 자료보관기록실
	수 장			●	●	○	검출입실, 수리실, 소독실, 공작실, 포장실, 준비실, 수장실, 창고, 탈의실
관리 및 주대시설	안 내	○			●		수위실, 매표실, 검표실
	사 무			●	●		사무실, 회의실, 출판실, 응접실, 창고
	휴 식	●	●	●	●		카페테리아, 식당, 옥외산책로, 휴게실
	후 생	●	●	●	●		의무실, 화장실
	유 희	●	●				광장, 녹지, 놀이터
	판 매	○			●		구내매점
	주 차	●	●	●	●	○	옥내주차장, 옥외주차장
	설 비				●		기계실, 전기실, 보일러실, 냉동기실

○ : 수동적 행위 ● : 능동적 행위

(2) 박람회, 전람회

중세기 유럽에는 각 지방 특유의 상품제가 있었는데 이는 타 지방과의 물물교환을 목적으로 한 상행위적 행사였다. 인구증가, 교통수단, 문물의 발달로 인해 그 범위가 확대되고 상행위뿐만 아닌 상호이해, 그리고 지방과 국가의 범위를 벗어나 세계적인 규모로 단계적 발전을 이룩하여 1851년 최초로 세계박람회라는 명칭으로 런던에서 개최되었다.

전람회는 일정기간을 통해 전시하고 관객에게 이해시켜주는 시설로 박람회보다 소규모 성격의 전시인데 반해 박람회는 대규모 전시로 공공의 이익증진을 목적으로 하여 인류의 문명, 문화를 총결산하는 광장이다. 박람회는 크게 국제 박람회EXPO : exposition와 무역박람회trade fair, 산업박람회industrial fair와 같은 국내박람회로 구분된다.

EXPO는 제2차 세계대전 후부터 철학적 바탕을 배경으로 인간의 참된 삶의 추구, 인간과 기술, 미래와 인간 등의 고차원적인 전시 주제를 가지고 개최되었다. 예를 들어 과학문명과 휴머니즘 : 브뤼셀(1958), 우주시대의 인류 : 시애틀(1962), 인간과 그 세계 : 몬트리올(1967), 인류의 진보와 조화 : 오사카(1970), 새로운 도약의 길 : 대전(1993) 등이다. 박람회는 이러한 특정 주제 하에 전 인류가 지니고 있는 재능, 특성을 통해 성취된 업적을 과시하고 인간성을 통한 교류로 각국간의 유대강화를 목적으로 개최된다. 또한, 상품견본시장들 중 프랑스 바티마는 연중무휴로 세계 각국의 상품을 전시하고 상호유대관계나 의견교환에서 얻은 새로운 정보를 전달하는 산업과 무역박람회이다.

한편, 쇼룸은 기업의 홍보, 판매를 위한 상업적 목적의 성격을 갖고 상설전시를 하는 전람회이다. 상업주의에 대한 실용적 효용으로 자사제품의 우위성 확립과 그에 수반되는 자사제품의 차별화 또는 잠재적인 수요층에 대한 기업 이미지의 향상이라는 역할을 담당한다.

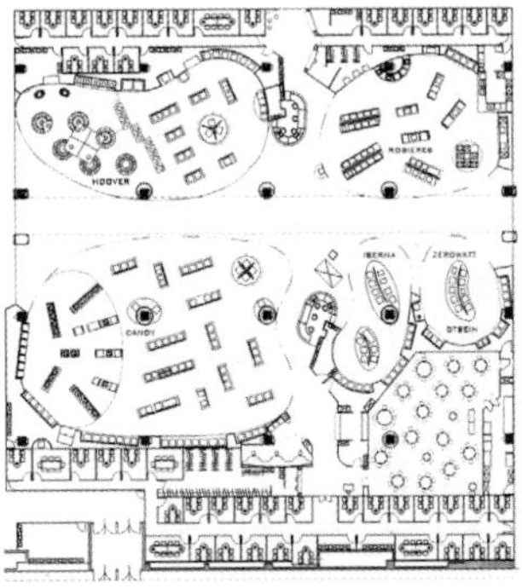

|그림 6 -4| 독일 쾰른 페어 / Floor Plan

|사진 6 -5| 독일 쾰른 페어

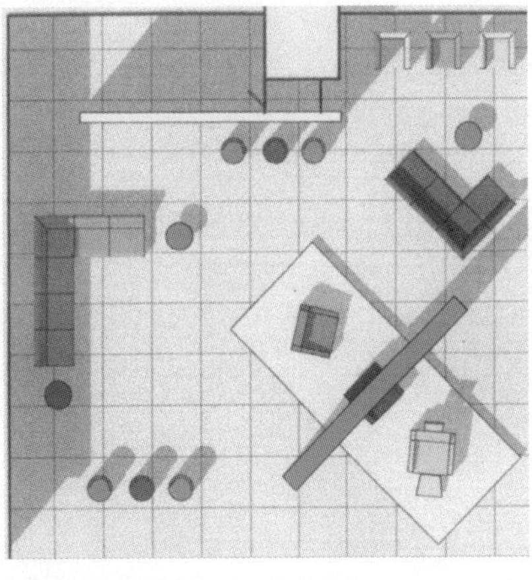

|그림 6 -5| 밀라노 가구박람회 / Floor Plan

|사진 6 -6| 밀라노 가구박람회

1. 2
전시공간의 건축적 조건

건축계획에 있어 효과적인 전시를 위해 공간의 물리적 요건들이 구체적으로 결정된 것이 건축적 조건이다. 단위전시공간의 규모, 순회형식, 평면형식 등의 건축적 조건은 실내계획에 있어 변경 불가능한 요소이기에 계획의 기본으로 이해되어야 한다. 따라서 이러한 이해는 보다 효과적인 전시를 위한 전시계획과 쾌적한 전시환경의 창출을 위해 필요하다.

(1) 단위공간의 규모

단위공간의 규모는 관람자의 수와 순회동선, 전시물의 수와 크기, 그리고 조명방식에 의해 결정된다. 그러나 각 전시공간은 전시의 성격, 목적에 따라 그 규모가 달라질 수 있다.

천장고는 조명, 음향, 공조방법 등의 환경공학적 조건, 공간의 지각적 조건, 전시물의 크기, 건축구조적 조건 등에 의해 좌우된다. 자연채광을 위주로 하였던 19세기 미술관의 경우 빛의 확산효과를 고려하여 천장고는 10m 정도였으나 인공조명을 사용하게 되면서 낮아졌다. 전형적인 천장채광방식에서 천장고는 5.4~6m로 낮았으나 최근 인공조명 기술의 발달로 3.6~4m의 낮은 천장도 가능해졌으며, 그 이하는 관람자에게 중압감을 줄 가능성이 있으므로 피한다. 그러나 소규모 전시실의 경우 3m 정도도 가능한데 이는 관람자 시고視高의 2배 이상을 최소한 확보해야 하기 때문이다.

한편, Magnus에 의하면 천장고는 실폭과 관계하며 그 비는 5 : 7을 기준으로 하여 최적가시可視거리는 4m이며 전시물 상한上限을 4.38m로 한정하고 2개의 유닛이 있을 경우는 중앙

통로를 포함하여 10m폭을 유지해야 한다.

단위전시공간의 실폭은 평균 5.5m가 최소이나 일반적으로 6~8m로 하고 길이는 실폭의 1.5~2배 정도가 적당하다. 전체 연장 벽면은 갈수록 좋지만 400m 이하로 하여 관람자가 육체적 심리적 피로감을 느끼지 않도록 한다. 많은 관람자의 통행이 예상될 경우 통로의 여유는 2m 이내가 적당하며 실폭이 적은 전시실일 경우 1.8m 이상, 대규모일 경우는 6m 이상 되어야 한다.

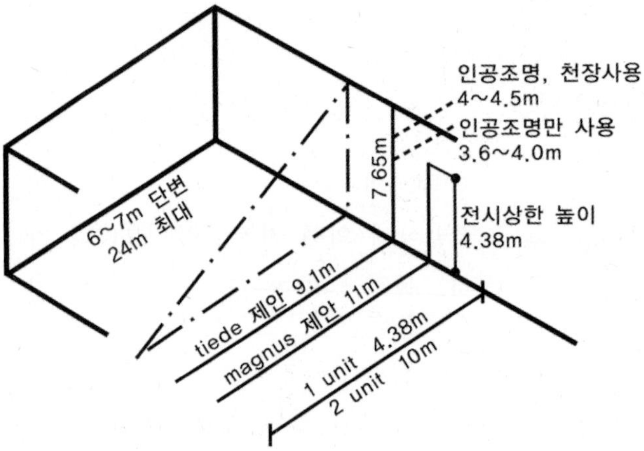

|그림 6 -6| 전시실 단면과 천장고 (Tiede 및 Magnus의 제안)

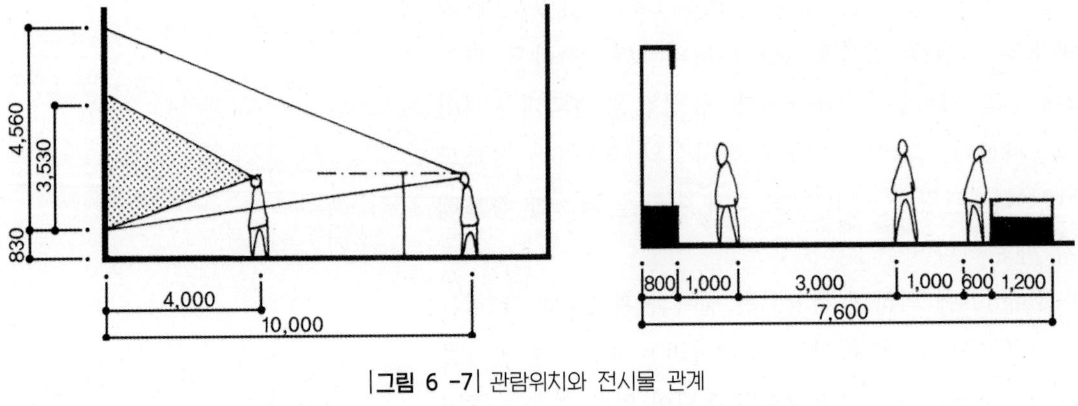

|그림 6 -7| 관람위치와 전시물 관계

(2) 전시공간의 순회유형

전시공간의 순회유형은 건축계획에 있어 전시실의 경영형식, 즉 관람자가 입구에서 출구까지 의도된 전시경로에 따라 순회하는 전체건축물 내의 동선계획이다. 순회유형에 따라 전시실 상호간의 결합을 결정하고 미술관, 박물관의 기능과 전체의 전시계획에 영향을 미친다.

전시실의 순회의 유형은 다음과 같이 분류한다.

1) 연속 순회형식

긴 직사각형 또는 다각형 평면의 전시실이 연속적으로 연결된 형식으로 관람자는 연속적으로 이어진 동선을 따라서 관람하게 된다. 동선이 단순하고 공간을 절약할 수 있는 장점을 갖으나 많은 실을 주어진 순서별로 관람을 하기 때문에 지루하고 피곤한 감상이 될 수 있다. 또한 하나의 전시실을 폐쇄시켰을 때는 전체동선이 막히게 된다.

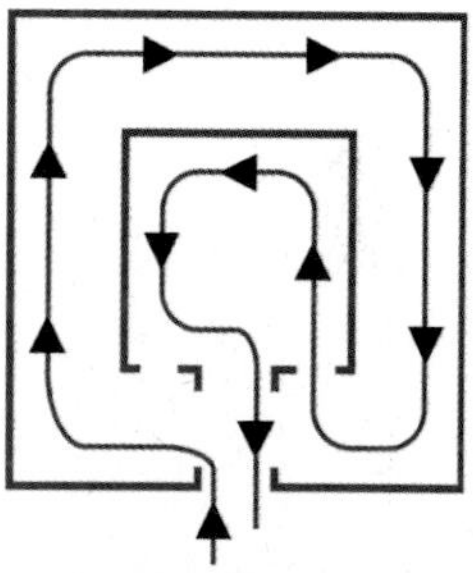

연속 순회형

2) 갤러리Gallery 및 복도형

연속된 전시실의 한쪽 복도에 의해서 각 실을 배치한 형식이다. 복도는 중앙의 중정中庭이나 오픈스페이스를 중심으로 형성하여 순로巡路를 구성하는 경우가 많다. 이 형식은 관람자가 각 전시실을 자유로이 선택하여 직접 들어갈 수 있으며 필요에 따라 독립적으로 폐쇄시킬 수 있는 장점이 있다.

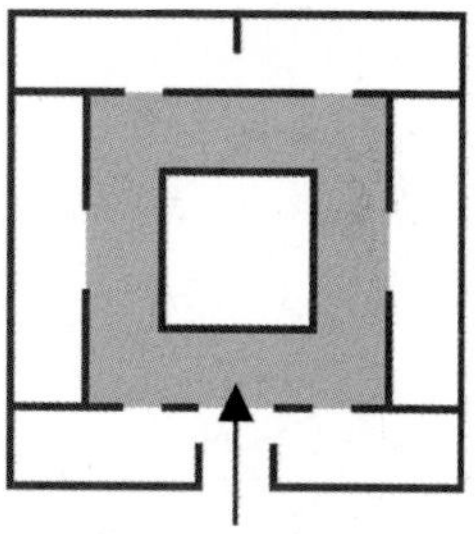

갤러리 및 복도형

3) 중앙홀 형

중심부에 하나의 큰 홀을 두고 그 주위에 각 전시실을 배치하여 자유로이 출입하는 형식으로 중앙홀에 높은 천장을 설치하여 채광하는 방식을 많이 채택한다. 중앙홀이 크면 동선의 혼란은 없으나 장래의 확장에는 많은 무리가 있는 것이 결점이다. 프랭크 로이드 라이트F. L. Wright는

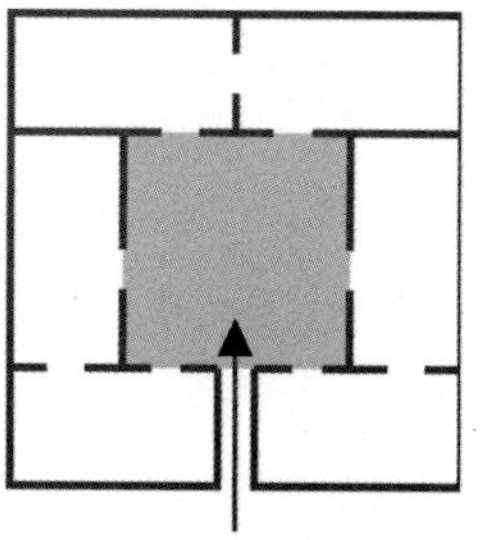

중앙홀 형

|그림 6 -8| 전시실의 순회유형

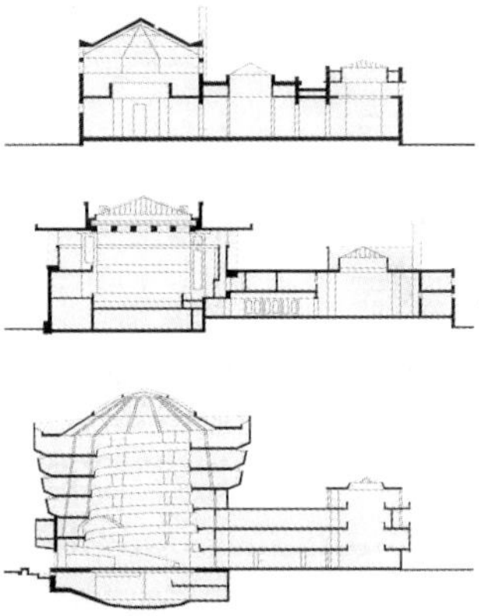

|사진 6 -7| Guggenheim Museum / Section, Frank Lloyd Wright

구겐하임미술관에서 이 형식을 기본으로 발전시켜 나선램프로 입체화하여 이 램프 자체가 전시실로 채광, 인공조명, 동선 등을 명쾌히 해결하고 있다. 단 램프의 경사도로 작품의 수평위치에 대한 시선이 관람에 불편을 주고 있으나 오늘날까지 가장 획기적인 미술관 계획으로 평가되고 있다.

|사진 6 -8| Guggenheim Museum / Frank Lloyd Wright

(3) 전시공간의 평면형태

전시공간의 평면형태는 동선계획을 위시한 단위전시실의 실내계획과 전시계획을 위해 기본적으로 파악되어야 한다. 평면형태에 따라 관람자의 유도는 연속적인 흐름에서의 방향, 거리, 시간 등을 분석하여 감상에 흩트림이 없고 지루하지 않도록 계획을 전개한다. 따라서 관람동선을 기본으로 하여 전시공간의 평면형태는 부채꼴형, 직사각형, 원형, 자유로운 형, 작은 실의 조합으로 분류된다.

1) 부채꼴형

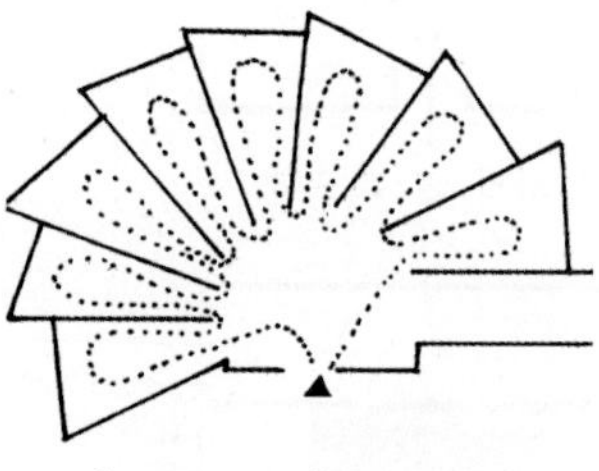

|그림 6 -9| 부채꼴형

관람자에게 많은 선택의 가능성을 제시하고 빠른 판단을 요구한다. 즉 많은 선택을 자유로이 할 수 있으나 변화가 주어지면 관람자는 혼동을 일으켜 감상의욕을 저하시킬 수 있다. 관람자에게 과중한 심리적 부담을 주지 않는 소규모 전시관에 적합하다.

2) 직사각형

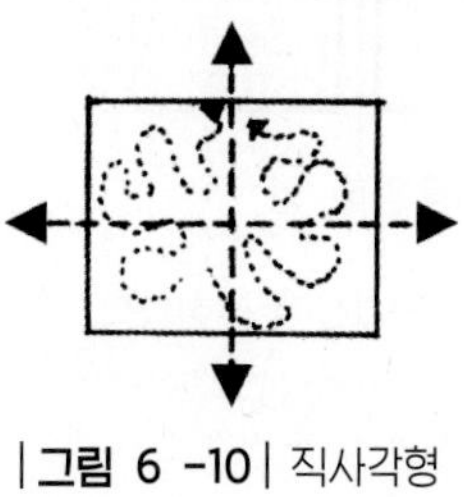

|그림 6 -10| 직사각형

일반적으로 사용되는 형태로 공간형태가 단순하고 분명한 성격을 지니고 있기 때문에 지각이 쉽고 명쾌하며 변화있는 전시계획이 시도될 수 있다.

3) 원형

고정된 축이 없이 안정된 상태에서 지각하기 어렵다. 배경이 동적 관람자의 주의를 집중하기 어렵고 위치파악도 어려워 방향감각을 자칫 잃어버리기 쉽다. 이러한 형의 전시실은 중앙에 핵이 되는 전시물을 중심으로 주변에 그와 관련되거나 유사한 성격의 전시물을 전시함으로써 공간이 주는 불확실성을 극복할 수 있다.

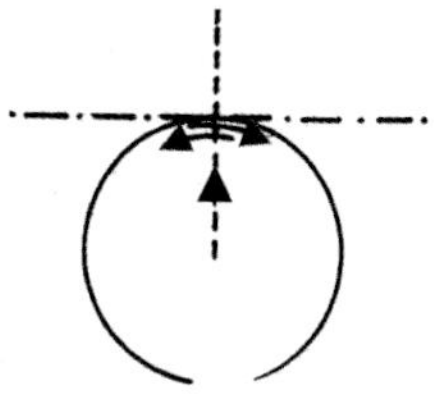

| 그림 6 -11 | 원형

4) 자유로운 형

형태가 복잡하여 한눈에 전체를 파악하기 어려우므로 규모가 큰 전시공간에는 부적당하고 전체적인 조망이 가능한 한정된 공간에 적합하다. 모서리 부분에 예각이 생기는 것을 가능한 피하고 너무 빈번히 벽면이 꺾이지 않도록 한다.

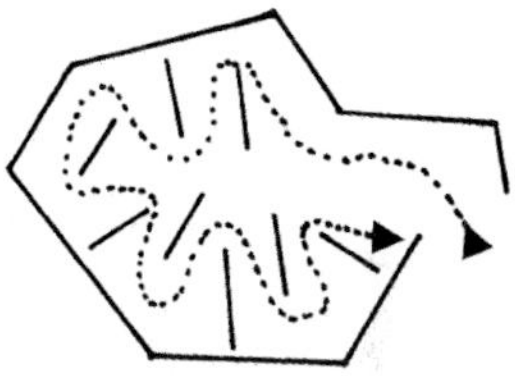

| 그림 6 -12 | 자유로운 형

5) 작은 실의 조합

관람자가 자유로이 둘러볼 수 있도록 공간의 형태에 의한 동선의 유도가 필요하며, 한 전시실의 규모는 작품을 고려한 시선계획 하에 결정되지 아니하면 자칫 동선이 흐트러지기 쉽다.

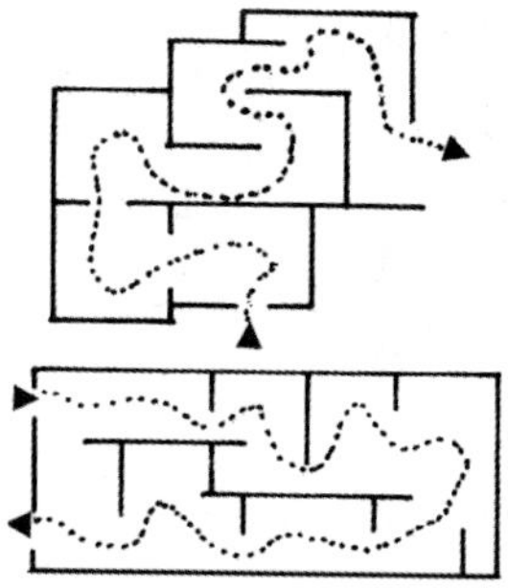

| 그림 6 -13 | 작은 실의 조합

6) 연속성을 가진 공간

수평적 연속성이 있는 평면일 경우 공간에 내포된 동선의 전시에 따라 관람자는 쉽게 전시방향을 파악할 수 있다. 그리고 수직적 연속성이 있는 공간은 수직적으로 공간개폐가 이루어져 층간의 움직임 속에서 전시실의 조망, 위치, 상태를 파악할 수 있어 극적인 전시공간을 형성할 수 있다.

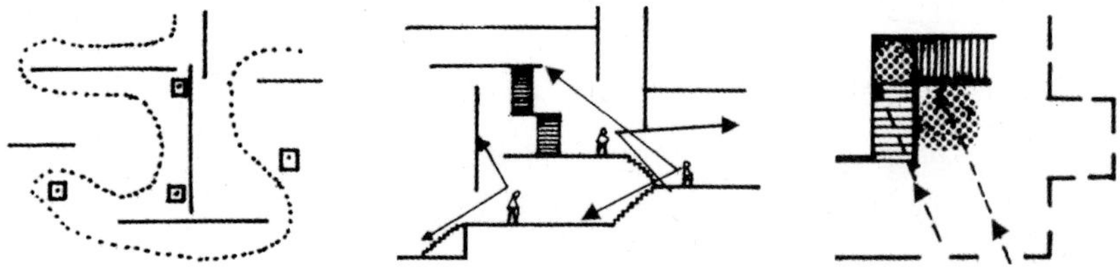

① 수평적인 연속성　② 수직적인 연속성　③ 수직이동 과정

| **그림 6 -14** | 연속성을 가진 공간

| **그림 6 -9~14** | 전시공간의 평면 형태

(4) 전시공간의 채광

전시공간은 전시물의 전시를 통해 관람자에게 보여주기 위한 공간이다. 관람자의 시각적 경험이 중요하므로 전시물의 색, 형, 재질감 등 성격이 가장 잘 인식될 수 있도록 적절한 조명환경이 필요하다.

자연광은 조도의 항상성恒常性, 휘도조절에 불리하며 많은 양의 자외선을 가지고 있기 때문에 전시물의 퇴색이 우려된다. 따라서 전시공간은 자연채광보다는 인공조명에 의존하고 있다. 전시공간은 대기 오염의 침해를 방지하고 안전한 공기조화를 위해 무창無窓을 원칙으로 하고 있다.

그러나 최근에 자연광을 받아들이되 조도를 자동제어하고 고압방전등의 설비로 방범을 보완할 수 있으므로 전시공간에 적절한 채광방식을 채택하고자 시도하고 있다. 이는 인공조명에 자연광을 혼합함으로써 인공조명의 광색, 색온도에 대한 결점을 보완하고자 함이다. 또한 인공조명 하의 전시공간에서 장시간 계속되는 관람자의 피로를 줄이거나 기분을 전환시켜 주는 등 심리적 기능이 뒷받침되어 쾌적한 조명환경공간을 형성할 수 있기 때문이다. 따라서 전시공간에서는 전시물의 보존문제가 허용되는 한 자연채광하는 것이 바람직하다.

전시공간에 자연채광을 도입할 경우 다음과 같은 조건이 만족되어야 한다. 즉, 인공조명을 병용하여 벽면은 균일한 조도분포가 되도록 하고 바닥면과 벽면의 휘도대비는 적정해야 한다. 빛의 반사와 확산을 적절히 이용하되 전시물에 손상을 주는 직사광선을 피해야 한다. 또한 채광으로 인한 열 역시 전시물의 손상에 영향을 주므로 열의 절연絶緣, 단열로 전시물에 따른 적절한 실내온도를 유지시키도록 한다. 그리고 전시공간의 폐관 시에는 자연광이 차단되도록 한다.

자연채광의 방식은 빛의 유입방법에 따라 측창, 천창, 정측창으로 구별되는데 전시방법의 여부에 따라 적절한 채광방식을 채택한다.

표 6 -5 | 전시공간의 채광방식

빛의 유입방법		빛의 종류	빛의 양	채광면	적합한 실	자연채광 형태의 예					
측창	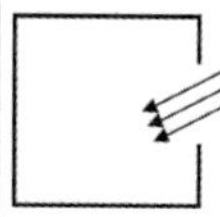	직사일광	대	바닥 벽	현관 휴게실 로비 계단실 통로	입면		평면			
						수직형	전면 유리창형	일반형	인입형	코너형	돌출형
						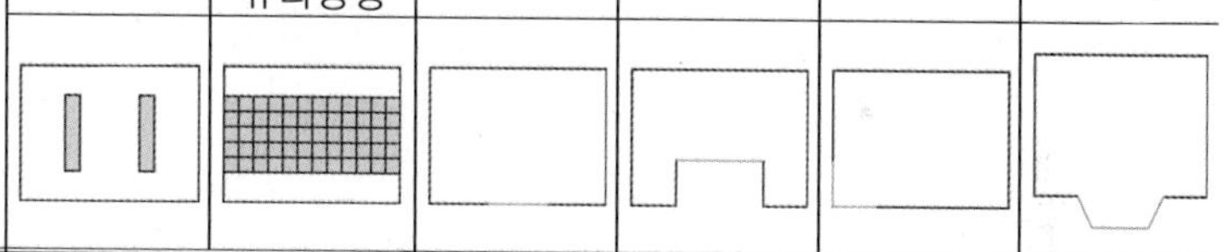					
천창	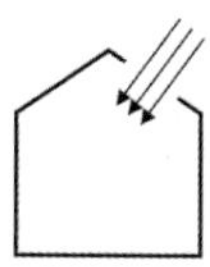	확산광	대	바닥	조각 전시실 로비 휴게실 계단실	평면		단면			
						선 형	Structural Grid 형	광정형	경사형	단저형	경사형
						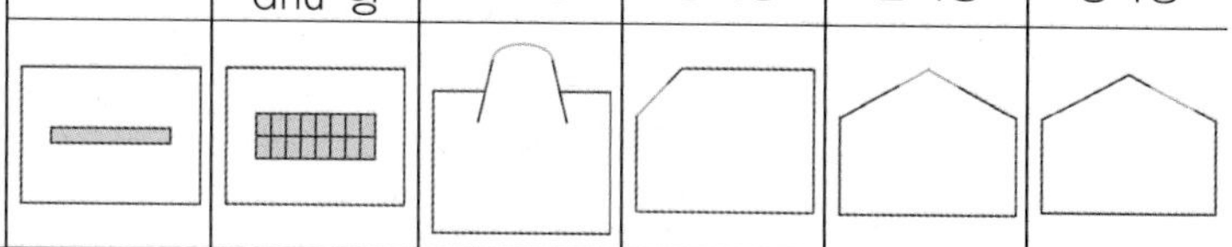					
정측창	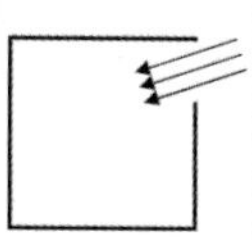	천공광	소	벽	벽면 전시실	입면		단면			
						채널형	띠 형	고창형	곡면형		특수형
						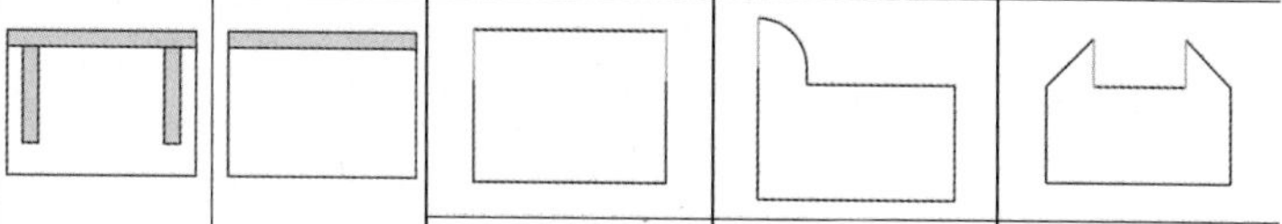					
								톱날형	모니터형		나비형
								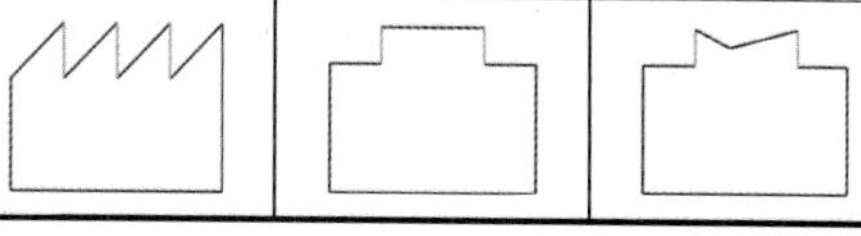			

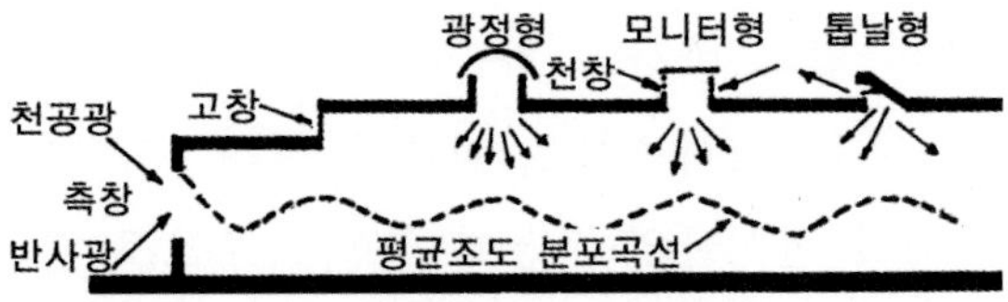

| 그림 6 -15 | 창의 형태와 위치에 따른 주광의 분포

1) 측창側窓

측창은 벽에 면해 있는 창을 통해 채광하는 가장 일반적인 방법이다. 같은 면적의 천창에 비해 채광량이 적으나 채광 이외의 조망, 환기 등의 기능을 가지며 건축물 입면의 성격을 결정하는 중요 요소의 하나이다.

창면에 의해 시각적 기분전환이 가능하나 창을 크게 하면 직사광선이 전시실에 깊숙이 유입되어 현휘현상을 일으키고 조도대비가 심하여 전시물 감상을 방해하므로 커튼이나 루버 등의 일광 조절장치가 반드시 필요하다.

소형의 측창일 경우 시각을 좁게 하고 심한 현휘현상을 일으켜 개구부가 아닌 어두운 배경으로 작품과 관람자와 대립하게 되고 측창으로 전시에 사용할 수 있는 벽면적이 감소되므로 전시공간에는 보다 적절한 창의 계획이 필요하다.

2) 천창天窓

천창은 지붕부분에 설치된 개구부로서 상부에서 채광하는 방식이다. 일반적으로 천창의 채광방식은 측창보다 3배 면적에 해당하는 광량을 가지므로 최소 크기로 대량의 빛을 실내에 유입하는데 대단히 효과적이라 할 수 있다.

따라서 천창은 전시실 전체의 조도를 균일하게 할 수 있으나 천장이 높지 않으면 빛의 장애가 생긴다. 이를 방지하기 위해 루버louver 등의 일광 조절장치나 천장부분을 이중으로 처리한다. 채광량이 많아 조각품 등 입체 전시물에는 적당하지만 유리진열장 내의 전시물에는 유리에 의한 반사로 현휘현상이 생기므로 부적당하다.

|사진 6 -9| |사진 6 -10| 천창과 측장의 예 / Newport Street Gallery, London, Caruso St John Architects

3) 정측창頂測窓

정측창은 창의 상부가 천장면과 같거나 또는 천장부분에서 채광하나 채광면이 수직이나 수직에 가까운 면에 설치되기도 한다.

전시실에서 정측창은 직사광선이 실내로 유입되는 것을 방지하기 위해 적절한 방위를 선택에 유의해야 한다. 창이 북쪽에 면하면 빛의 조도분포가 균일하게 나타나고 직사광선을 어느 정도 피할 수 있어 가장 바람직하다.

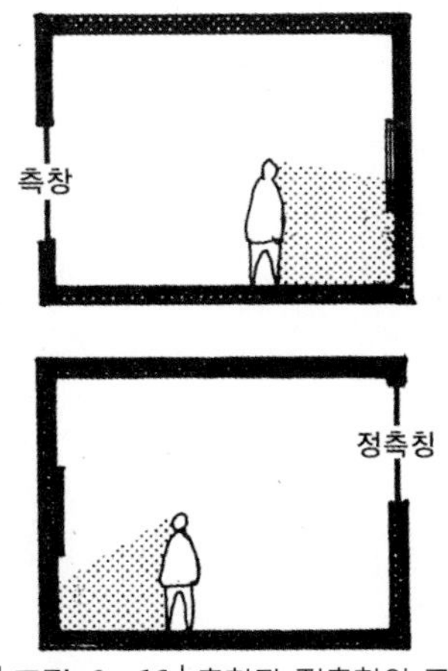

|그림 6 -16| 측창과 정측창의 그림자 분포

측창은 벽을 바라보는 사람 자신의 그림자 때문에 수직면에 채광이 어려운데 이는 반대벽면에 위치한 창문에서 들어온 빛에 의해 벽을 바라보고 있는 관람자의 그림자가 벽에 떨어지기 때문이다. 그러나 정측창은 시선높이보다 위에 위치하기 때문에 그림자가 생기지 않는다. 따라서 정측창은 대각선 상부에서 혹은 반사광이 벽면에 입사하기 때문에 전시벽면을 폭넓게 사용할 수 있어 벽면전시에 적합하다.

그런데 대각선 상방에서의 빛의 유입은 양측면의 채광

방향이 다르다. 때문에 조도차가 크고 바닥면에 휘도가 생길 가능성이 있으므로 대각선 방향의 광선보다는 반사광선에 의한 채광이 더 바람직하다. 반사에 의한 간접광 유입은 자외선의 감소와 투사된 벽면의 조도분포가 균일하다는 장점이 있다.

1. 3
전시공간 계획의 프로세스

전시공간은 전시주제의 개념하에서 설정된 전시의도가 가능한 많은 정보에 의해 관람자에게 전달될 수 있도록 물리적 환경을 포함한 전체공간을 메시지message체계로 보아 전시내용을 부각시키고 쾌적한 관람환경으로 계획한다. 특히 전시연출을 통해 지적인 감동을 주는 전시환경계획은 중요하다. 그리고 자료의 보존, 보호를 위해 적절한 환경조건을 만족시켜야 한다.

전시공간체계는 넓은 의미의 환경네트워크로서 건축계획에서부터 전시물의 배치에 이르기까지 전체를 시스템으로 파악하여 계획한다. 전시환경계획의 프로세스는 전시대상에 대한 일종의 정보처리과정으로 전시계획을 중심으로 하여 제반 환경디자인으로 진행된다.

전시의도에 의한 전시내용의 구성, 즉 시나리오의 작성과 전시대상에 대한 적절한 전시방법의 선택, 그리고 전시연출을 통해 적극적인 내용전달을 꾀한다. 전시환경계획은 일관되고 의미있게 통합된 체계를 갖으면서 전시 기본구상, 전시계획, 전시 기본설계, 전시 실시설계 순으로 전개된다.

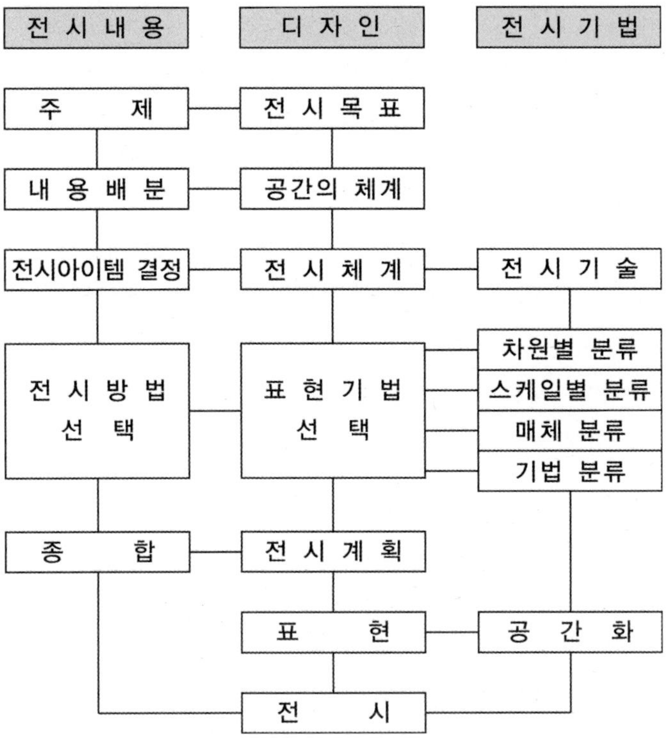

|표 6 -6| 전시계획의 프로세스

(1) 전시 기본구상

계획하고자 하는 전시공간의 성격규정이 확정된 후 계획의 각 과정은 설정된 방향의 틀 속에서 체계적으로 진행된다. 관람대상, 즉 목표관람계층이 설정되고 전시에 대한 기초가 조사 연구되어 그 결과가 계획에 반영된다. 조사내용은 지역주민의 의식조사, 인접기관과의 전시내용의 협조와 조정, 이용자에 대한 앙케이트 조사, 자료에 대한 관람자의 흥미도와 이해도 측정, 대상분야에 대한 자료의 조사와 수집이다. 조사결과를 고려하여 전시방향이 결정되고 아울러 기본전시구상, 기본개념의 확립, 전시환경계획도 그에 따라 방향이 설정된다.

(2) 전시계획

전시 기본구상의 단계에서 전시의도가 정리되고 건축, 실내계획의 조건도 재검토하며 전시설계와의 관계를 체크한다. 또한 출입구의 위치와 크기, 계단 및 승강기의 위치와 크기(수용 능력), 기둥위치, 천장고, 하중관계, 채광문제, 온도와 습도의 조절 등 제설비관계, 전기용량 및 배선, 물건의 반입 등 건축설계의 제조건들이 파악된다.

기존에 수장된 자료가 파악되고 추가자료의 수집방향이 결정되며 기본구상을 근거로 전시개념이 대입되어 대략적인 기본계획안이 작성된다. 이 때 하나의 계획안만이 제시되는 것이 아니라 여러 개의 대안들을 준비되고 이들은 평가작업을 거쳐 최종계획안이 결정된다. 그리고 해설 및 시선계획, 음향계획, 조명계획, 색채계획 등 추후에 진행될 세부계획들도 어느 정도 고려한다. 각 전시실 및 필요되는 제실공간의 규모가 결정되어 공간배분이 이루어지며 동선이 정리된다. 특히 휴식공간과 O.A. 코너부분의 면적 및 위치가 적절하도록 한다.

(3) 전시 기본설계

전시 기본설계에서는 전시 기본구상이 종합되어 전시시나리오가 작성되고 그에 따른 전시계획과 전시공간의 기본계획이 완성되어 전시환경계획의 기본들이 어느 정도 완료되는 시점이다. 전시될 전시자료, 전달매체가 결정되고 그에 따른 적절한 전시방법도 구상되어 전시시나리오를 구성한다. 이때 효과적인 전시와 자료의 보존과 보호라는 측면에 입각하여 전개되어야 한다. 이를 바탕으로 전시연출적 요소가 첨가되어 전시기법도 아울러 확정, 표현된다.

또한 전시공간계획에 있어 공간배분된 조닝zoning은 확정, 발전되어 최종 기본설계안이 작성된다. 따라서 동선계획을 비롯한 해설 및 시선계획, 조명계획, 색채계획, 음향계획, 사인 및 그래픽계획이 구체화되는 단계이다. 한편 동선계획, 음향, 조명계획 등은 건축계획과의 연계성이 필요하므로 종합 조정되어야 한다.

(4) 전시 실시설계

전시기본설계를 발전, 보완시켜 구체적인 도면화 작업이 이루어지는 단계이다. 그리고 전시에 대한 구체적인 사항, 즉 음향, 영상, 시나리오, 해설문 등은 학자 및 전문가와의 협조와 고증을 구한다. 전시물의 위치가 확정되고 실제 제작 및 설치가 가능하도록 다음과 같은 각종 도면이 작성된다. 즉 평면도, 천장도, 입면도, 단면도, 상세도와 같은 도면화 작업이 이루어지며 조명관계도, 작동 및 기계장치도, 특수효과 분야의 관계도, 시선 및 해설계획에 입각한 패널 확대도 및 사인, 그래픽 등도 작성된다.

| **표 6 -7** | 전시환경계획 프로세스의 예

1. 주제 전개의 기본방향

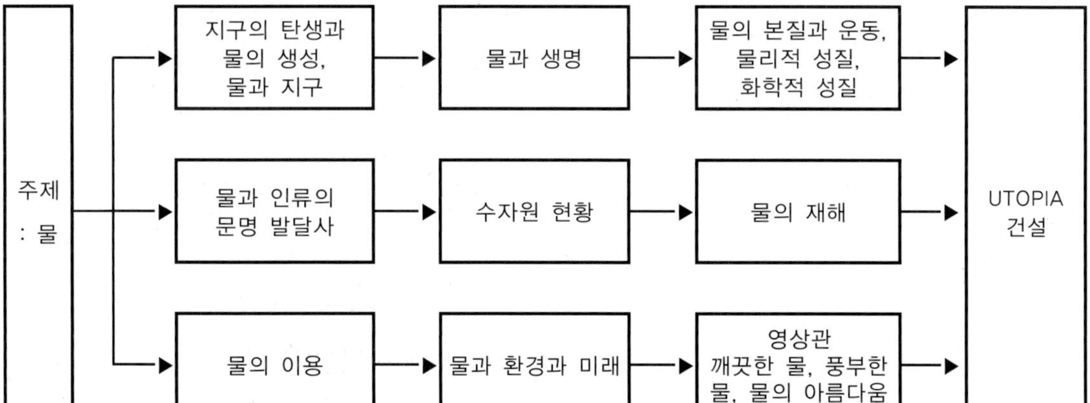

2. 주제 전개의 개념도

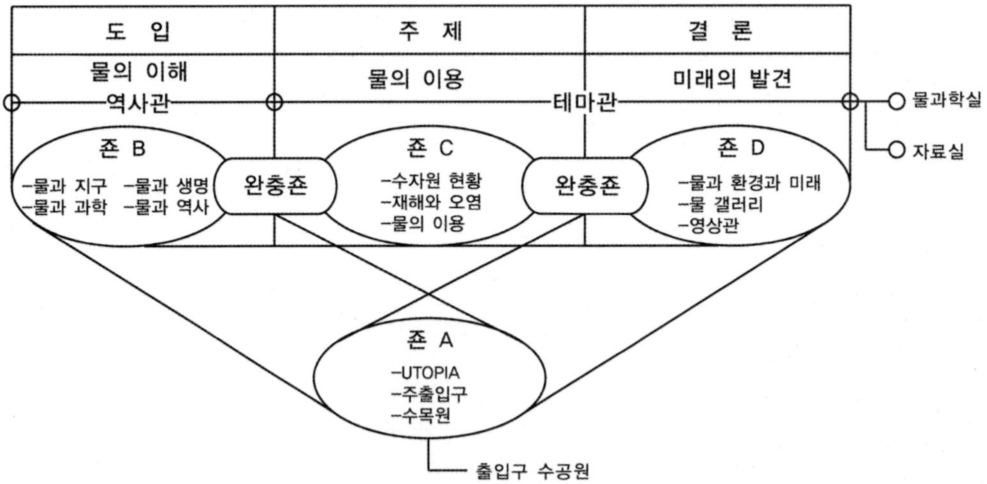

3. 주요 전시내용 (부분 발췌)

전시주제	전시개념	주요전시내용	주요전시품목
물과 역사 (역사관)	물과 관련한 학문의 분류 및 인류의 문명발달과 문화사를 알게 한다.	•인류 문명의 발달 •물에 관한 학문의 분류 및 발달사 •물과 문명, 문화사 •물의 풍속, 속담 •한강의 역사	1. 인류의 문명발달사, 문화사 2. 물에 관한 학문의 분류 및 발달사 3. 우리나라의 이 · 치수의 흔적, 유적 4. 한강의 어제, 오늘 그리고 미래 5. 물에 관한 풍속, 속담 등

4. 전시물량 구성 (부분 발췌)

구 분	주 제	전시내용	비중도	전시품목
물과 역사	물과 문명, 문화	1. 인류문명의 발생지 고대 인류문명의 발생지가 하천 유역이었음을 설명	2	•이집트 문명 •티그리스와 유프라테스 문명 •인더스 문명 •황하 문명
		2. 중세 (지적, 기술적 암흑기)	2	•중세의 물의 문명 •로마 수로교
		3. 문예부흥기 (과학의 태동기)	2	•문예부흥기의 물 문명
		4. 근대 (이론과 기술의 개발기)	2	•근대의 물 문명
		5. 현대 (수공학의 성장기)	2	•현대의 물 문명

5. 전시 연출 구성 (부분 발췌)

구 분	주 제	전 시 공 간	전 시 연 출	전시물 구성	영 상	조 명
물과 역사	인류문명, 문화사	4대문명 발상지와 문화사 소개	1. **장면의 개요** : 세계의 4대강을 중심으로 이루어진 인류문명의 역사전개와 세계의 물과 관련한 문화사를 소개한다. 2. **장면 분위기** : 박물관의 성격과 비슷하게 정적 분위기 3. **표현내용** : 세계전도와 문명 발상지에 대형 모니터를 설치하고 주위에 소형 모니터를 설치해 문화사를 영상으로 비춰준다. 4. **효과** : 물을 중심으로 하여 인류가 시작되었다고 해도 과언이 아닌 만큼 문명발달과 문화사를 소개하는 장이 되도록 한다.	세계지도 C/T에 모니터 장치	모니터 설명	국부조명

|표 6 -8| 도시환경계획 프로세스와 그 내용

단 계	전시 기본구상	전시 계획설계	전시 기본설계	전시 실시설계
진 행	작업착수, 기초연구	자료수집, 개념계획	기본계획, 기본설계	도면작성, 총정리
내 용	•준비실의 구성 •자료의 수집, 조사, 연구 •설계조건서 작성 •전시관의 성격규정 •기본구상자의 작성 •기본이념 확립 •기능분석 •전시구상 •규모 및 조직 분석	•기존 자료 파악 및 추가자료의 수집방침 결정 •전시기본 카드의 작성 •포맷결정 •참고자료 작성 •블록 모델 스터디 block model study •기획문서의 작성 •기본 계획안 •운영방침 •시설개요 •예산배분 •배치개념 확정 •공간배분 •동선정리 •대형전시물	•전시기본 시나리오 •전시의도 •전시리스트 •스케치 •전시방법 확정 •기본계획의 발전 •전시자료 카드의 작성 •사진촬영 •2차 자료 추가조사 (디오라마, 모형, 영상 등) •기본설계도 •투시도 •영상협의 •사인 및 해설 •시스템 확정	•해설문 초안 작성 •기본 설계발전 •실시설계 도면 •배치도 •평면도, 입면도, 단면도 •상세도 •패널확대도 •사인 및 그래픽 •영상, 음향, 전기, 기계 •전시자료카드 최종 정비 •전시실시-시나리오 •해설문 •전시리스트 •스케치 •영상시나리오 •시방서작성 •예산내역서 •모델제작 •투시도

2. 전시공간의 실내계획

광의적인 측면에서 전시공간을 이루는 것을 건축이라 할 때 전시의 내용을 수용, 전달하고자 구체적으로 시도되는 것이 실내계획이다. 따라서 전시공간의 실내계획은 일정한 주제하에서 연출을 통해 전시내용을 전달하기 위한 전시환경 요건을 조성하는 작업이다.

전시공간의 실내계획은 다음의 세 가지 영역에서 각각의 전문가가 협동하여 토털 디자인적 전개가 이루어져야 한다.

① **전시계획** : 전시물, 전시내용의 표현, 전시방법, 전시연출 등이 이에 속하며 작업내용은 산업디자인industrial design, 그래픽디자인, 사진제작, 조명디자인, 음향 및 영상, 디스플레이display 등의 분야가 있다.

| **사진 6 -11** | Hayward Gallery / Feilden Clegg Bradley Studios

② **실내계획** : 전시계획과 뚜렷이 분리되어 구분되는 것은 아니나 편의상 전시공간의 배경부분인 바닥, 벽체, 천장, 칸막이, 특수공간 등과 진열장, 진열대를 비롯한 전시에 필요한 제가구 및 설치물에 대한 디자인작업이 이루어지는 분야이다.

③ **전시시설분야** : 전시설계에 따른 특별시설, 메커니즘, 전시운용관리 등을 위한 제반시설과 설비통제, 제어장치 등이 이에 속한다.

전시공간의 전시와 공간상태는 관람자에게 전시물의 감상에 영향을 미치게 된다. 따라서 관람자에게 쾌적한 전시환경을 제공하기 위해 관람자, 전시공간, 전시물 사이에 적절한 계획이 요구된다. 이 계획은 우선 건축적인 전시공간의 계획하에 사전에 이미 구조적 기반이 조성되며, 이를 기본으로 실내계획에서는 전시공간의 조건, 기본구성요소, 정리된 동선계획, 전시물에 적절한 성격의 전시실, 조용하고 안정된 전시실이 되도록 계획한다.

|**사진 6 -12**| Kimbell Art Museum / Louis Kahn

2. 1 전시공간 조건

현대적 의미의 전시공간 조건은 전시자료와 관람자 양측을 모두 만족시켜 자료의 전시와 보존, 관람자의 쾌적한 공간이 동시에 요구된다. 전시공간의 실내계획에 앞서 우선 전시자료, 관람자, 관리자 측면은 다음과 같이 기본적으로 고려되어야 한다.

(1) 전시자료를 위한 공간조건

전시자료를 위한 공간조건은 자료보존과 안전이 기본적으로 계획시 해결되어야 한다. 가능한 전시물이 본래 놓여있던 최초 상태의 환경조건에 가깝도록 전시공간을 구성하며 관람자, 자외선, 온도, 습도, 대기, 먼지 등 전시물의 외적 손상요인으로부터 보호한다. 그리고 손상되거나 결실된 자료는 복원되거나 적어도 더 이상 손상되지 않도록 처리해야 한다.

1) 자료 보존

자료 보존은 온도, 습도, 빛에 의해 생기는 물리적, 화학적 변화로부터 자료를 지키는 것으로 구체적인 방법은 다음과 같다.

① **자외선 방지 :** 일반적으로 모든 광선은 전시물에 손실을 준다. 전시조명 계획시 자연광을 사용할 때는 자외선에 의한 손상을 적게 하고 전시물의 퇴색에 주의해야 한다. 전시물의 유리창은 자외선을 흡수하거나 자외선이 반사현상으로 차단되는 간접조명방식을 사용한다. 광원과 전시물 사이에는 자외선 여과기를 설치하기도 한다. 전시물을 빛으로부터의 손상을 적게 하기 위해 직사광선으로부터 보호뿐만 아니라 빛의 강렬함을 조절하고 분산시키도록 한다.

② **온도와 습도** : 전시공간에서 온도와 습도는 빛의 영향력보다는 약하지만 결코 소홀히 할 수 없는 요소로 전시물의 보존을 위해 어느 정도 유지시켜야 한다. 특히 습도는 전시물에 곰팡이의 증식, 쇠의 부식, 직물과 종이에 화학적 반응을 일으키는 직접적인 원인이 될 수 있기 때문에 적절한 습도를 유지해야 한다. 일반적으로 전시공간에서의 표준온도는 20~23℃, 상대습도는 60% 정도를 유지하는 것이 바람직하다.

|**표 6 -9**| 전시공간의 상대습도 기준

65%	•소습도 열대지방의 mixed collection에 적합하다. 너무 다습하여 철, 청동, 염화물이 포함된 전시물의 경우는 곤란하다. •공기순환에 유의한다.
55%	•회화, 가구, 목조각품의 전시에 적합하고, mixed collection에 안전하다. •오래된 건물에서는 응결과 서리현상을 야기시키고, 특히 유럽의 내륙지역과 북아메리카의 북쪽지역에서 심하다.
45~50%	•mixed collection의 경우 선택적이며 응결현상이 문제시된다. •빛에 노출되는 직물과 종이의 전시에 유리하다.
40~50%	•철제 전시물의 경우에 이상적이다. •local material을 전시하는 건조기후지역에도 유리하다.

③ **공조설비** : 전시공간은 적절한 온 · 습도조절과 공기오염을 막기 위해 공조설비가 필요한데 진열장의 경우는 다음과 같은 두 가지 공조방식을 사용한다.

ⓐ **전실공조**全室空調 : 전시공간의 공조를 진열장의 내부에 끌어들여 이용하는 방식이다. 진열장 내부에 코너조명이나 루버조명의 설치는 설치장치가 관람자에게 보이지 않도록 하며 조명에 의한 온도상승을 막을 수 있는 위치에 격자판을 이용하여 공조한다.

ⓑ **단독공조**單獨空調 : 온도와 습도의 영향을 받기 쉬운 전시물이나 관람자가 많을 경우에 적합한 방식이

다. 공조설비장치는 관람자에게 보이지 않도록 하며 조명에 의한 온도상승을 막을 수 있는 위치에 설치한다. 유리로 밀폐시켜 공기 중에 떠다니는 먼지, 유충, 곰팡이균 등의 유해물질이 내부에 들어가지 않도록 하여 진열장 내의 공기오염을 막는다.

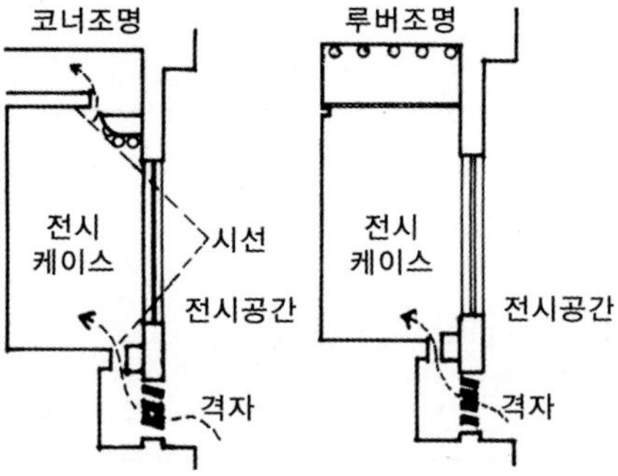

| 그림 6 -17 | 전실 공조방식

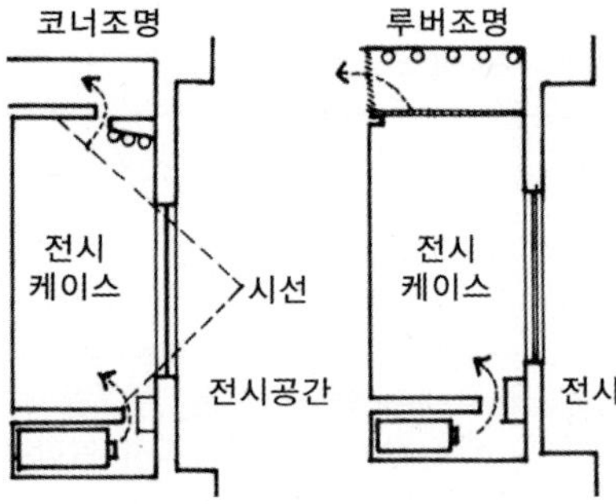

| 그림 6 -18 | 단독 공조방식

| 표 6 -10 | 실에 따른 공조

실의 분류		온 · 습도 조절	공조대책
전시실	각종 전시실 (상설 · 일반 · 임시 · 대여)	약간 심하다.	통상 연결된 커다란 공간으로서 외부 부하의 변동이 적이며, 덕트방식을 사용한다. 각 실마다 자동적으로 온 · 습도를 조정하도록 하면 더욱 바람직하다.
수장고	수장고	심하다.	실내를 소요 온 · 습도의 조건에 따라 유지하도록 한다.
사무실 연구실	관장실, 응접실, 사무실, 연구실, 작업실	보 통	작은 방이 여러 개 있어서 각 실의 부하 변동을 고려하여 각 실마다의 온 · 습도조건에 따라 조절되도록 함이 바람직하다.
공공 공간	현관홀, 라운지, 강당, 도서실	보 통	각 실의 부하 변동이 심할 경우와 사용시간이 다른 경우에는 공조의 방법을 구분하는 것이 바람직하다.

2) 자료의 크기, 무게에 대한 고려

대형자료의 전시가 예상될 경우 계획 전에 미리 반입방법과 설치방법을 고려해야 한다. 천장에 매달리거나 바닥에 놓여질 경우 자료의 크기나 무게에 대응한 적절한 전시방법과 구조적 장치를 계획에 반영해야 한다.

3) 전시실의 허용량

전시공간에 많은 전시물이 놓여지면 시각적으로 산만하여 의도하고자 한 전시목적을 얻을 수 없으며 그 효과도 감소한다. 따라서 전시물이 놓여지는 순수한 전시배치공간은 전체 전시실의 반 이상을 넘지 않도록 하며 일반적으로 1/3~1/4 정도가 적정하다.

4) 보안 대책

전시물은 전시보존의 문제와 함께 안전시설이 중요하다. 화재나 도난, 파손을 사전에 방지할 수 있도록 계획에 반영한다.

① 화재로부터의 안전

불연성 내장재료와 개구부에 방화문을 설치함은 물론 화재경보시스템과 적절한 소화설비가 있어야 한다. 그리고 화재 시에는 전시물을 외부로 신속하게 도피시킬 수 있는 건축계획상의 고려도 필요하다. 일반 전시실은 스프링클러가 무난하나 전시실과 수장고는 자료보호를 위해 가스분사 소화장치도 갖추어야 한다.

② 도난, 파손으로부터의 안전

안전문제는 전시동선과 전시물의 감상을 위한 고려와는 다소 위배되는 복잡하고 어려운 상황이다.

개관시 전시실 내에 감시자의 배치, 입구의 안전조사, 크라크 룸cloak room의 설치, 폐쇄 회로의 TV설치 등의 안전대책이 필요하다. 전시물 전면에는 가드레일 같은 차단물을 설치하면 금지된 구역 내로 접근하는 관람자의 감시가 쉬우며 호기심으로 전시물에 손을 대는 것을 막을 수 있다. 이것은 관람자와 전시물 사이를 격리시키므로 자료의 유형과 특성에 따라 설치한다.

폐관 시 안전문제는 전시실내 침입을 어렵게 하고 침입시 이를 탐지하여 관리자에게 알리도록 정교한 경보시설과 전통적인 도난방지 대책을 이용하는 것이 효과적이다. 즉 침입자는 창문의 격자, 육중한 출입문, 셔터, 두꺼운 벽 등으로 지연시키고 그 동안에 전기탐지기로 연락받은 경비원이 행동에 옮길 수 있게 하여 귀중하고 보상할 수 없는 전시물의 도난을 막도록 한다.

또한 사람들의 실수나 고의에 의한 파손을 방지하기 위해 전시물을 바닥이나 벽에 고정시키거나 전시물을 진열장 안에 넣어서 보존하되 강화된 투명유리를 사용하는 것이 안전하다.

(2) 전시 관람자를 위한 공간조건

전시공간에서는 관람자를 위해 쾌적한 환경조건과 편안하게 볼 수 있는 감상조건을 만족시켜야 한다. 짧은 순회동선과 적당한 온도, 습도와 조명이 기본적으로 요구된다.

전시공간에서는 관람으로 인한 정신적인 긴장과 주의집중, 다양한 조명 하에서의 관찰로 피로하기 쉬우므로 휴식을 위한 고려가 필요하다. 이를 위해 관람 도중 쉴 수 있는 의자나 소파 등을 100m마다 1개소 이상 배치하는 것이 바람직하다. 더욱이 음악을 들으며 감상할 수 있게 하거나 자료를 제공하는 곳에 좌석을 배치한다.

그리고 자연스런 감상 자세와 시선계획이 되도록 하며 지났던 곳을 다시 지나면 심리적 부담감을 주므로 명쾌한 관람 흐름과 함께 시각적 다양함과 변화있는 움직임을 제공하여 피로감을 덜해주도록 한다. 눈의 움직임은 가까운 곳에서 먼 곳으로, 작은 것에서 큰 것으로, 밝은 색에서 어두운 색으로 전시물을 배치하며 다양한 전시기법으로 너무 난해하지 않으며 단조롭지도 않게 전시계획한다.

관리운영 측면에서 명확하고 간결한 안내사항, 안내자의 인상 및 안내태도도 중요하다. 그리고 전시실 전체공간과 관람객 수에 대해 전시물품의 크기, 수량, 정보량이 너무 많은 경우 전시효과가 감해질 뿐만 아니라 쾌적한 전시환경조건의 저해요인도 되므로 적절해야 한다.

부조화되고 통일감 없는 건축, 실내, 그래픽, 전시계획은 관람자의 피로감을 가중시켜 쾌적한 감상조건을 악화시키므로 이들은 하나의 디자인 통합정책 하에서 코디네이트coordinate화 되어야 함이 무엇보다 중요하다.

| 표 6 -11 | 자료와 관람자를 위한 전시공간의 조건

자료를 위한 전시공간의 조건	인간을 위한 전시공간의 조건
•보존 과학상의 대응 •자료의 크기, 무게에 따른 공간 •전시실의 허용량 •방제 대책 •도난방지 대책 •바닥 · 벽 · 천장	•어매니티amanity 공간 •관람동선과 관람시간 •방제 대책 •보기 쉬움 •공조시설

(3) 전시 관리자를 위한 공간조건

관리자를 위한 공간조건은 쾌적한 작업공간이 되도록 하는 것이다. 전시물의 반출입이 용이하도록 직접 운반하기 쉬운 시설을 갖추며 자료 및 전시물의 수령, 짐부림, 기록, 격납에 대해 적당한 설비와 이에 대처할 수 있는 관리동선계획이어야 한다. 또한 전시 담당자의 동선은 관람자의 동선과 교차하거나 섞이지 않도록 한다. 아울러 청소, 보수, 조명기구 및 등의 교환, 난폭한 취급,

전시물 교체 등 물리적 관리에 대한 편의도 도모할 수 있어야 한다.

2. 2
전시공간의 기본구성요소

전시공간을 구성하는 기본적 요소는 벽, 바닥, 천장의 건축적 요소와 전시기법을 위한 전시스크린, 전시대展示臺, 진열장과 같은 가구적 요소이다. 이들은 전시물을 설치 가능하게 하여 전시대상의 진실된 속성을 관람자가 감상하도록 하고 공간을 분할, 구획한다. 또한 전시물을 보호하며 조명을 제공한다.

오늘날의 전시공간은 전시대상과 관람자의 요구가 다양하기 때문에 폐쇄적이기보다는 적절히 변화시킬 수 있는 융통성 있는 시설계획이 필요하다. 전시공간의 주체인 전시물을 부각시키기 위해 구성요소를 가능한 억제, 조절되도록 한다. 또한 넓은 공간을 배경으로 전시물의 성격이 보다 확실하게 표현되도록 전시물 속에 내재하는 의미까지 공간에 확대하여 계획한다.

(1) 벽

벽은 공간을 한정하는 수직적 요소로 분할하며 공간을 규정하는 역할을 한다. 그리고 쉘터shelter를 이루게 하여 구조적으로 안전하게 건축물을 지탱시킨다.

전시공간에 있어 벽은 시선이 제일 먼저 부딪히는 부분으로 시선을 차단시키기도, 모으기도, 머무르기도 한다. 따라서 전시대상에 따라 전시물이 부각되고 전시작품이 보이기 쉽도록 하기 위해 벽의 표현은 되도록 억제하여 적절한 배경이 되도록 한다.

벽은 패널 간의 연결물, 징두리와 같은 분절선이 없도

록 하며 벽 표면에 노출되는 기둥의 설치도 피한다. 전시공간에 스위치나 콘센트, 안전장치와 같은 영구적인 시설물, 그림을 걸기 위한 장치로 벽의 상부에 픽처레일 picture rail을 부착하는 것이 일반적이다.

벽체는 약간의 질감이 있는 직물, 플라스터plaster, 목재와 같은 재료로 마감하는 것이 시각적 피로가 적고 어떠한 전시물과도 무난하게 어울린다. 벽체의 색은 작품의 성격과 내용 파악을 쉽게 하기 위해 밝은 계통의 색을 사용하나 단조로움을 피하기 위해 벽면 일부에 다른 색을 병용하여 사용하기도 한다. 작품 스케일이 작을 경우 어느 정도 높이 이상은 다른 색을 사용하여 스케일 감을 조절한 것이 바람직하다. 전시공간에서 벽면의 전시물과 조화되는 적절한 질감과 색은 효과적인 전시와 공간의 안정감을 위해 중요하다.

(2) 바닥

전시공간에서 바닥은 관람자가 걸어 다니고 전시대나 전시케이스, 전시스크린이 놓여지는 곳이다. 또한 손수레가 움직이고 전기설비를 갖는 표면이기도 하다. 전시물은 페더스탈pedestal이나 플랫폼plat form과 같은 전시대展示臺 없이 직접 바닥에 놓여지기도 하므로 바닥은 직접적인 전시 배경이 되기도 한다.

바닥의 조건은 관람하는데 걸려 넘어지지 않도록 요철이나 잦은 단차이는 피한다. 또한 관람에 집중할 수 있도록 미끄럽지 않고 발소리가 나지 않는 마감재료가 요구된다. 또한 관리적인 측면에서 내구성, 청결성, 내수성, 내화성이 우수해야 한다. 최근에는 관람자의 조용한 감상과 걷기에 편하도록 딱딱한 재료에서 촉감이 좋은 부드러운 바닥재로 변하고 있다.

바닥재의 문양, 색, 질감의 선택은 전시물 감상에 방해가 되지 않는 것을 선택하는데 전시실을 압도하지 않으며 특히 빛의 반사로 관람자에게 시각적 장애를 일으키는 재료의 사용은 피한다. 바닥의 색은 벽보다 어두운 계통으로 반사율 30% 이하가 바람직하다. 재료는 대리석, 타일, 목재 플로어링, 카펫, 고무, 코르크, 플라스틱 바닥재 등이 주로 사용된다. 그런데 바닥재의 혼용은 관람자의 통행과 전시용 바닥면적을 제한하므로 주의한다.

(3) 천장

전시공간에 있어 천장의 주요기능은 전시공간의 상부를 덮는 구조체로서 천창으로 자연채광을 가능하게 하고 조명기구, 공조설비기기, 화재와 보안경보기기 등 제설비물을 설치하고 이동스크린이나 전시물을 매달 수 있는 시설을 설치한다.

전시물의 배경으로 보이는 경우는 드물고 전시물의 편안한 감상을 위해 천장이 시야를 압박해서는 안 된다. 따라서 천장의 색은 단색이나 벽과 동일한 계통의 색으로 처리함이 무난하다. 그러나 전시내용과 의도에 의해 비행기나 모빌과 같은 2차원적인 전시물이 매달리거나 부착될 경우 전시의 배경이 되고 이들의 부착, 매달기에 견딜 수 있도록 구조적인 해결이 필요하다.

전체조명과 전시물을 위한 국부조명은 사용하지 않을지라도 융통성 있는 전시운용계획을 위해 예비적으로 많은 조명기구를 갖추어 둘 필요가 있다. 천장을 번거롭게 하지 않고 융통성있게 조명하도록 계획함이 바람직하다. 그 예로 격자형 유닛으로 조합하여 이 격자의 교차점에 커넥터connector나 훅hook을 설치하도록 하면 조명레일의 배치나 전시패널의 매달기에 용이하다. 또한 격자형은 천장면을 강조시켜 관람자에게 확실한 공간감을 느끼게 한다. 격자형 유닛의 조합은 천창의 복잡한 설비 및 시설에 유리하며, 이의 보수관리유지에도 용이하여 경제적이다.

파리의 퐁피두센터Pompidou Center와 같이 다양한 전시에 대응하고 가변성 있는 전시공간이 되도록 천장구조와 설비를 그대로 노출시키기도 한다. 이때 천창은 강력한 시각적 요소로 작용하게 되므로 전시에 있어 세심한 배려가 필요하다. 천창에 노출되는 설비, 조명기구 등이 필요이상이면 전시물이나 전시환경에 방해가 되므로 주의해야 한다. 천장면을 메시mesh나 루버louver식으로 처리하면 설비기기가 눈에 잘 띄지 않아 시각적으로 편안한 느낌을 줄 수 있다.

|사진 6 -13|Pompidou Center / Renzo Piano

한편, 천장을 천으로 처리하면 구조적인 힘을 받지 못하여 조명기구나 이동스크린과 같은 전시 장치물을 설치할 수 없다. 그러나 천이 천장 상부면의 설비기기나 시설을 감추며 천장에서 들어오는 빛의 양을 줄여줄 수 있다. 또한 전시디자인상 요구되는 천장고와 색의 조절이 어느 정도 자유롭다.

그리고 천장을 시각적 고려대상에서 완전히 무시하여 천장을 어둡게 처리하면 바닥에 놓인 전시물만을 강조할 수 있다. 이때 진열장 내부의 조명시설은 효과적이며 전반적인 조명수준도 낮게 하는 것이 필요하다.

2. 3
동선계획

전시공간의 동선계획은 출입구의 위치나 평면형태 등에 의해 많은 영향을 받으며 전시실의 규모, 위치조건, 공간 구성요소의 조건이나 배치에 따라 결정된다. 건축계획에 있어 전시공간의 수평적, 수직적 연속성의 시퀀스 sequence를 통하여 동선을 더욱 자연스럽게 유도하고 전시물과 긴밀하게 교감할 수 있도록 호기심과 관심을 집중시킨다. 지각심리적인 요인들과 공간이 조화를 이루도록 하여 감상능력을 한층 향상시킨다.

전시공간과 전시물의 굴곡이 심한 형태이거나 복잡한 색일 경우 또한 조명효과로 인하여 관람자는 주위상황을 파악하고자 두리번거리고 전시물과의 원활한 대화가 어려울 뿐만 아니라 피로감도 가중될 수 있다. 이에 반해 단조로울 경우 관람자에게 전시에 대한 흥미를 유발시키지 못함으로써 목표로 한 전시효과를 기대할 수 없다. 따라서 전시계획에 따른 적절한 동선계획이 필요하다.

동선계획은 기본적으로 동선체계가 짧고 보다 간결하게 처리하여 전시대상으로 쉽게 이동할 수 있도록 한다. 전시공간의 동선유형은 관람자 동선, 관리 동선, 전시물 동선, 신체장애인 동선으로 나누는데, 특히 신체장애인은 휠체어를 타고 관람하므로 관람자 동선과 동일하되 따로 출입구와 적절한 시설이 필요하다. 즉 바닥차의 변화가 없도록 하되 부득이한 경우 경사로와 보호용 난간을 설치한다.

관리 동선은 전시물의 관리, 연구, 조사행위, 사무관계, 방송 및 통신관계, 설명, 홍보 및 감시에 따른 동선이다. 관리 동선은 관람자의 동선과 분리해야 하고 동선과도 중복, 교차되지 않도록 한다. 짧을수록 능률적이며 관람의 분위기를 흩뜨리지 않도록 관람자의 시선에서 숨기는 것이 좋다.

전시물 동선은 전시물의 교체, 외부에서의 반·출입, 연구목적을 위한 이동, 수리 및 소독을 위한 이동 등에 따른 동선으로 수장고를 중심으로 연결한다.

전시 의도대로 관람동선을 일단 선정하여 유도하되 강제적이지 않도록 레이아웃한다. 관람동선에 있어 입구와 출구를 분명히 구분하는 경우는 전체적으로 맥락전시가 가능하나 짧은 동선은 선택관람이 불가능하다. 한편, 순환체계만 남겨두고 순서없이 선택해서 관람하는 경우에는 자유롭게 선별관람이 가능하나 관리적인 면에서 문제점이 있다. 따라서 동선을 주동선, 부동선으로 구분하여 순환체계를 형성하고 관람자가 선택하거나 생략하여 지나칠 수 있는 단축동선으로도 계획한다.

관람의 흐름은 관람객 밀도의 적정배분 측면에서 계획하기 위해 관람자의 유동상태를 행태분석에 의해 어느 정도 예상하여 최적방안을 강구한다. 그 결과 관객의 흐름에 막힘이 없도록 하고 암시적이도록 한다. 관람자가 몰리는 부분에는 알코브alcove나 포켓pocket을 설치한다.

관람자 동선은 좌측에서 우측으로, 회전은 우회전을 원칙으로 하며 관람자가 항상 현재의 위치를 명확하게 인식할 수 있도록 명쾌한 동선계획을 한다. 아울러 비상시 일정한 피난동선으로 비상구와의 관계를 체크하여야 한다. 관람의 피로를 적게 하기 위해 미로적 공간구성은 피하고, 특히 휴식장소를 적절히 마련하고 외부공간을 조망할 수 있는 개구부도 필요하다.

전시실의 입구부분에는 세심한 전시연출을 피하고 과다한 디자인을 삼간다. 전시물의 배치에 있어 전후좌우를 한꺼번에 보지 않고 전후, 좌우를 다보고 전시실을 나갈 수 있도록 자연스럽게 레이아웃한다.

한편, 동선과의 사인시스템sign system 또는 해설시스템과의 관계도 동선계획시 고려한다. 동선의 폭은 관리자의 이용행태에 따라 결정되나 전시물의 안전한 이동 등을 고려하면

|사진 6 -14| Kiasma Museum of Contemporary Art / Steven Hall

일반적으로 3,000 이상을 취하며, 단지 관람자만 통과한 경우 1,500 이상 되도록 한다.

전시실에서의 관람자 동선의 유형은 크게 단일진입방식의 오픈 플랜형과 구획실형, 그리고 분산진입방식으로 구분될 수 있다.

(1) 단일진입방식의 오픈 플랜형

단일진입방식은 관리와 통제가 쉽고 관람자를 미리 예정된 통로를 따라 조직적으로 인도할 수 있다. 관람자가 목적으로 하는 전시대상물과 접하기 전에 앞서 있는 다른 전시물은 반드시 거쳐야 하나 감상의욕과 다양한 경험을 유발시킬 수 있는 장점이 있다. 전시의 의도에 따라 전시물을 다양하게 전시할 수 있는 가능성이 크며 동선을 자유로이 구성할 수 있다. 단일한 특성의 공간으로 이루어질 경우 부정적인 공간감과 지루함을 초래하여 감상능력을 저하시킬 우려가 있으므로 유의한다. 공간구성이 자유로워 이동스크린, 전시대, 조명기구 등의 설치를 위한 융통성 있는 계획이 필수적이다.

① 중규모 공간일 경우 한쪽 구석에서 진입하는 것이 효과적이다. 입구를 중심으로 몇 개의 전시블록block이 구성되며 다양한 전시기법을 적절히 구사한다.

② 대규모 공간일 경우 중앙에서 진입하여 몇 개의 큰 전시블록으로 나누어질 수 있다. 다양한 전시기법과 자유스러운 동선계획이 가능하다. 그러나 자칫 관람자는 방향감각을 잃어 혼란을 초래할 수 있으므로 적절한 사인시스템과 해설계획이 요구된다.

③ 소규모 공간이고 하나의 입·출구를 가질 경우 중앙의 전시를 중심으로 관람자는 전체공간을 일순하여 순회하게 한다. 특히 전시를 위한 충분한 폭이 확보되지 못할 경우 전시물의 전시방법이 제한되어 회화, 사진

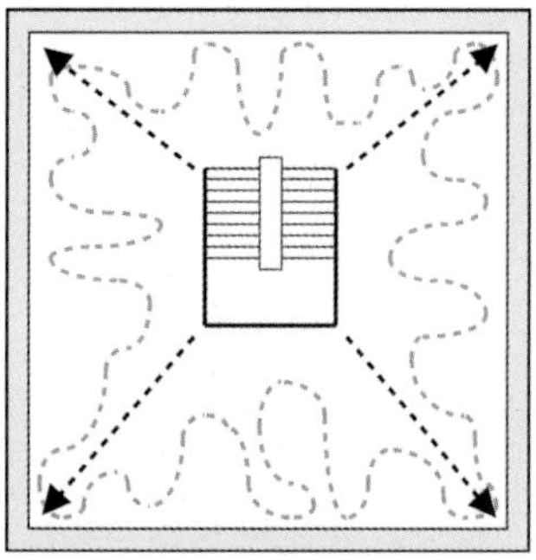

대규모 전시공간일 경우

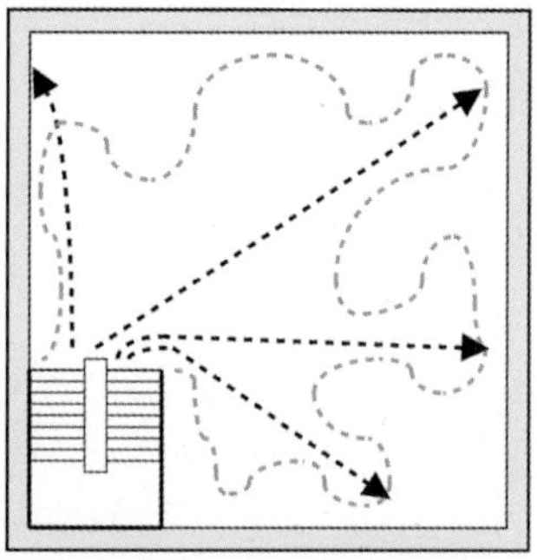

중규모 전시공간일 경우

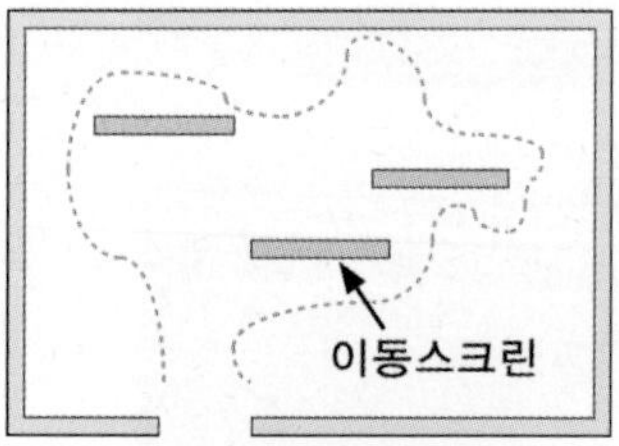

소규모 전시공간일 경우

| 그림 6 -19 | 단일진입방식의 오픈 플랜형

과 같은 평면매체에 적합하다. 답답한 공간감을 주지 않기 위해 벽면전시를 중심으로 전시하되 중앙부분은 이동스크린을 설치하여 융통성있게 함이 바람직하다.

④ 단위전시공간일 경우 동선이 교차되지 않도록 하는 원칙 하에 각각의 입구와 출구를 둔다. 동일축 선상에 오지 않도록 하며 출구를 향하여 관람자가 전시물을 가로질러 나가지 않도록 동선을 차단할 수 있는 시설을 두거나 표식물을 두어 동선을 유도하도록 한다.

그리고 단위공간 내에서 관람자의 동선은 다음과 같은 유형으로 나눌 수 있다.

① **통과형** : 전시실 내를 조망하는 정도로 주목하지 않고 퇴실한다.

② **단순 감상형** : 전시물에 접근하기보다는 어느 정도의 거리를 두고 감상한다.

③ **중점 감상형** : 단순 감상형과 유사하나 특히 관심의 대상이 되는 전시물을 중점적으로 감상한다.

④ **유의 감상형** : 각 전시대상에 대하여 전체적으로 균등히 주의 깊게 감상한다.

⑤ **연구 감상형** : 다수의 전시물에 대해 근접하기도 하고 멀리 떨어져 감상하기도 하며 전시물을 연구하며 감상한다.

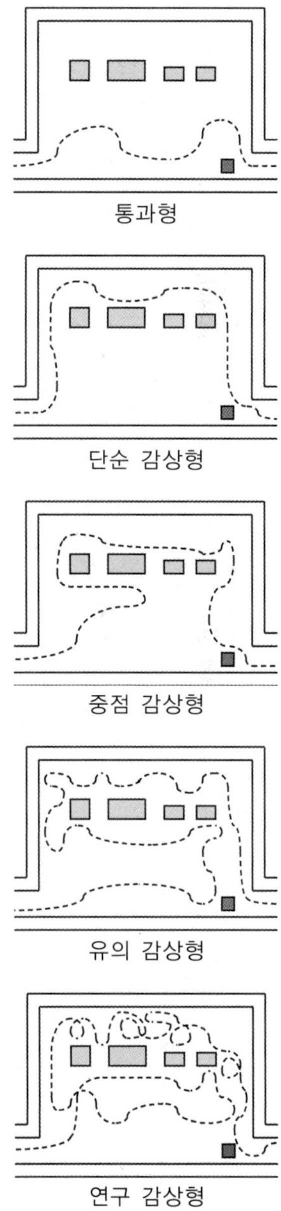

|그림 6 -20| 단일진입방식에 있어 관람자의 동선유형

(2) 구획실형

전시물의 분류에 따라 실은 구획되어 나누어지고 각 실은 전시물에 적합한 전시방법으로 구성된다. 동선은 중복, 교차되지 않도록 하며 순환하는 동선체계를 갖도록 하되 관람자가 자유로이 선택, 관람하도록 하는 것이 바람직하다. 관람시 피로를 적게 하기 위해 자연스럽게 전시실과 조합하여 동선에 유연성을 주도록 한다.

구획실형은 동선의 순환유형에 따라 다음과 같이 빗살형, 고리형으로 구분될 수 있다.

① 빗살형

빗살형은 반복적인 움직임으로 인한 단조로움과 지루함을 일으키지 않도록 세밀한 계획이 요구되는데, 진입이 평면의 한쪽에 치우칠 경우와 중앙에서 이루어질 경우로 구분할 수 있다.

전자의 경우 중심축을 중심으로 왕복운동을 하는 형태이다. 전시물의 분류체계에 따라 연속적인 배치가 가능하다(| **그림 6 -21** | – ⓐ).

그리고 후자의 경우 다양한 선택의 자유가 있지만 관람자가 혼란을 일으키지 않도록 명확한 동선체계가 이루어져야 한다(| **그림 6 -21** | ⓑ).

② 고리형

고리형은 각 전시실이 독립된 유닛의 실로 구성되기보다는 작품의 내용, 형태, 조명 등이 서로 연결되는 연속성을 가지는 배치이다.

전시공간의 연결을 가장 짧게 할 수 있으며 연결되는 복도는 외부 자연환경에 개방시켜 전시부분과 다른 공간적인 특질을 부여하며 감상태도의 새로운 전환을 꾀할 수 있다.

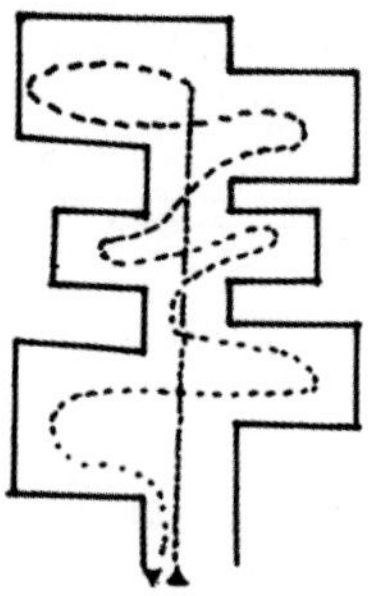

빗살형–ⓐ

빗살형–ⓑ

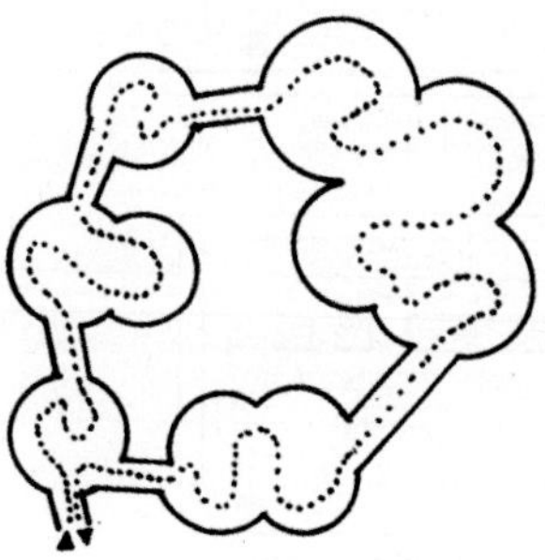

고리형

| **그림 6 -21** | 구획실형

(3) 분산 진입방식형

많은 관람자를 끌어들일 수 있고 주입식이 아닌 관람자의 자유의사에 따른 전시물의 감상이 가능하다. 도심부에 위치한 상가의 몰mall처럼 전시관 건물들로 복합체를 형성하여 관람자는 자유롭게 전시관을 선택하여 전시물을 감상할 수 있고 필요에 따라 휴식과 사색도 즐길 수 있기 때문이다. 전시관에서 관람자의 행태를 고려하면 매우 고무적인 형태라 할 수 있으며 관람활동을 다양한 문화적 활동과 조화, 결합시킬 수도 있다.

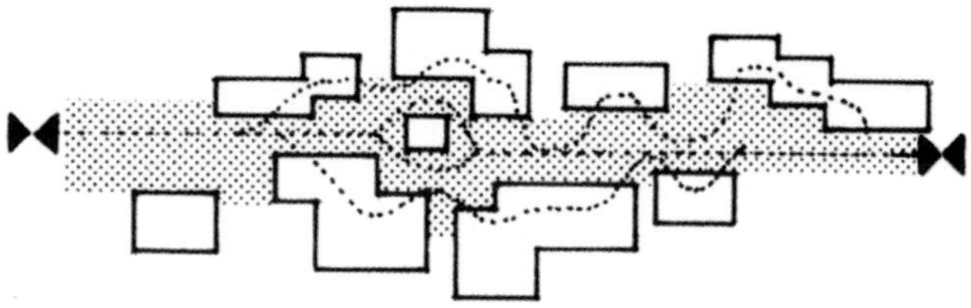

| 그림 6 -22 | 분산진입형

2. 4
전시계획 기본

아무리 훌륭한 자료와 정보를 갖고 그것이 놓여지는 공간이 아름답다 할지라도 전시라는 행위를 거치지 않는 한 그 가치는 상실해 버리고 만다. 따라서 어떠한 전시공간에 어떻게 전시할 것인가는 계획에 있어 초점이 된다. 전시공간은 기본적인 목적과 기능을 담아야 하는 가장 구체적인 주요공간이나 공간 그 자체가 관심의 주된 대상이 아니라, 전시물과 관람자 사이에 전시계획을 통한 관계의 형성이 중요하다. 그러므로 전시계획이 우선하여 전시계획을 전개한다.

전시展示는 전시물을 별다른 의미없이 나열하는 진열이 아니라 글자 그대로 펼쳐 보이게 하는, 즉 밖을 향해 적극적으로 작용하는 의지를 표현하는 것이다. 따라서 전시란 전시목적을 갖고 연출을 통해 불특정다수의 관람자들에게 교육적인 배려 하에 '보여주는 것'을 말한다.

그리고 전시는 목적과 그 기준을 어디에 두고 하느냐에 따라 다음과 같이 분류되고, 이에 따라 전시계획 및 전시기간이 다르게 전개되어 전체 전시환경계획에 영향을 미친다.

① **전시의도에 의한 분류 :** 제시형 전시(감상전시), 과시형 전시(학술해설 전시), 교육전시

② **전시장소에 의한 분류 :** 옥내전시, 옥외전시, 야외전시(수집자료의 야외전시, 현지보전을 목적으로 한 야외전시), 이동전과 순회전

③ **전시기간에 위한 분류 :** 상설전시(항구전시), 단기전시(임시전시), 기획전(특별전), 신착新着전시, 주기적 전시

④ **전시수법에 의한 분류 :** 정지전시, 영상전시, 연시(시연전시, 실험전시), 동적전시, 사육전시, 체험전시

⑤ **자료의 배치법에 의한 분류 :** 개체전시(개별전시), 분류전시, 시간축 전시, 공간축 전시

⑥ **전시과제에 의한 분류 :** 종합전시, 구조전시, 생태전시, 역사전시, 비교전시, 교과단원전시

⑦ **전시배열과 전시과제의 조합에 의한 분류 :** 자료의 이원적 배치, 이중전시법, 삼중전시법,

⑧ **전시목적별 분류 :** 전시중시형(상설전시, 수시전시), 보존중시형(고정전시, 취장전시)

⑨ **장치성격별 분류 :** 2차원 전시(천장, 벽, 바닥전시), 3차원전시(진열장, 진열대), 4차원 전시(동적전시, 시연示演전시)

전시의 역할은 실물에서만 느낄 수 있는 감동과 그것을 통해 얻을 수 있는 무한한 정보를 보다 깊게 넓게 전달하는 데 있다. 즉, 관람자와 전시물과의 관계는 전시를 통해 관람자에게 전시물에 주의를 집중시키도록 하고 호기심과 관심을 유발시키도록 한다. 또한 전시물의 성격과 가치에 적합한 조건을 연출을 통해 전시공간에 제시하되 전시물을 자유스럽게 접하도록 하여 대상물이 주는 의미를 이해하고 관람자의 자발적 경험을 창출할 수 있도록 한다.

전시계획은 하나의 주제와 커뮤니케이션 되도록 계획자는 가장 효과적인 커뮤니케이션의 전시방법을 고안하여 전개한다. 추상적인 전달방법의 전시가 아닌 전시대상을 기준으로 그 목적에 따라 전시물의 종류와 상태에 알맞은 적절한 전시장치, 전시매체를 채택하여 계획한다.

아울러 색채, 음향, 조명, 동력, 영상 등은 커뮤니케이션이 보다 효과적이도록 적절한 전문기술의 구사도 계획에 포함된다. 따라서 전시계획은 전시대상인 전시물, 전시공간, 전시기법 등이 적절히 조화되도록 한다.

2. 5 전시의 구성요소

전시의 구성요소는

① 전시자료

② 전시의도를 수용하는 장소인 전시공간

③ 전시의 성격과 전시철학을 나타내는 전시의도

④ 조사, 연구의 과정을 확인시켜 주고 전시된 모든 물적 자료를 가리키는 전시자료, 전시의도와 전시자료를 전달하는 전달매체

⑤ 이와 같은 것을 수행할 수 있는 경비와 예산 그리고 시간이다.

|**표 6 -12**| 전시의 구성요소

전시자료		전달매체
	전시의도	
경비예산		시 간
	장(場) = 전시공간	

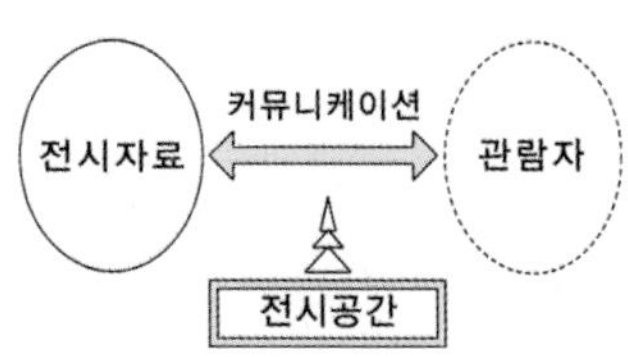

|**그림 6 -23**| 전시공간의 기능

구체적으로 전시공간, 전시의도, 전시자료, 전달매체에 관해 살펴보면 다음과 같다.

(1) 전시공간

전시공간은 전시매체를 공간에 전개시키는 과장을 통해 전시대상물인 전시자료가 관람자와 만나 커뮤니케이션이 이루어지는 장소이다. 따라서 바람직한 전시공간의 조건은 자료와 관람자 양측 모두를 만족시켜야 한다. 자료의 측면에서 보면 전시와 보존이 고려되어야 하고 관람자의 측면에서는 피로하지 않고 즐겁게 감상할 수 있는 쾌적한 공간이 요구된다. 관람자에게 보여지는 대상물의 목적, 기능을 담는 구체적 공간이기에 가장 기능적인 공간이어야 한다.

(2) 전시의도

전시는 자료의 나열이나 진열만으로는 전달하려는 메시지의 내용을 충분히 전달하기 어렵다. 효과적으로 메시지의 내용을 전달하기 위해 확립된 어떤 목적 내지 이념인 전시의도가 필요하다. 전시의도를 명확히 함으로써 뚜렷한 사상 없이 단순진열이 되기 쉬운 전시물에 체계적인 의미를 주고 목적을 가치있게 하여 결과적으로 진열된 자료는 설득력을 지니게 된다. 따라서 전시의도가 제시, 표현되어 널리 일반관람자에게 감동과 이해의 발견, 탐구의 공간을 제공할 수 있다.

(3) 전시자료

전시자료는 특별히 전시에 사용되는 자료를 의미하며 전시되는 모든 현물現物과 정보情報를 가리킨다.

전시를 위한 실물의 1차적 자료와 관람자의 이해를 돕기 위한 2차적 보조자료가 있다. 2차적 자료에는 복원자료, 모형자료, 사진자료, 영상자료, 음향자료를 비롯하여 전시의도를 문장화한 해설자료와 어려운 수치를 알기 쉽게 환원한 도해자료 등이 있다.

각 자료에 대한 구체적인 사항은 다음과 같다.

1) 실물자료

역사적 과정을 이해할 수 있는 과거의 것에서부터 현재에 이르기까지 실제의 진품인 실물자료이다.

|사진 6 -15| 실물자료 전시의 예-1 Frankfurt Audi Motor Show 2015

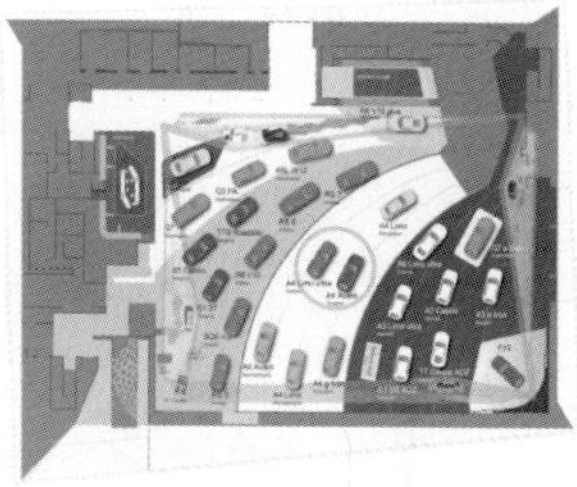

|그림 6 -24| Frankfurt Audi Motor Show 2015 / First Floor Plan, Schmidhuber+Partner

|사진 6 -16| 실물자료 전시의 예-2 Frankfurt Audi Motor Show 2015

|그림 6 -25| Frankfurt Audi Motor Show 2015 / Second Floor Plan, Schmidhuber+Partner

2) 복원자료

실물 원래대로 회복시킨 것이 복원자료로 모사와 모조로 구분된다. 모사가 평면적인 제작인데 반해 모조는 원자료가 입체적 형태인 것을 말한다. 유사품이 없는 자료를 보존하는 경우와 자료의 보존상 항상 전시할 수 없는 경우 그리고 원자료가 가까운 장래에 파괴될 염려가 있을 때 제작, 전시된다. 또한 실물이 존재하지만 이미 다른 곳에 귀속되어 입수가 곤란하거나 처음부터 실물은 존재하지 않고 문헌, 사진, 그림만 남아 있는 경우에 복원한다.

3) 모형자료

원자료의 입수가 곤란하거나 형상이 너무 크거나 작은 경우에는 모형으로 제작하는데, 원자료의 형상을 그대로 본뜬 것과 다르게 한 모형으로 구분된다. 전자의 예는 지형, 민가, 고건축, 고생물, 기차, 항공기 등의 모형이다. 후자는 기계구조의 단면도, 건축구조의 단면도 등으로 전시 의도에 따라 자료의 내부를 전개하거나 단면 모형으로 처리한 것이 있다. 제작크기에 있어 실물을 기준으로 축소하거나 확대되어 실척도 모형, 축소 모형, 확대 모형으로 구분된다. 실척도 모형은 동물의 실물, 대골격 모형이나 고가옥 모형으로 원형모델 및 원형추정의 결과로 완성, 복원된 것이다. 축소 모형은 실물대 모형이 전시 불가능할 경우 축소하여 제작한 것이며 확대 모형은 미세한 생물이나 그 외의 자료로는 너무 작아 불가능한 경우 실물보다 크게 확대하여 제작한 것이다.

| **사진 6 -17** | 사진자료 전시의 예

4) 사진자료

원자료가 너무 크거나 작은 경우 현재, 존재는 하지만 입수가 불가능하거나 먼 과거의 것인 경우, 멀리 떨어진 타 지역의 것이거나 해저 또는 우주 저편에 있는 경우 사진을 전시자료로 사용한다.

5) 영상자료

사진과 달리 대상이 시간의 경과에 따라 변화하는 경우 또는 변화에 의한 것이 아니면 사상의 의미가 전달되지 않는 경우에 사용되는 자료이다. 고정적인 표현의 슬라이드, 동적 표현의 영화 등이 대표적 자료이다.

|사진 6 -18| 영상과 모형의 복합 전시의 예
/ The Open Pyramid, Olafur Eliasson

6) 음향자료

살아 있는 기록자료의 하나로 평면적인 영화기록과 연결되어 입체구성을 할 수 있는 기초자료이다. 음향자료는 해설음성, 자연음성, 인공음성으로 구별되는데 해설음성은 내레이션narration에 의해 의미를 전달하는 것이며 자연음성은 생물이 내는 소리나 동작의 소리이다. 그리고 인공음성은 언어, 노래 등 육성이나 인간의 동작, 마차, 전차, 자동차, 항공기 등 기계가 내는 소리이다.

7) 도해자료

|사진 6 -19| 요소별 그래픽 전시의 예

전시대상자료가 도형에 의하지 않으면 내용전달이 어려운 경우나 해설만으로 이해 전달이 어려운 경우에 사상이나 의도를 시각적 이미지로 환원시킨 도해자료를 사용하는 것이 효과적이다. 관람자가 보아 이해하기 쉬워야 하며 다소 과장된 표현으로 인상 깊게 한다. 도해자료에는 일러스트레이션illustration, 그래프, 도표 등이 포함된다.

8) 해설자료

문자에 의한 전달 및 해설음성을 위한 것으로 박물관의 사상, 이념을 전달하는 가장 중요한 자료이다. 자료의 주목성, 시인성 등을 고려해야 하며 관람자가 서서 보기에 글자는 150자 정도가 적당하다.

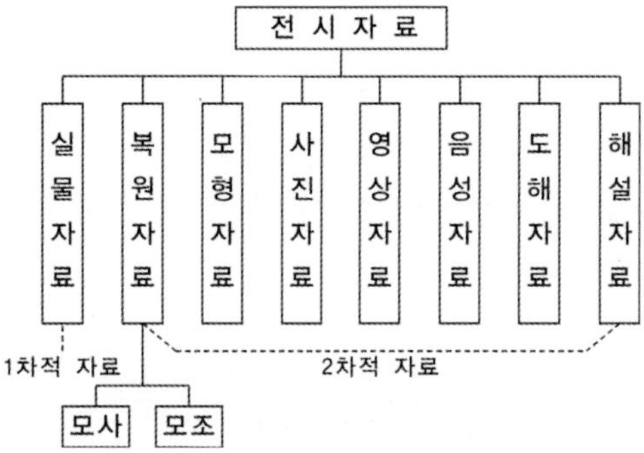

|표 6 -13| 전시자료의 구분

|사진 6 -20| 삼성이노베이션뮤지엄

(4) 전달매체

전시에서 전시의도나 자료만 가지고는 불가능하므로 이를 적절히 관람자에게 전달할 수 있는 전달매체가 필요하다. 자료의 본질을 잃지 않고 그 가치를 효과적으로 제시할 수 있어야 한다. 전달 매체는 크게 오브제 매체, 평면 매체, 영상 매체로 구분된다.

1) 오브제 매체

입체물인 오브제 매체는 실물과 모제품으로 구분된다.

① 실물

실물 매체를 사용할 경우 단순하게 물리적 실체뿐만 아니라 그것이 실존하였던 사실적 배경과 함께 전달해야 한다. 이루어지고 있는 사실적 과정을 관람객이 유추하여 지각하게 함으로써 감흥을 주고, 그것이 실존하였던 실증적 사실을 동시에 전달하는 것이다.

음향, VTR매체와 같은 각종 설명적 보조매체를 같이 사용하면 전시효과를 높일 수 있다.

실물 매체는 다른 매체보다 보존성이 요구되므로 주의를 요하고 전시기법상 전시공간과 조화된 진열장에 전시한다. 모제품으로는 전시표현의 감동전달이 어렵거나 보존적 가치보다는 공개의 가치가 큰 것, 아울러 복수 이상의 보유가 가능한 것은 실물인 현물을 전시한다.

|사진 6 -21|실물과 그래픽의 혼합전시의 예

② **모제품**

모제품으로도 시각적 전달을 완전히 할 수 있거나 극히 보존적 가치가 높을 경우, 또는 다각적인 복합전시를 위해 복수 이상의 전시물이 필요할 때는 모형이나 모조자료의 모제품을 전시한다. 특히 하나의 주제 하에 복수로 제작되어 정면, 측면, 평면상에 다면적으로 동시에 전시할 수 있으며 보존성이 문제시 되지 않아 접촉 또는 개방전시로 진열효과를 극대화시킬 수 있다. 입체물로서 가장 모조적 표현의 매체인 왁스모델wax model은 주로 인물을 재현할 때 사용되나 보존을 위한 항온, 항습의 실내환경조건이 뒷받침되어야 한다. 그리고 조각도 오브제 매체로 많이 사용된다.

2) 평면 매체

평면적 정보를 전달하는 것으로, 회화, 사진, 그래픽 등이 평면매체에 속한다.

① **회화**

500호 내외의 대형화를 중심으로 구성되며 회화의 종류에 따라 일정한 온·습도를 유지시키는 것이 필요하다.

|**사진 6 -22**||**사진 6 -23**| 회화 전시의 예
/ The Museum of Fine Arts, Houston, Rafael Moneo

② **사진**

사진은 표현성있는 전시기법이므로 전달의 폭을 깊이 있게 한다. 단일한 패널 또는 다각면에의 모자이크 등으로 입체화 전시, 몽타주 등의 기법을 구사하여 전시한다.

③ **그래픽매체**

표현할 내용을 최소의 시각언어로 축약하여 전달하는 가장 단순하고 명쾌한 전달방법이다. 각종 그래프, 도표, 지도, 해도, 영상의 애니메이션animation, 문자매체의 다자인이 그래픽 매체에 속한다. 배경매체로 수퍼 그래픽을 사용할 경우 보조적 매체기능을 갖는다.

3) 영상매체

실물을 직접 전시할 수 없는 경우나 오브제 전시만의 한계를 극복하기 위해 영상매체는 사용된다. 일반적으로 영화, 슬라이드, VTR 등이 많이 이용된다. 슬라이드의 경우 전시실 내에서는 투과식인 리어 스크린rear screen이 적절하다.

| 표 6 -14 | 영상매체의 구분

	영 상 메 커 니 즘	스 크 린 형 식
정 적 영 상	슬라이드 프로젝트, 오버헤드 프로젝트, 조합에 의한 반응	리어 스크린 rear screen
동 적 영 상	VTR, 영화, 아이맥스IMAX, 옴니맥스OMNIMAX	단면, 다면구성, 초대형 스크린, 리어 스크린, 프런트 스크린, DOME형 스크린
다 원 영 상	슬라이드+슬라이드 슬라이드+영화, 멀티스크린multi screen, 서클비전circle vision	평면, 곡면 스크린, 동형스크린, 360° 전원주스크린
특 수 영 상	영사와 스크린의 변용방법들	

2. 6
전시방법

주제 설정에 의한 전시의 기본목표가 설정되고 전시전개를 위한 내용이 배분되고 전시표현매체 및 그 전시방법이 결정된다. 전시를 포함한 전체계획-건축, 실내, 그래픽디자인은 통합 하에 진행되는데 전시공간계획은 '어떤 전시형태인가'에 따라 전시매체를 가장 효과적으로 전달될 수 있는 전시방법 및 장치를 결정, 전개한다. 즉 상설전시는 확실한 전시목적이 있고 대부분 고정되어 있으나 기획전시는 일정한 기간 동안 전시하고 기간 및 주제에 따라 기획을 바꾸고 새로운 전시형태로 전시하기 때문에 이에 대응하여 계획한다.

실내전시에서 이루어지고 전시매체를 중심으로 한 전시방법은 개별전시, 입체전시, 특수전시, 수장收藏전시, 대공간전시가 있다. 이들 방법들은 전시내용에 따라 다양하게 전시계획하여 관람의 흥미를 유발시키도록 한다.

(1) 개별전시

개별전시는 공간을 이루는 바닥, 벽, 천장의 면에 의지하거나 이용하여 전시하는 방법이다. 따라서 벽면전시, 바닥전시, 천장전시로 나누어지고 구체적인 전시방법 유형에 따라 다음과 같이 세분화된다.

1) 벽면전시

공간을 구획, 한정하는 벽은 전시공간에 있어 시선을 모으고 머무르게 하여 전시물의 배경과 지지구조체의 역할을 한다. 벽면을 이용하는 전시는 가장 보편적인 전시방법이다.

전시에 있어 정면성의 시각, 즉 관람자의 시선과 방향, 벽면과 전시물의 크기, 관계 등을 고려한다. 벽면전시는 벽면뿐만 아니라 진열장, 진열대와 결합하여 다양한 방법으로 전시할 수 있는데 이들 전시방법은 벽면 전시판보다 전시물에 대한 시각적 집약성이 높다.

① 벽면전시판

벽면에 서화류, 사진류, 태피스트리와 같은 전시물을 직접 걸거나 부착 혹은 벽면에 직접 그래픽, 모자이크, 부조, 상징물로 처리하여 전시한다. 보존성이 크게 문제되지 않는 전시매체이어야 한다. 정면성의 시각을 고려하면 전시물의 최대크기는 3.0×3.6m이다. 벽에 투사되는 국부조명과 전시물을 걸기 위한 장치인 훅hook이 필요하다.

② 알코브벽 전시

벽에 걸거나 놓기 혹은 오브제 매체의 전시물을 기본 실내벽면에서 1,000 이하의 깊이로 알코브를 만들어서 전시하는 형태이다. 소극적인 입체 전시물이나 한 주제에 대한 군화群化전시에 적합하기도 하다. 벽면에 연속하여 구성하며 알코브 내부에 조명을 설치한다.

③ 벽면진열장 전시

연속되는 진열장 또는 단위진열장으로 구성하거나 진열장 전체 또는 개구부가 벽면을 이루어 전시하는 형식이다. 소극적인 입체 전시물, 실물 또는 보존성이 요구되는 전시물, 소형군화 전시물에 적합하며 이들 전시물의 크기에 따라 진열장의 체적이 결정된다. 진열장 내부에 조명 및 보존설비가 필요하다.

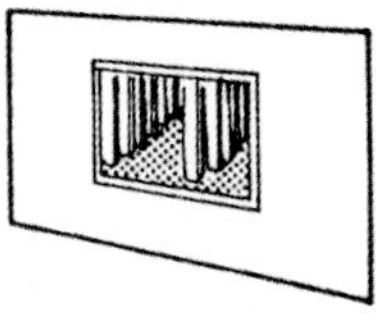

|그림 6 -26| 벽면 전시판

|그림 6 -27| 알코브벽 전시

|그림 6 -28| 벽면 진열장 전시

|사진 6 -24| 벽면 진열장 전시의 예

|그림 6 -29| 알코브진열장 전시

|그림 6 -30| 돌출진열대 전시

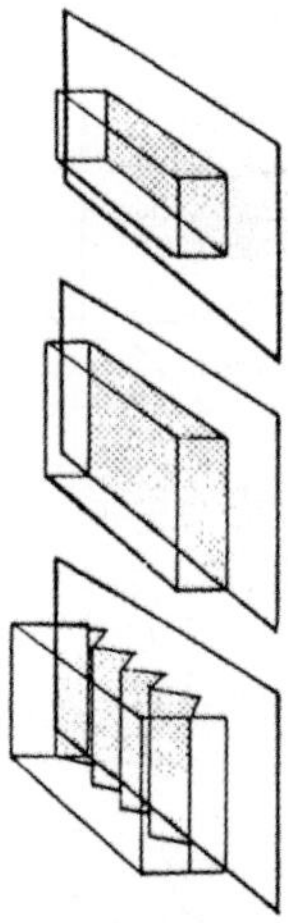

|그림 6 -31| 돌출진열장 전시

④ 알코브진열장 전시

벽면진열장 형식보다는 대규모 전시물, 개방된 알코브벽 전시보다 보존성이 문제시되는 전시물, 대형 단일전시물, 소형 군화전시물의 전시에 적합하다. 소규모 환경으로 취급되는 조명, 보존설비가 요구된다. 소극적인 3차원 전시로서 이를 적극화할 경우 디오라마diorama형식이 된다.

⑤ 돌출진열대 전시

전시물이 벽면의 전시대에 놓아져 노출되므로 시각성이 높아지나 관람자에게 접촉될 수 있다. 따라서 보존성이 문제시되지 않거나 내구적인 전시물, 모조품, 복제품, 반입체형태의 전시에 적합한 전시방법이다. 벽면을 배경으로 하여 입체물이 전시되므로 배경판을 전시면으로 취급할 수 있다. 전시실의 일반조명과 전시물을 투사하기 위한 국부조명을 조합하여 설치한다.

⑥ 돌출진열장 전시

벽면의 일부에 돌출된 진열장이 설치되어 전시된다. 보존성이 요구되는 전시물이나 현물을 전시한다. 전시물의 크기에 따라 진열장의 체적이 달라진다. 정면과 측면 시각의 문제를 고려하며 배경판을 보조 전시면으로 취급할 수 있다. 진열장의 내부에 조명과 보존설비가 필요하다.

2) 바닥전시

바닥면을 이용하거나 바닥면의 요철을 이용하여 전시하는 방법으로 선큰sunken된 바닥면일 경우 건축계획에서부터 고려되어야 한다. 바닥전시는 좁은 공간에서도 개방감을 얻을 수 있으며 전시면 전체를 조망할 수 있어 사방으로부터 시각성이 균질하다. 또한 관람객의 동선체계와 관련되므로 바닥전시의 배치가 신중히 검토되어야 한다. 벽면측의 바닥전시일 경우 벽면전시와 연속시켜 효과를 크게 할 수 있다.

① 바닥면 전시

전시실의 바닥면 자체를 이용하여 전시하는 것으로 카펫, 지형도와 같은 실물이나 설명적인 평면전시물, 심벌이나 기록화의 바닥부조, 도시지형의 낮은 모형 등에 적합한 전시방법이다. 바닥면에 직접 전시하거나 얕은 스테이지를 두어 전시한다. 관람자로부터 보호를 요하는 전시물은 유리스크린, 가드레일을 설치하며 보존성이 요구되는 경우는 방온·방충의 바닥설비를 한다. 관람자가 서서 보게 되므로 시선의 하향각도와 인지거리의 한계를 고려하여 전시하고 동선체계와 관련하여 배치가 검토되어야 한다. 일반적으로 상부로부터 균질한 조명을 투사하거나 푸트라이트foot light로 조명한다. 투명한 판상체일 경우 바닥면 밑에서도 조명하는 것이 효과적이다.

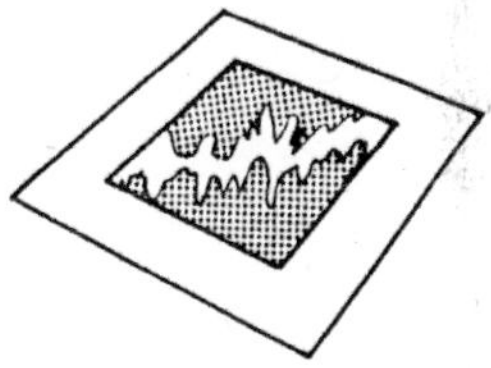

|그림 6 -32| 바닥면 전시

② 선큰된 바닥면 전시

전시바닥면보다 낮추어 선큰시킨 면에 전시물을 놓아 전시하는 방법으로 바닥면 전시보다 확대된 시각이 형성된다. 관람자로부터 보호하기 위해 가드레일이나 기타 인지물을 설치해야 하며 선큰된 바닥차에 조명 및 설비시설을 한다. 면상이 조감적인 매체, 도시스케일의 모형, 자연지형의 모형, 상부 개방된 분묘 같은 대상물의 전시에 적합하다.

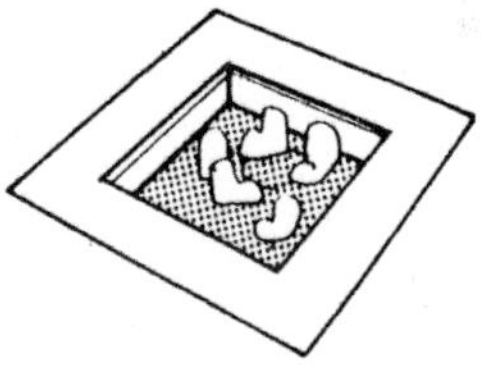

|그림 6 -33| 선큰된 바닥면 전시

③ 경사바닥면 전시

전시바닥면을 기준바닥면보다 돌출시켜 경사진 면을 이용하여 전시하는 방법이다. 관람자는 평바닥 전시보다 편안한 시각으로 볼 수 있다. 경사의 각도와 전시면의 크기, 시점높이의 관계가 중요하므로 이를 고려해야 한

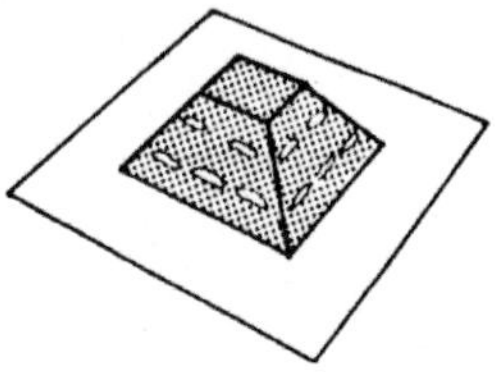

|그림 6 -34| 경사 바닥면 전시

다. 각 면은 연관된 내용전시로 구성되며 면상의 실물, 설명적인 평면전시물에 적합한 전시방법이다. 조명의 투사각도에 주의하며 전시면의 내부에 조명을 내장화하기도 한다.

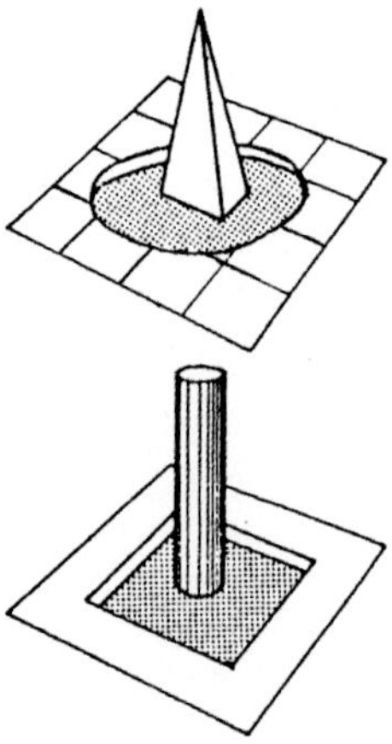

|그림 6 -35| 바닥면과 입체복합 전시

④ **바닥면과 입체복합 전시**

선큰된 바닥면과 입체전시를 복합시키거나 바닥면과 천장에 달아매기 전시와 복합하여 전시한다. 시각이 편안해지고 확대될 수 있으며 평면적 전시의 한계를 극복할 수 있으나 시각적으로 혼잡해질 우려가 있다. 키 큰 전시물, 대형 입체전시물, 기차, 자동차, 건물모형과 같이 사면에서의 관람을 요구하는 전시물에 적합한 전시방법이다.

3) 천장전시

전시실의 천장을 이용하여 천장면을 그대로 전시면으로 사용하거나 전시물을 붙이기도 하며 천장면에 전시물을 달아매기도 하는 전시방법이다. 천장전시는 관람자가 대상물을 위로 올려다보게 되므로 피로를 더 느끼게 된다. 머리 및 안구의 회전이 상하방향보다 좌우방향으로 이동하기 쉽기 때문이다. 천장면을 요철하는 등 다양한 전시계획을 꾀하며 천장면과 전시물과의 이질감을 주도록 한다. 공간적으로 손을 들어 닿지 않는 높이인 2,200 이상에서 전시되어야 한다.

① **달아매기 전시**

천장면에 전시물을 달아매는 전시방법으로 다이내믹dynamic한 전시효과를 기대할 수 있고 바닥면의 해방으로 동선을 자유롭게 개방시킬 수 있다. 이 전시는 주로 대공간 전시에 해당되나 전시물이 소형일 경우 소전시실에서도 가능하다. 항공기류, 조류와 같이 부유의 성격이 있는 전시물에 적합하며 소형 전시물은 군화하여 전시한다. 행거와 구조격자와 같이 달아맬 수 있는 설치물이 필요하며 천장면은 배경화, 천창 등으로 처리하기도 한다. 전시물의 상부뿐만 아니라 하부에서도 조명하면 입체감을 더해준다.

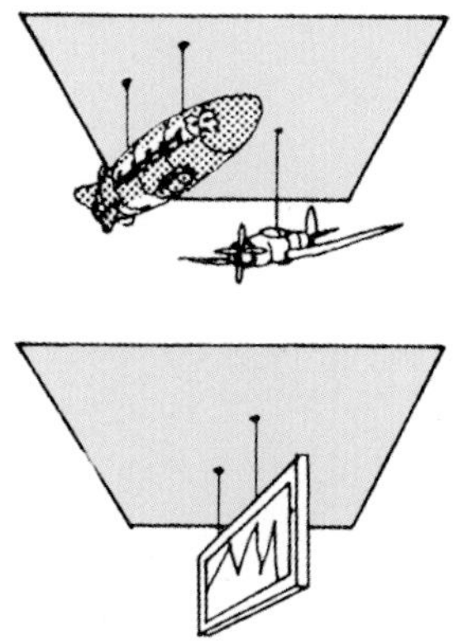

|그림 6 -36| 달아매기 전시

② 천장면 전시

천장면에 직접 부착 또는 설치하여 전시하는 방법으로 천장화가 대표적이다. 기법은 벽면전시와 동일하며 달아매기 전시의 배경이 될 수도 있다. 기본 천장면과 동일한 면일 경우 재료, 색 등을 별도로 취급하여 구분시키거나 화면에 틀을 만들어 주도록 한다.

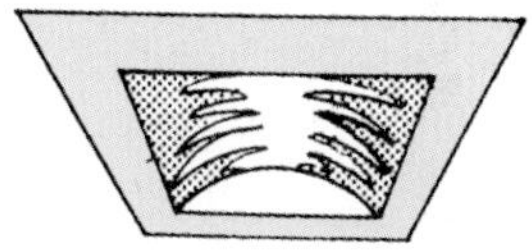

|그림 6 -37| 천장면 전시

③ 동적전시

평면, 천장전시가 회전하거나 단순한 운동을 하는 방법으로 매어단 입체물, 모빌 등의 전시에 적합하다. 관람자는 고정상태에서 움직이는 전시물을 보게 되므로 동적 전달이 가능하며 영상매체와 입체물을 조합시키면 그 효과가 크다.

|사진 6 -25| |사진 6 -26| 벽면전시와 바닥면전시, 달아매기 전시의 적절한 조화의 예 / Serralves Foundation, Alvaro Siza

(2) 입체전시

입체적인 전시매체가 벽체로부터 독립되어 전시되는 방법으로 전시의 시각이 사방에서 개방되며 전시물과 가까운 시각성과 촉각까지도 허용할 수 있다. 전시물의 크기, 상태, 보존성에 따라 진열장, 전시대, 전시스크린 등의 방법으로 전시된다.

1) 진열장

독립된 진열장에 의한 전시로 파손되기 쉽거나 보존상태가 중요한 전시물, 실물 등을 유리 쇼 케이스에 전시하는 방법이다. 전시물의 크기에 따라 진열장의 높이, 형상이 결정되며 전시물과 전시공간 사이의 스케일을 조정해준다.

전시물의 보존, 보호기능으로 도난방지, 방충 및 방진 그리고 진열장 내부의 조명과 보존을 위한 설비가 필요하다. 투명성이 좋은 강화유리로 전시효과 및 안전성, 밀폐성이 좋도록 한다.

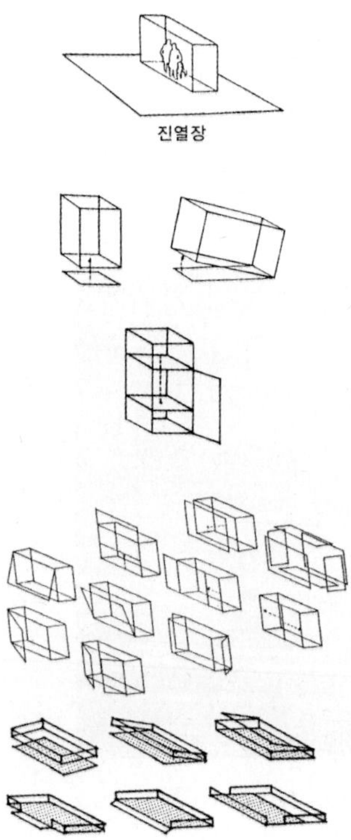

|그림 6 -38| 진열장 전시와 진열장의 개폐

진열장은 가동可動여부에 따라 고정식, 가동식으로 구분된다. 고정식은 케이스 단독 내에 공조설비를 갖추며 이 설비부분이 시각적으로 노출되지 않도록 처리한다. 그리고 유리스크린 이외에 수납이 가능한 가동 전시패널이 설치되기도 한다. 가동식은 이동이 가능하므로 전시레이아웃에 따라 재조립할 수 있도록 한다. 단독공조설비가 없으므로 조명에 의한 방열放熱에 유의한다. 전시레이아웃의 변경에 따라 대응 가능하도록 융통성있게 하며 높이, 마감 등은 실내계획과 통일, 조화를 이루어야 한다.

가동식은 수직케이스와 수평케이스로 구분할 수 있다. 수직형은 전시실의 중앙부분에 놓여지는 키 큰 진열장으로 배면을 맞대어 조립하면 큰 아일랜드형의 케이스가 될 수 있다. 수평형은 유리를 통해 위에서 아래로 내려다보이는 케이스로 독립케이스만으로 사용 가능하다.

한편, 진열장을 전후면으로 허용할 경우 내부의 패널 구획으로 한정하여 사용한다. 그리고 진열장의 개폐형식은 전시물의 수집과 이동, 케이스 내의 청결 및 조명기구의 관리 등을 위해 디자인상 중요하다. 개폐의 조작이 용이해야 하며 도난, 파손방지를 위한 안전장치가 고려되어야 한다. 진열장의 외부에 필기대를 설치하면 교육적 장소로서 활용도를 높일 수 있으며 전시물에 접근을 제어하는 보완적인 기능을 겸할 수 있다.

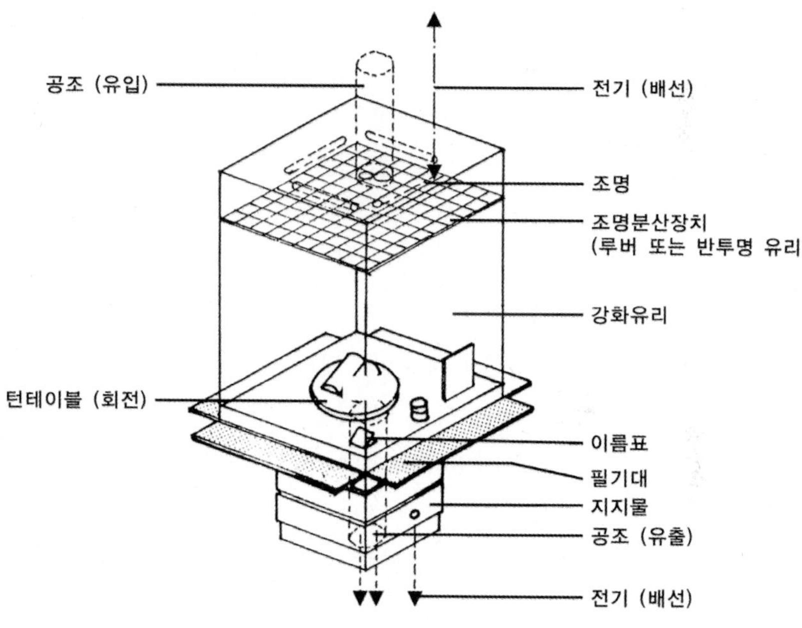

|그림 6 -39| 진열장의 구성 예

2) 전시대

전시물을 노출한 채 페데스탈pedestal, 플랫폼platform 혹은 그와 유사한 지지대는 물리적, 심리적으로 경계짓고 전시물을 적당한 높이에서 보여 주기 위한 일종의 바닥이다. 페데스탈은 전시물을 대상으로 테이블과 선반의 성격을 갖는 독립적인 형태이다. 플랫폼은 일종의 전시용 테라스라고 할 수 있으며, 몇 단의 레벨차를 가지고 그 위에 전시물을 놓음으로써 전시를 보다 안전하고 용이하게 한다.

전시대는 전시물을 지지하기 위해 충분히 강해야 하며 특히 전시대가 가늘고 긴 경우 외부의 충격으로부터도 쓰러지지 않을 만큼 무게가 필요하다. 재료의 선택, 전시물의 무게와 형상, 지지대의 구조는 심리적, 시각적, 물리적인 측면을 종합적으로 고려하여 안정감이 있어야 한다.

전시물이 노출되어 진열대에 놓여지므로 가장 근접된 관람시각을 가질 수 있으며 관람자가 만질 수도 있다. 보존성이 문제되지 않는 입체 전시물, 비교적 큰 대형물, 모형, 모조품의 전시에 적합하다.

전시물의 크기와 형상에 따라 진열대의 높이를 비롯한 크기 및 형상이 결정되는데 전시공간 및 전시물 스케일간의 조화문제도 고려해야 한다. 사방으로부터 시각이 전면만 허용할 경우, 전시스크린과 병용하며 원형 진열대일 경우 돌아가면서 모든 각도에서 볼 수 있어 전시물과 관람자 사이에 더욱 가까운 접촉을 유도할 수 있다.

진열대의 높이는 전시물이 관람자의 시선범위의 높이인 1,000~1,800 사이에 위치하도록 한다. 머리를 움직이지 않고 볼 수 있는 높이의 범위는 300~1,800 사이이므로 관람거리를 고려하여 관람자가 편안하게 볼 수 있는 높이로 한다.

그러나 여러 개의 전시대가 한 공간에 같이 놓이게 될 경우 시각적 혼란을 피하기 위해 전시물의 크기와 성격을 고려하여 어느 정도 일정하게 해주는 것이 바람직하다. 또한 관람자의 접근을 막아야 할 경우에는 유리스크린이나 가드레일을 설치한다.

|그림 6 -40| 전시대

3) 전시 스크린

수직적인 간이 파티션으로 전시벽면을 연장시켜 더 많은 전시면적을 확보할 수 있다. 전시 및 작품의 주제인 전시의도와 내용에 따라 전시공간을 분할할 수 있어 다양한 평면적, 입체적 구성이 가능하다. 실을 재분할하여 동선에 변화를 주고 관람의 순서를 적절히 해준다. 일반적으로 고정되지 아니할 경우 영구적인 공간에 가변성을 줄 수 있도록 일정한 유닛으로 계획하며 벽과 스크린의 연결부위에 주의한다. 스크린의 재료는 안정감 있고 가벼우며 휘지 않아야 하며 크기는 1.2×2.4m 유닛이 일반적이다.

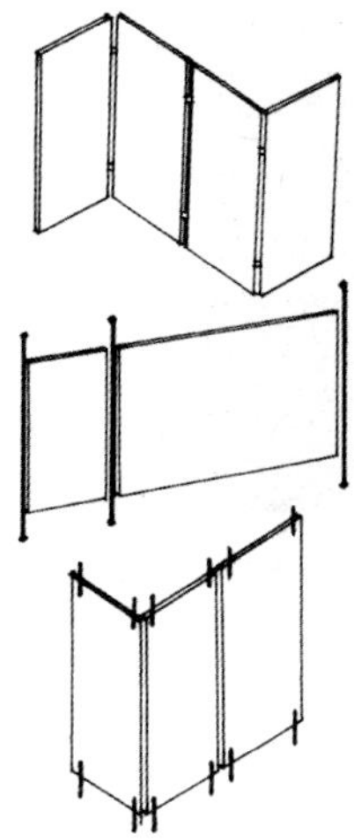

|그림 6 -41| 고정 스크린

① 고정 스크린

전시 스크린을 직접 혹은 스크린 자체의 기둥으로 천장과 바닥에 고정시키는 방법이다. 천장과 바닥에 스크린을 고정시킬 수 있는 규격화된 그리드를 설치하거나 고정 설치물을 마련한다.

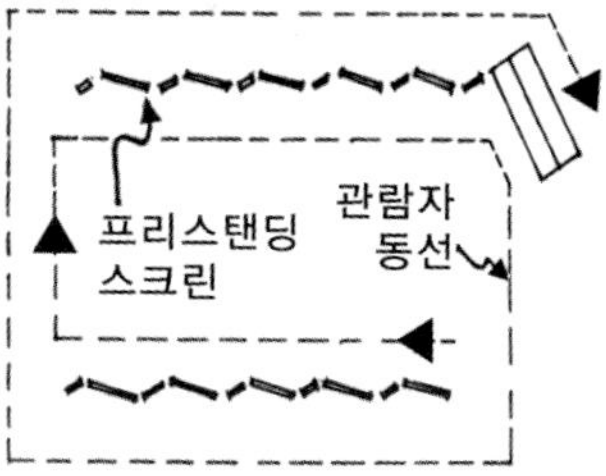

|그림 6 -42| 프리스탠딩 스크린

② 프리스탠딩 스크린

스크린 유닛을 기하학적으로 배열하거나 병풍형처럼 독립적으로 세우는 방법이다. 프리스탠딩free standing 스크린은 형태는 간단하나 길게 직선으로 뻗을 수 없으므로 자주 구부러지거나 각진 곳이 필요하다. 단 하나의 스크린만으로는 지탱할 수 없으므로 복수의 단위로 사용한다. 전시스크린 배치에 설치 그리드가 불필요하고 직각적인 배열을 피할 수 있어 다양한 전시의 형태가 필요한 순회전시에 적합하다.

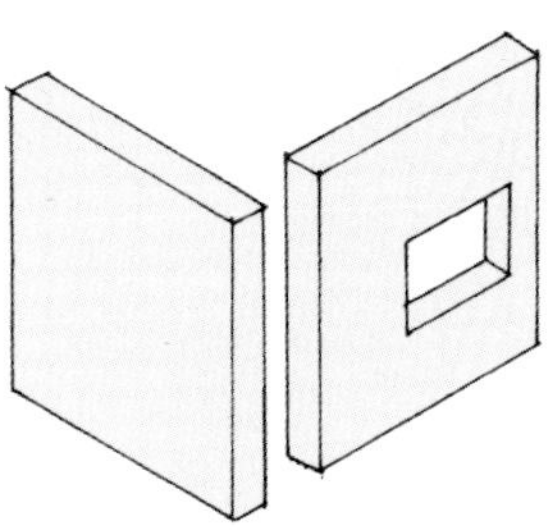

|그림 6 -43| 상자형 스크린

③ 상자형 스크린

깊이를 갖는 상자형의 전시 스크린은 부피가 커서 자주 이동하기 곤란하나 유닛 자체가 안정되고 그것의 깊이를 유용하게 사용할 수 있다. 스크린의 깊이를 깊게 하면 진열장으로도 이용 가능하다.

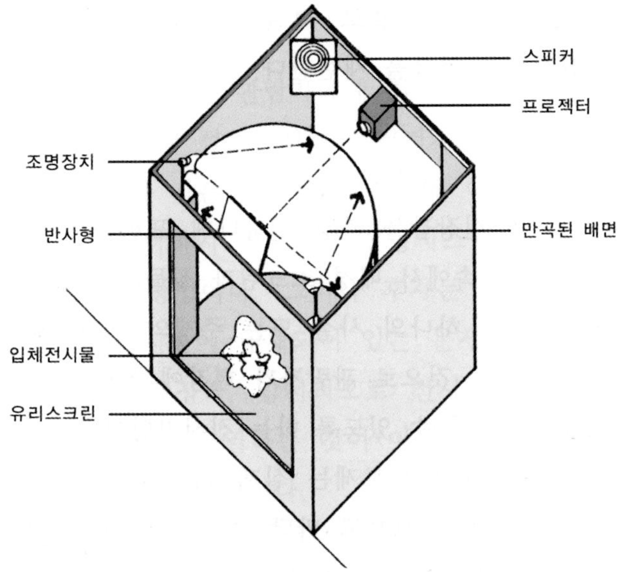

|그림 6 -44| 디오라마 전시의 구조

2) 파노라마 전시

파노라마 전시는 연속적인 주제를 연관성 깊게 표현하기 위해 선형線形으로 연출되는 전시로 맥락이 중요하다고 생각될 때 사용하는 전시기법이다. 벽화, 사진, 그래픽, 영상 등의 벽면전시와 오브제 전시가 병행되는 것이 일반적이다. 상황마다 시퀀스sequence를 벽면 앞에 놓이는 오브제로 구성한다. 적극적으로 전시물을 움직이게 하거나 기타 메커니즘mechanism을 이용하기도 한다.

보조적인 매체로서 음향은 필수적이나 관람자의 속도와 표현의 속도가 적절히 합치되어야 한다. 그 방법은 다음과 같이 구분할 수 있다.

① 단일한 상황을 파노라마로 연출하여 전시한다.

② 시간적인 연속성을 알리기 위해 그 흐름을 플로차트flow chart화하고 각 시퀀스마다 중심주제를 펼쳐서 전시한다.

③ 사건, 인물의 맥락을 전시하기 위해 수평으로 연속된 화면에 종합한다.

|그림 6 -45| 파노라마 전시

3) 아일랜드 전시

아일랜드 전시는 벽이나 천장을 직접 이용하지 않고 전시물의 중심으로 전시공간에 배치하는 방법이다. 대형전시물이나 군집 전시되는 소형 전시물일 경우에 유리하다. 전시물의 크기에 관계 없이 배치할 수 있는 기법으로 독립된 전시공간 전체를 공간적으로 활용하여 전시한다.

관람자의 동선이 전시물 사이를 지나가게 하여 전시물을 보다 가까이 관람하도록 한다. 아울러 자유로운 관람동선으로 전시공간을 다양하게 활용하되 동선은 계획된 회로로서 전시내용의 순서와 맥락에 의해 유도되어야 한다.

전시물은 크기, 보존의 중요도에 따라 진열 쇼케이스 내에 넣거나 노출하여 전시한다. 입체적 성격의 전시이므로 관람자의 시각은 방향에서 볼 수 있도록 한다. 전시물의 그룹핑grouping은 전시내용의 맥락에 따라 적절한 밀도가 유지되도록 배치한다.

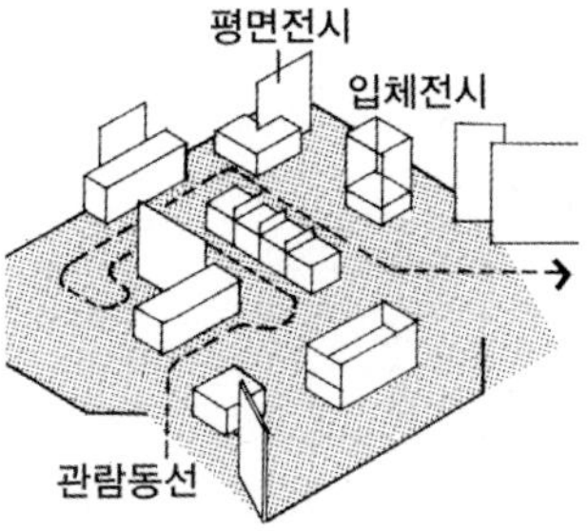

|그림 6 -46| 아일랜드 전시

4) 하모니카 전시

하모니카 전시는 전시내용이 통일된 형식 속에서 규칙, 반복되어 나타나는 방법으로 동일 종류의 전시물을 반복하여 전시할 경우 유리하다. 전시평면은 하모니카의 흡입구처럼 동일한 공간으로 연속되어 배치되므로 전시체계가 질서 있고 전시항목의 구분이 짧고 명확하다. 구획은 3×3m 정도의 소단위 배수로 사각형 평면의 반복을 기본으로 하나 45°, 135°의 경사각 구성도 공간조건에 따라 사용한다. 벽면에 연속하여 전면만 개방시킬 경우 공간 속에 복도를 따로 설정하고 이중배열을 할 경우 통로의 교차부의 두 면을 개방시킨다. 벽은 간이칸막이로 구획하고 한 단위의 부스booth천장은 공간의 한정 정도, 즉 개방·반개방·폐쇄를 조정한다.

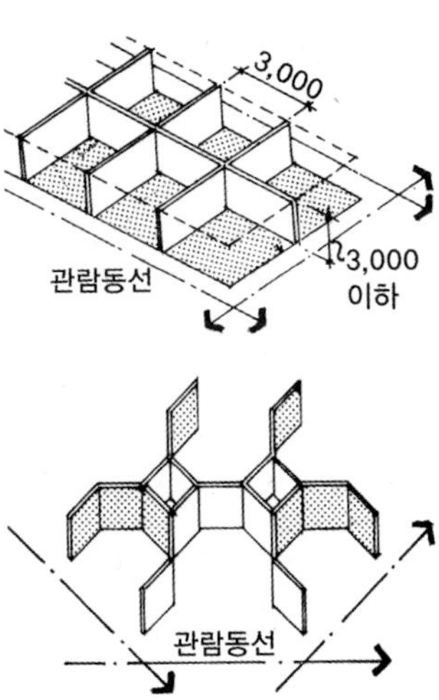

|그림 6 -47| 하모니카 전시

5) 영상전시

영상전시는 실물을 직접 전시할 수 없거나 오브제 전시만의 한계를 극복하기 위해 영상매체를 사용하여 전시하는 방법이다. 영상을 전시매체로 사용하면 표현전달에 있어 종합성있는 시각의 반복재현, 현장감있는 빠른 정보의 제공, 다수의 관객에게 동시전달, 원격遠隔다원의 동시전시, 관객과의 정보교환이 가능하다.

| **표 6 -15** | 각 영상매체의 제작 프로세스

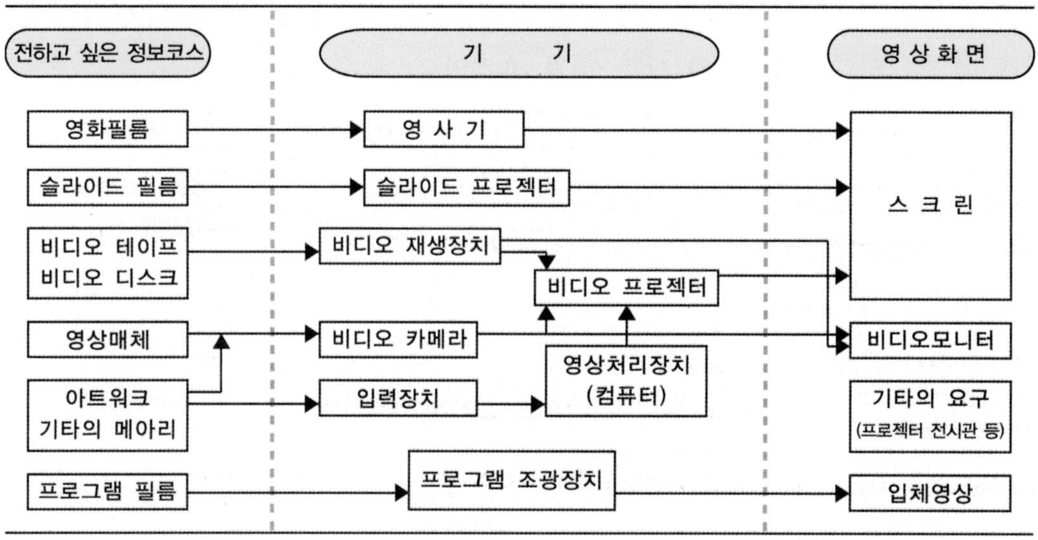

영상매체는 정지영상전시인 슬라이드와 동적 영상전시인 영화로 구분된다.

① **정지영상전시**slide projection

정지영상전시는 단일영상의 단조로움을 피하고 관객의 흥미를 유발시키기 위해 여러 개의 단일영상을 복합하여 구성하는 다중매체의 다원영상전시와 하나의 화면으로 구성되는 단일영상매체로 구분된다.

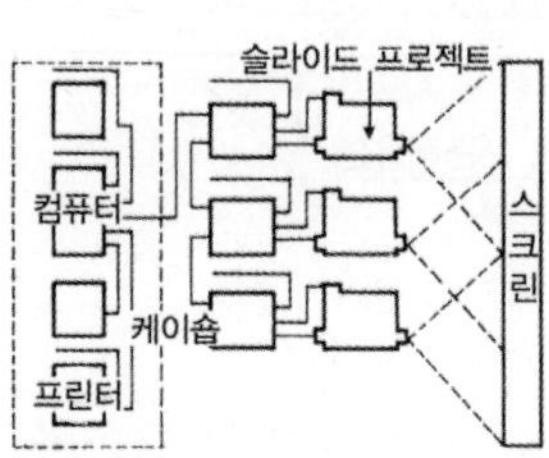

|**그림 6 -48**| 멀티비전 방식

ⓐ **다원영상전시방법 :** 멀티비전multi-vision이 그 대표적인 방법으로 한 개의 스크린에서 얻을 수 없는 큰

화면을 연출하도록 단일매체에 컴퓨터 제어 메커니즘을 복합시킨다.

ⓑ **단일영상전시** : 슬라이드로 운동감이 배제되고 단락이 분명한 영상전달이다. 선적線的이 아닌 점적點的 전달을 한다. 슬라이드 프로젝터는 10~30명의 소규모 교육용으로 사용된다. 슬라이드 영상은 35mm 경우 2×1.3m가 일반적이며 4×2.6m가 화면확대의 한도이다. 스크린은 다음과 같이 프런트스크린front screen과 리어스크린rear screen으로 구분된다.

프런트스크린의 경우 스크린 후면에 있는 프로젝트와 영사광을 반사시켜 화상을 관람공간에 전달하는 방법이다. 관람공간이 어두워야 하므로 안막커튼 등으로 암실화해야 하고 영상장치를 설비공간은 약 900~1,000 깊이가 필요하다.

리어스크린은 프로젝트의 영사광을 투과하여 시각화된다. 관람공간은 어두울 필요가 없으며 전시공간에서 영상장치의 시각상 복잡함을 제거할 수 있어 편리하다. 리어스크린의 반사율이 작으므로 전시공간의 조도를 자유로이 어느 정도 조정할 수 있어 일반전시실에서 활용가능성이 높다. 설비공간은 3,000 정도의 깊이가 필요하다.

|**사진 6 -28**| 영상전시의 예
/ Helsinki Museum of Contemporary Art, Sreven Hall

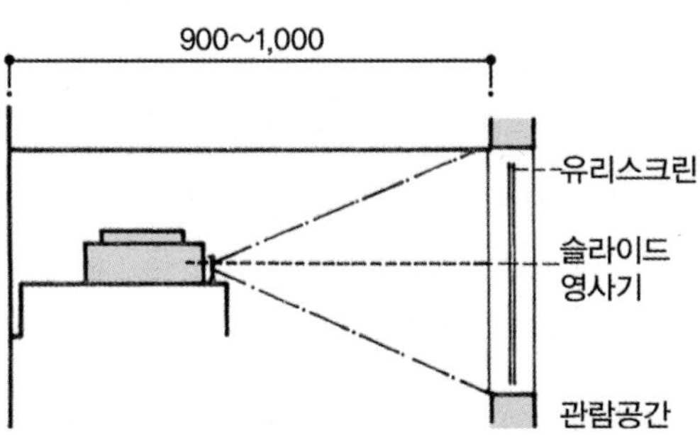

|**그림 6 -49**| 일반적인 프런트스크린의 영사장치

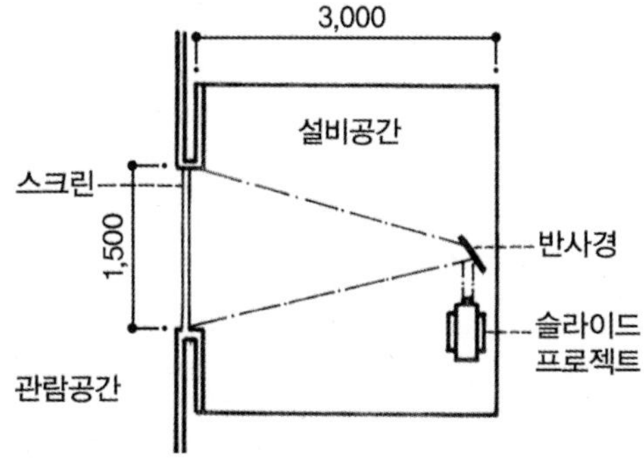

|**그림 6 -50**| 일반적인 리어스크린의 영사장치

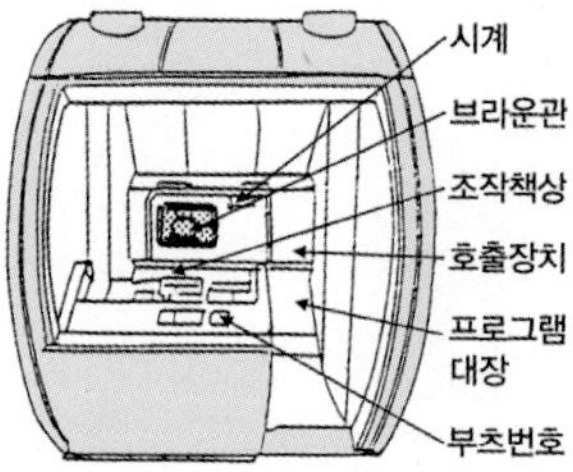

| 그림 6 -51 | 1인용 비디오 테크의 예

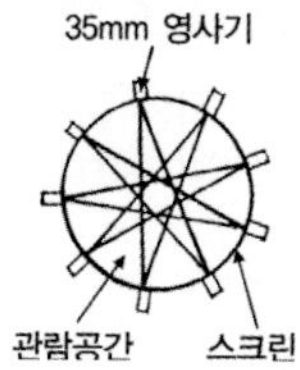

| 그림 6 -52 | 서클비전 영사방식의 예

② **동적영상전시**motion picture projection

동적영상전시는 단일영상매체에 운동감을 주어 영사함으로써 시각적으로 현실감을 관객에게 직접 전달하는 방법이다. 이 매체에 컴퓨터 제어 메커니즘을 복합시키면 다중매체가 되어 다원영상전시가 된다.

ⓐ 비디오, 비디오 테크video teque와 같은 단일영상전시는 현실감있게 영상으로 전달되어 관객의 이해를 높이고 정지영상에서 오는 단조로움을 극복할 수 있다. 그러나 장시간 동안 영사가 불가능하며 많은 관객을 수용할 수 없다.
비디오는 영상매체 중 조작의 간편성, 프로그램의 다양화, 경제적인 관리성을 가진 매체로서 단일체적 안에서 대량의 정보기록이 용이하다. 비디오는 단일매체로서 3~8명이, 비디오실의 경우는 10~20명이 관람하기 적합하다.
비디오 테크는 비디오시스템의 하나로서 영상내용을 컴퓨터와 로봇 메커니즘을 부수시켜 목록으로 자료화하여 관객이 직접영상을 하도록 하는 방법이며, 한사람만이 사용 가능하므로 많은 사람들을 수용하기 어렵다.

ⓑ 멀티스크린multi-screen, 서클비전circle vision의 다원 영상전시는 단일영상을 복합하는 것으로 시각상 변화를 꾀해 관객의 흥미를 유발시키나 관객에게 내용을 전달하는데 불리하다.
멀티스크린은 2개 이상 다수의 스크린에 컴퓨터 제어메커니즘을 복합시켜 전시내용을 전체 또는 부분적으로 나타내는 방법이다. 영상 크기에 따라 다르나 3개의 스크린이 복합할 경우 대략 50~100명 정도가 관람하기 적합하다. 서클비전은 영상스크린을 조합하여 360°의 화면을 만드는 방법이다.

| 표 6 -16 | 영상메커니즘과 스크린 형식의 매트릭스

스크린 형식 / 영상메커니즘	리 어 스크린	프런트 스크린	평 면 스크린	곡 면 스크린	멀 티 스크린	단면·다면 스크린	초대형 스크린	돔 형 스크린
슬라이드 프로젝터	○	○	○		○	○		
오버헤드 프로젝터	○	○	○					
슬라이드 + 슬라이드			○		○	○		
비 디 오			○					
영 화	○	○		○	○	○	○	○
아 이 맥 스				○			○	
옴 니 맥 스				○			○	○
멀 티 비 전			○		○	○		
서 클 비 전				○				
슬라이드 + 영 화			○		○	○		

| 표 6 -17 | 영상매체의 분류

분 류	구 분	영상메커니즘	스크린 형식
슬라이드	정지단일	•슬라이드 프로젝터 •오버헤드 프로젝터	•리어스크린 •프런트스크린
	정지다원	•슬라이드 + 슬라이드	•평면스크린 •곡면스크린 •멀티스크린
영 화	동적단일	•오디오 •영 화 •아이맥스 •옴니맥스 •플라네타리움	•단면, 다면 구성 •초대형 스크린 •리어스크린 •프런트스크린 •돔형 스크린
	동적다원	•멀티비전 •서클비전 •슬라이드 + 영화	•돔형 스크린 •360° 전원 주스크린

6) 참여전시

참여전시는 말 그대로 관람자가 전시에 직접 참여한다는 의미로 관람자가 '직접 실물을 확인하고 싶다'는 욕구를 충족시킴으로써 가장 큰 전시효과를 얻는 전시방법이다. 관람자의 시각, 청각, 촉각 등의 지각체험을 통해, 즉 전시대상을 손으로 만져보거나 작동시키고 실험에 참가한다. 관람자는 전시의도에 의해 주어진 문제나 상황에 직접 부딪혀 문제를 발견, 해결하거나 체험함으로써 관람의 기쁨을 얻을 뿐 아니라 전시를 보다 잘 이해할 수 있다.

(4) 수장收藏전시

수장전시는 전시물의 수장기능과 한정된 연구자, 소수의 관람자를 대상으로 하여 관람의 요구에 따라 전시를 개방할 수 있다. 한정된 면적 속에서 가능한 수장밀도를 높이기 위해 포스터, 회화와 같은 평면 전시물은 리볼빙 패널revolving pannel 형식과 카트리지cartrage 형식으로 수장전시한다. 소규모 입체물은 가동서고 형식으로 하며 중규모 입체물은 기계화된 격납고 형식으로 수장전시한다. 보존성이 크게 요구되는 대상은 별도로 수장하되 보존설비가 갖추어진 진열장형식에 분류하여 전시한다.

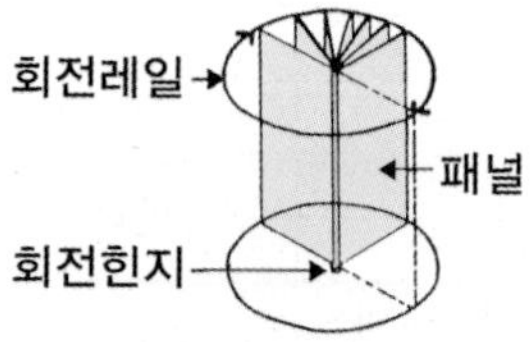

리볼빙 패널형식

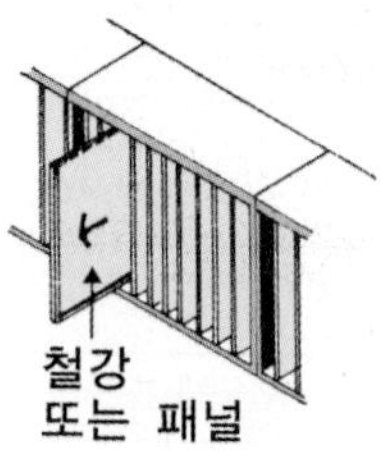

카트리지 형식

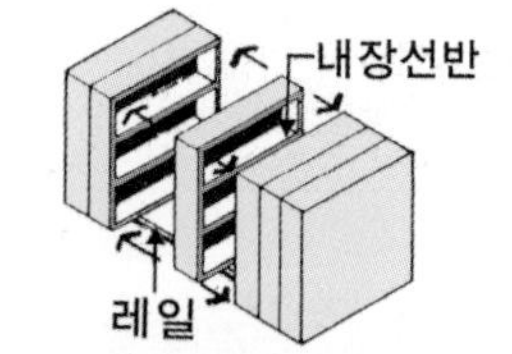

가동화고식
(가동은 기계식 또는 수동식)

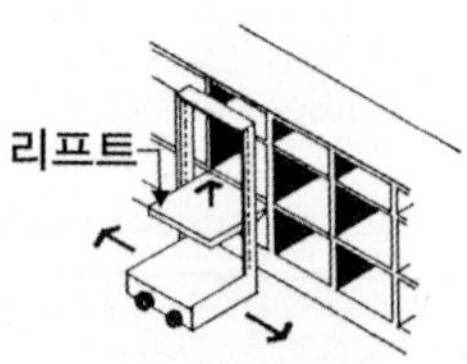

기계화 격납

|그림 6 -53| 수장전시의 유형

(5) 대공간 전시

대공간 전시는 소공간의 개별적이고 서술적인 전시의 한계에 대해 대주제하에 추상적인 내용이 인상적으로 전달되도록 하고 부분적, 단편적인 것이 아닌 포괄적인 전시의도가 전달되도록 한다. 따라서 전시물은 관람서술의 대상이 아니라 비교적 빠른 관람속도로 개괄적이고 체험적으로 파악이 되도록 하며 많은 관람자의 유도를 목적으로 한다.

소규모 전시실에 있어 바닥과 천장은 비교적 벽면을 한정하기 위한 역할이 우선하나 대공간 전시는 공간 자체도 아트리움atrium과 같이 적극적으로 공간화하고 공간전체를 전시화 한다.

대공간에 전시되는 전시대상물은 관람자의 시각적 한계로 말미암아 평면은 매우 한정적으로 전달된다. 또한 입체물일 경우는 다각적인 시각이 형성되는데 시각의 위치이동이 이루어지면 오브제는 동적인 양상을 띠게 된다.

인간적 척도 이상의 크기를 가진 대상물, 시각레벨의 변화에 따른 다양한 동적 체험이 가능한 대상물, 그리고 상당한 질감의 대비, 색상 또는 형태적으로 뚜렷한 대상물은 대공간의 전시에 적합하다. 이들 전시물은 바닥전시, 천장전시 등의 다양한 전시기법과 모빌과 같은 동적 전시도 가능하므로 적극적으로 전시계획한다. 그리고 바닥레벨의 변화, 천장고의 변화, 주공간과 오픈된 중층重層형식, 선큰sunken된 바닥 등으로 대공간에서 다양한 시각적 경험을 창출하도록 건축, 실내, 전시계획을 함께 통합하여 전개한다.

|사진 6 -29| 대공간 전시의 예 / IAA 2017 - Mercedes-Benz Trade Fair Stand, Jangled Nerves

2. 7 전시와 시선계획

동선에 따른 관람자의 시선과 전시자료에 대한 관계를 고려하는 시선계획은 전시와 전시공간계획에 있어 기본적 고려사항이라 할 수 있다. 관람자가 효과적으로 전시물을 보기 위해 전시물의 속성과 형상, 크기, 전시의도, 전시공간 규모 등의 측면과 인간의 안구구조 및 관람자의 평균적인 시고視高, 시점위치, 시선방향, 감상자세 등의 생리적, 심리적인 측면에서 적절한 전시계획이 되도록 전개한다. 특히 관람자에게 시간적인 다양함과 변화 있는 움직임의 흥미로운 계획으로 피로를 주지 않도록 한다. 그리고 눈의 움직임은 가까운 곳에서 먼 곳으로, 작은 것에서 큰 것으로, 밝은 색에서 어두운 색으로 이동하므로 전시물도 이에 준하여 배치한다.

시선계획에 있어 전시물에 대한 관람자의 시야와 시거리는 다음과 같이 고려한다.

(1) 시야視野

일반적으로 눈을 고정시켜 볼 수 있는 범위를 시야 또는 정시야靜視野라고 하며 시야는 수평시야, 수직시야 그리고 동시야動視野로 구분할 수 있다.

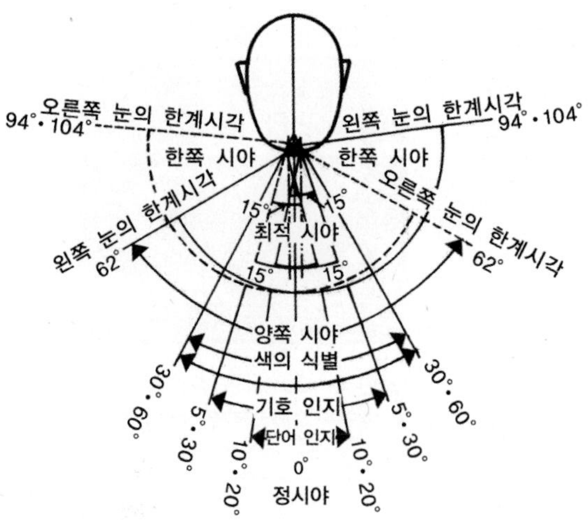

|그림 6 -54| 수평시야의 범위

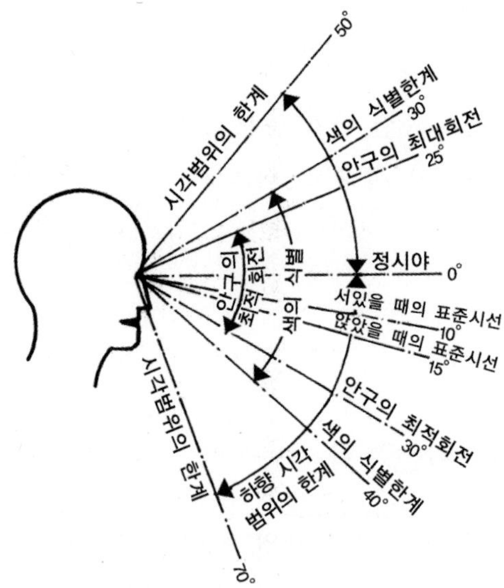

|그림 6 -55| 수직시야의 범위

1) 수평시야

일반적으로 눈의 방향은 수평방향보다 아래로 치우쳐 있는데 서 있을 때는 약 10°, 앉아 있을 때는 약 15° 아래방향으로 치우쳐 있다. 양 눈 사이를 중앙 수직축으로 잡았을 때 대상을 주시할 수 있는 수평면에서의 시야범위는 좌측으로 1°, 우측으로 1° 범위이며 심벌이나 문자를 볼 수 있는 범위는 좌우측 30°, 색채를 식별할 수 있는 범위는 좌우측 30~60° 범위이다.

2) 수직시야

일반적으로 수직방향에서의 시야는 위보다 아래방향으로 더 기울어지며 평상시 시선은 시고視高 수평선 아래로

10° 방향이다. 그리고 심벌을 볼 수 있는 범위는 시야 아래방향 30°, 위방향 20°이며 색채 식별은 수평선의 아래방향으로 40°, 위방향으로 30° 방향이다. 시고의 위방향으로 볼 때, 바람직한 시각은 15°이다.

따라서 인지 가능한 시야는 좌우측 30° 범위와 위방향으로 30°, 아래방향 40° 범위이므로 이 범위 내에 전시물이 위치해 있을 때 관람자는 감상하기에 편하다.

3) 동시야

동시야動視野란 움직여서 관람되는 시야이다. 전시물의 위치와 배치는 상향, 하향, 상중향, 하중향, 또는 상중하향이 복합적으로 시각구성이 되도록 한다. 관람자에게 감동과 즐거움을 줄 수 있는 다양한 전시기법을 적용한다.

(2) 전시물과 시視거리

시視거리란 대상을 보기에 알맞은 거리를 말한다. 대상의 전체나 인상을 볼 경우에는 감상거리라 하고 부분이나 디테일을 볼 경우에는 관찰거리라 한다.

전시공간에서 전시물은 같은 크기의 할지라도 놓이는 공간과 관람자와의 시거리에 따라 다른 이미지를 갖게 할 수 있다. 또한 전시기법에 의한 시각연출에 따라 흥미 있고 웅대하게 또는 초라하고 지루하게도 할 수 있다.

전시물과의 시거리의 관계는 전시물이 시선의 중앙에 위치할 때 정시야에 들어올 수 있는 전시물의 높이는 약 2배이다. 그리고 정시야 상태에서 전시물을 경사지게 배치하여 최대로 짧은 관람거리는 전시물의 높이와 같거나 높이의 1.2배를 넘지 않도록 한다.

정시야靜視野선상에서 전시물의 최상한 높이는 시각한계선상을 넘지 않는 범위에 해당해야 한다.

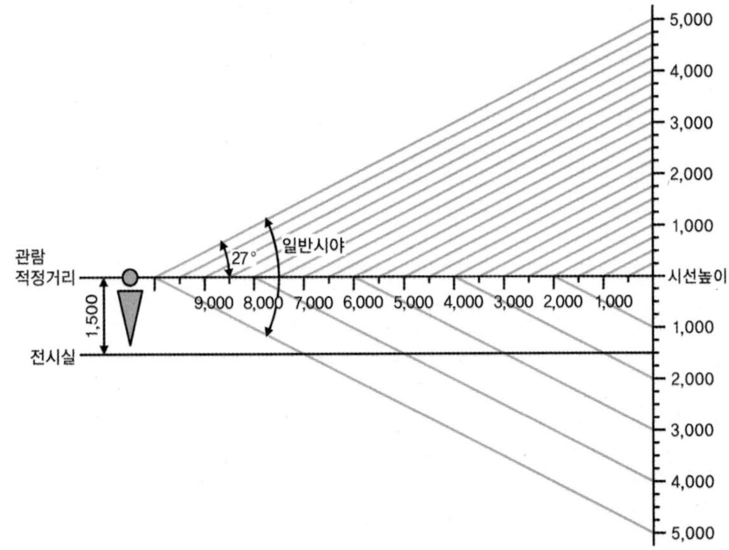

|**그림 6 -56**| 전시물의 높이와 시거리와의 관계

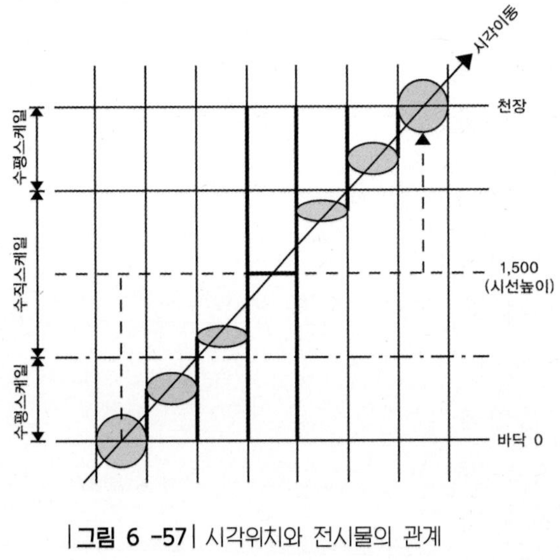

|**그림 6 -57**| 시각위치와 전시물의 관계

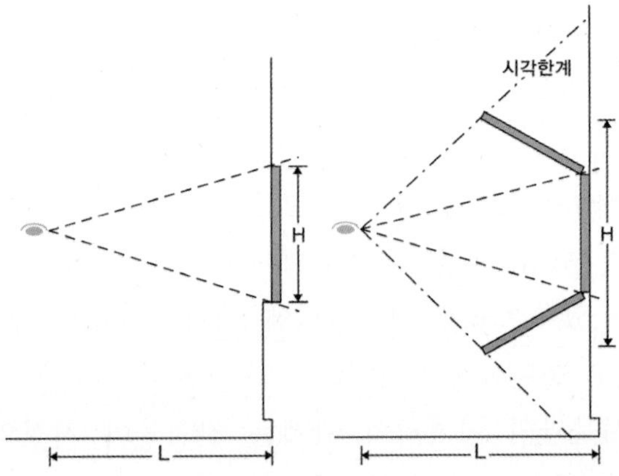

|**그림 6 -58**| 전시물과 시거리

2. 8
전시공간의 해설계획

전시공간의 해설계획은 전시물에 대한 정보와 전시내용과 의도를 문자, 음성 등 시각적 · 청각적 수단으로 관람자에게 효과적으로 전달하기 위한 것이다.

문자에 의한 해설은 관람자에게 읽고자 하는 의욕을 불러일으키도록 해야 한다. 우리들의 눈은 세로선이 가로선보다 이해에 저항을 느끼므로 수평의 글은 작은 노력으로도 읽을 수 있고 편하다. 시각을 계획적으로 질서 있게 유도하거나 사람의 움직임의 방향을 가리킬 때 수평선은 효과적이다. 계획은 눈의 움직임과 시력, 가독성可讀性을 고려하여 형태나 색, 글씨의 배치가 적절해야 한다. 특히 글씨체 자체의 아름다움 이외에도 읽기 쉬워야 하며 시거리와의 관계에 있어서는 적절한 문자크기, 150자에서 200자 정도의 적당한 문장길이, 행간과 시간의 문제, 글씨의 색 등은 고려한다.

음성에 의한 해설은 눈으로 읽는다는 부담을 가볍게 할 수 있으며 음량, 오디오 기기 등 음향계획 하에서 종합적으로 진행해야 한다.

안내원에 의한 해설은 전시해설 이외 영사실 등 각 실에서의 안내를 위한 설명이 있다. 신체장애인에 대한 서비스를 포함하여 전시물과 파손, 도난, 관람자 등에 대한 감시를 겸하기도 한다.

해설은 문자, 오디오시스템에 의한 음성, 안내원(설명원)에 의해 전달되는데 그 중에서 가장 이상적인 방법은 전시되어진 자료 스스로가 관람자에게 설명, 대화하는 것이다. 해설은 내용상 개별적 해설과 종합적 해설로 구분된다. 해설계획의 기본시스템은 대주제(주제 타이틀), 중주제(타이틀, 타이틀+문장), 소주제(타이틀+문장), 소항목(타이틀+문장), 전시물(타이틀+문장, 이름표)로 이루어진다.

개별적 해설은 개개의 자료 각각에 대한 해설로 대부분

전시자료 그 자체의 명칭을 기재하거나 단순히 자료번호만 적기도 한다. 종합적 해설은 전시집단에 붙여지는 해설로 대주제나 중주제 이외에도 박물관 전체에 대한 안내해설을 전시공간의 입구 또는 그 부분에 게시하기도 하며, 각 전시실 입구나 벽면에 전시의 목적을 기재하거나 주요 전시케이스에 부착하기도 한다.

| 표 6 -18 | 기본해설시스템

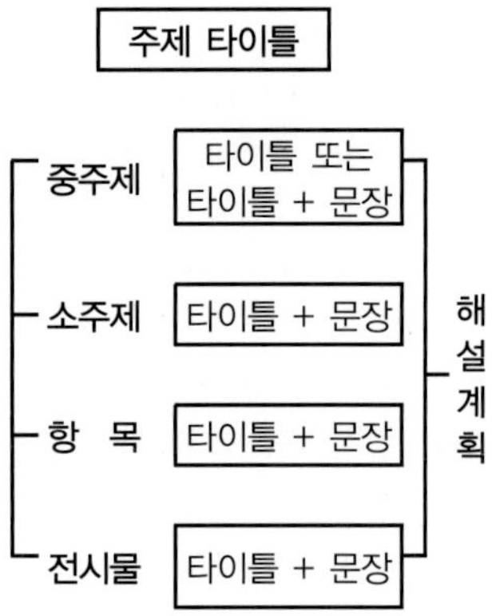

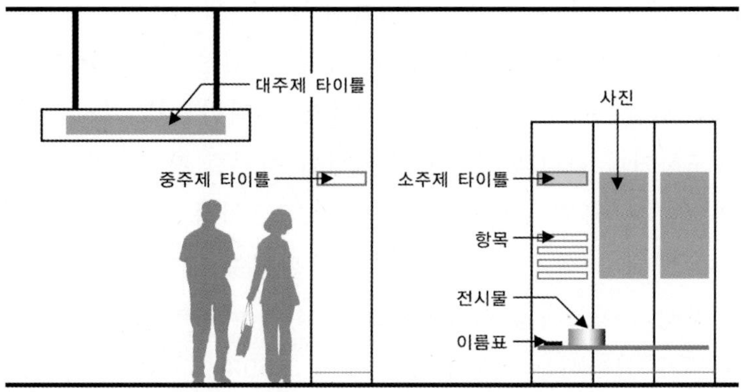

|그림 6 -59| 기본해설 시스템

2. 9 디자인 통합계획

디자인 통합계획은 디자인 코디네이션design coordination작업으로 관람자와 전시주체 사이에 커뮤니케이션을 보다 원활하게 하기 위해 필요하다. 전시계획을 기본으로 건축, 실내와 함께 전시에 대한 그래픽 이미지가 조화를 이루도록 해야 한다. 디자인 통합의 결과로 일치된 전시환경을 조성하여 전시효과를 높일 수 있도록 하는 데 궁극적인 목적이 있다.

디자인 통합작업의 요소로는 자체의 전시공간을 나타내는 심벌, 로고타입, 글씨, 색과 사인, 기타 그래픽 요소 등이 있다.

(1) 심벌

심벌이 주는 인상과 행동감, 언어감에 합치해야 하며 나아가 그 효과를 한층 높일 수 있도록 설정되어야 한다.

(2) 로고

가독성可讀性과 식별성이 가장 중요하며 매체에의 적용성도 고려하여 결정한다.

(3) 글씨

심벌과 로고를 보좌하여 강조하기 위한 목적이거나 조화시키려는 목적에서 설정된다. 모든 매체를 통해 문자 관계, 조형의 정형화를 꾀한다.

(4) 색

전시공간 자체의 이미지를 전달하는 데 적합하고 눈에 띄기 쉬운 차별성이 뛰어나야 한다. 심벌, 로고, 글씨, 사인의 색은 관람자의 관심을 끌되 전시물과 조화를 이루어야 하며 전체 색채계획과 디자인 통합계획 하에서 조정, 결정된다. 어떠한 소재라도 재현이 용이하고 관리하기 쉬우며 환경 및 주위와의 조화되기 쉬운 색이 바람직하다.

(5) 사인

관람자에게 목적지의 방향을 표시하거나 안내하는 정보를 제공하기 위해 사용한다. 전시내용에 따라 전시실이 구획되므로 각 공간에 대한 인식을 높이기 위한 사인의 역할은 매우 중요하다. 사인의 종류는 환경 전체를 파악하는 안내사인, 목적지 방향을 유도하는 유도사인, 목적지임을 나타내는 정점定點사인, 전시실 입구에 설치되는 전시물의 작동이나 건축설비에 관련된 전체도, 각 전시실의 순로지정도順路指定圖, 대중소 주제별 사인 등이 있다. 이 사인은 디자인 통합계획 아래에서 다른 제요소들과 조화되도록 한다.

|사진 6 -30| |사진 6 -31| 해설 및 그래픽 계획의 예 / 만해문학박물관, 김경숙

(6) 기타 그래픽 요소

해설만으로는 쉽게 전달되기 어려운 수치나 복잡한 내용을 그래픽으로 처리하여 관람자의 마음을 끌 수 있는 연출을 시도한 것이다. 그래픽은 전시자료나 모형과는 정보의 전달효율이 다르며 다른 정보들과는 유기적으로 연결되도록 한다.

이외에도 광고활동, 기념품, 문구류, 포스트, 팸플릿, 가이드북 등도 전체의 고유 이미지로 통합된 디자인으로 전개한다.

| **표 6 -19** | 전시공간의 그래픽 요소

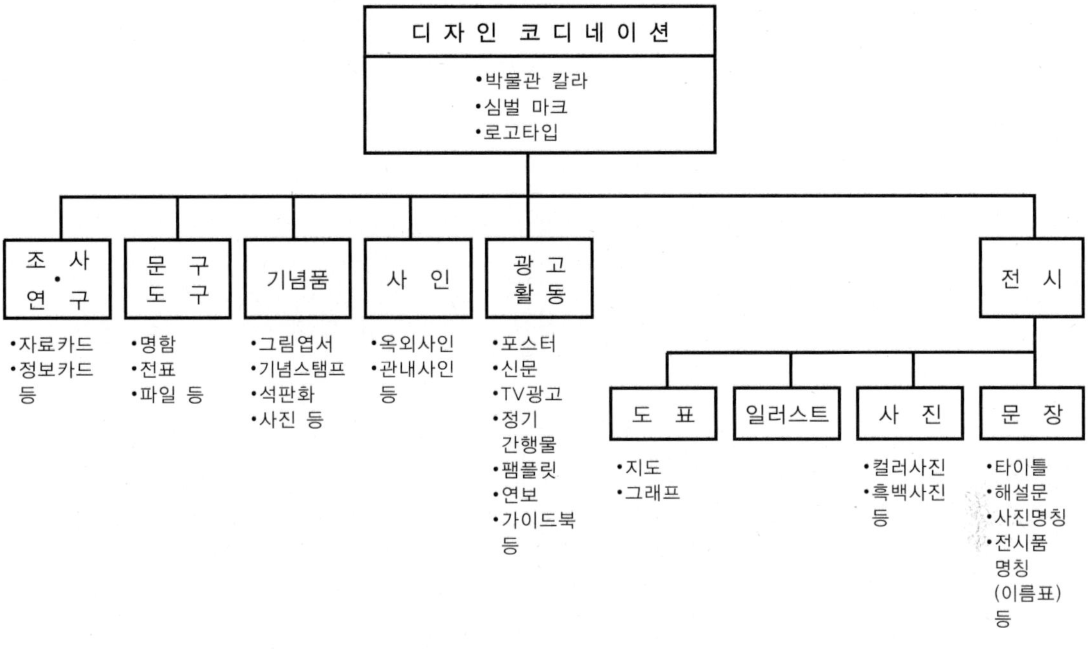

2. 10
조명계획

미술관, 박물관, 쇼룸과 같은 전시공간은 우선적으로 시각적 경험이 이루어지는 곳이므로 전시대상의 형, 색, 재질감 등이 가장 잘 인식될 수 있어야 한다. 따라서 전시물에 따른 적절한 조명의 처리와 전시물 감상에 적합한 분위기를 형성하는 조명계획이 필요하다.

과거 예술가는 북향의 천창에서 들어오는 조명하에서 작품을 제작하는 것이 가장 이상적이라 하였기에 전시공간은 작품을 가장 좋게 재현하기 위해 같은 채광의 방법이어야 한다고 생각하였다. 그리고 조명기술이 발달하지 않았을 때는 실내에 보다 많은 확산광을 도입하기 위해 천장고를 높여서 채광하는 방법을 주로 사용하였다.

그 후 인공조명기술의 혁신적인 발달로 자연광의 사용

에 따른 건축계획상의 제한들이 쉽게 해결됨으로써 항상 변화하는 자연광은 피하고 전체적으로 인공조명방식에 의존하게 되었다. 인공조명은 유지비가 높으나 일정한 조도의 유지와 효과적인 공간비율, 전시벽면 이동의 가능성, 조각류 전시에 대한 조명의 악센트와 자유 선택, 낮은 천장고로 인한 건축비의 절감 등에 장점이 있기 때문이다.

그러나 최근에 이르러 인공조명 하에서 관람자는 계속되는 관람으로 인한 피로가 더하고 조명의 질에서 균일성均一性이 떨어진다고 평가되고 있다. 자연광의 가치가 재인식되고 창은 단지 채광뿐만 아니라 관람자의 기분을 전환시키는 등 심리적 효과가 중요하다. 따라서 인공조명, 색감, 관람자의 기분을 고려하여 자연광을 적절히 혼합 사용하는 것이 이상적이라 할 수 있다.

(1) 전시조명의 기본

전시조명은 전시공간을 가장 풍부하게 연출해 낼 수 있는 요소로서 실내에 빛을 도입하며 공간의 질을 높인다. 단순히 물체를 전달시키는 기능 이외에도 사물을 인식하게 하는 기능을 가지고 있다.

전시물에 따른 적절하고 효과적인 조명계획은 광원의 종류, 연색성, 휘도분포, 눈부심, 적정온도, 조명방식, 장식성, 경제성, 시각적 유입효과 등을 검토하는데 다음과 같은 사항을 기본으로 한다.

① 조명은 눈부심이 없어야 한다.
② 전시물은 항시 적당한 조도로 균등하게 조명하되 전시물이 입체물인 경우 입체감이 있도록 조명해야 한다.
③ 실내의 조도 및 휘도분포가 적당해야 한다.
④ 관람자의 그림자가 전시물에 떨어지지 않도록 한다.
⑤ 화면 또는 쇼케이스, 진열장의 유리에 다른 영상이 나타나지 않도록 한다.

⑥ 국부조명의 경우 전시물에 따라 적절한 광원, 방향성, 투사각도를 고려한다.
⑦ 연색성이 좋아야 하며 빛의 변화가 없어야 한다.
⑧ 조명으로 인한 방사열은 전시물의 손상을 가져올 수 있으므로 전시물의 보존관계에 유의한다.
⑨ 전시물 고유의 성격 즉 형상, 재질감, 색 등을 강조할 수 있는 조명이어야 한다.

(2) 적정조도

전시공간에 필요한 조도는 전시물의 배치상태, 감상자의 위치, 실내 전체의 밝기와의 관계, 전시물의 명암 정도, 전시물 표면의 반사 등에 의해 변화될 수 있다. 따라서 일정한 조도가 있지 아니하고 각기 전시물의 성격과 전시조건을 고려하여 적정조도가 정해진다.

| **표 6 -20** | 전시품의 종류에 따른 조도 기준

전시품의 종류		주요면에 대한 조도
회 화	동양화	300
	유화	300
	수채화	200
조 각	대리석	300~1,000
	테라코타	300~500
	나무	200~1,000
	청동bronze	2,000
	적동copper	3,000
	플라스터	300~750
벽장식		100~750
도자기		200
박제품, 표본		75~150
일반전시품		150~300
광(光)이용의 전시부, 영상		5~30
모형		750~1,000
서양화 연구실, 조사실, 입구홀		300~500
전시공간 전반		50~100
식당		100~150
차 마시는 곳, 복도, 계단		75~100
수장고		30~75

(단위 : Lux)

조도를 필요 이상으로 높게 하면 눈부심을 일으키는 원인이 될 뿐만 아니라, 방사열에 의해 전시물에 손상을 줄 우려가 있다. 그리고 가능한 전체조도를 균일하게 하고 조도의 극심한 변화는 피하여 최저와 최대의 조도비는 1 : 1.5 이하로 한다. 전시물에 따른 적절한 조명기구의 배광, 설치장소도 중요하다.

(3) 광원

1) 자연광과 인공광

자연광은 사람의 마음을 사로잡을 수 있는 분위기를 형성하고 전시물을 가장 자연상태에서 관람할 수 있는 훌륭한 조명원이다. 그러나 자연광의 자외선이 전시자료를 훼손시키고 조도가 계절, 조석에 따라 변하고 기후에 따라서 심하게 영향을 받기 때문에 전시공간에는 주로 인공광을 사용한다. 그러나 휴식코너라든지 빛의 영향을 받지 아니하는 전시물에 대해서는 천창, 정측창, 측창을 통한 자연광을 사용한다.

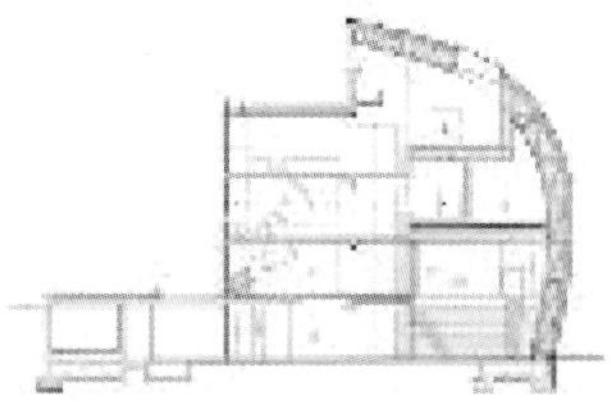

그림 6 -60 | 전시공간으로의 자연광 도입의 예 / Section, Kiasma Museum of Contemporary Art, Steven Hall

2) 인공광원

전시공간에 사용되는 인공광원은 형광등, LED등, HID램프가 있는데 이들의 연색성, 효율, 수명, 분광분포 등 각각의 특징을 고려하여 적절히 사용한다. 전시공간의 조명은 좋은 연색성, 전시물의 보존성, 밝기 등의 제어가 용이한 광원이어야 한다.

사진 6 -32 | 전시공간으로의 자연광 도입의 예 / Helsinki Kiasma Museum of Contemporary Art, Steven Hall

① 형광등

확산광원으로서의 형광등은 기술의 발달로 천연색 형광등이 개발되어 연색성이 좋아졌으나 선線스펙트럼이 있는 특정 색상을 강조하기 때문에 백열등과 혼용하여 사용하기도 한다. 전시공간에 있어서는 특히 자외선에 의한 퇴색을 줄여야 하므로 유리관 내면에 자외선 흡수막 또한 무無자외선 형광등이나 자외선 필터를 사용해야 한다. 형광등은 발열량이 적어서 전시 케이스 내 조명에 유리하다. 광원의 확산성이 우수하므로 전시실의 전체조명에도 사용할 수 있다.

② LED등

LED Light Emitting Diode의 약자로 전류를 가했을 때 반도체 소자원리를 이용해 빛을 뿜어내는 조명으로 전기에너지를 빛으로 바꿔주기 때문에 다양한 색상의 빛을 수천가지로 변화시킬 수 있다. 또한 일반 형광등에 비해서 LED조명은 효율이 뛰어나서 밝기가 매우 밝기 때문에 상대적으로 적은양의 전기만 공급해도 실내를 매우 밝게 유지 할 수 있다. LED조명은 자체 발광 다이오드를 통해 빛이 나오기 때문에 자외선과는 아무런 상관이 없어 유해물질이 전혀 없고 스스로 발광할 수 있는 반도체 소자로 구성되어 있을 뿐이다. 즉 친환경 조명등이라 할 수 있다. 또한 형광등에 비해 효율과 경제성이 높다.

| 표 6 -21 | 자연광과 인공조명의 비교분석

종 류	장 점	단 점	용 도	비 고
자 연 광	•색온도가 높고 고조도 일 때는 분위기가 가장 좋다.	•시시각각 변화하여 안정된 광색이 곤란하며 자외선의 포함률이 높다.	•조각품	컴퓨터 제어기 사용
형 광 등	•발열량이 가장 적다.		•케이스 내 사용	
LED 등	•빛의 효율이 높고 경제성이 좋다.	•고휘도	•천장조명	
그 외의 조명 (HID)	•빛의 분포가 넓다.	•자외선의 양이 많다.	•천장조명	

③ HID램프

HID(high intensity dischange)램프는 고압수은등, 고압나트륨등, 메탈할로이등을 총칭하는데 고휘도, 고광출 램프이며 연색성이 좋아 천창이 높은 전시실이나 로비조명에 사용한다. 자외선을 많이 방사하므로 자외선 차단이 필요하다.

(4) 전체조명

전시공간 전체에 밝기를 주는 조명으로 공간을 지각하고 출입구 등을 인지하게 하며 긴장이나 변형없이 시각적인 일을 수행하도록 하는 조명이다. 따라서 즐겁고 쾌적한 시환경을 형성할 뿐만 아니라, 전시물의 형태와 색을 정확한 본래의 모습으로 감상할 수 있도록 한다.

전체조명은 실내공간 전체에 균일하게 조명이 분배되도록 면의 조명처리방법이 좋다. 한편, 광원에는 자외선 차단필터를 사용하여 자외선이 제거되도록 한다.

조도는 보행을 하거나 메모하기 불편하지 않을 정도인 50~100Lux 범위로 한다.

(5) 전시물의 보호와 손상방지

방사열, 빛에 의한 손상이나 퇴색은 조사된 광량(조도×조도시간)에 비례한다. 광원에 의한 손상의 정도는 다르지만 자연광에 비하여 형광등이 낮다. 그 중에서도 무無자외선 형광등이나 특정한 고연색 형광등은 손상 정도가 낮아 전시공간 중 특히 손상을 방지해야 하는 전시물에 많이 사용된다.

전시물의 온도상승은 방사조도에 비례하므로 각종 광원의 단위조도당 방사조도의 수치가 낮을수록 온도상승을 적게 할 수 있다. 방사조도를 줄이기 위해 백열등에는 적외선 흡수필터, 형광등에는 보통 유리를 전면에 사용하는 것이 효과적이다.

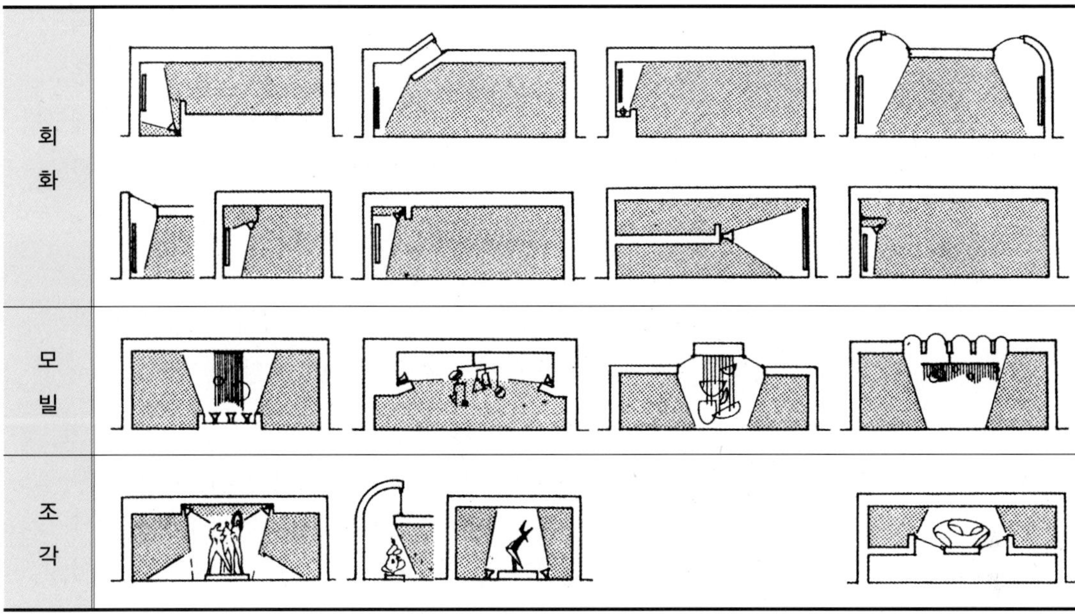

|그림 6 -61| 전시품별 조명방식

(6) 국부조명

국부조명은 전시물이나 전시장치의 일부에 주의를 집중하기 위해 스포트라이트로 점조명하는 것이다. 전시물을 효과적으로 연출, 강조할 때 또는 전체조명으로는 부족한 전시조명을 보완할 때 사용한다. 아울러 이 국부조명은 실 전체의 빛의 강도변화로 조도의 강약을 만들어 전시분위기를 형성한다.

1) 벽면전시물의 조명

벽면에 진열되는 평면적 전시물의 조명은 전시물에 대해 정반사되어 생기는 상이 관람자의 시야에 들어오지 않도록 하고 액자나 유화 같은 요철凹凸에 심한 음영이 생기지 않도록 해야 한다. 따라서 광원의 위치 및 빛의 투사방향이 매우 중요하다.

벽면전시물의 조명은 반사광원이 시야에 들어오지 않고 보다 잘 보기 위해 광원은 전시물에 대해 15~45°각도 이내에 위치해야 한다. 그렇지 않으면 오히려 화면에 의한 반사로 눈부심이 생기기 쉽다. 따라서 전시조명은 눈부심이나 반사가 없는 확산광이어야 한다. 즉, 화면에 효율있게 조명하도록 반사갓이 있는 조명기구를 사용한다. 형광등이면 반사루버를 백열등이면 심형투광기深形投光器를 그리고 매입식이면 사용한다.

그리고 전시물과 관람자간의 적절한 위치는 화면 대각선의 1~1.5배의 시거리가 좋다. 사람 눈의 높이가 1.5m 정도이므로 시선과의 관계를 고려하여 화면의 상단에서 정반사(10°의 여유를 예상)가 일어나지 않는 위치에 광원을 설치한다. 이 경우 광원의 위치가 너무 화면에 가까우면 액자의 그림자가 화면에 떨어지거나 화면의 요철이 너무 눈에 띄기 때문에 화면의 하단에서 약 20° 이내에 광원을 설치해야 한다.

벽에 전시된 그림에 대해서 낮은 각도로 입사되는 광선은 그림의 표면에 그림자를 만들고 그림자의 시선으로부터 정반사방향으로 광원이 있으면 눈부심을 주게 되므로 유의한다.

전시물의 배경이 되는 벽면의 색은 전시물과 유사하지 않은 색상으로 하면 더욱 전시효과를 높일 수 있다.

전시실이 넓지 않으면 전시물의 조명만으로 실내를 전체조명할 수 있으나, 그렇지 아니한 경우 실의 중앙이 어두워지므로 천장에 확산광으로 전체조명한다. 관람자로 하여금 빛이 어디서 오는지 모르도록 조명을 하는 것이 좋으며 광원과 천장과의 휘도비는 3 : 1 이하가 바람직하다. 개별적 전시를 하는 전시공간의 전체조명은 50~100Lux 정도면 충분하다.

2) 입체전시물의 조명

조각과 같은 입체전시물은 사면에 공간을 두고 독립하여 전시하는 것이 일반적이다. 이와 같이 독립전시물은 각각 전시대상물별로 최상의 조건을 설정할 수 있는 장점이 있으나, 전시물의 조도가 비교적 높아서 실 전체의 조명상태가 균일하지 못하고 관람자의 시각적 순응을 어렵게 한다. 따라서 각 전시물에 대한 조명은 주主조명과 함께 보조조명을 병용하는 것이 좋다.

일반적인 조명방식은 전시물의 상부에서 주主광선과 확산 반사광에 의한 부副광선을 비추며, 바닥으로부터 반사광을 비추도록 하면 옥외에서의 자연조명상태와 유사한 조명조건을 만들 수 있다.

실내 전체조명의 확산광과 전시물 조명을 위한 주·부 조명의 2개 스포트라이트를 설치한다. 이때 조명이 관람자의 그림자가 전시물에 떨어지지 않도록 하며 다른 전시물에 영향을 주지 않는 위치에 설치한다. 그리고 조도와 투사방향이 조절 가능한 조형기구를 선택하는 것이 전시물에 따라 대응하여 조명을 할 수 있어 좋다.

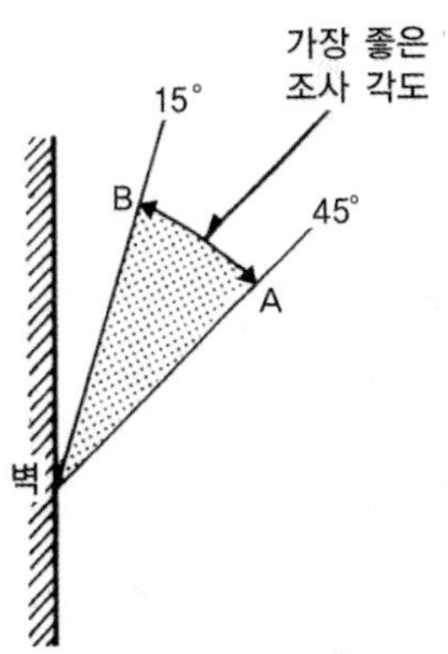

3) 진열장의 조명

진열장 내에 위치한 전시물을 쾌적하게 잘 보기 위해 케이스 외부의 조명기구나 관람자의 상像, 전시물의 상이 생기지 않도록 진열장 위치에 주의하고 진열장의 정면유리를 약간 앞으로 기울여 정반사상正反射像이 시선 아래로 떨어지게 한다. 진열장의 조명은 휘도를 다른 것보다 크게 하나 충분히 높은 조도의 내부조명으로 해결하는 것이 바람직하다.

진열장 내의 조명은 케이스 상부 또는 하부의 안쪽에 광원을 두어 관람자에게 드러내 보이지 않도록 하며, 반사판을 이용하여 조도를 균일하게 하되 조도의 최소, 최대비를 적어도 1 : 1.3 이내로 한다. 전시물이 온도, 습도에 민감할 때는 광원의 발열에 특별히 고려하며 루버를

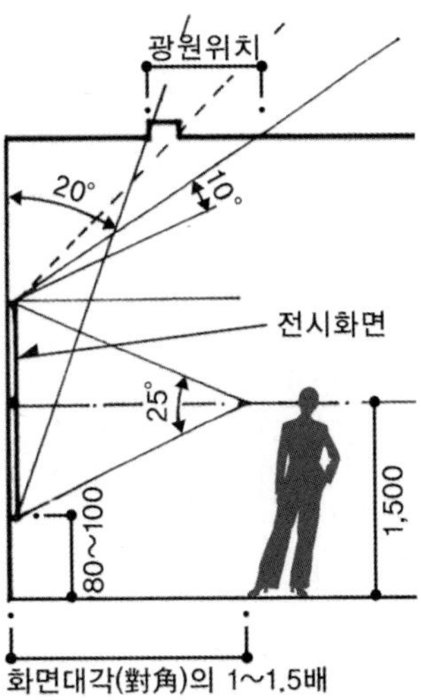

|그림 6 -62| 광원의 위치와 시선과의 관계

사용하여 저휘도가 되도록 조명한다.

평면전시물을 진열장 내에 전시할 경우 눈부심이 생기지 않도록 상·하부 모두에 광원을 두도록 한다. 그리고 독립된 진열장의 경우 사방에서 감상하므로 광원에 의한 눈부심을 피하고 상부의 조명을 루버로 처리하여 균일한 조도로 조명한다. 진열장 내에 있는 조명등의 반사광이 전시공간까지 비추므로 전체조명은 50~10Lux 정도로 한다.

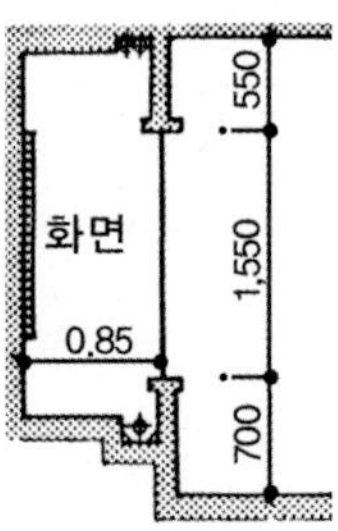

|그림 6 -63| 전시케이스 조명의 예

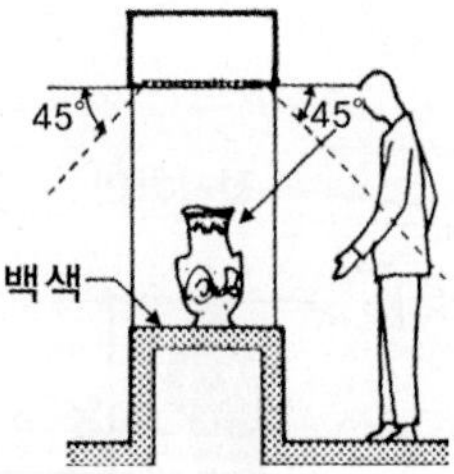

|그림 6 -64| 독립된 전시케이스 조명의 예

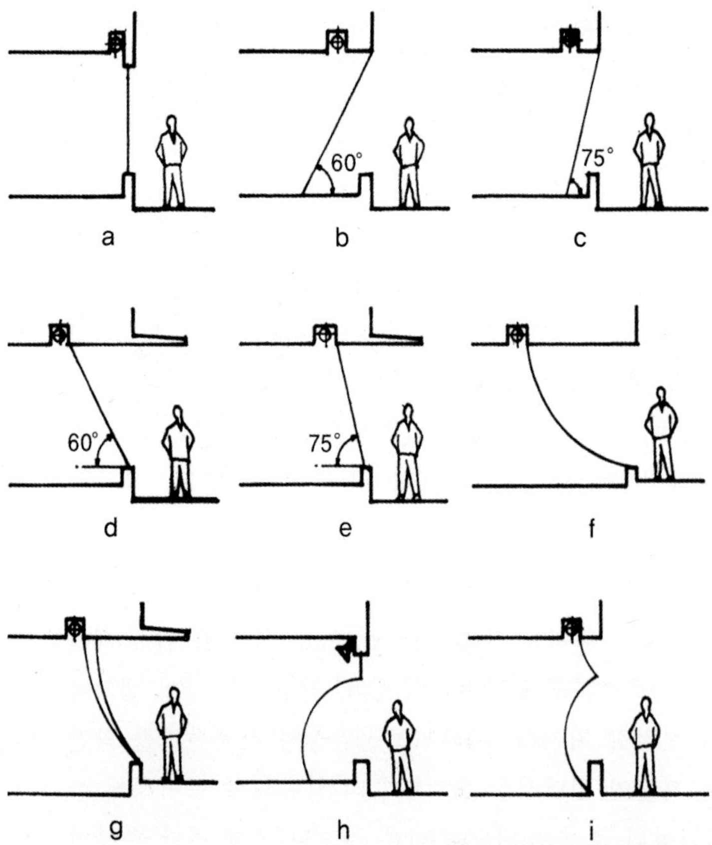

a : 일반형 전시케이스
b,c,d,e : 유리면에 각도를 준 전시케이스
f, g : 원통형 전시케이스
h, i : 단면축전형 전시케이스

|그림 6 -65| 현휘현상을 고려한 전시케이스

2. 11
색채계획

구체적으로는 전시기본계획에서 전시목적에 따라서 색채계획을 세운다.

전시공간의 색채를 대·중·소의 주제별로 구별하거나 각 주제별 사인의 구별에 따라 색채를 다르게 한다. 색채계획은 색이 가지는 심리적, 물리적, 생리적 특성을 적극적으로 이용하고 한난, 경중감, 진출감, 후퇴감, 팽창감, 수축감의 효과, 명시성, 시인거리, 면적대비, 동화작용, 자극과 진정의 효과 등을 충분히 고려한다.

전시공간의 색채계획은 전시물이 잘 보이도록 색채하는데 목적이 있으므로 전시물과 배경과의 대비에 중점을 두고 색채를 결정한다. 그러나 전시공간은 조명의 상호 반사작용에 의한 연색성의 저하를 방지하는 의미에서 일반적으로 무채색에 가까운 색을 사용한다. 전시물이 다양할 경우 일정한 대비를 가질 수 없으므로 중명도의 무채색(명도 5~6)을 사용하는 것이 바람직하다.

사진이나 특정한 전시물로 배경색이 요구되는 경우 벽면의 색채는 전시물과 조화되도록 배색한다. 박물관과 같이 전시물이 반고정적일 경우 전시물에 적합한 배경으로 배색한다. 전시물의 색이 강한 경우 배경은 둔한 색이나 무채색으로 하는 것이 좋으며 전시물이 둔한 색이거나 무채색인 경우 보색을 이용하여 배색한다. 밝은 전시물의 경우 벽은 어두운 중간색이 좋다. 그러나 청동기기, 청동조각과 같이 작고 어두운 전시품의 경우 밝은 난색 등이 좋다. 거울 등을 사용한 전시물은 맞은편 벽이 너무 밝은 경우 산만하게 보이므로 약간 어두운 색으로 처리한다. 바닥에 너무 강한 색을 사용하면 전시물에 영향을 주므로 피하며 실내조명상 바닥은 중명도 정도의 색이 좋다.

|사진 6 -33| Mimesis Art Museum / Álvaro Siza

3. 쇼 룸 show room

쇼룸show room은 기업체가 자사自社제품의 홍보 및 판매촉진을 위해 자사제품과 기업에 관한 자료를 소비자들에게 직접 호소하여 기술적인 우위성과 생산설비, 품질관리면의 우위성을 인식시키는 전시공간이다.

타사 제품과의 차별적인 선택을 위하여 선택을 위해 상업주의의 구체적인 효용과 함께 이미지를 호소하는 전시장으로서 기업과 소비자의 교류의 장이다. 개개의 상품 또는 서비스에 관한 정보전달과 함께 기업의 사회적 공헌이나 명성을 소비자뿐만 아니라, 기업과 관계되는 모든 사회군으로 하여금 호의적인 감정을 갖도록 하여 기업과 상품에 대한 신뢰감을 형성시키거나 유지시킨다. 특정한 전시공간의 쇼룸을 이용하여 상품을 직접 소비자에게 설명하거나 시연試演, test을 하여 상품을 소개, 홍보하며 소비자는 상품과 직접 접촉하여 설명과 응답을 들음으로써 정확한 상품의 지식과 효용을 확인할 수 있다. 또한 수출입을 담당하는 구매자의 바이어와의 판매계약을 체결하기 위한 시설이기도 하며 최신의 성과를 전시하여 신규의 거래를 유지하는 장소로도 이용된다.

|사진 6 -34| 더 콘란샵

쇼룸에서 보여주고자 의도하는 상품이나 전시물, 즉 전시대상에 대해 가장 효과적이고 극적인 연출로 관람자에게 충실한 이미지를 전달하고 소기의 목적을 달성하도록 계획한다. 이를 위해 색채, 조명, 영상, 음향 등 전문적인 기술이 쇼룸의 연출을 통해 적극 구사되고 디스플레이한다. 쇼룸의 연출은 단순히 기존의 여러 요소들을 종합하여 시각화하는 것에 그치지 아니하고 개념, 대상물, 효과라는 3단계로 전개하여 통합디자인 한다.

쇼룸의 계획은 건축, 실내, 공업디자인, 그래픽디자인 등 여러 분야에서 종합적인 기법으로 토털 디자인하며 연출을 통해 공간적·시각성視覺性을 갖도록 함으로써 설득력 있는 디자인으로 전개한다.

|사진 6 -35| 윤현상재 타일 쇼룸

3. 1 쇼룸의 분류

쇼룸의 판매촉진을 위한 상업적 목적의 쇼룸과 기업이미지를 P.R.하는 비상업적 쇼룸으로 구분된다. 전자의 경우 가전제품, 화장품, 자동차판매장의 쇼룸과 같이 소비자를 대상으로 상품의 특성과 품질의 우수성, 디자인의 내형적內型的 특성, 가격조절, 견고성, 유용성 등을 알리기 위해 상품 및 관련자료를 전시, 공개하며 필요할 경우 시연실이 마련된다. 후자는 상품을 전시하되 간접적인 판매의 목적을 갖는다. 이미지를 전달하기 위해 소집회실, 영사실, 시연실을 비롯한 교육적인 시설이 설치되고 기업의 역사, 연혁, 내용, 자본, 생산시설, 상품기술의 P.R. 연구매체 및 성과, 판매방법, 서비스 자세, 기업의 정책, 장래의 전망 등이 전시된다.

기업과 소비자의 커뮤니케이션의 매체인 새로운 상품, 사용방법, 사용목적, P.R., 정보서비스 등은 전시의도에 따라 그 비율이 정해져 전시내용, 전시대상이 결정되며 그 결과 쇼룸은 상업적인 성격을 어느 정도 갖게 된다. 비상업적인 목적의 쇼룸은 일반대중을 대상으로 상품을 판매하지 아니하고 홍보적 측면에서 교육이나 계몽하기 위한 전시장으로 공공적인 전시성격이 강조된다. 특산물전시장과 관광, 운송, 항공의 안내소 등이 이에 속한다.

쇼룸은 한 기업이 단독으로 설치한 것 이외에 회사나 영업소 등의 일부에 판매업자나 견학자에게 P.R.을 하기 위해 설치, 전시하기도 한다. 여러 회사의 제품들을 한곳에 모아 전시함으로써 대기업과 같은 연대감을 형성하며 방문객의 상품선택에 대해 시간적 장소적 편의를 제공할 수 있다.

3. 2
디자인 정책

쇼룸은 전달내용을 공간에 전개, 연출함에 있어 시각화 과정을 통해 일정한 방향성을 가지도록 하기 위해 기업에 있어 디자인정책design policy의 확립은 쇼룸계획의 선결과제이다.

디자인정책은 기업이나 어떤 일정한 활동을 하고 있는 조직체가 그 활동 전체에 영향을 미치는 시각질서를 체계적으로 통일화시킨 것이다. 이 정책은 효과적이고도 적절한 시각표현을 갖는 디자인 코디네이션design coordination을 주상품의 판매, 선전하는 대량매체와 사업용의 건조물에 이르기까지 질서있게 적용되고, 기업정책의 본질과 결합된 디자인 통일화 작업이다. 그것은 시각적 질서와 양식의 적극적이고 일관성있는 적용이며 기업 전체에의 시각행정이라 할 수 있다.

디자인정책에 의해 통일화된 디자인은 기업체에 하나의 성격을 부여하고 기업정책을 개성적인 인상으로 부각시키는 주요한

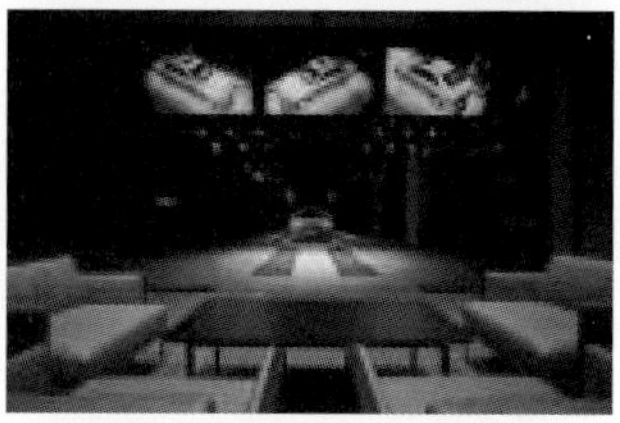

|사진 6 -36||사진 6 -37|
제네시스 스페이스 / 서아키텍트

요소가 된다. 통일화된 디자인정책은 상품의 디자인뿐만 아니라 그것에 붙여진 상표, 마크, 설명서, 팩키지, 포장, 광고, 디스플레이에서부터 쇼룸에 이르기까지 일관성있게 일련의 디자인으로 전개함으로써 좋은 인상을 주는 통일성을 의미하고 판매환경의 디자인적 통일을 의미한다.

그러므로 쇼룸디자인은 보다 많은 관람자를 대상으로 유통순환의 해결, 적절한 조명, 재료의 선택과 유지문제, 색채계획 등 그 밖의 모든 디자인적 요소가 상품판매를 촉진하고 기업의 이미지를 신장하도록 디자인 정책하에서 통합, 계획되어져야 한다. 또한 기업체명, 마크, 상표, 로그, 기업체의 색, 슬로건, 사인, 유니폼, 윈도우디스플레이 등은 쇼룸디자인에 직접 영향을 미치는 디자인정책의 제요소이다.

3. 3 쇼룸의 실내계획

쇼룸의 실내계획은 전시대상물과 그 대상물을 지지하기 위해 동원되는 모든 물리적인 시설물들과 공간적 제요소를 조형화하는 작업이다. 그 계획은 많은 관람자에게 전시내용을 호소하여 그 내용이 효과적으로 전달되도록 연출한다. 전시의도에 맞도록 조형적 형태로 시각화하고 그 효과를 향상시키기 위해 인간의 전체 감각에 대응하는 심리적 측면을 고려하여 조명, 색채, 문자, 음향, 영상 등의 제요소들을 기능적, 미학적으로 조화시켜야 한다.

(1) 쇼룸의 공간구성

쇼룸의 공간구성은 상품전시공간, 상담공간, 어트랙션attraction 공간, 서비스공간, 통로공간, 출입구를 포함한 파사드로 구성되며 각 공간에 대한 기능은 다음과 같다.

1) 상품진열공간

전시상품을 디스플레이하기 위한 공간으로 진열장, 쇼케이스, 디스플레이 테이블 등의 진열대를 비롯하여 진열 소기구, 연출기구가 필요하다.

2) 상담공간

상담공간은 관람자에게 상품에 대한 지식, 효용성 등의 정보를 설명하거나 구매상담에 응하기 위한 공간으로 좌석배치가 필요하다.

3) 어트랙션 공간

어트랙션attraction 공간은 입구에서 관객을 쇼룸의 내부로 유도하고 관람객의 시선을 끌어 전시에 대한 흥미를 갖게 한다. 그리고 관람에서 오는 지루한 감을 줄이고 보다 적극적으로 전시의도와 내용을 전달하기 위해 영상디스플레이 장치, 모형, 동적 디스플레이 장치 또는 실물 등의 기타 상징물이 놓여지는 공간이다. 따라서 어트랙션공간은 입구부분과 전시공간 내에서 커다란 비중으로 중심이 되는 곳에 위치하는 것이 일반적이다.

4) 서비스 공간

서비스 공간은 전시장의 입구나 또는 입구 가까이에 전시상품에 대한 정보를 알리거나 관람자를 안내하기 위한 공간으로 팸플릿 진열대, 안내카운터나 책상 등이 필요하다.

5) 파사드Facade

파사드는 쇼윈도의 출입구, 홀의 입구부분뿐만 아니라 광고판, 사인 등을 포함한다. 이들은 디자인 정책하에 일관적으로 디자인 코디네이션을 적용한다. 특히 파사드는 실내에 대한 기대감과 기업 및 상품에 대한 첫인상을 좌우하는 곳이므로 강한 이미지를 줄 수 있도록 계획한다.

이들 공간구성은 특히 이동전시나 임시전시일 경우 기본 평면 모듈에 의해 통일되는 모듈러 디스플레이가 이상적이다. 이는 모듈러 코디네이션으로 부재나 패널 등의 수치상, 구조상, 재질상에서 표준화에 따라 조립, 분해가 가능하고 운반의 용이성을 꾀할 수 있기 때문이다. 또한 쇼룸이 양산화가 될 경우에도 가급적 적은 종류의 부품으로 하여 최대의 융통성을 꾀하여 경제적이 되도록 한다.

|사진 6 -38||사진 6 -39|
제네시스 강남 / Rem Koolhaas

(2) 동선계획

동선계획은 평면계획상 설정된 입구와 출구 사이의 통로로 관람자의 흐름을 유도하되 얼마나 많은 사람을 어떻게 이동시키면서 전시물을 관람하게 할 것인가에 관련한 계획이다.

계획된 동선은 전시의도와 그 내용에 따라 관람자의 움직임을 규제하고 정한 위치에 세워진 전시물을 관람자가 이동하면서 감상하게 되므로 통로를 걷는 관람자의 동선과 전시물과 관계한 시선계획이 필요하다. 즉 얼마만한 거리에서 전시대상인 전시물을 어떻게 보게 할 것인가 또한 조작, 시험해 볼 수 있도록 관람자의 관심정도, 위치를 고려하여 계획한다.

쇼룸의 동선계획은 관람자가 가능한 오래 머물러 순회하도록 함이 기본으로 구체적인 사항은 다음과 같다.

① 관람자의 흐름은 전시의도대로 조절, 통제할 수 있도록 레이아웃 한다.
② 관람의 흐름은 막힘이 없어야 한다.
③ 관람자의 유동상태를 시간적·심리적 분석의 결과에 의해 계획한다.
④ 입구에는 세심한 디스플레이를 피한다.
⑤ 관람자가 한번 지났던 곳은 다시 지나지 않도록 한다.

⑥ 관람에 있어 시각적 혼란을 초래하지 않도록 전후좌우를 한꺼번에 다 보게 해서는 안 된다.

⑦ 관람자가 육체적 심리적으로 피로감을 느끼지 않도록 편안하고 명쾌한 동선이도록 한다.

⑧ 통행에 의해 일반관람이 이루어지도록 하되, 관람자의 주동선은 굵고 짧은 것이 합리적이며 부동선은 일부 또는 주동선에서 분기分岐되도록 하여 관람에 무리가 없도록 한다.

⑨ 전시물의 감상으로 바닥면에 대해서는 주의를 기울이지 않게 되므로 가능한 바닥면의 심한 요철이나 단차이는 피하되, 있을 경우 사전에 미리 인지되도록 그 방법을 강구해야 한다.

쇼룸은 입구에서 시작되는 유도계획, 즉 물이 흐르는 듯한 자연적인 동선계획이 필요하다. 이때 동선은 음성, 표식, 사인, 구획, 설비, 장치 등이며 시야의 변화, 시퀀스의 효과 등으로 유도한다. 그러나 유도동선이 너무 길면 지루한 감을 가져오므로 적절히 해야 한다.

그 외 동선은 통로의 폭, 진열면적의 분할, 계절, 시간, 환경 등에 의해 다양하게 변화시킨다.

또한 출입구는 일반적으로 입구와 출구를 분리시키고 입구와 출구는 동일한 축상에 두지 않는 것이 좋다. 출구의 위치는 관람자가 전시물을 그냥 통과할 가능성이 적은 것이 좋다. 입구와 출구를 겸하면 순회에 무리를 주며 관람자가 출입구에서 선 채로 한번 둘러보고 그냥 돌아설 가능성이 있으므로 흡인력 있도록 동선계획에 세심한 주의를 기울이며 강한 어트랙션 공간을 계획한다.

진열대의 디스플레이와 쇼윈도 디스플레이의 경우 전시물과의 크기에 관계한 시선계획도 고려한다.

(3) 세부계획

쇼룸은 미술관, 박물관과 같은 전시공간이므로 이미 설명된 전시환경 계획의 프로세스로 진행되어 전시계획과 전시공간 계획 및 전시에 따른 특별시설 계획이 종합적으로 전개된다. 따라서 전시계획, 시선계획, 해설계획, 디자인통합계획, 색채계획, 조명계획 등은 같은 맥락에서 전개되므로 이를 고려하여 계획한다.

|사진 6 -40| 아모레 성수 쇼룸 / HAPSA

참 고 문 헌

- 건축계획, 김광문, 김종인 外 譯, 세진사, 1988.
- 건축계획, 이광노 外 4人 共著, 문운당, 1989.
- 건축계획 설계의 실제, 허명재 譯, 건설문화사, 1981.
- 건축디자인 방법론, 이광노 外 4人 譯, 기문당, 1982.
- 건축 실내 인간공학, 최찬환 譯, 산업도서출판공사, 1981.
- 건축심리, 小林重順, 산업도서, 1985.
- 건축의 환경심리, 윤선노 譯, 건축양서, 1984.
- 건축 환경디자인 원리의 전개, 윤도근, 유희준 共譯, 기문당, 1988.
- 디자이너의 사고방법, 윤장섭 譯, 1988.
- 디자인론, 신학수, 우홍룡, 서울산업대, 1985.
- 색채 : 원리에서 활용까지, 박돈서, 민철홍 共譯, 국제, 1989.
- 색채학개론, 최영운 編著, 미진사, 1987.
- 실내건축 : 인테리어 디자인의 실제, 조성렬 著, 주)한림출판사, 1988.
- 실내디자인, 윤도근, 유희준 共譯, 형제사, 1980.
- 실내디자인과 장식, 유희준, 윤도근 共譯, 세진사, 1984.
- 실내디자인의 기초, 박홍 譯, 기문당, 1988.
- 실내디자인 입문, 박홍 譯, 세진사, 1985.
- 유통환경 디스플레이, 유영배, 도서출판 디자인하우스, 1988.
- 인간공학, 신학수, 한석우 編著, 창미, 1985.
- 조명 데이터 북, 사단법인 조명학회 編, 세진사, 1977.
- 조형론 : 인간 환경을 중심으로, 박규현, 김정재 編譯, 기문당, 1984.
- 주거학, 신경주 著, 수학사, 1987.
- 주택계획론, 전경배, 윤충렬 共著, 산업도서, 1983.
- 주택과 실내디자인, 이연숙 編譯, 경춘사, 1985.
- 최신 건축 영한대사전, 정우문화사, 1982.
- 현대가구, 문신규 譯, 토탈디자인, 1982.
- 현대건축계획각론 No.6, 기술문화사, 1983.
- 실내건축학, 오인욱 著, 기문당, 2002.
- 실내디자인개론, 오인욱 著, 기문당, 1991.
- 실내디자인 방법론 , 오인욱 著, 기문당, 2001.
- 실내디자인 각론 , 한국실내디자인학회 著, 기문당, 2000.

- 収納を考える本, 松下電エライフスケツチ研究室 編, 松下電エライフスケッチ研究室 發行, 1987.
- イソテリア計劃, 日本 文化省, コロナ社, 1962.
- イソテリア·コーディネーショソ, 寺島祥五郎 編, 創成社, 1983.
- イソテリア デザインの 實際, 狩野雄一編, 理工學社, 1980.
- イソテリア デザイン 入門, 山本棟子 著, オーム社, 1981.

- Decoration for Modern Living, Gerd Hatje & Peter Kaspar, Harry N. Abrams Inc., 1974.
- Design source Book, Penny Sparke 外 4人, Chartwell Books Inc., 1987.
- Graphic Thinking for Architects and Designers, 장국사, 1983.
- Hotel Planning & Design, W. Rutes & R. Penner, The Architectural Press: London, 1985.
- Housing Today, McGraw-Hill, 1965.
- Inside Today's Home, R. Faulkner & S. Faulkner, Holt, Rinehart and Winston, 1975.
- Interior Graphic and Design Standards, S.C. Renznikoff, 집문사, 문기종 外 譯, 1989.
- Planning a Home, A practical guide to interior design, S. Faulkner, Holt, Rinehart and Winston, 1979.
- The House Book, Terence Conran, Crown Publishers Inc., 1982.
- Furniture, Italian design in the office, The Best of Office Lighting Design, Wanda Jankowsk :PBC International : Inc. New York, 1987.

주요용어 해설

| ㄱ |

- **가시광선(可視光線)** : 물리적인 빛이 우리의 눈에 색채로서 지각되는 범위의 파장 한계 내에 있는 스펙트럼을 가시광선이라 부른다. 우리의 눈으로는 380㎜~780㎜의 파장을 볼 수 있다.
- **건축구조** : 건축구조는 조적식 구조, 가구식 구조, 일체식 구조로 분류된다.
- **걸레받이** : 바닥과 만나는 벽의 하단부를 따라 보호대 겸 장식몰딩이나 테돌림을 한 것
- **계시대비(繼時對比)** : 계시대비는 계속대비 또는 연속대비라고도 불리는데 어떤 하나의 색을 보고난 뒤에 시간적인 차이를 두고 다른 색을 차례로 볼 때 일어나는 색채대비이다. 이 경우 먼저 본색의 영향으로 나중 본 색이 시간적인 간격에 따라서 다르게 보이는 현상으로서 잔상현상과 밀접한 관계가 있다. 색이 보여지는 시간 간격이 아주 짧은 경우는 동시대비와 같은 효과를 가진다.
- **고창(高窓, clerestory type)** : 천장 가까이 벽에 위치한 창문으로 채광과 환기를 주목적으로 설치된다.
- **골체(骨體)구조** : 벽체와 가구와의 역학적 관계에서 골체구조는 커튼월curtain wall system, 보강식reinforced wall system, 주위식enclosure wall system으로 구분할 수 있다.
- **공기조화** : 외기 상태와는 관계없이 사계절을 통해 인공적으로 실내공기를 그 실의 사용목적에 적합한 온도와 습도를 유지하면서 언제나 깨끗하고 상쾌한 기류를 보존하는 것을 말한다.
- **과소(過燒)벽돌** : 과속의 온도가 높고 점토내의 미립자를 녹여서 작은 구멍을 막아버린 결과 나타나는 점토의 특성으로 물을 흡수하지 않는 고체를 만들어 낸다.
- **광창조명** : 광원을 넓은 벽면에 매입하여 비스타적인 효과를 꾀한다.

- **광천장 조명** : 건축구조체로 천장에 조명기구를 설치하고 그 밑에 루버나 유리, 플라스틱과 같은 확산투과판으로 천장을 마감처리하여 처리하는 조명방식
- **구성(構成)** : 철학적으로는 경험에 의하지 않고 주로 개념적인 학습만으로 인식대상을 조립하거나 만들어진 것을 가리킨다.
- **국부조명** : 비교적 작은 면적을 비추며 작고 정해진 공간에 높은 조도로 조명하기 위해 조명기구를 사용하여 특별히 조명을 집중시킨다.
- **국제주의 양식(International Style)** : 장식성의 제거, 커다란 유리면, 평지붕과 기능주의의 확장 등으로 특징지어지는 1차 대전 이후의 건축과 인테리어 디자인에 나타난 새로운 경향이다.
- **그리드 플래닝(grid planning)** : 규칙적인 평행선이 두 개 이상 교차되어 생기는 격자인 그리드를 적용하며 계획시 보조도구로 디자인을 전개하는 것
- **근대건축의 미학적 기준** : P. Johnson과 H, Hitoncock은 그 기준을 매스가 아닌 볼륨으로서의 건축, 대칭을 대신하는 규칙성, 장식을 제거한 평탄한 소재라 하였다.
- **기계환기방식** : 송풍기, 배풍기를 이용한 강제적인 방법으로 실내외로 공기가 유·출입되게 하는 방법

| ㄴ |

- **난색(暖色)** : 시각적으로 따뜻한 느낌을 주는 색채. 이는 색환에서 빨강, 주황, 노랑의 계열에 해당한다.
- **눈부심(현휘, glare)** : 시야 중 극도로 휘도가 높거나 너무 강한 대비가 있으면 보기 어렵거나 불쾌감을 느끼게 되는데 이런 현상을 말한다.

| ㄷ |

- **다목적성(多目的性)** : 기능의 질적인 변화에 대응하기 위해 기능을 대치, 겸용, 복합, 다각화를 꾀한 것
- **단색(單色)** : 하나의 색상에서 명도변화는 있지만 채도가 일정하다.

- **단색조화** : 한 가지 색상에서 명도와 채도의 변화에 의한 동색계의 배색이다.
- **단열(斷熱)** : 열의 유동에 대해 높은 저항력이 있는 재료로 열이 전달되지 않도록 하게 하는 것
- **대립(對立)** : 일반적 의미에서 대립은 서로 맞대응하여 버팀을 의미하는 대치對峙를 뜻한다. 색채의 지각에 있어서는 색채의 3속성이 서로 극한적으로 대치하는 것을 색채 대립이라고 부른다. 이러한 색채 대립은 심리적으로 서로 극한의 상태를 갖게 되므로 그 속성의 방향이 서로 반대가 된다.
- **덕트(duct)** : 공기를 옮기기 위해 금속판 그 밖의 적절한 재료로 만들어진 공기의 통로
- **덕트 레일(duct rail)** : 조명기구를 자유로이 이동할 수 있도록 하는 가변적인 장치
- **데드 스페이스(dead space)** : 어떠한 용도로도 사용하지 못하는 무용공간無用空間
- **데이 베드(day bed)** : 간단히 낮잠을 자거나 소파 대용으로 사용하거나 침대로 사용되는 가구
- **동선** : 사람이나 물건이 움직이는 선을 연결한 것
- **동시대비(同時對比)** : 서로 가까이 놓여진 두 개 이상의 색을 동시에 볼 때 일어나는 색채대비. 동시대비는 색채의 3속성들의 차이에 따른 지각변화에 따라서 명도대비, 색상대비, 채도대비, 보색대비로 구분된다.
- **드레이퍼리(draperies)** : 보통 두꺼운 천으로 만든 커튼으로 느슨하게 걸어 둔다.
- **등색(等色)** : 하나의 색이 다른 색과 같은 때를 등색 또는 같은 색이라고 하며, 같은 색을 일으키는 것을 색맞춤 또는 색합침이라고 부른다.
- **디스플레이(display)** : 보여주는 그 자체의 행위가 본질이 되는 작업이다. 공간을 구성하는 모든 시각적 요소를 계획적으로 전시하여 공간의 메시지message를 시각화하는 작업이다.
- **디스플레이 테이블** : 시선 아래에 위치한 낮은 진열대의 형태
- **디퓨저(air diffuser)** : 처리된 공기, 즉 공조된 공기를 실내에 공급하는 출구

| ㄹ |

- **라운지 체어(lounge chair)** : 비교적 큰 크기의 의자로 가장 편하게 휴식을 취할 수 있는 안락의자
- **러그(rug)** : 부분적으로 까는 작은 카펫 조각
- **러브시트(love seat)** : 천을 씌워 2인용으로 만든 조그만 소파
- **루버(louver)** : 평평한 부재를 유리창 전면에 설치하여 일조를 차단하는 것으로 수평형, 수직형, 격자형 루버가 있다.
- **르 꼬르뷔지에(Le Courbusier)** : 1887~1965. 프랑스의 세계적인 건축가, 그의 대표적인 저서는 1923년의 Vers Une Architecture 이며 1943년에는 ASCORALAssemble de Constructeurs pour Un Renouvellement Architectural을 설립하여 CIAM에도 관계하였다. 미국의 Frank Lloyd Wright, 독일의 Mies van der Rohe와 함께 현대건축의 세 거장 중의 한사람이다.

| ㅁ |

- **메스(mass)** : 벽체의 솔리드solid한 존재 또는 실체로서의 존재감을 나타내기 위한 기본요소이다.
- **매입관리(買入管理)** : 상품계획에 의거해서 일일의 매일 업무를 효과적으로 추진하기 위한 매입 행동관리. 상품매입 업무의 흐름, 매입 할당자, 매입처리 관계의 3측면에서의 관리를 내용으로 한다.
- **머천다이징(merchandising)** : 제조단계에서는 생산된 제품에 네이밍naming, 패키지package, 브랜드brand, 기타의 부속적인 요소를 더해서 상품의 가치를 높이는 '상품화 활동'을 의미하지만 소매단계에서는 상품력의 강화를 지향한 상품관련 업무의 총체를 말하며, 특히 금후의 상품계획과 이에 따른 신상품의 발견, 개발, 육성을 의미한다.
- **먼셀표색계** : A.H. 먼셀이 고안한 표색계로서 표색배열은 먼셀 색상, 먼셀 명도, 먼셀 채도를 기초로 하여 물체색을 나타낸다.
- **메탈할로이등** : 효율 및 연색성을 한층 더 개선하기 위해 수은 외에 메탈퍼라이드를 첨가한 수은등의 일종이다.
- **멜라민(melamines)** : 융점이 높으며 투명하거나 반투명한 플라스틱이다. 견고성이 매우 좋고 라미네이트 카운터와 탁자의 상판, 주형을 뜬 식기에 사용된다. formica, micarta,

melamac이라는 상표의 기성제품을 볼 수 있다.

- **면적대비(面積對比)** : 같은 색이라도 색면적이 크고 작음에 따라서 색이 달라져 보이는 현상을 면적효과라 한다. 면적효과에 의해서 서로 다른 면적의 색들이 명도나 채도가 증가된 것으로 지각되어 큰 면적이 실제의 면적보다 밝게, 또는 선명하게 되어 커져 보이고 작은 면적은 실제의 면적보다 작아져 보이는 현상이다.
- **명도(明度)** : 물체의 표면이 다른 것에 비해서 얼마나 밝은지를 나타낸, 즉 시지각 또는 시감각적인 색채의 속성을 척도화한 밝기의 정도이다.
- **명도대비(明度對比)** : 명도가 서로 다른 색들끼리의 영향으로 인하여 밝은 색은 더 밝게, 어두운 색은 더 어둡게 보이는 색채대비로 명도차이가 크면 클수록 대비가 강해지는 현상이다.
- **모더니즘(modernism)** : 기능적 단순성으로 특징되는 20세기에 발전된 디자인 스타일의 일반적인 명칭이다.
- **모듈(module)** : 서양 고건축에서 원주의 모든 부분의 비율, 균형을 정하는데 사용한 용어, 기둥의 직경의 기본치수였다. 현대건축에 있어 모듈은 건축이나 그 부재의 모든 치수를 결정하는데 편리한 단위로 되어 있다. 모듈제도는 특히 건축부분품의 규격화로 공장 생산에 있어 중요하다.
- **모듈러 코디네이션(modular coordination)** : 건축의 재료, 부품에서 설계시공에 이르기까지 건축생산 전반에 걸쳐 치수상의 유기적 연계성을 만들어 내는 것을 말한다. 구성재의 작은 부품에서부터 공간의 크기, 위치, 형태, 시공방법, 재료에 이르기까지 광범위하게 모듈의 치수체계를 갖고 각 단계마다 조정되어 생산을 합리화시키고 시공비를 절감시킬 수 있다.
- **모르타르(mortar)** : 시멘트나 석고 혹은 석회와 물, 모래와의 혼합물로 젖었을 때는 주형을 뜨기가 용이하다.
- **몰딩(moulding)** : 재료의 분리되는 부분이나 접속부를 커버하거나 테돌림이나 건축적 띠의 하나로서 순수하게 장식적 선형으로 이용되기도 한다. 몰딩은 보통 목재가 주종이나 금속, 플라스틱, 석고 또는 FRP 등으로 되어 있다.
- **무채색과 유채색** : 보통 흰색과 검정색 사이에 이르는 중성색을 무채색이라 하며, 이 무채색은 색상을 가지지 않기 때문에 채도도 없으며 명도만이 있다. 이러한 무채색과는 달리 색상

을 가지고 채도를 느끼게 하는 색을 유채색이라 부른다. 좁은 의미에서의 색은 유채색만을 가리킨다.

- **미스 반 데어 로에(Mies van der Rohe)** : 1886~1969. 독일 태생의 건축가로서 현대건축에 있어서는 순수주의에 속하는 작가이며 마천루 건축의 선구자이기도 한다.

| ㅂ |

- **발광(發光)** : 마찰이나 전기 혹은 화학작용에 의해 발생하는 가시광선
- **발판(tread)** : 계단판이라고도 하며, 계단의 수평적 표면으로서 계단을 오를 때 발을 딛는 판
- **방위** : 풍향, 태양, 전망 등을 고려한 건물 위치
- **배기구(排氣口)** : 가열되거나 냉각된 공간 또는 환기되어진 공간으로부터 공기를 이동시키는 개구부
- **배색(配色)** : 두 개 이상의 색을 배열하는 것을 말한다. 배색은 기능과 목적 또는 효용에 따라서 다양한 방법이 있을 수 있으며 색채조화가 배색의 최종 관건이 된다.
- **배플(baffle)** : 불투명하거나 반투명의 소재들로 시선으로부터 전구를 차폐하거나 원치 않는 빛을 흡수하는 데 사용한다.
- **백라이팅(back lighting)** : 빛을 아크릴, 스테인드글라스와 같이 반투명재료를 통과하게 하여 배면의 빛을 확산시키는 방법이다.
- **백열등** : 전류를 필라멘트에 흘러 보내서 빛을 얻는 광원이다.
- **밸런스(balance)** : 코니스와 유사하나 주름을 많이 넣어 처리하는 것이다.
- **베니어(veneer)** : 합판과 같이 표면재로 쓰기 위해 아주 얇은 판재로 자른 나무판으로 이런 판을 연속으로 적층하여 합판을 만든다.
- **베이 윈도(bay window)** : 실내에 구석진 부분을 만들기 위해 벽을 밖으로 내물려 만든 창이다. 일반적으로 고정창으로 하며 이동창을 부분적으로 설치하기도 한다.
- **보(beam)** : 지지재支持材상에서 옆으로 작용하는 하중을 받치고 있는 구조재. 일반적으로 단순보, 캔틸레버cantilever 빔, 지지보, 연속보, 고정보로 나누어진다. 위치나 지지재의 종류,

말단의 고정방법 등에 의해 구분된다.

- **보색(補色)** : 서로 다른 두 가지 이상의 빛을 혼합하여 특정한 백색광의 자극을 만들 수 있는 파장을 가진 빛들을 보색이라고 하며, 대체로 색환에서 서로 마주보고 있는 반대색과 같은 두 개의 색을 가리킨다. 그렇다고 해서 모든 반대색이 보색은 아니다.
- **보색대비(補色對比)** : 서로 보색관계인 두 색을 나란히 놓으면 서로의 영향으로 인하여 각각의 채도가 더 높아져 보이는 것이 색채대비이다. 어떤 무채색이 그 옆에 놓여진 유채색의 잔상으로 인하여 보색끼리의 유채색으로 보이는 경우가 있는데 이런 경우는 보색효과라 부른다.
- **보색조화** : 색상환에서 반대에 위치한 보색끼리의 배색이다. 직접보색조화, 이중보색조화, 이분보색조화의 방법이 있다.
- **보우윈도(bow window)** : 부드러운 곡선형태의 창
- **보이드(void)** : 현관, 홀, 계단 등 주변에 동선이 집중하는 공간과 대규모 홀과 식당 등 내부공간 구성에서 구심성이 되는 공간에 내부공간의 오픈 스페이스인 보이드 공간을 설치한다.
- **보존(conservation)** : 환경주의자들에 의해서 쓰였던 전문적인 어휘로 인간의 생태학적인 콘텍스트에 일반적으로 적용한다.
- **복제(replication)** : 건물을 정확히 모사하여 짓는 것
- **복원(restoration)** : 건물을 원래의 상세 및 재료에 세심하게 주의를 기울여 어떤 특정시기의 모습으로 회복시키는 것
- **붙박이 가구** : 벽과 가구가 일체화되어 있는 형태로 공간의 낭비가 없고 절약의 효과가 커 공간사용을 크게 할 수 있다.
- **블라인드(blind)** : 날개를 각도를 조절하여 일광, 조망 그리고 시각의 차단 정도를 조정하는 기계적인 창가리개
- **브래킷(bracket, 벽등)** : 벽면에 부착하는 조명등으로 눈높이 정도로 설치하는 것이 일반적이나 사용목적에 따라 붙이는 위치를 선정한다.
- VMD(visual merchandising) : 상품과 고객 사이에서 치밀하게 계획된 정보수단으로 장식된 시각과 통신을 꾀하고자 하는 디스플레이의 기법
- **비대칭균형** : 무게 배분이 동일하지 않지만 시각적으로 동일하게 느껴지는 무게 배분일 때 비대칭 균형이라 한다.

- **비례(比例, proportion)** : 물건들끼리나 한 물건의 각 부분사이의 비교적인 관계

ㅅ

- **상품계획(商品計劃)** : 광의로는 품목구성, 개별품목 설정, 품목별 보유수량 등의 치밀한 책정을 내용으로 하는 연간단위의 이상적이고 달성 가능한 상품활동 모델의 작성을 말한다. 계획량은 금액, 질의 양면에서 수립한다.
- **상호관입(相互貫入)** : 내외부공간의 상호관입은 관찰자가 실외에 있을 때 공간은 실내로 흐르면 그가 실내에 있을 때는 외부로 흘러 나간다는 개념이다.
- **색상(色相)** : 우리가 눈으로 빨강, 노랑, 초록, 파랑, 보라를 구별하듯이 유채색들 끼리를 서로 비교하는 데 기준이 되는 색채의 3속성 가운데 하나. 일반적으로는 색상의 이름으로 색의 이름을 부른다.
- **색상대비(色相對比)** : 두 가지 이상의 색이 서로 영향을 주고받음으로써 일어나는 상대적인 차이 또는 이 차이가 강조되어져 보이는 현상을 색상대비라 부르며 때로는 이 상대적인 차이를 양적으로 표시한 경우를 가리키기도 한다.
- **색상환(色相環)** : 색의 변화를 계통적으로 표시하기 위해서 색표를 둥근 모양으로 배열한 것이다. 적외선과 자외선은 볼 수 없는 가시광선이므로 물체색인 자주색의 매개에 의해서 둥근 고리를 연결시킬 수 있다. 이러한 색환에서 사용하는 색표는 색상을 기준으로 하여 배열하므로 색상환이라고도 불린다.
- **색순응(色順應)** : 색광에 대하여 눈의 감수성이 순응하는 과정 또는 순응된 상태를 색순응이라고도 한다.
- **색온도(色溫度)** : 어떤 색 자극을 가진 방사체(흑체)의 온도와 같거나 거의 비슷한 색도온도를 그 빛의 색온도라 부른다. 색온도는 절대온도인 273°와 그 흑체의 섭씨온도를 합친 색광의 절대온도이다. 표시단위로는 °K(Kelvin)를 사용한다.
- **색입체(色立體)** : 색상, 명도, 채도 등의 색채 3속성에 기반을 두고서 여러 가지 색채를 질서정연하게 배치한 3차원적인 표색 구조물을 색입체라 한다. 오늘날은 먼셀이나 오스트발트의 색입체가 대표적으로 쓰이고 있다.

- **색조(色調)** : 색채의 3속성 가운데서도 명도와 채도를 함께 부르는 용어이다. 이 색조에는 색상의 개념이 없으며 색상과 채도의 복합적 용어인 색도色度,chromaticity와 구별된다.
- **색채(色彩)** : 색은 원래 불교용어로서 물질적인 것을 가리켰으나 좁은 뜻으로는 눈에 물리적인 자극을 주는 빛을 가리킨다. 이러한 물리적인 색이 눈을 통하여 감각되어진 것을 말한다.
- **색채감각(色彩感覺)** : 색을 물리적인 빛의 자극에 의하여 색상, 채도, 명도 등의 3속성을 지닌 질적인 것, 즉 색채로 느끼는 능력이다.
- **색채관리(色彩管理)** : 색채의 통합적인 활용방법에 의하여 좋은 색을 도입할 수 있도록 하는 중요한 기술의 하나를 가리킨다.
- **색채의 3속성, 색의 3요소** : 색이 색채로서 느껴지도록 하는 색의 세 가지 자극 요소를 색의 3요소라 한다. 그리고 그 색의 자극요소에 의해서 일어나는 세 가지 색채의 지각성질들은 색채의 3속성이라 한다. 색채의 3속성은 색상, 명도, 채도이며 이들은 각각 색의 3요소인 주파장, 시감반사율(분광), 순도(포화도)에 대응된다.
- **색채조절(色彩調節), 색채계획(色彩計劃)** : Colour Conditioning은 1930년대 초에 미국의 뒤퐁Dupont회사에서 처음으로 사용한 말로서 색채조정 또는 기능배색을 뜻한다. Colour Dynamic은 색채역학의 뜻으로 쓰인다. 그밖에도 색채공학colour engineering, 색채계획colour planning, 색채변조colour turning 등의 말로서도 표현되고 있다. 이것은 색 자체가 지니는 심리적 생리적 물리적인 성질들을 이용하여 기능적으로 아름다운 배색효과를 얻어 인간의 생활이나 직업의 분위기 또는 환경을 쾌적하게 하고, 작업활동을 보다 능률적으로 만드는 일을 가리킨다.
- **색표(色票)** : 색을 계통적으로 나타내기 위한 표색체계가 필요로 하는 색채를 실제의 시감각으로 확인할 수 있도록 만든 표. 일반적으로는 무광택성 또는 유광택성의 것으로 나누어진다. 색표를 모아서 계통적으로 한곳에 배열하여 색채계획이나 실용적인 색 선택을 신속하게 처리하도록 해주는 사각형 모양의 색채판을 '컬러 차트'라고 부르며 컬러 차트를 일관성 있게 모아 놓은 책자형식을 '색표집色票集'이라고 부른다. 먼셀

이 표준으로 삼았던 색표를 '먼셀 색표'라고 부르는데 그는 1456매의 색표를 설정하였다.

- **소음** : 듣는 사람의 마음에 들지 않거나 원하지 않는 음을 말한다. 심리상태, 작업의 내용, 환경조건에 따라 사람은 소리에 대해 느끼는 것이 상이하다.
- **소파(sofa)** : 2인 이상 앉을 수 있는 긴 의자를 총칭하나 일반적으로 세 사람이 같이 앉을 수 있는 의자를 소파라 한다.
- **소파베드(sofa bed)** : 소파가 침대를 겸용할 수 있는 다목적 가구
- **쇼케이스(show case)** : 투명한 재료를 이용하여 케이스 안에 상품을 넣어 진열하는 것
- **수리, 수선** : 여러 가지 원인으로 인해 낡거나 파손된 부분을 보수함으로써 그 기능을 유지하기 위한 공사. 관할 구청이나 동사무소의 허가나 신고 없이 임의로 가능하다.
- **수은등** : 관내에 봉입한 고압수증기의 방전에 의해 일어나는 발광을 이용한 광원
- **순응(順應)** : 안구의 내부에서 입사하는 빛의 양에 따라 망막의 감도가 변화하는 현상과 변화하는 상태
- **슈퍼그래픽(super graphic)** : 공간에 그래픽을 과감하게 도입하는 새로운 디자인 영역의 하나로 스페이스 그래픽space graphic, 환경그래픽graphic in environment이라고도 한다.
- **스케일(scale)** : 기준이나 익히 알고 있는 크기에 상관된 크기, 정도
- **스태킹의자(stacking chair)** : 여러 개를 겹쳐 쌓아 놓을 수 있는 의자.
- **스툴(stool)** : 등받이와 팔걸이가 없는 형태의 보조의자
- **시스템(system)** : 조직화된 복합체로서 전체를 보고 복수의 구성요소가 유기적으로 관련하여 어떤 기능을 수행하도록 결합된 복합 내지 단일로서의 전체
- **시스템 가구(system furniture)** : 가구와 인간과의 관계, 가구와 건축구체와의 관계, 가구와 가구와의 관계 등을 종합적으로 고려하여 적합한 치수를 산출한 후 이를 모듈화시킨 각 유닛이 모여 전체가구를 형성한 것이다.
- **시퀀스(sequence)** : 연속해 있는 일련의 현상으로 경관과 시점 이동의 상관효과에 관계하며 동선계획 및 디스플레이 계

획의 중요한 요소의 하나이기도 하다.

- **실내 액세서리**(accessory) : 실내를 구성하는 여러 가지 요소들을 조합, 연출해 나가는 과정에서 기능적인 측면보다 시각적인 효과를 강조하는 장식적인 것

| ㅇ |

- **아치**(arch) : 일반적으로 벽돌이나 돌을 쌓아 올린 구조로서 하중을 자력으로 받치고 있다.
- **아케이드**(arcade) : 복도나 통로를 덮는 형태로서 기둥이나 피어pier로 지지하는 아치의 연속된 형태를 갖는다.
- **아코디언 도어**(accordion door) : 가架트랙에 매달고 아코디언의 주름처럼 접는 문 또는 가트랙에 매달려 있는 패널로 구성된 힌지hinge가 있는 문으로 열 때 패널의 면은 서로 평평하게 닫히고 인접패널의 가장자리는 일체로 된 칸막이가 되도록 서로 접합한다.
- **아코디언 파티션**(accordion partition) : 가架트랙에 매달아 아코디언의 주름처럼 접는 칸막이이다.
- **아트리움**(atrium) : 고대 로마건축에 있어서 중정이나 오픈스페이스 주위에 집이 세워지면서 마련된 중앙정원courtyard이다. 최근에 지어지는 호텔, 오피스빌딩이나 기타 대형 건물에서 볼 수 있는 것처럼 실내공간을 유리지붕으로 씌우는 것을 일컫는 용어로 근래에 쓰이고 있다.
- **아파트먼트 호텔**(apartment hotel) : 호텔서비스를 제공하고 가벼운 주방기구가 갖춰진 객실을 임대해 주는 호텔
- **악센트색** : 전체를 지배하는 색중 작은 면적으로 대조되는 색을 사용하여 강조하는 색
- **악센트 조명** : 어떤 물체나 지역을 강조 또는 주의를 끌기 위해 빛을 사용하는 조명
- **안정기** : 등을 켜거나 작동시키는 데 필요한 순환장치로 형광등, HID에 사용된다.
- **알루미늄**(aluminum) : 광택이 은백색이고 비자기성, 경량금속으로 열, 전기 전도성이 좋고 열, 빛의 훌륭한 반사기이다. 건축에서 대부분의 알루미늄은 강도 때문에 합금의 형태로 사용하고 열처리도 강도를 보강하여 합출, 케이싱, 시트로 사

용한다.

- **업라이트(up light)** : 천장이나 벽면의 위를 향해 비추는 조명 방식이다. 이 말은 플로어 램프나 횃불과 같이 위로 비추는 모든 조명을 일컫는 말이다.
- **에코(echo)** : 음원의 음과는 들어서 명확히 구분할 수 있을 정도로 늦게 도달하여 이중으로 들리는 반사음이다.
- **연색성(演色性)** : 스펙트럼의 모양이 서로 다른 광원으로 어떤 물체를 비추면 색이 달라지는 경우가 있는데, 이와 같이 조명에 의해서 물체색이 보이는 상태에 영향을 주는 빛의 성질을 연색성이라 한다. 백열등은 빨강색, 노랑색을 강조하나 푸른색, 회색은 침체되어 보이게 한다. 형광등은 파랑색, 녹색은 강조하나 빨강색은 희미하게 보인다. 따라서 물체의 색은 광원에 따라 좌우하게 되므로 연색성이 중요하다.
- **열손실** : 난방시에 열관류 및 환기에 의해 건축물로부터 빼앗기는 열
- **오토만(ottoman)** : 등받이와 팔걸이가 없고 표면에 직물을 씌운 나지막한 의자
- **오픈 플래닝(open planning)** : 각기 다른 목적으로 사용하는 공간 사이에 내부공간의 분할을 최소한으로 나누어 계획하는 것
- **오픈 플랜(open plan)** : 벽이나 칸막이가 없거나 적도록 한 레이아웃이다. 사무실 공간을 막거나 분할하지 않고 스크린이나 가구 요소들로 레이아웃하여 어느 정도의 프라이버시가 확보되도록 한 오피스 플래닝의 한 시스템에서 유래된 용어이다.
- **원룸시스템(one room system)** : 오픈 플래닝의 장점을 최대한으로 이용하여 공간 사용의 극대화를 꾀한 것을 말한다. 즉 기본적인 사면의 벽 이외 칸막이벽을 제거하여 주어진 공간을 최대한으로 넓게 사용하기 위해 여러 가지 기능의 실들을 한 곳에 집약시켜 생활공간을 구성하는 일실다용도一室多用途 방식이다.
- **월와싱(wall washing)기법** : 수직벽면을 빛으로 쓸어내리는 듯한 효과를 주기 위해 비대칭 배광방식의 조명기구를 사용하여 수직벽면에 균일한 조도의 빛을 비추는 기법이다.
- **월투월(wall to wall)방식** : 카펫을 실 전체에 까는 것

- **유니버셜 스페이스(universal space)** : 다목적 이용이 가능한 무한정 공간으로 미국 건축가 Mies van der Rohe가 제안하였다.
- **유사(類似)** : 사물의 성질에 대한 비교관계의 하나로서 둘 또는 그 이상 사물의 성질이 일부는 같고 일부는 다른 경우를 일컫는다. 이것은 유추類推의 기초가 되며 관념들을 연합시키는 법칙의 하나가 되기도 한다. 색채에서의 유사는 비슷한 색에 지칭되기 때문에 유사색은 혼색에서 무채색이 되지 않는다.
- **유사색** : 색상환에서 서로 인접해 있는 색
- **유사색 조화** : 색상환에서 나란히 있는 인접한 색상에 의한 배색
- **융통성(flexibility)** : 환경의 변화나 사용자측의 요구변화, 이용방법의 변화 등에 대해 공간의 질적인 변화로 대응하여 강구하는 것
- **이전(relocation)** : 기존의 건물을 그대로 옮기는 것보다 경제적이라고 판단될 때, 보존되어야 할 건물이 도시계획 등으로 현재의 장소를 잃어야 할 때 건물만이라도 보존하기 위해 행해진다.
- **이지체어(easy chair)** : 라운지체어와 유사하나 다소 크지 않으며 특별한 용도를 위해 기계적 장치를 하지 않으므로 그 기능이 다양하지 않다.
- **인간공학** : 인간의 작업능력과 그 한계를 알고 인간의 해부학적, 생리학적, 심리학적인 여러 특성에 일을 적합시켜 나가는 과학
- **인방보(lintel)** : 창, 문 등 개구부 바로 위의 벽을 받치기 위해 걸쳐진 콘크리트, 돌, 나무 혹은 스틸의 수평부재
- **인장력** : 물체를 늘어뜨리거나 잡아당기는 작용
- **입면도(立面圖)** : 어떤 물체의 수직투상도垂直投象圖로, 특히 축척으로 그려진 건축에서의 벽면 그림은 길이와 높이는 물론 여러 가지 구분과 장식들을 보여주게 된다.

- **자동문**(automatic door) : 사람, 자동차 등이 문 앞에 오면 기계적 장치에 의해 자동적으로 열리고 닫히는 문
- **자연환기방식** : 풍향, 풍속 및 실내외의 온도차와 공기밀도에 의해 자연적으로 실내외로 공기가 유·출입되게 하는 방법이다. 그릴, 마루 밑 통풍, 박공벽의 통풍구, 화장실의 배풍구 등은 자연환기를 위해 설치하는 개구부
- **잔상(殘像)** : 빛의 자극이 없어진 후에도 계속 남아 있는 시자극을 잔상이라 부르며, 특히 색자극에 대한 잔상을 색잔상이라고 부른다. 잔상은 보통 긍정적 잔상과 부정적 잔상으로 나뉘며 색잔상은 부정적 잔상인 경우가 많다. 부정적 색잔상은 대체로 반대색으로 남는다.
- **잔향** : 실내에서 음이 멈춘 다음 잠시 동안 소리의 울림이 남아 있는 현상
- **재조립**(reconstitution) : 더 근본적인 것까지 하는 작업으로 본래의 대지나 다른 대지에서 부분을 다시 조립함으로써만 건물을 보존할 수 있는 경우
- **적응**(adaption) : 눈에 의한 빛의 레벨 변화를 조정하는 과정
- **전도(傳導)** : 물체의 이동 없이 열이 물체의 고온부에서 저온부에 흐르는 현상, 고체 내에서는 열이동은 전도에 의한 것이다. 예를 들어 같은 온도의 물체라도 손에 닿았을 때 차고 더운 정도가 다른 것은 열전도율이 다르기 때문이다.
- **전용**(adaptive reuse) : 원래의 목적에 안 맞거나 더 이상 필요하지 않으면서도 구조는 쓸 만한 경우에, 원래의 형태와 성격을 같이 보존하면서 사용자의 요구에 맞도록 다른 용도를 주어 내부는 행위를 수용하고 외부는 도시조직이나 경관의 성격에 기여한다.
- **전체조명**(general light or base light) : 실 전체를 평균적으로 밝고 온화한 분위기로 평안하게 분위기를 만드는 전반조명
- **조광기**(dimmer) : 전등의 강도를 조정하는 기구
- **조립식 생산**(prefabricate) : 제조 후 조립하거나 조화시킬 수 있게 각 부분에 기준치수를 정해 놓고 대량 생산하는 것
- **조적식 구조** : 벽돌구조, 시멘트블록구조, 돌구조와 같이 하나하나의 재료를 교착재를 써서 쌓아 올린 구조

- **조적재(組積材)** : 벽돌, 타일, 석재 혹은 이와 유사한 다른 재료 혹은 이상을 혼합 사용하고 각 재료를 모르타르에 의해 결합된 것
- **주조(主調)** : 음악에서 악곡의 기초가 되는 주요한 가락을 가리킨다. 이러한 음악적 의미를 색채의 배합에 적용시킬 때 그 배색의 기초가 되는 주요색을 주조색이라 부를 수 있다.
- **중성색(中性色)** : 시감각적으로 따뜻하지도 차지도 않은 느낌을 주는 색채. 이는 색환에서 연두, 초록, 보라, 자주 등의 계열에 해당한다.
- **직물(textile)** : 섬유구성 즉 직조된 천
- **진열대** : 상품연출을 통해 상품을 늘어놓음으로써 구매선택을 가능하게 하고 전체 분위기의 형성을 어느 정도 도모한다. 진열장, 행거, 쇼케이스, 디스플레이 테이블이 이에 속한다.
- **진열장** : 상품이나 전시물의 디스플레이를 위해 벽면에 기대어 설치되는 장이다.
- **진출색(進出色), 후퇴색(後退色)** : 색에 따라서 실제의 위치보다 가깝게 보이는 것을 진출색이라 일컫는다. 반대로 실제의 위치보다 멀어져 보이는 색은 후퇴색이라 한다. 실험적으로는 파장이 긴 색상 또는 밝은 색이 진출해 보인다.
- **질감(質感, texture)** : 직접 만져보거나 혹은 간접적으로 시각을 통해 느낄 수 있는 표면의 촉감
- **질서(秩序)** : 일반적으로는 하나의 전체를 형성하고 있는 다수의 사물들 사이에 있는 규칙적인 관계를 말한다. 색채의 3속성들을 규칙적인 관계로 유지하도록 할 경우 전체 배색이 하나로 통일된 것으로 느껴진다.

ㅊ

- **차음(遮音)** : 소리의 통과를 막도록 차음재료를 사용하거나 차음구조로 하는 것
- **채도(彩度)** : 물체의 표면색을 같은 명도의 무채색으로부터 얼마나 차이가 나는지를 나타낸 것으로 물체표면의 색의 순도 또는 포화도를 척도화한 색채의 3속성 가운데 하나가 채도이다.
- **채도대비(彩度對比)** : 채도가 다른 색들끼리의 영향으로 인하여 채도가 높은 색은 더 높게, 낮은 색은 더 낮게 보이는 대비이다.
- **챌판(riser)** : 계단구조에서 단step의 수직요소
- **천창(天窓)** : 천창은 건물의 지붕이나 천장면에 환기보다는 채광을 목적으로 수평면이나 약간 경사진 면에 설치한 창이다.
- **최대수평작업역** : 어깨를 가볍게 몸측에 붙여 판을 최대로 뻗쳐 손이 닿을 수 있는 영역이다.
- **치장벽돌(face brick)** : 색채, 형, 표면의 질감 그 밖의 희망하는 효과를 얻기 위해 특별히 만들어지거나 선택된 벽돌

ㅋ

- **카우치(couch)** : 고대 로마시대 음식물을 먹거나 잠을 자기 위해 사용했던 긴 의자로 몸을 기댈 수 있도록 좌판의 한쪽 끝이 올라간 형태이다.
- **캐노피(canopy) 조명** : 벽면이나 천장면의 일부가 돌출시켜 조명을 설치함으로써 아래로 강하게 비추게 하는 조명방식이다.
- **캔틸레버(cantilever)** : 지지벽 또는 기둥을 가로질러서 돌출한 보, 트러스 등 기타 구조부재
- **커튼월(curtain wall)** : 하중과 외력을 기둥, 보의 가구로써 지지하고 그 기둥과 보의 피복은 각종 내화재료로 벽체를 만드는 것이다.
- **커튼조명** : 천장과 벽의 경계에 건축적인 테두리를 만들어 내부에 광원을 설치하고 벽이나 커튼을 비추는 조명방식이다.
- **코니스(cornice)** : 커튼이 걸리는 장대와 커튼 틀의 윗부분을 감추기 위한 고정띠이다.
- **코니스조명** : 벽면의 상부에 위치하여 모든 빛이 아래로 직사하도록 하는 조명방식

- **코브(cove) 조명** : 천장, 벽구조체에 의해 광원의 빛이 천장 또는 벽면으로 가려지게 하여 반사광으로 간접조명하는 방식
- **코어서비스 시스템(core service system)** : 위생부분과 집중 냉난방, 급배수설비, 환기설비 등을 한 곳에 모아 집약시켜 공간을 낭비를 최소화하고 배선, 배관의 절약효과를 꾀하는 것
- **콘크리트(concrete)** : 시멘트, 모래, 자갈을 물과 각기 다른 비율로 혼합한 것

| ㅌ |

- **타일(tile)** : 지붕을 덮거나 벽, 바닥을 까는데 사용되는 평평하거나 굴곡이 있는 돌이나 콘크리트 혹은 자기를 말한다. 실내벽과 바닥, 천장을 장식하고 보호하기 위해 사용되는 얇은 코르크나 비닐 혹은 그 밖의 탄성재 조각도 포함된다.
- **탄성(彈性)** : 가해진 힘이 제거되었을 경우에 원래의 크기와 형태로 돌아갈 수 있는 물질의 속성
- **톤(tone)** : 회색이나 그 밖의 혼합물을 섞어 만든 부드러운 색
- **통상수평작업역** : 어깨를 가볍게 몸측에 붙여 팔꿈치를 구부린 상태에서 자유로이 손에 닿는 영역이다.
- **통일(統一)** : 여러 가지 요소가 어떤 하나에서 합치하고 그 하나가 전체에 속하는 관계를 말한다. 즉 통일은 여러 가지 부분을 전제로 하면서도 하나로 파악되는 관계이다. 따라서 통일은 종합이나 전체성의 개념과 비슷한 성질을 가진다.
- **투시도(透視圖)** : 공간이나 사물을 원근법에 의거하여 사진학적 원리로 표현하는 완성 예상도
- **트랙조명(track lighting)** : 조명기구를 이동시킬 수 있도록 연속적인 고정밴드나 트랙에 의해 조명하는 시스템의 일종

- **파사드(facade)** : 건물의 정면으로 가로를 행해 접하고 있는 모든 면을 의미하며 주출입구는 물론 벽면, 창, 쇼윈도, 간판, 개별점포에 위치한 출입구, 차양 등을 포함한다.
- **판매대** : 상품연출을 도와 상품의 특징, 매력을 나타내어 아름답게 보이게 하여 구매 선택에 도움을 준다. 또한 판매대 자체가 연출의 역할을 하며 상점의 환경조성에도 도움을 준다. 그 종류로는 진열대, 진열소도구, 연출기구, 서비스기구가 있다.
- **펜던트(pendant)** : 천장으로부터 어느 정도의 간격을 두고 매달려 있는 등
- **평면도(平面圖)** : 집의 구조적 배치를 수평으로 절단하여 보여주는 그림
- **포스트모더니즘(Post Modernism)** : 모더니즘의 계율로부터 이탈된 건축과 디자인의 양식적 경향을 구별하기 위해 불리는 신조어. 괴상망측하여 상도를 벗어난 장식, 은유로서의 역사주의 그리고 어떤 변덕스러운 내용이 그 흐름의 특색이다.
- **폴리스티렌(polystyrene)** : 이 플라스틱은 보통 가정에서 사용하기에는 상관없으나 강한 충격이나 휨에 약하다. 만일 더 강도가 필요한 경우는 유리를 혼입한 것이 사용된다. 실외에서의 연속사용은 바람직하지 못하다. 식품이 어느 온도에서의 연속사용도 무관하다. 대표적 사용례는 내용식품창고와 같은 부엌용품, 배터리용기, 벽타일 등에 사용된다.
- **푸시백 소파(push back sofa)** : 소파의 등받이를 밀쳐내어 좌면과 동일하게 하면 침대로 전화되는 다목적 가구
- **풀업 체어(pull up chair)** : 필요에 따라 이동시켜 사용할 수 있는 간이의자로 크지 않으며 가벼운 느낌의 형태를 갖는다. 이동하기 쉽도록 잡기 편하고 들기에 가볍다.
- **프랭크 로이드 라이트(Frank Lloyd Wright)** : 1869~1959. 미국의 건축가. Mies van der Rohe, Le Corbusier와 함께 미국을 대표하는 현대 거장이다. 그의 건축이론은 유기적 건축이 대표적이다.
- **프레스코(fresco)** : 템페라색료로 젖은 회반죽면에 그림을 그리는 방법, 플라스터가 색소를 흡수한 후 굳으면 매우 오래도록 보존이 가능하다.

- **플라스터(plaster)** : 석고, 모래, 물의 반죽물로서 건조하면 단단해진다. 보통 실내 벽, 천장표면을 마감하는데 사용한다.
- POP (point of purchase) : 구매시점을 중심으로 파생된 디스플레이의 분야로 상점 내에 전시되는 상품을 보조하는 부분. 새로운 상품 소개 및 브랜드에 대한 정보를 제고이거나 상품의 사용법, 특성, 가격 등을 알리며 원하는 부분으로 안내하는 역할을 한다.
- **피팅룸(fitting room)** : 구매욕구를 가진 고객이 의류를 입어 보는 공간
- **필터(filter)** : 빛의 질이나 전달에 영향을 주는 광도 또는 스펙트럼 구성의 변환장치

| ㅎ |

- **하이케이스(high case)** : 높이 1,200 전후로 시선높이보다 낮은 진열장
- **하이테크(high tech)** : 산업, 우주공학과 그 외 고도로 발달된 기술적 요소들을 합병시킨 최근의 디자인 경향으로, 이 경향은 극도로 세련되고 번쩍거리는 기계적 느낌을 주는 특징이 있다.
- **한난대비(寒暖對比)** : 색의 차고 따뜻한 느낌의 지각 차이에 의해서 변화가 오는 대비현상을 한난대비라 한다. 한난대비는 모든 색채대비에서의 기초적 감정으로써 중요하다.
- **한색(寒色)** : 시감적으로 차가운 느낌을 주는 색채를 말하며 색상환에서 청록, 파랑, 청자의 계열에 해당한다.
- **할로겐램프(halogen lamp)** : 백열등의 가장 발전된 형태로 내부에 할로겐 가스가 들어 있고 표면을 유리 대신 석영으로 처리한 소형의 고성능 전구이다. 할로겐가스의 이온으로 텅스텐의 증발을 억제함으로써 필라멘트가 가늘어지고 흑화현상이 방지되는 것이 특징이다. 백열등의 1/200까지 축소생산이 가능하여 기구디자인이 자유롭다.
- **행거(hanger)** : 의류나 소품 등을 걸기 위한 상품진열대이다.
- **형광등** : 등의 안쪽에 형광물감을 발라서 긴 유리관의 내부에 아르곤가스와 수은을 넣고 그 양극에 전극을 붙여 전압을 가하면 아르곤가스에 의해 방전이 되고 수은증기가 가득 찬다.

수은증기 중 아르곤가스는 강한 자외선을 발생하며 이 자외선을 형광물감이 받아서 발광한다.

- **형상(形象, shape)** : 물체를 확인하거나 측정할 수 있는 윤곽
- **휘도(輝度)** : 광원면, 반사면, 투과면 등 빛을 내고 있는 면을 어느 방향에서 볼 경우에 얼마만큼 빛이 나는가를 나타낸 양, 단위 cd/㎡(칸델라) 표면밝기의 척도로 어떤 방향의 광도를 그 방향의 수직면적으로 나눈 것으로 단위 투사면적당의 광도이다.
- **흡음(吸音)** : 흡음재의 조직 내에서 음에너지를 열에너지 그 밖의 에너지로 전환시키는 것
- **흡음재(吸音材)** : 보통 음에너지를 흡수하게 하는 목적으로 특별하게 만들어진 재료

실내계획

2004년 9월 5일 1판 1쇄 발행
2023년 9월 25일 2판 2쇄 발행

저 자 오 인 욱
발 행 인 강 해 작
발 행 처 기 문 당
주 소 서울시 성동구 무학봉28길 4-1
(왕십리동 966-22)
전 화 02)2295-6171(代)~5
팩 스 02)6971-8188
출판등록 1976. 10. 7(1-44)
홈페이지 http://www.kimoondang.com
I S B N 978-89-6225-150-0 93540